Membranen

*Herausgegeben von
Klaus Ohlrogge und Katrin Ebert*

*Beachten Sie bitte auch weitere
interessante Titel zu diesem Thema*

S. Pereira Nunes, K.-V. Peinemann (Eds.)
Membrane Technology in the Chemical Industry
Second Edition

2006. ISBN 3-527-31316-8

A. F. Sammells, M. V. Mundschau (Eds.)
**Nonporous Inorganic Membranes
for Chemical Processing**

2006. ISBN 3-527-31342-7

J. G. Sanchez Marcano, T. T. Tsotsis
Catalytic Membranes and Membrane Reactors

2002. ISBN 3-527-30277-8

K.-V. Peinemann, S. Pereira Nunes (Eds.)
Membranes
6 Volumes

2007–2008. ISBN 3-527-31479-2

Membranen

Grundlagen, Verfahren
und industrielle Anwendungen

*Herausgegeben von
Klaus Ohlrogge und Katrin Ebert*

WILEY-VCH Verlag GmbH & Co. KGaA

Herausgeber

Dipl.-Ing. Klaus Ohlrogge
Dr. Katrin Ebert
GKSS Forschungszentrum Geesthacht GmbH
Institut für Chemie
Max-Planck-Straße 1
21502 Geesthacht

■ Alle Bücher von Wiley-VCH werden sorgfältig erarbeitet. Dennoch übernehmen Autoren, Herausgeber und Verlag in keinem Fall, einschließlich des vorliegenden Werkes, für die Richtigkeit von Angaben, Hinweisen und Ratschlägen sowie für eventuelle Druckfehler irgendeine Haftung

Bibliografische Information der Deutschen Bibliothek
Die Deutsche Bibliothek verzeichnet diese Publikation in der Deutschen Nationalbibliografie; detaillierte bibliografische Daten sind im Internet über <http://dnb.ddb.de> abrufbar.

© 2006 WILEY-VCH Verlag GmbH & Co. KGaA, Weinheim, Germany

Alle Rechte, insbesondere die der Übersetzung in andere Sprachen, vorbehalten. Kein Teil dieses Buches darf ohne schriftliche Genehmigung des Verlages in irgendeiner Form – durch Photokopie, Mikroverfilmung oder irgendein anderes Verfahren – reproduziert oder in eine von Maschinen, insbesondere von Datenverarbeitungsmaschinen, verwendbare Sprache übertragen oder übersetzt werden. Die Wiedergabe von Warenbezeichnungen, Handelsnamen oder sonstigen Kennzeichen in diesem Buch berechtigt nicht zu der Annahme, dass diese von jedermann frei benutzt werden dürfen. Vielmehr kann es sich auch dann um eingetragene Warenzeichen oder sonstige gesetzlich geschützte Kennzeichen handeln, wenn sie nicht eigens als solche markiert sind.

Gedruckt auf säurefreiem Papier
Printed in the Federal Republic of Germany

Satz K+V Fotosatz GmbH, Beerfelden
Druck betz-druck GmbH, Darmstadt
Bindung Litges & Dopf Buchbinderei GmbH, Heppenheim

ISBN-13: 978-3-527-30979-5
ISBN-10: 3-527-30979-9

Inhaltsverzeichnis

Vorwort XVII

Autorenliste XIX

1	**Polymermembranen** 1	
	Klaus-Viktor Peinemann und Suzana Pereira Nunes	
1.1	Einführung 1	
1.2	Phaseninversions-Prozess zur Herstellung von Membranen 3	
1.3	Membranen für die Umkehrosmose 8	
1.4	Membranen für die Ultrafiltration 11	
1.4.1	Polysulfone und Polyethersulfone 11	
1.4.2	Polyvinylidenfluorid (PVDF) 12	
1.4.3	Polyetherimid 13	
1.4.4	Polyacrylnitril 14	
1.4.5	Cellulose 15	
1.5	Membranen für die Mikrofiltration 16	
1.5.1	Polypropylen und Polytetrafluorethylen 16	
1.5.2	Polycarbonat und Polyethylenterephthalat 18	
1.6	Literatur 18	
2	**Molekulare Modellierung des Transports kleiner Moleküle in polymerbasierten Materialien** 23	
	Dieter Hofmann und Matthias Heuchel	
2.1	Einleitung 23	
2.2	Grundlagen von MD Methoden für amorphe Polymere 25	
2.3	Ausgewählte Anwendungen von atomistischen Simulationen 29	
2.3.1	Verwendete Hard- und Software 29	
2.3.2	Beispiele für die Anwendung von Bulkmodellen für amorphe Polymere 29	
2.3.2.1	Validierung von Packungsmodellen 29	
2.3.2.2	Freies Volumen und Transportprozesse in amorphen Polymeren 34	

Membranen: Grundlagen, Verfahren und industrielle Anwendungen
Herausgegeben von Klaus Ohlrogge und Katrin Ebert
Copyright © 2006 WILEY-VCH Verlag GmbH & Co. KGaA, Weinheim
ISBN: 3-527-30979-9

2.3.2.3   Einfluss von Unterschieden in der Polymerdynamik
           auf das Permeationsverhalten gummi- und glasartiger Polymere   38
2.3.3   Beispiele für die Anwendung von Grenzflächenmodellen
           für amorphe Polymere   39
2.3.3.1   Polymere in Kontakt mit wässrigen Feedlösungen   39
2.4   Zusammenfassung   43
2.5   Danksagung   43
2.6   Literatur   44

3   Oberflächenmodifikationen   47
            Mathias Ulbricht

3.1   Einführung – Oberflächen von Membranen   47
3.2   Motivation und Ziele für Oberflächenmodifikationen
            von Membranen   49
3.3   Strategien und Wege zur Oberflächenmodifikation
            von Membranen   51
3.3.1   Anforderungen   51
3.3.2   Grenzschichtchemie, -architektur und -morphologie,
            Oberflächenbedeckung   52
3.3.3   Wege zu oberflächenmodifizierten Membranen   55
3.3.3.1   Modifikation des Membranmaterials   55
3.3.3.2   Grenzflächenchemisch kontrollierte Modifikationen   55
3.3.3.2.1   Molekulare Schichten   56
3.3.3.2.2   Chemische Reaktionen am Basismaterial   58
3.3.3.2.3   Auf dem Basismaterial aufbauende Funktionalisierungen –
            Pfropfreaktionen zur Einführung makromolekularer
            funktionaler Einheiten   60
3.3.3.3   Beschichtungen   63
3.3.3.4   Mehrstufige Oberflächenmodifikationen   64
3.4   Struktur und Funktion oberflächenmodifizierter Membranen   66
3.4.1   Minimierung von Membranfouling   66
3.4.2   Biokompatibilität   67
3.4.3   Verbesserte oder neue Selektivität durch kombinierte
            Trennmechanismen   68
3.4.3.1   Erhöhung des Rückhaltes der Membran   69
3.4.3.2   Erhöhung der Triebkraft für den Membrantransport   70
3.4.4   Membranadsorber   70
3.4.5   Katalytisch aktive Membranen   71
3.4.6   Kommerzielle oberflächenmodifizierte Membranen   72
3.5   Schlussfolgerungen und Ausblick   73
3.6   Abkürzungen für Polymere   73
3.7   Literatur   74

4	**Vliesstoffe für Membranen** 77	
	Thomas Beeskow	
4.1	Einführung 77	
4.2	Vliesstoffe 79	
4.2.1	Herstellungsprozesse 79	
4.2.1.1	Bildung des Flächengebildes 79	
4.2.1.2	Verfestigung des Flächengebildes 83	
4.2.1.3	Optionale abschließende Behandlung des Flächengebildes 85	
4.2.2	Aufrollung 85	
4.2.3	Rohstoffe für die Vliesstoffherstellung 86	
4.3	Stützvliesstoffe für Membranen 87	
4.3.1	Beschichtungsträger mit direkter Membranverankerung 87	
4.3.1.1	Gleichmäßigkeit 91	
4.3.1.2	Defektfreiheit und Fasereinbindung 92	
4.3.1.3	Haftung auf Vliesstoffen 93	
4.3.1.4	Chemikalien- und Temperaturstabilität sowie mechanische Stabilität 95	
4.3.1.5	Einfluss von Umrollung und Konfektionierung 96	
4.3.1.6	Filtrationsproduktrelevante Bestimmungen für Stützvliesstoffe 97	
4.3.1.7	Beschichtungsträger und Membranleistung 97	
4.3.2	Stütz- und Drainageschichten 98	
4.3.2.1	Gleichmäßigkeit, Defektfreiheit und Fasereinbindung 99	
4.4	Ausblick 100	
4.5	Literatur 101	
5	**Keramische Membranen und Hohlfasern** 103	
	Ingolf Voigt und Stefan Tudyka	
5.1	Keramische Membranen 103	
	Ingolf Voigt	
5.1.1	Einleitung 103	
5.1.1.1	Historie der keramischen Membranen 104	
5.1.1.2	Aufbau keramischer Membranen 104	
5.1.2	Poröse keramische Träger (Supporte) 106	
5.1.2.1	Rohrförmige poröse keramische Träger 107	
5.1.2.2	Platten- und scheibenförmige poröse keramische Träger 109	
5.1.3	Membranen 110	
5.1.3.1	Makro- und mesoporöse Membranen 110	
5.1.3.2	Mikroporöse Membranen 114	
5.1.3.3	Dichte Membranen 120	
5.1.4	Module 122	
5.1.4.1	Rohrmodule 122	
5.1.4.2	Plattenmodule 123	
5.1.4.3	Rotationsfilter 124	

5.1.5	Trends	*125*
5.1.5.1	Kapillaren und Hohlfasern	*125*
5.1.5.2	Kompositmembranen	*126*
5.1.5.3	Mikrofabrikation	*127*
5.1.6	Literatur	*128*

5.2 Keramische Hohlfasern *129*
Stefan Tudyka

5.2.1	Einführung	*129*
5.2.1.1	Markt	*129*
5.2.1.2	Membrangeometrien	*130*
5.2.2	Forschungs- und Entwicklungsaktivitäten	*131*
5.2.2.1	Angrenzende Forschungs- und Entwicklungsaktivitäten	*133*
5.2.3	Hohlfaserherstellung	*134*
5.2.3.1	Lyocell-/Alceruverfahren	*135*
5.2.3.2	Polysulfonverfahren	*135*
5.2.3.3	Spinnprozess und Hohlfasergeometrie	*137*
5.2.3.4	Formgebung	*139*
5.2.3.5	Trocknen	*139*
5.2.3.6	Sintern	*139*
5.2.4	Charakterisierung	*140*
5.2.4.1	Morphologie und Geometrie	*140*
5.2.4.2	Biegebruchspannung	*140*
5.2.4.3	Vibrationsbeständigkeit	*141*
5.2.4.4	Berstdruck	*141*
5.2.4.5	Wasserpermeation	*141*
5.2.5	Beschichtung	*142*
5.2.6	Modultechnik	*143*
5.2.6.1	Schleuderpotten und Standpotten	*144*
5.2.7	Literatur	*145*

6 Medizintechnik *147*
Bernd Krause, Hermann Göhl und Frank Wiese

6.1	Einleitung	*147*
6.2	Nierenersatztherapie	*148*
6.2.1	Membranen in der Nierenersatztherapie	*149*
6.2.2	Struktureigenschaften von Dialysemembranen	*151*
6.2.3	Transporteigenschaften von Dialysemembranen	*154*
6.2.4	Hämokompatibilität von Dialysemembranen	*156*
6.2.5	Betriebsarten in der Nierenersatztherapie	*157*
6.2.6	Ultrafiltrationsmembranen zur Dialysat- und Infusat-Aufbereitung	*159*
6.3	Blutfraktionierung	*160*
6.3.1	Therapeutische Plasmapherese	*161*

6.3.2	Plasmafraktionierung	167
6.3.3	Adsorptive Plasmareinigung	169
6.4	Blutoxygenation	170
6.4.1	Prinzip des Gastransportes	171
6.4.2	Membranen/Membraneigenschaften	172
6.4.3	Herstellung von Oxygenationsmembranen	174
6.4.4	Betriebsweisen und Membrananordnung im Oxygenator	177
6.4.5	Die extrakorporale Zirkulation	179
6.5	Großtechnische Herstellung von Membranen und Filtern in der Medizintechnik	180
6.5.1	Membranherstellung	181
6.5.2	Dialysatormontage	183
6.5.3	Integritätstest und Qualitätskontrolle	186
6.5.4	Sterilisation	186
6.6	Literatur	187

7 Membranen für biotechnologische Prozesse 189
Ina Pahl, Dieter Melzner und Oscar-W. Reif

7.1	Einführung: Biotechnologische Herstellung von Wirkstoffen – Fermentation	189
7.2	Filtrationsverfahren	189
7.2.1	Statische Filtration	189
7.2.2	Dynamische Filtration	191
7.3	Membrantypen	192
7.3.1	Porengrößen	194
7.3.2	Filterformen	196
7.3.3	Qualitativer Überblick der Modultypen	197
7.4	Ultrafiltration	197
7.5	Adsorptionseffekte	198
7.6	Membranreinigung	199
7.7	Betriebsarten in der Ultrafiltration	200
7.8	Durchfluss	201
7.9	Membrancharakterisierung	201
7.9.1	Rasterelektronenmikroskopie	203
7.9.2	Bubble-Point-Test	203
7.9.3	Permeabilitätsmessungen	205
7.10	Anwendungen der Mikrofiltration	205
7.10.1	Anwendungsbeispiel Filtervalidierung	205
7.10.2	Virenentfernung	206
7.10.3	Beispiel für Cross-Flow	206
7.11	Membranchromatografie	208
7.11.1	Einführung	208
7.11.2	Anwendungen	213
7.11.3	Anwendungsbeispiel der Affinitätschromatografie	213

7.11.4	Ausblick für Membranadsorber	*215*
7.12	Literatur	*215*

8 Wasseraufbereitung *217*
Jens Lipnizki, Ulrich Meyer-Blumenroth, Torsten Hackner,
Eugen Reinhardt und Pasi Nurminen

8.1	Wasserkreisläufe – Spiralwickelmodule	*217*
	Jens Lipnizki und Ulrich Meyer-Blumenroth	
8.1.1	Einleitung *217*	
8.1.2	Aufbau eines Spiralwickelmoduls *219*	
8.1.3	Fouling in Spiralwickelmodulen *226*	
8.1.4	Spiralwickelmodule in Anlagen *228*	
8.1.5	Beispiele für die Verwendung von Spiralwickelmodulen in Wasserkreisläufen *229*	
8.1.6	Zusammenfassung und Konklusion *231*	
8.1.7	Literatur *231*	
8.2	Vacuum Rotation Membrane (VRM) – das rotierende Membranbelebungsverfahren: Aufbau und Betrieb *232*	
	Torsten Hackner	
8.2.1	Einleitung *232*	
8.2.2	Theorie *233*	
8.2.2.1	Membranbelebungsverfahren nach dem Niederdruckprinzip *233*	
8.2.2.2	VRM-Verfahren *234*	
8.2.3	Betriebserfahrungen mit VRM-Anlagen *237*	
8.2.3.1	Abwasserreinigungsanlage Schwägalp (kommunales Abwasser) *237*	
8.2.3.2	Klarfiltration von Brauereiabwasser (Pilotierung) *238*	
8.3	Prozesswasseraufbereitung mit CR-Filtertechnologiee *240*	
	Eugen Reinhardt und Pasi Nurminen	
8.3.1	Einleitung *240*	
8.3.2	Technische Beschreibung des CR-Filters *241*	
8.3.2.1	Filteraufbau *241*	
8.3.2.2	Funktionsprinzip des CR-Filters *242*	
8.3.2.3	CR-Filtertypen *243*	
8.3.2.4	Trennbereich des CR-Filters *244*	
8.3.2.5	Anlagenkonzepte *245*	
8.3.3	Anwendungsbeispiele *246*	
8.3.3.1	Aufbereitung von Prozesswasser aus der Textilproduktion *246*	
8.3.3.2	Aufbereitung von Prozesswasser aus der PVC-Produktion *247*	
8.3.3.3	Aufbereitung von Streichfarbenspülwasser *249*	
8.3.4	Zusammenfassung *251*	
8.3.5	Literatur *251*	

9	**Verfahrenskonzepte zur Herstellung von Reinstwasser in der pharmazeutischen und Halbleiter-Industrie** *253*	

Thomas Menzel

9.1	Einführung *253*	
9.2	Anforderungen an Systeme zur Herstellung von Reinwasser der pharmazeutischen Industrie *254*	
9.3	Systeme zur Herstellung von Reinwasser in der pharmazeutischen Industrie *254*	
9.3.1	Einsatz der Umkehrosmose bei Systemen zur Herstellung von Reinwasser der pharmazeutischen Industrie *257*	
9.3.2	Einsatz der Elektrodeionisation bei Systemen zur Herstellung von Reinwasser der pharmazeutischen Industrie *260*	
9.3.2.1	Heißwassersanitation der Elektrodeionisation *264*	
9.4	Anforderungen an Systeme zur Herstellung von Reinstwasser in der mikroelektronischen Industrie *268*	
9.4.1	Konzeptioneller Aufbau eines Reinstwassersystems *269*	
9.5	Zusammenfassung *271*	
9.6	Literatur *272*	

10	**Modellierung und Simulation der Membranverfahren Gaspermeation, Dampfpermeation und Pervaporation** *273*	

Torsten Brinkmann

10.1	Einführung *273*
10.2	Modellierung von Membranverfahren *284*
10.2.1	Modellierung des transmembranen Stofftransports *286*
10.2.2	Modellierung der sekundären Transportphänomene *291*
10.2.2.1	Konzentrationsgrenzschichten *292*
10.2.2.2	Druckverluste und Transportwiderstände in porösen Stützschichten *296*
10.2.2.3	Temperatureffekte *298*
10.2.3	Modellierung von Membranmodulen *300*
10.3	Implementierung *308*
10.4	Modulverschaltung *314*
10.5	Verfahrenssimulation *318*
10.6	Zusammenfassung und Ausblick *325*
10.7	Danksagungen *326*
10.8	Symbolverzeichnis *326*
10.9	Literatur *329*

11	**Pervaporation und Dampfpermeation** *335*
	Hartmut E. A. Brüschke

11.1	Einleitung *335*
11.2	Grundlagen *338*
11.2.1	Definitionen *338*
11.2.1.1	Pervaporation *338*
11.2.1.2	Dampfpermeation *339*
11.2.1.3	Gaspermeation *339*
11.2.2	Lösungs-Diffusionsmechanismus *340*
11.2.3	Polarisationseffekte *344*
11.2.3.1	Konzentrationspolarisation *344*
11.2.3.2	Temperaturpolarisation *345*
11.3	Permeatraum *345*
11.3.1	Absenken des Drucks im Permeatraum *347*
11.4	Auslegung von Anlagen *350*
11.5	Charakterisierung von Membranen *352*
11.6	Membranen *354*
11.6.1	Polymermembranen *355*
11.6.1.1	Hydrophile Membranen *356*
11.6.1.2	Organophile Membranen *357*
11.6.1.3	Membranen zur Trennung von Organika *357*
11.6.2	Anorganische Membranen *358*
11.7	Module *359*
11.7.1	Plattenmodule *360*
11.7.2	Spiralwickelmodule *361*
11.7.3	Taschenmodule (Kissenmodule) *362*
11.7.4	Tubulare Module *362*
11.8	Verfahren *363*
11.8.1	Absatzweiser („Batch") Betrieb *364*
11.8.2	Kontinuierlicher Betrieb *365*
11.8.3	Dampfpermeation *366*
11.9	Beeinflussung von Reaktionen *369*
11.10	Zusammenfassung *372*
11.11	Literatur *372*

12	**Verfahren zur Trennung von Gasen und Dämpfen**
12.1	Membranverfahren zur Gaspermeation *375*
	Klaus Ohlrogge, Jan Wind, Klaus Viktor Peinemann und Jürgen Stegger
12.1.1	Einführung *375*
12.1.2	Prinzip der selektiven zur Gaspermeation *376*
12.1.2.1	Definitionen *379*
12.1.3	Wasserstoffabtrennung *381*
12.1.4	Heliumrückgewinnung *383*

12.1.5	Luftzerlegung *384*
12.1.5.1	Inertgasherstellung *384*
12.1.5.2	Sauerstoffherstellung *385*
12.1.6	Drucklufttrocknung *386*
12.1.7	Erdgasbehandlung *389*
12.1.7.1	CO_2-Abtrennung *389*
12.1.7.2	Wasserdampf-Taupunkteinstellung *392*
12.1.7.3	Kohlenwasserstoff-Taupunkteinstellung *395*
12.1.7.4	Stickstoffabtrennung *400*
12.1.8	Lösemittelrückgewinnung *400*
12.1.8.1	Abluftreinigung *400*
12.1.8.2	Olefinabtrennung *402*
12.1.9	Ausblick *407*
12.1.10	Literatur *408*
12.2	Abtrennung organischer Dämpfe *410*
12.2.1	Einleitung *410*
12.2.2	Prozesse zur Abtrennung organischer Dämpfe mittels Membranverfahren *410*
12.2.2.1	Membranen *410*
12.2.2.2	Der Druck als Triebkraft *412*
12.2.2.3	Permeatmanagement *412*
12.2.2.4	Die Membrantrennstufe *414*
12.2.3	Industrielle Anwendungen *415*
12.2.3.1	Gesetzlicher Rahmen als treibende Kraft *415*
12.2.3.2	Dämpfe leichtflüchtiger Kohlenwasserstoffe aus Lagerung und Umschlag *416*
12.2.3.3	Resultierende Anforderungen an die Abluftreinigungsanlage *419*
12.2.3.4	Anwendung: Rückgewinnung organischer Dämpfe durch Gaspermeation/Absorption *422*
12.2.3.5	Anwendung: Emissionsreduzierung an Tankstellen durch Membrantechnologie *424*
12.2.4	Zusammenfassung *426*
12.2.5	Literatur *427*

13 Elektrodialyse *429*
Hans-Jürgen Rapp

13.1	Einleitung *429*
13.2	Grundlagen *429*
13.2.1	Das grundlegende Prinzip *429*
13.2.2	Die Selektivität von Ionenaustauschermembranen *430*
13.2.3	Monoselektive und bipolare Ionenaustauschermembranen *433*
13.2.3.1	Die bipolare Membran *433*
13.2.3.2	Monoselektive Ionenaustauschermembranen *434*
13.2.4	Aufbau eines Elektrodialysemoduls *436*

13.2.5	Auslegung der Elektrodialyse	*439*
13.2.6	Energiebedarf	*441*
13.2.7	Grenzstromdichte	*443*
13.2.8	Elektroden und Elektrodenspülung	*446*
13.2.9	Wassertransport und Konvektion	*447*
13.2.10	Betriebsweisen der Elektrodialyse	*448*
13.3	Säurerückgewinnung mittels Elektrodialyse	*448*
13.4	Formelzeichen	*451*
13.5	Literatur	*452*

14 Membranen für die Brennstoffzelle *453*
Suzana Pereira Nunes

14.1	Einleitung	*453*
14.2	Fluorierte Membranen	*454*
14.3	Sulfonierte nichtfluorierte Membranen	*457*
14.4	Phosphonierte Membranen	*459*
14.5	Polymermembranen für Betrieb mit hohen Temperaturen	*460*
14.6	Organisch-anorganische Membranen	*461*
14.7	Letzte Kommentare	*464*
14.8	Literatur	*465*

15 Anwendungen der Querstrommembranfiltration in der Lebensmittelindustrie *469*
Frank Lipnizki

15.1	Einleitung	*469*
15.2	Milchindustrie	*471*
15.2.1	Übersicht der Milchindustrie	*471*
15.2.2	Hauptanwendungen von Membranen in der Milchindustrie	*472*
15.2.2.1	Herstellung von Milchprodukten	*472*
15.2.2.2	Herstellung von Molkeproteinprodukten	*474*
15.2.2.3	Käseherstellung	*477*
15.3	Fermentierte Lebensmittel	*479*
15.3.1	Bier	*479*
15.3.1.1	Bierrückgewinnung aus Überschusshefe	*479*
15.3.1.2	Klärung von Bier	*481*
15.3.1.3	Entalkoholisierung von Bier	*481*
15.3.2	Wein	*482*
15.3.2.1	Mostkonzentration/-optimierung	*482*
15.3.2.2	Weinklärung/-schönung	*484*
15.3.2.3	Verjüngung von alten Weinen (Lifting)	*484*
15.3.2.4	Entalkoholisierung von Wein	*485*
15.3.3	Essigherstellung	*485*
15.3.3.1	Klärung von Essig	*486*

15.4	Fruchtsäfte 486
15.4.1	Klärung von Fruchtsaft 487
15.4.2	Konzentration von Fruchtsaft 487
15.5	Andere Anwendungen von Membranprozessen in der Lebensmittelindustrie 488
15.5.1	Membranprozesse in der Lebensmittelproduktion 489
15.5.2	Membranprozesse in Prozesswasseraufbereitung und Abwasserbehandlung 489
15.6	Ausblick – Zukünftige Trends 489
15.6.1	Neue Anwendungen für Membranprozesse 491
15.6.2	Neue Membranprozesse 492
15.6.2.1	Pervaporation 492
15.6.2.2	Elektrodialyse 493
15.6.2.3	Membrankontaktoren – Osmotische Destillation 493
15.6.3	Integrierte Prozesslösungen: Synergien und Hybridprozesse 494
15.7	Danksagungen 494
15.8	Literatur 495

16	**Nicht-wässrige Nanofiltration** 497
	Katrin Ebert, F. Marga J. Dijkstra und Frauke Jordt
16.1	Einleitung 497
16.2	Membranen für die nicht-wässrige Nanofiltration 498
16.3	Mathematische Beschreibung der Transportvorgänge 501
16.4	Anwendungen 506
16.4.1	Petrochemie 506
16.4.2	Homogene Katalyse 508
16.4.3	Pharmazeutische Industrie 509
16.5	Literatur 509

17	**Membranreaktoren** 515
	Detlev Fritsch
17.1	Einleitung 515
17.2	Klassifizierung von Membranreaktoren 517
17.3	Ausgewählte Reaktionen mit Membranreaktoren 520
17.3.1	Extraktortyp 520
17.3.2	Distributortyp 526
17.3.3	Kontaktortyp 533
17.3.3.1	Kontaktor-MR Typ 1 (Diffusion) 537
17.3.3.2	Kontaktor-MR Typ 2 (Durchfluss) 540
17.3.4	Modellierung 544
17.3.5	Schlussbetrachtung 545
17.4	Literatur 545

Stichwortverzeichnis 549

Vorwort

Verfahren zur Stofftrennung sind die Schlüsseltechnologien in der Prozesstechnik. Etwa 40% des Energieverbrauchs in der chemischen Industrie wird für Trennprozesse zur Produktreinigung und Produktrückgewinnung aufgewandt. Neben Destillation, Absorption, Adsorption, Extraktion und Kondensation haben Membranverfahren eine ständig steigende Akzeptanz gefunden.

Herausragende Beispiele für etablierte Anwendungen sind Membranen und Verfahren zur Blutreinigung, zur Wasseraufbereitung und Wertstoffrückgewinnung durch Ultra- und Mikrofiltration, zur Trinkwassergewinnung durch Umkehrosmose und zur Gastrennung.

Viele neue Anwendungen scheinen aus Patentanmeldungen, Studien oder Veröffentlichungen bereits bekannt zu sein. Eine Umsetzung ist aber erst dann möglich, wenn geeignete Membranen und Module zur Verfügung stehen und durch Kenntnis der Prozessabläufe die Membranen entsprechend ihrem Leistungsvermögen eingesetzt werden können. Wesentlich für die Einführung neuer Techniken ist dabei auch die Bereitschaft potentieller Nutzer, neu entwickelte Verfahren einzusetzen. Diese günstigen Bedingungen waren zum Beispiel bei der Entwicklung von Membranen zur Wasserstoffabtrennung aus Prozessgas durch die Firma Monsanto gegeben, bei der sowohl Membranen, Module und Verfahren entwickelt und diese dann auch in den eigenen Produktionsstätten erprobt und eingesetzt wurden.

Wesentliche Entwicklungen wurden in den USA von Firmen der chemischen Industrie wie Du Pont, Rohm & Haas, W. R. Grace, Dow und Monsanto vorangetrieben, wobei einige dieser Firmen nur noch als Membranlieferanten oder Polymerhersteller am Markt tätig sind, während der Anlagenbau neuen Gesellschaften übertragen wurde.

Europäische Firmen haben einen herausragenden Marktanteil nur im Bereich von Life Science/Biotechnologie sowie einigen Segmenten der Wasserreinigung.

In Nischenanwendungen, wie zum Beispiel der Abtrennung organischer Dämpfe aus Abluft und Prozessgas, haben deutsche Firmen, unterstützt durch Entwicklungen aus Forschungseinrichtungen, eine herausgehobene Marktposition erreicht.

Das vorliegende Buch richtet sich als Handbuch sowohl an Wissenschaftler als auch an Praktiker. Das breite Spektrum der vorgestellten Beiträge verdeutlicht den interdisziplinären Charakter der Membrantechnologie. Während im

Membranen: Grundlagen, Verfahren und industrielle Anwendungen
Herausgegeben von Klaus Ohlrogge und Katrin Ebert
Copyright © 2006 WILEY-VCH Verlag GmbH & Co. KGaA, Weinheim
ISBN: 3-527-30979-9

ersten Teil allgemeine Grundlagen erläutert werden, ist der zweite Teil anwendungsorientierten Themen gewidmet. Die Beiträge umfassen grundlegende Aspekte der Entwicklung organischer und anorganischer Membranen sowie die Modifizierung von Membranen zur Erzielung verbesserter Trenneigenschaften. Die Modellierung von Transportprozessen auf molekularer Ebene ist ein wichtiges Instrument zum Verständnis des Einflusses der Materialeigenschaften auf den Trennprozess. Daneben werden die Grundlagen der unterschiedlichen Membranmodule erläutert. Die Simulation von Membranverfahren und die Bereitstellung von Prozessberechnungsprogrammen geben potentiellen Anwendern Informationen über die Möglichkeiten zur Integration dieser Technologie in Prozesse. Wichtige etablierte Membranverfahren wie die Wasseraufbereitung für verschiedene Anwendungen, die Gastrennung sowie der Einsatz von Membranen in der Medizin werden neben neueren Verfahren wie der Aufarbeitung organischer Gemische und dem Membranreaktor beschrieben.

Wir bedanken uns bei allen Autoren, die mit ihren Beiträgen für eine möglichst umfassende Darstellung von der Entwicklung von Membranen und deren Nutzung beigetragen haben. Die Ausarbeitung der einzelnen Kapitel musste häufig zusätzlich zum Tagesgeschäft erfolgen. Die Begeisterung der Autoren für Membranen und deren Anwendungen hat schließlich zur Fertigstellung des Buches geführt.

In diesem Zusammenhang möchten wir uns auch beim Verlag für die geduldige und verständnisvolle Zusammenarbeit bedanken.

Ein besonderer Dank gilt der Leitung des GKSS Forschungszentrums für die Möglichkeit zur Herausgabe des Buches und Herrn Carsten Scholles, der zur Gestaltung vieler grafischer Darstellungen in den Kapiteln von GKSS-Mitarbeitern beigetragen hat.

Geesthacht, März 2006

Klaus Ohlrogge
Katrin Ebert

Autorenliste

Thomas Beeskow
GMT Membrantechnik GmbH
Am Rhein 5
79618 Rheinfelden

Torsten Brinkmann
GKSS-Forschungszentrum
Geesthacht GmbH
Institut für Polymerforschung
Max-Planck-Straße 1
21502 Geesthacht

Hartmut E. A. Brüschke
Kurpfalzstraße 64
69226 Nußloch

F. Marga J. Dijkstra
GKSS Forschungszentrum
Geesthacht GmbH
Institut für Chemie
Max-Planck-Straße 1
21502 Geesthacht

Katrin Ebert
GKSS Forschungszentrum
Geesthacht GmbH
Institut für Polymerforschung
Max-Planck-Straße 1
21502 Geesthacht

Detlev Fritsch
GKSS Forschungszentrum
Geesthacht GmbH
Institut für Polymerforschung
Max-Planck-Straße 1
21502 Geesthacht

Hermann Göhl
Gambro Dialysatoren GmbH
und Co. KG
Corporate Research
Holger-Crafoord-Straße 26
72379 Hechingen

Torsten Hackner
Hans Huber AG
Industriepark Erasbach A1
92334 Berching

Matthias Heuchel
GKSS Forschungszentrum
Geesthacht GmbH
Institut für Polymerforschung
Kantstraße 55
14513 Teltow

Membranen: Grundlagen, Verfahren und industrielle Anwendungen
Herausgegeben von Klaus Ohlrogge und Katrin Ebert
Copyright © 2006 WILEY-VCH Verlag GmbH & Co. KGaA, Weinheim
ISBN: 3-527-30979-9

Dieter Hofmann
GKSS Forschungszentrum
Geesthacht GmbH
Institut für Polymerforschung
Kantstraße 55
14513 Teltow

Frauke Jordt
Siemens-Axiva GmbH & Co. KG
Industriepark Höchst
65926 Frankfurt/Main

Bernd Krause
Gambro Dialysatoren GmbH
und Co. KG
Corporate Research
Holger-Crafoord-Straße 26
72379 Hechingen

Frank Lipnizki
Alfa Laval Copenhagen A/S
Membrane Technology
Maskinvej 5
2860 Søborg
Dänemark

Jens Lipnizki
Microdyn-Nadir GmbH
Rheingaustraße 190–196
65203 Wiesbaden

Dieter Melzner
Sartorius AG
Weedener Landstraße 94–108
37075 Göttingen

Thomas Menzel
Christ Pharma & Life Science AG
Hauptstraße 192
4147 Aesch
Schweiz

Ulrich Meyer-Blumenroth
Microdyn-Nadir GmbH
Rheingaustraße 190–196
65203 Wiesbaden

Suzana Pereira Nunes
GKSS Forschungszentrum
Geesthacht GmbH
Max-Planck-Straße 1
21502 Geesthacht

Pasi Nurminen
Metso Paper ChemOY
Manager Process Technology
Schweriner Straße 88
23909 Ratzeburg

Klaus Ohlrogge
GKSS Forschungszentrum
Geesthacht GmbH
Institut für Polymerforschung
Max-Planck-Straße 1
21502 Geesthacht

Ina Pahl
Sartorius AG
Weedener Landstraße 94–108
37075 Göttingen

Klaus Viktor Peinemann
GKSS Forschungszentrum
Geesthacht GmbH
Institut für Polymerforschung
Max-Planck-Straße 1
21502 Geesthacht

Hans-Jürgen Rapp
OSMO Membrane Systems GmbH
Siemensstraße 42
70825 Korntal-Münchingen

Oscar-W. Reif
Sartorius AG
Weedener Landstraße 94–108
37075 Göttingen

Eugen Reinhardt
Dauborn MembranSysteme
für Wasserbehandlung GmbH
Schweriner Straße 88
23909 Ratzeburg

Jürgen Stegger
Borsig Jürgen Membrane
Technology GmbH
Egellsstraße 21
13507 Berlin

Stefan Tudyka
Mann+Hummel GmbH
Grönerstraße 45
71636 Ludwigsburg

Mathias Ulbricht
Universität Duisburg-Essen
Lehrstuhl für Technische Chemie II
45117 Essen

Ingolf Voigt
Hermsdorfer Institut für
Technische Keramik e.V.
Michael-Faraday-Straße 1
07629 Hermsdorf/Thüringen

Frank Wiese
Membrana GmbH
Öhder Straße 28
42289 Wuppertal

Jan Wind
GKSS Forschungszentrum
Geesthacht GmbH
Institut für Polymerforschung
Max-Planck-Straße 1
21502 Geesthacht

1
Polymermembranen

Klaus-Viktor Peinemann und Suzana P. Nunes

1.1
Einführung

Polymermembranen können als Flach- oder Hohlfadenmembranen gefertigt werden; sie können porös oder dicht sein, es gibt symmetrische und asymmetrische Membranstrukturen.

Abb. 1.1 zeigt eine Übersicht der verschiedenen Membrantypen und ihre Anwendungen.

Die am häufigsten verwendeten Membranpolymere sind: Polysulfone/Polyethersulfone, Cellulose und Cellulosederivate, Polyvinylidenfluorid, Polyamide und Polyacrylnitril. Für die Auswahl von Membranmaterialien für die Anwendung in flüssigen Medien sind unter anderem folgende Gesichtspunkte von Bedeutung: pH-Wert der zu behandelnden Flüssigkeit, wässrige oder organische Lösung, Beständigkeit gegenüber organischen Lösemitteln in der zu behandelnden Flüssigkeit (z.B. Aceton), Beständigkeit gegenüber Reinigungsmitteln, hier insbesondere Chlor, Temperaturbeständigkeit, hydrophiler/hydrophober Charakter des Membranpolymers. Tabelle 1.1 zeigt den pH-Bereich, in welchem häufig verwendete Membranpolymere eingesetzt werden können:

Tabelle 1.2 zeigt die Beständigkeit von wichtigen Membranmaterialien gegenüber Säuren und Basen und häufig verwendeten Lösemitteln.

Die größte Bedeutung für die Herstellung von Polymermembranen haben Polysulfone. Polysulfone können im gesamten pH-Bereich eingesetzt werden, die Einstellung von Porengrößen in einem weiten Bereich ist relativ einfach, Polysulfone haben ausgezeichnete thermische und mechanische Eigenschaften (T_g Polysulfon 188 °C, T_g Polyethersulfon 230 °C), sie sind chlorbeständig, poröse Polysulfonmembranen sind druckstabil; daher können sie als Träger für Kompositmembranen für Umkehr-Osmose und Gastrennung eingesetzt werden. Einziger Schwachpunkt der Polysulfone ist ihre eingeschränkte Beständigkeit gegenüber organischen Lösemitteln.

Tabelle 1.3 zeigt die wichtigsten wasser-mischbaren Lösemittel, die für die Membranherstellung eingesetzt werden.

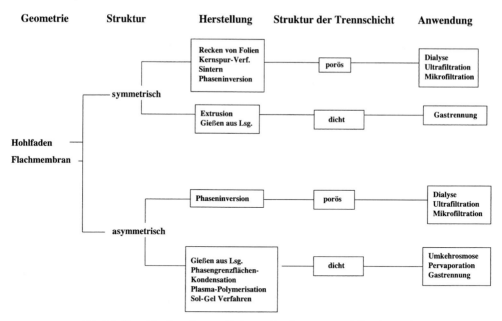

Abb. 1.1 Übersicht über die verschiedenen Membrantypen und ihre Anwendungen.

Tabelle 1.1 Vergleich der chemischen Beständigkeit von Membran-Polymeren[a].

Medium	CTA	PSf	PVDF	PAN
conc. HCL	−	++	++	+
3 M NaOH	−	++	++	−
Ethylenglykol	+	++	++	++
Methanol	+	++	++	++
Isopropanol	++	++	++	++
THF	−	−	++	+
Tetrachlorkohlenstoff	−	+	++	++
Aromaten (BTX)	++	−	++	++
Aceton	−	−	−	+

a) ++ beständig, + begrenzt beständig, − unbeständig, CTA − Cellulosetriacetat.

Tabelle 1.2 Vergleich der pH-Beständigkeit von Membran-Polymeren.

Polymer	pH-Bereich
CA	3–6
PAN	2–10
PES/PSf	1–12 oder höher
PVDF	1–10,5

Tabelle 1.3 Wassermischbare Lösemittel für Membran-Polymere.

Polysulfone	Poly(vinylidenfluorid)
Dimethylacetamid (DMAC)	Dimethylformamid (DMF)
Dimethylformamid (DMF)	Dimethylacetamid (DMAC)
N-Methylpyrrolidon (NMP)	N-Methylpyrrolidon (NMP)
Tetrahydrofuran (THF)	
Polyacrylnitril:	Polyacrylnitril–Methylacrylat-Copolymer (94:6)
Dimethylacetamid (DMAC)	Dimethylacetamid (DMAC)
Dimethylformamid (DMF)	Dimethylformamid (DMF)
Ethylencarbonat	Dimethylformamid (DMF)
γ-Butyrolacton (GBL)	Ethylencarbonat
N-Methylpyrrolidon (NMP)	γ-Butyrolacton (GBL)

Erste kommerzielle Polymermembranen wurden ab 1920 in Deutschland von Satorius hergestellt und vertrieben. Diese Membranen fanden aber wegen ihrer vergleichsweise geringen Flüsse nur einen kleinen Einsatzbereich. Der Durchbruch der Membran-Technologie erfolgte in den 60iger Jahren mit der Entwicklung asymmetrischer Membranen für die Wasser-Entsalzung von Lob und Sourirajan [1]. Diese asymmetrischen Membranen haben einen hohen Fluss dank ihrer sehr dünnen selektiven Trennschicht; zugleich sind sie druckstabil dank ihrer porösen Stützstruktur. Die bei weitem am häufigsten verwendete Methode zur Herstellung asymmetrischer Membranen ist der so genannte „Phaseninversions-Prozess".

1.2
Phaseninversions-Prozess zur Herstellung von Membranen

Der Phaseninversions-Prozess besteht in der Herbeiführung einer Phasentrennung in einer ursprünglich homogenen Polymerlösung durch Temperaturwechsel oder durch Kontaktierung mit einem Nichtlösemittel in flüssiger oder Dampfphase.

In dem thermischen Prozess (TIPS: thermisch induzierte Phasenseparation) wirkt üblicherweise eine niedermolekulare organische Verbindung als Lösemittel bei hoher Temperatur und als Nichtlösemittel bei niedriger Temperatur [2, 3]. Nach Phasentrennung und Bildung der porösen Struktur wird diese Verbindung herausgelöst. Der TIPS-Prozess kann für viele Polymere angewendet werden, er ist jedoch besonders interessant für schwer lösliche Polymere wie z. B. Polypropylen. Normalerweise führt der TIPS-Prozess zu isotropen Membranstrukturen.

Die isotherme Phaseninversion ist wirtschaftlich der wichtigere Prozess. Die Polymerlösung wird zu einem Film ausgestrichen – entweder freistehend oder auf einem porösen Vlies – und dann in ein Bad mit einem Nichtlösemittel getaucht (Nass-Prozess). Dieses geschieht normalerweise in einem kontinuierlichen Prozess mit Produktionsgeschwindigkeiten zwischen 2 und 50 m/min. Als Nichtlösemittel wird bei industrieller Fertigung bevorzugt Wasser verwendet, daher sind die in Tabelle 1.3 genannten wassermischbaren Lösemittel für Membranpolymere von großer Wichtigkeit. Der Austausch von Lösemittel durch Nichtlösemittel führt zur Phasentrennung. Die polymerreiche Phase bildet die poröse Matrix, die polymerarme Phase bildet die Poren. Fast immer werden asymmetrische Strukturen gebildet mit der selektiven Schicht an der Oberfläche, wie in Abb. 1.2 gezeigt.

Die Porenstruktur entsteht durch Phasentrennung, die in den meisten Fällen eine flüssig/flüssig Trennung ist. Fest/flüssige Entmischung kann eine zusätzliche Rolle spielen bei Lösungen, die ein teilkristallines Polymer wie Cellulose oder Polyvinylidenfluorid enthalten. Nach dem Eintauchen in das Nichtlösemittelbad wird das ursprünglich thermodynamisch stabile System durch den Lösemittel/Nichtlösemittel-Austausch in einen Zustand gebracht, in dem die minimale Freie Gibb'sche Energie durch Trennung in zwei Phasen erreicht werden kann. Der genaue Mechanismus, der zur Porenbildung führt, und die dazugehörige Thermodynamik ist umfangreich und manchmal kontrovers in der Literatur diskutiert worden [4–21]. Ein vereinfachtes Phasendiagramm ist in Abb. 1.3 gezeigt.

Grundsätzlich ist der Mechanismus der Phasentrennung maßgeblich von dem Übergangspunkt in den instabilen Bereich abhängig. Wenn der Lösemittel/Nichtlösemittel-Austausch das System zunächst in einen metastabilen Bereich führt (Weg A), wird der Keimbildungs- und -wachstummechanismus favorisiert (KW). Eine dispergierte Phase bestehend aus Tropfen einer polymerarmen Lösung wird in einer polymerreichen Matrix gebildet. Mit der Zeit wächst die Größe der dispergierten Tropfen. Wenn andererseits der Lösemittel/Nichtlösemittel-Austausch direkt in den instabilen Bereich führt (Weg B), wird die spinodale Entmischung favorisiert (SE). In dem ursprünglich homogenen System kommt es zu einer Konzentrationsschwankung mit zunehmender Am-

Abb. 1.2 Asymmetrische poröse Membran.

Weg A   Weg B

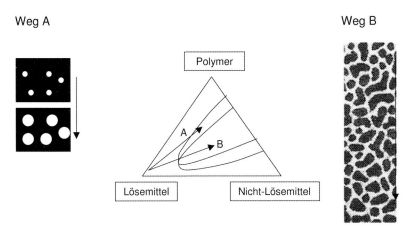

Abb. 1.3 Mechanismus der Phasentrennung während der Membranbildung.

plitude, was zu einer Trennung in zwei co-kontinuierliche Phasen führt. Wieder bildet die polymerarme Phase die Porenstruktur. Die anfänglichen Schritte der Phasentrennung sowohl durch KW oder durch SE kann relativ gut theoretisch beschrieben werden. Die Beschreibung des vollständigen Prozesses ist jedoch schwierig, und die endgültigen Membranstrukturen können nur mit großen Schwierigkeiten vorhergesagt werden. Ebenso wichtig wie der Beginn der Phasenseparation ist der Punkt, an dem die sich entwickelnde Struktur fixiert wird. Parallel zu der Entmischung ändert sich die Konzentration der Polymerlösung und die Beweglichkeit in dem System wird herabgesetzt. Gründe dafür können in einer schlechten Polymer/Lösemittel-Wechselwirkung liegen, die zu einer Verfestigung oder Gelierung der polymerreichen Phase führen kann. Wenn das System unmittelbar nach den ersten Schritten der Phasentrennung geliert, wird die Membran eine feine Porenstruktur haben, welche durch den anfänglichen Entmischungsvorgang vorgegeben ist. Wenn die KW Entmischung während der Anfangsphase stoppt, wird eine Morphologie mit geschlossenen Zellen bevorzugt werden.

Eine asymmetrische Struktur wird normalerweise gebildet, weil der Lösemittel/Nichtlösemittel-Austausch zu unterschiedlichen Startbedingungen für die Phasentrennung in weit von der Oberfläche entfernten Schichten führen kann. Neben der Entmischung durch „Keimbildung und Wachstum" und der spinodalen Entmischung können auch andere Faktoren die Morphologie beeinflussen. Die gesamte Membranstruktur kann häufig als schwamm- oder fingerartig beschrieben werden. Fingerartige Hohlräume bilden sich oft, wenn das Nichtlösemittel in die Polymerlösung eindringt. Diese großen Hohlräume können zu einer geringen mechanischen Stabilität der Membran führen, wodurch der Einsatz bei hohen Drücken eingeschränkt wird. Ein Zusammenspiel verschiedener Faktoren kann zur Bildung von makroskopischen Hohlräumen führen [22, 23]. Praktische Erfahrung zeigt, dass eine schwammartige Struktur durch folgende Maßnahmen gefördert werden kann

1. Erhöhung der Polymerkonzentration in der Gießlösung.
2. Erhöhung der Viskosität der Gießlösung durch Vernetzung oder durch Wahl eines besseren Lösemittels.
3. Zugabe von Lösemittel zum Fällbad.

Der Einfluss unterschiedlicher Lösemittel auf die Morphologie von Hohlfadenmembranen wurde ausführlich beschrieben von Albrecht et al. [24].

Zum Verständnis der Bildung von Makrohohlräumen (Fingerstrukturen) wurde von Koros eine interessante Erklärung gegeben (siehe Abb. 1.4) [22]. Danach muss die Kombination des Entmischungsprozesses („Keimbildung und Wachstum" oder spinodale Entmischung) und der sich schnell bewegenden Front des Nichtlösemittels betrachtet werden. Wenn die Diffusionsgeschwindigkeit des Nichtlösemittels in die sich bildende polymerarme Phase die Diffusions-Geschwindigkeit des nach außen diffundierenden Lösemittels übersteigt, wird die Bildung von Makrohohlräumen begünstigt. Die Diffusionsgeschwindigkeit von Wasser kann 1 bis 2 Größenordnungen höher sein als die Diffusion der größeren organischen Lösemittel. Die Haupttriebkraft für das Eindiffundieren des Nichtlösemittels (normalerweise Wasser) ist der lokal erzeugte osmotische Druck. Dieser kann in der Größenordnung von 100 bar liegen, wenn die Differenz der Lösemittelkonzentration zwischen dem sich gebildeten polymerarmen Nukleus und der Nichtlösemittel-Front nur 5 mol% beträgt. Wenn Wasser in den polymerarmen Nukleus strömt, wird dessen Wand deformiert und sie dehnt sich tropfenförmig aus. Wenn die Nukleuswand dünn ist, kann sie platzen und ein Makrohohlraum ohne Wand entsteht. Im Falle einer stabilen Nukleuswand, etwa weil die Polymerkonzentration höher ist, wird die Deformierung eingeschränkt oder sogar völlig verhindert, und es entsteht eine Struktur, die frei von Makrohohlräumen ist.

Dass eine Erhöhung der Polymerkonzentration in der Gießlösung die Bildung von Makrohohlräumen unterdrückt, wurde für ein weites Spektrum von Polymeren beschrieben, wie z. B. für Celluloseacetat [25], aromatisches Polyamid [26] und Polyetherimid [27]. Andere Faktoren wie etwa die Zugabe eines Vernet-

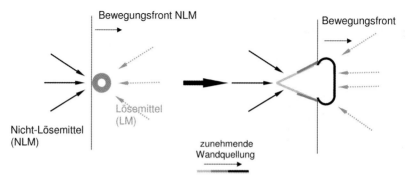

Abb. 1.4 Anisotropisches Nukleuswachstum während der Bildung von Makrohohlräumen während der Membranfällung (nach [22]).

1.2 Phaseninversions-Prozess zur Herstellung von Membranen

zers zur Gießlösung, der die Stärke der Nukleuswand erhöhen kann, tragen ebenfalls zu einer Struktur bei, die frei von Makrohohlräumen ist. Ein Beispiel ist die Zugabe von Aminen zu Gießlösungen von Polyetherimid [28].

Weiteres Mittel zur Unterdrückung von Makrohohlräumen ist die Verringerung des osmotischen Druckes zwischen der eindringenden Nichtlösemittel-Front und der polymerarmen Phase in den gebildeten Nuklei. Das kann einfach erreicht werden durch Zugabe von Lösemittel in das Nichtlösemittel-Fällbad oder durch Zugabe von Nichtlösemittel in die Membrangießlösung. Ein Beispiel ist die Zugabe von Dioxan zu einem Wasser-Fällbad für eine Celluloseacetat/Dioxan-Gießlösung.

Auch unterschiedliche Lösemittel können großen Einfluss auf die Bildung von Makrohohlräumen haben. Lösemittel mit höherer Diffusionsgeschwindigkeit durch die Nukleuswand können den Nukleus schneller verlassen, wenn Nichtlösemittel eindiffundiert. Noch effektiver zur Unterdrückung von Makrohohlräumen sind Lösemittel, die die Viskosität der Gießlösung heraufsetzen oder zu einer schnellen Gelierung führen. Einige Beispiele für den Einfluss der Lösemittel auf die Membranmorphologie sind in der Literatur beschrieben, z. B. für Polyetherimid [27] (Abb. 1.5) und Celluloseacetat [29].

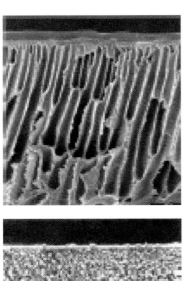

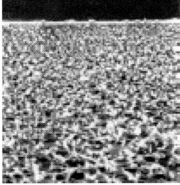

Abb. 1.5 Polyetherimid (PEI)-Membranen, hergestellt mit unterschiedlichen Gießlösungen.

1.3
Membranen für die Umkehrosmose

Bei weitem die wichtigsten Membranmaterialien für die Umkehrosmose sind Celluloseacetat und aromatische Polyamide. Celluloseacetat wird in Form integral-asymmetrischer Membranen und aromatische Polyamide werden insbesondere in Form von Dünnfilm-Kompositmembranen hergestellt durch Phasengrenzflächen-Kondensation. Celluloseacetat war eines der ersten Membranmaterialien; es wird noch immer erfolgreich für die Wasserentsalzung eingesetzt. Fluss und Salzrückhaltung sind geringer als die der Polyamid-Kompositmembranen, Vorteil der Cellulosemembran ist ihre Chlorbeständigkeit und die einfachere und billigere Herstellung. Außerdem ist die Celluloseacetatmembran wegen ihrer neutralen Oberfläche weniger anfällig gegenüber Fouling. Celluloseacetatmembranen sind jedoch deutlich weniger stabil gegenüber organischen Lösemitteln als Polyamidmembranen; der empfohlene pH-Bereich liegt zwischen 3 und 7, CA-Membranen sind weniger stabil gegen Mikroorganismen, sie sollten nicht längere Zeit über 50 °C eingesetzt werden. Ihre Hydrolyse-Empfindlichkeit steigt mit zunehmender Temperatur und sinkt mit zunehmendem Acetylierungsgrad. Aromatische Polyamide sind erheblich beständiger gegenüber organischen Lösemitteln, und sie können in einem größeren pH-Bereich eingesetzt werden (pH 4–11). Hauptanwendung ist die Entsalzung von Brack- und Meerwasser.

Integral-asymmetrische Membranen haben vergleichsweise niedrige Produktionskosten. Daher haben Celluloseacetatmembranen immer noch einen großen Marktanteil im Bereich der Wasseraufbereitung. Jedoch erst die Entwicklung von Dünnfilm-Kompositmembranen (TFC-Membranen=**T**hin **F**ilm **C**omposite) hat der Umkehrosmose neue Anwendungsfelder erschlossen. Diese Kompositmembranen bestehen aus einer sehr dünnen (ca. 0,1 µm) Polyamidschicht auf einem asymmetrischen porösen Träger, der in den meisten Fällen aus Polysulfon besteht. Die Polyamidschicht wird in situ auf dem porösen Träger durch Phasengrenzflächen-Polymerisation hergestellt. Die TFC-Membranen weisen einen höheren Fluss auf als Celluloseacetatmembranen und können daher bei geringeren Drücken betrieben werden. Die chemische Stabilität ist gut, allerdings ist die Chlorstabilität gering. Die TFC-Membranen sind beständig gegen biologischen Abbau und können im pH-Bereich 2 bis 11 betrieben werden. Die TFC-Membranen werden folgendermaßen hergestellt: die wassernasse poröse Trägermembran wird zunächst in eine wässrige Lösung eines Monomers (z. B. ein multifunktionelles Amin) getaucht. Dann wird die Membranoberfläche von Tröpfchen befreit und mit der Lösung des zweiten Monomers in einem unpolaren nicht wasser-mischbaren Lösemittel beschichtet (z. B. ein multifunktionelles Säurechlorid in einem Kohlenwasserstoff). Die Monomere reagieren durch Kondensation an der Grenzfläche zwischen Wasser und Kohlenwasserstoff zu einem dünnen Polymerfilm an der Oberfläche der porösen Trägermembran. Sobald der Polymerfilm gebildet ist, stellt er eine Barriere für die Monomere dar, sodass die Polykondensation nicht fortschreiten kann. Die erfolgreichste TFC-

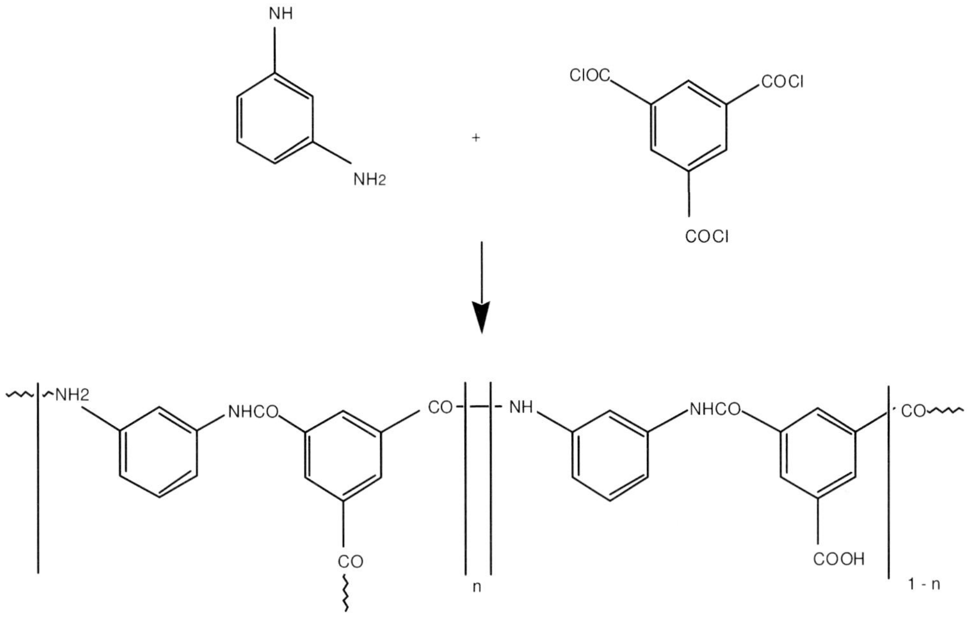

Abb. 1.6 Reaktionsschema FT30.

Membran ist die FT30, die von Cadotte [30] in den North Star Laboren entwickelt wurde und die jetzt in verschiedenen Varianten von General Electric/ Dow vermarktet wird. Das Reaktionsschema für die FT30 Membran ist in Abb. 1.6 wiedergegeben.

Die Polyamidschicht wird auf einem asymmetrischen mikroporösen Polysulfonträger auf einem Polyestervlies gebildet. Das Polyestervlies sorgt für die mechanische Stabilität der Membran und der Polysulfonträger ist mit Oberflächenporen mit Durchmessern im Bereich 15 nm die geeignete Stützstruktur für die nur 100–200 nm dünne Polyamidschicht (Abb. 1.7).

Die FT30 Membran wurde für verschiedene Anwendungen optimiert und wird als Filmtec TW-30 (Haushaltsanwendungen, Leitungswasser), BW-30 (Brackwasser) und SW-30 (Meerwasser) von General Electric vermarktet. Salzrückhaltungen über 99,7% bei Flüssen von 0,76 m^3/m^2 Tag können erreicht werden (Druck 55 bar, 3,2% NaCl). Brackwassermembranen haben Flüsse von 1 m^3 pro m^2 und Tag bei einer Salzrückhaltung von 99% (0,2% NaCl, 10 bar Druck). Die Rückhaltung der FT30 Membran für andere gelöste Stoffe zeigt Tabelle 1.4.

Der maximale Betriebsdruck für Spiralwickel-Module mit FT30-Membranen beträgt 80 bar.

Eine andere sehr erfolgreiche Entwicklung von Dünnfilm-Kompositmembranen für die Umkehrosmose sind die Hochflussmembranen der ES-Serie von Nitto Denko. Die selektive Trennschicht ist ebenfalls ein aromatisches Poly-

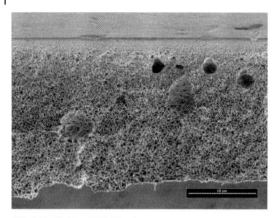

Abb. 1.7 FilmTec FT30 Membran.

Tabelle 1.4 Rückhaltung von gelösten Substanzen mit der Membran FT30[a].

Substanz	Molekulargewicht (g/mol)	Rückhaltung (%)
Calciumchlorid	111	99
Ethanol	46	70
Formaldehyd	30	35
Harnstoff	60	70
Isopropanol	60	90
Kupfersulfat	160	>90
Magnesiumsulfat	120	>99
Methanol	32	25
Milchsäure (pH 2)	90	94
Milchsäure (pH 5)	90	99
Natriumchlorid	58	99
Saccharose	342	99

a) 2000 ppm Lösung, 1,6 MPa, 25 °C, pH 7 (wenn nicht anders notiert).

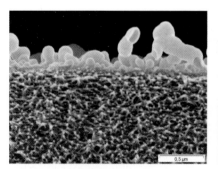
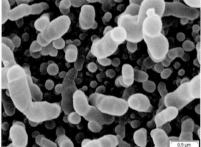

Abb. 1.8 Rasterelektronenmikroskopische Aufnahme einer aromatischen Polyamidschicht auf der inneren Oberfläche eines Polyetherimid-Hohlfadens (links: Querschnitt, rechts: Oberfläche).

amid. Die besonders raue Oberfläche führt zu einer erhöhten effektiven Membranoberfläche und damit zu höheren Flüssen.

Kürzlich wurde ein modifiziertes Verfahren zur Phasengrenzflächen-Kondensation in Hohlfaden-Membranen beschrieben [31]. Dieses Verfahren führt zu einer extrem strukturierten Oberfläche (Abb. 1.8) und zu Membranen mit sehr hoher Salzrückhaltung.

1.4
Membranen für die Ultrafiltration

Ultrafiltrationsmembranen werden üblicherweise durch Phaseninversion hergestellt. Die meist verwendeten Polymere sind Polysulfon, Polyethersulfon, Polyvinylidenfluorid, Cellulose, Polyamide, Polyacrylnitril und Polyimide. Im Folgenden werden Besonderheiten dieser Materialien erläutert.

1.4.1
Polysulfone und Polyethersulfone

Die ersten Polysulfonmembranen wurden in den 1960er Jahren als Alternative zu cellulosischen Membranen entwickelt. Seitdem gibt es umfangreiche Literatur zur Herstellung von PSU-Membranen. Zwei grundlegende US-Patente erläutern Details der Herstellung [32, 33]. In vielen Fällen wird das hochmolekulare PSU Udel P-3500 verwendet (Solvay Advanced Polymers); wenn erhöhte Lösemittelbeständigkeit erforderlich ist, ist Polyethersulfon (z.B. Radel A von Solvay) oder Polyphenylsulfon (Radel R, Solvay) vorzuziehen. Ein wesentlicher Vorteil verglichen mit cellulosischen Membranmaterialien ist die hohe pH-Stabilität von Polysulfonen; auch thermisch sind die Polysulfone sehr stabil. Polysulfon hat ein T_g von 195 °C und der T_g von Polyphenylsulfon liegt bei 230 °C. Polysulfon und Polyethersulfon sind in wassermischbaren Lösemitteln wie Dimethylformamid löslich, poröse Membranen können mit einem breiten Porenspektrum durch Phaseninversion hergestellt werden. Die Löslichkeit in vielen organischen Lösemitteln ist ein Nachteil der Polysulfone, wodurch der Einsatz von Polysulfonmembranen in lösemittelhaltigen Gemischen eingeschränkt ist. Am beständigsten gegenüber organischen Lösemitteln ist Polyphenylsulfon, das zum Beispiel eine gute Beständigkeit gegenüber Tetrachlorkohlenstoff aufweist. Ein weiterer Nachteil der Polysulfone ist ihr hydrophober Charakter, durch den eine spontane Benetzung mit Wasser verhindert wird. Außerdem weisen hydrophobe Materialien oft eine hohe Tendenz zur unspezifischen Adsorption von Substanzen auf. Hierdurch kommt es zum so genannten „Fouling" der Ultrafiltrationsmembranen, das zu einem starken Abfall des Flusses durch die Membran führen kann. Eine wirksame Methode zur Erzeugung hydrophiler Polysulfonmembranen besteht in der Verwendung von Blends aus Polysulfon und sulfoniertem Polysulfon [34, 35]. Dabei ist der Sulfonierungsgrad entscheidend, da hochsulfonierte Polysulfone wasserlöslich werden. Eine Alternative zur Sulfonierung ist die Beimischung anderer hydrophiler Polymere [33, 36]. Das meistverwendete Polymer für diesen Zweck ist Polyvinylpyrrolidon, welches mit vielen anderen Polymeren kompatibel ist.

1.4.2
Polyvinylidenfluorid (PVDF)

Wegen seiner hohen chemischen Beständigkeit ist PVDF ein interessantes Polymer zur Fertigung von Ultrafiltrationsmembranen. PVDF ist gegenüber den meisten anorganischen und organischen Flüssigkeiten beständig und kann in einem weiten pH-Bereich verwendet werden, insbesondere bei sehr niedrigen pH-Werten. PVDF ist ebenfalls stabil in aromatischen und chlorierten Lösemitteln sowie in Tetrahydrofuran. Es ist weiterhin beständig gegenüber Oxidationsmittel wie Ozon, das für Wasserentkeimung verwendet wird. PVDF ist teilkristallin mit einem sehr niedrigen T_g (−40 °C). Obwohl beständig in den meisten organischen Lösemitteln ist PVDF löslich in Dimethylformamid (DMF), Dimethylacetamid (DMAc) und N-Methylpyrrolidon (NMP), wodurch eine Fertigung mittels Phaseninversion möglich ist. In einem frühen Patent [37] wurden Gießlösungen mit etwa 20% PVDF in DMAc hergestellt, zu einem Film ausgezogen und in Methanol gefällt. Ein späteres Patent [38] beschreibt Gießlösungen in DMAc mit ca. 17% Isopropanol, als Fällbad wurde eine Mischung aus DMAc mit 40% Wasser und 7% Isopropanol verwendet. Ein weiteres interessantes Lösemittel ist das basische Triethylphosphat (TEP), das Komplexe mit dem sauren PVDF bildet [39]. Die Morphologie einer aus einer DMAc-Lösung erhaltenen PVDF-Membran zeigt Abb. 1.9.

Genau wie Polysulfon ist auch PVDF hydrophob, und es gibt in der Literatur viele Vorschriften zur Hydrophilisierung. Ein Verfahren besteht in der Behandlung mit einer starken Base, entweder in Gegenwart eines Oxidationsmittels [40] oder eines Polymerisationsinitiators und eines Monomers wie Acrylsäure [41]. Eine andere Möglichkeit, Eigenschaften von PVDF-Membranen zu verbessern, besteht in der Verwendung von Polymerblends. Mischungen aus PVDF/PVP [42, 43], PVDF/Polyethylenglykol (PEG) [44], PVDF/sulfoniertes Polystyrol

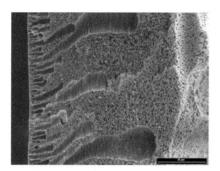
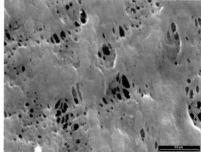

Abb. 1.9 PVDF-Membran: Querschnitt (links) und Oberfläche (rechts).

[45], PVDF/Polyvinylacetat [46] und PVDF/Polymethylmethacrylat [47] wurden zur Herstellung von mikroporösen PVDF-Membranen verwendet.

1.4.3
Polyetherimid

Polyetherimid (PEI) ist ein amorphes Polymer mit einem T_g von 215 °C. Es ist mechanisch sehr belastbar und hat eine Dauergebrauchstemperatur von 180 °C. Die chemische Stabilität ist geringer als die von PVDF, so löst sich PEI in den meisten chlorierten Lösemitteln. Die Beständigkeit bei hohen pH-Werten ist geringer als die von PVDF, Polysulfon und Polyacrylonitril. Die Herstellung von PEI-Membranen durch Phaseninversion führt zu einer großen Bandbreite von asymmetrischen porösen Membranen. Für die Membranherstellung wird gewöhnlich der Typ Ultem 1000 (General Electric) eingesetzt. Integral-asymmetrische Membranen wurden bereits Ende der 1980er Jahre für die Gastrennung eingesetzt, hier besonders für die Reinigung von Helium [48]. Offenere PEI-Membranen werden für die Ultrafiltration eingesetzt und sie dienen als Träger zur Herstellung von Kompositmembranen. Üblicherweise können höhere Porositäten erzielt werden als bei PVDF und die mittlere Porengröße ist kleiner (Abb. 1.11).

Poröse PEI-Membranen mit einer dünnen porenfreien Deckschicht wurden mit einer Gießlösung aus Dichlormethan, 1,1,2-Trichlorethan, Xylol und Essigsäure und Aceton als Fällmittel erhalten [49]. Später war durch eine veränderte Gießlösung die Verwendung von Wasser als Fällmittel möglich. Hierzu wurde eine Mischung aus Tetrahydrofuran (THF) und gamma-Butyrolacton (GBL) verwendet. Reines THF und reines GBL sind Nichtlösemittel für PEI, im Gemisch sind jedoch stabile Gießlösungen zu erhalten. Membranen mit sehr dünnen Deckschichten werden besonders bei hohen GBL-Gehalten gebildet [19]. Die Herstellung von Hohlfäden aus PEI wurde von Kneifel und Peinemann [27] beschrieben. In diesem Fall erhöht der Zusatz des Nichtlösemittels GBL die Viskosität der Gießlösung und begünstigt die Bildung einer Schwammstruktur. Blends von PEI mit anderen Polymeren wurden beschrieben, um verbesserte

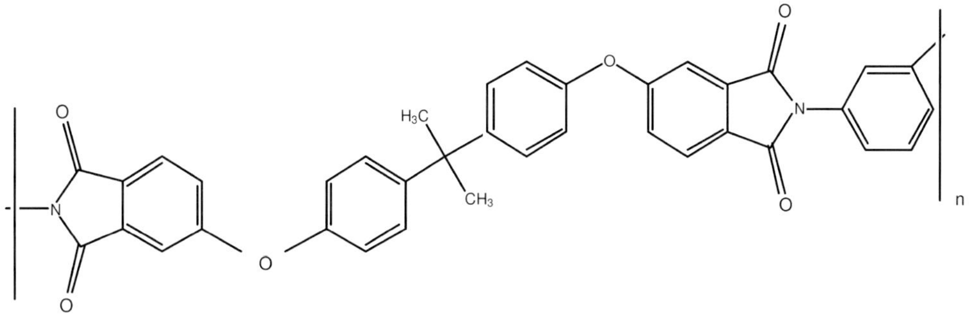

Abb. 1.10 Strukturformel von Polyetherimid.

 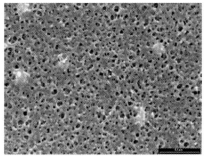

Abb. 1.11 Polyetherimidmembran: Querschnitt (links) und Oberfläche (rechts).

Membraneigenschaften zu erhalten [28]. So wurden Blends aus PEI und Polyethersulfonamid (PESA) verwendet, um hydrophilere Membranen zu erhalten. Um eine homogene Polymermischung zu erhalten, wurde in diesem Fall Diaminopropanol (DAP) zur Gießlösung hinzugefügt. DAP reagiert unter Vernetzung mit PEI und erhöht die Viskosität der Gießlösung. Auf diese Weise macht das DAP die PEI/PESA-Mischung nicht nur kompatibel, sondern es induziert eine feine schwammartige Struktur und beseitigt die großen fingerartigen Hohlräume, die üblicherweise in PEI- und PESA-Membranen zu finden sind, die aus einer Lösung in DMAc hergestellt wurden. PEI wurde erfolgreich als Träger zur Fertigung von Kompositmembranen eingesetzt. Um die Membranen beständig gegen Kompaktierung bei hohen Drücken zu machen, wurde in der Gießlösung ein anorganisches Polymer durch Hydrolyse von Alkoxysilanen erzeugt [50]. Um eine homogene Gießlösung zu erhalten, war der Zusatz von Aminosilanen erforderlich.

1.4.4
Polyacrylnitril

Polyacrylnitril (PAN) wird seit langem zur Herstellung von UF-Membranen verwendet [51, 52], da es hydrolyse- und lösemittelbeständig ist. PAN ist ein kristallines Polymer mit einer relativ hohen Hydrophilie. Geeignete Lösemittel zur Herstellung von PAN-Ultrafiltrationsmembranen sind DMAc, DMF und NMP, gute Ergebnisse wurden insbesondere mit DMF als Lösemittel erzielt [53]. Abb. 1.13 zeigt die Morphologie einer typischen PAN-Ultrafiltrationsmembran, wie sie z. B. von GMT Membrantechnik GmbH in Rheinfelden, Deutschland hergestellt wird. Ein frühes Sumitomo-Patent [54] beschreibt die Herstellung mikroporöser PAN-Membranen aus Copolymeren aus 89% Acrylnitril und 11% Ethylacrylat mit Formamid und DMF als Lösemittel und Wasser als Fällbad.

$$-(CH_2-CH)-\\ |\\ CN$$

Abb. 1.12 Strukturformel von Polyacrylnitril.

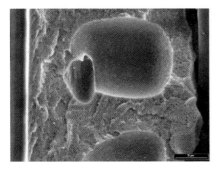 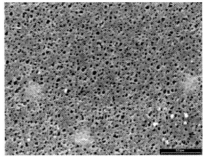

Abb. 1.13 Polyacrylnitrilmembran: Querschnitt (links) und Oberfläche (rechts).

Diese Membran konnte durch Plasmabehandlung in Gegenwart von 4-Vinylpyridin zu einer Umkehrosmose-Membran modifiziert werden.

1.4.5
Cellulose

Cellulose-Ultrafiltrationsmembranen sind sehr hydrophil und neigen weniger zum Fouling als Membranen aus synthetischen Polymeren. Cellulose weist eine sehr regelmäßige Struktur auf mit Wasserstoff-Brückenbindungen zwischen den OH-Gruppen. Daher ist Cellulose in den meisten organischen Lösemitteln unlöslich. Eine Ausnahme sind verdünnte Lösungen in DMAc oder NMP mit Lithiumchlorid-Zusatz. Cellulosemembranen werden üblicherweise durch Ausfällen und Regeneration einer chemisch modifizierten Cellulose hergestellt. Zwei lang bekannte Verfahren zur Fertigung von Cellulosemembranen sind das Cellophan- und das Cuprophan-Verfahren. Beim Cellophan-Verfahren wird die Cellulose aus einer Cellulosexanthogenatlösung hergestellt. Erfinder dieses Verfahrens war der Schweizer Chemiker Brandenberger. Das Prinzip der Herstellung wird in den US-Patenten 981,386 und 991,267 beschrieben [55, 56]. Cuprophanmembranen werden auf ähnliche Weise gefertigt; in diesem Fall wird die Cellulose aus einer Lösung regeneriert, die auch das Reaktionsprodukt der Cellulose mit einer ammoniakalischen Kupfersulfat Lösung enthält. Dieser Prozess ist im US-Patent 2,067,522 beschrieben [57]. Heute werden die meisten Cellu-

Abb. 1.14 Strukturformel von Cellulose.

losemembranen durch Hydrolyse von asymmetrischen Celluloseacetatmembranen in starker alkalischer Lösung hergestellt [58]. Eine neuere alternative Methode ist die saure Hydrolyse von Trimethylsilylcellulose [59].

1.5
Membranen für die Mikrofiltration

Aus einigen der oben beschriebenen Polymere können auch Mikrofiltrationsmembranen mittels Nichtlösemittel-induzierter Phasentrennung hergestellt werden. Die meisten MF-Membranen werden aber mit anderen Verfahren hergestellt, die für den Porenbereich von MF-Membranen (0,1–5 µm) besser geeignet sind. Hierzu gehört die thermisch induzierte Phasentrennung (TIPS-Prozess) [2, 3] und das Recken von teilkristallinen Polymerfilmen aus Polypropylen und Polytetrafluorethylen. Das Kernspur-Verfahren führt zu mikroporösen Membranen mit sehr enger Porenverteilung.

1.5.1
Polypropylen und Polytetrafluorethylen

Recken ist Teil des Herstellungsprozesses sowohl von Celgard® wie auch von Gore-Tex® Membranen. Kalt-Recken wurde schon 1969 [60] für die Membranherstellung aus kristallinen Polymeren beschrieben. Eine modifizierte Methode besteht im Recken des Polymerfilms in Gegenwart eines Lösemittels, welches den Polymerfilm quillt. Dieses Quellmittel wird entfernt, während der Film gereckt bleibt. Auf diese Weise entstehen Mikroporen. Andere Prozesse verwenden abwechselnde Reckung im kalten und heißen Zustand [61].

Die Celgard-Membran besteht aus Polypropylen (PP), einem preiswerten und inerten Material. Es ist auch unter extremen pH-Bedingungen stabil und ist bei Raumtemperatur in keinem Lösemittel löslich. PP quillt in unpolaren Lösemitteln wie Tetrachlorkohlenstoff. Für die Membranherstellung ist kein Lösemittel erforderlich. PP wird unter hohen Scherkräften extrudiert, die Polymerketten werden dabei ausgerichtet und während des Abkühlens entstehen lamellare mikrokristalline Bereiche. Dann wird der Film gerade unterhalb der Schmelztemperatur um 50 bis 300% gereckt. Unter Spannung deformieren die amorphen Bereiche, bis sie aufreißen und die schlitzartigen Poren der Celgard®-Membran bilden (Abb. 1.15). Der Film wird dann unter Spannung abgekühlt.

Eine weitere kommerziell sehr erfolgreiche Membran, die durch Reckung erzeugt wird, ist die Gore Tex-Membran (Abb. 1.16). Sie besteht aus Polytetrafluorethylen; daher ist diese Membran chemisch extrem widerstandsfähig. Die Verarbeitung von Polytetrafluorethylen ist nur durch Pasten-Extrusion möglich. Das Polymer wird hierzu mit einem „Schmiermittel" wie Naphta gemischt und extrudiert. Das Schmiermittel wird durch Aufheizen bis zu 327 °C entfernt. Über dieser Temperatur würde das PTFE zu einem porenfreien Film zusammen sintern. Nach der Entfernung des Schmiermittels wird der PTFE-Film uni-

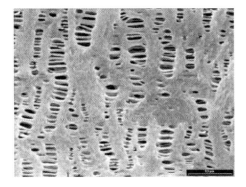

Abb. 1.15 Celgard-Membran.

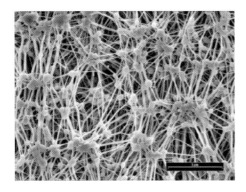

Abb. 1.16 Gore Tex-Membran.

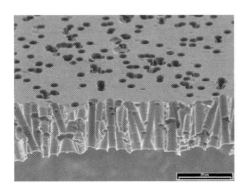

Abb. 1.17 Polyethylentherephthalatmembran.

oder biaxial gereckt, wodurch die hochporöse Struktur entsteht. Dieser Prozess wurde von Gore vorgeschlagen [62]. Das resultierende PTFE-Material wird sehr erfolgreich in der Textilindustrie und in der Membrantechnik eingesetzt. Eine Besonderheit der Gore Membran ist ihr hoher hydrophober Charakter. Flüssiges Wasser kann die Membran nicht benetzen, daher ist die Membran eine Barriere für flüssiges Wasser. Wasserdampf hingegen kann sehr gut permeieren. Aus diesem Grund sind GoreTex-Membranen sehr attraktiv für die Textilindustrie (regendicht aber atmungsaktiv).

Mikroporöse PTFE-Membranen sind von großem Vorteil, wenn aggressive Medien vorhanden sind. Ein Beispiel sind Membrankontaktoren zur Kohlendioxidentfernung, die als Absorptionsmittel Alkanolamine enthalten [63].

1.5.2
Polycarbonat und Polyethylenterephthalat

Dichte Filme aus Polycarbonat oder Polyethylenterephthalat können durch das Kernspur-Verfahren in poröse Mikrofiltrationsmembranen mit sehr enger Porenverteilung überführt werden. Dazu werden die Filme mit hochenergetischen Ionen beschossen. Es bildet sich hierbei entlang der Bahn des Ions ein Plasmaschlauch aus. Chemische Bindungen des Polymers werden aufgebrochen, freie chemische Bindungen entstehen. Diese geschwächten bestrahlten Bereiche werden in einem Ätzprozess aus der Folie herausgelöst und es entstehen gerade Kapillaren mit nahezu gleichen Durchmessern. Die Anzahl der Poren ist abhängig von der Bestrahlungszeit, der Porendurchmesser ist abhängig vom Ätzprozess. Die Form der Poren (zylindrisch oder konisch) ist abhängig von V, dem Verhältnis der Ätzrate des unbestrahlten Polymers und des bestrahlten Bereiches [64].

1.6
Literatur

1 S. Loeb and S. Sourirajan, Sea water demineralization by means of an osmotic membrane. *Advanced Chem. Ser.* **38** (1962), 117.

2 A. Castro (Akzona) Methods for making microporous products. US Pat 4247498, January 1981.

3 D. R. Lloyd, S. S. Kim and K. E. Kinzer, Microporous membrane formation via thermally-induced phase separation. II. Liquid-liquid phase separation. *Journal of Membrane Science* **64** (1991) 1.

4 S. P. Nunes, Recent advances in the controlled formation of pores in membranes. *Trends in Polymer Science* **5** (1997) 187.

5 W. J. Koros and I. Pinnau, in Polymeric Gas Separation Membranes (D. R. Paul and Y. Yampol'skii, eds.), pp. 209–271, CRC Press 1994.

6 A. J. Reuvers, C. A. Smolders, Formation of membranes by means of immersion precipitation. Part II: The mechanism of formation of membranes prepared from the system cellulose acetate-acetone-water. *Journal of Membrane Science* **34** (1987) 45, 67.

7 A. M. W. Bulte, B. Folkers, M. H. V. Mulder and C. A. Smolders, Membranes of semicrystalline aliphatic polyamide Nylon 4,6: Formation by diffusion-induced phase separation. *Journal of Applied Polymer Science* **50** (1993) 13.

8 G. E. Gaides and A. J. McHugh, Gelation in an amorphous polymer: a discussion of its relation to membrane formation. *Polymer* **30** (1989) 2118.

9 F. J. Tsai and J. M. Torkelson, Roles of phase separation mechanism and coarsening in the formation of poly(methyl methacrylate) asymmetric membranes, *Macromolecules* **23** (1990) 775.

10 S. P. Nunes and T. Inoue, Evidence for spinodal decomposition and nucleation

10 and growth mechanisms during membrane formation. *Journal of Membrane Science* **111** (1996) 93.

11 R. M. Boom, T. van den Boomgaard, and C. A. Smolders, Mass transfer and thermodynamics during immersion precipitation for a two-polymer system. Evaluation with the system PES-PVP-NMP-water. *Journal of Membrane Science* **90** (1994) 231.

12 J. G. Wijmans, J. P. B. Baaij, C. A. Smolders, The Mechanism of Formation of Microporous or Skinned Membranes Produced by Immersion Precipitation. *Journal of Membrane Science* **14** (1983) 263.

13 L. Zeman and T. Fraser, Formation of air-cast cellulose acetate membranes. Part I: Study of macrovoid formation. *Journal of Membrane Science* **84** (1993) 93.

14 I. Pinnau and J. Koros, A qualitative skin layer formation mechanism for membranes made by dry/wet phase inversion. *Journal of Polymer Science B: Polymer Physics* **31** (1993) 419.

15 M. Mulder, Basic Principles of Membrane Technology. Kluwer Academic, 1991.

16 K.-V. Peinemann, J. F. Maggioni and S. P. Nunes, Poly (ether imide) membranes obtained from solution in cosolvent mixtures. *Polymer* **39** (1998) 3411.

17 J. Y. Kim, H. K. Lee, K. J. Baik, S. C. Kim, Liquid-liquid phase separation in polysulfone/solvent/water systems. *Journal of Applied Polymer Science* **65** (1997) 2643.

18 J. Y. Kim, Y. D. Kim, T. Kanamori, H. K. Lee, K. J. Baik, S. C. Kim, Vitrification phenomena in polysulfone/NMP/water system. *Journal of Applied Polymer Science* **71** (1999) 431.

19 K.-V. Peinemann, J. F. Maggioni and S. P. Nunes, Poly (ether imide) membranes obtained from solution in cosolvent mixtures. *Polymer* **39** (1998) 3411.

20 J. Y. Kim, H. K. Lee, K. J. Baik, S. C. Kim, Liquid-liquid phase separation in polysulfone/solvent/water systems. *Journal of Applied Polymer Science* **65** (1997) 2643.

21 J. Y. Kim, Y. D. Kim, T. Kanamori, H. K. Lee, K. J. Baik, S. C. Kim, Vitrification phenomena in polysulfone/NMP/water system. *Journal of Applied Polymer Science* **71** (1999) 431.

22 S. A. McKelvey, W. Koros, Phase separation, vitrification and the manifestation of macrovoids in polymeric asymmetric membranes. *Journal of Membrane Science* **112** (1996) 29.

23 C. A. Smolders, A. J. Reuvers, R. M. Boom and I. M. Wienk, Microstructures in phase-inversion membranes. Part 1: Formation of macrovoids. *Journal of Membrane Science* **73** (1992) 259.

24 W. Albrecht, T. Weigel, M. Schossig, K. Kneifel, K.-V. Peinemann, D. Paul, Formation of hollow fiber membranes from poly(ether imide) at phase inversion using binary mixtures of solvents for the preparation of the dope. *Journal of Membrane Science* **192** (2001) 217.

25 C. A. Smolders, A. J. Reuvers, R. M. Boom and I. M. Wienk, Microstructures in phase-inversion membranes. Part 1: Formation of macrovoids. *Journal of Membrane Science* **73** (1992) 259.

26 H. Strathmann, K. Koch, P. Amar, R. W. Baker, The formation mechanism of asymmetric membranes. *Desalination* **16** (1975) 179.

27 K. Kneifel, K. V. Peinemann, Preparation of hollow fiber membranes from polyetherimide for gas separation. *Journal of Membrane Science* **65** (1992) 295.

28 C. Blicke, K. V. Peinemann and S. P. Nunes, Ultrafiltration membranes of PESA/PEI. *Journal of Membrane Science* **79** (1993) 83.

29 S. P. Nunes, F. Galembeck and N. Barelli, Cellulose Acetate Membranes for Osmosedimentation: Performance and Morphological Dependence on Preparation Conditions. *Polymer* **27** (1986) 937–943.

30 J. E. Cadotte, R. J. Petersen, R. E. Larson and E. E. Erickson, A new thin-film composite seawater reverse osmosis membrane. *Desalination* **32** (1980) 25.

31 S. Verissimo, K.-V. Peinemann, J. Bordado, Thin-Film Composite Hollow Fiber Membranes: An Optimized Manufacturing Method. *Journal of Membrane Science* **264** (2005) 48–55.

32 W. J. Wrasidlo (Brunswick) Asymmetric membranes. US Pat 4,629,563, December 1986.

33 M. Kraus, M. Heisler, I. Katsnelson, D. Velazques (Gelman) Filtration mem-

branes and method of making the same US Pat 4,900,449, February 1990.

34 K. Ikeda, S. Yamamoto, H. Ito (Nitto) Sulfonated polysulfone composite semipermeable membranes and process for producing the same. US Pat 4,818,387, April 1989.

35 W. Loffelmann, J. Passlack, H. Schmitt, H. D. Sluma, M. Schmitt (Akzo Nobel). Polysulfone membrane and method for its manufacture. US Pat 5,879,554, March 1999.

36 H. D. W. Roesink, D. M. Koenhen, M. H. V. Mulder, C. A. Smolders (X-Flow). Process for preparing a microporous membrane and such a membrane. US Pat 5,076,925, December, 1991.

37 J. L. Bailey, R. F. McCune (Polaroid). Microporous vinylidene fluoride polymer and process of making same. US Pat 3642668, February 1972.

38 P. J. Degen, I. P. Sipsas, G. C. Rapisarda, J. Gregg, Polyvinylidenfluorid-Membran. DE 4445973 A1, June 1995.

39 R. E. Kesting, Synthetic polymeric membranes. A structural perspective. John Wiley & Sons, 1985.

40 M. Onishi, Y. Seita, N. Koyama (Terumo) Hydrophilic, porous poly(vinylidene fluoride) membrane process for its preparation. EP 0344312 A1, December 1989.

41 I. B. Joffee, P. J. Degen, F. A. Baltusis, Microporous membrane structure and method of making. EP 0245000A2, November 1987.

42 J. Sasaki, K. Naruo, Kyoichi (Fuji Photo Film) Asymmetric microporous membrane containing a layer of minimum size pores below the surface thereof. US Pat 4933081, June 1990.

43 I. F. Wang, J. F. Ditter, R. Zepf (USF Filtration and Separations) Highly porous polyvinylidene difluoride membranes. US Pat 5834107, November 1998.

44 A. Bottino, in Drioli and Nagaki, Membranes and Membrane Processes, Plenum Press 1986, pp. 163.

45 T. Uragami, M. Fujimoto, M. Sugikara, Studies on syntheses and permeabilities of special polymer membranes. 28. Permeation Characteristics and Structure of Interpolymer Membranes from Poly (Vinylidene Fluoride) and Poly(Styrene Sulfonic Acid). *Desalination* 34 (1980) 311.

46 M. Kasi, N. Koyama (Terumo) Method for production of porous membrane. US Pat 4,772,440, September 1988.

47 S. P. Nunes, K. V. Peinemann, Ultrafiltration membranes from PVDF/PMMA blends. *Journal of Membrane Science* 73 (1992) 25.

48 K. V. Peinemann, K. Fink, P. Witt. Asymmetric Polyetherimide Membranes for Helium Separation, *Journal of Membrane Science* 27 (1986) 215.

49 K.-V. Peinemann, K. Ohlrogge, H.-D. Knauth, The Recovery of Helium from Diving Gases, in: Membranes in Gas Separation and Enrichment, Royal Society of Chemistry Special Publication No. 62, 1986.

50 S. P. Nunes, K. V. Peinemann, K. Ohlrogge, A. Alpers, M. Keller and A. T. N. Pires, Membranes of poly(ether imide) and nanodispersed silica. *Journal of Membrane Science,* **157** (1999) 219.

51 A. Goetz, US Pat 2926104, February 1960.

52 Y. Hashino, M. Yoshino, H. Sawabu, S. Kawashima (Asahi), Membranes of acrylonitrile polymers for ultrafilter and method for producing the same. US Pat 3933653, January 1976.

53 N. Scharnagl, H. Buschatz, Polyacrylonitrile Membranes for Ultra- and Microfiltration. *Desalination* 139 (2001) 191–198.

54 T. Sano, T. Shimomura, M. Sasaki, I. Murase, Ichiki (Sumitomo) Process for producing semipermeable membranes, US Pat 4107049, 1978.

55 E. Brandenberger. Process for the continuous manufacture of cellulose films. US Pat 981368, January 1911.

56 E. Brandenberger, Apparatus for the continuous manufacture of cellulose films. US Pat 991267, May 1911.

57 R. Etzkorn, E. Knehe (I. P. Bemberg) Method of producing cellulosic films. US Pat 2067522, January 1937.

58 R. Tuccelli, P. V. McGrath (Millipore) Cellulosic ultrafiltration membrane. US Pat 5522991, June 1996.

59 K. V. Peinemann, S. P. Nunes, J. Timmermann. Kompositmembran sowie ein Verfahren zu ihrer Herstellung. Patent Application DE 19821309 A1, November 1999.

60 H. S. Bierenbaum, R. B. Isaacson, P. R. Lantos. Breathable medical dressing. US Pat 3,426,754, February 1969.

61 H. M. Fisher, D. E. Leone (Hoechst Celanese) Microporous membranes having increased pore densities and process for making the same. EP Pat 0342026 B1, 1989.

62 R. W. Gore, W. L. Gore, Process for producing porous products. US Pat 3953566, April 1976.

63 K. A. Hoff, O. Juliussen, O. Falk-Pedersen, H. F. Svendsen, Modelling and Experimental Study of Carbon Dioxide Absorption in Aqueous Alkanolamine Solutions Using a Membrane Contactor. *Industrial and Engineering Chemistry Research* **43** (2004) 4908–4921.

64 B. V. Mchedlishvili, V. V. Beryozkin, V. A. Oleinikov, A. I. Vilensky and A. B. Vasilyev. Structure, physical and chemical properties and applications of nuclear filters as a new class of membranes. *Journal of Membrane Science* **79** (1993) 285.

2
Molekulare Modellierung des Transports kleiner Moleküle in polymerbasierten Materialien

Dieter Hofmann und Matthias Heuchel

2.1
Einleitung

In vielen technologisch bedeutsamen Prozessen, z. B. in der chemischen Industrie, der Pharmazie, beim Umweltschutz, in der Biomedizin und Biotechnologie, spielt die Permeation kleiner und mittelgroßer Moleküle in unterschiedlichen Materialien eine entscheidende Rolle. Die entsprechenden Moleküle erreichen dabei Größen von einigen Angström (z. B. O_2, N_2, Ethanol, Benzol) bis zu einigen nm (z. B. bestimmte pharmazeutische Wirkstoffe), wobei die Transportvorgänge typischerweise im freien Volumen der jeweiligen Umgebung (Polymer, Zeolith, Hydrogel) oder in Nanoporen ablaufen.

Membranprozesse zur Trennung gasförmiger oder flüssiger Gemische sind ein wichtiges Beispiel. Hier existiert bereits eine Vielzahl von anwendbaren Materialien und darauf basierenden technischen Lösungen, in vielen Fällen besteht aber noch ein deutlicher Verbesserungsbedarf. Das trifft auch auf das in gewisser Weise entgegengesetzte Problem der Barrierematerialien zu, wo es um die Realisierung extrem geringer Permeatflüsse zumindest für bestimmte Moleküle geht. Andere Bereiche betreffen die kontrollierte Wirkstofffreisetzung und Biomaterialien mit maßgeschneiderter Resorbierbarkeit, wobei Letzteres in hohem Maße mit dem Transport von Wassermolekülen verbunden ist.

In diesem Kontext besteht Bedarf für die Entwicklung neuer Materialien mit optimal auf den jeweiligen Anwendungsfall abgestimmten Transporteigenschaften u.a. in folgenden Fällen:

- effiziente Trennung von Methan aus Mischungen mit höheren Kohlenwasserstoffen bei der Erdgasaufbereitung;
- effiziente Gewinnung von sehr großen Sauerstoffmengen aus Luft;
- Design von Verpackungsmaterialien für die Konservierung frischer Früchte und Gemüse verbunden mit der Notwendigkeit sehr spezifischer Trenneigenschaften zur Aufrechterhaltung einer modifizierten und kontrollierten Atmosphäre;

Membranen: Grundlagen, Verfahren und industrielle Anwendungen
Herausgegeben von Klaus Ohlrogge und Katrin Ebert
Copyright © 2006 WILEY-VCH Verlag GmbH & Co. KGaA, Weinheim
ISBN: 3-527-30979-9

- Kontrolle der Migration von Additiven, Monomeren oder Oligomeren aus Verpackungsmaterialien in Lebensmittel und andere Produkte;
- Verbesserung der Widerstandsfähigkeit von Harzen in Verbundmaterialien beim Flugzeugbau durch Verringerung der Absorption von Wasser;
- ausreichend effizienter Protonentransport durch Membranen in Brennstoffzellen;
- Wirkstofffreisetzungssysteme mit optimaler Kinetik für Anwendungen in Medizin und Kosmetik;
- Biomaterialien mit optimaler Resorptionskinetik.

Amorphe Polymere oder darauf basierende Komposite mit anorganischen Komponenten bilden eine wichtige Materialklasse zur Lösung der genannten Probleme. In der Vergangenheit wurden bei der Entwicklung derartiger Materialien mit definierten Transporteigenschaften bereits große Erfolge erzielt. Dabei kamen auch in unterschiedlichem Maße molekulare Modellvorstellungen insbesondere zu Zusammenhängen zwischen der Struktur der verwendeten Materialien und deren Permeationseigenschaften zum Einsatz.

Mit molekularen Modellen versuchte man dabei, den Transport von Gasen in und durch Polymere auf der Basis molekularer bzw. atomarer Wechselwirkungen zu beschreiben. Die ersten derartigen Modelle waren sehr einfacher Natur, es konnten lediglich Aussagen über die Aktivierungsenergien für die Diffusion, aber keine Diffusionskonstanten, vorhergesagt werden.

Zur Abschätzung der Aktivierungsenergien werden allerdings bestimmte Fitparameter benötigt, die experimentell bestimmt werden müssen (z. B. Diffusionskonstanten oder Aktivierungsenergien für die Diffusion). Als Beispiel für ein frühes detailliertes Modell sei hier das molekulare Modell von Pace and Datyner [1] genannt, dessen Gültigkeit aber streng genommen nur bei 0 K gegeben ist. Das Modell kombiniert Eigenschaften früherer Modelle und erlaubt die Abschätzung von Aktivierungsenergien für die Diffusion ohne Nutzung von Fitparametern. In Anlehnung an Di Benedetto und Paul [2] wird dabei davon ausgegangen, dass in eigentlich nichtkristallinen Polymeren lokal sehr kleine Regionen mit semikristalliner Ordnung vorkommen, in denen die Polymerkettensegmente parallele Bündel bilden, die sich über einige nm erstrecken. Die einzelnen Kettensegmente werden dabei von jeweils vier anderen Kettensegmenten koordiniert (Abb. 2.1).

Für die Diffusion von Molekülen werden dann zwei unterschiedliche Bewegungen postuliert. Einerseits können sich die Moleküle parallel zu den Polymerketten in einem zylindrischen Diffusionskanal bewegen, andererseits kann die Bewegung aber auch senkrecht zum Kettenbündel verlaufen, dafür wird allerdings ein geeigneter Zwischenraum benötigt.

Die genannten Autoren formulierten außerdem einen Ausdruck zur Vorhersage von Diffusionskoeffizienten, der für einfache Permeanden nur einen einzigen Fitparameter enthält, die mittlere quadratische Sprunglänge. Für komplexe Permeatmoleküle sind allerdings zwei weitere Parameter einzubeziehen. Zum einen die Kettenverschiebung, die notwendig ist, um genug Platz zu er-

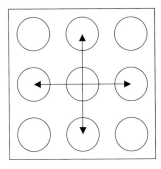

Abb. 2.1 Parallele Polymerkettenanordnung mit der Koordinationszahl vier (Draufsicht).

zeugen, damit sich ein Gasmolekül bewegen kann, und zum anderen ein spezieller Separationsausdruck. Dieser Ausdruck beschreibt den mittleren Abstand des Gasmoleküls zu den umgebenden Polymerkettensegmenten.

Die Entwicklung derartiger Modelle wurde aber lange Zeit durch das folgende Problem erschwert. Während der Transport kleiner Moleküle in einem amorphen Polymer in entscheidendem Maße auch von der Struktur und Dynamik des Polymers auf atomaren Längenskalen abhängt, sind gerade derartige Materialeigenschaften für amorphe Polymere nur in sehr geringem Umfang experimentell hinreichend genau erfassbar.

Hier bestehen prinzipiell bedeutende Verbesserungsmöglichkeiten durch den Einsatz atomistischer molekulardynamischer (MD) Simulationsmethoden, die in den letzten 15 Jahren im Bereich der Erforschung von Permeationsvorgängen kleiner und mittelgroßer Moleküle eine zunehmende Anwendung gefunden haben [3–16].

Das vorliegende Kapitel wird kurz auf die Grundlagen derartiger Simulationsmethoden eingehen sowie eine Reihe von charakteristischen Anwendungsfällen darstellen.

2.2
Grundlagen von MD Methoden für amorphe Polymere

Wie im Kapitel 12.1 dargestellt verläuft die Permeation kleiner Moleküle in amorphen Polymeren zumeist nach dem Lösungs-Diffusions-Modell, d.h. dass sich die Permeabilität P_i einer Feedkomponente i als Produkt der entsprechenden Löslichkeit S_i und der Diffusionskonstante D_i ergibt.

Die molekulare Modellierung amorpher Polymere erfordert zunächst die Konstruktion von üblicherweise rechtwinkligen Packungsmodellen, in denen die Kettensegmente des jeweiligen Polymers und die erforderlichen Permeatmoleküle in möglichst realitätsnaher Weise angeordnet sind. Dabei gelangen Prinzipien der atomistischen Modellierung zur Anwendung. Hierbei werden die beteiligten Atome durch Kugeln mit aus z.B. der Quantenphysik ermitteltem Durchmesser R_i und Atomgewicht m_i repräsentiert.

Abb. 2.2 Mechanische Äquivalente zur Beschreibung von Deformationen von kovalenten Bindungen, Bindungswinkeln und Konformationswinkeln.

Die Beschreibung der aus kovalenten Bindungen resultierenden (gebundenen) Wechselwirkungen erfolgt über mechanische Analoga, wie z.B. Federn (Abb. 2.2 und für entsprechende Formeln die Gleichung 1).

So genannte nichtgebundene Wechselwirkungen des van der Waals- und Coulomb-Typs können mit Hilfe entsprechender Gleichungen aus der klassischen Mechanik erfasst werden (Gleichung (1) zeigt ein entsprechendes Beispiel). Mit Hilfe der aus diesen Betrachtungen ableitbaren mathematischen Beschreibungen kann dann für jedes atomistische Modellsystem die potentielle Energie $V(\vec{r}_1, \vec{r}_2, \dots \vec{r}_N)$ als Funktion aller Atomkoordinaten $\vec{r}_i (i = 1 \dots N)$ der beteiligten N Atome beschrieben und für den jeweils konkreten Fall berechnet werden. Gleichung (1) zeigt ein sehr einfaches Beispiel für ein System aus N Atomen:

$$V(\vec{r}_1, \vec{r}_2, \dots, \vec{r}_N) = \sum_{\text{Bindungen}} K_b (l - l_0)^2 + \sum_{\text{Bindungswinkel}} K_\theta (\theta - \theta_0)^2$$

$$+ \sum_{\text{Konformationswinkel}} K_\varphi [1 + \cos(n\varphi - \delta)]$$

$$+ \sum_{\substack{\text{nichtgebundene} \\ \text{Atompaare } i,j}} \left[\left(\frac{a_{ij}}{r_{ij}^{12}} \right) - \left(\frac{b_{ij}}{r_{ij}^{6}} \right) + \frac{q_i q_j}{\varepsilon_0 \varepsilon_r r_{ij}} \right] \quad (1)$$

Die potentielle Energie eines Gesamtsystems wird also aus Beiträgen von jeder einzelnen Bindungslängen-, Bindungswinkel- und Konformationswinkel-Deformation sowie aus den Wechselwirkungsenergien zwischen allen Paaren von Atomen, die entlang eines Moleküls mehr als drei Bindungen voneinander entfernt sind oder zu verschiedenen Molekülen gehören, zusammengesetzt.

Dabei gilt für jede einzelne betrachtete Deformation bzw. Wechselwirkung:

l = aktuelle Länge einer Bindung
l_0 = Gleichgewichtswert für die Länge einer Bindung
K_b = Federkraftkonstante für eine Bindungslängendeformation
θ = aktueller Wert für einen Bindungswinkel
θ_0 = Gleichgewichtswert für einen Bindungswinkel
K_θ = Federkraftkonstante für eine Bindungswinkeldeformation
φ = aktueller Wert für einen Konformationswinkel
n = Konstante zur Einstellung der Periodizität eines Konformationspotentials

2.2 Grundlagen von MD Methoden für amorphe Polymere

δ = Konstante zur Einstellung der Lage der Minima eines Konformations-
potentials
K_φ = Federkraftkonstante für eine Konformationswinkeldeformation
r_{ij} = räumlicher Abstand zwischen den Atomen i und j mit $(j-i) > 3$
a_{ij} = Konstante zur Einstellung der abstoßenden Wechselwirkungen im
Lennard-Jones Potential
b_{ij} = Konstante zur Einstellung der anziehenden Wechselwirkungen im
Lennard-Jones Potential
q_i = Partialladung des -ten Atoms
ε_0 = absolute Dielektrizitätskonstante im Vakuum
ε_r = relative Dielektrizitätskonstante

Die Konstanten l_0, K_b, θ_0, K_θ, n, δ, K_φ, a_{ij}, b_{ij}, q_i, und ε_r gehören zu den Fitparametern, die durch Anpassung der Gleichung (1) an Ergebnisse quantenmechanischer Rechnungen bzw. alternativ oder ergänzend auch an experimentelle Daten (z. B. aus Röntgenstreuung, IR-Spektroskopie, Bildungswärmen) zu bestimmen sind.

Kraftfelder des o.g. Typs können sowohl für die Optimierung von Modellstrukturen über eine Energieminimierung herangezogen werden, als auch für die Durchführung molekulardynamischer (MD) Simulationen. Im letzteren Fall werden zunächst über die Gradientenoperation alle auf die einzelnen Atome des Modells wirkenden Kräfte $\vec{F}_i$ berechnet:

$$\vec{F}_i = -\frac{\partial V(\vec{r}_1, \vec{r}_2, \ldots, \vec{r}_N)}{\partial \vec{r}_i} \tag{2}$$

Dann können die entsprechenden Newton'schen Bewegungsgleichungen für jedes Atom i aufgestellt werden:

$$\vec{F}_i = m_i \frac{d^2 \vec{r}_i(t)}{dt^2} \quad i = 1, \ldots, N \tag{3}$$

Die zur Lösung und damit zur Verfolgung der molekularen Dynamik eines Modells noch erforderlichen Anfangsgeschwindigkeiten werden dann häufig unter Nutzung der bekannten Beziehung zwischen kinetischer und thermischer Energie zugeordnet.

$$E_{kin} = \sum_{i=1}^{N} \frac{1}{2} m_i v_i^2 = \frac{3N - 6}{2} k_B T \tag{4}$$

k_B ist die Boltzmann-Konstante, v_i ist die Geschwindigkeit des i-ten Atoms und $(3N-6)$ entspricht der Anzahl der Freiheitsgrade eines N-atomigen Modells. Dabei wurde beachtet, dass sich bei MD-Simulationen der Massenmittelpunkt des Modells mit seinen 6 Freiheitsgraden der Translation und Rotation nicht bewegt.

Gleichungen (1) bis (4) stellen ein System aus üblicherweise tausenden gekoppelten Differentialgleichungen zweiter Ordnung dar, welches nur numerisch, z. B. über Finite Differenzen Verfahren, gelöst werden kann. Dabei wird jeweils aus der Lösung zum Zeitpunkt t die Lösung für einen neuen Zeitpunkt $t+\Delta t$ ermittelt, wobei Δt insbesondere wegen der sehr schnellen Schwingungen der kovalenten Bindungen nicht größer als etwa 1 Femtosekunde (1 fs = $1 \cdot 10^{-15}$ s) sein darf [17, 18]. Unter Nutzung heute verfügbarer Hard- und Software können die Newton'schen Bewegungsgleichungen für Modelle aus einigen tausend Atomen für einige Nanosekunden (1 ns = $1 \cdot 10^{-9}$ s) mit vertretbarem Aufwand (einige Tage bis einige Wochen CPU Zeit) gelöst werden. Das bedeutet, dass die zu simulierenden Prozesse schnell genug sein müssen, um statistisch relevante Ergebnisse zu erhalten.

Zusätzlich führt die üblicherweise auf einige tausend bis zehntausend beschränkte Anzahl der Atome in einem Modell zu lateralen Modellabmessungen im Bereich zwischen etwa 2 und 10 nm. Damit ist zum einen der Einsatz von periodischen Randbedingungen erforderlich. Zum anderen gestatten es diese Modelle nicht, die ganze trennaktive Schicht einer mehr oder weniger dichten amorphen Polymermembran zu simulieren, die typischerweise eine Dicke im µm-Bereich hat. Möglich sind aber, jeweils unter geeigneten periodischen Randbedingungen, üblicherweise kubische Bulkmodelle, die das Innere eines Polymers beschreiben, und Grenzflächenmodelle für eine Polymeroberfläche in Kontakt mit einem (zumeist flüssigen) Feedgemisch (Abb. 2.3).

Für die „Füllung" derartiger Packungsmodelle mit Polymerkettensegmenten unter die Bindungskontinuität erhaltenden periodischen Randbedingungen gelangten in den letzten 10 Jahren häufig Varianten der Theodorou-Suter-Methode [19, 21] zum Einsatz. Während sich für die hier zu diskutierenden Beispiele genauere Angaben z. B. in der Literatur [10, 22] befinden, soll an dieser Stelle nur eine sehr kurze Beschreibung der verwendeten Informationen und Zielgrößen erfolgen:

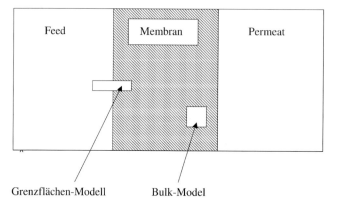

Abb. 2.3 Definition von Bulk- und Grenzflächenmodellen.

1. Ermittlung des Volumens der mit Polymersegmenten zu füllenden Simulationsbox basierend auf der gewünschten Dichte und des vorgesehenen Molekulargewichts (Atomzahl) für das zu konstruierende Polymersystem.

2. Monte Carlo Wachstum einer oder mehrerer Polymerketten nach einem Schema von Bindung zu Bindung entlang der Hauptkette, wobei die Wahrscheinlichkeiten für das Auftreten bestimmter Dieder- oder Torsionswinkel aus den im jeweiligen Kraftfeld enthaltenen Konformationspotentialen und beteiligten Paarwechselwirkungen ermittelt werden. Das Wachstum erfolgt unter periodischen Randbedingungen, d.h. ein Kettenabschnitt der die Simulationsbox auf der einen Seite verlässt, tritt als Kopie auf der gegenüberliegenden Seite wieder ein.

3. Zum Teil sehr aufwendige MD-basierte Äquilibrierungsprozeduren [10, 22].

2.3
Ausgewählte Anwendungen von atomistischen Simulationen

2.3.1
Verwendete Hard- und Software

Die Insight II/Discover Software der Fa. Accelrys Inc., San Diego [21, 23] wurde für die Herstellung der im Folgenden diskutierten Packungsmodelle, MD-Simulationen und für einen Teil der Auswertung der Daten genutzt. Dabei kam, wenn im folgenden Text nicht anders erwähnt, das COMPASS Kraftfeld zum Einsatz [24, 25]. Die konkreten Abläufe der erforderlichen Äquilibrierungs- und Datenproduktionsläufe wurden über, zum Teil aufwendige, selbst erstellte BTCL-Scripte gesteuert. Die Erstellung ergänzender Software zur Auswertung von Simulationsdaten erfolgte zumeist in den Programmiersprachen FORTRAN und C.

Die Simulationen liefen zunächst unter anderem auf einer CRAY C916 des Deutschen Klimarechenzentrums (DKRZ) in Hamburg, später auch auf 2-Prozessor Octane Workstations sowie einer 8-Prozessor Origin 2100 der Fa. SGI.

2.3.2
Beispiele für die Anwendung von Bulkmodellen für amorphe Polymere

2.3.2.1 Validierung von Packungsmodellen
Nach der Erstellung äquilibrierter Packungsmodelle muss deren Qualität durch Vergleiche mit experimentellen Daten geprüft werden. Dazu haben wir bislang hauptsächlich gemessene Diffusions- und Löslichkeitsparameter kleiner Moleküle in Polymeren genutzt. Die Berechnung der entsprechenden simulierten Parameter für die Packungsmodelle erfolgte dabei mit Hilfe der Gusev-Suter-Methode [26, 27]. Das Prinzip ist in Abb. 2.4 dargestellt. Zunächst wird dabei dem in Abb. 2.4a dargestellten Bulkmodell ein feines Gitternetz (Gitterkonstante ca. 0,05 nm) überlagert. Danach wird nacheinander auf jedem der resultieren-

den Gitterplätze ein Einatom-Äquivalent („united atom") des jeweils zu prüfenden kleinen Moleküls i eingefügt und es wird unter Nutzung des jeweiligen Kraftfeldes die Wechselwirkungsenergie $E_{\text{ins},i}$ mit den Polymeratomen berechnet. Aus diesem Datenmaterial kann mit Hilfe von Gleichung (5) zunächst direkt das entsprechende chemische Exzesspotential bei unendlicher Verdünnung $\mu_i^{\text{ex},\infty}$ und daraus (mit Gl. 6) der Löslichkeitskoeffizient S_i der Molekülsorte i im Polymer berechnet werden.

$$\mu_i^{\text{ex},\infty} = RT \cdot \ln\langle\exp(-E_{\text{ins},i}/k_B T)\rangle \tag{5}$$

$$S_i = \frac{T_0}{P_0 T}\exp(-\mu_i^{\text{ex},\infty}/RT) \tag{6}$$

Dabei ist R die universelle Gaskonstante, T_0 und P_0 sind die Temperatur und der Druck unter Standardbedingungen ($T_0 = 273{,}15$ K; $P_0 = 1{,}013 \cdot 10^5$ Pa).

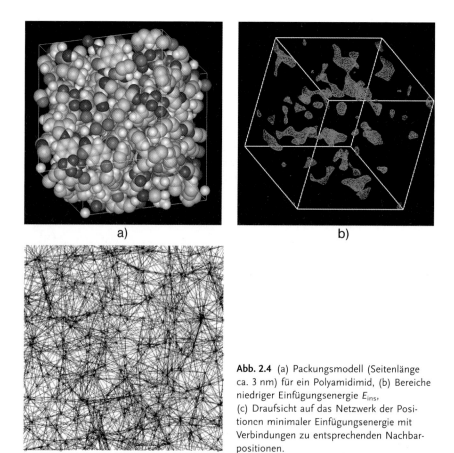

Abb. 2.4 (a) Packungsmodell (Seitenlänge ca. 3 nm) für ein Polyamidimid, (b) Bereiche niedriger Einfügungsenergie E_{ins}, (c) Draufsicht auf das Netzwerk der Positionen minimaler Einfügungsenergie mit Verbindungen zu entsprechenden Nachbarpositionen.

Abbildung 2.4b gestattet darüber hinaus auch die Identifikation von Bereichen niedriger Einfügungsenergie, die mit zum freien Volumen gehörigen Löchern zusammenhängen. Daraus und aus den ermittelten Einfügungsenergien kann dann ein vereinfachtes Modell (Abb. 2.4c) abgeleitet werden, bei dem die große Zahl der Atome des Originalmodells durch typischerweise etwa 100 Positionen lokaler minimaler Einfügungsenergie, die mit ihren nächsten Nachbarn jeweils aus den Einfügungsenergien berechenbaren Sprungwahrscheinlichkeiten miteinander verknüpft sind. Unter Nutzung dieses recht einfachen Modells können dann sehr effizient Monte Carlo Simulationen der Diffusion kleiner Moleküle erfolgen, wobei fast der Millisekunden-Bereich (ms) erreicht wird. Damit wird in der Regel der Bereich der Einstein-Diffusion erreicht und die entsprechende Diffusionskonstante D_i kann mit Hilfe der Einstein-Gleichung aus dem Anstieg der mittleren quadratischen Verschiebung $s_i(t)$

$$s_i(t) = \langle |\vec{r}_i(t) - \vec{r}_i(0)|^2 \rangle \tag{7}$$

berechnet werden

$$D_i = \langle |\vec{r}_i(t) - \vec{r}_i(0)|^2 \rangle / 6t \tag{8}$$

Dabei ist $\vec{r}_i(t)$ der Ortsvektor der jeweiligen Bahnkurve (Trajektorie) des Moleküls i und die Mittelung $\langle \rangle$ erfolgt über alle simulierten Trajektorien und alle Zeitursprünge $t=0$.

Ein wesentlicher Nachteil der Gusev-Suter-Methode ist, dass sich die jeweilige Polymermatrix nicht mit lokalen Konformationsänderungen an den Platzbedarf größerer permeierender Moleküle anpassen kann. Daher ist der Gültigkeitsbereich von S_i- und D_i-Vorhersagen mit dieser Technik in der Regel auf Moleküle geringer Größe wie H_2, O_2 und N_2 beschränkt, was aber für die Bewertung der Qualität von Packungsmodellen ausreicht.

Bei der Bewertung der Übereinstimmung so simulierter S_i- und D_i-Parameter mit entsprechenden experimentellen Daten muss beachtet werden, dass die in der Literatur veröffentlichten gemessenen Daten häufig für ein und dasselbe Polymer je nach Herstellungs- und Messbedingungen durchaus beträchtlich schwanken können. Bei manchen Polymerklassen, z.B. Polyimiden, kommt als systematische Fehlerquelle hinzu, dass bei den meisten in der Literatur berichteten Messwerten von nicht zu vernachlässigenden Einflüssen von Restlösemitteln ausgegangen werden muss. Diese Moleküle können das freie Volumen teilweise blockieren, was die insbesondere bei Polyimiden gefundenen systematischen Abweichungen simulierter D_i-Werte von gemessenen Daten nach oben erklärt [28]. Von Seiten der Simulation sind Äquilibrierungsprobleme und für bestimmte Situationen unzureichende Kraftfeldparameter Hauptquellen für systematische Fehler.

Tabelle 2.1 zeigt für einige Polymere typische Beispiele für Vergleiche zwischen gemessenen und simulierten Diffusions- und Löslichkeitsparametern. Dabei wurde jeweils über mindestens drei unabhängige Simulationsmodelle gemittelt. Während generelle Trends, insbesondere zwischen dem extrem hochper-

Tabelle 2.1 Beispiele für Packungsmodelle mit Vergleichen zwischen experimentell (Exp.) und durch Simulation (Simul.) ermittelten Löslichkeits-S_{O_2} und Diffusionskoeffizienten D_{O_2} für Sauerstoff.

Polymer	Name	Dichte in g/cm^3	Seitenlänge der Modelle in nm	Atomzahl N des Modells
PTMSP-Struktur	PTMSP	0,75	4,99	9483
PDMS-Struktur	PDMS	0,95	3,01	2202
PI3-Struktur	PI3	1,34	3,79–3,85	4486–4722
PI4-Struktur	PI4	1,33	3,80	4482

meablen PTMSP, dem bezüglich Sauerstoffpermeation schnellsten gummiartigen Polymer PDMS und den immer noch relativ „schnellen" Polyimiden PI3 und PI4 in – für Vorhersagen – durchaus ausreichender Qualität wiedergegeben werden, sind die feineren Unterschiede zwischen PI3 und PI4, die sehr ähnliche (auch in der Simulation) Sauerstoffpermeabilitäten $P_{O_2} = S_{O_2} \cdot D_{O_2}$ aufweisen, durch die Simulation (noch) nicht erfassbar. Um hier zu weiteren Verbesserungen zu gelangen, müssen auch besser an die „Besonderheiten" der Simulation (dies sind eine praktisch unendliche Verdünnung der Feedkomponente im modellierten Polymersystem, das eine „ideal" amorphe Struktur besitzt und sich durch wirklich 100%ige Lösungsmittelfreiheit auszeichnet) angepasste ex-

Kraftfeld	Exp. P_{O_2} in Barrer	Exp. D_{O_2} in cm^2/s	Simul. D_{O_2} in cm^2/s	Exp. S_{O_2} in cm^3 STP/cm^3 atm	Simul. S_{O_2} in cm^3 STP/cm^3 atm
COMPASS	9000 [36]	$3,5 \cdot 10^{-5}$ [37, 38]	$7,5 \cdot 10^{-5}$ [39]	1,16 [37]	$1,39 \cdot 10^{-5}$ [39]
pcff	960 [40]	$4,0 \cdot 10^{-5}$ [40]	$8,0 \cdot 10^{-5}$ [10]	0,18 [40]	0,18 [10]
COMPASS	120–210 [35, 41, 43]	$0,07 \cdot 10^{-5}$ [35, 41, 42]	$0,11 \cdot 10^{-5}$ [28]	1,4–2,1 [35, 41, 42]	3,6 [28]
COMPASS	110–160 [35, 41, 42,]	$0,05 \cdot 10^{-5}$ [41–43]	$0,10 \cdot 10^{-5}$ [28]	1,2–3,7 [41–43]	2,8 [28]

perimentelle Bedingungen entwickelt und genutzt werden, was zu den Zielen eines gerade angelaufenen EU-Projektes MULTIMATDESIGN gehört [29].

Für die Überwindung des beschränkten Gültigkeitsbereiches der Gusev-Suter Methode auf kleine Gasmoleküle gibt es in der Literatur eine Reihe von Ansätzen, die erforderlichen lokalen Konformationsänderungen der jeweiligen Polymermatrix in die Vorhersagemethoden für D und S mit aufzunehmen [30–33]. In diesem Zusammenhang befasste sich das EU-Projekt PERMOD [34] mit der Generalisierung derartiger ursprünglich nur auf sehr einfache Modellprobleme anwendbarer Simulationswerkzeuge. Einige dieser Arbeiten werden erst im bereits genannten Projekt MULTIMATDESIGN [29] abgeschlossen werden.

2.3.2.2 Freies Volumen und Transportprozesse in amorphen Polymeren

Die Verteilung des Freien Volumens in amorphen Polymeren ist von herausragender Bedeutung für deren Verhalten bezüglich des Transports kleiner und mittelgroßer Moleküle. Zunächst soll auf Einflüsse der statischen Verteilung des Freien Volumens eingegangen werden. Es existieren verschiedene experimentelle Möglichkeiten zur Charakterisierung des Freien Volumens eines Polymers. Dabei ermöglicht die Positronenvernichtungsspektroskopie (PALS) die Gewinnung der detailliertesten Informationen. In diesem Kontext konnten wir nachweisen, dass mit Hilfe atomistischer Packungsmodelle simulierte Verteilungen des Freien Volumens hinreichende Übereinstimmungen mit entsprechenden PALS-Resultaten zeigen [22, 39]. Dabei ermöglicht die Kombination von PALS mit atomistischer Modellierung einen merklich genaueren Einblick als PALS allein.

Tabelle 2.2 zeigt für einige hier interessierende und noch nicht in Tabelle 2.1 enthaltene Polymere Informationen zu den genutzten Modellen und zu einigen Materialeigenschaften.

Zunächst kann die Verteilung des Freien Volumens qualitativ charakterisiert werden, indem beispielsweise das jeweilige Packungsmodell (z. B. Abb. 2.4 a) in Analogie zur Computertomografie entlang einer bestimmten Richtung in dünne Scheiben von ca. 0,3–0,4 nm Dicke geschnitten wird. Werden diese etwa jeweils eine Atomlage darstellenden Scheiben nebeneinander angeordnet, ergibt sich ein guter Eindruck von Größe und Verteilung des jeweiligen Freien Volumens. Bereits auf diese Weise lassen sich drei Grundklassen glasartiger Polymere mit Bezug auf deren Permeabilität für kleine Moleküle (Beispiel ist im Folgenden Sauerstoff) erkennen (Anmerkung: Bei gummiartigen Polymeren hat in der Regel die Kettendynamik einen entscheidenden Einfluss auf das Permeationsverhalten. Daher sind in diesem Fall direkte Korrelationen mit der Verteilung des Freien Volumens nicht ohne weiteres möglich).

Dabei steht PTMSS für Polymere mit konventionellem Gastransportverhalten ($P_{O_2} < 20 \ldots \approx 50$ Barrer). Hier ist das freie Volumen in relativ kleinen (aus dem Blickwinkel permeierender Gasmoleküle) voneinander getrennten Löchern organisiert. PI4 gehört bezüglich des Gastransports zu den Hochleistungspolymeren (≈ 50 Barrer $< P_{O_2} < \approx 300$ Barrer). Hier liegen neben relativ kleinen Löchern auch bereits größere Hohlräume mit einem Durchmesser von bis zu etwa 1 nm vor. PTMSP ist dagegen ein Höchstleistungspolymer ($P_{O_2} > \approx 1000$ Barrer). Hier ist neben „konventionellem" freiem Volumen mit isolierten Hohlräumen auch eine für permeierende Gasmoleküle kontinuierliche Lochphase zu erkennen (man beachte die periodischen Randbedingungen). PTMSP ist also in gewissem Sinne nanoporös mit typischen lateralen Porenabmessungen im Bereich zwischen 1 nm und 3 nm.

Diese Aussagen können mit Hilfe von Verteilungsfunktionen für das freie Volumen quantifiziert werden. Dazu wird in Analogie zur Gusev-Suter-Methode (Abb. 2.4) in dem jeweiligen Bulkmodell ein feines Gitternetz überlagert. Anschließend wird ein Probemolekül der gewünschten Größe (z. B. Sauerstoff) nacheinander auf allen Gitterplätzen platziert und es wird getestet, ob es eine

Tabelle 2.2 Weitere in Tabelle 2.1 nicht enthaltene Modelle.

Polymer	Name	Dichte in g/cm³	O₂-Permeabilität in Barrer	Länge der Simulationsbox in nm
	PTMSS	0,965	56	4,50
	T6	1,32	69	3,69
	B4	1,30	54	3,76–3,79
	BAAF	1,47	13	3,83–3,85
	ODA	1,43	4	3,79–3,83
	KAP	1,40	0,5	3,72–3,74

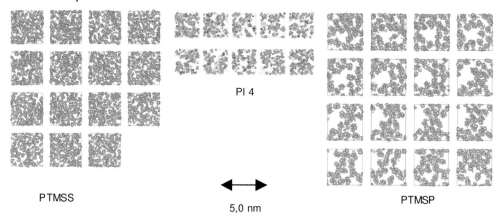

Abb. 2.5 Darstellung des freien Volumens mit Hilfe von Zerlegungen der jeweiligen Packungsmodelle in etwa 0,3 nm dicke atomare Monolagen für PTMSS (links), PI1 (Mitte) und PTMSP (rechts).

geometrische Überlappung mit irgendeinem Polymeratom gibt. Wenn ja, gehören der Gitterpunkt und der zugehörige Gitterwürfel zum Polymer, wenn nein zum freien Volumen. Die identifizierten Gitterwürfel des freien Volumens können dann nach topologischen Kriterien individuellen Löchern zugeordnet werden. Aus dieser Information kann dann die jeweilige Verteilung des freien Volumens berechnet werden, die aussagt welcher relative Anteil des freien Volumens eines Polymers in Löchern einer bestimmten Größe vorliegt. Als Maß dafür wird jeweils der Radius einer Kugel gleichen Volumens verwendet.

Abbildung 2.6 zeigt entsprechende Verteilungshistogramme für die bereits in Abb. 2.5 dargestellten Polymere. Es ist klar zu erkennen, dass PTMSS wie viele andere Polymere mit konventionellen Gastransporteigenschaften eine monomodale Verteilung aufweist, die sich nur bis zu relativ geringen Lochradien erstreckt. Das Hochleistungspolymer PI4 zeigt dagegen die für diese Materialklasse typische bimodale Verteilung des freien Volumens. Schließlich ist beim Höchstleistungspolymer PTMSP deutlich erkennbar, dass nur ein vergleichsweise kleiner Teil des für Sauerstoff zugänglichen freien Volumens in Form isolierter Löcher mit kleinem Radius vorliegt. Fast das gesamte freie Volumen ist stattdessen in der kontinuierlichen Lochphase organisiert, die bei den verwendeten Modellen mit einer lateralen Ausdehnung von ca. 5 nm bei Radien zwischen 2 und 2,5 nm erkennbar ist.

In einer zweiten Studie wurde eine chemische homogene Gruppe von sieben Polyimiden untersucht, deren Sauerstoffpermeabilitäten zwischen 0,5 und 137 Barrer liegen (Tabellen 2.1 und 2.2). Für jedes dieser Polymere wurden mindestens je drei unabhängige äquilibrierte Packungsmodelle erzeugt, die dann bezüglich der Verteilung des für Sauerstoff zugänglichen freien Volumens untersucht wurden. Als ein Ergebnis beinhaltet Abb. 2.7 für die in den Tabellen 2.1 und 2.2 aufgelisteten sowie einige weitere Polyimide [28] eine Darstellung

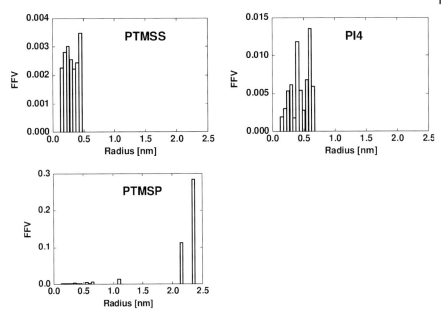

Abb. 2.6 Verteilung des für Sauerstoff zugänglichen freien Volumens für PTMSS (links), PI4 (rechts) und PTMSP (unten). Die x-Achsen zeigen den charakteristischen Radius eines Loches. Die y-Achsen stellen die relative Häufigkeit für das Auftreten eines Loches mit gegebenem Radius dar.

der experimentell bestimmten Sauerstoffpermeabilitäten als Funktion des inversen Wertes des gesamten relativen freien Volumens in einem Polymer. Es ist klar erkennbar, dass die Sauerstoffpermeabilitäten der konventionellen Polyimide ($P_{O_2} < \approx 50$ Barrer) auf einer, der unteren, Korrelationskurve liegen, während sich die untersuchten Hochleistungspolyimide (PI3, PI4, B4, T6) auf einer deutlich höher verlaufenden Kurve finden.

Wenn also vergleichbar steifkettige (glasige) Polymere bei sehr ähnlichem Gesamtanteil an freiem Volumen sehr unterschiedliche Gaspermeabilitäten aufweisen, ist es nahe liegend, auf Unterschiede in de Verteilung des freien Volumens zu schließen. Das ist im rechten Teil von Abb. 2.7 deutlich erkennbar, welcher die Verteilung des für Sauerstoff zugänglichen freien Volumens für die vier im linken Teil von Abb. 2.7 markierten Polyimide (s. Box) zeigt, die einen ähnlichen Gesamtwert für das freie Volumen haben. Die drei Polyimide mit relativ hohen P_{O_2}-Werten zeigen bimodale Verteilungen (B4 als Schulter), wobei sich die Lochradien bis zu 0,8–1,0 nm erstrecken. Dagegen weist das niedrigpermeable BAAF, wie alle anderen bisher von uns untersuchten „konventionellen" Polyimide, nur eine monomodale Verteilung des freien Volumens auf, die bei etwa 0,6–0,7 nm ausläuft.

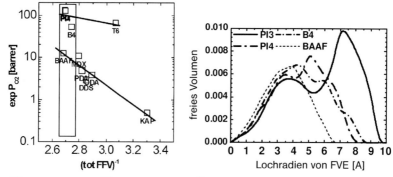

Abb. 2.7 Experimentell bestimmte Sauerstoffpermeabilität P_{O_2} als Funktion des inversen Wertes des gesamten relativen freien Volumens (links). Verteilung des für Sauerstoff zugänglichen freien Volumens für die in der markierten rechteckigen Box enthaltenen Polyimide.

2.3.2.3 Einfluss von Unterschieden in der Polymerdynamik auf das Permeationsverhalten gummi- und glasartiger Polymere

Neben den beschriebenen Grundkorrelationen zwischen der Verteilung des freien Volumens und Permeationseigenschaften für kleine Moleküle in glasigen Polymeren spielt natürlich auch die Dynamik der jeweiligen Polymermatrix eine Rolle, welche insbesondere die Diffusion permeierender Moleküle beeinflusst. Werden äquilibrierte Packungsmodelle einer MD-Simulation unterzogen, so ist es möglich, z. B. die Diffusion kleiner Moleküle durch die jeweilige Polymermatrix mit atomarer Auflösung zu verfolgen. Dabei wird beobachtet, dass sich die diffundierenden Moleküle typischerweise jeweils einige hundert Picosekunden (1 ps = $1 \cdot 10^{-12}$ s) in einem zum Freien Volumen gehörigen Hohlraum aufhalten. Von Zeit zu Zeit öffnen sich bedingt durch die Dynamik der Polymermatrix Kanäle zu benachbarten Hohlräumen, die unter günstigen Bedingungen einem in einem Hohlraum befindlichen kleinen Gastmolekül den Sprung zu einem benachbarten Hohlraum ermöglichen.

Die vergleichende Charakterisierung von Struktur und Dynamik des Freien Volumens der simulierten flexibelkettigen und steifkettigen Polymere ergab wesentliche, mit der unterschiedlichen Beweglichkeit der Kettensegmente zusammenhängende, qualitative Unterschiede im Diffusionsmechanismus von permeierenden kleinen Molekülen. So zeigte sich, dass sich bei den Polysiloxanen ein zwei benachbarte Hohlräume verbindender Kanal bereits nach einigen ps wieder schließt. Ein diffundierendes Molekül, das diesen Kanal für einen Sprung nutzte, kann damit zumeist nicht unmittelbar wieder in den Ausgangshohlraum zurückspringen. Nach einiger Zeit öffnet sich dann mit hoher Wahrscheinlichkeit ein Kanal zu einem dritten Hohlraum, der vom betrachteten Partikel für einen weiteren Sprung genutzt werden kann. Diffundierende Moleküle bewegen sich in gummiartigen Polymeren also bereits nach relativ kurzer Zeit (einige hundert ps) relativ zielstrebig von ihrem Ausgangspunkt fort.

Bei steifkettigen Polymeren, wie den weiter oben schon bezüglich ihrer Verteilung des freien Volumens beschriebenen Polyimiden, konnten dagegen Kanallebensdauern von bis zu einigen Nanosekunden (ns) beobachtet werden. Da diese Zeiten deutlich über der mittleren Aufenthaltsdauer eines diffundierenden Moleküls in einem Hohlraum liegen, kommt es während der Existenz eines solchen Kanals häufig zu einer Anzahl von Vor- und Rücksprüngen zwischen ein und denselben zwei Hohlräumen.

Für das generelle Diffusionsverhalten kleiner Moleküle in steifkettigen glasigen Polymeren ist dabei zu beachten, dass im Fall langlebiger Kanäle jedes Hin- und Hersprungpaar eines permeierenden Moleküls nicht wesentlich zu dessen Diffusion durch das Polymer beiträgt. Damit konnte eine wichtige Ursache für die bei steifkettigen, glasartigen Polymeren üblicherweise im Vergleich zu flexibelkettigen, gummiartigen Polymeren (mit vergleichbarem Anteil an Freiem Volumen) deutlich niedrigeren Diffusionskonstanten aufgezeigt werden.

2.3.3
Beispiele für die Anwendung von Grenzflächenmodellen für amorphe Polymere

2.3.3.1 Polymere in Kontakt mit wässrigen Feedlösungen

Derartige Simulationen sind vor allem im Kontext mit der Pervaporation von Interesse, wo das Trennverhalten eines Polymers häufig entscheidend durch die initialen Sorptionsvorgänge an der Grenzfläche zwischen Polymer und Feed bestimmt wird (löslichkeitskontrollierte Prozesse). Genauere Angaben zur Konstruktion derartiger Modelle finden sich z. B. in [10, 44]. Die Grenzflächenmodelle wurden aus jeweils zwei unabhängig voneinander konstruierten Submodellen zusammengesetzt – eines für das reine Polymer und eines für das reine Lösungsmittelgemisch. Die initiale Packung der Polymer- bzw. Lösungsmittelmodelle erfolgte dabei mit Hilfe des Amorphous-Cell-Moduls der Insight II-Software in Analogie zum Bulk-Fall aber unter zweidimensionalen periodischen Randbedingungen (x, y). Entlang der dritten Richtung (z) wurden dann die jeweiligen Grenzflächenmodelle zusammengesetzt und im Folgenden unter dreidimensionalen periodischen Randbedingungen für 1 bis 6 ns bei 303 K simuliert, wobei wiederum die Insight II/Discover Software von Accelrys Inc. zum Einsatz gelangte. Die dreidimensionalen Randbedingungen führen dabei dazu, dass in z-Richtung effektiv ein Sandwichmodell (Polymer-Feed-Polymer ...) simuliert wird. Ein in BTCL programmiertes angepasstes Simulationsprotokoll stellte dabei sicher, dass Polymer und Feed jeweils auf der Solltemperatur gehalten wurden, was mit der genannten Software sonst nicht der Fall wäre. Tabelle 2.3 beinhaltet einige typische Modellparameter.

Während zum Beginn der jeweiligen Simulation die Feedmoleküle in der jeweiligen Feedphase etwa statistisch gleich verteilt sind, zeigt Abb. 2.8 für PDMS in Kontakt mit einem Gemisch aus 10 Gew.-% Ethanol / 90 Gew.-% Wasser die Situation nach 1 ns MD-Simulation. Dieser Schnappschuss reproduziert gut das aus experimentellen Untersuchungen erwartete Verhalten, nämlich eine stark bevorzugte Adsorption der Ethanolmoleküle an der PDMS-Oberfläche in der

Tabelle 2.3 Zusammensetzung und Geometrie typischer Grenzflächenmodelle.

Polymer	Initiale Feedzusammensetzung (Gew.-%)	Anzahl der Wiederholungseinheiten im Polymer	Anzahl und Typ Moleküle der Majoritätskomponente im Feed	Anzahl und Typ Moleküle der Minoritätskomponente im Feed	(Mittlere) Zellenbreite $a=b$ (Å)	(Mittlere) Zellenlänge c (Å)
PDMS	90 Wasser 10 Ethanol	220	460 Wasser	18 Ethanol	24,5	73,3
PDMS	80 n-Heptan 20 Benzol	220	54 n-Heptan	17 Benzol	24,5	73,2
PMPhS	80 n-Heptan 20 Benzol	133	54 n-Heptan	17 Benzol	24,5	71,5

initialen Phase des Polymer-Feed-Kontaktes. Dieser Effekt kommt auch in den auf der rechten Seite von Abb. 2.8 dargestellten Dichteprofilen für die einzelnen Modellkomponenten zum Ausdruck.

Da nach einer Nanosekunde bereits fast alle Ethanolmoleküle an der PDMS-Oberfläche adsorbiert sind, muss vor einer Fortsetzung der Simulation ein Teil der Wassermoleküle im Feed durch neue Ethanolmoleküle ersetzt werden, um die Ausgangskonzentration wiederherzustellen. Abbildung 2.9 zeigt die Situation nach dem zweimaligen Ersatz von jeweils 46 Wasser- durch 18 Ethanolmoleküle und einer Gesamtsimulationszeit von 4,2 ns. Der sich bereits in Abb. 2.8 andeutende Trend zur stark bevorzugten Ethanolsorption wird klar bestätigt. Zusätzlich ist der Übergang zum diffusiven Transport erkennbar.

Diese und weitere Untersuchungen, beispielsweise zu Polyvinylalkohol im Kontakt mit einem Feedgemisch aus 90 Gew.-% Ethanol und 10 Gew.-% Wasser [44], zeigten in der Regel in den Fällen, in denen experimentell ein ausgeprägter Trenneffekt nachgewiesen werden kann, auch in entsprechenden MD-Grenzflächensimulationen einen ausgeprägten Trend zum bevorzugten Transport der entsprechenden Feedkomponente. Es liegt also eine gewisse Vorhersagefähigkeit der Modelle vor, allerdings ist der Aufwand für die Erstellung und Simulation der beschriebenen Grenzflächenmodelle sehr hoch.

Im Folgenden sollen kurz einige neuere Resultate in Zusammenhang mit Trendvorhersagen für ein organisch-organisches Feedgemisch, 20 Gew.-% Benzol und 80 Gew.-% n-Heptan, diskutiert werden. Abbildung 2.10 zeigt normalisierte Dichteprofile für die Komponenten von Grenzflächenmodellen für PDMS und PMPhS jeweils in Kontakt mit dem letztgenannten Feedgemisch.

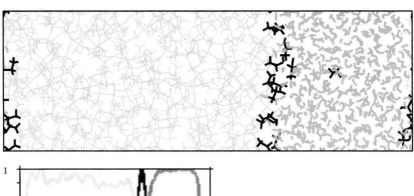

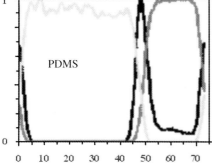

Abb. 2.8 Grenzflächenmodell für PDMS und einer flüssigen Mischung aus 10 Gew.-% Ethanol und 90 Gew.-% Wasser nach 1 ns MD-Simulation (oben). Dünne graue Linien = Polymer, dicke graue Linien = Wasser, schwarze Linien = Ethanol. Unten: Normalisiertes Dichteprofil der initialen Feedadsorption für Polymerwiederholeinheiten (hellgrau), Ethanolmoleküle (schwarz) und Wassermoleküle (dunkelgrau) für das links dargestellte Grenzflächenmodell.

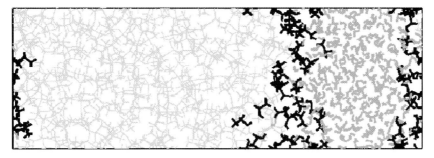

Abb. 2.9 Grenzflächenmodell für PDMS und einer flüssigen Mischung aus 10 Gew.-% Ethanol und 90 Gew.-% Wasser nach zweimaligem Ersatz von jeweils 46 Wasser- durch 18 Ethanolmoleküle und einer Gesamtsimulationszeit von 4,2 ns. Dünne graue Linien = Polymer, dicke graue Linien = Wasser, schwarze Linien = Ethanol.

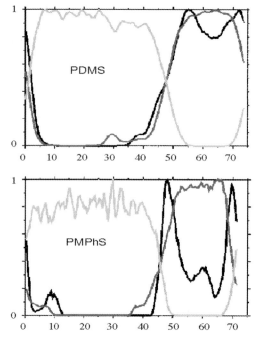

Abb. 2.10 Normalisierte Dichteprofile der initialen Feedadsorption für die Polymerwiederholungseinheiten (hellgrau), Benzolmoleküle (schwarz) und n-Heptanmoleküle (dunkelgrau) für das PDMS-Modell (oben) und PMPhS-Modell (unten). Nach 5 ns bzw. 0,3 ns MD-Simulation.

Während die Dichteprofile für die initiale Feedadsorption im Fall des Grenzflächenmodells PDMS – 10 Gew.-% Ethanol / 90 Gew.-% Wasser deutlich einen Trend zur stark bevorzugten Ethanoladsorption erkennen ließ, weist das gleiche Polymer in Kontakt mit dem Benzol/n-Heptan-Feed keine bevorzugte Adsorption auf. Dieses Ergebnis wurde später auch durch experimentelle Arbeiten bestätigt, die zeigten, dass die Selektivität von PDMS für das genannte Feedgemisch etwa bei einem Wert von ≈ 1 liegt (H.-H. Schwarz, R. Apostel, GKSS, persönliche Mitteilung). Im Fall von PMPhS (Abb. 2.10 unten) ist hingegen ein Trend zur deutlich bevorzugten Benzoladsorption sichtbar. Diese „Verbesserung" im Vergleich zu PDMS ist gut dadurch zu verstehen, dass die Ersetzung einer Methylgruppe beim PMDS durch eine Phenylgruppe beim PMPhS im Sinne des Prinzips wirkt, dass sich Gleiches in Gleichem gut löst, was für die genannten gummiartigen Polymere näherungsweise zutreffen sollte.

Zusammenfassend ist festzustellen, dass die geschilderten Grenzflächenmodelle es sowohl gestatten detailliert die Mechanismen der initialen Adsorption, Absorption und Diffusion an Polymer-Feedgrenzflächen im Kontext mit der Pervaporation zu untersuchen, als auch gewisse Vorhersagen von Trends der Trennleistung von Membranpolymeren zu leisten. Allerdings ist der erforderliche Simulationsaufwand vor allem für routinemäßige Trendvorhersagen noch zu hoch. Daher bestand eine der Aktivitäten im EU-Projekt PERMOD darin, eine neue Methodik auf der Grundlage der wesentlich einfacheren Bulkmodelle (s. Abschn. 2.3.2) für die quantitative Abschätzung von Löslichkeitsparametern von typischen Molekülen in Pervaporations-Feedlösungen zu entwickeln, die in der näheren Zukunft nützliche Hinweise für die Entwicklung neuer Pervaporationsmembranen geben kann [33, 45].

2.4 Zusammenfassung

Der selektive Transport einzelner Stoffkomponenten aus Gemischen kleiner Moleküle durch ein dichtes amorphes Polymer ist hauptsächlich durch die gegenseitige Anordnung und Dynamik der Polymersegmente auf atomistischem Niveau bestimmt. Experimentell kann aber im Wesentlichen nur das makroskopische Transportverhalten direkt beobachtet werden. Daher ist der Einsatz geeigneter theoretischer Modelle und Methoden für ein besseres Verständnis von Transportprozessen in Membranmaterialien unerlässlich. Ein weiterer wichtiger Vorteil derartiger Forschungstechniken besteht in der prinzipiellen Möglichkeit der Vorhersage von Transporteigenschaften noch nicht synthetisierter Membranmaterialien. In diesem Kontext hat sich die molekulare Modellierung und Simulation als ein wichtiges Werkzeug herausgestellt.

Diese Methoden gestatten es zum einen, einen tieferen Einblick in die molekularen Mechanismen von Membrantrennprozessen zu gewinnen. Das betrifft Zusammenhänge zwischen der Verteilung des jeweiligen Freien Volumens und den makroskopisch beobachtbaren Transportvorgängen kleiner Moleküle ebenso wie entsprechende Relationen zwischen der jeweiligen Polymerdynamik und der Moleküldiffusion in Polymeren. Auch die initialen Sorptions- und Diffusionsprozesse an Grenzflächen zwischen Polymeren und Gas- oder Flüssigmischungen können untersucht werden.

Während der geschilderte mögliche Erkenntnisgewinn bereits nützlich für die Entwicklung neuer verbesserter Membranwerkstoffe sein kann, bieten molekulare Simulationsmethoden auch prinzipiell Möglichkeiten zur quantitativen oder zumindest Trend-Vorhersage von Transporteigenschaften. Mit zunehmender Leistungsfähigkeit der zur Verfügung stehenden Hard- und Software können die molekularen Modellingmethoden in den nächsten Jahren ebenfalls verstärkt bei der Entwicklung neuer Membranmaterialien genutzt werden.

2.5 Danksagung

Wir möchten darauf hinweisen, dass ein Teil der dargestellten Ergebnisse mit Hilfe der folgenden EU-Projekte erzielt werden konnte: „Growth" Program, „PERMOD – Molecular modelling for the competitive molecular design of polymer materials with controlled permeability properties", Contract #G5RD-CT-2000-200, the 6 Framework Programme project "MULTIMATDESIGN – Computer aided molecular design of multifunctional materials with controlled permeability properties", Contract no.: 013644, INTAS – RFBR 97 – 1525 grant.

2.6
Literatur

1 R.J. Pace, A. Datyner, J. Polym. Sci., Polym. Phys. Ed. 17 (1979) 437 und 1693.
2 A.T. Di Benedetto, D.R. Paul, J. Polym. Sci., Part A, 2 (1964) 1001.
3 R.H. Boyd, P.V. Krishna Pant, Macromolecules 24 (1991) 6325.
4 F. Müller-Plathe, J. Chem. Phys. 94 (1991) 3192.
5 R.M. Sok, H.J.B. Berendsen, W.F. van Gunsteren, J. Chem. Phys. 96 (1992) 4699.
6 P.V. Krishna Pant, R.H. Boyd, Macromolecules 26 (1993) 679.
7 A.A. Gusev, F. Müller-Plathe, W.F. van Gunsteren, U.W. Suter, Adv. Polym. Sci. 16 (1994) 207.
8 C.S. Chassapis, J.K. Petrou, J.H. Petropoulos, D.N. Theodorou, Macromolecules 29 (1996) 3615.
9 J.R. Fried, M. Sadad-Akhavi, J.E. Mark, J. Membrane Sci. 149 (1998) 115.
10 D. Hofmann, L. Fritz, J. Ulbrich, C. Schepers, M. Böhning, Macromol. Theory Simul. 9 (2000) 293.
11 S. Neyertz, D. Brown, J. Chem. Phys. 115 (2001) 708.
12 S. Neyertz, D. Brown, A. Douanne, C. Bas, N.D. Albérola, J. Phys. Chem. B. 106 (2002) 4617.
13 E. Tocci, D. Hofmann, D. Paul, N. Russo, E. Drioli, Polymer 42 (2001) 521.
14 E.Tocci, E. Bellacchio, N. Russo, Enrico Drioli, Journal of Membrane Science 206 (2002) 389.
15 N.F.A. van der Vegt, W.J. Briels, M. Wessling, H. Strathmann, J. Chem. Phys. 110 (1999) 11061.
16 N.F.A. van der Vegt, J. Membrane Sci. 205 (2002) 125.
17 W.F. van Gunsteren, H.J.C. Berendsen, Angewandte Chemie 29 (1990) 992.
18 J.M. Haile, "Molecular Dynamics Simulation Elementary Methods", Wiley Interscience, New York, 1992.
19 D.N. Theodorou, U.W. Suter, Macromolecules 18 (1985) 1467.
20 D.N. Theodorou, U.W. Suter, Macromolecules 19 (1986) 139.
21 Polymer User Guide, Amorphous Cell Section, Version 400p+; Molecular Simulations Inc., San Diego, CA, 1999.
22 D. Hofmann, M. Entrialgo-Castano, A. Lerbret, M. Heuchel, Yu. Yampolskii, Macromolecules 36 (2003) 8528.
23 Discover User Guide, Polymer User Guide, Amorphous Cell Section, Version 4.0.0p+; Molecular Simulations Inc., San Diego, CA, 1999.
24 H. Sun, D. Rigby, Spectrochim. Acta 53A (1997) 1301.
25 D. Rigby, H. Sun, B.E. Eichinger, Polym. Int. 44 (1997) 311.
26 A.A. Gusev, S. Arizzi, U.W. Suter, J. Chem. Phys. 99 (1993) 2221.
27 A.A. Gusev, U.W. Suter, J. Chem. Phys. 99 (1993) 2228.
28 M. Heuchel, D. Hofmann, P. Pullumbi, Macromolecules 37 (2004) 201.
29 6th Framework Programme project "MULTIMATDESIGN – Computer aided molecular design of multifunctional materials with controlled permeability properties", Contract no.: 013644; Co-ordinator Dieter Hofmann.
30 M.L. Greenfield, D.N. Theodorou, Macromolecules 31 (1998) 7068.
31 M.L. Greenfield, D.N. Theodorou, Macromolecules 34 (2001) 8541.
32 G.C. Boulougouris, I.G. Economou, D.N. Theodorou, Molecular Physics 99 (1999) 905.
33 M.R. Siegert, M. Heuchel, D. Hofmann, submitted to J. Comput. Chem.

34 5th Framework Programme project "PERMOD–Molecular modelling for the competitive molecular design of polymer materials with controlled permeability properties", Contract #G5RD-CT-2000-200; Co-ordinator Dieter Hofmann.

35 K. Tanaka, M. Okano, H. Toshino, H. Kita, K. Okamoto, J. Polym. Sci., Part B: Polym. Phys. 30 (1992) 907.

36 Yu. P. Yampolskii, A. P. Korikov, V. P. Shantarovich, K. Nagai, B. D. Freeman, T. Masuda, M. Teraguchi, G. Kwak, Macromolecules 34 (2001) 1788.

37 Y. Ichiraku, S. A. Stern, T. Nakagawa, J. Membr. Sci. 34 (1987) 5.

38 T. Masuda, Yu. Iguchi, B. Z. Tang, T. Higashimura, Polymer 29 (1988) 2041.

39 D. Hofmann, M. Heuchel, Yu. Yampolskii, V. Khotimskii, V. Shantarovich, Macromolecules 35 (2002) 2129.

40 S. A. Stern, J. Membr. Sci. 94 (1994) 1.

41 D. Hofmann, J. Ulbrich, D. Fritsch, D. Paul, Polymer 37 (1996) 4773.

42 C. K. Yeom, J. M. Lee, Y. T. Hong, K. Y. Choi, S. C. Kim, J. Membr. Sci. 166 (2000) 71.

43 W.-H. Lin, T.-S. Chung, J. Membr. Sci. 186 (2001) 183.

44 D. Hofmann, L. Fritz, D. Paul, J. Membrane Sci. 144 (1998). 145.

45 G. C. Boulougouris, I. G. Economou, D. N. Theodorou, J. Chem. Phys. 115 (2001) 8231.

3
Oberflächenmodifikationen

Mathias Ulbricht

3.1
Einführung – Oberflächen von Membranen

Membranen sind filmförmige Zwischenphasen in einer Phase oder zwischen zwei verschiedenen Phasen. Als Barriere bewirken sie eine Trennung eines Systems in zwei Kompartimente und kontrollieren den Stoffaustausch (Fluss, Selektivität) zwischen diesen beiden Kompartimenten.

Oberflächen sind je nach Material, Phasensystem und Kontext unterschiedlich definiert; hier werden nur Systeme unter Beteiligung einer festen Phase, der Membran, betrachtet. Die Oberflächen fester Materialien unterscheiden sich in ihren Eigenschaften fundamental von der Volumenphase [1] und müssen oft sowohl als Grenzflächen als auch als Grenzschichten betrachtet werden (Abb. 3.1).

Wichtige Membranmaterialien können völlig unterschiedliche Oberflächeneigenschaften aufweisen. Das Biopolymer Cellulose wird von Wasser vollständig benetzt, und aufgrund der guten Solvatation und Quellung des Polymers liegt eine ausgeprägte Grenzschicht vor; die Stabilität der Membran wird durch die

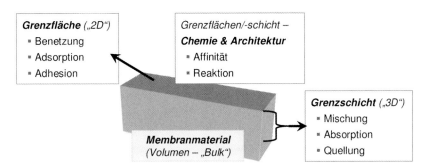

Abb. 3.1 An der Oberfläche von festen Membranmaterialien finden alle Wechselwirkungen mit der angrenzenden Phase sowie mit Komponenten in dieser Phase (Moleküle, Makromoleküle, Partikel, Tröpfchen, Zellen, etc.) statt.

Membranen: Grundlagen, Verfahren und industrielle Anwendungen
Herausgegeben von Klaus Ohlrogge und Katrin Ebert
Copyright © 2006 WILEY-VCH Verlag GmbH & Co. KGaA, Weinheim
ISBN: 3-527-30979-9

3 Oberflächenmodifikationen

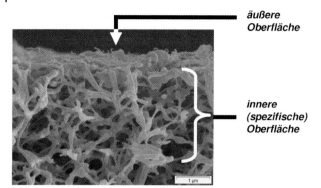

Abb. 3.2 Ausschnitt aus der Porenstruktur einer MF-Membran (Polypropylen, 0,4 µm; Membrana GmbH, Wuppertal). Die Oberfläche des Membranmaterials ist über das gesamte Membranvolumen verteilt. Ausmaß und Konsequenzen der Wechselwirkungen mit Komponenten einer Lösung oder eines Gasstromes im Kontakt mit der Membran (s. Abb. 3.1) werden durch die Porenstruktur beeinflusst, z. B. Zugänglichkeit einer mit Wasser equilibrierten Membran für Partikel, Tröpfchen oder Zellen oder Benetzung einer gasgefüllten Membran durch Wasser.

kristallinen Anteile im Volumen des Materials bewirkt. Der hydrophobe Kunststoff Polypropylen wird nicht durch Wasser benetzt, weder Solvatation noch Quellung treten auf, so dass für dieses System eindeutig von einer Grenzfläche gesprochen werden kann. Keramische Materialien, wie z. B. Aluminiumoxid, haben dagegen eine Festkörperstruktur mit einer ultradünnen hydrophilen Grenzschicht.

Die Struktur fester Membranen ist entweder porenfrei oder porös. Eine permanente Porenstruktur muss durch die charakteristische Porengröße genauer charakterisiert werden (Mikroporen < 2 nm, Mesoporen 2–50 nm, Makroporen > 50 nm). Die daraus resultierende spezifische Oberfläche ist bei konstanter Porosität umgekehrt proportional zur mittleren Porengröße. Typische Membranen für die Mikrofiltration können spezifische Oberflächen bis zu ca. 50 m^2/g aufweisen, d. h. die innere Kontaktfläche ist in derselben Größenordnung wie die von Adsorbermaterialien (Abb. 3.2). Andere technische Membranen für die Ultrafiltration oder Umkehrosmose besitzen eine asymmetrische oder Kompositstruktur, und die innere Oberfläche kommt unter Anwendungsbedingungen gar nicht notwendigerweise mit allen Komponenten einer Mischung in Kontakt.

Die Funktion von Trennmembranen wird also sowohl durch die für den Trennmechanismus (Lösung (Absorption), Diffusion, Porengröße, Ladung, Affinität, o. a.) entscheidenden Eigenschaften der Barrierestruktur als auch durch weitere Wechselwirkungen mit dem Membranmaterial bestimmt (Abb. 3.1). Daraus resultiert die Motivation, diese Wechselwirkungen zu kontrollieren oder gezielt zu nutzen.

Dabei können zwei Grenzfälle unterschieden werden:

- Die Oberfläche ist Bestandteil der Barriere, d. h. der transmembrane Transport erfolgt durch die Oberfläche.

- Die Oberfläche ist nur eine Kontaktfläche, in der Barriereschicht und/oder in der Membranmatrix, d.h. der Stofftransport erfolgt vor allem tangential zur Oberfläche.

3.2
Motivation und Ziele für Oberflächenmodifikationen von Membranen

Die Herstellung von Membranen mit wohl definierter Struktur und Trennleistung ist ein sehr komplexer Prozess. Unter strikter Kontrolle der mannigfaltigen Einflussfaktoren wird inzwischen eine Vielzahl von Membrantypen industriell produziert. Die Entwicklung einer neuen Membran im großtechnischen Maßstab ist langwierig und kostenintensiv. Die Auswahl geeigneter und kommerziell in konstanter Spezifikation verfügbarer Membranmaterialien ist noch immer sehr begrenzt. Um neuen Anforderungen gerecht zu werden, wird der Membranhersteller deshalb zunächst alle Möglichkeiten einer Anpassung der Eigenschaften etablierter Membranen ausloten, ehe die Entwicklung einer neuen Membran erwogen wird. Inzwischen ist deshalb für die Membranindustrie die Oberflächenmodifikation ebenso wichtig wie die Entwicklung neuer Membranmaterialien oder die Etablierung neuer Membranprozesse. Die übergreifende Motivation besteht in einer Verbesserung der Membranleistung (Selektivität, Permeabilität, Stabilität und Regenerierbarkeit dieser Leistungsparameter) für etablierte oder neue Anwendungen.

Zwei wesentliche Funktionen modifizierter Oberflächen können unterschieden werden (Abb. 3.1):

- Minimierung unerwünschter Wechselwirkungen mit dem Membranmaterial (an der äußeren oder/und inneren Oberfläche: Benetzung, Adsorption oder Adhäsion, aber auch Quellung).
- Einstellung zusätzlicher, möglichst definierter Wechselwirkungen (Affinität, Reaktion, kontrollierte Adsorption oder Adhäsion, aber auch Absorption).

Oberflächenmodifikationen von Membranen führen immer zu Veränderungen der Membranleistung und können strukturell (a) und funktional (b) definiert werden: Modifikation in einer dünnen Schicht oder durch eine dünne Schicht an/auf der äußeren, inneren oder gesamten Oberfläche der Membran,

a) ohne Veränderung der Membranporenstruktur sowie Materialmorphologie und -zusammensetzung im Volumen des Materials (und folglich auch bei geringer Änderung der Bruttozusammensetzung der Membran);
b) ohne Veränderung der Funktionalität der Membranbarriere (im Vergleich zum Trennmechanismus der unmodifizierten Membran), sodass nur zusätzliche Wechselwirkungen (Verstärkung oder Abschwächung) zu einer Änderung der Trennleistung führen.

Die Herstellung von Dünnschicht-Kompositmembranen, z.B. für Umkehrosmose, Pervaporation oder Gastrennung, wird hier nicht als Oberflächenmodifikation betrachtet: Auf der äußeren Oberfläche einer Basismembran wird eine dünne Schicht aufgebracht, ohne dass dies Gesamtstruktur und -zusammensetzung stark verändert (vgl. Punkt a), aber die Funktionalität der trennaktiven Schicht (Barriere) und damit der Trennmechanismus werden ausschließlich durch die neue trennaktive Schicht kontrolliert (vgl. Punkt b).

Die äußere Oberfläche einer Membran bildet die Kontaktfläche mit der angrenzenden Phase und ist typischerweise auch der Hauptparameter für die Auslegung eines Membranverfahrens: Der transmembrane Fluss ist auf diese Membranfläche bezogen. Für Membranen und Membranverfahren (z. B. Umkehrosmose oder Ultrafiltration), bei denen zusätzliche Wechselwirkungen zwischen Membran (porenfreie oder mikro-/mesoporöse Barriere) und Komponenten der Rohlösung in der Grenzschicht vor der Membran kontrolliert werden sollen, ist eine selektive Modifikation der äußeren Oberfläche ausreichend.

Die innere Oberfläche der Membran (poröse Barriere bzw. Matrix; Abb. 3.2) bekommt dann eine besondere Bedeutung, wenn die Funktion der Membran durch zusätzliche Wechselwirkungen in der Membran beeinflusst oder bestimmt wird (z. B. Mikrofiltration oder Membranadsorber). Hier ist die Kontrolle

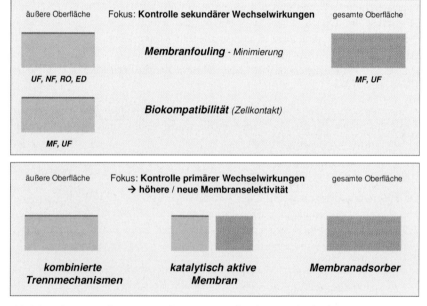

Abb. 3.3 Verbesserte oder neue Membranleistung durch Oberflächenmodifikation von Membranen. Die Erzeugung einer dünnen funktionalen Schicht (schwarz) – in Abhängigkeit von Porenstruktur und Trennfunktion entweder an der äußeren oder der gesamten Oberfläche – führt zu effektiven Problemlösungen oder neuen Wirkprinzipien. „Sekundäre" Wechselwirkungen treten unabhängig von der eigentlichen Trennfunktion der Membran auf (können diese aber behindern, z. B. Fouling) und müssen deshalb möglichst ohne Beeinflussung der Trennfunktion kontrolliert werden. „Primäre" Wechselwirkungen nehmen direkten Einfluss auf die Trennfunktion der Membran.

der Wechselwirkungen nur durch eine Modifikation der gesamten Oberfläche der Membran möglich.

Eine Übersicht zu den wesentlichen Feldern für die Oberflächenmodifikation von Membranen zeigt Abb. 3.3.

Die Effekte einer Modifikation und damit die Wahl der optimalen Modifizierungsstrategie (s. Abschnitt 3.3) sind abhängig von der Porenstruktur und der Trennfunktion der Membran sowie von den Anforderungen des Membranprozesses (s. Abschnitt 3.4).

3.3
Strategien und Wege zur Oberflächenmodifikation von Membranen

3.3.1
Anforderungen

Das Ziel einer Oberflächenmodifikation besteht darin, die Membranleistung in Bezug auf eine oder mehrere spezielle Anforderungen zu verbessern, ohne dabei die anderen Eigenschaften der Membran zu beeinträchtigen (Abb. 3.4).

Bei der Auswahl geeigneter Strategien muss zuerst das Potential zur Verbesserung der Membranleistung bewertet werden („technische Machbarkeit", Abb. 3.4). Eine Modifikation sollte idealerweise an der Grenzfläche des Membranmaterials stattfinden (Abb. 3.1), damit die durch die Volumeneigenschaften des Membranmaterials bedingte Integrität und Stabilität der Membran nicht be-

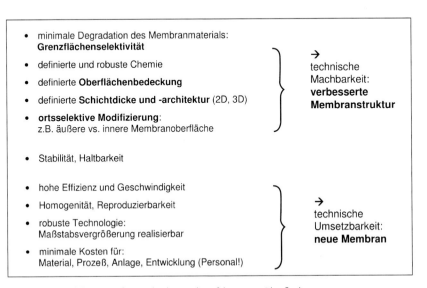

Abb. 3.4 Auswahlkriterien für Methoden und Verfahren zur Oberflächenmodifikation von Membranen.

einträchtigt wird. Weiterhin sollte auch eine ortsselektive Modifikation möglich sein (Abb. 3.3). Entscheidend sind vor allem die Oberflächenbedeckung des Basismaterials sowie die Struktur der Funktionalschicht (s. Abschnitt 3.3.2); beide müssen auch auf die Barriere- bzw. Porenstruktur der Membran abgestimmt sein.

Mit dem rasanten Fortschritt der Membrantechnologie sind Oberflächenmodifikationen inzwischen vielfach technisch etabliert. Deshalb werden potentielle neue Verfahren zunehmend bereits in einem sehr frühen Stadium der Entwicklung in Bezug auf ihre technische Umsetzbarkeit bewertet (Abb. 3.4).

Die geforderte Stabilität der Modifikation kann in Abhängigkeit vom Membranprozess durchaus sehr unterschiedlich sein. Im Grenzfall ist die vollständige Benetzung einer hydrophoben Membran (aus Polypropylen oder Polyvinylidenfluorid) für eine folgende Anwendung in wässrigen Lösungen durch eine Vorbehandlung mit einem Tensid auch eine Oberflächenmodifikation, da die temporäre Adsorption des Tensids am Membranpolymer den gewünschten Effekt eindeutig verstärkt (s. Abschnitt 3.3.3.2.1). Im Weiteren liegt der Fokus aber bei permanenten Modifikationen.

Für die technologische Umsetzung muss geklärt werden, ob eine Modifikation als Batchverfahren durchgeführt werden kann (akzeptabel für hochwertige Spezialmembranen), oder ob aus wirtschaftlichen Gründen die Modifikation in die kontinuierliche Membranherstellung integriert werden muss. Auch die Übertragbarkeit einer Modifikation auf andere Membrangeometrien, vor allem Hohlfasern, oder die Kompatibilität der modifizierten Membran beim Einbau in Membranmodule (z. B. Verkleben) sind wichtige Aspekte. Unter Umständen kann auch die Oberflächenmodifikation einer Membran im fertigen Modul eine attraktive Alternative sein. Dafür ist jedoch ein detailliertes Verständnis der zugrunde liegenden Chemie unabdingbar. Letztlich müssen alle Membranmodifikationen im Hinblick auf die Funktionalität der Membran und den Herstellungsprozess validiert und oft auch zertifiziert werden. Modulare Verfahren, d. h. die Anwendung einer Modifikation mit gezielten Variationen zur Einstellung unterschiedlicher Funktionalitäten, sind besonders attraktiv.

3.3.2
Grenzschichtchemie, -architektur und -morphologie, Oberflächenbedeckung

Die Kriterien zur technischen Machbarkeit der Oberflächenmodifikation einer Membran (Abb. 3.4) müssen aus Sicht der Grenzflächenchemie betrachtet werden:

a) Funktionalität
- Chemie – Funktionalgruppen: hydrophil vs. hydrophob, neutral vs. geladen (kationisch vs. anionisch), Reaktivität (nichtkovalente vs. kovalente Kopplung);
- Architektur – „2D" vs. „3D", funktionale Komponenten: niedermolekular oder makromolekular (linear, verzweigt oder vernetzt);

- Oberflächenbedeckung, -morphologie und -homogenität, effektive Schichtdicke (Reichweite und Kapazität für sekundäre vs. primäre Wechselwirkungen).

b) Kopplung am Membranmaterial
- Nichtkovalent (Adsorption, Adhäsion, mechanische Verankerung) vs. kovalent („Grafting-to" vs. „Grafting-from", andere Derivatisierungs- oder Pfropfreaktionen);
- Oberflächendichte von Kopplungsstellen.

Meist ist eine strikte Trennung zwischen Funktionalität (Ziel=a) und Art der Kopplung am Membranmaterial (Weg=b) nicht möglich. Idealerweise sollte der gewünschte Effekt ohne negativen Einfluss der Funktionalisierungsstrategie auf Struktur und Funktion der Basismembran erzielt werden. Voraussetzungen sind die Grenzflächenselektivität der Modifikation sowie die Anpassung der Schichtstruktur an die Barriere- und Porenstruktur der Membran. Wesentliche Grenzschichtstrukturen sind in Abb. 3.5 zusammengefasst.

Die Oberflächenmodifikationen unterscheiden sich in der effektiven Dicke der modifizierten bzw. eingeführten funktionalen Schicht sowie der Dichte an Funktionalgruppen pro Fläche des Basismaterials und können flexibel an die jeweiligen Ziele der Funktionalisierung angepasst werden:

- Einstellung der Oberflächenenergie,
- sterische Abschirmung der festen Oberfläche und/oder
- Einführung von zusätzlichen (affinen) Wechselwirkungen.

Die Schichtdicke wird durch die Art der Grenzflächenreaktion sowie molekulare Dimensionen bestimmt. Für Weg 1 ist dies weniger als 1 nm, unter der Voraussetzung, dass die Reaktion nicht in das Volumen des Basismaterials eindringt und dadurch eine dickere modifizierte Grenzschicht (1a) entsteht. Für die Wege 2 und 3 können Schichtdicken im unteren nm-Bereich eingestellt werden, für Modifikation 4 können Dimensionen bis in den µm-Bereich erhalten werden (typische Werte liegen aber im Bereich von 10 bis 50 nm). Mit den Modifikationen 1, 2a und 3a, die auf die Grenzfläche beschränkt sind („2D"), werden deshalb geringe Dichten an Funktionalgruppen erreicht (für glatte Oberflächen meist ≤ 100 pmol/cm^2). Auch für Modifikationen 3b und 4c ist wegen der kompakten inneren Struktur der Schicht die Dichte an zugänglichen Funktionalgruppen begrenzt. Dagegen liefern die Modifikationen 2b sowie vor allem 4a und 4b potentiell sehr hohe Funktionalgruppenmengen pro Oberfläche des Basismaterials (bis zu 100 nmol/cm^2; d.h., eine Erhöhung um bis zu 3 Größenordnungen ist möglich).

Für Oberflächenmodifikationen ist die analytische Charakterisierung besonders wesentlich, da die Bruttoeffekte gering sind [1]. Zusätzliche Komplikationen ergeben sich bei der Analytik innerer Oberflächen von Membranen. Deshalb ist die möglichst kombinierte Anwendung spezieller Methoden der Oberflächenanalytik – typischerweise parallel zur Bewertung der Membranleistung „vor" und „nach" Modifikation – erforderlich. Die wichtigsten Methoden mit ihrer jeweiligen Informationstiefe (Abb. 3.1) sind:

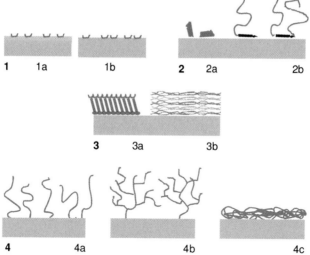

Abb. 3.5 Chemische Oberflächenmodifikationen an Membranen führen zu Grenzschichten unterschiedlicher Architektur und Morphologie sowie Oberflächenbedeckung des Basismaterials bei zusätzlichen Variationen durch verschiedene hydrophile/-phobe, ionische, reaktive oder andere Funktionalgruppen: (1) chemische Reaktion an der Oberfläche des Basismaterials – (1 a) Reaktion in die Tiefe führt zu einer modifizierten Grenzschicht, (1 b) ideal grenzflächenselektive Reaktion; (2) Adsorption an der Oberfläche des Basismaterials – (2 a) ungerichtete Adsorption niedermolekularer Substanzen, (2 b) gerichtete Adsorption nieder- oder makromolekularer Amphiphile (hier: amphiphile Blockcopolymere: links: Diblock, rechts: „ABA"-Triblock [2]); (3) „Self-assembled monolayer" (SAM) an der Oberfläche des Basismaterials – (3 a) Adsorption und Selbstorganisation niedermolekularer Amphiphile (hydrophobe Wechselwirkungen in der Schicht zur Erhöhung von Ordnung und Stabilität [3]), (3 b) „Layer-by-Layer" (LBL) Adsorption von Polyelektrolyten (ionische Wechselwirkungen zwischen Oberfläche sowie von Schicht zu Schicht zur Erhöhung von Ordnung und Stabilisierung [4]); (4) gepfropfte Makromoleküle [2, 5, 6] – (4 a) linear (in variabler Dichte: gering „Pilzstruktur", hoch „Bürstenstruktur"/„Tentakelstruktur"), (4 b) verzweigt (dendritisch), (4 c) vernetzt.

- Rastersondenmikroskopie (i.w. Grenzfläche – „2D"),
- Elektronenmikroskopie (Grenzfläche und Grenzschicht /Querschnitt/),
- Kontaktwinkelmessungen (i.w. Grenzfläche – „2D"),
- Zetapotentialmessungen (i.w. Grenzfläche – „2D"),
- ESCA/XPS (Grenzschicht – bis ca. 20 nm),
- ATR-IR-Spektroskopie (Grenzschicht – bis ca. 5 µm),
- Derivatisierungsreaktionen in Kombination mit UV-Vis-, Fluoreszenz- oder anderen spektroskopischen Methoden.

Prinzipiell können alle Grenzschichtstrukturen auf allen Arten von Membranmaterialien (organische und anorganische Polymere, Glas/Keramik, Metall) generiert werden; die geeigneten Wege müssen an Basismaterial und Porenstruktur sowie Ziel der Modifikation angepasst werden.

3.3.3
Wege zu oberflächenmodifizierten Membranen

3.3.3.1 Modifikation des Membranmaterials

Modifizierte Membranen können durch variierte Membranmaterialien oder Herstellungsverfahren erhalten werden. Von zunehmendem Interesse sind vor allem Blends aus Matrixpolymeren – für eine stabile Porenstruktur – und Funktionalpolymeren – für spezielle Oberflächeneigenschaften. Durch makromolekulare Additive werden signifikante Effekte auch in Bezug auf die Oberflächenbedeckung des Basismaterials erwartet.

Der Zusatz eines hydrophilen Polymers wie Polyvinylpyrrolidon (PVP) ist inzwischen ein Standardverfahren; kommerzielle UF- oder MF-Membranen aus so genanntem „hydrophiliertem" Polysulfon (PSf) oder Polyethersulfon (PESf) werden auf diese Weise hergestellt. Die Fixierung des PVP in der Membranmatrix erfolgt dabei im Verlauf der Phaseninversion und statistisch; die Grenzschicht ist folglich heterogen. Weiterhin ist die Modifikation nicht permanent; zumindest ein Teil des PVP wird im Verlauf der Anwendung herausgewaschen. Bei klinischen Anwendungen solcher Membranen, z.B. in der Hämodialyse, kann diese Freisetzung von PVP sogar kritisch sein [7].

Eine interessante Alternative bieten maßgeschneiderte funktionale Makromoleküle [8–10]. Grenzflächenaktive amphiphile Block- oder Kammcopolymere – mit Blöcken aus z.B. Polyethylenglycol (PEG) oder einem fluorierten Polymer – können bei der Membranherstellung zugesetzt werden. Die Mischung des kompatiblen Blocks mit dem Matrixpolymer bewirkt eine effektive Verankerung, während die Oberflächensegregation des funktionalen Blocks zu modifizierten Oberflächen führt. (Die resultierende Grenzschicht ähnelt Typ 2b in Abb. 3.5, aber der hydrophobe Block ist im Basispolymer fixiert.) Solche Membranen sind hydrophil [9], oder sie besitzen eine niedrige Oberflächenenergie [8, 10] und zeigen deutlich verbesserte Eigenschaften in UF- [9, 10] bzw. PV-Trennungen [8].

Die Integration der Oberflächenmodifikation durch maßgeschneiderte makromolekulare Additive in die (kontinuierliche) technische Herstellung der Membranen hat den Vorteil, dass kein zusätzlicher Prozessschritt notwendig ist. Bislang ist jedoch noch nicht absehbar, dass der Nachteil einer begrenzten Flexibilität bei der Einstellung der Membranleistung sowie die „Nebeneffekte" des Additivs auf die Struktur und Funktion der Barriere wirklich kompensiert werden können. Faktisch bedeutet die Modifikation einer Membran auf diesem Wege die Entwicklung einer neuen Membran, d.h. einer Basismembran mit funktionaler Oberfläche.

3.3.3.2 Grenzflächenchemisch kontrollierte Modifikationen

Chemische Oberflächenmodifikationen (Abb. 3.5) werden hier untergliedert in Varianten ohne signifikanten Eingriff in die Struktur des Basismaterials (s. Abschnitt 3.3.3.2.1), chemische Reaktionen am Basismaterial (s. Abschn. 3.3.3.2.2) sowie Funktionalisierungen, welche durch chemische Reaktionen auf dem Basismaterial aufbauen (s. Abschnitt 3.3.3.2.3).

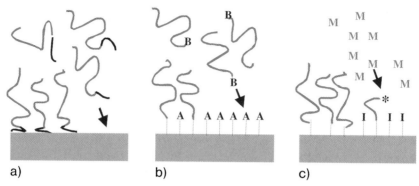

Abb. 3.6 Chemische Oberflächenmodifikationen mit gepfropften Makromolekülen können durch unterschiedliche Methoden zur Kopplung am Basismaterial kontrolliert werden: (a) gerichtete Adsorption von amphiphilen Blockcopolymeren (nichtkovalentes „Grafting-to"); (b) gerichtete Kopplung von reaktiven Makromolekülen (Endgruppe: B) durch chemische Reaktion mit Reaktivgruppen (A) an der Oberfläche (kovalentes „Grafting-to"); (c) heterogene Pfropfcopolymerisation: mit Hilfe von an der Oberfläche fixierten Initiatorgruppen (I) wird eine Polymerisation von funktionalen Monomeren (M) gestartet („Grafting-from").

Oft gibt es Übergange zwischen den Varianten, oder es werden Kombinationen realisiert. Für die besonders relevanten Oberflächenmodifikationen mit gepfropften Makromolekülen [2, 5, 6] gibt es verschiedene Wege zu analogen Grenzschichtstrukturen (Abb. 3.6).

Alle „Grafting-to" Verfahren (Wege a und b, Abb. 3.6) haben eine prinzipielle Limitierung der maximal erreichbaren Oberflächenbedeckung; Ursachen sind die Verringerung der Triebkraft für die Adsorption mit zunehmendem Bedeckungsgrad sowie die gegenseitige Behinderung der Makromoleküle an der Oberfläche. „Grafting-from" Verfahren (Weg c, Abb. 3.6) verlaufen wesentlich effektiver, da nur die niedermolekularen Monomerbausteine zu wachsenden Polymerketten diffundieren müssen. Begrenzungen resultieren u. U. aus der gegenseitigen Behinderung wachsender Ketten bei hohen Pfropfdichten.

3.3.3.2.1 Molekulare Schichten

Die Adsorption am Membranmaterial (Abb. 3.5-2) wird durch nichtkovalente Wechselwirkungen zwischen Adsorbat und Oberfläche kontrolliert. Für praktische Anwendungen sind hydrophobe bzw. ionische Wechselwirkungen am wichtigsten. Entsprechend werden nieder- oder makromolekulare Amphiphile bzw. Polyelektrolyte für Modifikationen genutzt. Dabei entstehen oft heterogene Strukturen, typischerweise mit relativ geringer Oberflächenbedeckung. Weiterhin sind die Modifikationen reversibel und damit instabil. Die meist empirisch etablierten praktischen Anwendungen sind vielfältig, z.B. die Benetzung von hydrophoben Filtrationsmembranen oder das „Blocken" von Membranen, die als fester Träger in Bioassays verwendet werden. Mit dem Ziel einer Minimierung des Foulings in der UF oder MF wurden zahlreiche Studien durchgeführt [11]. Mit amphiphilen Blockcopolymeren, z.B. Pluronics® (PEG-PPG-PEG), stehen inzwischen Materialien zur Verfügung, mit denen sich die Kettenlänge der hydrophilen Makromoleküle und damit die Abschirmung der Oberfläche eines hydrophoben Membranpolymers, z.B. PSf, gut einstellen lassen [12] (Abb. 3.5-2b und 3.6a).

Das „SelfAssembly" an der Oberfläche des Membranmaterials (Abb. 3.5-3) hat im Vergleich zur einfachen Adsorption den Vorteil, dass die Ordnung und die Stabilität durch Wechselwirkungen innerhalb der Adsorbatschicht deutlich erhöht werden. Somit ist auch eine vollständige Bedeckung der Oberfläche des Basismaterials möglich. Das Konzept ist inspiriert von Struktur und Funktion biologischer Membranen.

Die Herstellung von Monoschichten durch das Langmuir-Blodget (LB) Verfahren [3] ist begrenzt auf die Modifikation der äußeren Membranoberfläche [13]. Der technische Aufwand ist sehr hoch, die ultradünnen Schichten sind empfindlich, und praktisch anwendbare Lösungen sind deshalb wohl kaum zu erwarten.

Reaktive amphiphile Moleküle bilden nach der spontanen Adsorption aus der Lösung an geeigneten reaktiven Oberflächen kompakte und molekular dünne Schichten, ggf. auch mit weiteren Funktionalgruppen an der äußeren Oberfläche („SAM"; Abb. 3.5-3a). Damit werden potentiell auch Membranporen für Modifikationen zugänglich. SAMs, die chemisch an der Oberfläche des Basismaterials gekoppelt sind, haben eine wesentlich höhere Stabilität als ungeordnete Adsorbatschichten oder LB-Schichten. Besondere Aufmerksamkeit haben die Modifikationen von mit Gold ausgekleideten Membranporen mit funktionalen Thiolen gefunden [14, 15] (s. Abschnitt 3.3.3.4). Bisher noch nicht gelöste technische Probleme sind der hohe Aufwand – vor allem zur Synthese der Amphiphile –, die Homogenität der Oberflächenbedeckung – insbesondere innerhalb von Poren – sowie die Robustheit unter Anwendungsbedingungen. Die mitunter ebenfalls als SAM-Modifikation bezeichneten Reaktionen von Silanen mit oxidischen Oberflächen (s. Abschnitt 3.3.3.2.2) werden dagegen bald auch praktische Anwendung finden.

Die kontrollierte Mehrschichtadsorption („LBL", Abb. 3.5-3b) stellt eine neue Variante von „SelfAssembly" Beschichtungen dar. Die Besonderheit besteht in der vertikalen Organisation und Stabilisierung der Schichten. Die innere Struktur ist nicht ideal geordnet, aber das Bauprinzip ermöglicht eine sehr effektive Kompensation von Defekten mit zunehmender Schichtdicke im unteren Nanometerbereich [4]. Dadurch erhöht sich die Robustheit unter Anwendungsbedingungen. Als Voraussetzung für die LBL-Technologie muss die Basismembran die erste Polyelektrolytschicht über ionische Bindungen adsorbieren können, die dafür erforderliche Dichte an geladenen Funktionalgruppen ist aber moderat. Beispiele für geeignete Basismembranen sind Plasma-behandelte Polyacrylnitril (PAN)-UF-Membranen [16], oberflächenmodifizierte PP-Membranen [17] oder Anopore®-Membranen aus Al_2O_3 [18]. Bisher waren vor allem Kompositmembranen mit LBL-Schichten als selektive Barriere im Fokus [16, 18], aber auch die Oberflächenmodifikation von MF-Membranen ist möglich [17]. Damit könnte das bioinspirierte Konzept supramolekularer Membranen eine „Renaissance" für die Membranmodifikation erfahren und erstmals auch zu praktischen Anwendungen führen.

3.3.3.2.2 Chemische Reaktionen am Basismaterial

Chemische Reaktionen an der Oberfläche des Membranmaterials kann man in zwei Kategorien unterteilen, auch wenn – wegen Nebenreaktionen – die Übergänge oft fließend sind (Abb. 3.5-1):

a) Derivatisierung oder Pfropfreaktion am Membranmaterial via Reaktion vorhandener Funktionalgruppen ohne Materialdegradation (keine Polymerkettenspaltung bzw. Änderung der Morphologie).

b) Gezielte Degradation des Membranmaterials zur Aktivierung von Derivatisierungs- oder Pfropfreaktionen (bei minimaler Polymerkettenspaltung bzw. Änderung der Morphologie).

Das Ziel besteht in der Einführung von Funktionalgruppen mit Einfluss auf Wechselwirkungen mit der Membranoberfläche (Hydrophilie, Ladung etc.) oder von Reaktivgruppen (Amino-, Aldehyd-, Epoxid-, Carboxyl- etc.) für anschließende weitere chemische Funktionalisierungen.

Bei rein chemisch kontrollierten Reaktionen wird ein Eindringen in das Basismaterial entweder durch die gewollte chemische Reaktion selbst oder aber durch den Einfluss von Reaktionsbedingungen (Temperatur, Lösungsmittel) auf das Basismaterial vermittelt [19]. Eine Entkopplung von Aktivierung – z.B. durch eine kontrollierte Degradation (b) – und eigentlicher Funktionalisierungsreaktion – unter Bedingungen, welche das Membranmaterial nicht angreifen – ist deshalb oft der bevorzugte Weg zu wirklich grenzflächenselektiven Modifikationen.

Für Reaktionen nach a) bieten Biopolymere, wie z.B. Cellulosederivate [19, 20], besonders viele Möglichkeiten, die auch extensiv für die Oberflächenmodifikation von Membranen genutzt wurden [21]. Auch Glas oder Keramiken sind – zusätzlich begünstigt durch ihre hohe mechanische Stabilität – geeignete Basismaterialien für selektive Derivatisierungs- oder Pfropfreaktionen. Die vielfältig genutzte Silanisierung von Hydroxylgruppen an Oberflächen [22] kann in Abhängigkeit von den Reaktionsbedingungen sowohl zu chemisch gekoppelten molekular dünnen Schichten („SAM") als auch zu dickeren funktionalen Polysiloxanschichten führen (Abb. 3.7). Membranen aus Al_2O_3 [23], TiO_2 [24], ZrO_2 [25] oder Glas [26] lassen sich modifizieren; die resultierenden Dünnschichtkomposite können auch als anorganisch-organische Hybridmaterialien betrachtet werden.

Für die Mehrzahl der Membranprozesse haben sich bislang chemisch stabile, meist auch relativ hydrophobe synthetische Polymere etabliert, welche sich nur schwierig in definierter Weise auf heterogenem Weg funktionalisieren lassen. Für Reaktionen nach a) können Endgruppen des Membranpolymers (z.B. Amino- oder Carboxylgruppen in Polyamid oder Hydroxylgruppen in PSf) genutzt

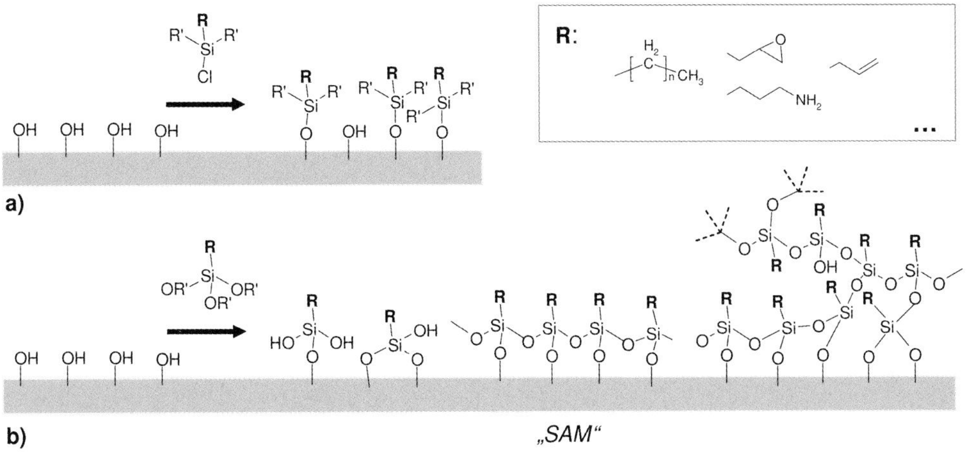

3.3 Strategien und Wege zur Oberflächenmodifikation von Membranen

Abb. 3.7 Silanisierungen von Basismaterialien mit Hydroxylgruppen an der Oberfläche können mit diversen funktionalen Silanen (Beispiele siehe Insert) unter verschiedenen Bedingungen – aus der Gasphase oder aus Lösung – durchgeführt werden. In Abhängigkeit von Silan und Reaktionsbedingungen werden funktionale Schichten mit unterschiedlicher Oberflächenbedeckung des Basismaterials sowie variierter innerer Struktur erhalten: (a) monofunktionelles Silan; (b) trifunktionelles Silan – durch Kondensation oder Hydrolyse in Lösung oder an der Oberfläche können Schichten mit unvollständiger Oberflächenbedeckung, Monoschichten („SAM") oder auch dreidimensionale, vernetzte Polysiloxanschichten erhalten werden (diese Chemie lässt sich wegen der hydrolytischen Instabilität der C-O-Si Bindung nur sehr eingeschränkt auf die Funktionalisierung von C-OH Gruppen anwenden).

werden; ausgehend von einer sehr geringen Oberflächendichte ist dies aber nur in Kombination mit dem Aufbau von makromolekularen Schichten effektiv [21] (s. Abschnitt 3.3.3.2.3). Heterogene Derivatisierungen an MF- bzw. UF-Membranen wie z. B. die Sulfonierung oder Carboxylierung von PSf [27, 28] oder die Umwandlung der Nitrilgruppen von PAN [29] waren immer auch mit Nebenreaktionen sowie Änderungen der Membranmorphologie verbunden. Ein Beispiel für eine gut nutzbare Degradationsreaktion (b) ist dagegen die oxidative Hydrolyse von Polyethylenterephthalat (PET), die sich für die Funktionalisierung von Kernspurmembranen ohne Veränderung der Porenstruktur anwenden lässt [30].

Eine physikalische Aktivierung chemischer Reaktionen, vorzugsweise via kontrollierte Degradation von Polymeren [31], ist möglich durch:

- hochenergetische Strahlung, z. B. γ- oder Elektronenstrahl,
- Plasma,
- UV-Strahlung.

Hochenergetische Strahlung wirkt wenig selektiv; Bindungsspaltungen im Volumen des Membranmaterials können nicht vermieden werden. Membranmodifikationen, z. B. die Herstellung von Ionenaustauschermembranen durch Pfropfpolymerisation, werden auch mit Elektronenstrahlung initiiert, sind aber typischerweise keine Oberflächenmodifikationen.

Eine Anregung mit Plasma ist sehr oberflächenselektiv, aber oft auch mit einer starken Tendenz zum Abtrag des Basismaterials verbunden. Der sehr energiereiche Tief-UV-Anteil bei direkter Plasmaanregung kann ebenso zu unkontrollierten Degradationen führen. Typischerweise erfolgt eine Behandlung der Proben im Vakuum. Modifizierungen in kleinen Poren (< 100 nm) sind nur sehr eingeschränkt möglich; eine gleichmäßige Innenmodifizierung von MF-Membranen ist problematisch. Zur Oberflächenmodifikation von Membranen [32] ist vor allem die Plasmabehandlung intensiv untersucht worden. Typische Anwendungen sind die Hydrophilierung (durch Sauerstoff- oder Inertgasplasma werden polymeranaloge Oxidationen des Membranmaterials ausgelöst [33]) oder die Einführung von Funktionalgruppen an der Oberfläche (z. B. Aminierung im Ammoniakplasma [34]). Bei UF-Membranen kann ortsselektiv die äußere Oberfläche modifiziert werden, eine Degradation der Porenstruktur der Trennschicht und damit eine Änderung der Selektivität ist jedoch meist nicht zu vermeiden. Eine Ausnahme sind PAN-UF-Membranen, wo unter definierten Plasmabedingungen eine Hydrophilierung parallel zu einer Stabilisierung des Membranmaterials durch eine intramakromolekulare Cyclisierung abläuft [33]. Oft wird die Anregung mit Plasma auch zur Initiierung von Pfropfpolymerisationen genutzt (s. Abschnitt 3.3.3.2.3) oder es erfolgt eine Beschichtung durch Plasmapolymerisation, d.h. die Abscheidung eines Polymers aus dem Plasma (s. Abschnitt 3.3.3.3).

Eine Anregung mit UV-Strahlung hat, im Unterschied zu energiereicherer Strahlung, den großen Vorteil, dass die Anregungswellenlänge selektiv auf die zu initiierende Reaktion eingestellt werden kann und dass damit unerwünschte Nebenreaktionen vermieden werden können [30]. Eine Photoinitiierung ist auch in sehr kleinen Poren problemlos möglich. Die UV-Technologie ist einfach und kostengünstig auch in kontinuierliche Fertigungsprozesse zu integrieren. Das größte Potential haben photo-initiierte Prozesse für oberflächenselektive Funktionalisierungen mit komplexeren Polymerstrukturen bei minimaler Degradation der Basismembran (s. Abschnitt 3.3.3.2.3).

3.3.3.2.3 Auf dem Basismaterial aufbauende Funktionalisierungen – Pfropfreaktionen zur Einführung makromolekularer funktionaler Einheiten

„Grafting-to" (Abb. 3.6 b)

Folgende Membranmodifikationen zur Einführung makromolekularer funktionaler Einheiten sind untersucht worden:

- Direkte Kopplung an Polymer- oder anorganischen Membranen über reaktive Seitengruppen (z. B. Cellulosederivate [21, 35], Glas/Keramik [35]) oder Endgruppen (z. B. PA, PSf [21, 36]); s. Abschnitt 3.3.3.2.2.
- Primärfunktionalisierung der Membran – Einführung von Amino-, Aldehyd-, Epoxid-, Carboxyl- oder anderen Reaktivgruppen an der Oberfläche – und anschließende Kopplung; s. Abschnitte 3.3.3.2.2 und 3.3.3.4.

- Adsorption an der Membranoberfläche und anschließende physikalisch aktivierte Kopplung – Alternativen sind eine unselektive Fixierung z. B. durch Plasmabehandlung (auf diese Weise lässt sich sogar eine Teflonmembran mit PEG funktionalisieren [37]) oder – bei Verwendung photoreaktiver Konjugate als Adsorbat – eine Kopplung durch selektive UV-Belichtung [38]; auch Membranen aus photoreaktiven Spezialpolymeren oder mit photoreaktiven Beschichtungen zur Kopplung beliebiger Adsorbate sind vorgeschlagen worden [39].

So wurden Membranen – meist UF- oder MF-Membranen – mit hydrophilen Makromolekülen (z. B. PEG [37, 38]) oder mit funktionalen Polymeren (z. B. Polypeptide [35] oder Polysaccharide [21, 36]), zur Kontrolle von Wechselwirkungen mit der Membranoberfläche (z. B. Minimierung der Proteinadsorption [38], Bindung von Metallionen [35] oder kovalente Kopplung von Liganden [21, 36]) funktionalisiert. Ausgehend von via oxidative Hydrolyse primär-funktionalisierten Kernspurmembranen aus PET wurden in Membranporen – sequentiell nach Merrifield oder durch Fragmentkondensation – auch Polypeptide synthetisiert [30].

„Grafting-from"(Abb. 3.6 c)

Nahezu ausschließlich radikalische Polymerisationen sind bisher für die Synthese von makromolekularen Ketten oder Schichten auf der Membranoberfläche genutzt worden. Eine Vielzahl funktionaler Monomere wie z. B. Arylate, Acrylamide oder andere Vinylmonomere mit allen für die Einstellung von Oberflächeneigenschaften interessanten funktionalen Gruppen – starke oder schwache Anionen- oder Kationenaustauscher, hydrophile, hydrophobe oder fluorierte Gruppen, reaktive Gruppen usw. – ist kommerziell verfügbar und lässt sich – wahlweise aus wässrigen oder organischen Lösungen – bei Minimierung von Abbruchreaktionen (vor allem durch Ausschluss von Sauerstoff) sehr effektiv radikalisch polymerisieren (Abb. 3.8).

Bereits frühzeitig wurde die physikalische Aktivierung (Elektronenstrahl, Plasmabehandlung oder direkte UV-Anregung) untersucht, weil das auf viele Membranpolymere anwendbar ist (s. Abschnitt 3.3.3.2.2). Eine Pfropfcopolymerisation kann dann durch Radikale des Membranmaterials initiiert werden (Abb. 3.8a) [2, 5, 6, 31]. Für die Oberflächenmodifikation von Membranen hat die so genannte „sequentielle" Variante oft Vorteile, weil geeignete Anregungs- und Reaktionsbedingungen separat optimiert werden können. Dafür werden die durch physikalische Anregung gebildeten Radikale – meist durch Kontakt mit Luftsauerstoff – zunächst in Peroxidgruppen am Membranmaterial überführt. Diese können dann in Gegenwart von Monomer z. B. thermisch wieder zu Starterradikalen umgesetzt werden [40]. Durch eine direkte UV-Anregung können UV-empfindliche Membranpolymere, wie z. B. PESf, auch unter simultanen Bedingungen, d. h. im direkten Kontakt mit dem Monomer, modifiziert werden; die Starterradikale entstehen hier durch Hauptkettenspaltung des Membranpolymers [41]. Nahezu alle Membranpolymere sind unter Verwendung diverser Monomere via physikalisch aktivierte Degradation funktionalisiert worden. Je nach Empfindlichkeit des Membranmaterials sowie Anregungsbedin-

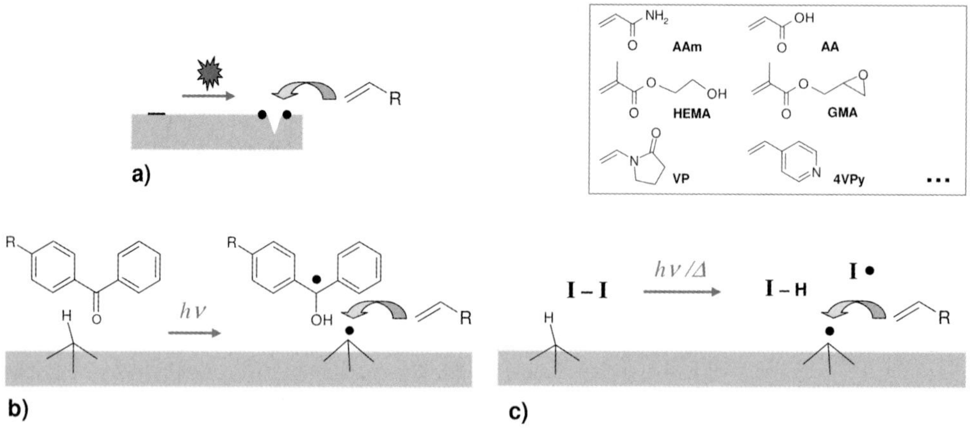

Abb. 3.8 Heterogene Pfropfcopolymerisationen („Grafting-from") auf diversen Membranmaterialien mit einer Vielzahl funktionaler Monomere (Beispiele siehe Insert) können durch unterschiedliche Varianten initiiert werden (Bildung von Starterradikalen auf der Oberfläche, von denen ausgehend Monomere radikalisch polymerisieren):
(a) Degradation des Membranmaterials (Hauptkettenspaltung oder Abspaltung einer Seitengruppe), ausgelöst durch direkte Anregung mit hochenergetischer, einschließlich unselektiver UV-Strahlung oder durch Plasmabehandlung; (b) Adsorption eines speziellen Photoiniators (z. B. Benzophenonderivat) an der Oberfläche und anschließende durch selektive Anregung des Photoinitiators ausgelöste H-Abstraktion von der Oberfläche des Membranmaterials (das Benzpinakolradikal ist zu wenig reaktiv, um eine Polymerisation zu starten) – grenzflächenselektives „Grafting-from";
(c) Zersetzung eines Initiators in Lösung und Radikalübertragung auf die Oberfläche des Membranmaterials (hier durch H-Abstraktion); typischerweise entstehen jedoch zwei Starterradikale, von denen (mindestens) eines auch eine Polymerisation ohne Pfropfung starten kann.

gungen resultieren die hauptsächlichen Limitierungen aus Veränderungen der Membranmorphologie und/oder einer ungleichmäßigen Modifikation im Inneren poröser Membranen.

Inzwischen sind kontrolliertere UV-gestützte Verfahren für die heterogene Pfropfcopolymerisation entwickelt worden, bei denen ein selektiv anregbarer Photoinitiator im Kontakt mit der Membranoberfläche genutzt wird. Besonders einfach und effektiv ist die Adsorption eines Photoinitiators an der Membranoberfläche, welcher dann in einer UV-initiierten H-Abstraktionsreaktion selektiv Polymerradikale erzeugt (Abb. 3.8 b) [42]. UF- und MF-Membranen, z. B. aus PP, PA, PET, PSf, PAN, PVDF oder – nach einer Primärmodifizierung mit einem Alkylsilan – Keramiken sind auf diesem Wege ohne Degradation der Membranmorphologie sowohl an der äußeren als auch an der inneren Oberfläche modifiziert worden. Kürzlich wurde das Verfahren auch erstmals auf Hohlfasermembranen aus PSf angewandt [43].

Weitere Alternativen eröffnen chemische Methoden der Radikalerzeugung an der Membranoberfläche, z. B. durch Zersetzung von Peroxiden oder Azoverbindungen in einer Lösung im Kontakt mit der Membran; es erfolgt eine Radikalübertragung auf das Membranmaterial, wobei sich Starterradikale bilden (Abb. 3.8c). Auf diese Weise ist z. B. PA als Trennschicht einer kommerziellen RO-Kompositmembran mit hydrophilen Acrylaten pfropfcopolymerisiert worden [44]. Auch eine Primärfunktionalisierung mit einem an der Membranoberfläche kovalent gekoppelten Monomer kann dazu genutzt werden, dass im Verlauf einer in Lösung initiierten Polymerisation das wachsende Polymer an der Oberfläche fixiert wird [25]. Bei beiden Varianten können Verzweigungen bzw. Vernetzungen der Pfropfpolymerketten durch Reaktionen in Lösung nicht vermieden werden. Der Vorteil ist jedoch, dass solche „Grafting-from" Funktionalisierung auch auf die Modifikation von Membranen in Modulen angewendet werden könnte.

Inspiriert vom Fortschritt der letzten Jahre auf dem Gebiet der so genannten „kontrollierten" Polymerisationen richtet sich das wissenschaftliche Interesse zunehmend darauf, Pfropfarchitekturen auf Membranoberflächen durch eindeutige Pfropfdichte, einheitliche Kettenlängenverteilung oder Blockpolymerstrukturen noch definierter zu gestalten (Abb. 3.5-4). Die Anwendung solcher spezieller Methoden auf technisch etablierte Membranen ist noch ganz am Beginn. Zwei Beispiele sind jeweils Modifikationen von PP-MF-Membranen. Die photo-initiierte kontrollierte radikalische Polymerisation unter Nutzung von Benzophenon/Benzpinakol führt zu einer relativ einheitlichen, über die Belichtungszeit steuerbaren Kettenlängenverteilung auf der Porenoberfläche [45]. Die ringöffnende Polymerisation von N-Carboxyanhydriden chiraler Aminosäuren, initiiert durch Aminogruppen auf der Oberfläche von im Ammoniakplasma primärfunktionalisierten PP-Membranen führt zu Pfropfketten mit einer definierten – hier helikalen – Sekundärstruktur auf der Membranoberfläche [46].

Limitierungen für Modifikationen via „Grafting-to" ergeben sich aus dem Prinzip der „passenden" Reaktivität sowie der begrenzten Oberflächenbedeckung. Damit ist dieser Weg wenig geeignet zur Minimierung von Membranfouling (s. Abschnitt 3.4.1). Durch modulare Modifikationen via „Grafting-from" können dagegen die verschiedensten Schichtfunktionalitäten und -architekturen generiert werden, wobei auch Fouling-beständige Membranoberflächen erhalten werden (s. Abschnitt 3.4.1). Darüber hinaus haben beide Strategien ein hochattraktives Potential zur Einstellung der Biokompatibilität (s. Abschnitt 3.4.2), zur Herstellung von Membranadsorbern (s. Abschnitt 3.4.4) und katalytisch aktiven Membranen (s. Abschnitt 3.4.5) und auch zur Etablierung völlig neuer Trennmechanismen für Membranen (s. Abschnitt 3.4.3).

3.3.3.3 Beschichtungen

Durch in situ Synthese eines Materials auf der Oberfläche einer Membran oder durch die Beschichtung einer Membran mit einem anderen Material können zusammenhängende Schichten erhalten werden, welche durch einen der folgenden Mechanismen auf dem Membranmaterial haften können (Abb. 3.1):

a) Adhäsion – die funktionale Schicht ist nur physikalisch am Basismaterial fixiert; die Haftung kann durch eine an das Membranmaterial angepasste Grenzflächenenergie oder durch Wechselwirkungen zwischen Funktionalgruppen verbessert werden;
b) Interpenetration durch (mikroskopische) Vermischung in einer Grenzschicht;
c) mechanische Interpenetration (Verhakung oder Durchdringung) von Schicht und Membranporenstruktur.

Die Schichtdicken hängen vom gewählten Verfahren ab, können aber wesentlich größer sein als bei grenzflächenchemisch kontrollierten Modifikationen (Abb. 3.5 bis 3.8).

Für Membranmodifikationen werden physikalisch gestützte Verfahren wie Plasmapolymerisation, „Chemical Vapor Deposition" (CVD) sowie das Sputtern von Metallen oder Nichtmetallen genutzt. Bei plasma-gestützten Verfahren bilden sich immer Zwischenschichten (b). Diese Verfahren sind typischerweise auf die Beschichtung der äußeren Oberfläche beschränkt. Damit werden dünne Barriereschichten – z. B. ein hydrophobes Plasmapolymer auf einer hydrophilen Membran oder ein Metall auf einer Ionenaustauschermembran – aufgebaut, sodass die resultierenden Membranen eher als Kompositmembranen zu betrachten sind.

Weitere Methoden, die sich prinzipiell auch auf die Beschichtung der inneren Porenstruktur von Membranen anwenden lassen, sind das Auftragen von Polymeren aus Lösungen [47, 48], in situ Polymerisationen [49] sowie die elektrolytische oder stromlose Abscheidung von Metallen [14].

Die bisher im technischen Maßstab wesentlichste Oberflächenmodifikation durch Beschichtung basiert auf einer in situ vernetzenden Copolymerisation hydrophiler Acrylatmonomere in makroporösen Membranen [50–52]. Die Reaktion führt zu einer permanenten Hydrophilierung der Porenoberflächen durch eine sehr dünne Polymerschicht. Auch wenn eine Fixierung über Radikalreaktion auftreten kann (Abb. 3.8c), so ist der Mechanismus der Fixierung im Wesentlichen eine mechanische Verhakung zwischen dem Polymernetzwerk und der Porenstruktur (c).

3.3.3.4 Mehrstufige Oberflächenmodifikationen

Um das Ziel von Oberflächenmodifikationen – eine verbesserte oder völlig neue Funktion einer bereits etablierten Membran (s. Abschnitt 3.2) – zu erreichen, gibt es eine Vielfalt von alternativen Wegen, wobei oft erst mehrstufige Verfahren die optimale Lösung bieten. Das soll an drei exemplarischen Strategien erläutert werden (Abb. 3.9).

Kernspurmembranen sind Membranen mit einer sehr engen Porengrößenverteilung. Die Primärmodifizierung von kommerziellen Membranen mit einem Durchmesser zwischen 10 und 20 nm mit Gold (s. Abschnitt 3.3.3.3) bewirkt eine gleichmäßige Verringerung der Porengröße bis zu wenigen Nanometern. Die anschließende SAM-Beschichtung führt zu einer gleichmäßigen Innen-

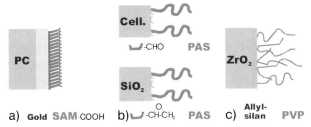

Abb. 3.9 Beispiele für mehrstufige Oberflächenmodifikationen von Membranen:
(a) Herstellung von Goldnanotube-Membranen [14]: (1) stromlose Beschichtung von Polycarbonat mit Gold, (2) SAM-Beschichtung mit funktionalen Thiolen (Abb. 3.5-3 a), hier z. B. $HS(CH_2)_{10}COOH$ [15]; (b) Poren mit Polyaminosäure (PAS) [35]: Cellulose (Cell) – (1) milde Oxidation führt zu Aldehydgruppen auf der Oberfläche; Kieselgel – (1) Silanisierung mit Epoxytrialkoxysilan (Abb. 3.7) führt zu Epoxidgruppen auf der Oberfläche; (2) kovalente Kopplung von PAS (M_w: 6 bis 36 kDa) über die Aminoendgruppe („Grafting-to"); (c) Keramikmembran (ZrO_2) mit hydrophilem Pfropfcopolymer (PVP) [25]: (1) Silanisierung mit Allyltrialkoxysilan zur Einführung von reaktiven Doppelbindungen (Abb. 3.7), (2) durch einen Azoinitiator in Lösung initiierte Pfropfcopolymerisation von VP (Abb. 3.8) unter Einbau der Allylgruppe in die PVP-Kette.

funktionalisierung der Poren (s. Abschnitt 3.3.3.2.1). Z. B. über die Ladung der Funktionalgruppen an den Porenwänden von Membranen mit ca. 10 nm Porendurchmesser ließ sich die Transportgeschwindigkeit und -selektivität für Ionen steuern [15]. Diese Membranmodifikation ermöglicht die Herstellung und Charakterisierung hochselektiver Membranen unter gezielter Nutzung von Größe, Ladung und/oder Affinität als Trennmechanismus [14].

Wege über eine chemische Primärfunktionalisierung haben den Vorteil, dass analoge Funktionalschichten auf sehr unterschiedlichen Basismembranen aufgebaut werden können. Die Oberflächenmodifikation zweier Mikrofiltrationsmembranen – aus Cellulose bzw. aus einem Kieselgel/Polyethylen-Komposit – führte zu derselben funktionalen Pfropfarchitektur aus endfixierten Polyaminosäuren. Solche Membranen besitzen eine hohe und spezifische Bindungskapazität für Metallionen [35] und können als Membranadsorber genutzt werden (s. Abschnitt 3.4.4).

Mikrofiltrationsmembranen aus Keramik sind wegen ihrer ausgeprägten Stabilität für Anwendungen mit komplexen Rohlösungen besonders interessant. Durch die Oberflächenmodifikation mit einer dünnen, hydrophilen und flexiblen Pfropfschicht auf der gesamten Porenoberfläche wurde die Foulingtendenz bei der UF von Öl/Wasser-Emulsionen fast völlig eliminiert (Abschnitt 3.4.1) [25].

3.4
Struktur und Funktion oberflächenmodifizierter Membranen

Durch Oberflächenmodifikationen können definierte Grenzschichtarchitekturen mit den unterschiedlichsten Funktionalgruppen bei Variation der Dicke, Dichte, Flexibilität oder Zusammensetzung erzeugt werden. Auf glatten Basismaterialien, z. B. der Trennschicht einer RO-Membran, lässt sich das aber einfacher realisieren als an der gesamten inneren Oberfläche poröser Membranen (Abb. 3.2). Deshalb dienen zur Aufklärung der Struktur modifizierter Membranoberflächen sowohl analytische Untersuchungen (s. Abschnitt 3.3.2) als auch die Charakterisierung der Funktion der Membran.

3.4.1
Minimierung von Membranfouling

Membranfouling wird durch unerwünschte Wechselwirkungen – typischerweise von Kolloiden, z. B. Proteinen oder Öltröpfchen in Wasser – mit dem Membranmaterial ausgelöst [53]. Die Folge ist eine Verminderung der Membranleistung, entweder wegen des Aufbaus einer zusätzlichen Barriereschicht oder wegen eines Versagens der Barriere, z. B. aufgrund einer verbesserten Benetzung (Membrankontaktor). Selbst wenn weitere Prozessbedingungen auf das Ausmaß Einfluss haben, ist doch der wesentliche Lösungsweg zur Minimierung des Membranfoulings die Verhinderung von unerwünschten Adsorptions- bzw. Adhäsionsprozessen an der Oberfläche des Membranmaterials. Damit lässt sich auch eine nachfolgende Akkumulation von Kolloiden, z. B. durch Denaturierung und Aggregation von Proteinen, wirksam verhindern.

Für Membranen, bei denen die Konsequenzen von Fouling nur in der Grenzschicht vor der Membran auftreten (Membrankontaktor, RO, NF, PV oder UF), ist eine Oberflächenmodifikation der äußeren Membranoberfläche ausreichend. Dagegen werden MF- und teilweise auch UF-Membranen oft an der gesamten Oberfläche modifiziert, weil Fouling auch innerhalb der Porenstruktur der Membran stattfindet (Abb. 3.2). Die optimale Oberflächenmodifikation wird weiterhin von der Zusammensetzung und Komplexität des zu behandelnden Systems bestimmt.

Für die Mehrzahl der Anwendungen ist eine effektive Hydrophilierung der Membranoberfläche das primäre Ziel. Pfropfreaktionen von Makromolekülen können zusätzlich eine effektive sterische Abschirmung der Oberfläche bewirken. Für manche Anwendungen kann die Einführung geladener Funktionalgruppen, z. B. durch Pfropfcopolymerisation von Acrylsäure [40, 42, 44], der Weg der Wahl sein. So ist eine negative Oberflächenladung der Membran bei Trennungen biologischer Medien bei neutralem pH-Wert wegen der negativen Ladungen der meisten Proteine und der zellulären Bestandteile oft von Vorteil. Auch polymeranaloge Reaktionen oder Oberflächenbehandlungen durch Plasma können zu Membranen mit geladenen Gruppen an der Oberfläche führen [27–29, 33]. Am häufigsten werden aber neutrale hydrophile Schichten erzeugt.

Sowohl nichtkovalentes als auch kovalentes „Grafting-to" von PEGs auf PSf führte zu Membranoberflächen, an denen zwar noch signifikante Mengen von Protein adsorbieren konnten, die aber trotzdem eine verringerte Foulingtendenz aufwiesen [11, 12, 38]. Der bei weitem bevorzugte und effektivste Weg sind aber Pfropfcopolymerisationen („Grafting-from"), z. B. von VP, HEMA, AAm (Abb. 3.8) oder PEG-Methacrylaten [25, 40, 41, 54], mit denen man ein hydrophobes Membranmaterial vollständig abschirmen kann. Eine weitere interessante Alternative sind biomimetische Polymerschichten, wie sie z. B. mit dem zwitterionischen Monomer Methacryloxyethylphosphorylcholin (MPC) erhalten werden, dessen funktionale Seitengruppe von Kopfgruppen essentieller Lipidbausteine der Zellmembran abgeleitet ist [55].

Darüber hinaus ist die innere Struktur der Funktionalschicht ebenfalls wichtig, denn es muss auch die Zugänglichkeit für Proteine minimiert werden. Folglich kann eine angepasste Vernetzung hydrophiler Polymerschichten die Adsorptions- und damit die Foulingtendenz weiter verringern (Abb. 3.5–4c). Dagegen funktioniert die Abschirmung der Membranoberfläche gegenüber größeren kolloidalen Teilchen (z. B. Öltröpfchen in Wasser) auch mit unvernetzten, hydrophilen und flexiblen Bürstenstrukturen (Abb. 3.5–4a) [25].

Letztlich ist eine geeignete Kombination von Pfropf- und Barrierestrukturen notwendig. Die gesamte Oberfläche von MF-Membranen wird oft durch vernetzte hydrophile Polymerschichten modifiziert (s. Abschnitt 3.4.6). Dagegen sind für UF- und RO-Membranen unvernetzte Pfropfschichten besser geeignet, weil damit der zusätzliche Barrierewiderstand der Antifoulingschicht gering bleibt. Alternativ ermöglichen Dünnschicht-Komposit-UF-Membranen, hergestellt durch Beschichtung mit einem hydrophilen Polymer [47, 48], durch Grenzflächenreaktion [49] oder durch photo-initiiertes „Grafting-from" von PEG-Methacrylaten [54] eine simultane Einstellung der Trenngrenze und Foulingminimierung. So konnte z. B. durch Modifikation mit Poly-PEG-Methacrylat eine eindeutige Proteintrennung nach der Größe erzielt werden, die mit der unmodifizierten PAN-UF-Membran unmöglich war [54].

3.4.2
Biokompatibilität

Die wesentlichen biomedizinischen Anwendungsfelder der Membrantechnologie sind die Hämodialyse, die Plasmapherese sowie Membran-Oxygenatoren. Zunehmend gewinnen weitere Membranverfahren zur Blut- und Plasmafraktionierung sowie membranbasierte Zell- und Gewebekulturreaktoren an Bedeutung. Die allgemeinste Definition der Biokompatibilität von Materialien – Unterstützung der Funktion lebender Systeme – berücksichtigt die Komplexität der Anwendungen, in welchen die Membran nur eine Komponente ist. Für die meisten derzeit relevanten Anwendungen ist das Verhalten im Kontakt mit Blut entscheidend.

Die Minimierung der unspezifischen Adsorption von Proteinen ist wichtig, um die Membranleistung zu erhalten. Modifikationsstrategien, welche zu foulingresistenten Membranen führen, können also auch als Basis für biokompatible Membranen dienen (s. Abschnitt 3.4.1). Meist müssen jedoch weitere biologische Antworten auf den Kontakt mit dem Membransystem berücksichtigt werden [7, 56, 57]. Eine Oberflächenmodifikation zur Verbesserung der Biokompatibilität sollte zumindest der Unterdrückung pathophysiologischer Abwehrmechanismen, z. B. Immunreaktion und/oder Komplementaktivierung, dienen und gleichzeitig eine minimale Zelltoxizität aufweisen.

Fortgeschrittene Modifikationen ermöglichen deshalb die Kombination von mehreren Funktionen, idealerweise durch den Aufbau von biomimetischen Schichtstrukturen auf der Membranoberfläche:

- Abschirmung (Vermeidung der Adsorption und Denaturierung von Proteinen durch hydrophobe oder ionische Wechselwirkungen),
- selektive Adsorption und Stabilisierung der Konformation adsorbierter Proteine,
- kovalente Immobilisierung von Biomolekülen oder Generierung biomimetischer Effekte durch synthetische Strukturen.

„Grafting-to"- und „Grafting-from"-Synthesen multifunktionaler Polymerschichten, z. B. „Bürstenstrukturen" (Abb. 3.5-4a) sind dafür besonders geeignet [57]. Für Membranen im Blutkontakt wurden bislang vor allem diverse Varianten der Immobilisierung von Heparin entwickelt, die auch technisch – vor allem für Membranoxygenatoren – angewendet werden [56]. Auch spezielle ionische Strukturen mit Heparin-ähnlicher Wirkung oder die biomimetischen MPC-Polymere werden zur Verbesserung der Blutkompatibilität von Membranen verwendet [55, 56].

Für Anwendungen im Zell- oder Gewebekontakt können auch temporäre, reversible Modifikationen ausreichend sein [12, 56].

Auch die spezifische Abtrennung oder die kontrollierte Freisetzung von Substanzen werden zunehmend in biomedizinische Anwendungen integriert. Strategien zur Herstellung von Membranadsorbern (s. Abschnitt 3.4.4) werden deshalb auch auf Membranen für die Dialyse oder für Zell- und Gewebekulturreaktoren angewendet.

3.4.3
Verbesserte oder neue Selektivität durch kombinierte Trennmechanismen

Die Oberflächenmodifikation einer Membran kann zu einer veränderten Selektivität führen, wenn an/in der bereits vorhandenen Barriere zusätzliche Trenneffekte wirken. Übergänge zu Kompositmembranen, bei denen die zusätzlichen Wechselwirkungen dominieren, sind fließend; Membranadsorber werden separat behandelt (s. Abschnitt 3.4.4). Ein Modellsystem wie die Goldnanotube-Membranen ermöglicht mechanistische Untersuchungen zu den Beiträgen von Größenausschluss, Oberflächenladung und Affinität zur Selektivität (Abb. 3.9a).

3.4.3.1 Erhöhung des Rückhaltes der Membran

Die Oberflächenfunktionalisierung kommerzieller UF-Membranen (Biomax®, Millipore) mit anionischen oder kationischen Gruppen führte bei einer kontrollierten Crossflow-Filtration zu einer starken Erhöhung des Rückhaltes gleichsinnig geladener Proteine. Die dadurch wesentlich größere Trennselektivität ermöglichte eine sehr effektive Fraktionierung von Proteinen, welche mit konventionellen UF-Membranen nicht möglich ist [58].

Die Kombination von Größenausschluss mit elektrostatischen Wechselwirkungen wird auch für die Nanofiltration in wässrigen Medien diskutiert. Ein Weg zu NF-Membranen ist folglich die Oberflächenmodifikation zur Erhöhung der Ladungsdichte in der Barriereschicht, was z. B. durch eine photo-initiierte Pfropfcopolymerisation ionischer Monomere auf PSf-UF-Membranen möglich ist [43].

Anorganische Membranen – aus Al_2O_3, TiO_2, ZrO_2, SiO_2 sowie Mischoxiden – mit meso- oder mikroporöser Trennschicht sind ein Spezialfall, da im Unterschied zu Polymermembranen eine Oberflächenmodifikation ohne signifikante Veränderungen im Volumen des Membranmaterials und mit genau einstellbaren Schichtdickenzunahmen auch im unteren Nanometerbereich möglich ist. Dafür werden grenzflächenchemisch kontrollierte Reaktionen – meist unter Nutzung funktionaler Silane – eingesetzt (Abb. 3.7). Eine definierte Verengung der Poren – kontrolliert durch die molekularen Dimensionen der Reaktanten und die Reaktionsbedingungen – bis hin zu Durchmessern von < 2 bis 4 nm ist möglich. Gleichzeitig kann die Hydrophilie/-phobie der Poren eingestellt werden. So können poröse Membranen für die selektive Ultrafiltration [25], die organophile Nanofiltration [24] und die Gastrennung [23, 26], aber auch für katalytische Membranreaktoren hergestellt werden.

Die photo-initiierte „Grafting-from"-Funktionalisierung von UF-Membranen ohne Porendegradation (Abb. 3.8b) kann zur Herstellung spezieller Kompositmembranen genutzt werden, bei denen die von der Oberfläche des Membranmaterials synthetisierten und damit an der Oberfläche kovalent gekoppelten nanometer-dünnen Polymerschichten im gequollenen Zustand die – durch Quellung unbeeinflussten – UF-Poren vollständig ausfüllen; so werden z. B. Membranen für die Pervaporation erhalten, die sehr hohe Flüsse aufweisen und deren hohe Trennselektivitäten sich durch die Wahl der Monomerbausteine in weiten Bereichen einstellen lassen [59].

Die Modifikation einer dünnen Grenzschicht einer porenfreien Membran kann in vielfältiger Weise zu einer Erhöhung des Rückhaltes genutzt werden. Ein wichtiges Beispiel, bei dem nur unerwünschte sekundäre Effekte adressiert werden (Verringerung der Methanolpermeabilität), ohne die wesentliche Trennwirkung der Basismembran zu verändern, ist die Modifikation von Nafionmembranen für Brennstoffzellen durch Plasmabehandlung, Plasmapolymerisation oder andere Dünnschichtverfahren.

3.4.3.2 Erhöhung der Triebkraft für den Membrantransport

Die Oberflächenmodifikation einer porenfreien Barriereschicht kann zu einem effektiveren Transport einer Substanz durch die Membran führen. Insbesondere in der Pervaporation konnte gezeigt werden, dass Membranen mit einer dünnen Grenzschicht mit modifizierter Affinität eine signifikant erhöhte Sorptionsselektivität und dadurch auch eine höhere Trennselektivität aufweisen. Dieser Mechanismus wird vor allem dadurch gestützt, dass die modifizierten Membranen in umgekehrter Orientierung dieselbe Selektivität wie die unmodifizierten Membranen aufweisen [8, 60].

3.4.4 Membranadsorber

Trennungen mit Membranadsorbern (Festphasenextraktion, Membranchromatografie) entwickeln sich zu einem attraktiven Anwendungsfeld für funktionale makroporöse Membranen [21, 61, 62]. Die wesentlichen Vorteile im Vergleich zu konventionellen Adsorbermaterialien (Partikeln) resultieren aus der gerichtet durchströmbaren Porenstruktur der Membran. Die Trennung basiert auf der Bindung von Substanzen an der funktionalisierten Porenwand. Damit werden

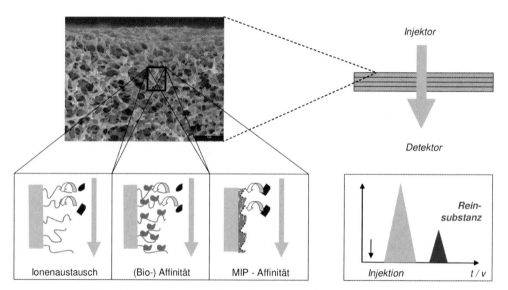

Abb. 3.10 Trennungen mit Membranadsorbern können in sehr kurzen Trenneinheiten mit einzelnen Membranen oder mit Membranstapeln und dadurch mit sehr hohem Durchsatz realisiert werden. Sie basieren auf der effektiven Durchströmung der Membranporen sowie spezifischen Wechselwirkungen an der Porenoberfläche. Membranadsorber werden hergestellt durch Oberflächenfunktionalisierung makroporöser Membranen mit funktionalen Polymerschichten, z. B. mit Ionenaustauschergruppen [61, 62], mit Reaktivgruppen zur Immobilisierung von Affinitätsliganden [61–63] oder mit molekular geprägten Polymeren [64].

die innere Oberfläche der Membran sowie deren Zugänglichkeit (Abb. 3.2) für die Bindungskapazität und damit die Trennleistung wesentlich (Abb. 3.10).

Die Entwicklung leistungsfähiger Membranadsorber muss konsequenterweise durch eine unabhängige Optimierung von Porenstruktur und Oberflächenfunktionalität – maximale Zahl an Bindungsstellen mit optimaler Zugänglichkeit – erfolgen. Deshalb sind Oberflächenmodifikationen geeigneter poröser Membranen, meist MF-Membranen, via „Grafting-to" [36] oder via „Grafting-from" [63] die wichtigsten Wege. Eine „Tentakelstruktur" der Funktionalschicht (Abb. 3.5-4) kann zu einer wesentlichen Erhöhung der Bindungskapazität im Vergleich zur Bindung an der glatten Porenoberfläche führen.

Die Funktionalschicht bestimmt die Selektivität der Trennung. Makroporöse Ionenaustauschermembranen, die Gruppen-selektive Trennungen ermöglichen, sind inzwischen technisch etabliert (s. Abschnitt 3.4.6). Membranadsorber für die kovalente Kopplung von Biomolekülen für spezifischere Affinitätstrennungen sind ebenfalls bereits verfügbar [63]. Molekular geprägte Membranadsorber, mit dünnen Schichten aus so genannten „Plastic Antibodies" auf der gesamten inneren Oberfläche, können durch eine vernetzende Polymerisation in Gegenwart von Templatsubstanzen synthetisiert werden und sind für eine Substanz-spezifische Festphasenextraktion geeignet [64].

3.4.5
Katalytisch aktive Membranen

Für Membranreaktoren [65, 66] sind solche Membranen von besonderem Interesse, wo die katalytische Aktivität mit einer speziellen Barrierestruktur kombiniert ist. In der chemischen Katalyse sind für Gasreaktionen vor allem temperaturstabile anorganische Membranen relevant, während für Lösungsreaktionen oft die Lösungsmittelstabilität der Membranen kritisch ist. Gezielte Oberflächenmodifikationen zur Erzeugung katalytisch aktiver Schichten auf Membranoberflächen (z. B. durch SolGel-Verfahren oder Beschichtung mit Metallen) oder zur Immobilisierung von Katalysatoren an/in der Membran sind bereits ein wichtiges Forschungsgebiet. Für die Biokatalyse in wässrigen Medien stehen makroporöse Membranadsorber für die kovalente Immobilisierung von Biomolekülen (s. Abschnitt 3.4.4) als Trägermaterialien zur Verfügung und können als Enzymmembranen an die Anforderungen der Biotransformation angepasst werden. Für spezielle Reaktionen sind aber auch andere Membranstrukturen als Träger notwendig [29, 63]. So sind z. B. oberflächenfunktionalisierte und gerichtet durchströmte Kernspurmembranen im Vergleich zu anderen porösen Trägern sehr gut für die Immobilisierung von Enzymen für katalysierte Polymerisationsreaktionen geeignet, da die Verblockung durch das Produkt verhindert werden kann [67].

3.4.6
Kommerzielle oberflächenmodifizierte Membranen

Dialyse- und UF-Membranen aus „hydrophiliertem" PSf oder PESf, hergestellt durch Zusatz von PVP, haben sich in den letzten Jahren als besonders leistungsfähige Materialien etabliert (s. Abschnitt 3.3.3.1).

Die Mikrofiltration bildet – nach der Dialyse – das umsatzstärkste Segment der Membranindustrie. Besonders wichtige Anwendungen finden sich in der pharmazeutischen Industrie – einschließlich Biotechnologie – sowie in der Mikroelektronikindustrie. Die wichtigsten Membranmaterialien für MF-Membranen sind die hydrophoben Polymere PP, PE, PVDF und PESf. In pharmazeutischen und biotechnologischen Herstellungsverfahren ist die Sterilfiltration absolut notwendig. Kritisch ist nicht nur eine Verringerung des Durchsatzes durch Membranfouling sondern auch der Verlust von wertvollen Produkten (z. B. rekombinanten Proteinen) durch Adsorption an der Membran.

Die Durapore®-Membran (Millipore) in der hydrophilierten Version mit minimaler Proteinbindung ist inzwischen in vielen Anwendungen etabliert. Diese Membran wird durch eine reaktive Beschichtung von PVDF-Membranen via vernetzende Copolymerisation hydrophiler Acrylatmonomere hergestellt [50] (Abb. 3.5-4c, Abschnitt 3.3.3.3). Speziell für die Endotoxinabtrennung gibt es die Durapore®-Membran auch in einer kationischen Version, d.h. als Mikrofilter mit zusätzlichen Membranadsorbereigenschaften. Für höhere Filtrationsgeschwindigkeiten wurde eine verbesserte MF-Porenstruktur aus PESf entwickelt (Express®, Millipore), welche ebenfalls in hydrophilierter Form angeboten wird. Die hydrophilierte MF-Membran aus PE (Optimizer®, Mikrolis) ist an die Anforderungen der Mikroelektronikindustrie angepasst. Folglich lässt sich die Funktionalisierung durch reaktive Beschichtung auf unterschiedliche Basismaterialien übertragen und zusätzlich auch zur Einführung von Funktionalgruppen nutzen. In ähnlicher Weise modifizierte MF-Membranen werden auch von anderen Membranfirmen angeboten [51, 52].

Nach der Membranformierung oberflächenmodifizierte Membranen sind auch die UF-Membran UltraFilic® auf Basis von PAN (Osmonics) oder die RO-Membran FILMTEC® FR mit einer PA-Trennschicht (Dow). Durch eine dünne, ungeladene und hydrophile Schicht an der äußeren Oberfläche wird jeweils die Foulingresistenz der Membranen erhöht.

Kommerzielle Membranadsorber werden durch Oberflächenmodifikation von Membranen aus Cellulose, mit Porengrößen von 0,45 oder 3 μm (Sartobind®, Sartorius), oder Polyethersulfon, mit einer Porengröße von 0,8 μm (Mustang®, Pall), jeweils mit Ionenaustauscher-Pfropfpolymerschichten hergestellt („Tentakel"-Struktur; Abb. 3.5-4a und 3.10).

3.5
Schlussfolgerungen und Ausblick

Oberflächenmodifikationen sind inzwischen ein unverzichtbares Gebiet der Membrantechnologie geworden und haben bereits ihre Leistungsfähigkeit unter industriellen Bedingungen bewiesen. Ein breites Arsenal an Funktionalisierungs- und Charakterisierungsmethoden steht zur Verfügung. Auf dieser Basis werden sich das Verständnis sowie die Kontrolle heterogener Reaktionen in z. T. komplexen porösen Materialien weiter verbessern. Dadurch werden Oberflächenmodifikationen von Membranen in den nächsten Jahren sehr viel mehr und immer diversere Anwendungen finden. Besonders wichtig sind dabei modulare Funktionalisierungskonzepte, die auch effektiv technologisch umsetzbar sind. Grenzflächenselektive Pfropfreaktionen zur Herstellung makromolekularer Schichten mit definierter Funktionalität und Architektur besitzen dafür ein besonders großes Potential. Auf diese Weise können bereits optimierte Basismembranen ohne Degradation ihrer Struktur mit an die gewünschte Anwendung angepassten Funktionalschichten kombiniert werden.

Hochattraktive „Membranen der nächsten Generation" sind durch Oberflächenmodifikation zugänglich. Solche neuen funktionalen Membranen sind z. B. aufgrund ihrer Funktionalisierung mit „intelligenten" bzw. „responsiven" Polymeren schaltbar. Bei Porenmembranen können dadurch Permeabilität und Selektivität gesteuert werden. Weiterhin können auch das Fouling kontrolliert oder die Reinigung verbessert werden. Eine weitere Gruppe funktionaler Membranen basiert auf der Kombination der Membranfunktion mit molekularer Erkennung oder Katalyse. Wiederum ist ein besonders effektiver Weg die Oberflächenfunktionalisierung optimaler Barriere- und/oder Trägermembranen mit affinen, reaktiven oder katalytischen Schichten. Dadurch ergeben sich völlig neue Möglichkeiten zur Erhöhung der Selektivität von Membrantrennungen, aber auch eine Vielfalt von integrierten Prozessen bis hin zu selbst reinigenden, selbst regulierenden oder anderen „intelligenten" Membransystemen.

3.6
Abkürzungen für Polymere

PA	Polyamid
PAN	Polyacrylnitril
PEG	Polyethylenglycol
PESf	Polyethersulfon
PET	Polyethylenterephthalat
PP	Polypropylen
PSf	Polysulfon
PVDF	Polyvinylidenfluorid
PVP	Polyvinylpyrrolidon

3.7
Literatur

1. F. Garbassi, M. Morra, E. Occhiello, *Polymer surfaces: From physics to technology*, John Wiley & Sons, 2000.
2. B. Zhao, W.J. Brittain, Progr. Polym. Sci., 2000, 25, 677.
3. A. Ulman, Chem. Rev., 1996, 96, 1533.
4. G. Decher, Science, 1997, 277, 1232.
5. Y. Uyama, K. Kato, Y. Ikada, Adv. Polym. Sci., 1998, 137, 1.
6. K. Kato, E. Uchida, E. Kang, T. Uyama, Y. Ikada, Prog. Polym. Sci., 2003, 28, 209.
7. S. Sun, Y. Yue, X. Huang, D. Meng, J. Membr. Sci., 2003, 222, 3.
8. T. Miyata, H. Yamada, T. Uragami, Macromolecules, 2001, 34, 8026.
9. J.F. Hester, A.M. Mayes, J. Membr. Sci., 2002, 202, 119.
10. M. Khayet, C.Y. Feng, T. Matsuura, J. Membr. Sci., 2003, 213, 159.
11. L.E.S. Brink, S.J.G. Elbers, T. Robbertson, P. Both, J. Membr. Sci., 1993, 76, 281.
12. A. Higuchi, K. Sugiyama, B.O. Yoon, M. Sakurai, M. Hara, M. Sumita, S. Sugawara, T. Shirai, Biomaterials, 2002, 24, 3235.
13. F. Penacorada, A. Angelova, H. Kamusewitz, J. Reiche, L. Brehmer, Langmuir, 1995, 11, 612.
14. C.R. Martin, M. Nishizawa, K. Jirage, M. Kang, J. Phys. Chem. B, 2001, 105, 1925.
15. Z. Hou, N.L. Abbott, P. Stroeve, Langmuir, 2000, 16, 2401.
16. A. Toutianoush, L. Krasemann, B. Tieke, Coll. Surf. A, 2002, 198–200, 881.
17. J. Meier-Haack, M. Müller, Macromol. Symp., 2002, 188, 91.
18. M.L. Bruening, D.M. Sullivan, Chem. Eur. J., 2002, 8, 3833.
19. J. Jagur-Grodzinski, *Heterogeneous modifications of polymers: Matrix and surface reactions*, John Wiley & Sons, 1997.
20. Th. Heinze, T. Liebert, Progr. Polym. Sci., 2001, 26, 1689.
21. E. Klein, J. Membr. Sci., 2000, 179, 1.
22. E.P. Plueddemann, *Silane Coupling Agents*, 2nd Ed., Kluwer Academic/Plenum Publishers, 1991.
23. C. Leger, H. Lira, R. Paterson, J. Membr. Sci., 120, 1996, 187.
24. T. van Gestel, B. van der Bruggen, A. Buekenhoudt, C. Dotremont, J. Luyten, C. Vandecasteele, G. Maes, J. Membr. Sci., 2003, 224, 3.
25. R.S. Faibish, Y. Cohen, J. Membr. Sci., 2001, 185, 129.
26. K. Kuraoka, Y. Chujo, T. Yazawa, J. Membr. Sci., 2001, 182, 139.
27. L. Breitbach, E. Hinke, E. Staude, Angew. Makromol. Chem., 1991, 184, 183.
28. M.D. Guiver, P. Black, C.M. Tam, Y. Deslandes, J. Appl. Polym. Sci., 1993, 48, 1597.
29. H.G. Hicke, P. Böhme, M. Becker, H. Schulze, M. Ulbricht, J. Appl. Polym. Sci., 1996, 60, 1147.
30. A. Papra, H.G. Hicke, D. Paul, J. Appl. Polym. Sci., 1999, 74, 1669.
31. N.S. Allen, M. Edge, *Fundamentals of Polymer Degradation and Stabilization*, Kluwer Academic Publishers, Dordrecht, 1992.
32. P.W. Kramer, Y.S. Yeh, H. Yasuda, J. Membr. Sci., 1989, 46, 1.
33. M. Ulbricht, G. Belfort, J. Appl. Polym. Sci., 1995, 56, 325.
34. M. Bryjak, I. Gancarz, G. Pozniak, W. Tylus, Eur. Polym. J., 2002, 38, 717.
35. S.M.C. Ritchie, L.G. Bachas, T. Olin, S.K. Sidkar, D. Bhattacharyya, Langmuir, 1999, 15, 6346.
36. L.R. Castilho, W.D. Deckwer, F.B. Anspach, J. Membr. Sci., 2000, 172, 269.
37. Q. Zhang, C.R. Wang, Y. Babukutty, T. Ohyama, M. Kogoma, M. Kodama, J. Biomed. Mater. Res., 2002, 60, 502.
38. V. Thom, K. Jankova, M. Ulbricht, J. Kops, G. Jonsson, Macromol. Chem. Phys., 1998, 199, 2723.
39. B.J. Trushinski, J.M. Dickson, R.F. Childs, B.E. McCarry, J. Appl. Polym. Sci., 1993, 48, 187.
40. M. Ulbricht, G. Belfort, J. Membr. Sci., 1996, 111, 193.
41. M. Taniguchi, J. Pieracci, W.A. Samsonoff, G. Belfort, Chem. Mater., 2003, 3805.

42 M. Ulbricht, A. Oechel, C. Lehmann, G. Tomaschewski, H. G. Hicke, J. Appl. Polym. Sci., 1995, 55, 1707.

43 S. Bequet, J. C. Remigy, J. C. Rouch, J. M. Espenan, M. Clifton, P. Aptel, Desalination, 2002, 144, 9.

44 V. Freger, J. Gilron, S. Belfer, J. Membr. Sci., 2002, 209, 283.

45 H. Ma, R. H. Davis, C. N. Bowman, Macromolecules, 2000, 33, 331.

46 Z. M. Liu, Z. K. Xu, J. Q. Wang, J. Wu, M. Ulbricht, J. Appl. Polym. Sci., 2006, im Druck.

47 S. P. Nunes, M. L. Sforca, K. V. Peinemann, J. Membr. Sci., 1995, 106, 49.

48 R. H. Li, T. A. Barberi, J. Membr. Sci. 1995, 105, 71.

49 K. B. Hvid, P. S. Nielsen, F. F. Steengaard, J. Membr. Sci., 1990, 53, 189.

50 M. Steuck, N. Reading (Millipore Corp.), Patent US 4618533, 1986.

51 P. J. Degen (Pall Corp.), Patent US 4959150, 1990.

52 H. Hu, Z. Cai (Gelman Sci.), Patent US 5209849, 1993.

53 G. Belfort, R. H. Davis, A. L. Zydney, J. Membr. Sci., 1994, 96, 1.

54 M. Ulbricht, H. Matuschewski, A. Oechel, H. G. Hicke, J. Membr. Sci., 1996, 115, 31.

55 S. Akhtar, C. Hawes, L. Dudley, I. Reed, P. Strathford, J. Membr. Sci., 1995, 107, 209.

56 H. P. Wendel, G. Ziemer, Eur. J. Cardiothorac. Surg., 1999, 16, 342.

57 D. Klee, H. Höcker, Adv. Polym. Sci., 1999, 149, 1.

58 R. van Reis, J. M. Brake, J. Charkoudian, D. B. Burns, A. L. Zydney, J. Membr. Sci., 1999, 159, 133.

59 M. Ulbricht, H. H. Schwarz, J. Membr. Sci., 1997, 136, 25.

60 S. Mishima, H. Kaneoka, T. Nakagawa, J. Appl. Polym. Sci., 1999, 71, 273.

61 D. K. Roper, E. N. Lightfoot, J. Chromatogr. A, 1995, 702, 3.

62 R. Ghosh, J. Chromatogr. A, 2002, 952, 13.

63 H. Borcherding, H. G. Hicke, D. Jorcke, M. Ulbricht, Ann. NY Acad. Sci., 2003, 984, 470.

64 T. A. Sergeyeva, H. Matuschewski, S. A. Piletsky, J. Bendig, U. Schedler, M. Ulbricht, J. Chromatogr. A, 2001, 907, 89.

65 J. G. Sanchez Marcano, T. T. Tsotsis, *Catalyti Membrane Reactors and Membrane Reactors*, Wiley-VCH, Weinheim, 2002.

66 E. Drioli, L. Giorno, *Biocatalytic membrane reactors*, Taylor & Francis Ltd., London, 1999.

67 H. G. Hicke, M. Ulbricht, M. Becker, S. Radosta, A. G. Heyer, J. Membr. Sci., 1999, 161, 239.

4
Vliesstoffe für Membranen

Thomas Beeskow

4.1
Einführung

Eine Membran zur Filtration wurde beschrieben als „eine Struktur, die zwei Phasen separiert und/oder als eine aktive oder passive Barriere für den Stofftransport zwischen ihr benachbarter Phasen" [1]. Doch was hat man vor Augen, wenn in der Trenntechnik von Membranen gesprochen wird? Es sind Filterkerzen oder Membranmodule, die die „dünnen Häutchen" enthalten und den praktischen Einsatz dieser erst ermöglichen. Die Filterkerzen und Membranmodule enthalten natürlich noch weitere Bauelemente, jedoch benötigt der derzeitige Stand der Technik abgesehen von Hohlfasermodulen und Keramikelementen für die überwiegende Anzahl an Membranelementen eine Stützschicht. Diese Stützschicht besteht in einer Vielzahl der Fälle aus einem Vliesstoff, welcher einen wichtigen Einfluss sowohl auf die Leistungsfähigkeit der Membranproduktion als auch auf die Qualität des Membranmoduls/-elements und dessen Einsatzgrenzen hat. Man unterscheidet 2 Haupteinsatzbereiche der Vliesstoffe:

1. Vliesstoffe als Beschichtungsträger bei der Herstellung und dem Einsatz von Flachmembranen und Rohrmembranen mit direkter Verankerung der Membran.
2. Stütz- und Drainageschichten in Membranfilterkerzen und Membrantaschen, die separat zur Membran eingebracht werden.

Nachfolgend werden zunächst die unterschiedlichen Herstellungsverfahren für Vliesstoffe und die daraus resultierenden Vliesstofftypen beschrieben (Abb. 4.1). Weiterhin werden die von den Membran- und Modulherstellern gewünschten Eigenschaften erörtert und die daraus folgende Auswahl aus dem großen Sortiment der Vliesstoffe aufgezeigt. Abschließend werden denkbare Weiterentwicklungen diskutiert, welche zu einer Optimierung im Zusammenspiel Vliesstoff-Membran sowohl bei der Herstellung als auch in der Anwendung führen können.

4 Vliesstoffe für Membranen

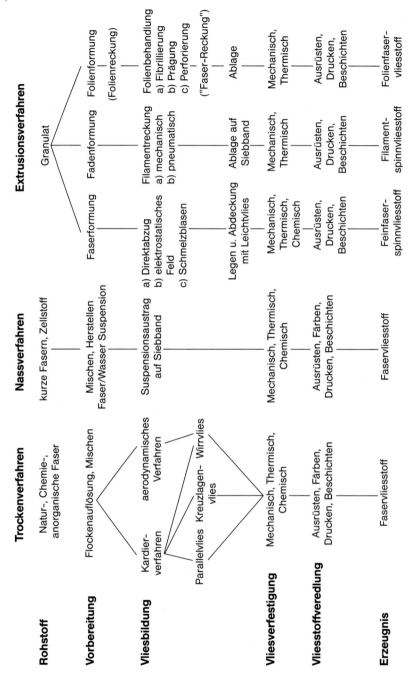

Abb. 4.1 Vliesstoffherstellung [2].

4.2 Vliesstoffe

Man spricht von flächigen Gebilden aus orientierten oder wirr abgelegten Fasern, die durch Reibung und/oder Kohäsion und/oder Adhäsion und/oder Vernadeln gebunden wurden. Die Fasern können natürlichen oder künstlichen Ursprungs sein. Es kann sich um Stapelfasern oder Endlosfilamente handeln oder die Fasern werden im Herstellungsprozess gebildet. Weiterhin wird noch zu verschiedenen anderen Materialien wie Papieren und Geweben abgegrenzt. Da es sich bei Vliesstoffen um keine gewebten Materialien handelt, hat sich im englischen Sprachgebrauch der Begriff „Nonwovens" als Bezeichnung durchgesetzt. Ein Ausschnitt der ausführlichen Definition für den Begriff Vliesstoff befindet sich auf der EDANA Website [3].

4.2.1 Herstellungsprozesse

Die Herstellung von Vliesstoffen kann schematisch in drei Phasen unterteilt werden, wobei die heutige Technologie eine Überlappung oder sogar die Gleichzeitigkeit einzelner Phasen gestattet [4]:

1. Bildung des Flächengebildes.
2. Verfestigung des Flächengebildes.
3. Optionale abschließende Behandlung des Flächengebildes.

Die Vielfältigkeit der Rohstoffe in Kombination mit den unterschiedlichen Technologien führt zur großen Bandbreite möglicher Produkteigenschaften der Vliesstoffe. Weiterhin ermöglicht die Kombinationsvielfalt die Entwicklung spezifischer Vliesstoffeigenschaften für individuelle Einsatzfälle.

Die Produktion von Vliesstoffen beginnt mit der Anordnung von Stapelfasern aus Ballen oder aus Filamenten geschmolzener Polymergranulate. Man unterscheidet vier grundsätzliche Methoden zur Schaffung folgender Flächengebilde:

1. Trocken gelegter Faservliesstoff (Trockenvliesstoff).
2. Filamentspinnvliesstoff (Untergruppe der Extrusionsverfahren, nachfolgend vereinfacht Spinnvliesstoff genannt).
3. Nass gelegter Faservliesstoff (Nassvliesstoff).
4. Andere Techniken.

4.2.1.1 Bildung des Flächengebildes

Trockenvliesstoffe Die Herstellung erfolgt auf mechanischem (Kardierverfahren) oder aerodynamischem Weg [5]. Maschinen und Aggregate zur Herstellung der trockengelegten Vliesstoffe auf mechanischem Weg sind aus den Spinnereieinrichtungen der klassischen Garnherstellung entstanden [6]. Die Ballen der Stapelfasern mit einer Schnittlänge von 25–120 mm und einer Feinheit von

4 Vliesstoffe für Membranen

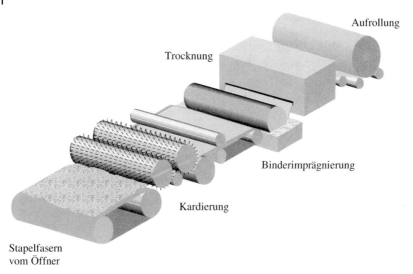

Abb. 4.2 Trockenvliesstoffverfahren [7].

10–150 µm werden in der Vorauflösung geöffnet und homogenisiert. Die eigentliche Vlieslegung erfolgt auf so genannten Karden bzw. Krempeln. Hier werden die Faserpakete durch rotierende, mit Nadelgarnituren belegten Walzen möglichst bis zur Einzelfaser aufgelöst, weitestgehend parallelisiert oder wirr belassen (Wirrkrempel) und als Faserflor abgelegt. Die optimale Faserauflösung ist unverzichtbare Grundlage eines später noppen- und dickstellenfreien Vliesstoffes. Durch die Kombination von mehreren Krempeln bzw. Karden lassen sich eine verbesserte Gleichmäßigkeit des Vliesbildes und ein isotropes Festigkeitsverhalten des Endproduktes einstellen. Das wird durch die Quer- oder Kreuzverlegung der Faserlagen erreicht. Kreuzleger legen Fasern zickzackförmig auf das quer zur Krempel laufende Band, wobei der Legewinkel einen entscheidenden Einfluss auf das Festigkeitsverhältnis längs/quer hat. Weiterhin ist es möglich Fasern unterschiedlichen Durchmessers und auch Polymerkombinationen einzubringen, soweit die Karden bzw. Krempeln aus unterschiedlichen Faserballen gespeist werden können. Das kann zur Erzielung einer gewünschten Stufung über die Dicke genutzt werden. Der so entstandene Faserflor hat noch keine mechanische Festigkeit und muss durch die Bindung des Flächengebildes verfestigt werden. Abb. 4.2 zeigt schematisch die Herstellung von Trockenvliesstoffen mit Krempeln bzw. Karden.

Bei der aerodynamischen Herstellungsmethode werden die Fasern über einen Luftstrom abgelegt, was zu einer dreidimensionalen Anordnung und hochvolumigen Vliesstoffen führt, die in der Membrantechnologie keine Anwendung finden.

Spinnvliesstoffe Bei der Herstellung von Spinnvliesstoffen erfolgen das Spinnen der Endlosfilamente und die Vliesbildung in einem kontinuierlichen Prozess. Hierbei wird das geschmolzene Polymer so weit erhitzt, bis es die notwen-

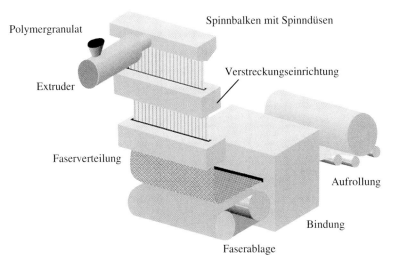

Abb. 4.3 Herstellung von Spinnvliesstoffen [7].

dige Viskosität zur Verspinnung erreicht hat. Pressluftströme verstrecken die Filamente, welche durch das Pressen des flüssigen Polymers durch die Spinndüsen entstanden sind. Die Filamente werden mit oder ohne Deflektor auf ein Band abgelegt. Um eine gleichmäßige Verteilung auf dem Ablageband zu erreichen werden die Filamente durch mechanische, aerodynamische oder elektrostatische Mittel in eine Changier-, Oszillations- oder Rotationsbewegung versetzt [6]. Verbleibende Restwärme kann die Adhäsion der Filamente bewirken, welche jedoch nicht zu ausreichender Bindung des Flächengebildes führt. Dazu ist auch hier ein weiterer Prozessschritt notwendig. Abb. 4.3 zeigt schematisch die Herstellung von Spinnvliesstoffen. Die Verstreckung der Filamente ermöglicht die Herstellung mechanisch sehr stabiler Vliesstoffe, wobei der Einsatz der Rohstoffe für Spinnvliesstoffe etwas eingeschränkt ist. Die Spinnvliesstofftechnologie lässt sehr hohe Produktionsgeschwindigkeiten zu, was jedoch auf Kosten der Gleichmäßigkeiten bezüglich Faserverteilung und somit der Dicke und Luftdurchlässigkeit geht. Trocken- und besonders Nassvliesstoffverfahren sind hier überlegen. Abhängig von den Spinndüsen und Verstreckung lassen sich Filamente mit unterschiedlichen Geometrien wie rund oder trilobal und Durchmessern von 10–35 μm erzeugen. Weiterhin ist die gleichzeitige Extrusion eines zweiten Polymers möglich, um besondere Produkt- und/oder Bindungseigenschaften zu erzielen. Auch Spinnvliesstoffe aus Kern-Mantel-Fasern können hergestellt werden, wobei das Mantelpolymer in der Regel die spätere Bindung bewirkt und das Kernpolymer die mechanischen Eigenschaften bestimmt. Schließlich ist auch die Herstellung mehrlagiger Produkte durch das Hintereinanderschalten mehrerer Spinnbalken möglich (SS-Produkte), wobei die Kombination mit dem Schmelzblas-Verfahren (Meltblown) zu Spinnvliesstoff-Meltblown-Produkten (SM, SM_XS (X = 1–3)) führt.

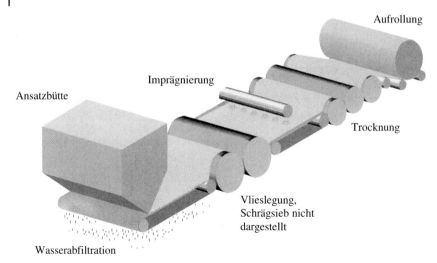

Abb. 4.4 Nassvliesstoffverfahren [7].

Nassvliesstoffe Die Nassvliesstofftechnologie ist direkt aus der Papierindustrie abgeleitet worden. Auch hier werden wie beim Trockenvliesstoff Kurzschnittfasern verwendet. Die Faserlänge ist jedoch mit 5–25 mm erheblich geringer als bei den Trockenvliesstoffen, um eine ausreichende Dispergierung und die Vermeidung der Bildung von Faserverhakungen zu gewährleisten. Das Verfahren (Abb. 4.4) gliedert sich in folgende drei Stufen:

1. Dispergierung der Fasern in Wasser unter Mitwirkung von Dispersionsmitteln.
2. Transport der Dispersion auf ein ansteigendes Schrägsieb.
3. Kontinuierliche Vliesbildung auf einem perforierten Band durch Abfiltration des Wassers und Verdichtung des Vliesstoffes.

Grundlage eines Vliesstoffes ohne Noppen und Nissen ist die vollständige und homogene Dispersion des Fasermaterials. Dazu werden Faserdichten im Bereich von 0,05 bis 0,5 g/l Wasser eingestellt [6]. Das Verfahren ermöglicht eine hohe Gleichmäßigkeit des Vliesbildes durch die Abfiltration des Wassers durch das perforierte Band, was zu einem Ausgleich in der Faserablage führt. Somit können Schwankungen im Gewicht in engen Grenzen gehalten werden, was eine wesentliche Voraussetzung für ein gleichmäßiges Endprodukt nach der Verfestigung ist. Die Orientierung der Fasern kann von nahezu wirr bis nahezu parallel gesteuert werden. Auch das Nassvliesstoffverfahren erlaubt die Herstellung mehrlagiger Produkte.

Schmelzblas-Verfahren Die Bildung des Flächengebildes erfolgt durch die Extrudierung von Polymeren geringer Viskosität in einen Heißluftstrom nach den Spinndüsen. Dieser Hochgeschwindigkeitsluftstrom zerteilt das geschmolzene

Polymer in Feinstfasern mit einem Durchmesser von 1–5 µm durch Faserstreckung mit Geschwindigkeiten von 6000 bis 30 000 m/min in Abhängigkeit von Schmelzebedingungen, Temperatur und gewünschter Faserform. Die fein geformten Fasern werden in Wirrlage auf ein Siebband abgelegt und die Luft abgesaugt [2]. Auch in diesem Prozess gestattet die Anordnung mehrerer Spinnbalken in Reihe die Herstellung mehrlagiger Produkte mit unterschiedlichen Faserdurchmessern. Die Produktion von Vliesstoffen mit sich durchdringenden Netzwerken unterschiedlicher Faserdurchmesser ist ebenfalls möglich.

Verdampfungs-Spinnvliesverfahren Das Verfahren ist die Grundlage für die Herstellung von Spinnvliesstoffen aus Polyethylen. Polyethylen hoher Dichte wird in einem Autoklaven unter hohem Druck (4000 bis 7000 kPa) in einem Lösemittel zu einer siedenden Lösung mit über 200 °C erhitzt. Die Lösung wird nun unter kontrollierten Bedingungen freigesetzt, das Lösemittel verdampft schlagartig und ein Netzwerk aus feinen Fasern mit Durchmessern von 0,5 bis 10 µm bleibt zurück. Diese Fasern werden gesammelt und verfestigt [2].

Elektrostatik-Spinnvliesverfahren Die Aufteilung in sehr feine Fasern erfolgt durch das Einbringen einer Polymerlösung in ein elektrisches Feld mit hohen Spannungen. Die Polymerlösung wird auf ein Trägermaterial aufgesprüht und mit einem weiteren Vlies abgedeckt [2].

Folienfaservliesstoffe Extrudierte Folien werden hier zu fasernetzartigen Flächen umgeformt, zu einem Vlies weiterverarbeitet und abschließend verfestigt [2].

4.2.1.2 Verfestigung des Flächengebildes

Die in den verschiedenen Verfahren gebildeten Faserflore und Filamentflore zeigen noch keinerlei mechanische Festigkeit und müssen daher in einem Verfestigungsschritt gebrauchsfähig gemacht werden. Die chemischen und physikalischen Verfahren zur Verfestigung lassen sich in 3 Gruppen einteilen: Mechanische Verfestigung, thermische Verfestigung und chemische Verfestigung (Abb. 4.5).

Mechanische Verfestigung Bei der mechanischen Verfestigung wird die Reibung zwischen den Fasern als ein Resultat der physikalischen Umschlingung von Faserteilen genutzt. Beim Vernadeln der Vliese werden Fasern durch die mit Kerben versehenen Nadeln durch die Auf- und Abwärtsbewegung aus der horizontalen Lage in eine vertikale Lage gebracht. Dadurch kommt es zu einer Verdichtung der umorientierten Fasern zu einem Bündel und die Verfestigung erfolgt durch Form- und Reibschluss. Durch die Faserbewegung kommt es zu einer Längen- und Breitenveränderung des Vliesstoffes. Auch Spinnvliesstoffe können durch Vernadelung verfestigt werden.

Beim Vermaschen tragen Fäden oder Fasern aus dem Vlies durch Maschenbildung zur Vliesverfestigung bei [2].

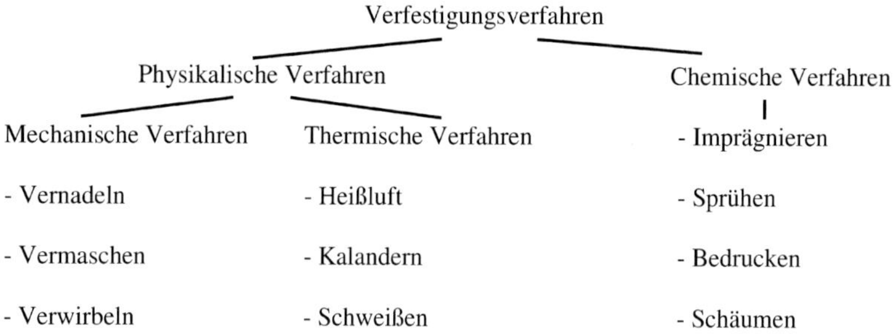

```
                    Verfestigungsverfahren
           ┌──────────────┴──────────────┐
      Physikalische Verfahren       Chemische Verfahren
      ┌────────┴────────┐                   │
Mechanische Verfahren  Thermische Verfahren  - Imprägnieren

- Vernadeln            - Heißluft            - Sprühen

- Vermaschen           - Kalandern           - Bedrucken

- Verwirbeln           - Schweißen           - Schäumen
```

Abb. 4.5 Verfestigungsverfahren [2].

Die Verwirbelung von Faser- und Spinnvliesen durch Hochdruckwasserstrahlen führt über die Umorientierung der Fasern und Filamente zu einer Vliesverfestigung. Alle mechanischen Verfahren führen zu einer Verungleichmäßigung der Vliesstruktur mit teilweiser Lochbildung durch das Durchstechen im Prozess.

Thermische Verfestigung Die Methode nutzt die thermoplastischen Eigenschaften bestimmter synthetischer Fasern kohäsive Bindungen unter kontrolliertem Erhitzen zu bilden. Mit anderen Worten werden die in Fasern und Endlosfilamenten vorhandenen Polymere zur Faserbindung und somit Verfestigung durch kontrolliertes Erweichen oder Schmelzen eingesetzt. Ein Vorteil dieser Verfestigungsmethode ist, dass keine weitere Substanz für die Bindung zugefügt werden muss. Der Energieeintrag erfolgt je nach Prozessführung in Durchströmungstrocknern durch Heißluft über eine Siebtrommel, in Kontakttrocknern über dampf-, elektrisch- oder ölbeheizte Zylinder, in Kanal- oder Bandtrocknern durch Durchfahren eines beheizten Kanals und in Strahlungstrocknern durch Wärmestrahlung. Diese Methoden dienen gerade beim Nassvliesstoffverfahren neben dem reinen Wasserentzug der Vliesbindung [2] und werden auch zur Verfestigung der anderen Flächengebildetypen verwendet.

Weiterhin werden Kalander zur Verfestigung und Dickeneinstellung aller Vliesstofftypen eingesetzt (Abb. 4.6). Wärme und hohe Drücke, die über beheizte Walzen gleichen oder unterschiedlichen Materials eingetragen werden, führen zur Bindung des Vliesstoffes im Walzenspalt. Durch unterschiedliche Temperaturführungen und gezielten Materialeinsatz der Walzen lassen sich Oberflächeneigenschaften wie Rauigkeit und die Fasereinbindung steuern. Weiterhin werden Dicke, Luftdurchlässigkeit und Vliesstoffstärke maßgeblich beeinflusst. Kalander können auch zwei nacheinander angeordnete Spalte durch die Anordnung von 3 oder 4 Walzen haben. Gewöhnlich werden die Walzenkombinationen Stahl-Stahl oder Stahl-Weiche Walze (Polymer oder Baumwolle) verwendet. Statt der Walzen können auch Bänder verwendet werden [2]. Neben dem Einsatz glatter Walzen zur Schaffung glatter Vliesstoffoberflächen werden auch Gravurwalzen verwendet, die zu punktverfestigten Vliesstoffen gerade bei Spinnvliesstoffen führen. Derartige Punktverfestigungen erhält man auch mit Ultraschallkalandern. In den Punkten

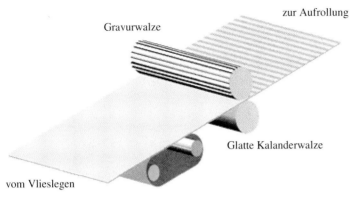

Abb. 4.6 Thermische Verfestigung durch Kalandrierung [7].

sind die Fasern plastifiziert, während zwischen den Punkten die ursprüngliche Vliesstruktur erhalten bleibt. Kalander können auch ausschließlich zur Dickeneinstellung verwendet werden, wenn der Vliesstoff zuvor z. B. bereits in einem Durchströmungstrockner verfestigt wurde.

Chemische Verfestigung Die Verfestigung mit chemischen Bindersystemen erfolgt über adhäsive Bindung der Fasern durch das Bindersystem, welches häufig auf der Basis von Flüssigkeiten, meistens Wasser, durch Imprägnieren, Beschichten oder Sprayen gleichmäßig aufgebracht wird. Weiterhin werden puderförmig Adhäsive, Schäume und organische Lösungen verwendet [2]. Zur Aktivierung ist in der Regel ein anschließender thermischer Verfestigungsschritt wie oben beschrieben notwendig.

4.2.1.3 Optionale abschließende Behandlung des Flächengebildes
Um Vliesstoffe noch präziser den Anwendungsanforderungen anzupassen wurden verschiedenste Prozesse entwickelt [4]. Durch das Einbringen chemischer Substanzen oder die Nutzung physikochemischer Modifizierungsverfahren vor oder nach der Verfestigung werden Vliesstoffe antistatisch, Wasser abweisend, leitfähig oder hydrophil. Außerdem können komplexere Laminate mit oder ohne das Aufbringen von zusätzlichen Beschichtungen gebildet werden [3].

4.2.2 Aufrollung

Auch dieser abschließende Schritt der Vliesstoffherstellung verdient eine genaue Betrachtung. Bei ungenügender Qualität der Aufrollung kann es zu Faltenbildung und Verzug im Material kommen, was die Verwendung in der Membranherstellung unmöglich macht. Schwierigkeiten in der Aufwicklung können auch ungleichmäßige Dickenprofile machen, welche zu harten und weichen Seiten auf den Rollen führen können. Zur Aufrollung werden Zentrumswickler, die einen direkten Antrieb der Papphülse auf der Antriebswalze haben, und Tragtrommelsysteme genutzt. Letztere sind nur für Vliesstoffe mit hohen Festigkeiten geeignet [2].

4.2.3
Rohstoffe für die Vliesstoffherstellung

Grundlage für alle Vliesstoffprozesse sind Polymergranulate aus synthetischen oder natürlichen Polymeren, die zu Fasern oder Endlosfilamenten versponnen werden. Die Fasern für Trocken- und Nassvliesstoffe erhält man aus Schneidprozessen der zuvor versponnenen Polymere in den gewünschten Abmessungen bezüglich Länge und Durchmesser. Tabelle 4.1 gibt einen Überblick zu den Fasertypen in der Vliesstofftechnologie. Neben dem eigentlichen Polymer befinden sich Polymerisationshilfsstoffe und Stabilisatoren in der Faser sowie Hilfsstoffe, die so genannten Avivagen, auf der Faser, die die Faserproduktion und Faserverarbeitung erst ermöglichen. Avivagen sind in der Regel Cocktails aus verschiedenen Stoffen inklusive oberflächenaktiver Substanzen.

Vliesstoffe, die thermisch verfestigt werden können, bestehen ganz oder zum Teil aus thermoplastischen Fasern. Das angeschmolzene Polymer führt zur Bindung an den Kreuzungspunkten. Diese Bindung kann durch zugemischte niedrig schmelzende Fasern entstehen, die aus Copolymeren der hoch schmelzenden Fasern bestehen, oder durch unverstreckte Fasern des identischen Polymers der hoch schmelzenden Fasern. Weiterhin können Bikomponentenfasern verwendet werden, deren eine Komponente niedriger schmilzt als die andere. Eine Form der Bikomponentenfasern sind Kern-Mantel-Fasern, die aus chemisch ähnlichen Polymeren bestehen können wie Polypropylen/Polyethylen-Fasern (PP/PE-Fasern) oder sogar aus gleichen Polymeren unterschiedlicher Polymerisationsverfahren.

Tabelle 4.1 Fasertypen in Vliesstoffen.

	Trockenvliesstoff	Nassvliesstoff	Spinnvliesstoff	Schmelzblasvliesstoff
Polymere	Natürliche Fasern wie Baumwolle, Chemiefasern (Polymere wie PET, PP, PA), regenerierte Cellulosefasern wie Viskose, andere Fasern wie Glasfasern für Nassvliesstoffe		Extrudierbare Polymere wie PET, PBT, PA, PP	
Faserdurchmesser	10–150 µm	3–75 µm	10–35 µm	0,5–10 µm
Faserlänge	25–120 mm	5–25 mm	∞	∞/x

4.3
Stützvliesstoffe für Membranen

Bei der Membran- und Modulproduktion haben sich 2 Haupteinsatzbereiche für Vliesstoffe als Stützmedien herauskristallisiert:

1. Vliesstoffe als Beschichtungsträger bei der Herstellung und dem Einsatz von Flach- und Rohrmembranen mit direkter Verankerung der Membran.
2. Stütz- und Drainageschichten in Membranfilterkerzen und Membrantaschen, die separat zur Membran eingebracht werden.

Zu ihrer Charakterisierung haben sich die in Tabelle 4.2 genannten Methoden bewährt. Die Bedeutung der einzelnen Messgrößen wird an den entsprechenden Stellen diskutiert. Zunächst soll am Beispiel der Beschichtungsträger mit direkter Membranverankerung über die Darstellung des Membranherstellungsprozesses das Anforderungsspektrum der Membranhersteller erläutert werden. Dieses ist etwas umfangreicher und bezüglich der Produktqualität in einigen Bereichen schärfer als die Anforderungen an Stütz- und Drainageschichten. Aus diesem Anforderungsspektrum werden die derzeit hauptsächlich eingesetzten Materialien abgeleitet, wobei die Anforderungen der verschiedenen Membrananwendungen berücksichtigt werden. Analog wird für die Stütz- und Drainageschichten vorgegangen.

4.3.1
Beschichtungsträger mit direkter Membranverankerung

Ein Großteil synthetischer Flachmembranen, die im Bereich der Umkehrosmose (RO), Nano-, Ultra- und Mikrofiltration (NF, UF, MF) ihre Einsatzbereiche finden, wird nach dem Phaseninversionsverfahren hergestellt. Dieses gilt auch für die Trägermembranen selektiver Trennschichten in Anwendungen der Pervaporation, Dampfpermeation, Gastrennung und Dämpfetrennung. Ein typischer Prozess ist in Abb. 4.7 schematisch dargestellt. Eine viskose Polymerlösung bestehend aus dem wasserunlöslichen Membranpolymer und wasserlöslichen Lösemitteln wird durch einen Beschichtungsspalt auf den Vliesstoff auf-

Tabelle 4.2 Charakterisierungsverfahren für Membranstützvliesstoffe.

Membranstützvliesstoff Standardcharakterisierung	Zusatzcharakterisierung
Flächengewicht	Abrieb
Dicke	Oberflächenrauigkeit
Luftdurchlässigkeit	Porenverteilung
Höchstzugkraft, Dehnung	Rasterelektronenmikroskopische Aufnahmen
	Oberflächenbenetzbarkeit
	Membrandelaminierung

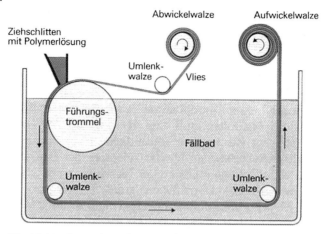

Abb. 4.7 Membranziehmaschine. (Mit freundlicher Genehmigung der GKSS-Forschungszentrum Geesthacht GmbH).

gebracht und in ein wässriges Fällbad getaucht. Die Membran wird auf den Vliesstoff ausgefällt und über Umlenkwalzen durch ein Waschbad zur Entfernung von Lösemittelresten zur Aufwickelwalze transportiert. Optional können vor der Aufwicklung Kompositmembranen durch die Beschichtung mit einem sehr dünnen und dichten Polymerfilm hergestellt werden oder weitere chemische Umsetzungen oder Waschprozesse und die Trocknung des Membran-Vliesstoff-Verbundes folgen. Alternativ kann der Vliesstoff bei Verdampfungsverfahren zur Membranherstellung auch in die Polymerlösung eingelegt werden. Der Vliesstoff bildet in der Regel eine Außenseite der Membran. Bei Mikrofiltrati-

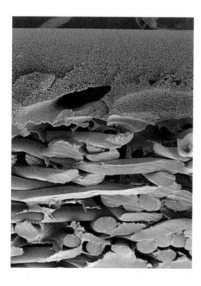

Abb. 4.8 Kompositmembran auf Stützvliesstoff. (Mit freundlicher Genehmigung der GKSS-Forschungszentrum Geesthacht GmbH).

onsmembranen gibt es auch innen liegende Stützvliesstoffe. Ein typischer Aufbau einer Kompositmembran mit außen liegender Vliesstoffstützschicht ist in Abb. 4.8 zu sehen.

Der Vliesstoff hat zwei Grundaufgaben zu erfüllen:
1. Bereitstellung einer Oberfläche für die Membranbeschichtung.
2. Bereitstellung mechanischer Festigkeit für die Membranherstellung, für die Membranhandhabung in der Weiterverarbeitung zu Kompositmembranen, zu Filterkerzen oder zu Modulen, und für den Einsatz im zu filtrierenden Medium.

Umkehrosmosemembranen sind beispielsweise Differenzdrücken bis zu 70 bar ausgesetzt. Eine unverstärkte Membran würde in die Kanäle des Permeatspacers gedrückt werden und diesen im Extremfall total verblocken [9]. Für das Anforderungsprofil des Vliesstoffes ist auch zu berücksichtigen, dass beim Einbau in Module Membranen regelmäßig vliesstoffseitig verklebt werden oder zu Taschen oder auf Kunststoffträger per Ultraschall oder Wärme verschweißt werden.

Die Herstellung von Rohrmembranen erfolgt durch die Verschweißung von schmalen Vliesstoffbändern, deren Breiten im Bereich von 10 bis 40 mm liegen. Die Bänder werden dazu helixförmig über eine Achse gezogen und an den Kanten zum Rohr kontinuierlich verschweißt. Der Polymerauftrag erfolgt über einen Dorn von der Rohrinnenseite des Vliesstoffrohres, das kontinuierlich weiter geschoben wird. Die Membranbildung wird durch Eintauchen des Vliesstoffrohres mit der viskosen Polymerlösung in ein Fällbad bewirkt. Nach weiteren Waschvorgängen werden die Membranrohre je nach späterer Anwendung als selbst tragende Rohre oder in Metallrohren zu Rohrbündelmodulen konfektioniert. Zur Produktion bestimmter Rohrmembranen werden auch Laminate von Vliesstoffen eingesetzt. Die Einzelschichten werden dazu in dem oben beschriebenen Herstellungsprozess für Rohrmembranen direkt vor der Membranbeschichtung mit einem Versatz einer halben Rollenbreite unter Einwirkung von heißer Luft laminiert. Das ist durch die punktförmige Ausrüstung eines der Vliesstoffe mit einem Klebepolymer möglich.

Aus den beschriebenen Herstellungsverfahren ergibt sich folgender Forderungskatalog an Vliesstoffe, die als Beschichtungsträger mit direkter Membranverankerung eingesetzt werden. Dieser Katalog enthält außerdem die Anforderungen, welche aus der Membrananwendung resultieren:

- homogenes Flächengewicht
- einheitliche Dicke über Länge und Breite
- glatte, fehlstellenfreie Vliesstoffoberfläche (keine Dickstellen wie Noppen oder eingebundene Fremdpartikel, keine Falten, keine Löcher)
- keine abstehenden Fasern
- keine Fremdfasern im Vliesstoff
- gute Fasereinbindung auch nach Randbeschnitt
- kein Delaminieren von Vliesstoffschichten

- ausreichende Haftung der Polymermembran
- gleichmäßige Porenverteilung oder Zweiseitigkeit
- kein Foliencharakter des Vliesstoffes
- einheitliche Rauigkeit der Vliesstoffoberfläche
- gleichmäßiges Benetzungsverhalten
- gutes Benetzungsverhalten für Klebstoffe
- Chemikalienstabilität
- Temperaturstabilität
- ausreichende mechanische Festigkeiten in Längs- und Querrichtung
- ausreichende Steifigkeit
- spannungsfreie Vliesstoffbahnen
- wellenfreie Vliesstoffbahnen
- konstante Breite der Vliesstoffbahnen
- Verschweißbarkeit (Ultraschall, thermisch)
- Faserrohstoff, Avivagen sowie Herstellungsbedingungen müssen bei entsprechenden Anwendungen den Bestimmungen für die Filtrationsprodukte genügen
- keine Beeinflussung der Membranleistung (Permeabilität, Selektivität).

Dieser Anforderungskatalog kann durch die richtige Auswahl der Rohstoffe, also Polymere und Faserdimensionen, der geeigneten Vliesstofftechnologie und einer angepassten Prozessführung erfüllt werden. Die beiden herausragenden Grundbedingungen für eine erfolgreiche Membranziehung auf einem Vliesstoffmaterial sind eine optimale Gleichmäßigkeit des Vliesstoffes sowie die Defektfreiheit der Vliesstoffoberfläche. Nur Vliesstoffe, die diese Grundbedingungen erfüllen, werden auf Einhaltung der weiteren Forderungen geprüft. Diese Grundvoraussetzungen erklären, warum im Überblick der derzeit gängigen Vliesstoffmaterialien für Membranbeschichtungen in Tabelle 4.3 ausschließlich thermisch verfestigte Vliesstoffe genannt werden, die einer Glattkalandrierung unterzogen wurden. Mechanisch verfestigte Vliesstoffe zeigen durch die Umorientierung von Faserbündeln Ungleichmäßigkeiten, die auch nicht durch nachgeschaltete Kalandrierschritte ausreichend reduziert werden können. Nachfolgend wird beschrieben, warum eine fehlende Gleichmäßigkeit eine Eignung zur Membranbeschichtung ausschließt.

Tabelle 4.3 Polyester- und Polyolefin-Beschichtungsträger in Membrananwendungen.

Thermisch verfestigte PET und PP/PE Trocken- und Nass-vliesstoffe (g/m^2)	Membrananwendungen			
	MF	UF/NF	RO	Laminieren
15–30	✓			✓
50–60		✓		✓
80–100		✓	✓	(✓)
180–220	(✓)	✓	✓	(✓)

4.3.1.1 Gleichmäßigkeit

Die Gleichmäßigkeit von Vliesstoffen und deren Einfluss auf deren Verwendung für Umkehrosmose- und Ultrafiltrationsmembranen wird von Rennels diskutiert [8]. Bis in die Mitte der 1990er Jahre waren glattkalandrierte Spinnvliesstoffe das Material der Wahl in der Industrie. Diese Spinnvliesstoffe aus Polyethylenterephthalat (PET) plus Polyester-Bindefasern (PES) wurden durch eine separate Glattkalandrierung in einer Reihe von Dicken und Permeabilitäten auch unter Ausnutzung von mehr als einer Vliesstoffschicht seit den 1970er Jahren zur Zufriedenheit der Membranindustrie hergestellt. Die unterschiedlichen Permeabilitäten und Dicken der Vliesstoffe sind Ausdruck unterschiedlicher Anforderungen in der Membranproduktion durch Viskositätsunterschiede der Polymerlösungen und/oder der Einbaukriterien in die Module. In der Mitte der 1990er Jahre kam es zu einer Verlagerung der hauptsächlich genutzten Vliesstofftechnologie von Spinnvliesstoffen aus PET+PES zu Nassvliesstoffen aus PET. Treibende Kraft dieser einschneidenden Veränderung waren die steigenden Qualitätsansprüche der Membranindustrie hinsichtlich Gleichmäßigkeit. Für die Gleichmäßigkeit maßgeblich sind Faserdurchmesser und die Verteilung des Faserdurchmessers sowie die Verteilung der Fasern im Vliesstoff. Die Verteilung des Flächengewichtes eines Vliesstoffes ist die optimale Bezugsgröße zur Beurteilung der Gleichmäßigkeit, da nachfolgende Kalandrierungen zwar die Vliesstoffdicke beeinflussen können, jedoch nur auf Kosten der Vliesstoffdichte, was Ausdruck in Schwankungen der Permeabilität finden würde. Die Daten von Rennels [8] belegen, dass Standardabweichung und Variationskoeffizient signifikant kleiner sind für den Nassvliesstoff im Vergleich zum Spinnvliesstoff. Dasselbe gilt auch für die membranbeschichtungsrelevanten Größen Dicke und Luftdurchlässigkeit. Eine Verbesserung der Gleichmäßigkeit der Faserverteilung ermöglicht eine gleichmäßigere Kalandrierung, was zur Überlegenheit des Nassvliesstoffes führt. Die Unterschiede zwischen Trockenvliesstoff und Nassvliesstoff sind nicht in gleichem Maße ausgeprägt, jedoch zeigt die Marktentwicklung, dass sich Nassvliesstoffe durchgesetzt haben, was neben den technischen Vorteilen auch der Kostenoptimierung auf Seiten der Membranhersteller zuzuschreiben ist. Trockenvliesstoffe finden weiterhin ihre Anwendung als Beschichtungsträger und Verbesserungen in der Legetechnologie lassen eine Ausweitung ihrer Anwendung durchaus möglich erscheinen.

Die Verbesserung der Gleichmäßigkeit ergibt diverse Vorteile für die Membranhersteller. Zunächst erlaubt diese eine gleichmäßigere Ausbildung der Polymerschicht, was die Dickengleichmäßigkeit und Gleichmäßigkeit der Porenstruktur der Membran verbessert. Bei Kompositmembranen resultiert daraus eine Verbesserung der Qualität der dünnen Trennschicht. Somit wird die Zuverlässigkeit der Membran verbessert sowie deren Schwankungsbreite in der Leistung reduziert. Das ermöglicht die Erfüllung engerer Spezifikationen und somit eine präzisere Lösung von Trennproblemen. Zusätzlich werden die Ausschussraten in der Produktion verringert. Weiterhin kann die Polymermenge bei der Membranherstellung reduziert werden, was einen positiven Beitrag zur Membranpermeabilität bei gleicher Trenngrenze und zur Produktionskostenreduzierung leistet. Außerdem trägt die Verringerung der Membrandicke zu einer Reduktion des Druckabfalls über das Membranmodul und somit zur Verringerung der Betriebskosten des Membrananwenders bei. Schließlich ist eine Erhöhung der Membranpackungsdichte im Modul möglich, was die Flussleistung des Moduls verbessert. Der Reduktion der Vliesstoffdicke sind jedoch häufig Grenzen durch die Membranproduktion gesetzt. Wird eine Mindestdicke unterschritten, kann es zum Hochklappen der Membranränder kommen.

Eine hohe Gleichmäßigkeit von Flächengewicht und Dicke ist auch bei der Produktion von Rohrmembranen aus Vliesstoff-Schmalrollen äußerst wichtig, da daraus eine hohe Dichtengleichmäßigkeit resultiert. Das erlaubt das Verschweißen der Kanten mit konstanter Energie. Ist die Dichtengleichmäßigkeit ungenügend, kommt es zu Löchern oder unzureichender Verschweißung. Eine zu starke Verdichtung des Vliesstoffes in der Kalandrierung ist ebenfalls unerwünscht, da der benötigte hohe Energieeintrag zu brüchigen und scharfkantigen Schweißnähten führt, welche Risse in der Membran bewirken [1].

4.3.1.2 Defektfreiheit und Fasereinbindung

Die Defektfreiheit der Vliesstoffoberfläche wird von Racchini als die wichtigste Eigenschaft für die Produktion von RO- und UF-Membranen diskutiert [9]. Ein Defekt in der Vliesstoffoberfläche, der die Entstehung eines Loches in der Membran bewirkt, kann ausreichen um die Membranfunktion zu ruinieren. Bei der Umkehrosmose kann zuviel Salz im Membranprodukt, z. B. dem Trinkwasser, sein, bei der Ultrafiltration zur Anreicherung eines Bioproduktes kann wertvolles Produkt verloren gehen. Dickstellen im Vliesstoff können zu einer unzureichenden Membranausbildung in dem Dickstellenbereich führen, welche unter Umständen erst in der Anwendung zur Fehlfunktion der Membran führt, da eine daraus resultierende Membrandünnstelle aufbricht. Dickstellen können resultieren aus ungenügend aufgelösten Fasern, die Faserknötchen bilden und beim Verfestigen zu harten Partikeln verschmelzen können, oder aus im Vliesstoff eingebundenen Fremdpartikeln. Genauso problematisch wie Dickstellen können Löcher im Vliesstoff sein, die zu einem Durchlaufen der Polymerlösung bei der Beschichtung führen können und damit die optimale Membranausbildung verhindern.

Abstehende Fasern können wie Dickstellen zu Membranfehlstellen führen. Die Faserlängen liegen erheblich über der nassen Membranbeschichtungsdicke von 130 bis 150 µm und erst recht über der Dicke der ausgefällten Membran von 50 bis 150 µm. Die Faserdurchmesser sind riesig selbst im Vergleich zu den Porendurchmessern einer MF-Membran. Daher ist eine sehr gute Fasereinbindung des Vliesstoffes extrem wichtig. Ungenügend eingebundene Fasern können nach der Vliesstoffverfestigung durch Umrollvorgänge oder bei der Beschichtung mit Polymerlösung aus dem Verbund herausgehoben werden. Daher sind auch Fremdfasern, die auf Vliesstoffanlagen mit häufigen Produktwechseln auftreten können, im Vliesstoff unbedingt zu vermeiden. Sie sind häufig schlecht eingebunden wegen ihres abweichenden Verhaltens bei der thermischen Verfestigung. Eine schlechte Fasereinbindung kann im Extremfall zur vollständigen Ablösung von Fasern führen, die dann in das Permeat gelangen würden und zu unerwünschten Verunreinigungen führen könnten. Wegen der ungenügenden Fasereinbindung kommen Schmelzblas-Vliesstoffe trotz eines feinfaserigen Porensystems als Membranbeschichtungsträger nicht in Frage.

Neben der Einbindung der Fasern an der Vliesstoffoberfläche muss auch eine ausreichende Durchbindung des Vliesstoffes erfolgen, um eine ausreichende Festigkeit für die Stützfunktion zu gewährleisten und ein Delaminieren des Vliesstoffes zu vermeiden. Gerade bei Vliesstoffen mit höheren Gewichten, die in der Produktion von Rohrmembranen eingesetzt werden, ist die Durchbindung wichtig, da diese einen entscheidenden Einfluss auf die Höchstzugkraft des Vliesstoffes hat, welche besonders bei selbst tragenden Rohren maßgeblich ist. Auch in unterstützten Rohrmembranen ist die Durchbindung zusammen mit einer geringen Elastizität des Vliesstoffes wichtig, da es bei der Einpassung der Rohre in die Edelstahlstützrohre zu Änderungen im Durchmesser von bis zu 1,5% und gleichzeitiger Rohrverkürzung kommt. Ist die Elastizität zu groß, führt das zu Membranrissen [1]. Weiterhin führt eine gute Durchbindung auch zu einer guten Fasereinbindung an den Schnittkanten, was zur Folge hat, dass die Ultraschallverschweißung zu zugfesten Rohren führt und nicht durch herausstehende Fasern behindert wird. Für eine gute Fasereinbindung bei thermischer Verfestigung ist je nach eingesetztem Fasertyp entweder eine homogene Verteilung der Bindefaser im Vliesstoff Voraussetzung oder eine stabile Qualität der Kern-Mantel-Faser ohne Mantelabschälung. Beim Einsatz von Kern-Mantel-Fasern erhält man ein sehr stabiles Fasernetzwerk, da im Idealfall eine Bindung an jedem Kreuzungspunkt der Fasern vorhanden ist.

Eine hohe Isotropie des Vliesstoffes ist wichtig, wenn Membran und Vliesstoff Temperaturbehandlungen in Produktion und/oder Anwendung ausgesetzt sind, damit der Vliesstoff keine starke Vorzugsrichtung beim Schrumpf zeigt und es zu Wellen oder einem Membranabplatzen kommt.

4.3.1.3 Haftung auf Vliesstoffen

Die bereits diskutierte Gleichmäßigkeit des Vliesstoffes setzt sich auch als Anforderung für das Porensystem fort. Die Porengröße muss ein gewisses Eindringen der Polymerlösung bei der Beschichtung gestatten, um nach der Ausfällung der Membran eine Haftung im Porensystem des Vliesstoffes zu ermöglichen. Daher muss ein Foliencharakter der Vliesstoffoberfläche, der z. B. durch zu starkes Kalandrieren auftreten kann, unbedingt auch in Teilbereichen vermieden werden. Es darf jedoch auch nicht zu einem Durchlaufen der Lösung kommen, was eine undefinierte Membran über die gesamte Dicke des Porensystems zur Folge hätte. Der Einfluss der Vliesstoffdicke auf die Haftung wird hier ebenfalls deutlich. Ist die Dicke ausreichend kann ein offeneres Porensystem gewählt werden, da die Membran vor dem Durchlaufen ausgefällt wird. Die Offenheit des Porensystems vom Vliesstoff wird maßgeblich durch den Faserdurchmesser mitbestimmt. Feinere Fasern ergeben ein dichteres Netzwerk einer größeren Porenanzahl pro Volumeneinheit, verringern jedoch die mechanische Stabilität des Vliesstoffes. Die eingesetzten Durchmesser heutiger Produkte sind in Tabelle 4.4 dargestellt. Möglich ist weiterhin die Wahl eines Porensystems, das von einer Zweiseitigkeit des Vliesstoffes herrührt, sei es durch unterschiedliche Verfestigungsbedingungen bei der Kalandrierung durch die Nutzung unterschiedlicher Materialien der Kalanderwalzen oder durch die Laminierung unterschiedlich dichter Vliesstoffe. Beide Möglichkeiten werden in der Praxis genutzt und gestatten das Eindringen der Polymerlösung auf der offeneren Seite und vermeiden das Durchschlagen der Polymerlösung durch die dichtere Seite.

Für die Membranhaftung ist auch die einheitliche Rauigkeit der Vliesstoffoberfläche wichtig. Damit sind Ungleichmäßigkeiten an der unmittelbaren Vliesstoffoberfläche gemeint, die nicht zu Dickenschwankungen des Vliesstoffes führen, jedoch den Unterschied zum Foliencharakter einer gebügelten Oberfläche beschreiben sollen. Diese Rauigkeit trägt ebenfalls zur Membranhaftung bei und kann über Eignung eines Vliesstoffes entscheiden. Die Rauigkeit steht stets im Konflikt zu der Problematik abstehender Fasern und darf nicht auf Kosten einer unzureichenden Fasereinbindung erzielt werden.

Für die erfolgreiche Membranherstellung ist auch ein gleichmäßiges Benetzungsverhalten des Vliesstoffes wichtig, damit sich die Polymerschicht auf und im Vliesstoff gleichmäßig ausbilden kann. Es dürfen keine Avivagen oder andere oberflächenaktive Stoffe vorhanden sein, die diese Gleichmäßigkeit stören oder die Membranbildung negativ beeinflussen. Es ist zu beachten, dass die im Nassvliesstoffverfahren verwendeten Dispersionsmittel teilweise noch im Endprodukt vorhanden sein können.

Das Faserpolymer hat selbstverständlich auch einen wichtigen Einfluss auf das Haftungsverhalten der Membranen. Im Allgemeinen haften Membranen besser auf PET als auf Polyolefinen, was sicher zu einem Teil auf die Oberflächenenergien der Polymere zurückzuführen ist. Hier ist nicht nur die Benetzung mit der Polymerlösung entscheidend, sondern auch das Haftungsverhalten der ausgefällten Membran – also die Haftung von festem Membranpolymer und Vliesstoff.

Tabelle 4.4 Vliesstoffdaten Beschichtungsträger.

Membran-anwendungen	Flächen-gewicht (g/m²)	Dicke (µm)	Luftdurchlässigkeit bei 2 mbar (l/m²s)	Höchstzugkraft (N/5 cm)		Faserdurchmesser (µm)
				längs	quer	
Flachmembran MF	15–30	30–120	750–5000	30–100	20–100	5–25
Flachmembran UF/NF/RO	60–100	80–220	10–500	100–250	80–250	5–25
Rohrmembran MF/UF/NF/RO	180–220	250–500	1–70	450–600	350–500	15–25

Neben der Membranhaftung ist auch noch das Benetzungsverhalten von Klebstoffen wichtig. Auch hier müssen Oberflächenchemie und Offenheit angepasst sein, damit eine Verklebung z. B. in Wickelmodulen über die Vliesstoffseite möglich ist.

4.3.1.4 Chemikalien- und Temperaturstabilität sowie mechanische Stabilität

Um die Eignung eines Membranstützvliesstoffes sicherzustellen müssen chemische und thermische Resistenz im Herstellungsprozess der Membran, bei der Konfektionierung in Module und in der späteren Trennoperation betrachtet werden. Typische Konditionen beschreibt Racchini [9] hauptsächlich für Anwendungen in neutralem wässrigem Medium mit Temperaturen bis 85 °C sowie pH-Stabilität von 2–12 bei Temperaturen bis teilweise 50 °C. Für einige Reinigungsprozesse werden auch alkalischere Bedingungen verwendet. Für den Großteil der Anwendungen, die auch neuere Bereiche wie die Filtration organischer Lösemittel umfasst, haben sich Vliesstoffe aus PET bewährt, deren hauptsächliche Limitierung die Hydrolyseanfälligkeit im alkalischen Bereich ist. Dort findet man daher den Einsatzbereich der Polyolefinvliesstoffe, die die gewünschte Stabilität aufweisen. In Tabelle 4.5 ist zu sehen, dass mit diesen beiden Polymerklassen ein weiter Teil des Anwendungsspektrums abgedeckt ist. Nur speziellere Anwendungen in Pervaporation und Dampfpermeation erfordern eine höhere thermische und chemische Stabilität, die z. B. durch PPS Vliesstoffe erzielt wird.

Eine wichtige Messgröße zur Beurteilung der Stabilität ist die mechanische Festigkeit der Stützvliesstoffe, die standardmäßig in der Messung der Höchstzugkraft ausgedrückt wird. Dabei werden die Werte in Längs- und Querrichtung angegeben, da viele Vliesstoffe eine Vorzugsrichtung mit höheren Werten aufgrund der Richtung der Faserablage haben. Entscheidend sind weiterhin Faserqualität und -dimension, die eingesetzte Fasermenge (Flächengewicht) sowie

Tabelle 4.5 Beständigkeit von Vliesstoffen [4].

Eigenschaften	Fasern		
	PP	PET	PPS
Temperaturbeständigkeit (dauerhaft)	70 °C	135 °C	180 °C
Temperaturbeständigkeit (kurzzeitig)	93 °C	150 °C	190 °C
Anorganische Säuren	++	+	++
Organische Säuren	++	++	++
Laugen	++	–	+
Oxidierende Substanzen	–	+	–
Organische Lösemittel	–	++	+
Wasserdampf	++	–	++

++ sehr gut beständig, + gut beständig, – bedingt beständig, – nicht beständig.

die Einbindung der Fasern. Die Werte sind von der Anwendung der Membran abhängig und liegen für MF-Membranen und Flachmembranen für UF und RO in moderaten Bereichen (Tabelle 4.4). Hohe Werte werden für Rohrmembranen gefordert, da der Vliesstoff entscheidend zur Stabilität besonders der selbst tragenden Rohre beiträgt.

Für die Stabilität der Rohrmembranen ist auch eine ausreichende Steifigkeit des Vliesstoffes wichtig, damit ein Kollabieren der Rohre bei der Handhabung in der Produktion und bei Rückspülung mit geringen Druckdifferenzen in speziellen Anwendungsbereichen vermieden wird, d. h. Faserdurchmesser und Vliesstoffdicke müssen ausreichend dimensioniert sein. Damit ist auch der Einsatz in RO-Anwendungen möglich, ohne dass das Porensystem durch die hohen Differenzdrücke verdichtet wird und den Permeatfluss reduziert.

Werte von Merry [1] zur Alkalienstabilität von Polyestervliesstoffen für Rohrmembranen zeigen eine Halbierung der Höchstzugkraft bereits nach 4-stündigem Einwirken von 5%-iger Natronlauge. Trotzdem lassen sich kommerziell vertretbare Membranstandzeiten von über 15 Monaten unter Einbeziehung kontrollierter alkalischer Reinigungsschritte erreichen, da die Verminderung der mechanischen Stabilität unter Prozessbedingungen erheblich langsamer verläuft. Die deutlich bessere chemische Stabilität von auf PP-Vliesstoff basierenden Rohrmembranen wurde jedoch auch gezeigt [1], wobei die Frage des Einflusses der Fließneigung von Polyolefinen auf die Standzeit noch endgültig beantwortet werden muss.

In der Erfüllung der Anforderung nach mechanischer Stabilität zeigen sich Trockenvliesstoffe den Nassvliesstoffen wegen der Faserlängenunterschiede überlegen ohne eine übermäßige Dehnung zu zeigen. Bei leichtgewichtigen Typen im Bereich 15–40 g/m^2 sind die Spinnvliesstoffe im Vorteil. Dies wird bei der Herstellung einiger Mikrofiltrationsmembranen genutzt, deren Herstellungsverfahren Nassvliesstoffe dieser Gewichtsklasse zerreißt. Hier werden daher als Ausnahme Spinnvliesstoffe trotz Einschränkungen in der Gleichmäßigkeit eingesetzt.

4.3.1.5 Einfluss von Umrollung und Konfektionierung

Vliesstoffe werden in der Produktion über diverse Rollensysteme transportiert bis sie schließlich als Mutterrolle, die häufig Großdocke genannt wird, aufgewickelt werden. Danach kommt es häufig zu weiteren Umrollvorgängen in den Schneidprozessen zur Fertigung der Kundenabmessungen. Bei diesen Prozessen ist die genaue Dosierung der Zugspannung besonders bei leichteren Qualitäten wichtig. Andernfalls kann es zu einseitigen Verzügen mit resultierender hängender Seite oder Wellenbildung in der Vliesstoffmitte kommen. Diese hängenden Seiten oder Wellen sind bei der Membranproduktion auch durch Erhöhung der Zugspannung häufig nicht mehr zu beseitigen und führen zu einer ungleichmäßigen Beschichtung oder einem ungleichmäßigen Eintauchverhalten im Fällbad. Die Polyolefinmaterialien sind hier anfälliger als Polyesterqualitäten, da diese unter Druck- oder Zugeinwirkung auch schon bei

Raumtemperatur zu fließen beginnen (kalter Fluss) und dadurch irreversibel verformt werden. Bei Schneidprozessen ist gerade für Schmalrollen zur Rohrmembranproduktion die Genauigkeit der Materialbreite, für die Schwankungen über die gesamte Rollenlänge von unter 0,5 mm gefordert sind [1], ein wichtiges Qualitätskriterium. Bei der Kantenverschweißung in der Rohrbildung, die entweder Stoß an Stoß oder mit geringen Überlappungen erfolgt, führen Breitenschwankungen zu Lochbildungen in der Naht oder zu ungenügender Verfestigung bei zu starker Überlappung. Bei einer ungefähren Schweißnahtlänge von 40 m pro Quadratmeter Membranfläche für einschichtige Rohrmembranen mit 12 mm Durchmesser und der doppelten Länge für zweischichtige Rohrmembranen ist die Wichtigkeit der Schweißnahtqualität offensichtlich [1].

4.3.1.6 Filtrationsproduktrelevante Bestimmungen für Stützvliesstoffe

Werden Membranen in Anwendungen wie der Trinkwasseraufbereitung, im Bereich von Molkereiprodukten oder der Arzneistoffherstellung eingesetzt, so müssen auch die Vliesstoffe den entsprechenden Regelwerken wie z.B. dem Lebensmittel- und Bedarfsgegenständegesetz in Deutschland, der Richtlinie 90/129/EWG in Europa oder dem Code of Federal Regulations, 21 CFR Chapter I der Food and Drug Administration genügen. Dazu sind neben den Faserpolymeren und deren Begleitstoffen wie Stabilisatoren oder Katalysatoren auch die Avivagen und mögliche Stoffe zu betrachten, die im Produktionsprozess der Vliesstoffe eingetragen werden können. Häufig sind Extraktionstests am fertigen Vliesstoff in zertifizierten Laboren ein pragmatischer Weg. Zusatzforderungen, wie sie je nach Filtrationsendprodukt landestypisch gestellt werden können, sind dann in der Regel durch die Zusammenarbeit von Vliesstoff- und Membranhersteller mit der zuständigen Behörde zu erfüllen. Diese Forderungen sind einfacher durch bindemittelfreie thermisch verfestigte Vliesstoffe zu erfüllen, da keine potentiell extrahierbaren Substanzen aus Bindemitteln zu berücksichtigen sind.

4.3.1.7 Beschichtungsträger und Membranleistung

Beschichtungsträger unterstützen derzeit die Membranleistung weder hinsichtlich der Trenngrenze noch bezüglich der Abreinigung spezifischer Substanzen. Ganz im Gegenteil ist ein Einfluss auf Durchflussrate und Selektivität unerwünscht. Daher werden dünne und leichtgewichtige Stützvliesstoffe für den Bereich der Mikrofiltration mit vergleichsweise hohen Flussraten verwendet. Gerade die in Membranen liegenden Verstärkungsvliesstoffe müssen vollständig eingebettet sein, um nicht durch oberflächliche Unregelmäßigkeiten die Membranleistung zu beeinflussen. Auch bei Vliesstoffen zum Laminieren bereits ausgefällter Membranen verwendet man gerne eher leichte Qualitäten, die die Membranflussleistung nicht reduzieren, außer die Membrananwendung birgt hohe mechanische Beanspruchungen, wie sie z.B. bei einer plissierten Membran in der Luftfiltration auftreten können. Gerne greift man beim Laminieren auf Bikomponentenfasern zurück, die den Klebstoff zum Laminieren bereits in den Fasermänteln mitbringen. Für Flachmembranen in UF-, NF- oder RO-Anwendungen werden mittlere Gewichte verwendet, die den mechanischen Ansprüchen in Produktion, Weiterverarbeitung und Anwendung genügen, aber offen genug sind, um Flussraten nicht zu reduzieren. Nur Rohrmembranen benötigen aufgrund ihrer Geometrie und Stabilitätsansprüchen höhere Vliesstoffgewichte (Tabelle 4.4), die zu einer Reduktion von Flussraten führen können. Das ist jedoch in der Regel unproblematisch, da für Rohrmembranen gezeigt wurde, dass ein höherer Reinwasserfluss nicht zwangsläufig zu einem höheren Fluss des Prozessmediums führen muss, da hier Deckschichten den dominierenden Widerstand erzeugen [1]. Trotz dieser Ergebnisse werden für alle Membranverfahren Stützvliesstoffe ohne Bindemittel verwendet, um die Reduzierung der Permeabilität durch eine Imprägnierung zu vermeiden.

4.3.2
Stütz- und Drainageschichten

Vliesstoffe, die in der Konfektionierung von Membrankerzen und Modulen eingesetzt werden, haben hauptsächlich die Funktion einer Stützschicht und/oder einer Drainageschicht. Weiterhin ist auch der Schutz der empfindlichen Membranoberflächen in der Verarbeitung und Anwendung ein Grund Vliesstoffe einzusetzen. Zur Vergrößerung der aktiven Filterfläche in einer Membrankerze wird die Membran als plissiertes Material um ein perforiertes Permeatrohr angeordnet und mit Außennetz und Endkappen verschweißt [10]. Dabei befindet sich ein Stützvliesstoff auf einer oder auf beiden Seiten der Membran. Beim Plissieren werden die Materialien von mehreren Rollen übereinander, die verzug- und wellenfrei sein müssen um ein Verlaufen der Bahnen zu verhindern, in die Plissiermaschine eingespeist. Dort wird über Messersysteme die Faltung der Materialien vorgenommen, die anschließend zu Bälgen definierter Länge geschnitten werden. Die Stützfunktion der Vliesstoffe in der Filterkerze dient der Aufrechterhaltung der Plissierstruktur im Membranbalg und ist besonders wichtig im Filtrationsprozess, damit die Kerze Druck- und Temperaturwechseln ausgesetzt werden kann. Die Schutzfunktion erfüllen Vliesstoffe bei der Plissierung, indem diese in direkten Kontakt mit den Plissiermessern kommen und nicht die Membranen, und in der Anwendung, indem die Vliesstoffe feedseitig vor der Membran angeströmt werden. Im Aufbau von Membrantaschen oder Membranstapeln dient der Vliesstoff als Abstandshalter, der eine Drainage des Permeats ermöglicht.

Der Bereich der Stütz- und Drainagevliesstoffe wird von PP- und PET-PES-Spinnvliesstoffen dominiert, deren technische Daten in Tabelle 4.6 zusammengefasst sind. Die Hauptanwendung finden die Materialien in MF-Membranfilterkerzen. Hinsichtlich der eingesetzten Polymere ist ein häufiges Ziel der MF-Kerzenhersteller die weitgehende Sortenreinheit der Kerzen, d. h. ausschließlich Polyester- oder ausschließlich PP-Materialien sollten in der Kerze abgesehen von der Membran verbaut werden. Auch in den MF-Kerzen sollen die Vliesstoffe nicht

Tabelle 4.6 Vliesstoffdaten Stütz- und Drainagevliesstoffe.

Membran-anwendungen	Flächen-gewicht (g/m²)	Dicke (µm)	Luftdurchlässig-keit bei 1 mbar (l/m²s)	Höchstzugkraft (N/5 cm)		Faserdurch-messer (µm)
				längs	quer	
MF-Kerzen und Membranen zur Pervaporation und Gastrennung	15–75	100–500	1000–6000	25–350	20–350	14–40

die Permeabilität und Abscheidequalität der Membran reduzieren. Daher werden Materialien mit hohen Luftdurchlässigkeiten eingesetzt, vergleichbar mit denen der Beschichtungsvliesstoffe für MF-Membranen. Die unterschiedlichen Vliesstoffdicken dienen zur optimalen Gestaltung der verschiedenen Filterkerzen im Hinblick auf deren Faltenanzahl und Leistungsfähigkeit. Neben dem Vliesstoffgewicht ist der Faserdurchmesser ein wichtiger Parameter zur Steuerung der Steifigkeit der Vliesstoffe. Für die Stützfunktion werden Materialien mit großem Faserdurchmesser verwendet, die dadurch gleichzeitig eine hohe Luftdurchlässigkeit zeigen, aber an Gleichmäßigkeit einbüßen. Die Schutzfunktion wird durch weichere Materialien mit kleinem Faserdurchmesser übernommen.

Die Anforderungen bezüglich Chemikalien- und Temperaturstabilität unterscheiden sich nicht von denen für Beschichtungsträger. Entsprechendes gilt auch für die Vorschriften, die erlaubte Polymere und extrahierbare Bestandteile bezüglich der Filtrationsprodukte regeln.

4.3.2.1 Gleichmäßigkeit, Defektfreiheit und Fasereinbindung

Die Dominanz der Spinnvliesstoffe in diesem Bereich zeigt, dass gewisse Abstriche bei der Gleichmäßigkeit und Defektfreiheit der Stütz- und Drainagevliesstoffe gemacht werden können. Es werden neben flachkalandrierten Vliesstoffen auch Materialien mit Punktverfestigung eingesetzt. Solange keine stark verdichteten Bereiche die Membranpermeabilität einer Filterkerze reduzieren oder sehr offene Bereiche die Kerzenleistung vermindern, ist die Gleichmäßigkeit und Defektfreiheit von Spinnvliesstoffen ausreichend. Interessant ist, dass auch die Gleichmäßigkeit der Faserverteilung bei Betrachtung eines schrägen Durchtritts des zu filtrierenden Mediums durch den Vliesstoff Beachtung findet, da nach der Plissierung die Anströmung in der Filterkerze nicht senkrecht zum Material erfolgt. Oft wird daher ein 1:1-Verhältnis der Höchstzugkräfte längs:quer angestrebt.

Vermieden werden müssen stark erhabene Dickstellen durch verfestigte Faserbündel oder eingebundene Fremdpartikel, da diese die Membranen bei der Plissierung über Eindrücke beschädigen können.

Die Dickengleichmäßigkeit ist jedoch ein durchaus wichtiges Kriterium, auf das Membranhersteller genau achten. Starke Dickenschwankungen würden eine konstante Faltenzahl in den Filterkerzen verhindern, was zu unterschiedlicher Leistung der Kerzen führen würde. Weiterhin können die Schwankungen die Qualität der Kerzenverschweißung an den Kanten beeinflussen. Der Dickenaspekt in Bezug auf konstante Packungsdichten wird auch von den Herstellern von Membrantaschen oder Plattenmodulen beachtet.

Bei den Benetzungseigenschaften ist die gleichmäßige Benetzung mit dem zu filtrierenden Medium zu gewährleisten.

Ein weiterer wichtiger Faktor ist eine gute Fasereinbindung. Der Vorteil der Spinnvliesstoffe liegt zunächst in den Endlosfilamenten, die die Ablösung einer einzelnen Faser erheblich erschweren. Trotzdem führt nur eine gute Fasereinbindung zur mechanischen Festigkeit der Vliesstoffe und vermeidet ein Delaminieren und Ausfransen gerade an den Schnittkanten. Das ist besonders für grob faserige Vliesstoffe wichtig, die hauptsächlich als PP-Spinnvliesstoffe zum Einsatz kommen. Die Fasern können wie Speerspitzen die Membranlage beschädigen. Auch zeigen sehr grobfaserige Vliesstoffe stärkere Dickenschwankungen als Materialien aus feineren Fasern. Teilweise werden zusätzlich zu diesen Vliesstoffen noch feiner faserige Vliesstoffe zum Membranschutz in derselben Plissierung eingesetzt. Alternativ versucht man mittelfeine Faserdurchmesser zu nutzen, die sowohl die Stützfunktion als auch die Schutzfunktion erfüllen können.

4.4
Ausblick

Gleichmäßigkeit und Defektfreiheit als Hauptkriterien für Beschichtungsträger erfahren eine kontinuierliche Optimierung durch die Verbesserung der Vliesstofftechnologie hinsichtlich Faserauflösung, Gleichmäßigkeit der Ablage und Kalandrierung bei paralleler Erhöhung der Produktionsgeschwindigkeiten. Der Kostendruck in den Volumenanwendungen Umkehrosmose und Ultrafiltration wird die Technologie vorne sehen, die die Hauptkriterien unter optimalen Kosten ausreichend erfüllt. Dabei wird es auch auf die optimale Breitennutzung der Vliesstoffanlagen ankommen, deren Dimensionierung immer häufiger ein Mehrfaches der Membranproduktionsbreiten ist. Weiterhin ist auch die Nutzung eines Basismaterials für mehrere technische Vliesstoffanwendungen neben der Membranbeschichtung denkbar. Hier könnten Laminate die Lösung für die Haftungsanforderungen der Membranhersteller unter Nutzung der Großmengenproduktion sein. Weiterhin wird das Vliesstoffgewicht und die Dicke minimiert werden unter Berücksichtigung der Mindestzugkrafts- und Mindeststeifigkeitsanforderungen besonders bei der Herstellung der Membranen. Damit sind weitere Kostenoptimierung auf Vliesstoff- und Wickelmodulseite möglich. Auch bei den Stützvliesstoffen für Filterkerzen wird die zunehmende Verbesserung der Gleichmäßigkeit zu Ausschussminimierung in der Produktion und verbessertem Kerzenverhalten in der Anwendung führen, da eine gleichmäßigere Nutzung der aktiven Filterfläche die Kerzenstandzeit verbessert.

Anwendungsspezifischer sind Entwicklungen in der Oberflächenmodifizierung von Vliesstoffen zu erwarten. Hier können Hydrophilie, Hydrophobie, negative oder positive Oberflächenladung mit Hilfe verschiedener Technologien wie Plasma- und Coronabehandlung sowie Fluorierung eingestellt werden. Damit können Beschichtungsträger für bestimmte Membranbeschichtungen angepasst werden. Für Stützvliesstoffe in Membrankerzen ist somit ein dann gewünschter Einfluss auf die Kerzenleistung denkbar, indem ein Vorfiltereffekt durch oberflächenständige chemische Gruppen erzielt wird. Hier ist auch noch die Anbindung hochspezifischer Liganden über Polymergraftingtechniken in der Abtrennung von Bioprodukten möglich.

Die Kombination von Stützfunktion, Schutzfunktion und Vorfilterfunktion in einer Kerze ist auch ohne eine Oberflächenmodifizierung denkbar. Viele Vorfilterkerzen, die das schnelle Verblocken von Membranfilterkerzen durch die Abtrennung gröberer Verunreinigungen verhindern, bestehen aus Schmelzblasvliesstoffen unterschiedlicher Porengrößen. Diese Materialien könnte man in Form von SM_XS-Laminaten direkt in die Membranfilterkerzen einbauen.

4.5
Literatur

1 A. Merry, Membrane Technology 2002, 8, 6–9.
2 W. Albrecht, H. Fuchs, W. Kittelmann, Vliesstoffe, Wiley-VCH, Weinheim, 2000.
3 www.edana.org, Nonwovens, Definition.
4 K. Luedtke, V. Haendler, Proceedings of the 1998 Membrane Technology/Separations Planning Conference, Newton, Massachusetts, USA, 1999, 227–235.
5 W. Loy, Chemiefasern für technische Textilprodukte, Deutscher Fachverlag GmbH, Frankfurt am Main, 2001.
6 D. Daul, M. Dorner, F & S Filtrieren und Separieren, 1990, 3, 172–175.
7 www.edana.org, Nonwovens, Making Nonwovens
8 K. Rennels, Nonwovens World, Band 8, Heft 6, 1999, 43–46.
9 J. R. Racchini, Nonwovens in Filtration, Philadelphia, Pennsylvania, USA, 1991, 261–269.
10 D. B. Purchas, K. Sutherland, Handbook of Filter Media, Elsevier Advanced Technologies, Oxford, UK, 2002.

5
Keramische Membranen und Hohlfasern

Ingolf Voigt und Stefan Tudyka

5.1
Keramische Membranen
Ingolf Voigt

5.1.1
Einleitung

Keramische Membranen sind der wichtigste Vertreter aus dem Bereich der anorganischen Membranen, zu denen weiterhin metallische Membranen und Kohlenstoffmembranen zählen. Zu den keramischen Membranen gehören die oxidkeramische Membranen (z.B. Al_2O_3, TiO_2,...), nichtoxidkeramischen Membranen (z.B. SiC) und Glasmembranen, wobei man in technischen Anwendungen bis auf wenige Ausnahmen nur Vertreter der ersten Gruppe findet.

Die besonderen Eigenschaften der keramischen Membranen zeigen sich in ihrer hohen Stabilität unter chemisch-korrosiver, thermischer und mechanischer Belastung. Diese Stabilität ermöglicht den Einsatz keramischer Membranen in Anwendungen, wo Polymermembranen nicht verwendet werden können. Darüber hinaus können keramische Membranen mit starken Reinigungschemikalien gereinigt und/oder mit Heißdampf sterilisiert werden. Ein weiterer Vorteil besteht in einer hohen offenen Porosität, die auch bei hohen Prozessdrücken erhalten bleibt (keine Kompaktierung) und dem damit verbundenen hohen Fluss. Dem entgegen steht der vergleichsweise hohe Preis keramischer Membranen, der in einem hohen Anteil manueller Fertigung und mehrmaliger Hochtemperaturbehandlung (Sinterung) begründet ist. Betrachtet man jedoch die Kosten der Membran nicht spezifisch zur Fläche sondern zum Fluss und berücksichtigt man die längere Lebensdauer keramischer Membranen, so gleicht sich der Preisunterschied in vielen Anwendungen an.

Membranen: Grundlagen, Verfahren und industrielle Anwendungen
Herausgegeben von Klaus Ohlrogge und Katrin Ebert
Copyright © 2006 WILEY-VCH Verlag GmbH & Co. KGaA, Weinheim
ISBN: 3-527-30979-9

5.1.1.1 Historie der keramischen Membranen

Die Entwicklung keramischer Membranen wurde durch die Uranaufbereitung vorangetrieben. Spaltbares Uran, wie es für Nuklearwaffen und später als Brennstoff für Kernkraftwerke benötigt wurde, besteht aus dem Uranisotop ^{235}U, das jedoch nur etwa zu 0,7% im natürlichen Uranerz vorkommt. Zur Trennung von ^{238}U wurde das Uran in gasförmiges UF_6 umgesetzt. Die Trennung erfolgte an mesoporösen keramischen Membranen, die für $^{235}UF_6/^{238}UF_6$ Knudsenselektivität zeigten. Auf Grund der geringen Molekulargewichtsunterschiede war der Trennfaktor sehr klein (1,004) und eine große Anzahl von Trennstufen (>1400) notwendig, die wiederum eine sehr große Membranfläche erforderten. So wurden in den Jahren 1976–1981 mehr als 2,5 Mio. m^2 Keramikmembranen allein für diesen Zweck hergestellt [1].

Mitte der achtziger Jahre wurden diese Entwicklungen nichtnuklearen Anwendungen zugänglich gemacht. Hervorzuheben sind vor allem die Universität in Montpellier mit Prof. Cot und die Universität Twente mit Prof. Burggraaf, die die Entwicklung keramischer Membranen maßgeblich bestimmten [2]. Dabei standen zunächst Membranen für die Mikrofiltration und Ultrafiltration insbesondere für die Abwasserreinigung im Mittelpunkt des Interesses. Zahlreiche kleine und mittelständische Firmen, insbesondere in Frankreich, Deutschland und den Niederlanden, entstanden, die heute keramische Membranen, vorzugsweise in Rohrgeometrie, mit einem Jahresvolumen von jeweils ca. 3000–6000 m^2 herstellen.

Mitte der neunziger Jahre verschob sich der Entwicklungsschwerpunkt hin zu mikroporösen Membranen für Nanofiltration, Pervaporation und Gastrennung. Auch hier kam es zu Firmengründungen, die sich jedoch auf dem Gebiet der Pervaporation und Gastrennung noch im Anfangsstadium befinden und in der Regel Membranmuster liefern.

5.1.1.2 Aufbau keramischer Membranen

Keramische Membranen sind überwiegend asymmetrisch aufgebaut. Ein grobporöser keramischer Körper in Form eines Rohres oder einer Platte dient dabei als Träger (Support) für die eigentliche trennaktive Schicht. Der Träger weist eine Dicke von 1–2 mm auf, um eine ausreichende mechanische Festigkeit für Belastungen im Filtrationsprozess zu gewährleisten. Bei feinporigen Membranen sind eine oder mehrere Zwischenschichten notwendig. Nur so gelingt es, sehr dünne diskrete Membranschichten mit hoher mechanischer Stabilität auszubilden (Abb. 5.1.1).

Die Herstellung des Trägers und makroporöser Membranen (MF-Membranen und grobe UF-Membranen) erfolgt unter Verwendung pulverförmiger Rohstoffe. Hohe offene Porositäten werden dann erreicht, wenn man ein Pulver mit einer engen Teilchengrößenverteilung einsetzt. Diese Pulverteilchen werden im Formgebungsprozess verdichtet. Im anschließenden Brennprozess versintern die Partikel an den Stellen, wo sie sich berühren. In den Zwickeln verbleiben Hohlräume, die untereinander verbunden sind und Porenkanäle durch das Gefüge ausbilden (Abb. 5.1.2).

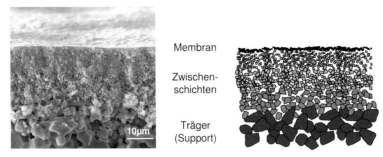

Abb. 5.1.1 Asymmetrischer Aufbau keramischer Membranen.

Unter der Annahme, dass die keramischen Partikel (Körner) kugelförmig sind und im Gefüge dicht gepackt werden, verbleibt eine offene Porosität von 28% bzw. 36% (kubische bzw. hexagonal dichteste Packung). Die Größe der Zwickel beträgt danach etwa 1/4 der Korngröße. In Realität werden die Körner von Kristallflächen begrenzt und besitzen trotz Klassierung eine Korngrößenverteilung. Somit findet man in Abweichung von dem idealen Zustand spaltförmige Poren mit einer mittleren Porengröße von etwa 1/3 der Teilchengröße bei einer offenen Porosität von 30–45%.

Keramische Pulver lassen sich als trockene Pulver nicht in beliebiger Feinheit herstellen. Standardpulver sind kommerziell etwa bis Teilchengrößen von 150 nm (α-Al_2O_3) und 100 nm (TiO_2) erhältlich, so dass man α-Al_2O_3-Membranen mit einer Porengröße von 60 nm und TiO_2-Membranen mit einer Porengröße von 30 nm herstellen kann.

Spezialpulver (Nanopulver) haben Teilchengrößen von 30–50 nm. Mit diesen Pulvern gelingt es nicht mehr, die Teilchen agglomeratfrei im Gefüge anzuordnen. Im Ergebnis erhält man Porengrößen in der gleichen Größe wie die Partikelgröße. Unter Verwendung dieser Pulver lassen sich Membranen herstellen, die dem oberen Bereich der Ultrafiltration zuzuordnen sind.

Zu Membranen mit kleineren Poren gelangt man mit Hilfe der Sol-Gel-Technik, bei der man Nanopartikel mit einer Teilchengröße von 3–20 nm durch einen Fällungsprozess aus einer Lösung herstellt, diese Teilchen jedoch nicht in ein trockenes Pulver überführt, sondern im Lösungsmittel stabilisiert. Die Sus-

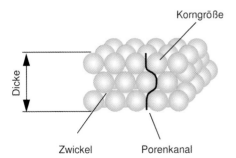

Abb. 5.1.2 Keramisches Gefüge kugelförmiger Teilchen mit Zwischenkornporen.

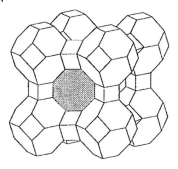

Abb. 5.1.3 NaA-Zeolith-Kristall mit einem kristallographischen Hohlraum mit einem Durchmesser von 0,41 nm.

pension der kolloidalen Teilchen bezeichnet man als Sol. Die Sole werden direkt zur Beschichtung eingesetzt. Auch hier kommt es zur Ausbildung von Zwischenkornporen mit Porengrößen, die etwa der Größe der Kolloide entsprechen und damit den unteren Bereich der Ultrafiltration erschließen.

Membranen mit noch kleineren Poren lassen sich nicht mehr durch eine Anordnung diskreter Teilchen und Zwischenkornporen herstellen. Bei mikroporösen keramischen Membranen mit Porengrößen < 2 nm werden die Poren entweder durch zylindrische Kanäle in amorphen oxidischen Schichten oder aber durch kristallografische Hohlräume (Abb. 5.1.3) gebildet. In beiden Fällen spricht man von so genannten Strukturporen. Mikroporöse Membranen finden Anwendung in der Nanofiltration, Pervaporation, Dämpfepermeation und Gastrennung.

Eine dritte Gruppe keramischer Membranen besitzt keine Poren, die für die Adsorption von Gasen zugänglich sind. Es handelt sich dabei um dichte, kristalline Materialien, die auf Grund von Gitterfehlstellen in der Lage sind, Ionen über einen Hopping-Mechanismus zu transportieren (Abb. 5.1.4).

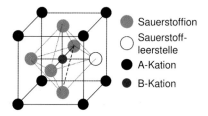

Abb. 5.1.4 Elementarzelle eines kubischen ABO_3-Perowskits mit einer ½ Leerstelle im O^{2-}-Teilgitter.

5.1.2
Poröse keramische Träger (Supporte)

Die äußere Form und mechanische Festigkeit keramischer Membranen werden durch den Träger bestimmt. Die verwendeten Materialien für den Träger sollten bezüglich ihrer chemischen Stabilität nicht schlechter sein als die eigentliche Membran. Im Bereich der Flüssigfiltration werden hohe Ansprüche an die pH-

Stabilität der Membranen gestellt, für die sich die reinen Oxide a-Al_2O_3 und TiO_2 besonders bewährt haben. Darüber hinaus werden auch Mischungen von a-Al_2O_3 mit TiO_2 und ZrO_2 verwendet. Vereinzelt werden auch Träger aus Cordierit, Mullit oder SiO_2-gebundenem SiC angeboten, die jedoch eine vergleichsweise geringere chemische Stabilität besitzen.

5.1.2.1 Rohrförmige poröse keramische Träger

Rohrförmige poröse keramische Träger werden durch Extrusion hergestellt. Hierzu werden die Ausgangspulver zusammen mit organischen Hilfsstoffen (Plastifizierer, Binder, Gleitmittel) im Kneter zu einer steifplastischen Masse aufbereitet. Diese Masse wird im Extruder als Endlosstrang durch ein geeignetes Mundstück gepresst (Abb. 5.1.5). Auf diese Weise lassen sich sowohl Einkanalrohre als auch Mehrkanalrohre formen. Weit verbreitet sind zylindrische Formen mit runden Kanälen (1, 7, 19 oder 37 Kanälen) und hexagonale Formen mit zylindrischen Kanälen (19 oder 37 Kanäle). Zur Erhöhung der spezifischen Membranfläche sind darüber hinaus Rohre mit zylindrischer äußerer Form und sternförmigem Querschnitt und blütenblattähnlichem Querschnitt bekannt (Abb. 5.1.6). Für Unterdruckfiltrationen werden darüber hinaus Mehrkanalplatten und Ringkanalrohre verwendet (Abb. 5.1.7) [3].

Der Strang wird in der Länge des Ofens in Stücke geschnitten, getrocknet und anschließend gesintert. Die Sintertemperatur hängt vom verwendeten Werkstoff ab. Am weitesten verbreitet ist a-Al_2O_3, welches eine Sintertemperatur von ca. 1700 °C benötigt. Für diese Temperaturen gibt es keine formstabilen Sinterunterlagen, so dass häufig hängend gesintert wird. Andere Werkstoffe wie z. B. TiO_2 oder Mischungen von a-Al_2O_3 mit TiO_2 oder ZrO_2 werden bei Temperaturen von 300–400 K niedriger gesintert.

In der Anwendung werden die Membranen hohen transmembranen Drücken ausgesetzt. Die Druckstabilität wird durch die Festigkeit des Trägers bestimmt. Die Bruchwahrscheinlichkeit verschiedener Rohrgeometrien lässt sich mit Hilfe von FEM-Berechnungen unter Berücksichtigung statistischer Methoden der

Abb. 5.1.5 Steifplastische Extrusion am Beispiel eines zylindrischen Mehrkanalrohrs mit zylindrischen Kanälen aus a-Al_2O_3 (inocermic GmbH).

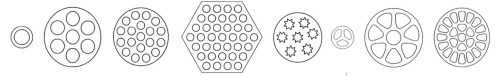

Abb. 5.1.6 Beispiele für Querschnitte keramischer Rohrmembranen.

Abb. 5.1.7 Querschnitte von Sondergeometrien (Mehrkanalplatte und Ringkanalrohre), die für Unterdruckfiltration eingesetzt werden.

Bruchmechanik theoretisch ermitteln [4]. Die dazu nötigen geometrieunabhängigen Werkstoffgrößen (Elastizitätsmodul, Querdehnzahl, Biegefestigkeit) werden an Hand von Biegestäben ermittelt. Vergleicht man verschiedene Geometrien bei einer Normierung auf 1 m² Membranfläche, so findet man Berstdrücke im Bereich von 40–80 bar, die um ein Mehrfaches über den zu erwartenden Anwendungsdrücken liegen. Noch deutlich höhere Drücke werden möglich, wenn man die Membranen von außen belastet. Hierfür eignen sich vor allem Einkanalrohre und Mehrkanalplatten, weil die Außenfläche ≥ der Fläche der inneren Kanäle ist (Abb. 5.1.8).

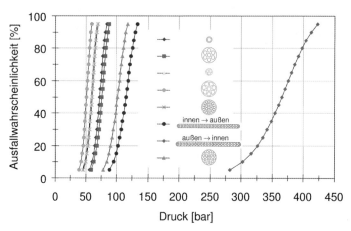

Abb. 5.1.8 Bruchwahrscheinlichkeit keramischer Rohrmembranen als Funktion des Innendrucks bei einheitlicher Membranfläche von 1 m².

5.1.2.2 Platten- und scheibenförmige poröse keramische Träger

Platten- und scheibenförmige poröse keramische Träger werden durch Pressen oder durch Foliengießen hergestellt.

Beim Pressen wird das Ausgangspulver gemeinsam mit Hilfsstoffen (Verflüssiger, Entschäumer, Binder, Gleitmittel) durch geeignete Granulierverfahren (z. B. Sprühtrocknung) als rieselfähiges Granulat aufbereitet. Das Granulat wird in ein Presswerkzeug eingefüllt und mit Hilfe eines Pressstempels unter hohem Druck verdichtet. Dabei wird die Granulatstruktur zerstört und ein Gefüge des Primärkorns ausgebildet. Die verwendeten Pressdrücke liegen in der Größenordnung von 100 MPa [5]. Der Pressstempel wird aus dem Werkzeug zurückgefahren, die Matrize angehoben und das gepresste Teil aus dem Werkzeug entnommen (Abb. 5.1.9). Die Matrize wird in die Ausgangsstellung gebracht und der Pressvorgang kann erneut starten. Die Taktzeiten hängen von der Größe der Platten ab und variieren zwischen 0,5–5 min. Eine Trocknungszeit der entformten Presslinge ist nicht notwendig. Die Sinterung erfolgt bei vergleichbaren Bedingungen, wie bei extrudierten Rohren, jedoch stets liegend.

Beim Foliengießen werden feingemahlene keramische Pulver in mehreren aufeinander folgenden Arbeitsschritten in speziellen Lösemittelgemischen unter Zusatz geeigneter Hilfsmittel dispergiert, mit organischem Binder und Weichmacher versetzt und zu einem viskosen Gießschlicker verarbeitet. Die Form-

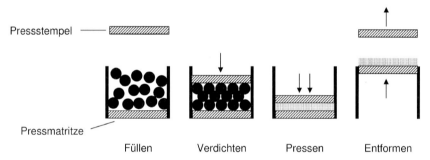

Abb. 5.1.9 Schematische Darstellung des Pressvorgangs zur Herstellung keramischer Platten.

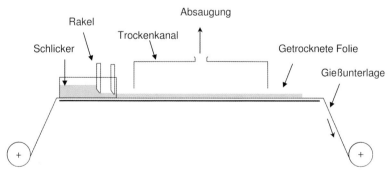

Abb. 5.1.10 Prinzip des Foliengießens zur Herstellung keramischer Flachmembranen.

gebung erfolgt nach dem doctor-blade-Verfahren, wobei der auf eine sich langsam bewegende Gießunterlage aufgegebene Gießschlicker unter feststehenden Rakelmessern (meist zwei) hindurchgezogen wird (Abb. 5.1.10).

Bei der sich unmittelbar an die Formgebung anschließenden Trocknung des geformten Schlickers wird das Lösemittel vollständig entfernt, und es entsteht eine flexible, schneid- und stanzbare keramische Folie. Diese Folie enthält je nach verarbeitetem Werkstoff und technologischem Erfordernis 10–20% organische Bestandteile, die beim Sintern durch exakte Steuerung des Aufheizprogramms schadlos ausgetrieben werden. Das Ergebnis des Sinterprozesses ist eine ebene, sehr dünne Keramik. Die Höhe der gegossenen Folie ist durch Einstellung der Schlickerviskosität und des Rakelspaltes beeinflussbar, die Breite der Folie wird durch die Dimensionierung des Gießkastens bestimmt und durch die Arbeitsbreite der vorhandenen Gießanlage begrenzt.

Durch Zusammenpressen solcher Folienstücke bei erhöhter Temperatur (Laminieren) sind Folienlaminate herstellbar, die die n-fache Höhe der Einzelfolie besitzen und nach dem Sintern einen homogenen keramischen Körper bilden.

Sowohl durch Pressen als auch mittels Foliengießen [22] lassen sich keramische Filtertaschen herstellen, die als Support für keramische Membranen eine weitaus höhere technische Bedeutung erlangt haben als Membranscheiben. Im Fall des Pressens wird in das Presswerkzeug ein „verlorener" Kern eingelegt, der beim Sintern rückstandsfrei verbrennt und einen Hohlraum hinterlässt (Abb. 5.1.11). Beim Foliengießen bedient man sich der Laminiertechnik und legt zwischen zwei Grünfolien eine dritte, strukturierte Grünfolie. Die Filtertaschen erhalten in der Mitte eine Bohrung, über die das Permeat abgeleitet werden kann.

Abb. 5.1.11 Keramische Filtertasche (aaflow systems).

5.1.3
Membranen

5.1.3.1 Makro- und mesoporöse Membranen

Makro- und mesoporöse Membranen zeichnen sich dadurch aus, dass ihr Gefüge aus Partikeln und Zwischenkornporen gebildet wird. Diese Partikel sind bei Membranen im Porengrößenbereich zwischen 1 µm und 30 nm Pulverteilchen. Zur Herstellung von Membranen werden diese Pulver in einem geeigneten Lösemittel unter Zuhilfenahme eines Dispergierhilfsmittels aufgemahlen. Diese Mahlung ist nötig, um Agglomerate im Pulver zu zerstören (Abb. 5.1.12).

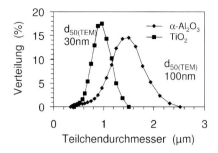

Abb. 5.1.12 Teilchengrößenverteilung in einem α-Al$_2$O$_3$- und TiO$_2$-Ausgangspulver bestimmt mit Hilfe einer Sedimentationsanalyse im Vergleich zur Größe der Primärteilchen bestimmt durch TEM-Untersuchungen.

Anschließend werden ein Binder und gegebenenfalls ein Weichmacher hinzugegeben, die Mischung homogenisiert und zur Beseitigung eingeschlossener Luftblasen entlüftet. Die so erhaltene Suspension (Schlicker) ist mehrere Wochen stabil. Die Beschichtung des Trägers erfolgt mittels Tauchbeschichtung (rohrförmiger Träger) oder Schleuderbeschichtung (scheibenförmiger Träger). Die Dicke der Membranschicht wird durch den Feststoffgehalt im Schlicker, die Beschichtungszeit und dem Saugvermögen des Trägers bestimmt. Sie beträgt in den meisten Fällen zwischen 10 und 30 µm (Abb. 5.1.13). Nach der Beschichtung werden die Membranen getrocknet und schließlich thermisch behandelt. Die verwendete Temperatur hängt dabei von dem Material und der Porengröße ab und wird so gewählt, dass die Membranschicht mechanisch fest ist, gleichzeitig aber eine hohe offene Porosität und eine möglichst kleine Porengröße besitzt. α-Al$_2$O$_3$-Membranen werden bei Temperaturen größer 1200 °C gebrannt, TiO$_2$-Membranen im Temperaturbereich 700–1000 °C. Bei α-Al$_2$O$_3$ und TiO$_2$ gibt es eine große Vielfalt unterschiedlicher Pulver, so dass fein abgestufte Membranen mit mittleren Porengrößen zwischen 1 µm und 60 nm (α-Al$_2$O$_3$) und 30 nm (TiO$_2$) hergestellt werden können (Abb. 5.1.14).

Die Möglichkeit, noch kleinere Teilchen zur Präparation mesoporöser keramischer Membranen zu erzeugen, bietet die Sol-Gel-Technik. Als Ausgangsstoffe werden Metallalkoholate verwendet, die in einem Überschuss von Wasser hydrolysiert werden. Dabei kommt es zur Ausfällung von Hydroxidteilchen, die zu

Abb. 5.1.13 Bruch einer α-Al$_2$O$_3$-Membran mit einer mittleren Porengröße von 60 nm im REM.

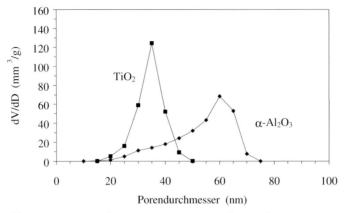

Abb. 5.1.14 Porenverteilung einer 30 nm-TiO$_2$-Membran und einer 60 nm-α-Al$_2$O$_3$-Membran bestimmt mit Hg-Porosimetrie.

Oxidhydraten oder wasserhaltigen Oxiden entwässern. Durch eine oberfläche Ladung (H$^+$- oder OH$^-$-Ionen) gelingt es, Primärteilchen mit Teilchengrößen von 5–20 nm in wässriger Lösung zu stabilisieren. Die Suspension dieser Nanoteilchen bezeichnet man als Sol. Der Zustand des Sols ist nur bei hoher Verdünnung stabil. Wird dem Sol Lösemittel entzogen, so nähern sich die Teilchen einander an. Die Abstoßungskräfte auf Grund der Oberflächenladung führen bei einer bestimmten Konzentration zu einem exponentiellen Anstieg der Viskosität. Es bildet sich ein Gel. Der Feststoffgehalt bei dieser Grenzkonzentration wird als Sol-Gel-Punkt bezeichnet. Er liegt je nach verwendetem Oxid und Konzentration der stabilisierenden Säure oder Base im Bereich von 10–20 Ma.%

Der Sol-Gel-Übergang wird bei der Herstellung der Membranen ausgenutzt. Das Sol wird in Kontakt mit einem Träger gebracht, der so beschaffen sein muss, dass er das Lösemittel aufnehmen kann. Dadurch wird an der Grenzfläche der Sol-Gel-Punkt schnell überschritten und eine Gelschicht gebildet. Diese

Abb. 5.1.15 Bruch einer 5 nm-TiO$_2$-Membran im REM.

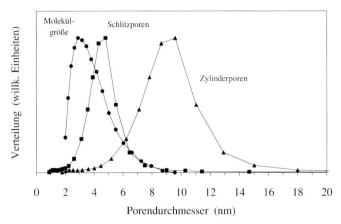

Abb. 5.1.16 N$_2$-Porenverteilung von 5 nm-TiO$_2$-Membranen: Vergleich von Porenverteilungen nach dem Zylinder- und Spaltporenmodell und der Größe permeierender Moleküle.

Gelschicht wird getrocknet und anschließend bei Temperaturen von 400–600 °C thermisch behandelt. Die Gelschichten unterliegen bei der Trocknung und thermischen Behandlung starken Schwindungen, die zu starken Spannungen in den Schichten und potentiell zur Ausbildung von Defekten führen. Fehlerfreie Schichten werden nur erhalten, wenn man den Abstand zum Gelpunkt und das Saugvermögen des Trägers so aufeinander abstimmt, dass sehr dünne Schichten mit Schichtdicken in der Größenordnung von 1 µm oder kleiner entstehen (Abb. 5.1.15).

Die Porengrößen der Membranen liegen bei 3–10 nm unter der Voraussetzung, dass man bei der Auswertung der N$_2$-Sorption oder Hg-Porosimetrie das Schlitzporenmodell zugrunde legt. Schlitzförmige Poren entstehen dadurch, dass die Nanoteilchen in den Membranen kristallin sind und die Porenwände durch Kristallflächen geformt werden. Der Vergleich mit der Größenverteilung permeierender Dextranmoleküle zeigt, dass diese bereits durch schlitzförmige Poren passen (Abb. 5.1.16) [6].

Die beschriebene Sol-Gel-Technik wird bei Al$_2$O$_3$, ZrO$_2$, TiO$_2$ und SiO$_2$ eingesetzt. Als Membranen haben jedoch nur TiO$_2$ und ZrO$_2$ als enge UF-Membranen Bedeutung erlangt, da sie im Gegensatz zu Al$_2$O$_3$ und SiO$_2$ sehr hohe pH-Stabilitäten zeigen. Bei Al$_2$O$_3$ erhält man auf diese Weise so genannte Übergangstonerden (häufig allgemein als γ-Al$_2$O$_3$ bezeichnet), die nur im pH-Bereich 3–10 stabil sind. SiO$_2$ zeigt eine eingeschränkte Stabilität in alkalischer Lösung. Beide Membranen werden jedoch als Träger in der Entwicklung von Membranen für die Pervaporation und Gastrennung verwendet. Membranen mit Zwischenkornporen für die Mikro- und Ultrafiltration aus den Werkstoffen α-Al$_2$O$_3$, TiO$_2$ und ZrO$_2$ werden von allen Herstellern keramischer Membranen angeboten.

5.1.3.2 Mikroporöse Membranen

Das Gefüge mikroporöser Membranen wird durch Strukturporen gebildet. Eine Möglichkeit zur Bildung derartiger Poren bildet die so genannte polymere Sol-Gel-Technik, bei der wiederum bevorzugt Metallalkoholate als Ausgangsstoffe eingesetzt werden. Im Unterschied zur partikulären Sol-Gel-Technik erfolgt die Hydrolyse im organischen Lösemittel unter Zugabe einer definierten Wassermenge, wodurch die möglichen Alkoholatgruppen nur teilweise hydrolysiert werden. An den entstandenen Hydroxyl-Gruppen setzt Polykondensation ein und es werden lange, wenig verzweigte Ketten gebildet. Eine Lösung dieser Polymere zeigt ein ähnliches Viskositätsverhalten wie die zuvor beschriebenen partikulären Systeme. Bei Lösungsmittelentzug kommt es zur fraktalartigen Zusammenlagerung von Polymerketten unter Ausbildung von Hohlräumen, die nach der Trocknung und anschließenden thermischen Behandlung bei 200–400 °C zur Ausbildung offener Mikroporen mit Porengrößen < 2 nm führen [7].

Membranschichten sind nach der thermischen Behandlung amorph und haben eine sehr geringe Schichtdicke von 50–100 nm (Abb. 5.1.17). Der amorphe Zustand ist dabei die Voraussetzung für die tatsächliche Mikroporosität und Defektfreiheit. Werden die Membranen bei höheren Temperaturen thermisch behandelt, so kommt es zur spontanen Kristallisation. Die Kristalle wachsen sehr schnell, so dass es zur Bildung von Zwischenkornporen im Mesoporenbereich oder sogar zur Ausbildung von makroskopischen Rissen kommt.

In der amorphen Oxidschicht gibt es keine Begrenzung der Porenwand durch definierte Korn- bzw. Kristallflächen. Vergleicht man die Größe permeierender Moleküle mit Porenverteilungen, die man aus der N_2-Sorption nach dem Schlitzporen- und Zylinderporenmodell erhält, so erkennt man, dass die Schlitzporen zu klein für die Moleküle sind und somit eine zylinderähnliche Porenform dominiert (Abb. 5.1.18) [6].

Die polymere Sol-Gel-Technik wird bei Al_2O_3, ZrO_2, TiO_2 und SiO_2 eingesetzt. Al_2O_3, ZrO_2 und TiO_2 werden als NF-Membranen verwendet, SiO_2 besitzt

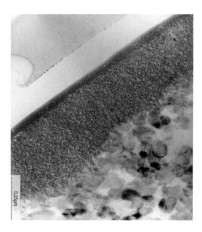

Abb. 5.1.17 Bruch einer 0,9 nm-TiO_2-Membran im TEM.

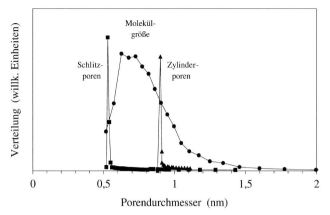

Abb. 5.1.18 N$_2$-Porenverteilung von 0,9 nm-TiO$_2$-Membranen: Vergleich von Porenverteilungen nach dem Zylinder- und Spaltporenmodell und der Größe permeierender Moleküle.

herausragende hydrophile Eigenschaften und wird als Pervaporationsmembran verwendet.

Keramische NF-Membranen mit einer Trenngrenze von 1 kD werden von den meisten Herstellern keramischer Membranen angeboten. Im Jahr 2000 wurde die erfolgreiche Entwicklung der ersten keramischen NF-Membranen mit einer Trenngrenze kleiner 1 kD vorgestellt (Abb. 5.1.19) [8], die erfolgreich zur Entfärbung textiler Abwässer eingesetzt wurden [9].

Diese NF-Membranen zeigen in Wasser einen Fluss von 20 kg/(m$^2 \cdot$h$\cdot$bar). Der Fluss ist deutlich geringer als der Fluss von Mikro- und Ultrafiltrationsmembranen. Jedoch führt er dazu, dass bei Verwendung von Mehrkanalrohrsubstraten alle Kanäle zum Permeatfluss beitragen und man einen vergleichbaren spezifischen Fluss wie bei Einkanalrohren findet (Tabelle 5.1.1). Unter Verwendung von CFD-Rechnungen (Computational Fluid Dynamics) konnte ge-

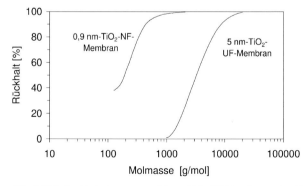

Abb. 5.1.19 Rückhaltekurven von 0,9 nm-TiO$_2$-NF-Membranen im Vergleich zu 5 nm-TiO$_2$-Membranen gemessen mit Molekulargewichtsstandards.

Tabelle 5.1.1 Vergleich der Wasserflüsse unterschiedlicher Membranen auf Einkanal- und 19-Kanal-Supporten.

	Wasserfluss [kg/(m²·h·bar)]	
	Einkanal-Filterelement AD: 10 mm, KD: 7 mm	19-Kanal-Filterelement AD: 10 mm, KD: 7 mm
Al_2O_3-MF-Membran, 1,0 µm	7000	1500
Al_2O_3-MF-Membran, 0,2 µm	2000	900
Al_2O_3- UF-Membran, 60 nm	750	450
TiO_2- UF-Membran, 5 nm	200	150
TiO_2- NF-Membran, 0,9 nm	20	20

zeigt werden, dass bei MF-Membranen auf Mehrkanalrohrsubstraten nur die äußeren Kanäle zum Fluss beitragen. Erst wenn durch Deckschichtbildung der Fluss abnimmt, gelangt auch Permeat aus den inneren Kanälen nach außen (Abb. 5.1.20) [10].

Der niedrige spezifische Fluss der NF-Membran wird teilweise durch die höheren Transmembrandrücke ausgeglichen. Nach bisherigen Erfahrungen werden die Membranen bei Drücken von 15–20 bar verwendet, so dass sich Wasserflüsse von 300–400 kg/(m²·h) erzielen lassen. Da die Poren der NF-Membran sehr klein sind im Vergleich zu partikulären Verunreinigungen, ist die Verblockungsneigung der NF-Membran deutlich geringer als bei MF- und UF-Membranen. So werden auch in realen Anwendungen Flüsse von 150–200 kg/(m²·h) erreicht.

Im organischen Lösemittel zeigen diese Membranen ein deutlich schlechteres Trennverhalten, was auf die mangelnde Benetzung der hydrophilen oxidkeramischen Membranen zurückzuführen ist. Dieses Benetzungsverhalten kann durch Hydrophobierung der Membranoberfläche mit Silanen (Abb. 5.1.21) so eingestellt werden, dass auch im organischen Lösemittel hohe Flüsse und molekulare Rückhalte <1000 g/mol erreicht werden [11].

Reine SiO_2-Membranen sind gegenüber Wasserdampfatmosphäre nicht ausreichend stabil, um sie als PV- oder VP-Membran einzusetzen. Si-O-Si-Bindungen werden unter Ausbildung von Si-OH-Gruppen gespalten. Die Stabilität lässt sich durch Einbau von Fremdoxiden (ZrO_2, TiO_2) [12] oder Methylgruppen [13] deutlich verbessern.

Im Unterschied zur polymeren Sol-Gel-Technik kann man mikroporöse Membranen auch durch kristalline Schichten von Zeolithen formen [14, 15]. Zeolithe sind kristalline Alumosilikate der allgemeinen Zusammensetzung $M_xD_y(Al_{x+2y}Si_{n-x-2y}O_{2n}) \cdot mH_2O$, wobei M für Alkalimetalle Natrium oder Kalium und D für Erdalkalimetalle, vorzugsweise Calcium, steht. Zeolithe besitzen eine Gerüststruktur, die durch ein dreidimensionales Netzwerk aus untereinander über Ecken verknüpften $[SiO_{4/2}]$- und $[AlO_{4/2}]$-Tetraedern gebildet wird. Die durch isomorphe Substitution von Silicium durch Aluminium vorhandenen $[AlO_{4/2}]$-Tetraeder tragen eine negative Ladung, die durch die Kationen M und D

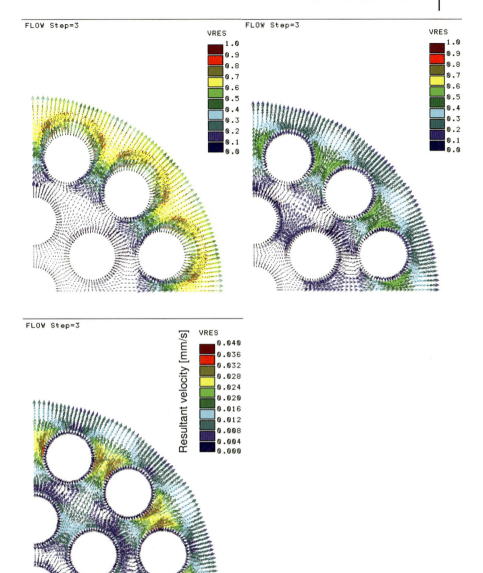

Abb. 5.1.20 CFD-Rechnungen am 19-Kanal-Filterelement mit Außendurchmesser 25 mm, Kanaldurchmesser 3,5 mm, mit MF-Beschichtung 0,2 µm (oben links), UF-Beschichtung 5 nm (oben rechts) und NF-Beschichtung 0,9 nm (unten).

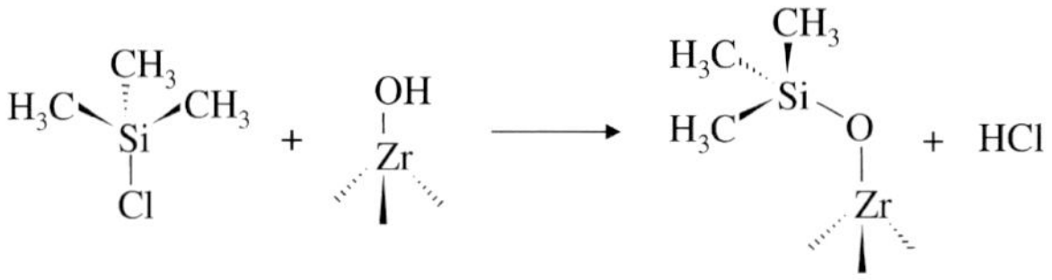

$$H_3C-\underset{Cl}{\underset{|}{Si}}(CH_3)_2 + \underset{|}{\overset{OH}{Zr}} \longrightarrow H_3C-\underset{O}{\underset{|}{Si}}(CH_3)_2 + HCl$$
$$ \underset{|}{Zr}$$

Abb. 5.1.21 Hydrophobierung von ZrO$_2$-Membranoberflächen durch reaktive Anbindung von Silanen.

kompensiert wird. Es entstehen Hohlräume mit einer definierten käfigartigen oder kanalartigen Struktur (Abb. 5.1.22). Wenn es gelingt, die Zeolithkristalle ohne Zwischenkornporen in einer dichten Schicht anzuordnen, so erhält man eine ideale Membran mit einem genauen Porendurchmesser, ohne Porenverteilung.

Zur Herstellung von Zeolithmembranen wird der poröse Träger zunächst mit einer dünnen Schicht aus nanokristallinen Zeolithkeimkristallen beschichtet. Anschließend wird der bekeimte Träger in eine alkalische Syntheselösung getaucht, die die Ionen im Verhältnis des gewünschten Zeolithtyps enthält und in einem geschlossenen Behälter erhitzt. Je nach Zeolithtyp beträgt die Temperatur zwischen 90 °C und 180 °C. Nach einer Verweilzeit von mehreren Stunden lässt

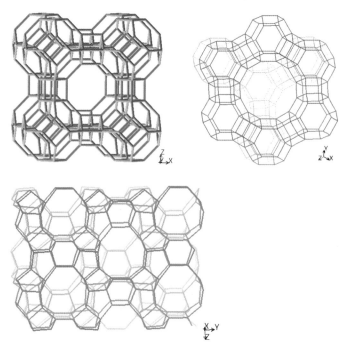

Abb. 5.1.22 Drahtmodelle von Zeolithstrukturen; oben links: Linde Typ A in Richtung {100}; oben rechts: FAU-Typ in Richtung {111}; unten: MFI-Typ in Richtung {100}.

Tabelle 5.1.2 Eigenschaften verschiedener Zeolithtypen.

Si/Al	Typ	Zeolith	Porengröße [Å]	Eigenschaft
1	LTA	Natrium A	4,1	hydrophil
		Kalium A	3	
		Calcium A	5	
1,5–3	Faujasit	X-Typ	7,4	hydrophil
		Y-Typ	7,4	
>10	MFI	ZSM5	5,3×5,6; 5,1×5,5	hydrophob
		Silikalith	5,7×5,1; 5,4	

man den Behälter abkühlen, öffnet und wäscht die Rohre, um überschüssige Syntheselösung zu entfernen.

Häufig werden die Zeolithmembranen unter Verwendung eines Zusatzstoffes synthetisiert, der die Bildung der komplizierten Gerüststruktur dirigiert. Dieses so genannte Templat ist in der Regel ein quarternäres Ammoniumsalz. Das Templat besetzt die Hohlräume während der Kristallisation und muss am Ende thermisch durch Temperung bei >400 °C entfernt werden, weil die Poren sonst nicht durchlässig werden (Abb. 5.1.23).

Hydrophile Zeolithmembranen werden für die Entwässerung (Trocknung) von Lösungsmitteln eingesetzt. NaA-Zeolithmembranen mit einer Porengröße von 4,1 Å zeigen bezüglich des Permeatflusses und der Selektivität die besten Eigenschaften. So erreicht man bei der Trennung von 90% Ethanol/10% Wasser mittels Pervaporation bei 120 °C einen Permeatfluss von 12 kg/($m^2 \cdot$ h) bei einer Selektivität >5000 (Abb. 5.1.24). Der Nachteil des NaA-Zeolith ist seine eingeschränkte pH-Stabilität im Bereich pH 6,5–10. Mit steigendem Si/Al-Verhältnis wächst die pH-Stabilität, jedoch sinken die Hydrophilie und damit die Permeabilität für Wasser (Tabelle 5.1.2). Als pH-stabile Zeolithmembran wird die Zeolith-T-Membran mit einem Si/Al = 3,5 angesehen, die eine Kanalstruktur mit (3,6×5,1) Å aufweist [17].

 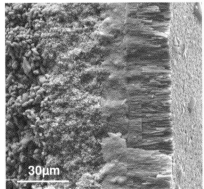

Abb. 5.1.23 Bruchflächen von Zeolithmembranen im REM; links: LTA-Membran; rechts: MFI-Membran [16].

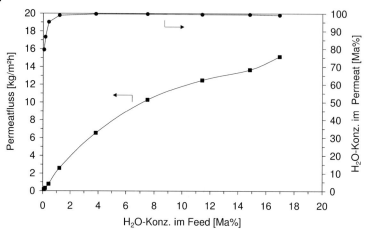

Abb. 5.1.24 Trennverhalten einer NaA-SMART®-Membran in der Pervaporation einer Wasser/Ethanol-Mischung bei 120 °C [16].

Hydrophobe Zeolithmembranen besitzen ein hohes Anwendungspotential für Gastrennung. Hier sind vor allem die Trennung von Isomeren (z. B. Xylene), die Paraffin/Olefin-Trennung und die Trennung von Aromaten und Aliphaten interessant.

Kommerziell werden Zeolithmembranen bisher nur vereinzelt angeboten. Erste Anlagen zur Entwässerung von Isopropanol laufen seit Ende der 1990er Jahre. Im Jahr 2004 wurde in Litauen die erste Membrananlage zur Entwässerung von Bioethanol mit einer Leistung von 30 000 l Ethanol/Tag in Betrieb genommen [18].

5.1.3.3 Dichte Membranen

Dichte keramische Schichten können normalerweise nicht für Stofftrennungen verwendet werden, weil im Unterschied zu Polymermembranen keine Löslichkeit von Flüssigkeiten oder Gasen in der Keramik möglich ist. Jedoch gibt es keramische Verbindungen, die eine Leitfähigkeit für Ionen besitzen. So ist beispielsweise die Sauerstoffionenleitung in Festkörpern als Phänomen seit langem bekannt und wird in der Technik bereits in breitem Maße angewendet (O_2-selektive Elektroden, O_2-Sensoren, Festelektrolyte). Eine Anwendung als Membran ist jedoch nur möglich, wenn die Elektronen über eine elektronenleitende Verbindung von der einen Seite der Membran zur anderen transportiert werden. Dies ist prinzipiell durch einen äußeren Stromkreis möglich oder dadurch, dass man das sauerstoffionenleitfähige Material (meist dotiertes ZrO_2) mit einem Elektronenleiter, z. B. einem Metall, mischt.

Die beste Sauerstoffpermeation zeigen jedoch Verbindungen, die beides, sowohl eine hohe Sauerstoffionen- als auch Elektronenleitfähigkeit besitzen, so genannte mixed ion electron conducting membranes (MIECM). Derartige Verbindungen ermöglichen den simultanen Durchtritt von Elektronen und Sauerstoffionen in entgegengesetzter Richtung durch den kompakten, gasdichten Festkörper (Abb. 5.1.25). Durch die hohe Elektronenleitfähigkeit (innerer Kurzschluss) des gemischt leitenden keramischen Materials stehen für die Elektrodenreaktionen zur Bildung der ionischen Ladungsträger genügend Elektronen zur Verfügung. Bei unterschiedlichen Sauerstoffkonzentrationen an den Oberflächen der Membran tritt eine O_2-Permeation ein, ohne dass ein äußeres elektrisches Feld angelegt werden muss. Auf diese Weise wird eine vollständige „elektrolytische" Abtrennung des Sauerstoffs von anderen Gaskomponenten erreicht.

Verbindungen, die ein solches gemischtes Leitfähigkeitsverhalten zeigen, sind Perowskite mit ABO_3-Struktur (z. B. $LaMnO_3$), Oxide mit K_2NiO_4-Struktur (z. B. La_2NiO_4) und Verbindungen mit Brownmilleritstruktur $A_2B_2O_5$ (z. B. $Sr_2Fe_2O_5$) [19]. Der Transport der Sauerstoffionen erfolgt entweder über Leerstellen im Sauerstoffteilgitter (Perowskite) oder über Zwischengitterplätze (La_2NiO_4). Die Elektronen bewegen sich über einen Hopping-Mechanismus, der mit Valenzwechsel am Übergangsmetallion verbunden ist (z. B. $Ni^{3+} + e^- \leftrightarrow Ni^{2+}$). Triebkraft für die Sauerstoffpermeation ist die Differenz im chemischen Potential auf beiden Seiten der Membran, die sich näherungsweise durch den Unterschied im Sauerstoffpartialdruck ausdrücken lässt.

Bei der Herstellung der Membranen werden zwei Wege beschritten. Im ersten Fall werden dünne Platten oder Röhrchen aus dem mischleitenden Oxid hergestellt und dichtgebrannt. Die Membrandicke liegt bei diesen Membranen bei ca. 1 mm. Bei der zweiten Variante werden dünne Membranschichten auf einem porösen Träger präpariert. Hierbei liegen die Membrandicken bei wenigen µm. Die Membranschichten können aus feindispersem Pulver unter Verwendung der Schlickertechnik oder mit Hilfe der Sol-Gel-Technik hergestellt werden. Darüber hinaus gibt es Bemühungen, dünne Schichten mit Hilfe eines aktivierten Plasma-CVD-Verfahrens herzustellen [20].

Membranen mit gemischter Sauerstoffionen- und Elektronenleitfähigkeit sollen zur Gewinnung von Sauerstoff aus Luft alternativ zum Linde-Verfahren ein-

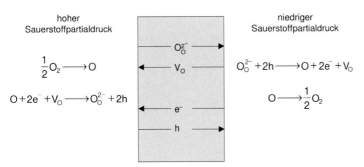

Abb. 5.1.25 Bewegung von Ladungsträgern in mischleitenden Membranen und Oberflächenreaktion auf Seite des niedrigen bzw. hohen Sauerstoffpartialdrucks (V_O: Sauerstoffleerstelle, O_O^{2-}: Sauerstoffion auf Gitterplatz, h: Elektronenloch).

gesetzt werden. Mit den damit verbundenen etwa 30% geringer erwarteten Anlagenkosten erhofft man einen breiten Einsatz von reinem Sauerstoff in Verbrennungsprozessen, insbesondere im Kraftwerksbereich, was erheblich zur CO_2-Minderung (höherer Wirkungsgrad) beitragen würde [21]. Gleichzeitig entsteht ein N_2- und NO_x-freies Abgas, das überwiegend aus reinem CO_2 besteht und für das derzeit Möglichkeiten der Sequestrierung überlegt werden.

Darüber hinaus gibt es große Bemühungen, derartige sauerstoffpermeable Membranen als Membranreaktor zu verwenden und Oxidationsreaktionen direkt an der Membranoberfläche ablaufen zu lassen. Hier sind es vor allem zwei Reaktionen, die momentan im Mittelpunkt des Interesses stehen, die Oxidation von Erdgas zu Synthesegas ($CH_4 + {}^1/_2 O_2 \rightarrow CO + 2H_2$) und die direkte Umwandlung von Erdgas in Methanol ($CH_4 + {}^1/_2 O_2 \rightarrow CH_3OH$). Besonders intensiv werden diese Richtungen in den USA bearbeitet, wo sich die großen Gasproduzenten (Air Products, Praxair) und Erdölfirmen engagieren (Amoco). Hier sind an Membranen bereits 1000 Stunden-Dauertest erfolgreich gelaufen und man rechnet bis 2010 mit einer ersten kommerziellen Nutzung. In Deutschland sind etwa seit dem Jahr 2000 verstärkte Bemühungen zur Entwicklung sauerstoffpermeabler Membranen zu verzeichnen, wobei sich auch hier Gashersteller (Linde AG) und Anlagenbauer (Uhde GmbH, Borsig GmbH) engagieren.

5.1.4
Module

In Membrananlagen werden Flächen von bis zu einigen hundert Quadratmetern Filterfläche verbaut. Hierzu werden die einzelnen Membranen in geeignete Edelstahlgehäuse eingebaut.

5.1.4.1 **Rohrmodule**
Bei Verwendung von rohrförmigen Membranelementen ähnelt der Modul einem Rohrbündelwärmetauscher. An beiden Seiten werden die Membranrohre mittels Polymerdichtungen (EPDM, FKM, VITON, ...) in Lochplatten eingesetzt. Zwischen den Platten liegt ein zylindrisches Stahlgehäuse, in dem sich das Permeat sammelt und über Permeatausgänge austreten kann (Abb. 5.1.26).

Abb. 5.1.26 Röhrenmodul mit keramischen Membranen.

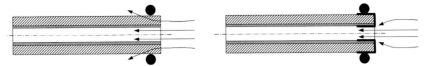

Abb. 5.1.27 Prinzip der Stirnseitenabdichtung an rohrförmigen keramischen Membranen.

Da die Trennung von Feed- und Permeatraum über eine außenliegende Dichtung erfolgt, müssen die Enden der Membranelemente versiegelt werden (Stirnseitenabdichtung) (Abb. 5.1.27). Dies erfolgt entweder ebenfalls mit polymeren Materialien (Epoxidharz, Teflon) oder im Fall der Anwendung bei höheren Temperaturen und in korrosiven Medien durch Verglasung oder Emaillierung.

Die Polymerdichtungen sind im einfachsten Fall O-Ringe, die in vielen verschiedenen Werkstoffqualitäten und Abmessungen kommerziell erhältlich sind. Für Anwendungen im Lebensmittelbereich (Milchaufbereitung, Fruchtsaftfiltration, etc.) kommt es darauf an, eine todraumarme Abdichtung einzusetzen, um die Gefahr der Verkeimung zu reduzieren. Zu diesem Zweck verwendet man Polymerkappen, die auf die Enden der Membranelemente aufgesetzt werden und den Raum zwischen Membranelement und Gehäusewand im Bereich der Lochplatte vollständig verschließen [23].

Die Größe und Bauart der Module richtet sich nach dem vertretbaren Energieaufwand der Pumpen und dem Druckverlust über die Membran. Keramische Membranen werden üblicherweise mit Überströmgeschwindigkeiten von 3–5 m/s betrieben. Bei einem 19-Kanalrohr mit einem Kanaldurchmesser von 3,5 mm bedeutete das eine Überströmmenge von 2–3,3 m^3/h. Eine Parallelschaltung von Membranelementen ist demzufolge von der Größe und den Kosten der Pumpen abhängig. Üblich sind Module mit 37, in manchen Fällen von 61 19-Kanal-Membranelementen mit einem Kanaldurchmesser von 3,5 mm. Bei größeren Kanalquerschnitten werden bei gleicher Kanalanzahl weniger Membranelemente mit entsprechend größerem Außendurchmesser oder Membranelemente mit weniger Kanälen eingesetzt.

Bei niedrigen Viskositäten im Bereich 1–10 mPas beträgt der Druckverlust über einen Modul etwa 1–2 bar. In der Mikrofiltration, die etwa bei 2–4 bar arbeitet, bedeutet das einen erheblichen Verlust an Triebkraft. Somit verzichtet man in der Regel auf das serielle Verschalten mehrerer Module. In der Nanofiltration, wo man im Druckbereich von 20 bar arbeitet, können ohne weiteres mehrere Module in Reihe geschaltet werden.

5.1.4.2 Plattenmodule

Plattenmodule unter Verwendung keramischer Flachmembranen werden technisch nicht eingesetzt. Versuche in der Vergangenheit, keramische Platten mit Strukturen zu pressen und diese so aufeinander zu stapeln, dass Feed- und Permeaträume entstehen [5], haben sich nicht durchgesetzt.

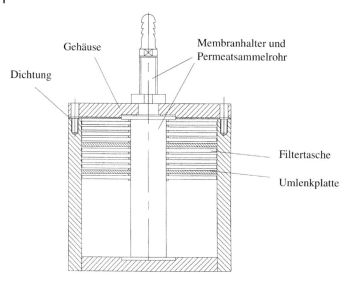

Abb. 5.1.28 Filtertaschenmodul unter Verwendung keramischer Membranen [24].

Weiterhin wurde versucht, den GKSS-Taschenmodul mit keramischen Membranen nachzubilden. Hierzu wurden keramische Filtertaschen auf ein Rohr mit tangentialen Bohrungen gefädelt. Zwischen den einzelnen Filtertaschen wurde ein O-Ring eingesetzt. Auf diese Weise entstanden Stapel („stacks") von Filtertaschen (Abb. 5.1.28) [24].

Die Verwendung von Filtertaschen ermöglicht eine sehr kompakte Bauweise. Ein Nachteil besteht jedoch darin, dass durch mehrfache Umlenkung der Strömung im Modul höhere Druckverluste entstehen und somit kein Vorteil gegenüber rohrförmigen Membransystemen erreicht wird.

Eine Weiterentwicklung dieses Stack-Konzeptes bildet das Pumpe-Düse-Filtersystem der Kerafol GmbH, bei dem das Feed durch Hochdruckdüsen in die Spalten zwischen den Filtertaschen eingespritzt wird [25].

5.1.4.3 Rotationsfilter

Rotationssymmetrische Filtertaschen lassen sich vorteilhaft in Rotationsfiltersystemen einsetzen. Im Gegensatz zu den herkömmlichen Modulen wird dabei die Überströmung nicht durch eine Pumpe erzeugt, sondern durch die Bewegung der Filtertaschen. Im einfachsten Fall dreht sich ein zuvor beschriebener Stack von Membrantaschen. Durch Kombination von zwei ineinander greifenden Stapeln erreicht man eine bessere Verteilung der Relativgeschwindigkeit zwischen Platte und Flüssigkeit [26], was zur Herabsetzung von Konzentrationspolarisation und Fouling führt. Eine technische Umsetzung dieses Prinzips ist der MSD-Separator® (Multiple-Shaft-Disc) der Membraflow GmbH & Co. KG, mit dem Anlagengrößen von 60–80 m^2 realisiert werden sollen [27].

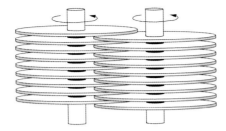

Abb. 5.1.29 Prinzip des MSD-Separators®.

5.1.5
Trends

5.1.5.1 Kapillaren und Hohlfasern

Durch die Herabsetzung des Durchmessers der Einkanalrohre bei gleichzeitiger Verringerung der Wandstärke wird eine erhebliche, flächenbezogene Leistungssteigerung erwartet, die gleichzeitig ein höheres Verhältnis von Membranfläche zu Modulvolumen bedeutet und zu kleineren Membrananlagen führt.

Keramische Kapillaren und Hohlfasern können durch Schmelzextrusion [28], Trockenspinnen [29] oder Spinnen einer holen Polymerfaser [30] oder Cellulosefaser [31] hergestellt werden, die mit einem keramischen Pulver gefüllt werden.

Darüber hinaus können keramische Kapillaren auch durch normale Extrusion hergestellt werden, wobei minimale Außendurchmesser von 1 mm erreicht werden [32]. Unter der Annahme der gleichen Morphologie lässt sich der Einfluss des Außendurchmessers (D) und Innendurchmessers (d) auf die Festigkeit an Hand des Zusammenhangs zwischen Tangentialspannung (σ) und des Innendrucks (p) ableiten:

$$\sigma = p \frac{(D^2 + d^2)}{(D^2 - d^2)}$$

Bei gleichem Verhältnis von Außendurchmesser zu Innendurchmesser wird bei gleichem Gefüge danach eine gleiche Berstdruckfestigkeit erreicht. Somit haben Kapillaren mit einem Außendurchmesser von 1 mm und einem Innendurchmesser von 0,7 mm eine vergleichbare Festigkeit, wie Einkanalrohre mit einem Außendurchmesser von 10 mm und einem Innendurchmesser von 7 mm.

Der Einbau der Kapillaren in Module kann in Anlehnung an polymere Kapillaren durch Bündeln der Kapillaren und Eingießen (Potten) mit einem Polymer in ein Edelstahlgehäuse erfolgen. Für den Einsatz der Kapillaren bei höheren Temperaturen und unter aggressiven chemischen Bedingungen wird versucht, die Kapillaren mit einem anorganischen Material (Glas, Emaille) zu potten und das Edelstahlgehäuse durch ein keramisches Gehäuse zu ersetzen. Viel versprechende Ansätze gibt es, durch Aufschwinden einer keramischen Lochplatte ein Kapillarbündel herzustellen, bei dem die Kapillaren einen definierten, einstellbaren Abstand haben.

Abb. 5.1.30 Kapillarbündel mit definiertem Kapillarabstand [32].

Keramische Kapillaren oder Hohlfasern werden auf Grund mangelnder technischer Reife und zu hoher Fertigungskosten noch nicht eingesetzt. Jedoch wird an mehreren Stellen an der Entwicklung keramischer Kapillarmembranen und Kapillarmembranmodule gearbeitet.

5.1.5.2 Kompositmembranen

Der Begriff Kompositmembran wird in der Literatur unterschiedlich verwendet. Zum Teil wird bereits der asymmetrische Aufbau keramischer Membranen als Komposit bezeichnet. Weiterhin wird darunter eine Membran verstanden, bei der die trennaktive Schicht aus einer Mischung unterschiedlicher Werkstoffe besteht (z. B. Zeolithpulver in einer Polymermatrix oder Metallmatrix). In diesem Abschnitt jedoch sind Membranen gemeint, bei denen der Träger und die trennaktive Schicht aus unterschiedlichen Materialien bestehen. Ein derartiger Membranaufbau wird gewählt, um Vorteile der unterschiedlichen Materialien zu kombinieren.

Ein Beispiel für derartige Kompositmembranen sind Kohlenstoffschichten auf porösen keramischen Trägern. Hierbei ist das Ziel, die molekular trennenden Kohlenstoffschichten als sehr dünne Schicht auf einem mechanisch stabilen Träger zu präparieren. Dies gelingt durch Beschichtung der beschriebenen Keramikträger mit einem Phenolharz und anschließender Pyrolyse der Phenolharzschicht im Vakuum oder im Inertgas bei Temperaturen von ca. 700 °C [33]. Auf diese Weise entstehen zunächst nahezu dichte Kohlenstoffschichten. Eine Feineinstellung der Porengröße und Anpassung der Oberflächenaffinität an das konkrete Trennproblem erfolgt analog den bekannten Kohlenstoffmembranen durch anschließende gezielte Oxidation („Postoxidation") [34]. Dabei wird in Abhängigkeit der Bedingungen Sauerstoff eingebaut und damit der Netzebenenabstand der Grafit-Schichtstruktur von 0,335 nm aufgeweitet zu 0,6–0,7 nm, was zu Molekularsiebeigenschaften führt oder Kohlenstoff partiell oxidiert, wodurch etwas größere Poren entstehen, die adsorptionsselektiv trennen.

Ein zweites Beispiel für Kompositmembranen sind Palladiumschichten auf keramischen Trägern. Palladium bzw. Palladiumlegierungen sind permeabel für Wasserstoff. Auf Grund des hohen Edelmetallpreises sollte die Membran sehr dünn sein. Durch stromlose galvanische Abscheidung aus einer Lösung von $PdCl_2$ („electroless plating") lassen sich Pd-Schichten auf keramischen Trägern abscheiden, die nur wenige Mikrometer dick sind. Als Träger werden hierfür z. B. keramische Hohlfasern verwendet, mit denen man H_2-Permeanzen von 7–10 m³/(m² · h · bar) bei 350–450 °C erreicht [35].

Die porösen Keramiken können auch als Träger für Polymermembranen eingesetzt werden. Hierbei kommt es ebenfalls darauf an, die besonderen Trenneigenschaften der speziellen Polymermembran mit einem stabilen, nicht kompaktierbaren porösen Träger zu kombinieren [36], wobei die Membranschicht analog wie bei Polymermembranen hergestellt wird.

Als weiteres Beispiel für Kompositmembranen seien keramische Membranen auf metallischem Träger erwähnt. Bei dieser Art von Kompositmembranen ist es das Ziel, eine preiswerte, flexible keramische Membran dadurch zu erhalten, dass man ein Metallgewebe durch eine Tauchbeschichtung mit einem keramischen Schlicker kontinuierlich beschichtet, trocknet und einbrennt [37]. Die Ausdehnungskoeffizienten des Metalls und der Keramik müssen gut zueinander passen, damit es bei thermischer Wechselbeanspruchung nicht zum Abplatzen der Schichten kommt. Die Flexibilität der fertigen Membran ist durch die spröde keramische Beschichtung eingeschränkt und verhindert den Bau von Wickelmodulen, wie sie von den Polymermembranen bekannt sind. Da die keramischen Schichten porös sind, lässt sich ein Kontakt des zu filtrierenden Mediums mit dem Metall nicht ausschließen. Die damit verbundene eingeschränkte chemische Stabilität und die aufwendige Modulbauweise haben bisher den Durchbruch dieser Membranen im Bereich der Filtration verhindert. Eine daraus abgeleitete Entwicklung hat jedoch zu neuartigen Membranen für Lithium-Ionen-Batterien geführt [38], deren Jahresproduktion bereits heute bei etwa 100 000–150 000 m^2 liegt.

5.1.5.3 Mikrofabrikation

Bei der Entwicklung alternativer Herstellungsverfahren findet man zunehmend Versuche, Methoden einzusetzen, die in der Mikroelektronik und Mikrotechnik verwendet werden. Dabei denkt man zunächst an Membrananwendungen in Mikroreaktoren und Sensoren.

So lassen sich beispielsweise freitragende Zeolithmembranen unter Verwendung der Siliciumtechnik herstellen [39]. Hierzu wird ein Siliciumwafer zunächst mit Siliciumnitrid und anschließend mit einem Fotolack beschichtet. Der Fotolack wird photolithografisch entwickelt. An den nicht belichteten Stellen wird der Fotolack abgewaschen und das freiliegende Siliciumnitrid durch Trockenätzen entfernt (Abb. 5.1.31). Nun erfolgt die Hydrothermalsynthese der Zeolithschicht. Der Siliciumträger wird mit einer Lösung von Tetramethylammoniumhydroxid aufgelöst. Auf diese Weise lassen sich freitragende Zeolithschichten mit einer Dicke von wenigen Mikrometern in der Dimension von einigen hundert Mikrometern herstellen. Am Rand sind die Zeolithschichten durch Silicium gestützt. Die Siliciumtechnologie ermöglicht die Vervielfachung dieser Struktur auf dem Wafer, so dass eine großflächige planare Zeolithmembran entsteht, die durch dünne Siliciumstege gestützt ist. Diese Membranen sind auf Grund der regelmäßigen Unterbrechung der Zeolithschicht spannungsarm und zeigen auf Grund der geringen Membrandicke deutlich höhere Flüsse als Zeolithmembranen, die auf porösen keramischen Trägern präpariert werden. Darüber hinaus ermöglicht die Siliciumtechnologie die Herstellung dreidimensionaler Strukturen mit Mikrokanälen, die für Anwendungen in der Mikroreaktionstechnik besonders interessant sind [40].

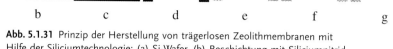

Abb. 5.1.31 Prinzip der Herstellung von trägerlosen Zeolithmembranen mit Hilfe der Siliciumtechnologie: (a) Si-Wafer, (b) Beschichtung mit Siliciumnitrid, (c) Beschichtung mit einem Fotolack, (d) fotolithografische Entwicklung einer Struktur, (e) Entfernung des Fotolacks, (f) Hydrothermalsynthese der Zeolithschicht, (g) Entfernung des Si-Trägers unter der Zeolithschicht durch Ätzen.

Eine zweite Möglichkeit der Mikrofabrikation ist die Verwendung von Abformmethoden der Mikrotechnik. Dies wurde insbesondere durch die Möglichkeit der Herstellung von Mikroformwerkzeugen durch die LIGA-Technik möglich. Diese Formwerkzeuge werden zum Heißpressen von Polymerfilmen verwendet oder sie werden mit einem flüssigen Polymer ausgegossen und anschließend einem Phasenseparationsprozess unterzogen. Im Ergebnis erhält man sehr regelmäßige Muster von Membrankanälen ohne Tortuosität, die verglichen mit konventionellen Membranen sehr hohe Membranflüsse und geringe Foulingneigung zeigen. Die Verwendung dieser Methoden zur Herstellung von Polymermembranen ist bereits länger bekannt [41]. Durch Füllen der Polymere mit feindispersen keramischen Pulvern und anschließendem Brennprozess lassen sich jedoch auch keramische Mikromembranen herstellen [42].

5.1.6
Literatur

1. Th. Melin, R. Rautenbach, Membranverfahren, 2. Auflage, Springer, Berlin, Heidelberg, New York, ISBN 3-540-00071-2.
2. A.J. Burggraaf, L. Cot, Fundamentals of inorganic membranes science and technology, Elsevier Science B.V., 1996, ISBN 0-444-81877-4.
3. A. Endter, M. Schleifenheimer, M. Stahn, I. Voigt, R. Rauschert, F&S Filtrieren und Separieren 16 (2002) 178–181.
4. M. Stahn, G. Fischer, E. Endter, I. Voigt, Proc. 5th Inter. Conf. Inorg. Membr. June 22–26, 1998, Nagoya, Japan, pp. 624–627.
5. A. Grangeon, P. Lescoche, Proc. 5th Inter. Conf. Inorg. Membr. June 22–26, 1998, Nagoya, Japan, p. 440–442.
6. I. Voigt, G. Mitreuter, M. Füting, CfI/Ber. DKG 79 (2002) E39–E44.
7. C.J. Brinker, G.W. Scherer, Sol-gel science: the physics and chemistry of sol-gel processing, Academic Press Inc., 1990, ISBN 0-12-134970-5.
8. P. Puhlfürß, I. Voigt, R. Weber, M. Morbé, J. Membr. Sci. 174 (2000) 123–133.
9. I. Voigt, St. Wöhner, M. Stahn, M. Schleifenheimer, A. Junghans, J. Rost, Verfahrenstechnik 36 (2002) 17–19.
10. I. Voigt, M. Stahn, G. Mitreuter, P. Puhlfürß, G. Fischer, Proc. EUROMEMBRANE 1999, Sept. 1922, 1999, Leuven, Belgien, p. 43.
11. I. Voigt, P. Puhlfürß, T. Holborn, G. Dudziak, M. Mutter, A. Nickel, Aachener Membrankolloquium, 18.–20.03.2003, Aachen, Preprints OP20-1 – OP20-11.
12. M. Asaeda, Y. Sakou, J. Yang, K. Shimasaki, J. Membr. Sci. 209 (2002) 163–175.
13. J. Campaniello, Ch.W.R. Engelen, W.G. Haije, P.P.A.C. Pex, J.F. Vente, Chem. Commun. (2004) 834–835.
14. A. Tavolaro, E. Drioli, Adv. Mater. 11 (1999) 975–996.
15. M. Tsapatsis, G. Xomeritakis, H. Hillhouse, S. Nair, V. Nikolokis, G. Bonilla, Z. Lai, Cattech. 3 (1999) 148–163.

16 H. Richter, I. Voigt, G. Fischer, P. Puhlfürß; Proc. 17th German Zeolite Conference, Gießen, March 2–4, 2005.
17 Y. Cui, H. Kita, K.-I. Okamoto, J. Membr. Sci. 236 (2004) 17–27.
18 MES Bulletin 45 (2004).
19 H. J. M. Bouwmeester, Catalysis Today 82 (2003) 141–150.
20 G. Wahl, A. Nürnberg, W. Nemetz, K. Nubian, S. Samoylenkov, O. Stadel, D. Stiens, Carolo-Wilhelmina 1 (2002) 14–22.
21 R. Bredesen, K. Jordal, O. Bolland, Chem. Eng. Proc. 43 (2004) 1129–1158.
22 F. Koppe, S. Gottschling, T. Betz, Chemie Technik 26 (1997) 52–54.
23 A. Sokol, J. Short, R. Soria, Filtration & Separation 35 (1998) 23–25.
24 F. Kerbe, O. Puhlfürß, D. Seifert, I. Voigt, J. Fräntzki, A. Endter, Proc. 7th World Filtration Congress (7th WFC), 20.23. 05. 1996, Budapest, Hungary, pp. 908–912.
25 Kerafol GmbH, F&S Filtrieren und Separieren 18 (2004) 238–239.
26 Kerafol GmbH, F&S Filtrieren und Separieren 17 (2003) 192–194.
27 Th. Melin, M. Gallenkemper, J. Hoppe, CIT 75 (2003) 1869–1876.
28 R. Terpstra, M. G. P. J. Van Eijk, F. K. Feenstra, WO 94/23829, 27 October, 1994.
29 R. Terpstra, M. G. P. J. Van Eijk, WO 99/22852, 14 May, 1999.
30 A. Hiroshi, JP 02091221 A, 30 March, 1990.
31 D. Vorbach, T. Schulze, E. Taeger, Keramische Zeitschrift 50 (1998) 176–179.
32 I. Voigt, G. Fischer, P. Puhlfürß, M. Schleifenheimer, M. Stahn, Sep. Pur. Tech. 32 (2003) 87–91.
33 A. B. Fuertes, Adsorption 7 (2001) 117–129.
34 J. E. Koresh, A. Soffer, Sep. Sci. Tech. 18 (1983) 723–726.
35 X. L. Pan, N. Stroh, H. Brunner, G. X. Xiong, S. S. Sheng, Sep. Pur. Tech. (2003) 1–6.
36 J.-D. Jou, W. Yoshida, Y. Cohen, J. Membr. Sci. 162 (1999) 269–284.
37 G. Hörpel, C. Hying, F.-F. Kuppinger, B. Penth, Chem.-Ing.-Tech. 72 (2000) 973.
38 V. Hennige, G. Hörpel, Ch. Hying, A. Augustin., P. Biensan, S. Herreyre, M. Wohlfahrt-Mehrens, M. Kaspar, 12th International Meeting on Lithium Batteries, June 27 July 2, 2004, Nara, Japan.
39 Y. L. A. Leung, N. L. Yeung, Chem. Eng. Sci. 59 (2004) 4809–4817.
40 J. L. H. Chau, Y. S. S. Wan, A. Gavriilidis, K. L. Yeung, Chem. Eng. J. 88 (2002) 18–200.
41 W. Ehrfeld, R. Einhaus, D. Münchmeyer, H. Strathmann, J. Memb. Sci. 36 (1988) 67–77.
42 L. Vogelaar, J. N. Barsema, C. J. M. van Rijn, W. Nijdam, M. Wessling, Adv. Mater. 16 (2003) 1385–1389

5.2
Keramische Hohlfasern

Stefan Tudyka

5.2.1
Einführung

5.2.1.1 Markt

Die Membrantechnologie gilt als noch recht junge Filtrationstechnologie. Ihr werden heute großes Potential in dem wirtschaftlichen Ersatz herkömmlicher Verfahren und überdurchschnittliche Wachstumsraten zugesprochen. Der Markt für industrielle Membrantechnik betrug im Jahr 2000 weltweit ca. 6,5 Milliarden USD mit einem prognostizierten jährlichen Wachstum von 8,3% [1]. Davon entfielen ca. 31% auf den europäischen und ca. 7% auf den deutschen Membranmarkt.

Tabelle 5.2.1 Umsatzprognosen für Membranen mit Gehäusen, Flüssig-filtrationsanwendungen (MF+UF), nicht medizinisch, in Mio. USD.

Studien	2000	2005	2010
Frost & Sullivan, European Liquid Membrane Separation Systems Markets, Mountain View CA/USA, 1998	3262	4163	5313
Bernarding, Interne Studie, 1999	2400	3090	3944
K. Sutherland, Profile of the International Membrane Industry, Elsevier Advanced Technology, Oxford/UK, 2000	3106	3964	5059
H. Strathmann, Interne Studie, 2000	1520	1940	2476

Der Umsatz der daran angegliederten Industrie, Anlagenbau, Gehäuseanbieter sowie Hersteller von Spezialprodukten ist ca. viermal so hoch [2].

Zwischen 93 und 95% der heute kommerziell vertriebenen Membranen werden aus polymeren Werkstoffen als Flach- oder Rohrmembranen, als Wickelelemente und Hohlfasern angeboten. Mikro- und Ultrafiltrationsmembranen stellen mehr als 50% aller Membrananwendungen dar (Tabelle 5.2.1).

Membranen aus keramischen Werkstoffen sowie Metallen konnten sich bislang nur in Nischen etablieren. Dort, wo ihre ausgezeichnete Temperaturbeständigkeit, die hohe mechanische Festigkeit oder die gute chemische Beständigkeit gefragt ist, kommen sie zum Einsatz. Der hohe Marktpreis, als Folge schwieriger Verarbeitung und hoher Produktionskosten, wirkt sich als deutlicher Nachteil aus.

Der Markt für keramische Membranen konzentriert sich heute im Wesentlichen auf die Mikro- und Ultrafiltration von Flüssigkeiten. Durch die Entwicklung von Keramikmembranen mit Gastrenneigenschaften und spezifischen katalytischen Merkmalen dürfte sich der Markt ganz erheblich erweitern.

Ein Markteinstieg mit neuen keramischen Membranen, beispielsweise Hohlfaser-/Kapillarmembranen, die im Folgenden näher beschrieben sind, wird daher einerseits auf die Verdrängung polymerer und keramischer Membranen aus den angestammten Märkten aufgrund technischer oder kostenrelevanter Vorteile gerichtet sein. Darüber hinaus wird der Erschließung neuer Märkte große Bedeutung zukommen.

5.2.1.2 Membrangeometrien

Im Verlauf der Membranentwicklung in den letzten 20 Jahren wurde versucht, verschiedene Membrananwendungen durch eine jeweils angepasste Membrangeometrie optimal abzudecken. Tabelle 5.2.2 stellt die am Markt erhältlichen Geometrien für Polymer-, Keramik- und Metallmembranen dar.

Im Folgenden wird sprachlich nicht mehr zwischen keramischen Kapillaren und keramischen Hohlfasern unterschieden sondern beide Ausführungsformen der Einfachheit halber als Hohlfasern bezeichnet. Tabelle 5.2.3 fasst die Vor- und Nachteile von Polymermembranen in Hohlfasergeometrie und von Kera-

Tabelle 5.2.2 Geometrien kommerziell erhältlicher Membranen.

	Polymer-membranen	Keramik-membranen	Metall-membranen
Flachmembranen/Folien	+	+[a]	+[a]
Scheiben	+	+	−
Hohlfasern bis $\varnothing_a$ 1,5 mm	+	•	−
Kapillaren bis $\varnothing_a$ 4 mm	+	•/+	+
Monokanäle/Rohre $\varnothing_a$ >4 mm	+	+	+
Multikanalelemente	−	+	−
Taschenmembranen	+	−	−

\+ am Markt erhältlich, • im Entwicklungsstadium, − nicht verfügbar.
a) Keramik-Metall-Komposite.

Tabelle 5.2.3 Vor- und Nachteile polymerer und keramischer Membranen in unterschiedlichen Geometrien.

	Polymerhohlfaser-membranen	Keramik-membranen	Keramische Hohlfaser-membranen
Chem. Beständigkeit	−	++	++
Therm. Beständigkeit	−	++	++
Rückspülbarkeit	−	++	++
Verhältnis Filterfläche/Bauteilvolumen	++	− −	++
Bauteilgewicht	++	− −	+
Materialkosten	++	− −	+
Herstellungskosten	++	− −	+
Pot. Marktanteil	++	− −	− → +

mikmembranen zusammen. Die Kombination der Vorteile polymerer Hohlfasermembranen mit den Vorteilen keramischer Membranen führt zur keramischen Hohlfasermembran. Auf diese Weise lässt sich beispielsweise das Verhältnis von Membranfläche keramischer Membranen zu Modulvolumen von derzeit ca. 100–200 m^2/m^3 auf Werte im Bereich 1000–5000 m^2/m^3 erhöhen.

Die Verkaufspreise keramischer Hohlfasermembranen werden sich zwischen denen keramischer Membranen (ca. 1000–1500 €/m^2 inkl. Edelstahlmodul) und polymerer Membranen (ca. 100–500 €/m^2 incl. Modul) bewegen.

5.2.2
Forschungs- und Entwicklungsaktivitäten

Die Forschungs- und Entwicklungsaktivitäten lassen sich in institutionelle und industrielle Aktivitäten trennen. Institutionelle Aktivitäten werden vom Hermsdorfer Institut für Technische Keramik e.V. (HITK) berichtet, das über Extrusion hergestellte Hohlfasern entwickelt. Daneben wird an der Herstellung von preisgünstigen, monolithischen Vollkeramikmodulen gearbeitet, die innen mit amorphem TiO_2 und SiO_2 sowie Zeolithen für Anwendungen in der Gastrennung und Pervaporation beschichtet werden.

Die Abteilung Chemische Verfahrenstechnik der Universität Bath/UK beschäftigt sich intensiv mit der Untersuchung der Prozesse beim Phaseninversionsverfahren oxidischer Hohlfasern [3].

Das Flemish Institute for Technological Research (VITO) in Belgien beschäftigt sich mit der Herstellung dichter gemischtleitender Hohlfasern (1,5–2 mm Außendurchmesser, 0,8–1 mm Innendurchmesser) für die Sauerstoffanreicherung [4].

Neben den institutionellen Einrichtungen beschäftigen sich derzeit auch Industrieunternehmen mit der kommerziellen Herstellung keramischer Hohlfasern und Hohlfasermodule.

Die Fa. Kerafol, bislang Hersteller keramischer Membranscheiben für die Rotationsfiltration, bietet vollkeramische Kapillarmembranmodule an [5]. Die auf der Achema 2003 erstmals der Öffentlichkeit vorgestellten Produkte bestehen aus α-Al_2O_3-Hohlfasern mit einem Außendurchmesser von 1,8 mm bzw. Innendurchmesser von 1,2 mm, die in einem α-Al_2O_3-Hüllrohr durch ein keramisches Pottmaterial verklebt sind. Das mit Hohlfasern bestückte Keramikhüllrohr wird über PTFE-Dichtungen mit Edelstahlanschlüssen an den Enden abgedichtet. Das bis ca. 200 °C einsetzbare Modul ist zunächst für den Einsatz in der Mikrofiltration (Porengröße 0,2 µm) vorgesehen.

Die Gründer der Ceparation BV verfolgen schon seit einigen Jahren den Weg keramischer Hohlfasermembranen. Die Technik wurde am TNO (Nederlandse Organisatie Voor Toegepast-Natuurwetenschappelijk Onderzoek, NL) entwickelt und 2002 in der Ceparation BV als Spin-off ausgegliedert. Die ähnlich der Extrusion keramischer Mono- und Multikanäle hergestellten Hohlfasermembranen aus α-Al_2O_3 sind in den geometrischen Abmessungen 4/3, 3/2, 2/1,4, 2/1 (Außendurchmesser zu Innendurchmesser in mm) verfügbar [6]. Neun verschiedene Porengrößen (1,4 µm–0,3 nm) in Kombination mit polymerem oder keramischem Pottmaterial in Edelstahlmodulen für den Einsatz in der Mikrofiltration bis hin zur Gastrennung werden angeboten.

Die Fa. MANN+HUMMEL beschäftigt sich seit 2000 mit keramischen Hohlfasern. Auf Vorergebnissen des Fraunhofer-Instituts für Grenzflächen- und Bioverfahrenstechnik aufbauend werden im Technikumsmaßstab α-Al_2O_3-Hohlfasern mit zwei Porengrößen (0,2 und 0,8 µm) produziert [7]. Die über einen Phaseninversionsprozess hergestellten Hohlfasern weisen Außendurchmesser von 0,5–1,5 mm und Innendurchmesser von 0,4–0,9 mm auf. Etwa 100 Hohlfasern werden in Edelstahllochrohren mit einem Polymerpottmaterial verklebt. Mehrere dieser sog. Kartuschen sind in einem Edelstahlgehäuse über O-Ringe verpresst (siehe Abb. 5.2.1). Vorteil dieses Systems ist der schnelle Wechsel einzelner Kartuschen und damit die Realisierung unterschiedlicher Filterflächen. Nachteilig sind die nicht optimale Ausnutzung des verfügbaren Modulvolumens und der aufwendige Fertigungsprozess. Aufgrund der unvorteilhaften Markt-

Abb. 5.2.1 Edelstahlmodul mit Kartuschensystem (links), Einzelkartusche mit keramischen Hohlfasern (rechts), MANN+HUMMEL GmbH.

und Vertriebsausgangsposition des Automobilzulieferers MANN+HUMMEL GmbH in der Membranbranche wird derzeit über einen Verkauf der Technologie nachgedacht.

Abschließend soll auf die Aktivitäten im Kompetenznetzwerk Katalyse (ConNeCat) der Dechema e.V. hingewiesen werden. In dem vom BMBF geförderten Leuchtturmprojekt „Keramische Membranen für die Katalyse" werden bis Mitte 2006 dichte oxidkeramische und poröse Hohlfasern sowie Vollkeramik- und Hochtemperaturmodule für die membranunterstützte Katalyse entwickelt.

5.2.2.1 Angrenzende Forschungs- und Entwicklungsaktivitäten

Das Bestreben nach kostengünstiger keramischer Filterfläche zielt auf zwei weitere Keramikmembrangeometrien ab: Flexible Folienmembranen und extrudierte Wabenkörper.

Die Creavis als Gesellschaft für Technik und Innovation mbH der Degussa AG hat in den vergangenen Jahren eine flexible, ca. 0,1 mm dicke Folie bestehend aus einem Glas- oder Metallgewebe mit oxidkeramischem (Al_2O_3/ZrO_2) Layer entwickelt (Creafilter®). Die Filterelemente werden in Form von Kassetten für Cross-Flow- oder Tauchmodule und in Form von Scheiben zum Einsatz in Rotationsapparaten angeboten [8]. Die weitere Entwicklung zielt auf die Fertigung großer Filterflächen durch Wickelmembranen ab.

Die Corning GmbH mit Firmensitz in den USA stellt – basierend auf extrudierten keramischen Wabenkörpern, die in Millionen Stückzahlen in der Automobilindustrie als Trägermaterial aus Cordierit ($2\,MgO \times 2\,Al_2O_3 \times 5\,SiO_2$) für Katalysatoren (Celcor®) und in jüngster Zeit auch als Dieselpartikelfilter (DuraTrap^{TM}RC) eingesetzt werden – durch entsprechende Beschichtung und Processing MF- und UF-Membranen her. Die bereits vorhandene hohe Fertigungskapazität extrudierter Wabenkörper ermöglicht eine attraktive Preisgestaltung der Produkte. Der Membranträger besteht aus Mullit ($3\,Al_2O_3 \times 2\,SiO_2$), die Membranen aus α-Al_2O_3 für die MF (0,2 µm) und TiO_2 oder SiO_2 für die UF (0,01 bzw. 0,005 µm). Möglicherweise eingeschränkt wird die Verwendung dieser Membranen nur durch den Trägerwerkstoff Mullit, der keine extremen pH-Werte zulässt und sehr empfindlich auf Temperaturwechsel reagiert. Daher dürften diese Membranen vorwiegend im Bereich der Metallverarbeitung und Metallbearbeitung sowie im Lebensmittelbereich Einsatz finden.

Die Fa. Ionics vertreibt seit Anfang 2003 die Membranen exklusiv für Anwendungen in der Getränke- und Lebensmittelindustrie in Nord-/Südamerika und Westeuropa.

5.2.3
Hohlfaserherstellung

Man unterscheidet zwischen Extrusionsverfahren, Trocken- und Nassspinnverfahren.

Beim *Extrusionsverfahren* werden zunächst Keramikpulver und ggf. Sinteradditive mit einem polymeren Bindersystem in einem Verhältnis von ca. 50:50 Vol.% bei ca. 80–120 °C gemischt. Das Material wird anschließend bei Raumtemperatur granuliert und in einem Extruder mittels einer Schnecke durch mehrere Temperaturzonen und ggf. ein Sieb (zur Rückhaltung größerer Teilchen oder Agglomerate) durch die am Ende des Extruders befindliche Düse gepresst. Die extrudierten Hohlfasern werden von druckluftbetriebenen Halbschalen aufgenommen und auf Länge geschnitten. Bei der sich anschließenden Temperaturbehandlung werden bei ca. 600 °C der Binder entfernt und bei ca. 1200–1400 °C die Keramikteilchen versintert [9].

Das beschriebene Extrusionsverfahren für Hohlfasern basiert auf dem seit vielen Jahren üblichen Verfahren zur Herstellung keramischer Mono- und Multikanalelemente.

Das *Trockenspinnverfahren* unterscheidet sich vom Extrusionsverfahren dadurch, dass meist nichtpartikuläre Ausgangssubstanzen (z.B. Sole) eingesetzt werden und das Verspinnen und Aufwickeln der deutlich dünneren (Außendurchmesser ca. 5–50 µm) und oft amorphen Hohlfasern kontinuierlich erfolgt.

Das Trockenspinnverfahren wird hauptsächlich in der Textilfaser- und Keramikvollfaserherstellung für Formkörper (Gewebe, Folien, Laminate etc.) eingesetzt [10]. Für die Herstellung poröser Membranen spielt sie nur eine untergeordnete Rolle. Daher wird im Folgenden verstärkt auf das Nassspinnverfahren eingegangen.

Beim *Nassspinnverfahren* erfolgt die Entfernung des Lösungsmittels nicht thermisch sondern über eine Phaseninversion. Zunächst wird eine homogene Pulversuspension hergestellt, d.h. die Suspension von Pulveragglomeraten befreit. Dies geschieht durch Behandlung des Gemisches aus Keramikpulver und Additiven auf einer Rolleneinrichtung (Walzenstuhl) mit keramischen Mahlkugeln und ggf. einer anschließenden Mahlung in einer Rührwerksmühle. Parallel wird das Polymer in einem Lösungsmittel gelöst.

In Abhängigkeit des eingesetzten Polymers unterscheidet man zwei Herstellungsverfahren:

5.2.3.1 Lyocell-/Alceruverfahren

Beim Lyocellverfahren wird Zellulose als Polymer eingesetzt. Das Lyocellverfahren beruht auf der Fähigkeit von Aminoxiden, insbesondere N-Methyl-Morpholin-N-Oxid (NMMNO), bei einem bestimmten Wassergehalt (13–18%) Zellulose zu lösen [11]. Bei Wassergehalten unter 13% und über 18% ist die Zellulose im NMMNO unlöslich.

In einem modifizierten Verfahren, dem Alceruverfahren, werden dieser gelösten Zellulose hohe Anteile an unlöslichen, anorganischen Zusatzstoffen, z. B. keramischen Pulvern, zugegeben.

In einer Vakuumdestillationsanlage wird unter Rühren bei ca. 80 °C so lange Wasser abdestilliert, bis der Wassergehalt (bezogen auf NMMNO) noch ca. 15% beträgt und die Zellulose im NMMNO gelöst vorliegt. Anschließend wird eine Suspension keramischen Pulvers (α-Al_2O_3 in NMMNO) zudosiert und wiederum Wasser abdestilliert, bis der Wassergehalt ca. 15% beträgt. Nach Entgasen der Masse kann diese versponnen werden.

Eine typische Spinnmasse setzt sich wie folgt zusammen:

NMMNO (wasserfrei)	55–75 Gew.%
Zellulose	2,5–5,0%
Wasser	8–15%
α-Al_2O_3-Pulver	10–40%
Dispergierhilfsmittel	0,2–1,0%

Das Verfahren weist einige Nachteile auf. Das Abdestillieren des Wassers ist sehr zeitaufwendig und der Wassergehalt ist durch das Destillieren nur unzuverlässig einstellbar. Damit ist die Reproduzierbarkeit bei der Herstellung der Spinnmasse nur eingeschränkt gegeben.

Diese Nachteile lassen sich vermeiden, wenn anstelle der wässrigen NMMNO-Lösung festes NMMNO-Monohydrat zum Einsatz kommt. Dieses weist einen definierten, konstanten Wassergehalt von 13,7% auf. Gleichzeitig ist dies der optimale Wassergehalt für das Lösen der Zellulose. NMMNO-Monohydrat schmilzt bei 72 °C. In dieser Schmelze kann die Zellulose direkt gelöst werden.

Der Polymerisationsgrad der Zellulose (DP-Wert, degree of polymerisation) bestimmt die Viskosität der Zelluloselösung und damit die Eigenschaften der Spinnmasse. DP-Werte zwischen 550 und 800 haben sich als geeignet erwiesen.

Nachteile des Lyocell- bzw. Alceruverfahrens sind die sehr teuren Chemikalien (Lösungsmittel), die notwendige Beheizung der gesamten Spinnanlage auf 80 °C (die Spinnmasse erstarrt bei tieferen Temperaturen) und die eingeschränkte Möglichkeit für eine kontinuierliche Spinnmassenproduktion aufgrund der kurzen Haltbarkeit der Spinnmasse von wenigen Stunden.

5.2.3.2 Polysulfonverfahren

Beim Polysulfonverfahren wird Polysulfon als Polymer eingesetzt. Granuliertes Polyphenylensulfon (PPS) und Polyvinylpyrrolidon (PVP) werden in N-Methylpyrrolidon (NMP) gelöst. Die in einer Mühle aufbereitete Pulversuspension aus keramischem Pulver, Dispergierhilfsmittel und NMP muss über mehrere Stunden homogenisiert werden.

Zur Erniedrigung der Sintertemperatur von α-Al_2O_3 und zur Erhöhung der mechanischen Festigkeit kann feines γ-Al_2O_3-Pulver als Sinterhilfsmittel in geringen Mengen (0–5 Gew.%) zugegeben werden. Die Zugabe des Sinterhilfsmittels geht gleichzeitig einher mit einer Verringerung des mittleren Porendurchmessers.

Eine typische Spinnmasse setzt sich wie folgt zusammen:

N-Methylpyrrolidon	30–60 Gew.%
Polysulfon	4,0–8,0%
α-Al_2O_3-Pulver	30–60%
γ-Al_2O_3-Pulver	0–5%
Dispergierhilfsmittel	0,2–1,0%

Ein wichtiges Merkmal des Polysulfonverfahrens ist die Möglichkeit, verschiedene Makroporen einzustellen. Diese Makroporen werden aufgrund ihrer Form als „Finger" bezeichnet. Diese Fingerstrukturen haben wesentlichen Einfluss auf Festigkeit und Leistung der Membran.

Durch eine stark offenporige Struktur mit ausgeprägten Fingerstrukturen (Abb. 5.2.2 links sowie Abb. 5.2.3) ist eine hohe Permeation durch die Membran möglich. Die Festigkeiten sind jedoch niedrig. Eine vollkommen symmetrische Membran hingegen (Abb. 5.2.2 rechts) weist niedrige Permeationswerte, doch dafür hohe Festigkeiten auf. Einen Kompromiss zwischen diesen beiden extremen Ausbildungsformen zeigt Abb. 5.2.2 (Mitte).

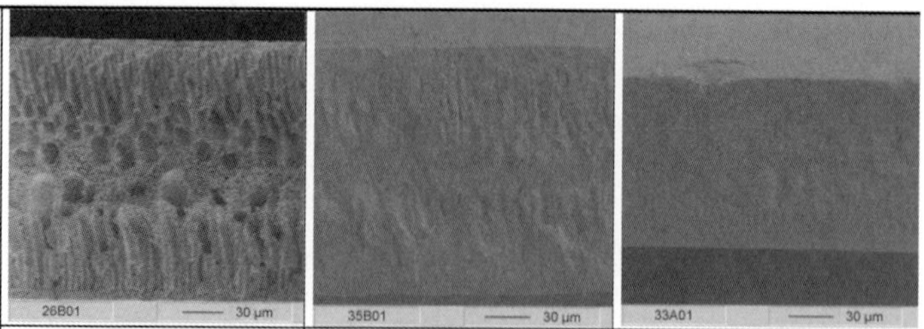

Bruchkraft [N]	0,8	1,8	2,8
E-Modul [GPa]	20	44	58
Wasserwert [L/m²hbar]	7000	1000	740
Offene Porosität [%]	65	42	35

Abb. 5.2.2 Wandquerschnitte keramischer Hohlfasern, hergestellt nach dem Polysulfonverfahren unter verschiedenen Präparations- und Spinnbedingungen; Sintertemperatur: 1360 °C.

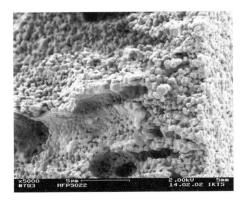

Abb. 5.2.3 Wandquerschnitt einer keramischen Hohlfaser, hergestellt nach dem Polysulfonverfahren, Detailansicht.

Das Polysulfonverfahren weist unter technischen und wirtschaftlichen Aspekten klare Vorteile gegenüber dem Lyocellverfahren auf. Beispielsweise muss die Spinnmasse nicht temperiert werden. Das Lösungsmittel ist um den Faktor 5–10 preiswerter.

Die Herstellung von keramischen Hohlfasern über das Polysulfonverfahren wurde von der Fa. Monsanto Co. (USA) bereits Ende der 1970er Jahre zum Patent angemeldet und ist somit heute patentrechtlich nicht mehr geschützt [12].

5.2.3.3 Spinnprozess und Hohlfasergeometrie

Das eingesetzte Polymer (Zellulose bzw. Polysulfon) hat keinen wesentlichen Einfluss auf den sich anschließenden Spinnprozess.

Die Spinnmasse wird in ein druckfestes Gefäß (Spinntopf) überführt und unter Druckbeaufschlagung (N_2) in die Spinndüse gefördert. Die Spinndüse ist eine sog. Hohlkerndüse, der zwei Medien zugeführt werden: Die Spinnmasse mit dem wasserunlöslichen, gelösten Polymer und ein Medium als Zentralfluid (Abb. 5.2.4). Das Zentralfluid (meist Wasser) verhindert ein Kollabieren der frisch gesponnenen, weitgehend flexiblen und mechanisch empfindlichen Hohlfasern. Die Hohlkerndüse hat eine Pinole, die meist gegenüber der Düsenplatte fest positioniert ist. Dadurch ist die Zentrizität der Pinole gegenüber der Düsenplattenbohrung gewährleistet. Im Fall von äußeren mechanischen Eingriffen kann die Düse neu justiert werden. Spinndüsen mit unterschiedlichen Geometrien sind kommerziell erhältlich.

Die Geometrie der Spinndüse beeinflusst die Größe der herzustellenden Hohlfaser. Der Bohrungsdurchmesser der Düsenplatte beeinflusst den Außendurchmesser der hergestellten Hohlfaser. Der Durchmesser der Pinole hat Einfluss auf den Innendurchmesser und die Wandstärke und dadurch auf die mechanische Stabilität der Hohlfasermembran. Eine dejustierte Pinole bewirkt eine azentrische Hohlfasergeometrie. Dies verschlechtert die mechanischen Eigenschaften.

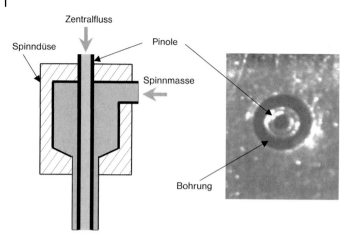

Abb. 5.2.4 Spinndüse schematisch (links) und Aufsicht (rechts).

Durch Erhöhung des Spinnmassenflusses wird der Außendurchmesser der hergestellten Hohlfaser größer und der Spinnprozess beschleunigt. Der Fluss des Zentralfluids beeinflusst die Durchmesser der Hohlfasern. Bei hohem Zentralfluss nimmt der Innendurchmesser überproportional zum Außendurchmesser zu. Dadurch verringert sich die Wandstärke. Bei zu niedrigem Zentralfluidfluss besteht die Gefahr, dass Vollfasern resultieren.

Keramische Hohlfasern können prinzipiell als Endlosfasern in unterschiedlichen Durchmessern hergestellt werden. Ihre ideale Länge, die Wandstärke und ihr Durchmesser hängen von dem Herstellungsverfahren, der Handhabbarkeit der ungesinterten und gesinterten Hohlfasern, dem Druckverlust und dem zu filtrierenden Realmedium ab. Erstrebenswert sind möglichst dünne Wandstärken bei maximaler mechanischer Festigkeit.

Betrachtet man die Wandstärke als zurückzulegende Wegstrecke des Permeats, so erhält man für eine Hohlfaser mit 1,1 mm Außendurchmesser und 0,8 mm Innendurchmesser eine Wegstrecke von 0,15 mm. Für ein kommerzielles keramisches Monokanalelement mit 25,4 mm Außendurchmesser erhält man einen Wert von 4,7 mm und für ein 19er-Multikanalelement mit 41 mm Außendurchmesser Werte zwischen 1,5 und 18 mm für die außen liegenden Kanäle bzw. den Zentralkanal. Bei vergleichbaren Bedingungen (Porenstruktur, Membranmaterial etc.) ergeben sich damit für die Hohlfaser aufgrund des geringeren Durchflusswiderstandes deutlich höhere Permeatflüsse.

Keramische Hohlfasern mit Innendurchmessern im Bereich von Kanaldurchmessern von Multikanalelementen (2, 3,3, 6 oder 8 mm) sind prinzipiell technisch machbar. Die hiermit einhergehende Erhöhung der Wandstärke verschlechtert einerseits die Permeatflussleistung, andererseits kann die Wandstärke aus Stabilitätsgründen nur begrenzt reduziert werden. Ein praktizierter Lösungsansatz besteht in der Ausbildung einer asymmetrischen Struktur durch Verwendung eines hochporösen Trägers und einer oder mehrerer dünner, selektiver Membranen.

Bei der Erhöhung der Wandstärke ist zu berücksichtigen, dass der bei der Phaseninversion stattfindende Austausch von Lösungsmittel durch Wasser über eine größere Entfernung erfolgen muss und daher die Stabilisierung der Hohlfaser im Fällbad länger verlaufen kann.

5.2.3.4 Formgebung

Ungesinterte, keramische Hohlfasern lassen sich kaum verstrecken, weisen beim Trocknen einen relativ hohen Schrumpf von 5–10 % auf und kollabieren unter leichtem Druck. Ein konventionelles Aufspulverfahren auf einen runden Dorn oder eine Haspel, wie bei Polymerhohlfasern üblich, lässt sich daher nicht einsetzen.

Eine Möglichkeit besteht darin, die gesponnenen Hohlfasern auf hochtemperaturstabile Formkörper mit parallelen Längsrillen mittels eines in XY-Richtung beweglichen Auslegerarms abzulegen [13]. Die Formkörper nehmen die gesponnenen Hohlfasern im Fällbad auf. Die Hohlfasern werden direkt auf den Formkörpern getrocknet und gesintert. Die Hohlfasern sollten so abgelegt werden, dass die gesponnenen Hohlfasern fast senkrecht aus der Spinndüse heraustreten und nicht nachgezogen werden. Das Nachziehen der Hohlfaser durch eine zu hohe Ablegegeschwindigkeit bewirkt ein Abknicken der Hohlfasern beim Austritt aus der Spinndüse. Dabei wird die Oberfläche der Hohlfaser beschädigt. Während des ganzen Ablegeprozesses befindet sich die Spinndüse im Wasser.

Die Ablegegeschwindigkeit wird über die Regelung des Spinnmassenflusses und des Zentralfluidflusses unter Berücksichtigung der Hohlfasergeometrie an die Spinngeschwindigkeit angepasst. Die Spinngeschwindigkeit ist die einstellbare Geschwindigkeit des XY-Auslegerarms. Je nach Viskosität der Spinnmasse resultieren unterschiedliche Geschwindigkeiten zwischen 0,05 und 0,2 m/s im Technikumsmaßstab. Polymerhohlfasern für die Hämodialyse werden großtechnisch mit 1,5–2 m/s versponnen.

5.2.3.5 Trocknen

Hohlfasern aus oxidkeramischen Werkstoffen werden idealerweise im Trockenschrank bei 45 °C und einer rel. Luftfeuchtigkeit von 15 % getrocknet. Als wesentlich hat sich dabei erwiesen, dass die Hohlfasern während des Trocknens in ihrer geraden Form gehalten werden. Im Fall der in Abschnitt 5.2.3.4 beschriebenen Möglichkeit der Ablage der ersponnenen Hohlfasern auf Formkörpern mit Längsrillen kann dies durch Abdecken der Formkörper mit Deckeln erreicht werden. Die Hohlfasern müssen vollständig trocken sein, ehe sie gesintert werden, da sie sonst mit den Formkörpern verkleben.

5.2.3.6 Sintern

Beim Sintern wird zwischen 150 und 500 °C zunächst restliches Wasser, Lösungsmittel und anschließend das noch enthaltene Polymer entfernt. Die eigentliche Versinterung des keramischen Pulvers findet für α-Al_2O_3 oberhalb

1000 °C statt. Die Endtemperatur des Sintervorgangs liegt, je nach eingesetztem α-Al$_2$O$_3$-Pulver und gewünschten Eigenschaften der Hohlfaser, zwischen 1250 und 1450 °C. Als Anhaltspunkt sollte die Sintertemperatur etwa 3/4 der Schmelztemperatur des Materials betragen.

Bei der Beschickung der Sinteröfen mit befüllten Formkörpern (siehe Abschnitt 5.2.3.4) ist es wichtig, dass zwischen den Formkörpern eine ausreichende Luftzirkulation durch Abstandhalter gewährleistet ist. Beim direkten Aufeinanderstapeln der Formkörper erwärmen sich die äußeren Bereiche des Stapels schneller als die inneren. Dies führt zu unterschiedlichen Membraneigenschaften.

5.2.4
Charakterisierung

5.2.4.1 Morphologie und Geometrie

Die optische Charakterisierung umfasst die Beurteilung der Membranoberfläche und des Querschnitts, sowie die Vermessung des Innen- und Außendurchmessers der Hohlfasern. Die Bestimmung dieser Parameter erfolgt beispielsweise mit einem Stereo-Lichtmikroskop mit Digitalkamera, damit alle Untersuchungen fotografisch dokumentiert werden können.

Zur Vermessung der Durchmesser werden Faserstücke geeigneter Länge in eine Aufnahmevorrichtung gesteckt, die aus einer Platte mit senkrechten Bohrungen zur Aufnahme der Fasern besteht. Auf die Fasern wird ein Objektträger mit Skala (Teilung z. B. 100 µm) gelegt, so dass die Enden der Fasern auf einer Ebene mit der Plattenoberfläche und dem Objektträger liegen.

Ermittelt werden der Außendurchmesser und der Innendurchmesser der Fasern sowie die Abweichungen der Mittelpunkte von Außen- und Innenquerschnitt als Maß für die Zentrizität. Abbildung 5.2.5 zeigt Oberflächen von Hohlfasern unterschiedlicher Wettbewerber.

Abb. 5.2.5 Oberflächen von Hohlfasern unterschiedlicher Wettbewerber.

5.2.4.2 Biegebruchspannung

Das 3-Punkt-Biegebruchverfahren ist ein mechanisches Festigkeitsprüfverfahren für spröde Werkstoffe. Die keramische Hohlfaserprobe wird in definiertem Abstand auf zwei Blöcken gelagert. Ein Druckstempel wird mit konstanter

Geschwindigkeit mittig auf die Faser geführt und belastet diese mit einer definierten Kraft. Aus der gemessenen Bruchkraft wird in Abhängigkeit der Geometrie der Probe die Biegebruchspannung und das Elastizitätsmodul (E-Modul) ermittelt.

5.2.4.3 Vibrationsbeständigkeit

Der Vibrationstest ist ein mechanischer Test, bei dem die in einem Modul (bzw. Rohr) gepotteten Hohlfasern über mehrere Stunden geschüttelt werden. Mit diesem Test werden die dynamischen Eigenschaften des Moduls überprüft. Das Modul wird zwischen zwei Blöcken befestigt und auf einem Vibrationstisch festgeschraubt. Der Test besteht aus zwei Stufen: in der 1. Stufe wird ein großer Frequenzbereich durchgefahren, um die Eigenfrequenzen des Moduls zu ermitteln, in der 2. Stufe wird das Modul mit einer großen Zahl von Lastwechseln (1–10 Millionen) im Eigenfrequenzbereich belastet.

In Filtrationsanlagen liegt der gängige Frequenzbereich bei ca. 300–500 Hz. Der Eigenfrequenzbereich des Moduls sollte daher außerhalb des kritischen Frequenzbereichs der Anlage liegen. Um konkrete Aussagen zur Praxistauglichkeit eines Hohlfasermoduls zu erhalten, sind die Versuche zur Vibrationsbeständigkeit unter Realbedingungen, d. h. während des Filtrationsprozesses mit Feed-gefüllten Hohlfasern, durchzuführen.

5.2.4.4 Berstdruck

Eine weitere Möglichkeit der mechanischen Charakterisierung von Hohlfasern ist die Messung des Berstdruckes. Die Fluidzufuhr erfolgt durch das Innenlumen der Hohlfasern. Ein Ende der Hohlfasern ist offen, das andere Ende verödet. Die Außenfläche der Hohlfasern wird z. B. mit Wachs abgedichtet. Alternativ lässt sich die Innenfläche durch Filtration einer 3%-igen $CaCO_3$-Suspension versiegeln.

Berstdrücke von 85 bar für keramische Hohlfasern (1,1 mm Außendurchmesser, 0,8 mm Innendurchmesser) werden berichtet. Diese Hohlfasern halten impulsartigen Belastungen von 2–3 bar im Zehntelsekundenbereich mit Realmedien bei Anströmung von außen nach innen (Rückspülmodus) Stand.

5.2.4.5 Wasserpermeation

Zur Messung der Wasserpermeation werden die keramischen Hohlfasern beispielsweise in ein Glas-T-Stück (Testmodul) eingebracht und rechts und links verklebt. Nach Aushärten des Klebers werden die verschlossenen Faserenden mittels Diamantdrahtsäge entfernt, und somit die Fasern geöffnet. Das Testmodul wird mit VE-Wasser, das über einen 0,1 µm-Partikelfilter vorfiltriert wurde, charakterisiert.

Das permeierte Wasser wird über die T-Öffnung des Testmoduls abgezogen und in definierten Zeitabständen gewogen.

Die Messung des Blaspunktes und der Gaspermeation, gängige Charakterisierungsmöglichkeiten bei polymeren und keramischen Membranen, ist ebenfalls für keramische Hohlfasern geeignet.

5.2.5
Beschichtung

Ein bedeutender Teil der Flüssiganwendungen für keramische Hohlfasermembranen kann erst dann erschlossen werden, wenn Porendurchmesser von ca. 0,5–50 nm (NF bzw. UF) realisiert werden. Durch Einsatz keramischer Nanopulver ist es prinzipiell möglich, symmetrische Hohlfasern mit dieser Porengröße herzustellen. Beim Einsatz dieser Hohlfasern resultiert jedoch ein sehr hoher Druckverlust über die Membranwand. Daher werden dünne UF-Schichten auf grobporige Träger (MF-Hohlfasermembran) aufgebracht.

Von großer Bedeutung für das Aufbringen defektfreier und dünner Trennschichten ist die Qualität des Membranträgers (Stützstruktur). Vor allem Fehlstellen und eine hohe Oberflächenrauigkeit führen zu unvollständigen oder beschädigten Schichten (siehe auch Abb. 5.2.5).

Abbildung 5.2.6 zeigt zwei rasterelektronenmikroskopische Aufnahmen einer beschichtungsgeeigneten Hohlfaseroberfläche mit 0,1 µm Porendurchmesser.

Im Gegensatz zu den etablierten, teilweise halbautomatisierten Techniken der Sol-Gel-Beschichtung von planaren und tubulären Keramiksubstraten („Dip-Coating") gibt es kommerziell keine Anlagen, mit denen keramische Hohlfasern beschichtet werden können.

Die Substratgeometrie, die spezifische Oberfläche und die Substratdicke haben Einfluss auf die sich abscheidenden Schichten. Taucht man einen 3 mm dicken Flachträger in die Beschichtungslösung ein, so bildet sich aufgrund des Kapillarsogs und der daraus folgenden Aufkonzentrierung der Teilchen an der Substratoberfläche ein Gelfilm. Durch die geringere Trägerdicke der Hohlfaser

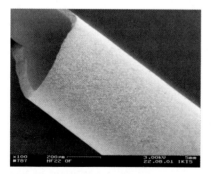

Abb. 5.2.6 Rasterelektronenmikroskopische Aufnahmen der Oberfläche einer keramischen Hohlfasermembran (0,1 µm Porendurchmesser) in 100facher (links) und 10000facher Vergrößerung (rechts), MANN+HUMMEL GmbH.

(ca. 100 µm) sind die Kapillarkräfte deutlich kleiner. Eine zusätzliche Kraft ist notwendig. Dies kann durch angelegten Unterdruck an das Innenlumen von einseitig z. B. mit Paraffin versiegelten Hohlfasern realisiert werden [14].

Als anorganische Beschichtungswerkstoffe können Oxid- und Nichtoxidkeramiken (z. B. γ-Al$_2$O$_3$, TiO$_2$, SiO$_2$, MgAl$_2$O$_4$, SiC etc.) oder polymere Beschichtungsmaterialien (Polysulfon, Polyacrylnitril etc.) zum Einsatz kommen. Im Fall der polymeren Beschichtungsmaterialien ermöglicht die hohe Druck- bzw. Druckwechselbelastbarkeit des keramischen Membranträgers einen größeren Anwendungsbereich als eine rein polymere Hohlfaser.

Liu et al. beschreiben die Herstellung von asymmetrischen TiO$_2$/Al$_2$O$_3$-Kompositionhohlfasermembranen mit Außendurchmessern im Bereich 0,8–1,3 mm durch (nicht unterdruckunterstütztes) Eintauchen von α-Al$_2$O$_3$-Hohlfasern in wässrige TiF$_4$-Lösungen [3]. Die sich während der Trocknung bei 60 °C auf der Außenfläche bildenden kristallinen TiO$_2$(Anatas)-Schichten lassen sich durch mehrmaliges Wiederholen des Beschichtungs- und Trocknungsschrittes auch gasdicht herstellen.

Smid et al. beschichteten extrudierte, mikroporöse α-Al$_2$O$_3$-Hohlfasern auf der Außenfläche mit γ-Al$_2$O$_3$-Membranen über dip-coating [15]. Die erhaltenen defektfreien Komposithohlfasern lassen sich für die Gastrennung einsetzen.

Innen mit TiO$_2$-Nanofiltrationsmembranen beschichtete Hohlfasern mit 1 mm Außendurchmesser und 0,7 mm Innendurchmesser beschreiben Voigt et al. [16]. Metallbeschichtete Hohlfasern stellten Pan et al. her, in dem sie dichte, 2–3 µm dicke Pd-Schichten auf Pd-dotierten γ-Al$_2$O$_3$-Zwischenschichten auf α-Al$_2$O$_3$-Hohlfaserträgern stromlos abscheiden [17]. Die Komposithohlfasern können in der H$_2$-Trennung/Anreicherung eingesetzt werden.

Durch die Beschichtung der Innenflächen eines bereits in ein Modulgehäuse gepotteten Hohlfaserbündels vereinfacht sich der Beschichtungsvorgang deutlich [18]. Hierfür muss bei Beschichtungen auf anorganischer Basis die Möglichkeit der Temperaturbehandlung des gesamten Moduls oder zumindest Teilen des Moduls gegeben sein. Für TiO$_2$ und γ-Al$_2$O$_3$ als Beschichtungsmaterial liegt diese Temperatur bei ca. 450 bzw. 650 °C. In jedem Fall ist das Pottmaterial von dieser Temperaturbehandlung betroffen.

Die Defektfreiheit der UF-Schichten kann über die Filtration einer Lösung von 0,2 Gew.% Dextranblau (MW = 2000 kD) bestimmt werden.

5.2.6
Modultechnik

Um keramische Hohlfasern gegen das Gehäuse abzudichten können die bei Polymermembranen bekannten Techniken Schleuderpotten und Standpotten übernommen werden.

Module für Einsatztemperaturen bis 150 °C können z. B. aus einzelnen Kartuschen aufgebaut sein, d. h. metallische Lochrohre, in die eine bestimmte Anzahl von Hohlfasern gepottet wird [19]. Die Kartuschen werden anschließend in ein Edelstahlmodulgehäuse eingebaut (s. Abb. 5.2.1).

Bei Modulen für Einsatztemperaturen bis 500 °C werden die Hohlfasern direkt in das Modulgehäuse gepottet, wodurch vollkeramische Hohlfasermodule entstehen [20, 21].

5.2.6.1 Schleuderpotten und Standpotten

Die Funktionsweise des Schleuderpottens ist schematisch in Abb. 5.2.7 dargestellt. Das Verfahren ist sowohl für Kartuschen als auch für Module anwendbar. Die Kartusche bzw. das Modul werden mittig auf einer Zentrifuge montiert. Das Pottmaterial wird durch Starten der Zentrifuge aus einem Vorratsbehälter über Schläuche in die mit Pottkappen versehenen Kartuschen bzw. das Modul geführt. Die Kartusche bzw. das Modul dreht sich um die eigene Achse und durch die Zentrifugalkräfte wird das Pottmaterial an die Enden geschleudert.

Als Variante zum Schleuderpotten lassen sich keramische Hohlfasern stehend in Kartuschen bzw. Module einpotten (Standpotten). Alternativ können die Hohlfasern aber auch als Grünfasern oder gesinterte Fasern liegend in einer geeigneten Form vergossen (gepottet) werden [22]. Vorteilhaft bei dieser Variante ist, dass die Form einerseits die frisch gesponnenen oder getrockneten Hohlfasern aufnimmt und als Sinterunterlage fungiert und andererseits zugleich Bestandteil des späteren Hohlfasermembranmoduls ist.

Klassische Pottmaterialien, die auch für Polymerhohlfasermodule verwendet werden, sind zweikomponentige (2-K) Epoxidharze und Polyurethane, die bis maximal 100 °C beständig sind. Bei Pottmaterialien, die bis 200 °C eingesetzt

1. Versiegeln der Hohlfaserenden
Einführen eines Vorpottmaterials (Vorpott).
Mit einer geringen Menge an Vorpott werden die Hohlfaserenden versiegelt. Geeignete Vorpottmaterialien sind flüssige, sehr schnell aushärtende Klebstoffe bzw. Dichtmaterialien.

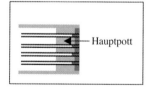

2. Einbringen des Hauptpottes zwischen die Hohlfasern
Nach Aushärten des Vorpotts wird das eigentliche Pottmaterial (Hauptpott) eingefügt. Diese zweistufige Vorgehensweise verhindert, dass das Innenlumen der Hohlfaser mit Hauptpott aufgefüllt wird.

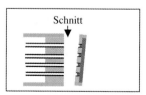

3. Aufsägen der Kartuschen- bzw. Modulenden
Nach Aushärten des Hauptpotts werden die Kartuschen bzw. Module an ihren Enden mit z.B. einer Diamantdrahtsäge aufgesägt. Der versiegelte Teil der Hohlfasern wird somit entfernt und eine Durchströmung ermöglicht.

Abb. 5.2.7 Funktionsweise des Schleuderpottens.

werden können, handelt es sich um einkomponentige (1-K) Systeme, die nur bei erhöhter Temperatur (ab ca. 80 °C) aushärten.

Für die Konstruktion von Hohlfasermodulen für Einsatzbereiche über ca. 150 °C sind andere, zum Teil schwierig zu verarbeitende Materialien notwendig sowie zusätzliche konstruktive Gesichtspunkte zu beachten. Ein wesentlicher Punkt ist die unterschiedliche Wärmeausdehnung der eingesetzten Materialien und die damit verbundene Gefahr der Spaltbildung oder möglicher Haftungsprobleme bei hohen Temperaturen. Keramische Materialien eignen sich sehr gut für solche Module, nachteilig sind aber die schwere mechanische Bearbeitbarkeit und die hohen Kosten.

Sowohl beim Standpotten als auch beim Schleuderpotten muss die Viskosität des Pottmaterials im Bereich von ca. 2–3 Pa · s liegen. Das Pottmaterial darf nicht zu niederviskos sein, da es sonst zwischen den Hohlfasern hochgezogen wird oder sogar durch die Faserwand tritt. Bei Verwendung von zu hochviskosen Systemen ist nicht gewährleistet, dass das Pottmaterial in alle Zwischenräume zwischen den Hohlfasern dringt. Es ist darauf zu achten, dass die Abstände der Hohlfasern zueinander und zur Außenwand möglichst gleichmäßig sind, um ein gleichmäßiges Eindringen des Pottmaterials in jeden Zwischenraum zu gewährleisten. Beim Schleuderpottverfahren muss hierauf nicht geachtet werden, da durch die Schleuderkräfte das Pottmaterial zwischen die Hohlfasern gedrückt wird und jeden Zwischenraum füllt.

Abbildung 5.2.1 zeigt das von der Fa. Mann+Hummel entwickelte Modulsystem in Kartuschenbauweise. Die O-Ring-Verpressung der Kartuschen mit den Endflanschen und die konstruktive Ausfertigung des Moduls sind stark an das Moduldesign von keramischen Mono- und Multikanalelementen angelehnt.

In dem Modul lässt sich, bei Anströmung von innen, eine Membranfläche von 0,6 m^2 (7 Kartuschen) realisieren. Für kleinere Membranflächen kann eine entsprechende Anzahl an Kartuschen entfernt werden. Der modulare Aufbau erlaubt nicht nur einen flexibleren Einsatz hinsichtlich der Membranfläche, sondern gestattet auch einen einfachen Zusammenbau und eine einfache Demontage. Das äußere Hüllrohr lässt sich beliebig oft einsetzen, die innenliegenden Kartuschen können bei Bedarf ausgetauscht werden.

5.2.7
Literatur

1 K. Sutherland (Ed.), Profile of the International Membrane Industry, Elsevier Advanced Technology, Oxford, 2000.
2 H. Strathmann, Interne Studie, 2000.
3 S. Liu, K. Li, J. Membr. Sci., 2003, 218, 269–277.
4 J. Luyten, A. Buekenhoudt, H. Weyten, W. Adriansens, J. Cooymans, R. Leysen, Proceedings of the Fifth International Conference on Inorganic Membranes, 22.–26.6.1998, Nagoya/Japan, 96–99.
5 Firmenprospekt Fa. Kerafol, Messe Achema 2003.
6 Produktinformation Fa. Ceparation, www.ceparation.com.
7 K. Gerlach, A. Urbahn, M. Micke, C. Heilmann, U. Hartmann, S. Tudyka, Preprints 9. Aachener Membrankollo-

quium, 18.–20.3.2003, Druck und Verlag Mainz, OP13/1–12.
8 DE 10122095 A1, 2001, Creavis GmbH.
9 US 5707584, 1998, Nederlandse Organisatie Voor Toegepast-Natuurwetenschappelijk Onderzoek (TNO).
10 DE 19758431 B4, 2004; EP 1018495 B1, 2004, K. Rennebeck.
11 DE 4426966 C2, 2001, Thüringisches Institut für Textil- und Kunststoff-Forschung e.V. (TITK).
12 US 4175153, 1979; DE 2919560 C2, 1992 (erloschen seit 1994), Monsanto Company.
13 DE 10148768 A1, 2001; WO 03/031696 A1, 2002, Mann+Hummel GmbH.
14 DE 10155901 A1, 2001; WO 03/042127 A1, 2002, Mann+Hummel GmbH.
15 J. Smid, C.G. Avci, V. Günay, R.A. Terpstra, J.P.G.M. Van Eijk, J. Membr. Sci. 1996, 112, 85–90.
16 I. Voigt, G. Fischer, P. Puhlfürß, M. Schleifenheimer, M. Stahn, Proceedings of the Seventh International Conference on Inorganic Membranes, 23.–26.6.2004, Dalian/China, 11.
17 X.L. Pan, G.X. Xiong, S.S. Sheng, N. Stroh, H. Brunner, Proceedings of the Seventh International Conference on Inorganic Membranes, 23.–26.6.2004, Dalian/China, pp. 141–142.
18 DE 10152673 A1, 2001, Hermsdorfer Institut für Technische Keramik e.V. (HITK), Gesellschaft für Physikalisch/Chemische Trennverfahren mbH.
19 WO 02/076591 A1, 2002, Aaflow Systems GmbH & Co. KG.
20 DE 10227721 A1, 2002, Hermsdorfer Institut für Technische Keramik e.V. (HITK), Bayer AG.
21 I. Voigt, G. Fischer, P. Puhlfürß, M. Stahn, G.F. Tusel, Proceedings of the Sixth International Conference on Inorganic Membranes, 26.–30.6.2000, Montpellier/Frankreich, 43.
22 DE 10112863 C1, 2002, Fraunhofer-Gesellschaft zur Förderung der angewandten Forschung e.V.

6
Medizintechnik

Bernd Krause, Hermann Göhl und Frank Wiese

6.1
Einleitung

Die Entwicklung von Membranen für medizinische und technische Anwendungen hat über viele Jahre nebeneinander und folglich mit unterschiedlichen Schwerpunkten stattgefunden. Hierbei haben sich künstliche Membranen in den letzten 50 Jahren zu einem wichtigen Werkzeug in der Medizin und den Biowissenschaften entwickelt. Die Anwendung von Membranen für bestimmte medizinische Indikationen ist im Klinikalltag unabdingbar geworden. Über 50% des gesamten Membranmarktes stehen in Beziehung zu medizinischen Therapien, weitere 25% werden im Biotechnologie- und Pharmabereich verwendet. Die Einsatzgebiete der unterschiedlichen Membranen in der Medizintechnik sowie die produzierten Mengen sind in Tabelle 6.1 dargestellt. Der größte Anteil der jährlich weltweit produzierten Membranfläche wird heute in der Dialyse eingesetzt. Keine der technischen Membrananwendungen hat bis jetzt diese Produktionskapazität erreichen können. Über 200 Millionen km Hohlfasermembranen wurden im Jahr 2003 für die „Künstliche Niere"/Nierenersatztherapie produziert und erlauben die Behandlung von weit mehr als 1 Million Dialysepatienten. Ohne Oxygenationsmembranen für die „Künstliche Lunge" wären derzeit ca. 1,2 Millionen Operationen am offenen Herzen nicht möglich. Membranen werden in verschiedensten künstlichen Organen oder besser Organunterstützungssystemen eingesetzt, wie z.B. in der „künstlichen" Leber, Bauchspeicheldrüse, Haut oder Augenlinse. Membranen sind Kernkomponenten in Systemen zur kontrollierten Freisetzung von Pharmaka sowie modernen Blutplasmabehandlungsmethoden zur spezifischen Entfernung von pathogenen Bestandteilen und werden in Bioreaktoren bei der Produktion von Biopharmaka eingesetzt. Diese innovativen Entwicklungen helfen Menschen zu überleben oder ihre Lebensqualität zu verbessern.

Die Produktion von Membranen basiert auf verschiedenen Polymeren und Prozessen, z.B. DIPS (Diffusion Induced Phase Separation), TIPS (Temperature Induced Phase Separation), um Membranen mit maßgeschneiderten Eigenschaften

Tabelle 6.1 Membrantypen (UF = Ultrafiltration, GS = Gastrennmembranen, NF = Nanofiltration, MF = Mikrofiltration), Anzahl der Filter produziert weltweit in 2002 und die gesamte Membranfläche der verkauften Module/Filter für die unterschiedlichen medizinischen Anwendungen/Therapien.

Anwendung	Membrantyp	Weltjahresproduktion Anzahl/Jahr	Membranfläche (m^2/Jahr)
Hämodialyse	Dialyse (UF)	~120 Mio.	~200 Mio.
Blutoxygenierung	GS, NF, UF	1,2 Mio.	3,5 Mio.
Infusion	UF/MF	1–2 Mio.	<1 Mio.
Leberunterstützende Systeme	UF/MF	unbekannt	unbekannt
Bauchspeicheldrüsen	UF	unbekannt	unbekannt
Therapeutische Plasmatrennung	MF	0,3 Mio.	~0,15 Mio.
Plasmaspenden	MF	0,2 Mio.	<0,1 Mio.
Plasmafraktionierung	MF	>100 000	0,2 Mio.

zu produzieren. Je nach Anwendung unterscheiden sie sich in der Porengröße, Porengrößenverteilung, Filtratleistung, Hydrophilie, Oberflächenladung und anderen die Biokompatibilität beeinflussenden Parametern.

Mit der fortschreitenden Entwicklung in Medizin und Biowissenschaften entstehen auch neue Anforderungen an die Membranen. So werden Dialysemembranen mit einer verbesserten Siebkurvencharakteristik und verbesserter Biokompatibilität ausgestattet. Eine neue Generation von Oxygenationsmembranen arbeitet nicht nur während einer Herzoperation zuverlässig, sondern wird auch zur Langzeitanwendung bei Multiorganversagen oder im Intensivmedizinbereich eingesetzt. Modifizierte Membranen mit spezifischen Liganden an der Oberfläche und in den Poren können selektiv pathogene Proteine aus dem Blut entfernen, und Autoimmunerkrankungen werden besser behandelbar.

Die Membranentwicklung und -technologie wird auch in Zukunft den Biowissenschaften wichtige Impulse geben.

6.2
Nierenersatztherapie

In der extra-korporalen Blutreinigung zur Behandlung von akutem und chronischem Nierenversagen werden heute Membransysteme zur effektiven Behandlung eingesetzt. Ausgehend von den Entwicklungen von Willem Kolff und Nils Alwall in den 40er Jahren haben die Membransysteme (Filtergehäuse als auch Membran) mehrere Entwicklungszyklen durchlaufen und bilden heute die Basis für ein effektives, verlässliches und kostengünstiges Therapiekonzept. In den Anfängen der Dialyse wurden großflächige und unhandliche Plattendialysatoren mit cellulosischen Membranen eingesetzt. Die neuste Generation von hocheffizienten Dialysatoren ist mit Hohlfasermembranen aus synthetischen Polymeren ausgestattet. In 2003 wurden ca. 1,2 Millionen Dialysepatienten weltweit behandelt, wobei der Patient in der Standardtherapie 3 Behandlungen pro Woche erhält. Die Behandlungsdauer kann dabei 3 bis 5 Stunden betragen. Bedingt durch (a) die immer älter werdende Bevölkerung, (b) die steigende Anzahl der Diabetes- und Bluthochdruck-Patienten, (c) die Optimierung der Dialysebehandlung, sowie (d) die ökonomischen Möglichkeiten sich entwickelnder Länder, Nierenversagen zu behandeln, wächst die Anzahl der weltweit zu behandelnden Patienten jährlich um ca. 7%.

6.2.1
Membranen in der Nierenersatztherapie

In einem Dialysator, der zur Blutreinigung eingesetzt wird, bildet die Membran das Trennmedium zwischen Blut- und Dialysatkompartiment. Die Grundanforderungen an die Membran sind:

(1) Abtrennung von Toxinen und überschüssiger Flüssigkeit, die sich im Körper angereichert haben.
(2) Wiederherstellung der Elektrolytbalance im Körper.
(3) Möglichst geringe Aktivierung der Blutbestandteile durch die Membranoberfläche (Hämokompatibilität).
(4) Ausreichende thermische, mechanische und chemische Stabilität, damit die Verarbeitungsschritte sowie die eingesetzten Sterilisationsarten oder Reinigungszyklen (Reuse) nicht zu einer Veränderung der Membraneigenschaften führen.

Um diese Basisanforderungen zu erfüllen, ist die Materialauswahl zur Herstellung der Membranen von entscheidender Bedeutung. Grundsätzlich können die Rohstoffe zur Herstellung von Dialysemembranen in zwei Gruppen unterteilt werden: (1) cellulosische und (2) synthetische Polymere [1–3]. Die cellulosischen Materialien (siehe Tabelle 6.2) liegen als reine regenerierte oder als modifizierte Cellulose vor. Die erste Generation von Dialysemembranen (regenerierte Cellulose) wurde aus Baumwolllinters oder Holzzellstoff hergestellt. Der hohe Anteil an Hydroxylgruppen in der Cellulose sorgt zwar für eine gute Benetzbarkeit der

Tabelle 6.2 Hersteller von Cellulose- und modifizierten Cellulosemembranen.

Membranmaterial	Hersteller
Regenerierte Cellulose	Membrana
	Asahi Medical
Modifizierte Cellulose	Membrana
	Asahi Medical
	Toyobo

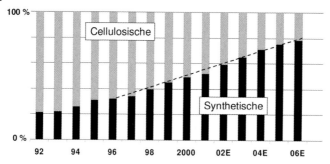

Abb. 6.1 Verteilung zwischen cellulosischen und synthetischen Polymermembranen in den weltweit hergestellten Dialysatoren in der Zeit von 1992 bis 2006 (Balkenlänge entspricht 100%, E = Erwartungen basierend auf den bisherigen Verkaufszahlen).

Membran, führt jedoch zu einer gegenüber synthetischen Membranen erhöhten Aktivierung des Komplementsystems des Blutes [4–6]. Diese Nachteile in der biologischen Kompatibilität können durch die teilweise Substitution der Hydroxylgruppen vermindert werden, z. B. Acetylierung, Einführung von Diethylaminogruppen, bzw. Benzylgruppen. Biokompatibilitätsverbesserungen können ebenfalls durch spezielle Beschichtungen erreicht werden, z. B. Beschichtung mit Polyethylenglykol oder mit Vitamin E.

Die synthetischen Polymermaterialien zur Dialysemembranherstellung (siehe Tabelle 6.3) können in zwei Gruppen unterteilt werden: (1) hydrophile oder hydrophilisierte Copolymere und (2) hydrophile Polymergemische. Hierbei ist der Marktanteil der Membranen in der Dialyse, die aus hydrophilen bzw. hydrophilisierten Copolymeren hergestellt werden, gering. Der wesentliche Anteil der

Tabelle 6.3 Einteilung der unterschiedlichen synthetischen Polymermembranen und deren Hersteller.

Membranmaterial	Zusammensetzung	Hersteller
Hydrophile/hydrophilisierte Copolymere	Polyethylenvinylalkohol Modifiziertes Polymethylmethacrylat Modifiziertes Polyacrylnitril Sulfoniertes Polyacrylnitril Polyester-Polymer	Kuraray Toray Hospal Asahi Nikkiso
Hydrophile Polymerblends	Polysulfon-Polyvinypylrrolidon (PVP)	Fresenius Minntech B. Braun Toray Asahi
	Polyethersulfon-PVP	Membrana Hospal
	Polyethersulfon-PVP–Polyamid	Gambro

Dialysemembranen besteht aus hydrophilen Blends auf der Basis von Polysulfon (PSU) oder Polyethersulfon (PES). Der hydrophile Charakter wird durch Zumischen von Polyvinylpyrrolidon (PVP) oder einer Mischung aus PVP und Polyamid (PA) während des Herstellungsprozesses erreicht. Der technische Vorteil beim Einsatz von PSU, PES und PVP ist die hohe Temperaturstabilität dieser Polymere und die Möglichkeit der Dampfsterilisation der hergestellten Membranen. Die Verteilung zwischen cellulosischen und synthetischen Polymermembranen in der Dialyse ab dem Jahr 1992 ist in Abb. 6.1 dargestellt [7]. Der Anteil synthetischer Polymermembranen betrug im Jahr 2002 ca. 50% und wird sich in den nächsten Jahren vermutlich weiter erhöhen. Die Vorteile synthetischer Polymermembranen gegenüber den cellulosischen Materialien liegen in der größeren Variabilität in den Porengrößen, Möglichkeiten zur Einstellung der Oberflächeneigenschaften und verbesserten Biokompatibilität.

6.2.2
Struktureigenschaften von Dialysemembranen

Die Anforderungen an die Transporteigenschaften der Membran sowie die Besonderheiten in der Therapie haben die Entwicklung von Membranen mit sehr speziellen Eigenschaften vorangetrieben. Hierbei bilden die Morphologie der Membranstruktur sowie der aktiven Trennschicht die Schlüsselelemente der Dialysemembran [1, 8]. Ausgehend von theoretischen Betrachtungen des Stofftransportes durch die Membran können optimale Struktureigenschaften einer Dialysemembran definiert werden:

- Die aktive Trennschicht sollte so dünn wie möglich ausgebildet sein, um hohe Transmembranflüsse zu erzielen.
- Hydrophile Oberflächeneigenschaften, um spontane Benetzung sowie geringe Proteinadsorption zu gewährleisten.
- Die Oberflächen- sowie Gesamtporosität der Membran sollten hoch sein, um eine hohe hydraulische Permeabilität zu erzielen.
- Die Trennschicht der Membran sollte eine möglichst enge Porengrößenverteilung besitzen, um eine scharfe Trenngrenze zu erzielen.
- Die maximale Porengröße der Membran sollte einen bestimmten Grenzwert nicht überschreiten, um den Verlust notwendiger Proteine zu verhindern.
- Die mechanische Stabilität der Membran sollte ausreichend sein, um den bei der Behandlung auftretenden Drücken standzuhalten.

Neben diesen Basisanforderungen an die Membran bestehen weitere funktionelle Anforderungen an die Dialysemembran, um einen optimalen Therapieerfolg zu gewährleisten:

- Minimale Rauigkeit der Blut-kontaktierenden Membranoberfläche zur Reduzierung der Wechselwirkung mit Blutbestandteilen, insbesondere Zellen.
- Ausbildung von hydrophilen und hydrophoben Domänen auf der Blut-kontaktierenden Membranoberfläche, um eine möglichst biokompatible Oberfläche

zu erhalten (geringe Aktivierung von Blutbestandteilen sowie geringe Proteinadsorption).
- Verhinderung des Transportes Zytokin-induzierender Substanzen (z. B. Endotoxine) aus dem Dialysatkreislauf in den Blutkreislauf.
- Design der Dialysemembran im Hinblick auf Innendurchmesser, Wandstärke und Geometrie (Faserondulation) zur Erzielung eines möglichst hohen Stofftransportes durch die Membran sowie einer gleichmäßigeren Verteilung der Dialysatflüssigkeit um die Fasergeometrie im Filtergehäuse.

Die genannten funktionellen Anforderungen an eine Dialysemembran sind bei weitem nicht vollständig und können nur einen groben Einblick geben.

In der Vergangenheit wurden unterschiedliche Membrangeometrien für den Einsatz in der Dialyse untersucht und eingesetzt. In den Anfängen der Dialyse wurden Schlauchgeometrien verwendet, danach Flachmembranen. Ab ca. 1995 haben sich die Hohlfaserkonzepte durchgesetzt und die Flachmembranen fast vollständig vom Dialysemarkt verdrängt. Die Vorteile der Hohlfasersysteme liegen in der kostengünstigeren Fertigung, dem kompakten Dialysatordesign sowie der Vereinfachung in der klinischen Anwendung. Um gute Handhabbarkeit

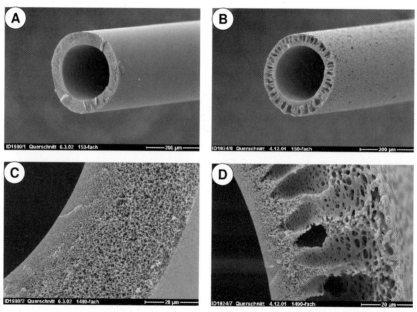

Abb. 6.2 Rasterelektronenmikroskopaufnahmen der Querschnittsfläche hydrophiler Dialysemembranen. Bei der Herstellung wurden Polyethersulfon (PES) und Polyvinylpyrrolidon (PVP) (A, C; DIAPES® Membran, Membrana) bzw. Polyethersulfon (PES), PVP und Polyamid (PA) (B, D; Polyflux® Membran, Gambro) eingesetzt. Eine homogene Schaumstruktur ist bei (C) erkennbar, wohingegen (D) eine stark asymmetrische Struktur aufweist. (A, B) weiße Markierung=200 µm; (C, D) weiße Markierung=20 µm.

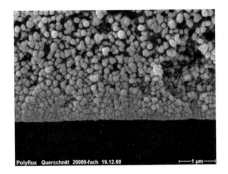

Abb. 6.3 Rasterelektronenmikroskopaufnahmen der Querschnittsfläche im Bereich der Innenseite einer synthetischen Dialysemembran (Polyflux®, Gambro). Die aktive Trennschicht zusammen mit der körnigen Kanalstruktur ist auf der unteren Seite der Aufnahme erkennbar.

in der Klinik zu erzielen, haben sich Innendurchmesser von 180 bis 220 µm durchgesetzt. Synthetische Membranen haben Wandstärken von 30 bis 50 µm, cellulosische Membranen Wandstärken von 5 bis 8 µm.

Die zwei typischen anisotropen Membranstrukturen synthetischer Dialysemembranen sind in Abb. 6.2 dargestellt. Der wesentliche Unterschied dieser beiden Dialysemembranen zeigt sich in der Morphologie der Stützstruktur. In Abb. 6.2 b und d ist die stark asymmetrische Stützstruktur der Polyflux® Membran erkennbar. Alle anderen auf dem Markt befindlichen Dialysemembranen, wie z.B. die DIAPES® Membran, zeigen eine schaumartige Stützstruktur (Abb. 6.2 a und c). Die Ausbildung dieser Stützstruktur kann entsprechend der gewünschten Trenncharakteristik unterschiedlich gestaltet sein [9, 10]. Der erhöhte hydraulische Widerstand der schaumartigen Stützstruktur wird teilweise durch eine Reduzierung der Wandstärke kompensiert. Hierbei befinden sich die kleinsten Poren auf der Blut-kontaktierenden Innenseite der Membran. Die Aufnahme einer aktiven Trennschicht, die nur ca. 500 nm der gesamten Wandstärke einnimmt, ist in Abb. 6.3 dargestellt. Hier sind deutlich die körnige Membranstruktur sowie die Transportkanäle erkennbar. Üblicherweise werden Dialysemembranen in „Low-" und „High-Flux"-Membranen unterteilt. Der wesentliche Unterschied liegt in der Porengröße (Porendurchmesser 10 bis 20 nm) der Membran und damit der hydraulischen Permeabilität sowie der Ausschluss-

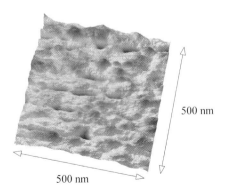

Abb. 6.4 AFM (Atomic Force Microscopy) Aufnahme (tapping mode) der lumenseitigen Oberfläche einer Dialysemembran hergestellt aus PES, PVP (Low Flux, Polyflux® Membran, Gambro). Abtastfläche: 0,5×0,5 µm. Die mathematische Integration der Messdaten ergab eine gemittelte Rautiefe (Rz) von 68 nm; Mittenrauwert Ra=4,9 nm, Rq=6,3 nm.

grenze (cut-off). „Low-Flux"-Membranen besitzen eine Wasserpermeabilität von < 30 L/(m² h bar), die von „High-Flux" Membranen liegt üblicherweise oberhalb von 120 L/(m² h bar). Eine typische AFM (atomic force microscopy)-Aufnahme der inneren Oberfläche einer „Low-Flux" Membran ist in Abb. 6.4 dargestellt. Es sind deutlich die Poreneingänge zu erkennen.

Die Innendurchmesser reiner cellulosischer Membranen (nicht modifizierte Cellulose) bewegen sich in der Größenordnung synthetischer Dialysemembranen, die Wandstärke kann jedoch nach Permeabilität und Materialwahl zwischen 5 und 8 µm schwanken. Bedingt durch die Hydrogelstruktur reiner cellulosischer Membranen ist die Porengröße nicht definiert.

6.2.3
Transporteigenschaften von Dialysemembranen

Der Stofftransport durch die Membran wird wesentlich durch die Nanostruktur der Membran kontrolliert. Der Zusammenhang zwischen den Struktureigenschaften der Membran und konvektivem sowie diffusivem Stofftransport durch die Dialysemembran wird näherungsweise durch die Gleichungen 1 und 2 beschrieben [11].

$$\text{Diffusiver Transport:} \quad \lim_{\Delta P \to 0} J_i = \frac{\varepsilon D_i^M S}{\tau \Delta z}(C_{Bi} - C_{Di}) \tag{1}$$

$$\text{Konvektiver Transport:} \quad \lim_{\frac{dc}{dz} \to 0} J_i = \frac{\varepsilon r^2 S C_{Bi}}{8 \eta \tau} \frac{\Delta P}{\Delta z} \tag{2}$$

Hierbei beschreibt J_i die Stromdichte der Komponente i, ε die Porosität und τ die Tortuosität der Membran, r den Porendurchmesser der selektiven Poren, Δz die Dicke der Membran, S den Siebkoeffizienten, C_{Bi} und C_{Di} die Konzentration der Komponente i im Blut bzw. Dialysat und D_i^M den Diffusionskoeffizient der Komponente i durch die Membran. Ausgehend von den theoretischen Betrachtungen (Gleichungen 1 und 2) können Dialysemembranen entsprechend der Therapie und den dort vorherrschenden Transportmechanismen gestaltet werden.

Zur Charakterisierung der konvektiven und diffusiven Eigenschaften von Dialysemembranen wird die Messung des Siebkoeffizienten (S) bzw. des Diffusionskoeffizienten in der Membran vorgenommen. Der primäre Transportmechanismus für harnpflichtige Substanzen in der Hämodialyse ist Diffusion durch die Membran, bedingt durch den Konzentrationsgradienten zwischen Blut- und Dialysatkreislauf. Entscheidende Einflussgrößen sind hier die Dicke der Membran bzw. die Dicke der aktiven Trennschicht. Der effektive Diffusionskoeffizient in der Membran (D^M) berechnet sich aus: $D^M = P^M \cdot \Delta z$. P^M beschreibt die Membranpermeabilität und Δz die Wandstärke der Membran. Abbildung 6.5 zeigt den Diffusionskoeffizienten für eine cellulosische „Low Flux"-Membran

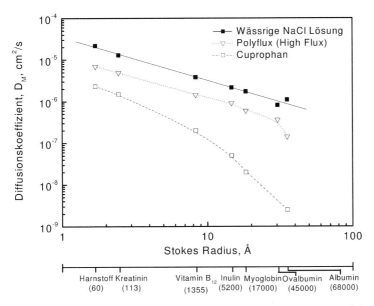

Abb. 6.5 Diffusionskoeffizient in wässriger Natriumchloridlösung (0,9 Gew.-% NaCl), sowie der effektive Membrandiffusionskoeffizient (D^M) für unterschiedliche Substanzen. Angabe des Molekulargewichtes in g/mol sowie des Stokes-Radius in Å. Berechnung des effektiven Membrandiffusionskoeffizienten unter Annahme einer Wandstärke (Δz im nassen Zustand) von 50 μm für Polyflux®, „High Flux" und 16 μm für Cuprophan®.

(Cuprophan®) und eine synthetische „High Flux"-Membran (Polyflux®). Der Diffusionskoeffizient durch synthetische „Low-" und „High Flux"-Membranen unterscheidet sich nur bei höhermolekularen Substanzen, die sich im Bereich des Größenausschlusses der „Low Flux"-Membran befinden. Durch Variation der Wandstärke, der Dicke der aktiven Trennschicht, sowie der Porosität der Stützstruktur kann die Diffusion wesentlich beeinflusst werden. Der Siebkoeffizient liefert Informationen über die Porosität sowie die Porenradienverteilung der Membran und hat den Wert 0 für Substanzen, die vollständig zurückgehalten werden, und wird 1 für Substanzen, die vollständig die Membran passieren. Die Steilheit der Siebkurve lässt Rückschlüsse auf die Porengrößenverteilung zu. Abbildung 6.6 zeigt ein typisches Siebprofil für synthetische „Low-" und „High Flux"-Membranen. Eine Veränderung des Mediums (Plasma vs. wässrige Salzlösung) führt zu einer deutlichen Verschiebung des Profils. Ebenso haben die Messbedingungen einen erheblichen Einfluss auf das Siebprofil. Der Siebkoeffizient (S) für Filtrationsexperimente mit Hohlfasersystemen (Gl. 3) berechnet sich aus der Konzentration im Filtrat (C_F) sowie der Plasma/Blutkonzentration am Eingang (C_{Bi}) bzw. Ausgang (C_{Bo}).

$$S = \frac{2C_F}{C_{Bi} + C_{Bo}} \qquad (3)$$

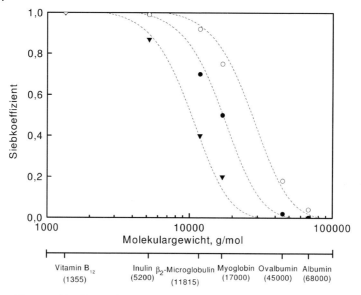

Abb. 6.6 Siebkoeffizient für eine synthetische „Low Flux" (▼) und „High Flux" (●) Dialysemembran. Messungen in Rinderplasma, Konzentrationen der Markersubstanzen: 0,01 Gew.-%, Plasmafluss: 300 mL/min (High Flux), und 240 mL (Low Flux), Filtrationsrate: 60 mL/min (High Flux) und 10 mL (Low Flux), Membranfläche: 1,3 m². Siebkoeffizient (○) für eine „High Flux" Membran für Markersubstanzen in wässriger Lösung; Durchführung unter identischen Messbedingungen.

6.2.4
Hämokompatibilität von Dialysemembranen

Der Stofftransport durch die Membran wird wesentlich durch die Membranstruktur bestimmt, dennoch können Wechselwirkungen zwischen der Membranoberfläche und Blutbestandteilen zu unerwünschten Reaktionen führen. Insbesondere ist hier die Adsorption von Proteinen auf der Membranoberfläche und in den Poren bzw. den Poreneingängen zu nennen. Neben Adsorptionsphänomenen können Komplementaktivierung, Gerinnung, Hämolyse, Adhäsion von Blutplättchen, etc. das Resultat von Wechselwirkungen zwischen Membranoberfläche und Blutbestandteilen sein. Die genannten Phänomene können unter dem Begriff Hämo- oder Biokompatibilität zusammengefasst werden. Die Summe der Polymer- bzw. Oberflächeneigenschaften, die eine hämokompatible Oberfläche ausmachen, sind komplex und noch nicht vollständig untersucht.

Proteinadsorption tritt verstärkt auf hydrophoben Oberflächen auf [3]. Verstärkte Adhäsion von Blutplättchen ist auf sehr hydrophilen wie auf sehr hydrophoben Oberflächen verstärkt nachweisbar [3]. Dennoch sind die hydrophilen bzw. hydrophoben Eigenschaften nur ein Designkriterium für Dialysemembranen. Ausgehend von den Oberflächeneigenschaften von Proteinen sollte eine „ideale" Membranoberfläche hydrophile, hydrophobe, negativ sowie positiv geladene Bereiche besitzen [12, 13]. Das Konzept die Biokompatibilität durch eine Kombination von hydrophilen und hydrophoben Mikrodomänen zu verbessern ist experimentell bestätigt und findet sich in den heutigen synthetischen Polymermembranen und synthetisch modifizierten Cellulosemembranen wieder [14–16].

6.2.5
Betriebsarten in der Nierenersatztherapie

In der chronischen wie auch akuten Nierenersatztherapie werden Membranen heutzutage in drei unterschiedlichen Betriebsweisen eingesetzt. Die schematischen Flussdiagramme dieser drei Betriebsarten (Hämodialyse, Hämodiafiltration und Hämofiltration) sind in Abb. 6.7 dargestellt. Hämodialyse wird unter isothermen sowie isobaren Bedingungen durchgeführt, wobei ein Konzentrationsgradient zwischen Blut- und Dialysatkreislauf die Triebkraft für den Transport der gelösten Bestandteile ist. In der Hämofiltration wird durch Anlegen einer hydrostatischen Druckdifferenz ein Teil der Toxine durch das Filtrat abgetrennt. Die Hämodiafiltration beschreibt die Kombination der beiden vorher genannten Prozesse. Bei der Hämofiltration sowie bei der Hämodiafiltration kommt es bei der Behandlung zu einer stärkeren Volumenänderung des Blutstromes. Dies wird durch eine entsprechende Prä- oder Postdilution mit Dialysatflüssigkeit wieder ausgeglichen. Die Effektivität der Abtrennung einzelner Komponenten durch die unterschiedlichen Prozesse wird in der medizinischen Terminologie als „Clearance" bezeichnet und beschreibt die Abtrennrate in mL/min [3]. Die Angabe bezieht sich auf das Volumen gereinigtes Blut und ist sowohl eine Funktion der Membraneigenschaften wie auch des Prozessdesigns. Die „Clearance" (C_L) für die beschriebenen Therapiearten berechnet sich wie folgt (Q = Volumenstrom, C = Konzentration, $_B$ = Blut, $_D$ = Dialysat, $_F$ = Filtrat, $_i$ = eingangsseitig, $_o$ = ausgangsseitig):

Hämodialyse: $$C_L = \frac{(C_{Bi} - C_{Bo})Q_{Bi}}{C_{Bi}}$$

Hämofiltration: $$C_L = \frac{C_F}{C_{Bi}} Q_F$$

Hämodiafiltration: $$C_L = \frac{(C_{Bi} - C_{Bo})Q_{Bi} + Q_F C_{Bo}}{C_{Bi}}$$

Die Kontrolle der Drücke, Volumenströme und Massenbilanz während der Dialysebehandlung in den unterschiedlichen Therapiearten wird vollständig durch die heute verfügbaren modernen Dialysemaschinen übernommen. In der Hämodialyse können sowohl Filter mit Low- als auch High-Flux-Membranen eingesetzt werden, während in der Hämofiltration als auch der Hämodiafiltration wegen der benötigten Filtrationsraten nur High-Flux-Membranen zum Einsatz kommen. Die Filter stehen in unterschiedlichen Größen, beginnend bei ca.

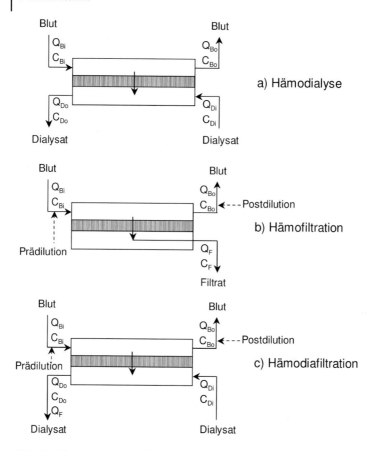

Abb. 6.7 Schematische Darstellung der in der Nierenersatztherapie genutzten Membranprozesse. Q=Volumenstrom, C=Konzentration, $_B$=Blut, $_D$=Dialysat, $_F$=Filtrat, $_i$=Eingangsseitig, $_o$=Ausgangsseitig.

0,2 m² bis hin zu ca. 2,4 m² Membrantrennfläche (bezogen auf die lumenseitig verfügbare Fläche) zur Verfügung. Diese Vielfalt ergibt sich aus den unterschiedlichen Therapieanforderungen (Patientengewicht, Therapiemodus, Blutflussrate, Trennanforderungen, Restnierenfunktion, etc.). Bei den drei unterschiedlichen Betriebsarten sind Blutflüsse zwischen 200 und 500 mL/min üblich. Die Dialysatflüsse in der Hämodialyse sowie der Hämodiafiltration betragen zwischen 500 und 800 mL/min. Die Filtrationsraten in der Hämodiafiltration/Hämofiltration sind stark abhängig vom Behandlungsmodus (Prä- oder Postdilutionsströme) und vom Blutfluss und liegen im Bereich von ca. 25% (Postdilution, HDF) bis 100% (Prädilution, HF) des Blutflusses [17–19].

Die Volumenströme werden dem Patienten, der Therapieanforderung und dem Dialysesystem (Dialysemaschine und Filteranordnung) spezifisch angepasst. Die Verteilung der Blut- und Dialysatströme in Dialysemodulen hat wesentlichen Einfluss auf die Effizienz der Stoffübergänge. Aus diesem Grund sind die Bluteingänge entsprechend optimiert. Um eine gleichmäßige Verteilung des Dialysatstromes über den Bündelquerschnitt im Modul zu gewährleisten (Vermeidung von Kanalbildung), werden unterschiedliche Methoden eingesetzt: (1) Einbau von Distanzfäden in den Bündelaufbau zwischen den Hohlfasermembranen [20, 21], (2) spezieller Bündelaufbau durch Verlegungen der einzelnen Membranen in einem speziellen Winkel während des Herstellungsprozesses und (3) Ondulation (Erzeugung eines wellenförmigen Faserprofils) der Membranen zur Herstellung eines aufgelockerten Bündels. Auch Kombinationen der beschriebenen Verfahren sind möglich. In jedem Fall führt solch eine Modellierung durch effizienteren Stoffaustausch zu einer deutlichen Steigerung der Abtrennraten der urämischen Toxine.

6.2.6
Ultrafiltrationsmembranen zur Dialysat- und Infusat-Aufbereitung

Untersuchungen haben gezeigt, dass bakterielle Abbauprodukte (z. B. Endotoxine) im Dialysat die Dialysemembran passieren und beim Patienten zu unerwünschten Reaktionen führen können [22–24]. Der Transport dieser Bakterienbruchstücke ist abhängig vom Membranmaterial, dem Porenradius, sowie der Ausbildung der Oberflächeneigenschaften (hydrophil/hydrophob). Beim Einsatz von High-Flux-Dialysemembranen kann es durch den Druckabfall in der Kapillarmembran zu einer teilweisen Backfiltration kommen von Dialysat in den Blutkreislauf [25]. Einige der High-Flux-Dialysemembranen besitzen einen mehr hydrophoben Außenbereich bzw. spezielle Materialien, die bakterielle Verunreinigungen adsorptiv entfernen können. Dennoch erfordern moderne Behandlungsverfahren den Einsatz speziell gereinigten Wassers zur Herstellung der Dialysatlösung, gerade unter Berücksichtigung, dass ein Dialysepatient jährlich ca. 20 000 L Dialysat benötigt. Daher werden in der Nierenersatztherapie neben den Dialysemembranen auch Membranen zur Reinigung des Wassers bzw. Dialysates eingesetzt. In modernen Dialysemaschinen sind bis zu drei Filter mit Ultrafiltrationsmembranen (Hohlfasersysteme) in unterschiedlicher Baugröße im Flüssigkeitskreislauf der Dialysemaschine bzw. in den Schlauchsystemen für die Reinfusion (bei HDF und HF) eingesetzt. Der Einsatz von mehrstufigen Ultrafiltrationsschritten erlaubt die Online-Herstellung von Flüssigkeit in Infusionsqualität, eine Voraussetzung für die Durchführung der konvektiven Behandlungsverfahren HDF bzw. HF. Die Richtlinien für die mikrobiologische Qualität von Dialyseflüssigkeit sind länderspezifisch und variieren teilweise stark voneinander. Die europäische Richtlinie schreibt für Bakterien eine Obergrenze von 100 CFU/mL (CFU = Colony Forming Unit) und für Endotoxin 0,25 EU/mL (EU = Endotoxin Unit) vor [26–28]. Der Einsatz von zusätzlichen Ultrafiltern während der Behandlung gewährleistet, dass diese Grenzwerte bei weitem unterschritten werden [29, 30].

6.3
Blutfraktionierung

Die Anfänge der modernen Blutfraktionierung bzw. der Plasmatherapie gehen auf erste Versuche von Abel, Rowntree und Turner im Jahr 1914 zurück [31]. Diese untersuchten die Wirkung des Plasmaentzuges bei Hunden. Sie nannten das von Ihnen durchgeführte Verfahren der Trennung von Blut in eine Plasmafraktion mit allen Plasmaproteinen und niedermolekularen Bestandteilen und eine Fraktion, angereichert an zellulären Bestandteilen, bereits Plasmapherese. Im englischen Sprachraum wird Plasmapherese oft gleichgesetzt mit Apherese. Das Wort Apherese, engl. Apheresis, stammt vom griechischen „aphairesis" (entfernen, wegnehmen) und steht heute für die Trennung des Plasmas von den Blutzellen und teilweise auch noch für nachgeschaltete Plasmabehandlungen. In der modernen Medizin wurde in den letzten Jahrzehnten eine Vielzahl unterschiedlichster Blutfraktionierungsprozesse entwickelt. Auf die Fraktionierung von Blutzellen wird hier nicht eingegangen, da die Zellapherese neben der Plasmapherese eine separate Disziplin darstellt und hier Membranverfahren keine Bedeutung haben.

Bei allen Plasmaphereseverfahren wird durch eine mehr oder weniger komplexe Prozessführung versucht, selektiv einzelne Proteine, Gruppen von Proteinen auf Basis ihrer Eigenschaften oder einzelne Fraktionen auf Basis von Größenausschluss abzutrennen. In den meisten Behandlungsverfahren wird das gereinigte Plasma oder eine Plasmafraktion dem Patienten wieder zugeführt. Lediglich beim Plasmaaustausch wird es verworfen und durch Substitutionslösungen oder Spenderplasma ersetzt.

Im Rahmen dieses Kapitels wird auf drei unterschiedliche therapeutische Verfahren der Blutfraktionierung/Blutreinigung eingegangen:

(1) Therapeutische Plasmapherese (Plasmaaustausch, Plasmaseparation).
(2) Plasmafraktionierung (Kaskadenfiltration, Doppelfiltration).
(3) Adsorptive Plasmareinigung.

Bei den unter (1) bis (3) genannten Verfahren kommen Membransysteme zum Einsatz.

Sie gewinnen auch speziell bei den spezifisch wirkenden Adsorptionsverfahren zunehmend an Bedeutung, da mit Membranen im Gegensatz zu Zentrifugen absolut zellfreies Plasma erzeugt werden kann, was für die Lebensdauer und Funktionsweise der nachgeschalteten Adsorber eine wichtige Voraussetzung ist. Die im folgenden Abschnitt 6.3.1 beschriebenen Anforderungen an eine Plasmaseparationsmembran gelten also generell für alle in diesem Kapitel beschriebenen Verfahren, da die optimal durchgeführte Plasmaseparation Voraussetzung für die weitere Behandlung des Plasmas ist.

Vergleichbare Verfahren wie bei der therapeutischen Plasmapherese werden auch zur Gewinnung von Plasma von gesunden Spendern verwendet. Dieses Spenderplasma verwendet man therapeutisch als Substitut beim therapeutischen Plasmaaustausch, oder es werden Plasmakomponenten für pharmazeutische Zwecke isoliert. Bei der Plasmaspende haben Zentrifugensysteme allerdings die größere wirtschaftliche Bedeutung.

6.3.1
Therapeutische Plasmapherese

Obwohl der Plasmaaustausch noch in vielen Ländern außerhalb Deutschlands häufig durchgeführt wird, sinkt seine Bedeutung wegen gravierender Nebenwirkungen und da es inzwischen modernere spezifisch wirkende Alternativen gibt. Beim therapeutischen Plasmaaustausch (TPE) [32–35] wird durch Einsatz von Membranen oder von Zentrifugen das Blutplasma von den Blutzellen getrennt. Das abgetrennte Plasma wird bei diesem Verfahren verworfen und durch eine Substitutionslösung bzw. durch Spenderplasma ersetzt und dem Patienten zusammen mit den zellulären Bestandteilen zurückgeführt.

Der generelle Ansatz dieser Therapie erlaubt den Einsatz bei einer Vielzahl unterschiedlicher Krankheitsbilder [32, 34]. Bei immunologischen Erkrankungen werden durch den Plasmaaustausch Antikörper, Antigene, Immunkomplexe und auch Immunglobuline entfernt. Bei nicht-immunologischen Erkrankungen erlaubt der Plasmaaustausch die Entfernung von Stoffwechselprodukten, Zellzerfallsprodukten sowie exogener und endogener Toxine. Die Elimination dieser pathologischen Substanzen wird z.B. zur Behandlung einer familiären Hypercholesterinämie, gastroenterologischer Erkrankungen, etc. eingesetzt. Heutzutage sind aber spezifisch wirkende Verfahren vorzuziehen, auf die noch eingegangen wird.

Der therapeutische Plasmaaustausch wurde bis zur Entwicklung der Hohlfasermembranen fast ausschließlich mittels Zentrifugensystemen durchgeführt. Anfänglich wurden diskontinuierliche Zentrifugen eingesetzt, die dann aber Anfang der 1970er Jahre durch kontinuierliche Systeme ersetzt wurden. Erste Membransysteme wurden Ende der 1970er Jahre für die Plasmapherese eingeführt. Das Anforderungsprofil [32, 33, 36] einer Plasmaseparationsmembran unterscheidet sich deutlich von dem einer Dialysemembran und kann wie folgt definiert werden:

- Durchlässigkeit für das gesamte Spektrum der Plasma- und Lipoproteine,
- große Oberflächen- und Gesamtporosität der Membran zur Erzielung hoher Filtrationsleistungen,
- hydrophile, spontan benetzbare Membranstruktur,
- geringe Foulingeigenschaften,
- geringe Proteinadsorption,
- glatte blutkontaktierende Oberflächen,
- geringe Hämolyseneigung,
- konstante Siebeigenschaften und Filtrationsverhalten über den Behandlungszeitraum,
- biokompatible (hämokompatible) Membraneigenschaften,
- gute mechanische Eigenschaften,
- Möglichkeit der Sterilisation mittels ETO, γ-Strahlung oder Dampf.

Verschiedene Hersteller haben Plasmaseparationsmembranen entwickelt, um diese Anforderungen weitgehend zu erfüllen. Membranfilter verschiedener Hersteller sind in Tabelle 6.4 dargestellt. Die nominale Porengröße aller Plasmaseparationsmembranen bewegt sich im Bereich von 0,2 µm (Mikrofiltrationsmembran). Bei dieser Porengröße ist es möglich den Transport aller Plasmaproteine zu gewährleisten aber gleichzeitig sicherzustellen, dass auch die kleinsten zellulären Bestandteile (Thrombozyten mit ca. 2 µm Durchmesser) die Membranwand nicht passieren können. Unterschiedlichste Phaseninversionsprozesse wie auch Streckverfahren werden eingesetzt um Plasmaseparationsmembranen herzustellen. Eine Vielzahl von Materialien bzw. Materialkombinationen werden eingesetzt, z. B. hydrophobe Polypropylenmembranen, hydrophile Blendmembranen aus Polyethersulfon und Polyvinylpyrrolidon oder beschichtete (EVAL) Polyethylenmembranen [37–40]. Die hydrophoben Polypropylenmembranen werden während der Filterfertigung benetzt oder teilweise nachträglich hydrophilisiert. Der Innendurchmesser aller auf dem Markt befindlichen Plasmaseparationsmembranen liegt zwischen 310 und 340 µm, wobei die Wandstärke je nach Material und Membranstruktur variieren kann. Die Elektronenmikroskopaufnahmen zweier Plasmaseparationsmembranen sind in Abb. 6.8 dargestellt. Die Polypropylenmembran von Membrana hat eine deutlich größere Wandstärke und eine sehr offene und glatte innere Oberfläche. Die Plasmaflo Membran aus Polyethylen mit einem hydrophilen EVAL coating besitzt mehr abgerundete und längliche Poren. Im Gegensatz zu Dialysemembranen befinden sich die kleinsten, selektiven Poren bei Plasmaseparationsmembranen nicht immer auf der Lumenseite sondern teilweise auch in der Wandstruktur.

Das Moduldesign [33, 35, 37, 41] ist bei Plasmafiltern einfacher als z. B. bei Dialysatoren. Es findet nur ein konvektiver Transport des Blutplasmas durch die Membran statt. Eine besondere Aufmachung der Fasern bzw. des Bündels (Ondulation der Faser, etc.) ist bei einem Plasmafilter nicht notwendig, da im Filtratraum im Gegensatz zur Dialyse keine definierte Umströmung der Kapillarmembranen realisiert werden muss. Die wesentlichen Designkriterien sind Wandscherrate, der sich einstellende Druckabfall im Filter sowie die resultierende Plasmafiltrationsrate. Die Wandscherrate berechnet sich wie folgt (siehe Gleichung 4):

$$\text{Wandscherrate:} \quad \gamma_w = \frac{4Q_B}{N\pi r^3} \qquad (4)$$

In Gleichung 4 beschreibt N die Anzahl der Hohlfasern mit dem inneren Radius (r), auf die sich der Blutfluss (Q_B) verteilt. Durch die Entfernung des Plasmaanteils verändert sich auch der Blutfluss über die Länge der Hohlfaser bzw. des Filters. Dies ist bei der Berechnung der Wandscherrate zu berücksichtigen. Der Transmembrandruck (TMP) ist ein weiterer wichtiger Prozessparameter. Der TMP berechnet sich (siehe Gleichung 5) aus dem Druck am Bluteingang (P_{Bi}) und am Blutausgang (P_{Bo}) sowie dem Druck aus der Filtratseite (P_F) (Plasmaraum).

Transmembrandruck: $$\text{TMP} = \frac{P_{Bi} + P_{Bo}}{2} - P_F \qquad (5)$$

Der Siebkoeffizient berechnet sich bei der Plasmaseparation ebenfalls nach Gleichung 3 wie bereits für die Dialyse (Filtrationsmodus) beschrieben. Die Siebcharakteristik einer Plasmafiltrationsmembran für unterschiedliche Proteine ist in Abb. 6.9 dargestellt, wobei zu erkennen ist, dass auch höhermolekulare Proteine wie IgM (Immunglobulin M, Mw: 900 000 g/mol) aber auch Lipoproteine mit Molekulargewichten von >1 000 000 g/mol die Membran ungehindert passieren.

Tabelle 6.4 Hersteller von Plasmaseparationsmembranfiltern und deren Eigenschaften. Bei den Membranen aus Polypropylen (B. Braun, Gambro, Fresenius, Dideco) sowie Polyethersulfon (Bellco, Edwards) handelt es sich um Produkte der Fa. Membrana, Wuppertal.

Hersteller	Filterbezeichnung	Membran-material	Fläche (m²)	ID/WS (µm)	Filter-zustand	Sterilisationsart
Asahi	Plasmaflo OP-02 Plasmaflo OP-05 Plasmaflo OP-08	Polyethylen/ EVAL Coating	0,20 0,50 0,80	330/50	Wasser-füllung (NaCl)	ETO
B. Braun	Haemoselect	Polypropylen	0,20	330/150	Wasser-füllung	Dampf
Bellco	MPS 02 MPS 05 MPS 07	Polyethersulfon	0,28 0,45 0,68	300/100	trocken	ETO/ γ-Strahlung
Gambro	PF 1000 PF 2000	Polypropylen	0,16 0,35	330/150	trocken	ETO
Fresenius	Plasmaflux P1S Plasmaflux P2S	Polypropylen	0,25 0,50	330/150	Wasser-füllung	Dampf
Kaneka	Sulflux FS-03 Sulflux FS-05 Sulflux FS-07	Polysulfon	0,30 0,50 0,70	340/50	Wasser-füllung	γ-Strahlung
Kuraray	Plasmacure	Polysulfon	0,60	320/65	Wasser-füllung	γ-Strahlung
Toray	Plasmax PS-02 Plasmax PS-05	PMMA	0,15 0,50	330/90	Wasser-füllung	γ-Strahlung
Edwards	Microplas MPS 05	Polyethersulfon	0,45	300/100	trocken	ETO/ γ-Strahlung
Dideco	Hemaplex BT 900	Polypropylen	0,50	330/150	Wasser-füllung (NaCl)	ETO

ID = Innendurchmesser und WS = Wandstärke der Hohlfasermembranen,
EVAL = Polyethylenvinylalkohol, PMMA = Polymethylmethacrylat.

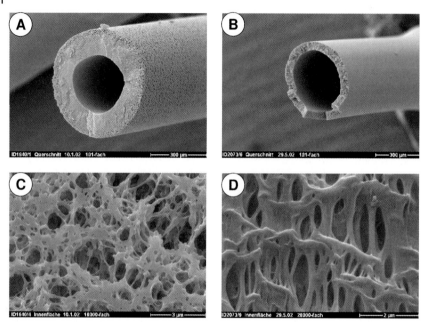

Abb. 6.8 Rasterelektronenmikroskopaufnahmen der Querschnittsfläche (A, B) sowie der inneren blutkontaktierenden Oberfläche (C, D) von Plasmaseparationsmembranen. Die Aufnahmen (A) und (C) zeigen eine Plasmaseparationsmembran hergestellt aus Polypropylen (Plasmaphan®, Membrana). Die Membran in den Aufnahmen (B) und (D) ist aus Polyethylen mit einem hydrophilen EVAL Coating (Plasmaflo, Asahi). (A, B) weiße Markierung = 300 µm; (C) weiße Markierung = 3 µm; (D) weiße Markierung = 2 µm.

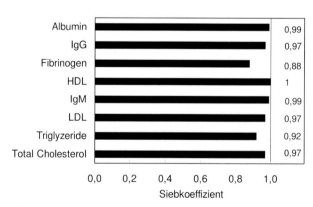

Abb. 6.9 Siebkoeffizienten einer Plasmaseparationsmembran aus Polyethersulfon für unterschiedliche Plasmaproteine (MicroPES®, von Membrana, Wuppertal).

Der schematische Aufbau einer therapeutischen Plasmapheresebehandlung ist in Abb. 6.10 dargestellt. Abbildung 6.11 zeigt die eigentliche Prozessführung im Membranmodul. Die Prozessführung gleicht der Hämofiltration mit Postdilution und auch die eingesetzten Filter haben abgesehen von der Größe einen vergleichbaren Aufbau. Dennoch sind die Behandlungsparameter deutlich unterschiedlich. Bedingt durch den Einsatz großporiger Membranen bei der Plasmaseparation werden Plasmafilter bei deutlich niedrigeren Transmembrandrücken (abhängig vom Hersteller, bis maximal 150 mmHg) betrieben. Die sich ergebenden Filtratflüsse (Plasma) betragen zwischen 20 und 35% des Blutflusses und können Werte von bis zu 150 mL/(min m^2) erreichen. Dagegen werden Dialysatoren bei Transmembrandrücken zwischen 100 und 300 mmHg betrieben, und die Filtratflüsse liegen deutlich (nur noch ca. 1/10) unter denen eines Plasmafilters. Diese hohe Filtrationsleistung erlaubt bei Plasmafiltern den Einsatz kleinerer Membranflächen zwischen 0,15 bis 0,8 m^2. Bei Plasmaaustauschbehandlungen werden Blutflüsse zwischen 50 und 250 mL/min eingestellt und das ausgetauschte Plasmavolumen liegt zwischen 2 und 4 Litern je nach Behandlungsmodus. Die Kontrolle der Filtrationsparameter erfolgt durch die eingesetzte Maschine, welche die ausgetauschte Plasmamenge und die Transmembrandrücke während der gesamten Behandlung kontrolliert. Bedingt durch die hohen Austauschvolumina ist eine genaue Bilanzierung des Flüssigkeitshaushaltes notwendig. Bei der Behandlung ist darauf zu achten, dass diese isovolämisch erfolgt, d.h. dass dem Patienten konstant die gleiche Menge Substitutionslösung zugeführt wird wie Plasma entfernt wird. Hierbei kommen isotonische Elektrolytlösungen, Humanalbumin-Elektrolytlösungen oder Frischplasma (FFP) zum Einsatz. Die Substitution bewirkt, dass mit zunehmender Behandlungsdauer die prozentuale Entfernung pathogener Substanzen abnimmt.

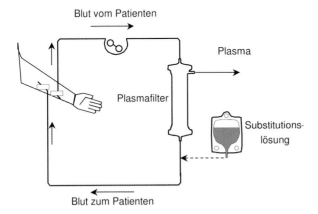

Abb. 6.10 Schematische Darstellung der Membran-Plasmapherese (Plasmaaustausch).

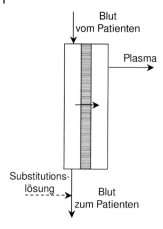

Abb. 6.11 Schematische Darstellung der Membran-Plasmapherese (Plasmaaustausch).

Zwei weitere Kriterien bei der Beurteilung von Plasmaseparationsmembranen und Filtern sind die Veränderung von Filtrationsleistung und Siebcharakteristik in Abhängigkeit von der Behandlungszeit sowie die Hämolyseneigung bei den unterschiedlichen Fahrweisen des Filters. Die Filtrationsleistung steigt im unteren Druckbereich linear mit dem angelegten Transmembrandruck an und erreicht danach ein Plateau. Diese Beobachtung beruht auf dem bei der Crossflow-Filtration bekannten Phänomen der Konzentrationspolarisation [11, 33, 42]. Aufgrund von Proteinablagerungen und der Sedimentation von Blutzellen auf der Membranoberfläche kommt es zu einer Reduzierung des Filtratflusses sowie einer Reduzierung des Siebkoeffizienten für einzelne Substanzen. Dieser beschriebene Effekt der Ausbildung einer „Sekundärmembran" ist stark abhängig von den Oberflächeneigenschaften der Membran, der Porengrößenverteilung und den Prozessbedingungen. Viele Plasmafilter werden aus diesem Grund bei einem Transmembrandruck von <50 mmHg betrieben.

Hämolyse bei Membranverfahren beschreibt im Allgemeinen die mechanische Zerstörung von Erythrozyten und die Freisetzung von Hämoglobin und ist grundsätzlich zu vermeiden. In erhöhten Konzentrationen wirkt freies Hämoglobin toxisch. Die Hämolyseneigung zweier unterschiedlicher Membranen (Membran A und B) in Abhängigkeit vom angelegten Transmembrandruck und der Wandscherrate des durchströmenden Blutes ist schematisch in Abb. 6.12 dargestellt. Grundsätzlich nimmt die Hämolyseneigung mit steigender Wandscherrate und fallendem Transmembrandruck ab. Membran B zeigt im Vergleich zu Membran A bereits bei niedrigeren Transmembrandrücken das Auftreten von Hämolyse. Oberhalb der gestrichelten Linien liegt der Bereich, in dem erkennbare Hämolyse auftritt, was an einer Rotfärbung des filtrierten Plasmas sichtbar wird. Die Anfahrphase eines Plasmafilters ist besonders kritisch hinsichtlich Hämolyse. Daher ist die Betriebsanleitung des Filters genauestens zu befolgen. Alle auf dem Markt befindlichen Plasmafilter zeigen jedoch bei den üblicherweise angewandten Prozessparametern keine Hämolyse.

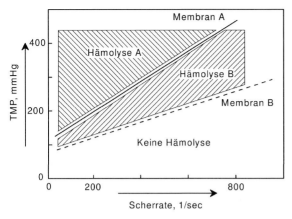

Abb. 6.12 Schematische Darstellung der Hämolyseneigung zweier unterschiedlicher Plasmaseparationsmembranen (Membran A und B) in Abhängigkeit vom Transmembrandruck (TMP in mmHg) und der Wandscherrate (1/s).

6.3.2
Plasmafraktionierung

Bei der Plasmafraktionierung wird Plasma, welches durch kontinuierliche Zentrifugensysteme oder Plasmaseparation mittels Plasmafiltern gewonnen wird, durch eine zusätzliche Filtrationsstufe in zwei unterschiedliche Fraktionen aufgetrennt. Im ersten Schritt dieser Behandlungsmethode (Abb. 6.13) trennt der Plasmafilter zelluläre Bestandteile ab, die dem Patienten zurückgeführt werden. Das gewonnene Plasma wird mit Hilfe einer zweiten Pumpe über den Plasmafraktionator geleitet. In dem Plasmafraktionator werden hochmolekulare von niedermolekularen Plasmafraktionen abgetrennt. Die niedermolekulare Fraktion wird dem Patienten zusammen mit den zellulären Bestandteilen des Blutes wieder zurückinfundiert. Für diese Art von Trennprozess wurden unterschiedlichste Bezeichnungen etabliert: Doppelfiltrations-Plasmapherese (DFPP), Kaskadenfiltration, Doppelfiltration, Rheopherese, Membran-Differential-Filtration (MDF). Oft wird der Plasmafraktionator auch als Secondary Membrane-Plasmafilter bezeichnet. Die Einsatzmöglichkeiten dieses Verfahrens können durch Variation der Membraneigenschaften (im Wesentlichen Porengröße und Porengrößenverteilung) sowie der Fahrweise des gesamten Prozesses speziellen Therapien angepasst werden.

Der Vorteil dieses Verfahrens im Vergleich zum Plasmaaustausch ist, dass nur eine bestimmte Fraktion höhermolekularer Proteine abgetrennt wird. Die wesentliche Menge des Patientenplasmas wird dem Patienten wieder zurückgeführt, und dem Patienten bleiben die eigenen wichtigen Plasmaproteine, wie z. B. Albumin und IgG, erhalten. Im Wesentlichen werden die gleichen medizinischen Indikationen, wie schon beim Plasmaaustausch beschrieben, aber wei-

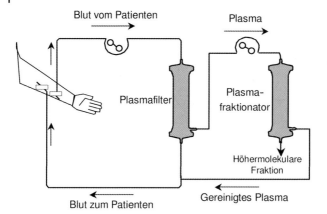

Abb. 6.13 Schematische Darstellung der Plasmafraktionierung (Kaskadenfiltration).

tere Krankheitsbilder, die die Rheologische- oder Immunmodulation des Blutes erfordern, behandelt [34, 38, 43–45].

Abb. 6.13 zeigt eine mögliche Variante der Prozessführung. Eine andere Variante [35, 43] beschreibt das zusätzliche Zirkulieren des Plasmastromes über den Plasmafraktionator. Eine Zusammenstellung verfügbarer Plasmafraktionierungsmembranen ist in Tabelle 6.5 zusammengestellt. Üblicherweise beträgt der maximale TMP des Plasmafraktionators bis zu 500 mmHg. Bedingt durch diese Drücke und die teilweise Verblockung der Poren werden Plasmafraktionatoren mit großen Membranflächen (bis zu 2 m^2) und Kapillarmembranen mit Innendurchmessern zwischen 170 und 250 μm ausgerüstet. Die in Tabelle 6.5 aufgeführten Plasmafraktionatoren variieren in Porengröße und Siebprofil und

Tabelle 6.5 Hersteller von Plasmafraktionierungsmembranfiltern und deren Eigenschaften.

Hersteller	Filter-bezeichnung	Membran-material	Fläche (m^2)	ID/WS (μm)	Filter-zustand	Sterilisa-tionsart
Asahi	Rheofilter	Cellulosediacetat	2,0	220/80	Wasser-füllung	γ-Strahlung
	Cascadeflo EC-20	EVAL	2,0	175/40		
	Cascadeflo EC-30	EVAL	2,0	175/40		
	Cascadeflo EC-40	EVAL	2,0	175/40		
	Cascadeflo EC-50	EVAL	2,0	175/40		
Kuraray	Evaflux 2A	EVAL	2,0	175/40	Wasser-füllung	γ-Strahlung
	Evaflux 3A	EVAL	2,0	175/40		
	Evaflux 4A	EVAL	2,0	175/40		
	Evaflux 5A	EVAL	2,0	175/40		
Dideco	Albusave FP 2	Polyethersulfon	1,7	200/35	trocken	γ-Strahlung/Dampf

ID = Innendurchmesser und WS = Wandstärke der Hohlfasermembranen, EVAL = Polyethylenvinylalkohol.

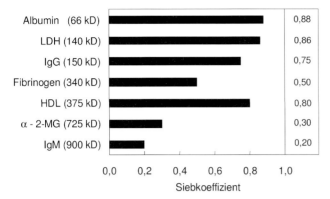

Abb. 6.14 Siebkoeffizient für unterschiedliche Substanzen (Albumin, LDH = Laktatdehydrogenase, IgG = Immunglobulin G, Fibrinogen, HDL = High Density Lipoprotein, α-2-MG = Alpha-2-Makroglobulin, IgM = Immunglobulin M) für eine Plasmafraktionierungsmembran aus Polyethersulfon (FractioPES®, Membrana, Wuppertal) gemessen (in vitro) an Humanplasma bei einer Filtrationsrate von 30 mL/min.

werden entsprechend der medizinischen Indikation ausgewählt. Gängig sind Porengrößen zwischen 20 und 100 nm. Ein Beispiel eines Siebprofils für unterschiedliche Plasmaproteine ist in Abb. 6.14 dargestellt. Die Siebkurve zeigt, dass Albumin die Membran fast ungehindert passieren kann, höhermolekulare Proteine jedoch entsprechend ihrer Größe und Form stärker zurückgehalten werden. Diese Membran wäre z. B. sowohl zur Entfernung von Lipoproteinen (LDL) z. B. bei einer familiären Hypercholesteremie als auch zur Behandlung von Indikationen zur Veränderung der Blutrheologie (z. B. Maculopathie) geeignet, da auch die Fibrinogenkonzentration abgesenkt wird.

In weiteren Varianten dieses Verfahrens wird die Temperatur des Plasmas vor der Filtration durch den Plasmafraktionator auf ca. 4°C reduziert (Kryofiltration) oder aber auf ca. 42°C erhöht (Thermofiltration) [43]. Die Temperaturen des Plasmafraktionators werden während der Behandlung auch in diesem Temperaturbereich gehalten. Die Variation der Temperatur führt zur Ausfällung/Koagulation von Makromolekülen (Fibrinogen, Immunglobuline, Kryoglobuline, etc.) und erlaubt teilweise eine sehr selektive Abtrennung dieser Substanzklassen. In Abhängigkeit von der abzutrennenden Aggregatgröße kommen teilweise auch Filter mit größeren Poren zum Einsatz als durch Abb. 6.14 beschrieben.

6.3.3
Adsorptive Plasmareinigung

Verfahren, die adsorptiv Komponenten aus dem Blut abtrennen, bilden die Gruppe der selektivsten Behandlungsverfahren. Adsorbersysteme, die Vollbluttauglich sind, werden in diesem Kapitel nicht behandelt, da diese Verfahren in der Regel keine Membranen enthalten.

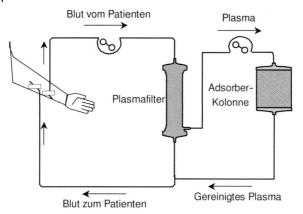

Abb. 6.15 Schematische Darstellung eines Verfahrens zur adsorptiven Abtrennung von Plasmaproteinen aus Blutplasma.

Behandlungssysteme, die aus dem Blutplasma Substanzen selektiv entfernen [46–49], haben üblicherweise folgenden Grundaufbau (Abb. 6.15): Zuerst wird das Blutplasma mit Hilfe eines vorher beschriebenen Plasmafilters von den zellulären Bestandteilen des Blutes getrennt. Die Anbindung der Adsorberkolonne kann in unterschiedlichen Varianten erfolgen, z. B. zwei Adsorberkolonnen parallel, wobei eine Kolonne bei laufendem Betrieb regeneriert werden kann. Durch Anbindung spezieller Antikörper, funktioneller Gruppen oder anderer bindender Funktionen an die Oberfläche poröser Formkörper (Beads) können selektiv Substanzen aus Plasma entfernt werden. Diese Kolonnen werden mit Plasma betrieben, da der Kontakt zellulärer Blutbestandteile mit den Adsorberoberflächen unerwünschte Reaktionen hervorruft. Adsorptionssysteme sind sehr komplexe Kreisläufe, die oft von einem speziell dafür angepassten Monitor betrieben werden. Systeme z. B. zur Immunadsorption oder Cholesterinabsenkung (LDL) werden in größerem Umfang therapeutisch eingesetzt. Auch modifizierte Membranen, die durch die Anbindung von Antikörpern bzw. funktionellen Gruppen eine Kombination aus Filtration und spezifischer Adsorption erlauben, befinden sich in der Entwicklung.

6.4
Blutoxygenation

Membranoxygenatoren werden in Herz-Lungenmaschinen bei Herzoperationen und in Lungenunterstützungssystemen eingesetzt [50–52]. Ein wesentlicher Bestandteil dieser Geräte sind Membranen, bei denen auf der einen Seite das Patientenblut und auf der anderen Seite ein Gasstrom geführt wird. Das Blut nimmt über die Membran Sauerstoff auf, Kohlendioxid wird entfernt und somit die Lungenfunktion ersetzt. Heute werden ca. 1,2 Mio. Operationen am offenen Herzen, wie z. B. Bypassoperationen oder Herzklappenersatzoperationen, mit Unterstützung einer derartigen extrakorporalen Zirkulation (EKZ) durchgeführt.

Bei verschiedenen Lungenkrankheiten oder z. B. bei einem Multiorganversagen sind Langzeit-Lungenunterstützungssysteme [53–55] erforderlich, für die spezielle Membranen entwickelt wurden. Das Prinzip der EKZ und einer künstlichen Oxygenation wurde schon 1812 erstmals von Le Gallois beschrieben [56]. Die historische Entwicklung und die Meilensteine bis zum ersten kommerziell verfügbaren Oxygenator ist von Lauterbach [50] ausführlich beschrieben und von Wodetzki [57] zusammengefasst:

1812 Le Gallois's Vorschlag zu einer EKZ mit Oxygenation,
1876 eine isolierte Niere wird mit oxygeniertem Blut durchströmt und versorgt,
1918 Entdeckung des Heparins,
1919 Entwicklung des ersten Scheibenoxygenators,
1944 Kolff hatte die Idee zur Konstruktion eines Membranoxygenators,
1955 Entwicklung des ersten Membranoxygenators durch Kolff und Balser,
1956 erste erfolgreiche klinische Anwendung mit einem Bubble-Oxygenator [50],
1959 erste Herzoperation mit einem Membranoxygenator,
1969 Membranoxygenatoren kommerziell erhältlich.

Blasenoxygenatoren, bei denen das Gas direkt in das Blut geleitet wird, haben wegen ihrer schlechten Biokompatibilität heute keine wirtschaftliche Bedeutung mehr.

6.4.1
Prinzip des Gastransportes

Der Gasaustausch mit dem Blut erfolgt durch Konvektion und Diffusion durch die Membran bzw. im Blut. Das Hämoglobin in den Erythrozyten hat eine bestimmte chemische Gasbindungskapazität für O_2 und CO_2 und gewährleistet den Transport dieser Gase im Körper. Die treibende Kraft für den Gasaustausch ist die Partialdruckdifferenz dieser Gase zwischen Blutseite und Gasseite (O_2) der Membran. Die Diffusion des jeweiligen Gases durch die Membran ist immer in Richtung des kleineren Partialdruckes gerichtet (Abb. 6.16).

Abb. 6.16 Schematische Darstellung der Partialdruckdifferenz von Sauerstoff und Kohlendioxid über eine Oxygenationsmembran.

Bei einem mittleren Hämoglobingehalt (H_b) von $H_b = 0,12$ kg/L und einer Sauerstoffbindungskapazität von $H_a = 1,34$ L/kg beträgt die Sauerstoffkapazität von 1 L Blut 0,1608 L. Das entspricht einem Partialdruck von ca. 150 mmHg.

Membranoxygenatoren haben mit 0,5–2,5 m² Membranfläche nur ca. 10% der Gasaustauschfläche der natürlichen Lunge. Um trotzdem einen ausreichenden Gasaustausch zu erzielen, wird mit längeren Kontaktzeiten, höheren Partialdruckdifferenzen und anderen Prozessparametern gearbeitet, um entsprechend dem Fick'schen Gesetz (Gleichung 6) die Gasaustauscheffizienz zu steigern [50, 57].

$$V_{O_2} = \frac{P_1 - P_2}{L} KF \qquad (6)$$

In Gleichung 6 beschreibt V_{O_2} die ausgetauschte Sauerstoffmenge pro Zeiteinheit, $P_1 - P_2$ die Partialdruckdifferenz, K die Diffusionskonstante (Absorptionskoeffizient, Turbulenz), F die Oberfläche und L die Schichtdicke.

6.4.2
Membranen/Membraneigenschaften

Heutzutage werden in Oxygenatoren meist Kapillarmembranen, hergestellt aus Polyolefinen (Polypropylen (PP), Polyethylen (PE), Poly-4-methylpenten (PMP)), eingesetzt. Flachmembranoxygenatoren vertreibt nur noch ein Hersteller. Die Abstands- und Strömungsleiteinrichtungen zwischen den Membranen zur Optimierung des Stoffüberganges erfordern bei der Oxygenatorherstellung mit Flachmembranen einen erhöhten Aufwand. Oxygenationsmembranen werden hauptsächlich von der Firma Membrana GmbH produziert; weitere Hersteller sind die Firmen Dainippon Inc. und Terumo.

In Oxygenatoren verwendete Membranen können entsprechend den Transportmechanismen in 2 Hauptgruppen eingeteilt werden:

- dichte Membranen („diffusive" Membranen),
- mikroporöse Membranen.

Dichte Membranen haben keine Poren in der trennaktiven Schicht [50, 58]. Beide Gase müssen gut im Membranpolymer löslich sein. Auf Grund der Konzentrationsdifferenz der Gase auf beiden Seiten der Membran diffundieren die Gase durch die Polymermatrix in Richtung der geringeren Konzentration zur Blut- bzw. Gasseite. In Blutoxygenationsanwendungen sind als diffusive Membranen Silikonmembranen oder Silikon-beschichtete Membranen und Membranen aus PMP am gebräuchlichsten. In Tabelle 6.6 spiegeln die hohen spezifischen Gaspermeabilitätskoeffizienten von PMP im Vergleich zu PP die gute Löslichkeit der zu transportierenden Gase in PMP wieder [59].

Entsprechend dem Fick'schen Gesetz (siehe Abschnitt 6.4.1) ist der diffusive Gastransport indirekt proportional der Schichtdicke der dichten Schicht. In Abb. 6.17 ist die REM-Aufnahme einer kommerziell verfügbaren Langzeitoxygenationsmembran dargestellt, die dieser Gesetzmäßigkeit Rechnung trägt [58].

Tabelle 6.6 Gaspermeabilitätskoeffizienten von Polypropylen (PP) und Poly-4-methylpenten (PMP) für Sauerstoff und Kohlendioxid. Angabe des Permeabilitätskoeffizienten in Barrer = 10^{-10} cm^3 cm/(s cm^2 cmHg).

Gas	Permeabilitätskoeffizient [10^{-10} cm^3/(s cm^2 cmHg)]	
	PP	PMP
Sauerstoff	2,2	32,3
Kohlendioxid	9,2	92,6

Die nur ca. 0,2 µm dichte Außenhaut bestimmt den Widerstand für den Gastransport dieser Membran. Diese kurze Diffusionsstrecke ermöglicht vergleichbare Gastransferraten für O$_2$ und CO$_2$ in einem Oxygenator gleicher Konstruktion mit vergleichbaren Membranflächen wie in Oxygenatoren mit mikroporösen Membranen. In Abb. 6.18 ist der Gastransfer in Abhängigkeit vom Blutfluss für eine

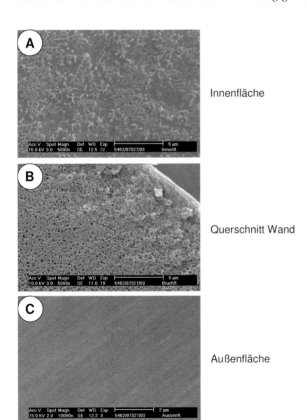

Abb. 6.17 REM-Aufnahmen einer Langzeitoxygenationsmembran mit dichter Außenhaut aus PMP (OXYPLUS®, Membrana, Wuppertal).

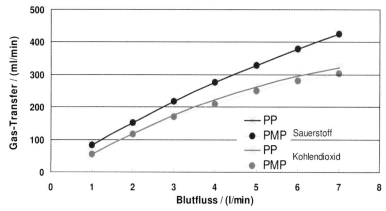

Abb. 6.18 Vergleich der Gastransferraten zweier baugleicher Oxygenatoren bestückt mit einer mikroporösen PP-Membran bzw. einer PMP-Membran mit dichter Außenhaut (Oxyphan®, Oxyplus®, Membrana, Wuppertal) [60].

Tabelle 6.7 Gaspermeabilitäten und Gastrennkoeffizienten einer PMP-Membran (Oxyplus®, Membrana, Wuppertal) für unterschiedliche Gase.

Gas	Fluss l/(m² min bar)	Gastrennkoeffizient bezogen auf Stickstoff
Stickstoff	1,68	
Sauerstoff	5,90	3,53
Kohlendioxid	16,90	10,13

mikroporöse Oxygenationsmembran (Oxyphan®) und eine Membran mit dichter Außenhaut (Oxyplus®) in Oxygenatoren gleicher Konstruktion (Quadrox H bzw. S, Jostra) [50, 60] dargestellt. Verfügbare Silikon-beschichtete bzw. Polysiloxanmembranen erfordern vergleichsweise größere Membranflächen.

Oxyplus® ist auch zur Sauerstoffanreicherung aus Luft geeignet, da der Sauerstofffluss durch diese dichte Membran fast 4-mal größer als der Stickstofffluss ist (Tabelle 6.7).

Bei mikroporösen Membranen findet die Diffusion und Konvektion der Gase hauptsächlich durch die Poren statt. Meist bestehen die Membranen aus PP. Wegen der ausgeprägten Hydrophobie und Porengrößen (kleiner 0,2 µm) werden wässrige Flüssigkeiten wie Blut und dessen Zellbestandteile zurückgehalten, und nur die Gase passieren die Membranwand [61, 62].

6.4.3
Herstellung von Oxygenationsmembranen

Oxygenationsmembranen werden hauptsächlich nach zwei Verfahren hergestellt: TIPS- und Schmelzspinn-Streckprozess. Das eine Verfahren beruht auf

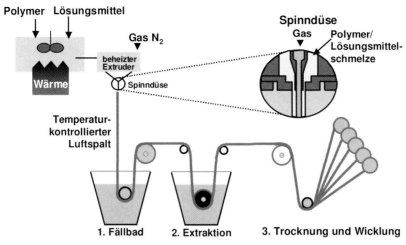

Abb. 6.19 Schematische Darstellung eines TIPS-Prozesses zur Herstellung von mikroporösen Membranen (Accurel®-Prozess).

einer thermischen Phasenseparation (TIPS – Temperature Induced Phase Separation). Darauf basiert auch der so genannte Accurel®-Prozess, der schematisch in Abb. 6.19 dargestellt ist. Ein geeignetes Polymer wird zusammen mit einem oder mehreren Lösungsmitteln mit unterschiedlicher Lösekraft gemischt und dann in einem Extruder zu einer homogenen Lösung verarbeitet. Diese Lösung wird dann zusammen mit einem lumenfüllenden Gas einer Spinndüse zugeführt, um die Kapillarform zu erzeugen. Nach Verlassen der Spinndüse findet eine definierte Abkühlung des Formkörpers in einem Luftspalt bzw. im Fällbad und damit eine Phasentrennung in Polymermatrix und Lösungsmittel statt. Es entsteht eine hochporöse offene Schaumstruktur, die mit dem Lösungsmittel gefüllt ist.

Nach Extraktion des Lösungsmittels z. B. mit heißem Alkohol hat die Membranwand in der Regel ihre endgültige Struktur. Durch die Lösungsrezeptur und Prozessparameter wie Abkühlgeschwindigkeiten und Temperaturen ist die Membranstruktur gezielt einstellbar. Abbildung 6.20 zeigt den Querschnitt und die Oberflächen einer Oxyphan®-Membran mit hoher Porosität und einer sehr gleichmäßigen Porenstruktur.

Beim Schmelzspinn-Streckverfahren wird ein geeignetes kristallines oder teilkristallines Polymer ohne Lösungsmittel in einem Extruder aufgeschmolzen und während der Phaseninversion durch Abkühlung zunächst ein dichter Formkörper in Form einer Kapillare oder Flachmembran erzeugt. Durch nachträgliches Tempern und Verstrecken unter definierten Bedingungen (Abb. 6.21) können dann ebenfalls mikroporöse Membranstrukturen erzeugt werden, die gute Gastransfereigenschaften zeigen. Eine rasterelektronenmikroskopische Aufnahme einer Membran, die nach beschriebenem Streckverfahren hergestellt wurde, ist in Abb. 6.22 dargestellt.

Außenfläche
2000x

Innenfläche
2000x

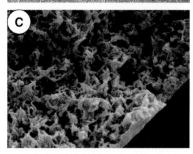
Querschnitt
5000x

Abb. 6.20 REM-Aufnahmen durchgängig mikroporöser Membranen (Oxyphan®, Membrana, Wuppertal).

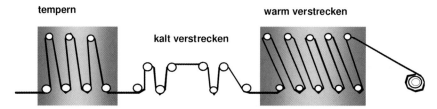

Abb. 6.21 Schematische Darstellung einer Verstreckungsanordnung zur Herstellung einer mikroporösen Membran.

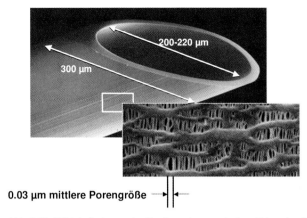

Abb. 6.22 REM-Aufnahmen der Struktur einer nach dem Schmelzspinn-Streckprozess hergestellten Membran (Celgard®).

6.4.4
Betriebsweisen und Membrananordnung im Oxygenator

Die Anordnung der Membran im Oxygenator ist für seine Leistungsfähigkeit genauso wichtig wie die Eigenschaften der Membran selbst. Bei den ersten Modellen von Membranoxygenatoren in den 1980er Jahren wurde das Blut lumenseitig durch die Kapillarmembran geleitet und von außen mit Gas umströmt. Diese Fahrweise implementiert eine Reihe von Nachteilen:

- große Membranflächen erforderlich für ausreichenden Gastransfer,
- hoher Druckabfall innerhalb der Membran,
- Blutfüllvolumen ist zu groß,
- schlechte Blutverträglichkeit,
- hohe Produktionskosten.

Um diese Nachteile zu überwinden, wurden Membrangebilde entwickelt (Abb. 6.23), die eine Außenumströmung zulassen [63]. Mit kreuzgewickelten Kapillarmembranen und noch effektiver mit kreuzgewickelten Membranwirk-

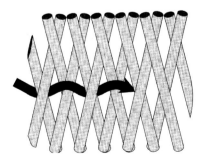

Abb. 6.23 Schematische Darstellung kreuzgelegter Kapillarmembranen.

matten konnten der Stoffübergang optimiert, die erforderliche Membranmenge im Oxygenator mehr als halbiert und die o.g. Nachteile der Innenanströmung ausgeschaltet werden.

Der Gastransport in das Blut wird im Wesentlichen durch 3 Widerstände behindert:

$$R_{ges} = R_B + R_M + R_G \tag{7}$$

In Gleichung 7 errechnet sich der Gesamtwiderstand (R_{ges}) aus dem Widerstand der Blutseite (R_B), dem Widerstand über die Membran (R_M) und dem Widerstand der Gasseite (R_G). Das Grenzschichtmodell in Abb. 6.24 erläutert den Widerstand für den Gasaustausch in den Grenzschichten. Der Widerstand in der Gas/Membrangrenzschicht ist infinit klein und kann vernachlässigt werden. Der Widerstand der Membran ist ca. $1,25 \cdot 10^{-4}$ cm^2 s cmHg/cm^3. Der Widerstand in der Blutgrenzschicht ist ca. 100-mal höher, und hier liegt das Optimierungspotential, diese Grenzschicht möglichst dünn zu gestalten. Am besten ist das mit einer textilen Mattenaufmachtechnologie, der so genannten kreuzgewickelten Wirkmatte, gelungen (Patent Membrana GmbH). Die einzelnen Prozessschritte dieser Technologie sind in Abb. 6.25 dargestellt. Mehrere Kapillaren werden auf einer Wirkmaschine jeweils parallel kontinuierlich abgelegt und durch Kettfäden in einem bestimmten Abstand verbunden. Man erhält gleichzeitig mehrere Membran-Mattenspulen gewünschter Konfiguration. In einem Schiefziehschritt wird die Membran in einem definierten Winkel zwischen 10 und 25 Grad zur Laufrichtung positioniert und als kreuzgewickelte Matte konfektioniert. Mit hoher Produktionseffektivität können die Membranen sehr gleichmäßig im Gehäuse verteilt und fixiert werden und lassen in unterschiedlichen Modulkonstruktionen sowohl axiale, tangentiale als auch Gegenstrom-Betriebsarten zu. Durch die Anordnung und die Kettfäden wird ein statischer Mischer realisiert und eine ständige Durchmischung des Blutes erreicht. Das führt zu einer ständigen Erneuerung der Grenzschicht. Derartige Mattenkonfigurationen sind natürlich auch für Membranreaktoren und Membrankontaktoren z.B. zur Be- und Entgasung von Flüssigkeiten von Bedeutung.

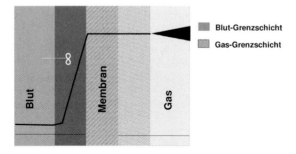

Abb. 6.24 Grenzschichtmodell für den Widerstand des Gasaustausches mit dem Blut.

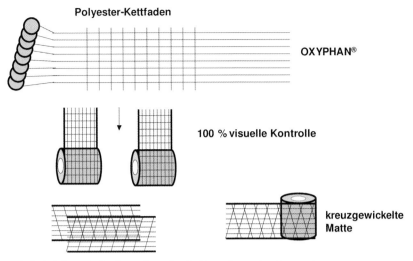

Abb. 6.25 Schematische Darstellung für die Herstellung einer kreuzgelegten Wirkmatte aus Membranen.

6.4.5
Die extrakorporale Zirkulation

In Abb. 6.26 ist eine Herz-Lungenmaschinen-anordnung dargestellt, wie sie heute bei den meisten Operationen am offenen Herzen eingesetzt wird. Venöses Blut wird dem Patienten über mehrere Kanülen mit einem Blutfluss von 3–6 L/min

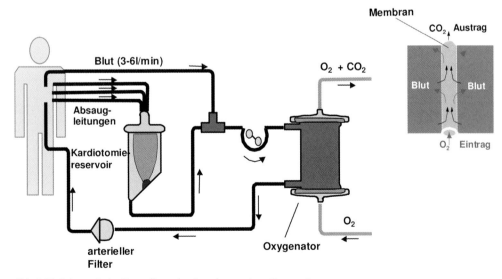

Abb. 6.26 Schematische Darstellung der Anordnung eines Oxygenators in einer Herz-Lungenmaschine.

entnommen und direkt oder über ein venöses Reservoir ggf. zusammen mit einem Anteil Kardiotomiesaugerblut dem Oxygenator zugeführt. Das Blut wird dann über den Oxygenator und einen arteriellen Filter zum Patienten zurückgepumpt. Bei den meisten Standardoperationen enthalten die Oxygenatoren mikroporöse Membranen, wie in Abschnitt 6.4.2 beschrieben. Bei richtiger Handhabung funktionieren diese Membranen für mehrere Stunden einwandfrei.

Bei Langzeitanwendungen kann es jedoch zu einer vermehrten Proteinablagerung und nachfolgender Porenbenetzung kommen, was zu einem Durchbruch des Blutplasmas in den Gasraum führt und einen Oxygenatorwechsel erforderlich macht [61, 62]. Für Langzeitanwendungen, bei denen Oxygenatoren als Lungenunterstützungssystem eingesetzt werden, werden dichte Oxygenationsmembranen (z. B. Oxyplus®) eingesetzt, um einen Plasmadurchbruch zu verhindern. Im Intensivmedizinbereich eröffnen diese plasmadichten Membranen eine Vielzahl von neuen Therapiemöglichkeiten, wenn eine Langzeitperfusion angezeigt ist (ARDS, Sepsis, Multiorganversagen, Viruspneumonie, Brusttrauma...).

6.5
Großtechnische Herstellung von Membranen und Filtern in der Medizintechnik

Zur Herstellung von Membranen für die unterschiedlichen medizinischen Anwendungen (Dialyse, Hämo(dia)filtration, Ultrafiltration, Plasmaseparation, Plasmatrennung, etc.) kommen sowohl temperatur- als auch diffusionsinduzierte Phasentrennung (TIPS, DIPS) zum Einsatz [42, 64]. Bei der Herstellung cellulosischer Membranen werden spezielle Spinn- und Fällverfahren eingesetzt. Der weitaus größte Anteil der synthetischen Dialyse- und Ultrafiltrationsmembranen wird durch DIPS-Prozesse hergestellt, während bei der Herstellung von mikroporösen Membranen auch TIPS-Prozesse zum Einsatz kommen. Im Vergleich zu allen anderen medizinischen Membranprodukten stellen Dialysatoren den weitaus größten Anteil dar (Weltjahresproduktion in 2003: ca. 120 Millionen Filter). Im Nachfolgenden wird speziell auf den Herstellungsprozess von Dialysatoren mit synthetischen Polymermembranen eingegangen, wobei die Prozessschritte, abgesehen von einigen speziellen Verfahren und dem Grad der Automatisierung, bei der Produktion anderer Hohlfasersysteme vergleichbar sind. Der große Bedarf an Dialysatoren und die ökonomischen Rahmenbedingungen haben schon früh zu einer Automatisierung des Herstellungsprozesses geführt. Keine technische Membrananwendung hat bisher diese Entwicklungsstufe erreicht.

Die Herstellung eines Dialysators ist heute ein kontinuierlicher Prozess, der aus einer Sequenz mehrerer einzelner komplexer Prozessabläufe besteht. Hierbei war die Integration der Membranherstellung in die Filterproduktion von entscheidender Bedeutung für die Entwicklung der gesamten Fertigung. Die wesentlichsten Schritte in der Fertigung eines Dialysators mit synthetischen Polymermembranen sind in Abb. 6.27 dargestellt. Zur Gewährleistung eines sterilen Produktes wird die gesamte Fertigung in Reinräumen durchgeführt.

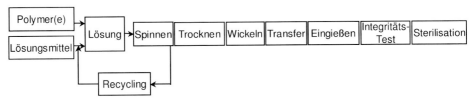

Abb. 6.27 Schematische Darstellung der wichtigsten Prozessschritte in der Dialysatorfertigung. Ausgehend von einem diffusionsinduzierten Phasentrennungsprozess zur Herstellung synthetischer Polymermembranen.

6.5.1
Membranherstellung

Der kontinuierliche Prozess der Herstellung von Kapillarmembranen kann in sechs einzelne Prozessschritte unterteilt werden:

(1) Herstellung der Polymerlösung und der Innenflüssigkeit,
(3) Hohlfaserausbildung,
(4) Ausfällen der Membran im Fällbad und anschließendes Waschen,
(5) Nachbehandlung, z. B. Ondulation, Fasertrocknung, Oberflächenbehandlung,
(5) Wickeln der Membranbündel,
(6) Recycling von Lösungs- und Fällmittel.

Der gesamte Membranherstellungsprozess (Spinnprozess) bis hin zum Wickeln der Membranbündel ist in Abb. 6.28 schematisch dargestellt. Die genannten Prozessschritte werden nachfolgend beschrieben.

(1) *Herstellung der Polymerlösung und Innenflüssigkeit:* Die charakteristischen Membraneigenschaften einer Kapillarmembran können wesentlich durch die Zusammensetzung der Polymerlösung und der Innenflüssigkeit gesteuert werden. Hierbei sollte das Lösungsmittel jedoch folgendes Eigenschaftsprofil erfüllen: Umweltfreundlich und in allen Verhältnissen mit dem Nichtlösungsmittel (Fällmittel) mischbar. Als Fällmittel sollte vorzugsweise Wasser eingesetzt werden. Die Separation der beiden Flüssigkeiten sollte durch einfache Trennverfahren möglich sein. Nur die genaue Spezifikation der prozessrelevanten Rohstoffeigenschaften sowie die ständige Kontrolle der Roh- und Betriebsstoffe gewährleisten gleich bleibende Membraneigenschaften. Bei den Polymeren sind hier besonders das Molekulargewicht, die Molekulargewichtsverteilung, die Feuchte sowie Verunreinigungen zu nennen. Bei der Kontrolle der Polymerlösung ist auf Folgendes zu achten: Viskosität, Gelpartikel, Trübung der Lösung durch nicht gelöstes Polymer, Menge gelöster gasförmiger Produkte. Die Ansatzgröße der Polymerlösungen ist abhängig von der Anzahl zu versorgender Spinnmaschinen und der Düsenzahl pro Spinnmaschine und kann von einigen hundert bis zu einigen tausend Kilogramm betragen.

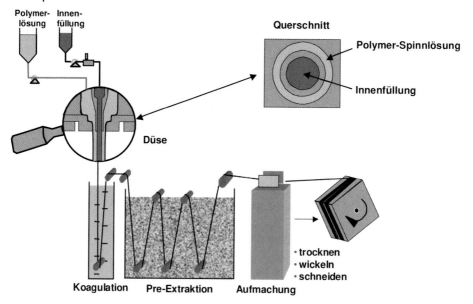

Abb. 6.28 Schematische Darstellung des Herstellungsprozesses für synthetische Polymerhohlfasern.

(2) *Hohlfaserausbildung:* Die wesentlichsten Einflussgrößen auf die Membraneigenschaften während des Herstellungsprozesses sind: Zusammensetzung der Polymerlösung, Düsendesign, Zusammensetzung des Fällbades, Temperatur der Polymerlösung, sowie die Umgebungsbedingungen zwischen Düsenaustritt und Fällbadeintritt. Die Einhaltung aller prozessrelevanten Parameter ist entscheidend für die Erfüllung der hohen Qualitätsanforderung an Medizinprodukte. Üblicherweise läuft der Membranherstellungsprozess kontinuierlich, und Spinnmaschinen werden nur für Wartungsarbeiten einige Tage im Jahr abgestellt. Moderne Spinnmaschinen können mehr als 1000 Spindüsen besitzen und Spinngeschwindigkeiten von mehr als 100 m/min realisieren.

(3) *Ausfällen der Membran im Fällbad und anschließendes Waschen:* Der größte Anteil des Lösungsmittels aus der Polymerlösung wird während des Fällprozesses im Fällbad abgetrennt. Um eine vollständige Entfernung des Lösungsmittels zu gewährleisten, sind dem Fällbad mehrere Waschstufen nachgeschaltet, durch die die Membranen geführt werden. Hierbei werden unter anderem Bäder oder Kombinationen aus Bädern und Sprühkammern genutzt.

(4) *Nachbehandlung der Membran:* Zur Verbesserung der Membraneigenschaften, sowie zur Modifikation der Membran können unterschiedliche Verfahrensschritte, z. B. Fasertrocknung, Beschichtungsverfahren, Ondulation, Oberflächenmodifikationen, nachgeschaltet sein. Die Integration dieser Verfahrensschritte in die Membranherstellung ermöglicht die weitere Reduzierung der Prozesszeit zur Herstellung eines Dialysators. Am Beispiel der Online-Trocknung wird dies be-

sonders deutlich. Die Trocknungszeit wird auf ein Minimum reduziert, und die in der technischen Membranherstellung üblicherweise durchgeführte Trocknung mit erwärmter Luft im Durchströmverfahren oder statisch in Trockenschränken entfällt.

(5) *Wickeln der Membranbündel:* Die Hohlfasermembranen werden am Ende der Spinnmaschine zu Bündeln gewickelt, die später in die entsprechenden Gehäuse transferiert werden. Hierbei können auch mehrere Spinnmaschinen auf eine Wickeleinheit laufen. Der Bündelaufbau ist von entscheidender Bedeutung für die spätere Dialysatverteilung im Dialysator.

(6) *Recycling von Lösungs- und Fällmittel:* Umweltaspekte werden insbesondere in der Membranfertigung berücksichtigt. Einige Beispiele hierfür sind der Einsatz von Wasser als Fällbadmedium und die Rückgewinnung von Wasser und Lösungsmittel in entsprechenden Destillationsanlagen oder Umkehrosmoseanlagen. Diese Maßnahmen reduzieren den Verbrauch von Wasser und Lösungsmittel auf ein Minimum.

Die Gesamtlänge der einzelnen Anlagenteile kann bis zum 100 m betragen, wobei die Länge einer Membran von der Spinndüse bis zum Wickelrad mehr als 1000 m betragen kann, um z. B. eine ausreichende Extraktion des Lösungsmittels zu gewährleisten. Diese Membranführung verlangt eine präzise Kontrolle der Antriebsaggregate und Umlenkrollen.

Durch die kontinuierliche Weiterentwicklung synthetischer Dialysemembranen enthalten diese heute im Gegensatz zu vielen technischen Ultrafiltrationsmembranen keine oder nur geringe Mengen an Porenstabilisatoren (z. B. Glycerin). Der Nachteil solcher Stabilisatoren ist die Notwendigkeit ihrer Entfernung in der Anfahrphase bei der Anwendung solcher Module.

6.5.2
Dialysatormontage

Die gewickelten Membranbündel werden in ein geeignetes Dialysatorgehäuse eingeführt und mit Polyurethan eingegossen. Die einzelnen Komponenten sowie Fertigungsschritte werden nachfolgend beschrieben.

(1) *Dialysator-Gehäuseteile:* Die Hauptanforderungen an ein Dialysatorgehäuse sind: mechanische Stabilität, optimale Geometrie, Durchsichtigkeit, Stabilität gegenüber den unterschiedlichen Sterilisationsarten (Dampf, γ-Strahlung, Ethylenoxid). Des Weiteren sollten die genutzten Materialien nachdem sie in ihre endgültige Form (z. B. Spritzgussteile) gebracht sind, keine Substanzen an Blut oder Dialysat abgeben. Dialysatorgehäuseteile sind meist aus Polykarbonat oder Polypropylen hergestellt. Das komplette Gehäuse besteht aus dem Gehäusekörper für das Faserbündel und zwei Endkappen für Bluteinlass, -auslass und -verteilung. Der Dialysateinlass kann in den Gehäusekörper oder in die Endkappen integriert sein. Zusätzlich werden weitere Kleinteile für den Bündeleinguss benötigt. Die Di-

mensionen eines Dialysators bestimmen wesentlich den späteren Druckabfall des Systems und können durch vorherige Designberechnungen optimiert werden [25].

(2) *Dialysemembran:* Um den unterschiedlichen therapeutischen Anforderungen gerecht zu werden, sind Dialysatoren von 0,2 bis 2,4 m^2 Membranfläche am Markt verfügbar. Die Dimensionierung der Dialysemembranen ist eine Optimierungsaufgabe zwischen optimalem Blut- und Dialysatfluss, möglichst niedrigem Blutvolumen und optimaler, möglichst kleiner Blutkontaktfläche. Abhängig von der Modulgröße und den Faserdimensionen enthalten Dialysatoren mit großen Austauschflächen (2,4 m^2) bis zu 15 000 Fasern. Ein entscheidender Schritt bei der Dialysatormontage ist der Transfer des Membranbündels in das Gehäuse. Hierbei ist darauf zu achten, dass keine Faser beschädigt wird, was bei den nachgeschalteten Qualitätskontrollen überprüft wird. Der Aufbau des Bündels und der entsprechende Füllgrad des Gehäuses ist für die spätere Effektivität des Filters von entscheidender Bedeutung (siehe auch Abschnitt 6.2.5; Abb. 6.29).

(3) *Eingussmaterial:* Das Eingussmaterial bildet die Barriere zwischen Blut- und Dialysatkreislauf und verankert die Membranen an beiden Dialysatorenden fest im Eingussbereich. Aufgrund der hohen Anforderungen (Stabilität, toxikologische Unbedenklichkeit, etc.) wird in der Dialysatorfertigung spezielles, medizinisch zugelassenes Polyurethan (zwei Komponenten: Polyol und multifunktionales Isozyanat) als Vergussmaterial eingesetzt. Zusätzlich zu den schon genannten Anforderungen müssen weitere technische und medizinische Aspekte berücksichtigt werden (Abb. 6.30). Das eingesetzte Polyurethan darf keine toxischen oder die Gerinnungskaskade des Blutes aktivierenden Substanzen abgeben. Die unterschied-

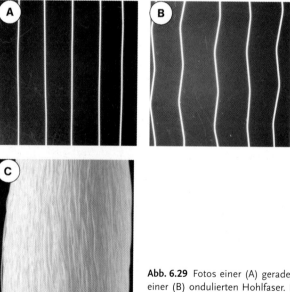

Abb. 6.29 Fotos einer (A) geraden, nicht ondulierten und einer (B) ondulierten Hohlfaser. Bild (C) zeigt ein Bündel mit ondulierten Hohlfasern.

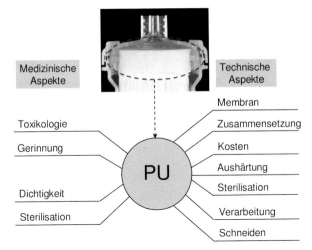

Abb. 6.30 Schnitt durch den Eingussbereich (Polyurethanblock) eines Dialysatorgehäuses mit den eingegossenen Hohlfasern. Darstellung der wichtigsten anwendungsbezogenen Auswahlkriterien (technische und medizinische).

lichen Sterilisationsarten dürfen nicht zur Freisetzung toxischer Substanzen führen.

Um das Membranbündel an den Enden gut mit dem Eingussmaterial, meist Polyurethan (PUR), zu durchdringen und eine fehlstellenfreie Einbettung einer jeden einzelnen Membran bzw. fehlstellenfreie Trennung zwischen Blut und Dialysatraum zu erzeugen, werden spezielle Zentrifugensysteme eingesetzt. Um chemische Reaktionen zwischen Eingussmaterialien und dem Restwasser der Fasern zu vermeiden, müssen die Membranen vor dem Einguss sorgfältig getrocknet werden, außerdem werden die Faserenden verschlossen damit kein Eingussmaterial eindringen kann. Die Eingussbedingungen, die Aushärtezeit, Viskosität und Festigkeit des Eingussmaterials, sind den spezifischen Eigen-

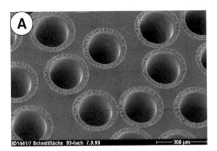 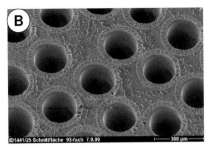

Abb. 6.31 Rasterelektronenmikroskopaufnahmen der Schnittfläche zweier unterschiedlicher Dialysatoren. (A) zeigt eine glatte Blutkontaktfläche eines Standardproduktes, (B) zeigt eine nicht den Qualitätsanforderungen entsprechende zu raue Schnittfläche. Weiße Markierung = 300 µm.

schaften der Kapillarmembran anzupassen. Die Festigkeit des Polyurethans ist wichtig zur Erzielung glatter Schnittflächen beim späteren Schneidvorgang. Heutzutage werden überwiegend Spezialmesser zum Schneiden eingesetzt. Abbildung 6.31 A zeigt eine zu raue Oberfläche, wohingegen Abb. 6.31 B eine ausreichende Schnittqualität zeigt. Zu raue Oberflächen können durch unzureichende Schneidetechnik oder zu geringe Polyurethanfestigkeit entstehen und zu Hämolyse führen. Nachdem durch den Schneidvorgang die Hohlfasermembranen geöffnet sind, werden die Endkappen aufgebracht.

6.5.3
Integritätstest und Qualitätskontrolle

Während des gesamten Herstellungsprozesses eines Dialysators durchläuft dieser mehrere Kontrollen, in denen die Membrandimensionen, Oberflächeneigenschaften, Trenneigenschaften und Dichtigkeit überprüft werden. Sollte der Dialysator in einer Stufe des Herstellungsprozesses einen Test nicht bestehen, so wird er verworfen. Im Hinblick auf die hohen Qualitätsanforderungen an das Produkt wird eine 100% Kontrolle durchgeführt.

6.5.4
Sterilisation

Eine Grundvoraussetzung für die Anwendung am Patienten ist die Sterilität des Dialysators [65]. Drei unterschiedliche Sterilisationsarten sind üblich: γ-Strahlung, Dampf und Ethylenoxid (ETO). In Tabelle 6.8 werden die Sterilisationsbedingungen dieser drei Verfahren, die notwendigen Eigenschaften der Verpackung, sowie der Einfluss der Sterilisation auf die Leistungseigenschaften der Membran beschrieben. Dampf sowie γ-Strahlung können in Abhängigkeit vom verwendeten Membranmaterial unterschiedliche Einflüsse auf die Porengrößen-

Tabelle 6.8 Darstellung der unterschiedlichen Sterilisationsarten für Membranen bzw. Filter, der entsprechenden Sterilisationsbedingungen (inkl. Verpackung der Filter während der Sterilisation) und der Einfluss der Sterilisationenbedingungen auf die Leistungseigenschaften der Membranen.

Sterilisationsart	Faser/Filter	Sterilisationsbedingungen	Einfluss der Sterilisation auf die Membraneigenschaften	Verpackung
γ-Strahlung	trocken, mit Wasser gefüllt	RT	+ +	gasdicht
ETO	trocken	RT (50–60 °C)	+/–	permeabel
Dampf	trocken nass	121 °C 20 min	+ +	permeabel

RT = Umgebungstemperatur (20–25 °C), (+) Einfluss auf die Membraneigenschaften, (–) kein Einfluss auf die Membraneigenschaften.

verteilung und damit gleichzeitig auf die Trenneigenschaften haben. Die Strahlendosis bei γ-Sterilisation beträgt zwischen 5 und 40 kGray. Dampfsterilisation wird für mindestens 20 Minuten bei einer Temperatur von mindestens 121 °C und einem Überdruck von mindestens 1 bar durchgeführt. Der Einfluss von Ethylenoxid ist abhängig vom Membranmaterial und den Struktureigenschaften. Der Nachteil von Ethylenoxid ist die Löslichkeit in Polyurethan. Nach der ETO-Sterilisation müssen die Dialysatoren ausgasen, um einen vorgegebenen Grenzwert zu unterschreiten.

Die Wahl der Sterilisationsart richtet sich nach der Stabilität der eingesetzten Materialien/Rohstoffe für Membran, Gehäuse und Eingussmaterial. Dampfsterilisation ist jedoch im Hinblick auf Umweltbelastung und Patienteneinsatz die Methode der Wahl.

6.6 Literatur

1 M. Storr, R. Deppisch, R. Buck, H. Göhl, in *Biomedical Science and Technology* (Eds.: A. A. Hincal, H. S. Kas), Plenum Press, Istanbul, 1997, pp. 219–233.
2 J. Vienken, *Int. J. Artif. Organs* 2002, 25, 470–479.
3 H. Strathmann, H. Göhl, in *Terminal Renal Failure: Therapeutic Problems, Possibilities, and Potentials*, Vol. 78 (Eds.: G. M. Berlyne, S. Giovannetti), Karger, Basel, 1990, pp. 119–141.
4 R. Deppisch, H. Göhl, E. Ritz, G. M. Hänsch, in *The Complement System* (Eds.: K. Rother, G. O. Till, G. M. Hänsch), Springer, Berlin, 1998, pp. 487–504.
5 R. Deppisch, U. Haug, W. Mientus, H. Göhl, *Blood Purif.* 1992, 10, 87.
6 R. Deppisch, E. Ritz, G. M. Hänsch, M. Schöls, E. W. Rautenberg, *Kidney Int.* 1994, 55, 77–84.
7 A. Schmidt, Merrill Lynch Business Report, 2001.
8 C. Ronco, S. K. Bowry, A. Brendolan, C. Crepaldi, G. Soffiata, A. Fortunato, V. Bordoni, A. Granziero, G. Torsello, G. La Greca, *Kindey Int.* 2002, 61, 126–142.
9 C. Ronco, S. K. Bowry, *Int. J. Artif. Organs* 2001, 24, 726–735.
10 F. Locatelli, C. Ronco, C. Tetta, in *Contributions to Nephrology*, Vol. 138 (Ed.: C. Ronco), Karger, Basel, 2003.
11 H. Strathmann, *Trennung von molekularen Mischungen mit Hilfe synthetischer Membranen*, Steinkopf, Darmstadt, 1979.
12 S. J. Singer, G. L. Nicolson, *Science* 1972, 175, 720–731.
13 J. D. Andrade, *Surface and Interfacial Aspects of Biomedical Polymers*, Vol. 2, Plenum Press, New York, 1985.
14 N. A. Hönich, S. Stamp, S. Robert, *Artif. Organs* 1999, 23, 650.
15 R. Deppisch, R. Buck, R. Dietrich, M. Storr, H. Göhl, L. Smeby, *Int. J. Artif. Organs* 1997, 20, 553.
16 S. K. Bowry, T. Rintelen, *ASAIO Journal* 1998, 44, M579–M583.
17 I. Ledebo, *Advances in Renal Replacement Therapy* 1999, 6, 195–208.
18 I. Ledebo, *Int. J. Artif. Organs* 1995, 18, 735–742.
19 I. Ledebo, *Blood Purif.* 1999, 17, 178–181.
20 C. Ronco, M. Scabardi, M. Goldoni, A. Brendolan, C. Crepaldi, G. La Greca, *Int. J. Artif. Organs* 1997, 20, 261–266.
21 C. Günther, W. Ansorge, B. Blümich, P. Blümler, C. Chwatinski, B. Van Harten, H.-D. Lemke, in *ERA-EDTA*, European Dialysis and Transplant Association, Madrid, 1999, p. 270.
22 G. Lonnemann, T. C. Behme, B. Lenzner, J. Floege, M. Schulze, C. K. Colton, K. M. Koch, S. Shaldon, *Kidney Int.* 1992, 42, 61–68.
23 L. W. Henderson, K. M. Koch, C. A. Dinarello, S. Shaldon, *Blood Purif.* 1983, 1, 3–8.
24 B. J. G. Pereira, B. R. Snodgrass, P. J. Hogan, A. J. King, *Kidney Int.* 1995, 47, 603–610.

25 M. Raff, M. Welsch, H. Göhl, H. Hildwein, M. Storr, B. Wittner, *J. Membr. Sci.* 2003, *216*, 1–11.
26 E. Lindley, *Neprol. Dial. Transplant.* 2002, *17 (Suppl. 7)*, 46–62.
27 E. Lindley, *EDTNA/ERCA Journal* 2002, *28*, 107–115.
28 E. Lindley, B. Canaud, *Nephrol. News & Issues* 2002, 46–49.
29 I. Ledebo, R. Nystrand, *Artif. Organs* 1999, *23*, 37–43.
30 H. Göhl, M. Pirner, *Nieren- und Hochdruckkrankheiten* 1999, *2*, 64–70.
31 J. J. Abel, L. G. Rowntree, B. B. Turner, *J. Pharmacol. Exp. Ther.* 1914, *5*, 625–641.
32 R. Bambauer, *Therapeutischer Plasmaaustausch und verwandte Plasmaseparationsverfahren*, Pabst, Lengerich, 1997.
33 L. J. Zeman, A. L. Zydney, *Microfiltration and Ultrafiltration: Principles and Applications*, Marcel Dekker, Inc., New York, 1996.
34 W. H. Hörl, C. Wanner, *Dialyseverfahren in Klinik und Praxis*, 6 ed., Thieme, Stuttgart, 2004.
35 P. S. Malchesky, *Therapeutic Apheresis* 2001, *5*, 270–282.
36 J. Böhler, K. Donauer, W. Köster, P. J. Schollmeyer, H. Wieland, W. H. Hörl, *Am. J. Nephrol.* 1991, *11*, 479–485.
37 A. Sueoka, *Therapeutic Apheresis* 1997, *1*, 42–48.
38 S. Nakaji, T. Yamamoto, *Therapeutic Apheresis* 2002, *6*, 267–270.
39 G. A. Siami, F. S. Siami, *Therapeutic Apheresis* 2001, *5*, 315–320.
40 B. B. Gupta, L. H. Ding, M. Y. Jaffrin, U. Baurmeister, *Int. J. Artif. Organs* 1991, *14*, 56–60.
41 G. Smolik, Ph.D. Thesis, Technische Universität München, 1989.
42 M. Mulder, *Basic Principles of Membrane Technology*, Kluwer Academic Publisher, Dordrecht, 1996.
43 A. Sueoka, *Therapeutic Apheresis* 1997, *1*, 135–146.
44 R. Klingel, C. Fassbender, I. Fischer, L. Hattenbach, H. Gümbel, J. Pulido, F. Koch, *Therapeutic Apheresis* 2002, *6*, 271–281.
45 H. C. Geiss, K. G. Parkhofer, M. G. Donner, P. Schwandt, *Therapeutic Apheresis* 1999, *3*, 199–202.
46 B. G. Stegmayr, *Blood Purif.* 2000, *18*, 149–155.
47 W. Stoffel, H. Borberg, V. Greve, *Lancet* 1981, *2*, 1005–1007.
48 K. M. Schneider, *Kidney Int.* 1998, *53 (Suppl. 64)*, 61–65.
49 N. Braun, T. Bosch, *Expert. Opin. Investig. Drugs* 2000, *9*, 2017–2038.
50 G. Lauterbach, *Handbuch der Kardiotechnik*, Urban & Fischer, München, 2002.
51 R. J. Tschaud, *Extrakorporale Zirkulation in der Theorie und Praxis*, Papst Science Publischers, Lengerich, 1999.
52 K. M. Taylor, *Cardiopulmonary Bypass*, Lippincott, Williams & Wilkins, 1986.
53 A. Philipp, M. Foltan, M. Gietl, M. Reng, A. Liebold, R. Kobuch, C. Keyl, T. Bein, T. Müller, F.-X. Schmid, D. E. Birnbaum, *Kardiotechnik* 2003, *1*, 7–13.
54 F.-X. Schmid, A. Philipp, J. Link, M. Zimmermann, D. E. Birnbaum, *Ann. Thorac Surg.* 2002, *73*, 1618–1620.
55 J. B. Zwischenberger, C. M. Anderson, K. E. Cook, S. D. Lick, L. F. Mockros, R. H. Bartlett, *ASAIO Journal* 2001, *47*, 316–320.
56 J. J. C. Le Gallois, *Expériences sur le Principe de la Vie*, Chez D'Hautel, Paris, 1812.
57 A. Wodetzki, S. Breiter, J. Scheuren, F. Wiese, *Maku (Membrane) Japanese Membrane Journal* 2000, *25*, 102–106.
58 S. M. Breiter, F. Wiese, A. Wodetzki, O. Schuster, *ASAIO Journal* 2004, *50*, 153.
59 S. M. Allen, M. Fujii, V. Stannett, H. B. Hopfenberg, J. L. Williams, *J. Membr. Sci.* 1977, *2*, 153–163.
60 Jostra AG, Broschüre „Jostra Quadrox^D", Hechingen, 2003.
61 S. Steffen, B. Oedekoven, A. Henseler, K. Mottaghy, *KARDIOTECHNIK* 1997, *3*, 68–71.
62 J. P. Montoya, C. J. Shanely, I. M. Scott, R. H. Bartlett, *ASAIO Journal* 1992, *38*, M399–M405.
63 G. Catapano, R. Hornscheidt, A. Wodetzki, U. Baurmeister, *J. Membr. Sci.* 2004, *230*, 131–139.
64 R. W. Baker, *Membrane Technology and Applications*, McGraw-Hill, New York, 2000.
65 C. Ronco, G. La Greca, in *Contributions to Nephrology*, Vol. 137 (Eds.: G. M. Berlyne, C. Ronco), Karger, Basel, 2002.

7
Membranen für biotechnologische Prozesse

Ina Pahl, Dieter Melzner und Oscar-W. Reif

7.1
Einführung: Biotechnologische Herstellung von Wirkstoffen – Fermentation

Mittlerweile wird ein Großteil der Pharmazeutika biotechnologisch hergestellt. Während früher vor allem Pilze und Bakterien als Produzenten genutzt worden sind, wird heute vor allem mit gentechnisch modifizierten Säugerzellen gearbeitet. Die verwendeten Zelllinien sind auf hohe Produktivität optimiert und durch eine sehr weit entwickelte Zellkulturtechnologie werden sehr hohe Produktkonzentrationen erzielt. Membranverfahren werden in vielen Schritten des biotechnologischen Herstellverfahrens eingesetzt. Im Upstreambereich, d.h. bei der Zuführung der Medien und der Begasung des Fermenters, werden hydrophile Mikrofilter zur sterilen Zuführung der flüssigen Medien genutzt, während die Zu- und Abluft mit hydrophoben Mikrofiltern sterilisiert werden. Die Gewinnung des Wertstoffes nach der Fermentation ist sehr aufwändig. Die Prozessschritte bei der Aufreinigung, dem so genannten downstream processing, beinhalten multiple Verfahrensschritte, in denen Membranen zur Filtration oder als Adsorber angewendet werden (Abb. 7.1).

7.2
Filtrationsverfahren

7.2.1
Statische Filtration

Die statische Filtration wird auch als dead-end-Filtration bezeichnet. Der gesamte Eingangsstrom fließt durch die Membran. Die zu filtrierende Lösung strömt senkrecht durch die Membran (Abb. 7.2). Das führt zur Bildung und zum Anwachsen eines Filterkuchens, der eine Abnahme des Durchflusses bewirkt (Abb. 7.3).

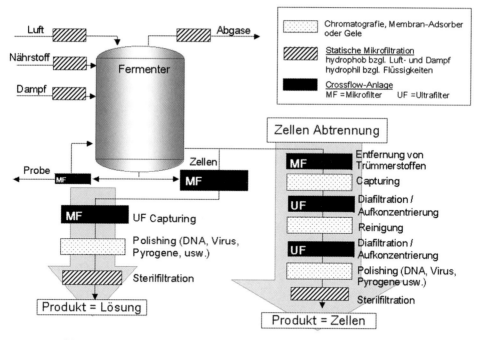

Abb. 7.1 Verfahrensschema einer Fermentation.

Die statische Filtration wird in vielen Bereichen eingesetzt, da sie eine bequeme Handhabung garantiert. Im Pharma-Bereich und im Lebensmittelbereich spielt der Einsatz von Filterkerzen für die Sterilfiltration eine große Rolle. Erwünscht ist die vollständige Filtration des betrachteten Mediums ohne Verblockung des Filters. Diese kann erfolgen, wenn die Größe der zu filtrierenden Partikel in der Größenordnung der Membranporen ist. Andererseits kann es auch zu Wechselwirkungen (z. B. Adsorption) der gelösten Teilchen (Proteine, Zellbruchstücke, etc.) mit der Membranoberfläche kommen. Diese kann zum Verblocken der Membranporen durch den Aufbau einer Deckschicht auf der Membran führen. In diesem Fall ist nicht mehr die Porengröße der Membran bestimmend für die Filtration, sondern die Deckschicht, deren Abscheidungsrate u. U. sehr klein ist.

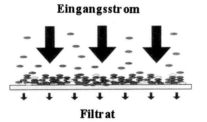

Abb. 7.2 Filtrationsschema.

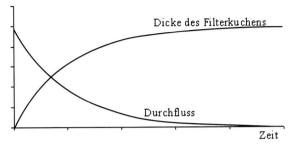

Abb. 7.3 Filtrationsverhalten.

7.2.2
Dynamische Filtration [1]

Die dynamische Filtration wird im Allgemeinen auch als Cross-Flow-Filtration bezeichnet. Der zugeführte Strom fließt senkrecht zum Filtratstrom. Dabei wird die Membranoberfläche parallel überströmt und somit ein sich bildender Filterkuchen kontinuierlich entfernt (Abb. 7.4). Die Cross-Flow-Filtration wird dann angewendet, wenn der Anteil an membranblockierenden Stoffen so hoch ist, dass eine statische Filtration durch schnelles Verblocken der Membran unwirtschaftlich ist.

$$\text{Transmembrandruck (TMP)} = \frac{(p_e + p_a)}{2} - p_p \qquad (1)$$

Ist der Anteil zu filtrierender Partikel klein und erfolgt keine Verblockung der Membran, dann ist der Durchfluss durch die Membran proportional zum Transmembrandruck (TMP). Ist der Anteil zu filtrierender Partikel hoch, ist der

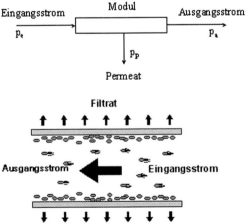

Abb. 7.4 Schema zum Prinzip der Cross-Flow-Filtration.

Durchfluss in vielen Fällen nicht proportional zum Transmembrandruck, sondern wird ab einem bestimmten TMP vom Druck unabhängig. Die Nichtlinearität des Durchflusses bei Realanwendungen in der pharmazeutischen Industrie oder im Lebensmittelbereich kann durch drei generelle Mechanismen beschrieben werden:

- Die Partikel adsorbieren auf der Membranoberfläche und in den Poren, deren Durchmesser dadurch verringert wird, d. h. bei gleichem Druck verringert sich der Durchfluss.
- Die Inhaltsstoffe in der Lösung bilden eine Gelschicht, die als Deckschicht fungiert und das Hindurchtreten der Flüssigkeit und Partikel durch die Gelschicht und Membran erschwert.
- Ein drittes Modell beschreibt die Bildung einer osmotisch wirksamen Schicht auf der Membran durch Konzentrationspolarisation. Nicht ein hydrodynamischer Widerstand, wie bei dem Gelschichtmodell, sondern ein osmotischer Druck hindert den Soluten am Durchtritt durch die Membran.

Die Adsorptionseffekte können durch die Wahl des Membranmaterials günstig beeinflusst werden. Die Bildung einer Gelschicht oder der Konzentrationspolarisierung kann verringert oder sogar ganz unterbunden werden, indem der Querstrom über die Membranoberfläche erhöht wird. Ein hoher Querstrom erleichtert das Hindurchtreten der Flüssigkeit durch die Membran durch besseres Abtragen eines Filterkuchens oder Verringerung der Konzentrationspolarisation und ermöglicht somit einen hohen Durchfluss.

7.3
Membrantypen

Es bestehen ausgeprägte Unterschiede zwischen den verschiedenen Membranpolymeren. Die Tabelle 7.1 listet die verschiedenen erhältlichen Membranpolymere auf. Die Eigenschaften der Polymere bringen Vor- und Nachteile mit sich für die Filtration in Realanwendungen. Es gilt daher, dass es kein Membranpolymer gibt, das sich für das gesamte Spektrum der zu filtrierenden Medien einsetzen lässt. In Vorversuchen muss der geeignete Membranfilter und seine Filtrationsleistung ermittelt werden (Tabelle 7.2).

Die Einsatzfähigkeit eines Filters wird durch die chemische Natur der Membran, die der zu filtrierenden Lösung und den Anforderungen an die Produktqualität nach der Filtration bestimmt. In pharmazeutischen Anwendungen besitzen die Inhaltsstoffe eine hohe Wertschöpfung, so dass ein Verlust durch Adsorption während der Filtration minimiert werden muss. Daher kommen nur Membranen mit geringer unspezifischer Adsorptionsneigung – wie Celluloseacetatmembranen, auf Celluloseacetat-basierte Membranen, PESU-Membranen und modifizierte PVDF-Membranen – für dieses Gebiet zum Einsatz.

In der Pharmaindustrie werden die meisten Filter als Sterilfilter nur einmal (single use) verwendet. In diesem Fall sind die Reinigungseigenschaften des ver-

Tabelle 7.1 Übersicht herkömmlicher Membranmaterialien.

Membranmaterial	Vorteil	Nachteil
Celluloseacetat	• sehr geringe unspezifische Adsorption • hohe Durchflussraten und hohe Standzeiten • geringer Umwelteinfluss bei Müllentsorgung	• beschränkte pH-Beständigkeit • nicht trocken zu autoklavieren
Cellulosenitrat (Nitrocellulose)	• gute Durchflussraten und hohe Standzeiten • hält kleinere Partikel als die Porengröße zurück	• hohe unspezifische Adsorption • beschränkte pH-Beständigkeit • nicht trocken zu autoklavieren
Regenerierte Cellulose	• sehr geringe unspezifische Adsorption • sehr hohe Durchflussraten und hohe Standzeiten	• beschränkte pH-Beständigkeit • nicht trocken zu autoklavieren
Modifizierte regenerierte Cellulose	• sehr geringe unspezifische Adsorption • moderate Durchflussraten und Standzeiten besonders bei schwer zu filtrierenden Lösungen • breite pH-Beständigkeit • leicht zu reinigen (Anforderung für Cross-Flow-Anwendungen)	• Ultrafilter können nicht trocken autoklaviert werden
Polyamid	• gute Lösemittelbeständigkeit • gute mechanische Stabilität • breite pH Beständigkeit • trocken zu autoklavieren	• hohe unspezifische Proteinadsorption • geringe Beständigkeit gegenüber heißem Wasser • moderate Durchflussraten und Standzeiten • bei der Membranherstellung kann es zur Bildung von Vakuolen kommen, die zu großen Poren führen
Polycarbonat	• gute chemische Kompatibilität	• moderate Durchflussraten • geringe Standzeiten • schwer herzustellen
Polyethersulfon	• hohe Durchflussraten und hohe Standzeiten • breite pH-Beständigkeit • höchste Einsatzflexibilität • meistens verwendet mit asymmetrischer Membranstruktur	• geringe bis moderate unspezifische Adsorption (abhängig von der Oberflächenmodifikation) • beschränkte Lösemittelbeständigkeit
Polypropylen	• exzellente chemische Beständigkeit • hohe mechanische Belastbarkeit	• hydrophobes Material • hohe unspezifische Adsorption aufgrund hydrophober Wechselwirkungen
Polysulfon	• hohe Durchflussraten und hohe Standzeiten • breite pH-Beständigkeit	• moderate bis hohe unspezifische Adsorption • beschränkte Lösemittelbeständigkeit

Tabelle 7.1 (Fortsetzung)

Membranmaterial	Vorteil	Nachteil
Polytetrafluorethylen	• exzellente chemische Beständigkeit • hohe mechanische Belastbarkeit • hohe Hydrophobizität (Einsatz bei Luftfiltration)	• hydrophobes Material • hohe unspezifische Adsorption aufgrund hydrophober Wechselwirkungen • kostenintensives Membranmaterial
Polyvinylidendifluorid	• geringe unspezifische Adsorption • trocken zu autoklavieren • gute Lösemittelbeständigkeit	• moderate Durchflussrate und Standzeit • hydrophobes Grundmaterial; durch Oberflächenbehandlung hydrophilisiert; kann durch chemischen Angriff die Hydrophilie verlieren • kostenintensives Membranmaterial

Tabelle 7.2 Unspezifische Adsorption von γ-Globulin auf ausgewählten Membranen.

Membran mit einem Cut-off 10 kDa	Hydrophilisiertes Polyethersulfon	Oberflächenmodifiziertes Polyethersulfon	Celluloseacetat	Hydrosart
Proteinadsorption γ-Globulin ($\mu g/cm^2$)	66	60	37	24

wendeten Filters nicht relevant, sondern nur die Eigenschaften bezüglicher der Adsorption. In Cross-Flow-Anwendungen werden die Filter in vielen Filtrationszyklen eingesetzt. Zu diesem Zweck müssen die Filter effektiv zu reinigen sein. In vielen Fällen wird eine intensive Reinigung notwendig. Dabei muss die Membran während der Reinigung aggressiven Reinigungsmitteln über lange Zeiträume und bei höheren Temperaturen widerstehen. Daher wird bei Langzeitanwendungen ein Kompromiss zwischen Adsorptionseigenschaften der Membran und der chemischen Beständigkeit während der Reinigung geschlossen.

7.3.1
Porengrößen

Verschiedene druckgesteuerte Membranprozesse können zur Konzentrierung oder Abtrennung von Verunreinigungen in wässrigen oder nicht-wässrigen Medien eingesetzt werden. Idealerweise ist die Konzentration der gelösten/ungelösten Bestandteile gering. Die chemischen Eigenschaften, die Partikel- und Molekülgrößen, bestimmen das zu verwendende Membranmaterial (Abb. 7.5) und die Porengröße. In Abhängigkeit von der Größe der gelösten Bestandteile und somit auch der Porengröße wird zwischen Mikrofiltration, Ultrafiltration, Nanofiltration und Revers-Osmose unterschieden.

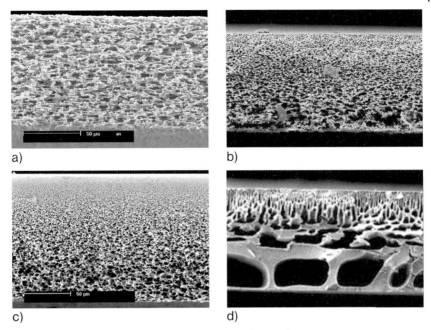

Abb. 7.5 (a) Symmetrische Membran; (b) asymmetrische Membran; (c) Membran mit dichter Skin und porösem Support; (d) Membran mit Skinschicht und Fingerstruktur-Support.

Aufgrund des Druckes fließt das zu filtrierende Medium und ein Teil der Inhaltsstoffe durch die Membran hindurch. In Abhängigkeit von der Membranstruktur und Porengröße kann ein Teil der Inhaltsstoffe zurückgehalten werden (Abb. 7.6).

Bei der Revers-Osmose ist die Größe Inhaltsstoffe in der Größenordnung des zu filtrierenden Mediums von 0,1 bis 1 nm. Die Porengröße der Membran muss entsprechend klein sein. Daraus resultiert für die Filtration ein großer Widerstand, um einen Massentransfer durch die Membran zu erzielen. Dies kann durch einen hohen Filtrationsdruck erreicht werden. Es gibt einen fließenden Übergang zur Nanofiltration, der den Bereich für Molekülgrößen von 0,5 bis 5 nm umfassen kann.

Die Filtration von Molekülen im Größenbereich von 1 bis 200 nm wird Ultrafiltration genannt. Die Membranstruktur der Ultra-, Nano- und Revers-Osmose-Filter ist asymmetrisch., d.h. sie haben eine 0,1 bis 1 nm starke Membranschicht, die durch eine 50 bis 150 µm dicke Membranschicht unterstützt wird, die keine filtrationsaktive Aufgabe hat. Der hydraulische Widerstand resultiert aus der oberen, filtrationswirksamen Membranschicht.

Im Fall der Mikrofiltration beträgt die Größe der zu filtrierenden Inhaltsstoffe 100 bis 10 000 nm. Die Membrandicke beträgt 20 bis 300 µm und aus der Membrandicke resultiert der hydraulische Widerstand. Es werden symmetrische

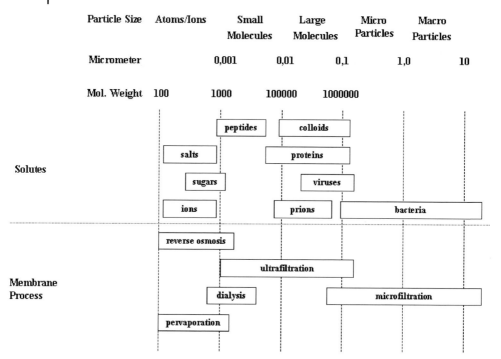

Abb. 7.6 Schema Membranverfahren und abtrennbare Stoffe [1].

(Abb. 7.5a) und asymmetrische (Abb. 7.5b) Membranen verwendet. Bei der Auswahl einer Membran ist jeweils ein Kompromiss aus hoher Sicherheit bei der Sterilfiltration (symmetrische Membran) und hoher Schmutzaufnahmekapazität (asymmetrische Membran) zu wählen.

Der Durchfluss durch Membranen ist umgekehrt proportional zur Membrandicke, d.h. für den optimalen Einsatz von Membranen ist eine Gratwanderung zwischen Stabilität der Membran und Durchfluss erforderlich. Im biotechnologischen Prozess sind vor allem Ultrafiltration, Mikrofiltration und Membranchromatografie von Bedeutung.

7.3.2
Filterformen

Für die dynamische Filtration können Membranen als Flachmembranen in Module eingebaut werden, die in der Pharmaindustrie und im Getränkebereich eingesetzt werden. Einige Ultrafiltermembranen sind nur bedingt oder gar nicht autoklavierbar. Mikrofilter sind im Allgemeinen autoklavierbar.

Die Membranlagen können auch als Rolle in so genannte Wickelmodule gebaut werden. Wickelmodule sind schwer sterilisierbar. Die Durchflussleistung ist aufgrund des hohen Druckabfalls, der aus den langen Wegen im Modul resultiert, gering.

Die Membranen können auch die Form von Kapillaren oder Hohlfasern (Innendurchmesser von 0,5 bis 3 mm) haben, die zu Hunderten in Modulen als Hohlfaserfiltereinheiten verwendet werden. Sie können die filtrationswirksame Schicht innen oder außen aufweisen. Sie haben eine größere Oberfläche pro Volumen als herkömmliche Filterkerzen. Sie sind relativ kostengünstig und eignen sich bei größeren Innendurchmessern für hohe Partikelbelastungen.

Zum anderen werden Membranen für die statische Filtration als plissierte Elemente in Sterilfilterkerzen oder Vorfilterkerzen verbaut, die in der Pharmaindustrie oder im Lebensmittelbereich eingesetzt werden. Diese Filtereinheiten sind autoklavierbar bei 134 °C.

7.3.3
Qualitativer Überblick der Modultypen

Zusammenfassend lässt sich feststellen, dass es keine Filterkonfiguration gibt, die sich für alle Anwendungen einsetzen lässt. Daher muss je nach Applikation die optimale Filterkonfiguration durch Vortests ermittelt werden (Tabelle 7.3). Ebenso müssen die unterschiedlichen Investitionskosten auf die Anwendung abgestimmt werden. Durch effektive Prozessführung können die Betriebskosten durch kurze Filtrationszeiten und gute Reinigungsmethoden minimiert werden.

Tabelle 7.3 Vergleich der Modultypen.

	Hohlfasermodule	Wickelmodule	Platten- und Rahmenmodule
Packungsdichte	sehr hoch	→	gering
Investitionskosten	gering	→	hoch
Tendenz zum Fouling	sehr hoch	→	gering
Reinigbarkeit	schlecht	→	gut

7.4
Ultrafiltration

Die Ultrafiltration wird definiert als Filtration im Porengrößenbereich von 0,005 bis 0,05 µm zur Abtrennung oder Aufkonzentrierung von Partikeln, Proteinen, Zellbestandteilen, etc. Hierzu werden asymmetrische Membranen verwendet, deren filtrationswirksame Schicht bis zu 10 µm stark sein kann. Diese Schicht wird durch eine Unterstruktur, die sehr große Poren hat und bis zu 150 µm stark ist, stabilisiert (Abb. 7.5 d).

Die Abscheiderate bei Ultrafiltern wird Molekulargewicht-Abtrennungsgrenze (MWCO molecular weight cut off) genannt. Es existieren keine standardisierten Vorschriften, um diesen MWCO zu definieren und für eine Membran festzulegen. Somit können der deklarierte Cut-off und der wahre Cut-off beträchtlich voneinander abweichen. Um die Trenngröße von Ultrafiltern zu bestimmen, werden die Rückhaltevermögen von so genannten Markerproteinen bestimmt. Dabei definiert jeder Membranhersteller das Mindestrückhaltevermögen ohne jegliche regulatorische Vorgabe.

$$\text{Rückhaltevermögen} = \frac{\text{Konz. } c_p}{\text{Konz. } c_f} \qquad (2)$$

Konz. c_f = Konzentration des Proteins im Feedstrom
Konz. c_p = Konzentration des Proteins im Permeatstrom (im Filtrat)

Neben Proteinen können auch inerte Partikel, wie polydisperses Dextran, verwendet werden, um die Cut-off-Grenze zu bestimmen. Mit Hilfe der Größenausschlusschromatografie wird die Rückhaltung ermittelt.

Für die Anwender von Ultrafiltern gilt, dass in Vorversuchen mit Realmedium der Ultrafilter mit passendem Cut-off herausgefunden werden muss. Dabei kann es passieren, dass die für den Prozess geeigneten Membranen unterschiedlicher Hersteller mit unterschiedlichem Cut-off bezeichnet sind.

Neben der Abscheidecharakteristik eines Filters spielt auch die Einsatzfähigkeit für die zu filtrierenden Lösungen eine wichtige Rolle. Zum einen muss der Filter während der Filtration beständig sein, d.h. er muss beim geforderten pH-Wert stabil sein, und für den Temperaturbereich geeignet sein. Zum anderen sollte die Membran ein geringes unspezifisches Adsorptionsverhalten aufweisen, damit es nicht zu Produktverlusten kommt (wenn das Produkt im Filtrat ist) oder so genannte „Fouling"-Effekte auftreten, wobei die Membran durch Anlagerung von Lösungsbestandteilen ihre Leistungsfähigkeit verliert. Diese führen zu einer Verblockung der Membranporen und Bildung einer Schicht auf der Membranoberfläche, die selbst als filtrationswirksame Schicht mit verändertem Cut-off fungiert.

7.5
Adsorptionseffekte

Die Adsorption auf Membranen hängt von vielen Faktoren und Betriebsparametern bei der Filtration ab – wie Temperatur, Druck, Überströmung der Membran, Art des Proteins, Zusammensetzung des zu filtrierenden Mediums, Membranmaterial, Membranporengröße und Membranoberflächenrauigkeit.

Für die Adsorption von Proteinen auf Membranen sind die hydrophilen und hydrophoben Eigenschaften von Proteinen zu berücksichtigen, die die Wechselwirkung mit Membranoberflächen erleichtern oder erschweren. Im Allgemeinen zeigen hydrophile Membranen wie Celluloseacetatmembranen oder hydrophile regenerierte Cellulosemembranen (Hydrosart) eine geringe unspezifische Adsorption, da viele Proteine große Bereiche mit hydrophobem Charakter besitzen, so dass keine ausgeprägten Wechselwirkungen mit der Membran erfolgen. Beim Einsatz von Membranen in Realanwendungen können häufig gar nicht die positiven Eigenschaften der Membranen bezüglich der Adsorption ausgenutzt werden, da noch aus Kostengründen die Frage der Reinigbarkeit von Filtermodulen betrachtet werden muss. Der mehrmalige Einsatz der Filtermodule macht Prozesse erst wirtschaftlich. Für die effektive Reinigung von Filtermodulen müssen unter Umständen rigorose Reinigungsbedingungen (0,5 M NaOH-Lösung, 45 °C, 30 Min.) verwendet werden. Celluloseacetat ist bei diesen chemischen Bedingungen nicht stabil und kann nicht verwendet werden. Dagegen kann stabilisierte regenerierte Cellulose oder Polyethersulfon in diesem Fall benutzt werden. Für Polyethersulfon gilt, dass es in gewissen Maße zu unspezifischer Adsorption kommt und die Leistung während der Filtration beeinträchtigt werden kann.

Die Verblockung der Membran durch „Fouling" ist ein irreversibler Prozess, der durch rigorose Reinigung der Membranoberfläche mit hoher Überströmung nur nahezu rückgängig gemacht werden kann. Membranfouling ist ein Ergebnis aus der Wechselwirkung von Membran und Protein, die auf der Membranoberfläche und in den Poren erfolgt. Nach dem Bilden einer monomolekularen Schicht auf der Oberfläche kann die Adsorption in mehrfachen molekularen Schichten erfolgen, so dass eine Proteinschicht auf der Membran entsteht, die die Filtrationseigenschaften, wie Durchfluss und Abscheiderate, gänzlich verändert und somit in Filtrationsprozessen nicht erwünscht ist. Durch Einstellen von Betriebsparametern, wie Überströmung und Filtrationsdruck, können die Foulingeffekte während der Filtration minimiert werden.

7.6
Membranreinigung

Membranen sind im Allgemeinen so entwickelt worden, dass sie mehrmals wieder verwendet werden können. Da die Filter z. T. einen signifikanten Kostenfaktor darstellen, wird durch die mehrfache Wiederverwendung ein Prozess erst wirtschaftlich. Für diesen Zweck muss gewährleistet sein, dass die Filtereinheit gut zu reinigen ist und die Membran dabei keine ihrer Filtrationseigenschaften (Durchfluss, Abscheidungsgrenze, etc.) verliert. Nur durch die Reinigung nach jeder Filtration kann eine Verunreinigung der Prozesslösung von Batch zu Batch vermieden werden.

Die Reinigungseffizienz ist ein Zusammenspiel von Temperatur, Zeit und Konzentration des Reinigungsmittels. Je länger es auf die Membran einwirken kann, desto effektiver ist die Reinigung. Sie sollte unmittelbar nach der Filtration erfolgen. Geeignete Reinigungsmittel je nach Herstellerangaben können sein: Natronlauge, P Ultrasil 11, P Ultrasil 91, Hypochloritlösung, etc. Die Reinigungsmittel müssen auf die chemische Beständigkeit der Membran abgestimmt sein, da jede Reinigung auch eine große Beanspruchung der Membran mit sich bringt. Eine chemische Wechselwirkung des Reinigungsmittels, die die Membranstruktur verändert (geringere Membrandicke, vergrößerte Poren), ist ungeeignet und unerwünscht.

Die Reinigungseffizienz kann ermittelt werden, indem der Durchfluss nach der Reinigung mit dem Durchfluss der (gebrauchten) Membran vor der Filtration aufeinander bezogen wird. Nach der Reinigung sollte der Wert >75% angestrebt werden.

7.7
Betriebsarten in der Ultrafiltration [2, 3]

Die Ultrafiltration umfasst die Filtration von Partikeln in der Größenordnung 0,005 bis 0,5 µm. Zum einen dient sie zur Aufkonzentrierung von Produkten wie Proteinen, Viren, etc. Dabei wird der cut-off der Membran so gewählt, dass bei akzeptabler Durchflussrate minimale Mengen des gewünschten Produktes in das Permeat übergehen. Zum anderen kann für die Abtrennung von zellulären Partikeln die Abscheidungsgrenze so gewählt werden, dass das Produkt in das Permeat übergeht und Verunreinigungen im Retentat verbleiben und somit abgetrennt werden.

Bei der Diafiltration erfolgt ein Austausch von Puffern oder das Auswaschen von Verunreinigungen (Abb. 7.7). Sie kann kontinuierlich oder diskontinuierlich durchgeführt werden.

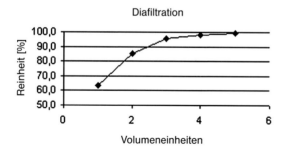

Abb. 7.7 Diafiltrationsverlauf.

Für die kontinuierliche Diafiltration gilt folgende Gleichung:

$$C_s = C_{s,0} \exp\left[-\left(\frac{V_d}{V_0}\right)\right] \tag{3}$$

$$V_d = V_0 \ln\left(\frac{C_s}{C_{s,0}}\right) \tag{4}$$

C_s = Konzentration der Inhaltsstoffe, die nach der Diafiltration zurückbleiben
$C_{s,0}$ = originale Konzentration der Inhaltsstoffe
V_d = Gesamtvolumen des Diafiltrats
V_0 = Volumen des zurückgehaltenen Produktes

Die Lösung dieser Gleichung für den 99%igen Austausch ergibt, dass das 4,6-fache Volumen des ursprünglichen Ausgangsvolumens des Diafiltrationspuffer notwendig sind. Die Substanz, die entfernt werden soll, wird bei jedem Diafiltrationsschritt progressiv verdünnt.

In der Praxis erfolgt vor der Diafiltration ein Konzentrierungsschritt, um das notwendige Volumen für die Diafiltration möglichst gering zu halten. Daraus resultieren ein geringer Pufferverbrauch und kurze Diafiltrationszeiten. Dabei ist zu beachten, dass hohe Konzentrationen an Produkt geringe Durchflussraten mit sich bringen können.

7.8
Durchfluss

Um den Durchfluss einer Mikrofiltermembran zu beschreiben, muss angenommen werden, dass die Poren linear sind und einen konstanten Durchmesser haben.

Der Durchfluss J ist proportional zur Druckdifferenz. Dies wird durch das Darcy'sche Gesetz beschrieben.

$$J = A \cdot \Delta P \tag{5}$$

Die Konstante A enthält Faktoren wie Porosität und Porengröße sowie die Viskosität des Fluids.

Unter der Annahme zylindrischer Poren kann das Hagen-Poiseuille'sche Gesetz angewendet werden. Es gilt dann für $A \approx \varepsilon r^2$.

$$J = \frac{\varepsilon r^2}{8\eta} \frac{\Delta P}{\Delta x} \tag{6}$$

r = Porenradius
Δx = Membrandicke
η = dynamische Viskosität

In den Gleichungen (5) und (6) ist der Durchfluss proportional zu Strukturparametern wie der Porosität und dem Porendurchmesser. Übertragen auf die Mikrofilter sollte die Porosität der Oberfläche so groß und die Porengrößenverteilung so eng wie möglich sein.

7.9
Membrancharakterisierung

Mikrofilter- und Ultrafiltermembranen sind poröse, d. h. durchgängige Membranen. Die Poren können mit verschiedenen Methoden charakterisiert werden. Zum einen gehört zur Charakterisierung die Porosität und zum anderen der

Porendurchmesser bzw. die Porengrößenverteilung. Diese beiden Größen bestimmen, welche Partikel zurückgehalten werden oder durch die Membran fließen.

In realen Anwendungen wird die Leistungsfähigkeit einer Membran neben der Porengröße durch Fouling und Polarisation auf der Membranoberfläche reguliert.

Für die Bestimmung der Porengeometrie werden extreme, nicht reale Annahmen gemacht, um die Daten interpretieren zu können. Mit dem Modell von Hagen-Poiseuille wird angenommen, es handelt sich um zylindrische Poren. Das Kozeny-Carman-Modell geht davon aus, dass die Poren die Zwischenräume zwischen dichtest gepackten Kugeln sind. In der Praxis kann die Porengröße an der Membranoberfläche z. B. durch Filtration mit Partikeln definierter Größen erfolgen.

Bei der Bestimmung der Porengrößenverteilung (Abb. 7.8) wird zwischen der nominalen und absoluten Porengröße unterschieden.

Die absolute Porengröße beschreibt, dass alle Partikel dieser Größe oder größer von der Membran zurückgehalten werden.

Die nominale Porengröße beschreibt, dass ein prozentualer Anteil der Partikel dieser Größe oder größer zurückgehalten wird.

Die Porengrößenverteilung für Membranen ist bedeutsam zur Wahl in speziellen Anwendungen, wie der Sterilfiltration in der Pharmaindustrie. Bei bekannter Porengrößenverteilung einer Membran kann die effektive Abtrennung von Partikeln bekannter Größe gewährleistet werden.

Die Oberflächenporosität ist ein wichtiger Faktor bei der Bestimmung des Durchflusses der Membran in Verbindung mit der Membrandicke (Abb. 7.9). Mikrofiltermembranen weisen je nach Art eine Porosität zwischen 5 bis 70% auf. Im Gegensatz dazu haben die Ultrafiltrationsmembranen mit 0,1 bis 1% eine geringe Porosität in der aktiven Schicht. Die oben genannten Parameter lassen sich als strukturrelevant zusammenfassen. Zu den die Durchlässigkeit beschreibenden Messungen zählen Rückhaltetests mit definierten Testlösungen. Es ist in wenigen Fällen möglich die gemessenen Rückhalteeigenschaften mit den Ergebnissen der strukturrelevanten Daten zu korrelieren. Dies hängt damit

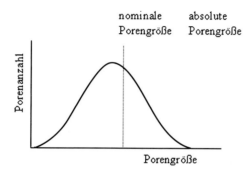

Abb. 7.8 Porengrößenverteilung einer Membran.

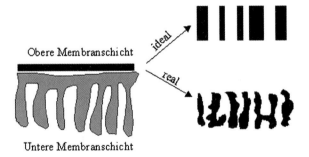

Abb. 7.9 Modell einer Membran.

zusammen, dass die wahre Struktur der Porenöffnungen und Porengänge durch die strukturrelevanten Messungen nicht erfasst werden.

Für den praktischen Einsatz werden Mikrofiltermembranen, die eine Porengröße zwischen 0,1 und 10 µm haben können, mit Hilfe folgender Untersuchungen charakterisiert:

- Rasterelektronenmikroskopie,
- Bubble-Point-Test (Blasen-Punkt-Test),
- Permeabilitätsmessungen.

7.9.1
Rasterelektronenmikroskopie

Auf die technischen Einzelheiten dieser Methodik soll hier nicht eingegangen werden. Um die Membranstruktur visuell darzustellen, wird die trockene Probe im Hochvakuum mit einer dünnen Goldschicht überzogen, um ein zu hohes Aufladen und Verbrennen der Probe zu unterbinden. Die Probe wird mit einem energiereichen Elektronenstrahl im Bereich von 1 bis 25 kV beschossen. Es entstehen aus den primären (einfallenden) Elektronen sekundäre Elektronen. Diese bestimmen hauptsächlich die Bildgebung. Mit der Rasterelektronenmikroskopie können Strukturen der Größe 5 bis 10 nm aufgelöst werden. Mit dieser optischen Untersuchungsmethode ist eine gute Erfassung von Membranoberflächen oder Querschnitten möglich.

7.9.2
Bubble-Point-Test

Zur Bestimmung der größten Pore in einer Membran kann der Bubble-Point-Test durchgeführt werden (Abb. 7.10). Hierzu wird der Druck bestimmt, der notwendig ist, um Luft durch die Membran zu drücken, deren Poren z. B. mit Wasser oder einer anderen Flüssigkeit vollständig gefüllt sind.

Die Oberseite der Membran ist mit der Luft in Kontakt und wird mit Druck beaufschlagt. Auf der Unterseite der Membran wird die Luft, die durch die Membran hindurchtritt, mit einem Schlauch in ein mit Wasser gefülltes Glas-

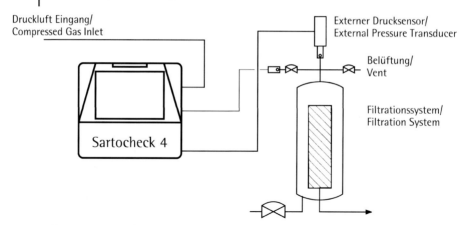

Abb. 7.10 Prinzipaufbau Bubble-Point-Test.

gefäß geführt. Mit zunehmendem Druck wird die hindurchtretende Luftmenge größer, bis eine Blasenkette erkennbar ist. Dieser Druck wird Bubble-Point genannt und bestimmt den Durchmesser der größten Pore.

Die Laplace-Gleichung beschreibt den Zusammenhang von Druck und Porenradius:

$$r_\mathrm{p} = \frac{2\gamma}{\Delta P} \cos\theta \qquad (7)$$

r_p = Radius der zylindrisch geformten Pore
γ = Oberflächenspannung am Übergang Flüssigkeit/Luft
θ = Kontaktwinkel

Der Druck, der notwendig ist, damit Luft durch die Pore strömt, ist bei der größten Pore am geringsten. Abbildung 7.11 gibt das Prinzip der Bubble-Point-Messung wieder. Beim Druck p_1 wird die größte Pore mit Luft vollständig durchströmt, da der Kontaktwinkel 0° beträgt. Aus der Gleichung (7) kann der Porenradius berechnet werden, wenn der Druck gemessen wurde, bei dem die erste Luftblase aufgetreten ist.

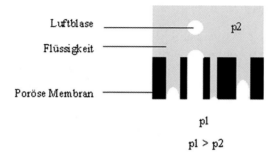

Abb. 7.11 Prinzip der Bubble-Point-Messung.

7.9.3
Permeabilitätsmessungen

Auf diese Methodik zur Porengrößenbestimmung soll nicht im Detail eingegangen werden, da oft die Daten der Praxis schwer zu interpretieren sind. Permeabilitätsmessungen werden mit Lösungen durchgeführt. Dabei wird der Durchfluss in Abhängigkeit vom Druck ermittelt. Unter der Annahme zylindrischer Poren kann die Porengrößenbestimmung mit Hilfe der Hagen–Poiseuille-Gleichung erfolgen. Wichtig sind Permeabilitätsmessungen auch zur Ermittlung der Schmutzaufnahmekapazität (bei der statischen Filtration ein wichtiger Parameter zur Auslegung). Dabei wird reales Medium oder eine ausgewählte Testlösung durch die Membran filtriert und die Durchflussabnahme durch Verblockung bestimmt. Zur Durchführung existieren eine Vielzahl von Vorschriften (z. B. Filterindexbestimmung), die letztlich alle eine Prognose erlauben, wie viel Lösung durch die Membran filtriert werden kann, bevor sie verblockt. Sie liefern damit wesentliche Anhaltspunkte für die Wirtschaftlichkeit des Prozesses oder geben Hinweise bei zu niedrigen Werten für weitere Vorbehandlungsschritte vor der Sterilfiltration.

7.10
Anwendungen der Mikrofiltration

Moleküle und Partikel mit einer Molekularmasse von 500 000 und größer sowie Zellen und Bakterien können durch Mikrofiltration abgetrennt oder konzentriert werden. In der Fermentation werden häufig mittels Mikrofiltration Zellen oder Zellbruchstücke von Zielproteinen abgetrennt. Die Eigenschaft, Bakterien oder andere Mikroorganismen effektiv aus pharmazeutischen Lösungen zu entfernen, ohne die Qualität der Produktlösung zu beeinflussen, macht die Mikrofiltration zum Mittel der Wahl für die Sterilfiltration in der pharmazeutischen Industrie. Im Allgemeinen werden Mikrofilter mit der Porengröße von 0,2 µm zur Sterilfiltration im dead-end-Modus eingesetzt. Die Sterilfiltration ist einer der wirtschaftlich größten Membranprozesse.

7.10.1
Anwendungsbeispiel Filtervalidierung

Ein Anwendungsbeispiel für die Mikrofiltration ist die Beaufschlagung von Sterilfiltern mit dem Testkeim *Brevundimonas diminuta*, um die Sterilfiltereigenschaften im Rahmen einer Filtervalidierung zu beweisen. Das *Health Industry Manufacturers Association (HIMA)* Dokument No. 3, Vol. 4 (April 1982) und das ASTM Dokument F 83-883 (1993) definieren einen Sterilfilter wie folgt: Ein Sterilfilter muss ein steriles Filtrat erzeugen, wenn dieser Filter definiert mit 10^7 Bakterien *Brevundimonas diminuta* pro cm² effektiver Filtrationsfläche beaufschlagt wurde.

Tabelle 7.4 Bakterienbeaufschlagungstest von Sterilfiltern im Rahmen einer Validierung: Polyethersulfonmembran.

Testfilter	Beaufschlagungskonzentration [CFU[a]/Filterelement[b]]	Filtrationszeit Bakterien in Wasser [min]	Anzahl CFU im Filtrat
Charge 1	$1{,}7 \times 10^{11}$	3:46	0
Charge 2	$1{,}7 \times 10^{11}$	3:45	0
Charge 3	$1{,}7 \times 10^{11}$	3:49	0

a) CFU: Kolonien bildende Einheiten (Colony forming units),
b) Effektive Filtrationsfläche 2500 cm^2.

In Tabelle 7.4 sind die Testdaten zusammengefasst. Es wurden drei Filter mit Polyethersulfonmembranen unterschiedlicher Charge mit Bakterien *Brevundimonas diminuta* bei einem Druck von 1 bar beaufschlagt. Das Filtrat wurde hinsichtlich des Bakterienwachstums kontrolliert.

Ergebnis Jeder der drei getesteten Sterilfilterelemente hat 100 % der Bakterien *Brevundimonas diminuta* nach Kontakt mit der Testlösung unter definierten Bedingungen bei einem Beaufschlagungsniveau von $\geq 1 \times 10^7$ Organismen pro cm^2 effektiver Filtrationsfläche zurückgehalten. Die Filtrate waren steril.

7.10.2
Virenentfernung

Die Entfernung von Viren ist ein essentieller Schritt bei der Aufarbeitung von Proteinen, die in Zellkulturen hergestellt werden. Verwendet werden symmetrische Membranen mit einer Porengröße im Bereich von 20–50 nm. Die Membranen müssen die schwierige Aufgabe meistern, Viren von nahezu gleich großen Proteinen, wie z. B. monoklonalen Antikörpern, abzutrennen (Abb. 7.12).

Diese Trennaufgabe erfordert eine extrem enge Porengrößenverteilung der Membran. Die Membranen werden statisch betrieben und als Einwegmodule mit plissierten Schichten angeboten. Mit den Modulen lässt sich eine Virusabreicherung bei den kleinsten Viren um mehr als 4 logarithmische Stufen erreichen, wobei die Produktverluste z. B. bei monoklonalen Antikörpern nur wenige Prozent ausmachen.

7.10.3
Beispiel für Cross-Flow

Mikrofilter finden auch im Cross-Flow-Bereich vielfältige Anwendung. Das Abernten von Zellkulturen nach beendeter Fermentation erfolgt häufig durch Mikrofiltration, um die Zellen vom Zielprotein zu isolieren.

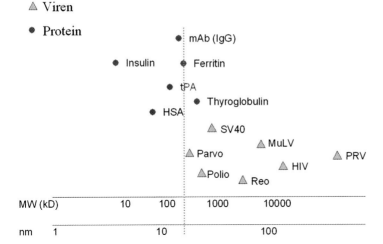

Abb. 7.12 Größenvergleich Proteine und Viren.

Im Folgenden wird ein Anwendungsbeispiel dargestellt [4]. Die Versuchsparameter sind:
- 500 Liter Batchvolumen nach Fermentation von CHO (China Hamster Ovary)-Zellen,
- Zellkonzentration: 2×10^6 Zellen pro Milliliter,
- Membranoberfläche: 0,6 m².

Die Filtration erfolgte mit einer Cross-Flow-Kassette Hydrosart 0,45 µm.

Es wurde eine Überströmrate von 0,6 m³/Stunde, ein Eingangsdruck von 0,7 bar bei offenem Ausgangsventil, ein Permeatdruck von 0,17–0,19 bar und ein TMP von 0,14 bar gewählt. Dabei betrug die Filtrationszeit 6,5 Stunden.

Zusammenfassung Zur Konzentrierung von 500 Litern CHO-haltiger Fermenterlösung (Abb. 7.13) auf 4 Liter mittels Cross-Flow-Filtration wurde die Hydrosart 0,45 µm Cross-Flow-Membran-Kassette verwendet. Dazu wurden 6,5 Stunden benötigt. Durchflussmessungen während der Konzentrierung zeigten keine signifikante Abnahme des Permeatstroms. Es wurden biochemische Parameter, wie Fettgehalt, LDH-Gehalt, IgG-Gehalt, Gesamtprotein-Gehalt, Albumin-Gehalt, gemessen (Tabelle 7.5). Die Daten zeigen, dass die Inhaltsstoffe ohne Adsorption an der Membran durch diese ins Permeat gelangt sind.

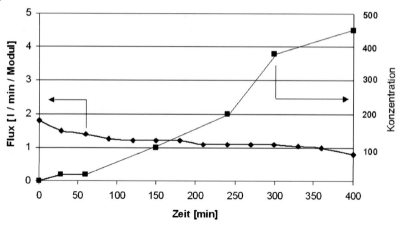

Abb. 7.13 Konzentrierung von 500 Litern CHO-haltiger Fermenterlösung.

Tabelle 7.5 Ergebnisse zur Aufarbeitung mittels Cross-Flow-Filtration.

Parameter	Ergebnis	Kommentar
IgG	freie Passage durch die Membran; weniger als 6% im Retentat	keine signifikante Bindung des Zielproteins an der Membran
Fette	leichter Anstieg im Retentat	keine Adsorption an der Membran; kein Membranfouling, da der Durchfluss unbedeutend abnimmt
LDH	kein Anstieg im Permeat	keine Zerstörung der Zellen während der Filtration
Gesamtprotein	geringer als 3% im Retentat	keine unspezifische Adsorption an der Membran; kein Verlust durch Konzentrierung
Albumin	konstante Konzentrationen im Permeat	keine unspezifische Adsorption an der Membran

7.11
Membranchromatografie

7.11.1
Einführung

Ein spezieller Anwendungsbereich für Membranen ist die Chromatografie. In der Membranchromatografie werden geeignete Membranmatrices mit chemischen Gruppen funktionalisiert, so dass diese als Chromatografiematerial eingesetzt werden können. In der klassischen Chromatografie werden Säulen verwendet, deren feste Phase mit Partikeln von 5–50 µm gefüllt sind. Diese weisen entweder aufgrund ihrer geringen Größe oder aufgrund ihrer hohen Porosität eine große Oberfläche auf. Im Allgemeinen haben die Partikel eine hohe Porosität. Dies hat zur Folge, dass der Kinetik der Adsorption/Desorption die Kinetik des Stofftransportes in die poröse Matrix und aus ihr heraus überlagert ist. Der Stofftransport erfolgt bei den herkömmlichen partikulären und porösen Matrices diffusiv. Die Diffusionskoeffizienten in flüssigen Phasen sind gering, sodass eine Stofftransportlimitierung aufgrund der Diffusion erfolgt. Durchgehende poröse Membranstrukturen bieten die Möglichkeit des konvektiven Stofftransportes durch die Membran aufgrund einer einwirkenden Druckdifferenz. Hierbei kommt es zu keiner Stofftransportlimitierung durch Diffusion. Die Konsequenz daraus ist, dass bei Gelen die dynamische Bindungskapazität mit steigendem Durchfluss schnell abnimmt, da die Zielmoleküle die Adsorptionsstellen im Innern der Partikel nicht mehr erreichen können. Adsorbermembranen können auch bei sehr hohen Durchflüssen betrieben werden, ohne dass die dynamische Kapazität nennenswert abnimmt, da die Bindungsstellen fast vollständig konvektiv erreichbar sind, der Diffusionsweg also nur sehr kurz ist (Abb. 7.14).

In Abb. 7.15 wird die dynamische Bindungskapazität für Chromatografiesäulen mit Gelmatrix und Membranadsorbern bei unterschiedlichen Beladungsdurchflussraten dargestellt. Die Säule weist eine steile Durchbruchskurve für 5 mL pro Minute auf. Die Kurve flacht bei der Durchflussrate 20 mL pro Minute deutlich ab, verbunden mit einer signifikant kleineren dynamischen Kapazität der Säule. Der Membranadsorber zeigt bei der Beladung sowohl bei 5 als auch bei 50 mL pro Min. eine steile Durchbruchskurve. Die dynamische Beladungskapazität bleibt bei den betrachteten Flussraten für Membranadsorber konstant.

Eine hervorragende Matrix für Adsorbermembranen ist z.B. stabilisierte regenerierte Cellulose, die sich durch eine geringe unspezifische Adsorption auszeichnet. Sie kann durch chemische Umsetzung mit funktionellen Gruppen, die als Austauschergruppe oder Ligand fungieren, versehen werden. In Tabelle 7.6 sind typische Liganden aufgeführt.

Gelbett
Partikelgrößenverteilung 45–160 μm
Mittlere Porengröße: ~15–30 nm

Membranadsorber
hoch poröse Struktur
Porengröße > 3000 nm

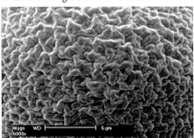
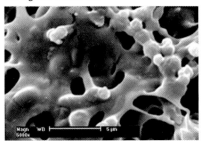

Abb. 7.14 Vergleich: Herkömmliche Gelbettmatrix und Membranadsorber.

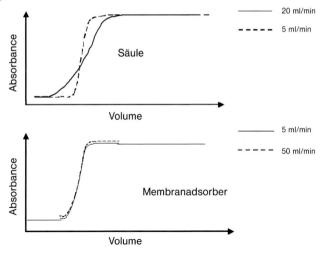

Abb. 7.15 Dynamische Bindungskapazität für Chromatografiesäulen mit Gelmatrix und Membranadsorbern bei unterschiedlichen Beladungsdurchflussraten.

Tabelle 7.6 Funktionelle Gruppen von Membranadsorbern.

Ionenaustauschergruppen		
Q	quaternäres Ammonium	starker Anionenaustauscher
D	Diethylamin	schwacher Anionenaustauscher
S	Sulfonsäure	starker Kationenaustauscher
C	Carboxysäure	schwacher Kationenaustauscher
Liganden		
IDA Iminodiessigsäure		Metall-Chelatmembran
Protein-A-Membran		Affinitätsmembran
Epoxy-aktivierte Membran		aktivierte Kupplungsmembran
Aldehyd-aktivierte Membran		aktivierte Kupplungsmembran

In der Praxis stellen die Ionenaustauscherchromatografie (IEX, Anionen- und Kationenaustauschergruppen) und die reverse-phase Chromatografie (RP Chromatografie) die wichtigsten Trennmethoden dar, die umfangreich angewendet werden. Als speziellere Methodik kann die hydrophobe Interaktionschromatografie (HIC) genannt werden. Um spezifische Wechselwirkungen von Liganden mit hoher Selektivität für die zu trennenden oder aufzureinigenden Zielmolekülen zu nutzen, wird die Affinitätschromatografie verwendet. Mit ihr können hohe Selektivitäten und Aufkonzentrierungsfaktoren erzielt werden. Für den praktischen Einsatz sind zwei Produktlinien notwendig:

a)   b)

Abb. 7.16 (a) Mehrfach verwendbare Module; (b) Single Use Capsulen.

- Module für den Mehrfacheinsatz (Abb. 7.16a): Für Trennschritte mit teuren Liganden, wie z.B. Protein A, müssen die Chromatografiemedien vielfach einzusetzen sein, damit der Chromatografieprozess wirtschaftlich wird. Daher sind diese Medien chemisch stabil gegen Solventien, Säuren und basische Lösungen, die zur Reinigung und Sterilisation verwendet werden.
- Module für einmaligen Einsatz (single use, Abb. 7.16b): Bevorzugt werden im biotechnologischen Prozess Module eingesetzt, die nur einmal angewendet werden, da dann eine aufwendige Validierung der Mehrfachbenutzung entfällt. Vorzugsweise sind die Module als Capsulen aufgebaut, so dass auch kein separates Filtergehäuse benötigt wird. Insbesondere trifft dies bei Polishing Schritten (d.h. der Entfernung von unerwünschten Verunreinigungen in dem bereits hoch aufgereinigten Produkt, wobei z.B. Spuren von DNA, Fremdproteinen, Viren etc. entfernt werden) zu.

Membranadsorber der Firma Sartorius sind in den verschiedensten Größen erhältlich. Dabei variieren die Membranflächen in den Adsorbermodulen, die für den Prozessmaßstab entwickelt wurden, von 0,12 bis 8 m^2. Die Module sind parallel oder in Serie zu verwenden (Tabelle 7.7). Parallel geschaltete Module benötigen geringere Drücke, um betrieben zu werden, als in Serie geschaltete Module der gleichen Größe.

Tabelle 7.7 Verschaltungsmöglichkeiten von Membranadsorbermodulen [5].

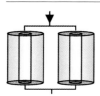

$P = R_F \times V_F$

Der Druck P ist gleich dem Fließwiderstand R_F multipliziert mit der Fließrate V_F.

$$\frac{1}{R_{F,ges}} = \frac{1}{R_{F1}} + \frac{1}{R_{F2}} + \frac{1}{R_{F3}} \ldots$$

Werden Module parallel betrieben, dann ist die Summe des Kehrwertes des Gesamtwiderstandes $R_{F,ges}$ gleich der Summe der reziproken Werte der Einzelwiderstände $R_{F1}, \ldots$.

Werden die Module in Serie betrieben, dann ist der gesamte Widerstand gleich der Summe der Einzelwiderstände.

$$R_{F,ges} = R_{F1} + R_{F2} + R_{F3} + \ldots$$

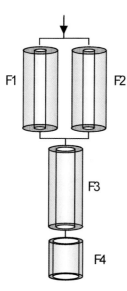

Der gesamte Widerstand beträgt in dieser Kombination von Parallel- und Serienschaltung:

$$R_{F,ges} = \left[\frac{1}{\left(\frac{1}{F1} + \frac{1}{F2}\right)}\right] + F3 + F4$$

7.11.2
Anwendungen

Membranadsorber werden in der Pharmaindustrie für die Gewinnung und Aufreinigung folgender Substanzen genutzt:

- Proteine
- Membranproteine
- Lactoferrin
- Vakzine
- Monoclonale Antikörper
- His-tagged-Proteine
- DNA
- Viren

Ebenso bedeutend ist die Anwendung zur Entfernung von Verunreinigungen, wie Endotoxinen, DNA, Viren, Proteasen etc. In diesen Polishing-Schritten kommen die Vorteile, die sich aus der geringen Diffusionshemmung ergeben, voll zum Tragen. Die Polishing-Schritte können mit sehr hoher Durchsatzgeschwindigkeit erfolgen.

Anwendungsbeispiel: Virusentfernung mit Sartobind-Q-Ionenaustauscher [6].

Für die Virusentfernung aus einer Lösung von monoklonalen Antikörpern werden Sartobind-Q-Ionenaustauschermodule (single use) benutzt. Es wurde eine logarithmische Virenabreicherung von >6,0 für MVM und ∼5,0 für MuLV erreicht. Gleichzeitig wurden vorhandene Verunreinigungen entfernt, so dass nach der Behandlung HCP (host cell protein), rDNA und ausgeblutetes Protein A nicht mehr nachweisbar waren. Im Vergleich zur Verwendung einer Chromatografiesäule wurde die Prozesszeit von 8–9 h auf 2–2,5 h verkürzt und der Pufferverbrauch auf 5% des für die Säule nötigen Wertes gesenkt.

7.11.3
Anwendungsbeispiel der Affinitätschromatografie [7]

Erythropoietin (EPO) ist ein Protein, das die Produktion der roten Blutzellen stimuliert und reguliert und wird therapeutisch bei Anämie eingesetzt. Wird es mittels Fermentation von tierischen Zellen gewonnen, wird es als rekombiantes humanes EPO (rhEPO) bezeichnet. Weltweit werden jährlich 10 Milliarden USD in der Biopharmazeutischen Industrie umgesetzt. Mit Hilfe der Affinitätschromatografie wurden eine hohe Aufreinigung und ein hoher Konzentrierungsfaktor erzielt. Zum einen wurde Cibacron Blue (CB) als Affinitätsligand und zum anderen Metallchelatligand mit Cu^{2+}-Ionen (IDA-Cu^{2+}) beladen, verwendet.

In diesen Versuchen wurde rekombinantes EPO aus dem Überstand der Zellfermentation mit Sartobind-CB (Abb. 7.17) und Sartobind-IDA-Cu^{2+} (Abb. 7.18) als Chromatografiemedien aufgereinigt zum Reinheitsgrad von 55% (mit Sartobind CB) und von 75% (Sartobind-IDA-Cu^{2+}) innerhalb eines Reinigungsschrit-

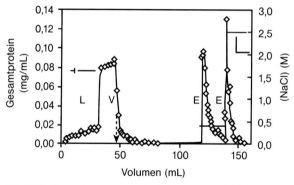

Abb. 7.17 Chromatogramm zur Aufreinigung von rhEPO mit Sartobind-CB-Membranen. Die Pfeile zeigen auf die Prozessschritte hin: Beladen (L), Waschen (W), Elution mit 0,4 M NaCl (E1) und 2,5 M NaCl (E2).

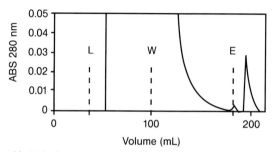

Abb. 7.18 Chromatogramm zur Aufreinigung von EPO mit Sartobind-IDA-Cu^{2+} Membranen. Die Pfeile zeigen auf die Prozessschritte hin: Beladen (L), Waschen (W) und Elution bei pH 4,1 (E).

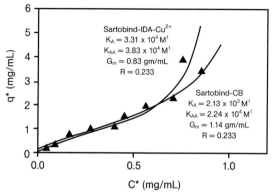

Abb. 7.19 Adsorptionsisothermen von EPO gemessen mit Sartobind-CB-(Dreieck)- und Sartobind-IDA-Cu^{2+} (Raute)-Membranen. Die Linien zeigen das mehrlagige Langmuir-Modell.

tes. Die experimentellen Adsorptionsdaten (Abb. 7.19) wurden am besten durch das mehrlagige Langmuir-Modell beschrieben.

7.11.4
Ausblick für Membranadsorber

Membranadsorber bieten für die Aufreinigung, Isolierung und Abtrennung von Zielproteinen in der pharmazeutischen Industrie eine exzellente Möglichkeit, Chromatografieprozesse wirtschaftlich durchzuführen. Folgende Eigenschaften sind charakteristisch und unabdingbar:

- sehr gute Bindungskinetik
- hohe lineare Flussraten
- konstante dynamische Bindungskapazitäten bei zunehmender Flussrate
- Skalierbarkeit
- geringe unspezifische Adsorption
- hohe chemische Beständigkeit gegenüber Reinigungsmedien
- autoklavierbar

Die Membranchromatografie ist noch eine sehr junge Technologie, die sich zur Zeit in der Aufbereitung von biotechnologischen Produkten als Standardschritt etabliert. Die Membranadsorber unterliegen einer raschen Weiterentwicklung. Trends dieser Entwicklungen sind vor allem

- höhere Bindekapazitäten, um die Wirtschaftlichkeit zu verbessern,
- neue Liganden, insbesondere mimetische, um Protein A zu ersetzen,
- Verfahrensentwicklungen, die die spezifischen Vorteile der Membranverfahren zur Gestaltung vereinfachter und damit ökonomischerer Aufarbeitungsverfahren nutzen.

7.12
Literatur

1 Mulder, M. „Basic Principles of Membrane Technology", Kluwer Academic Publishers, Dordrecht, 1996.
2 Dosmar, M., Brose, D.: „Crossflow Ultrafiltration" in „Filtration in the Biopharmaceutical Industry", Meltzer, T.H., Jornitz, M.W. (Hrsg.), Marcel Dekker, Inc., New York, 1998.
3 Colton, R.H., Pahl, I., Ottaviano, L.E., Bodeutsch, T., Meyeroltmanns, F., PDA Journal of Pharmaceutical Science and Technology, 2002, 56(1), 20–30.
4 „CHO Cells Separated by Hydrosart 0.45 µm Crossflow Membrane", Developing Applications, no 1, 1995; Sartorius Corporation, Separations Division, 131 Heartland Boulevard, Edgewood, NY.
5 Patent WO 98/41302 „Verfahren und Anlage für die Adsorptive Stofftrennung".
6 Mellado, M.C.M., Nobrega, R., Curbelo, D., Castilho, L.R., Erythropoietin Purification Employing Affinity Membrane Adsorbers, Poster, 2005.
7 Zhou, Joe X., Tressel, Tim, Bioprocess Int., 3, September 2005, 32.

8
Wasseraufbereitung

Jens Lipnizki, Ulrich Meyer-Blumenroth, Torsten Hackner, Eugen Reinhardt und Pari Nurminen

8.1
Wasserkreisläufe – Spiralwickelmodule

Jens Lipnizki und Ulrich Meyer-Blumenroth

8.1.1
Einleitung

In Membranprozessen haben sich Spiralwickelmodule durch ihre Akzeptanz beim Kunden und den Prozessingenieuren in vielen Applikationen als Standard durchgesetzt. Während sich ihre Anwendung zu Beginn auf Umkehrosmose (UO) beschränkte, sind sie heute auch bei der Nanofiltration (NF), Ultrafiltration (UF) und Mikrofiltration (MF) üblich. Diese Entwicklung lässt sich vor allem auf das gute Verhältnis von Permeatfluss und Membranfläche pro Volumeneinheit und dem einfachen Auswechseln der Module zurückführen.

Die Ausmaße eines Moduls können variieren. Standardgrößen sind Längen von ca. 20 bis 60 Inch und Durchmesser von ca. 2,5 bis 8 Inch. Es sind auch größere Module auf dem Markt erhältlich, diese haben sich jedoch durch ihre unhandlichen Ausmaße bis jetzt nicht im größeren Stil durchsetzen können.

Für Wasserkreisläufe sind Spiralwickelmodule durch ihre hohe Packungsdichte eine bevorzugte Lösung. Durch gestiegene Wasserpreise und Umweltauflagen wird die Membrantechnologie häufig erst nachträglich in Produktionsanlagen eingebaut, wenn Alternativen durch direktes Wiederverwerten des Wassers ausgeschöpft sind. Der Platz für eine Membrananlage in einer Firma ist daher häufig begrenzt.

Es gibt in der Regel zwei verschiedene Methoden, Prozessströme mit Membrananlagen zu behandeln. Die erste Möglichkeit ist die end-of-pipe Behandlung, wo alle Prozessströme zusammengeführt werden und zur Wiederverwertung aufbereitet werden. Obwohl diese Methode in manchen Fällen Erfolg hat und häufig auch die einzige Alternative darstellt, ist sie doch gerade bei Membranprozessen kritisch zu betrachten. Durch das Zusammenführen verschiedener Prozesswässer kann es zu einem schwer kontrollierbaren Foulingpotential kommen, so dass das Wasser nur nach aufwendiger Vorbehandlung der Membrananlage zugeführt werden kann. Um eine Aufkonzentrierung von Salzen und Kleinstpartikeln im Prozessstrom durch das Recyclen zu verhindern ist in solchen Applikationen in der Regel eine Umkehrosmose erforderlich. Dieser Prozess hat jedoch im Vergleich zu anderen Membranprozessen höhere Investment- und Operationskosten.

Eine Alternative zu einer end-of-pipe-Behandlung ist das in-plant-design. Während einer Pinch-point-Analyse werden die erforderlichen Wasserqualitäten der verschiedenen Prozesse untersucht. Können Prozessströme nicht mehr einem anderen Prozess zugeführt werden, wird überprüft, welcher Membranprozess eine ausreichende Wasserqualität liefert, um das Permeat einem Prozess wieder zuführen zu können. Problematisch kann dieses dem Prozess angepassten Verfahren jedoch sein, wenn sich Prozessparameter ändern und die geforderte Wasserqualität durch die Membranfiltration nicht mehr erreicht werden kann.

Allein diese beiden Verfahren verdeutlichen, dass ein Typ an Spiralwickelmodul nicht ausreicht, alle Arten an Prozesswässern zu reinigen. Je nach Art der Membranfiltration, der Vorbehandlung und der chemischen/physikalischen Eigenschaften des Prozesswassers müssen die Module ausgelegt und optimiert werden.

Zur Optimierung der Dimensionen der Spiralwickelmodule wurden verschiedene Modelle entwickelt, wobei diese in der Regel für Filtrationsprozesse mit einem geringen Effekt an Konzentrationspolarisation wie UO und NF ausgeführt wurden.

Eines der frühesten halb-empirischen Modelle für Spiralwickelmodule wurde von R. Rautenbach und W. Dahm [1] entwickelt. Als Grundlage für die Optimierung wurde die Produktivität pro Modulvolumen und treibender Kraft gewählt. Es wurde gezeigt, dass eine Erhöhung der Packungsdichte der Membran die Produktivität steigert, jedoch zu einer Abnahme des Rückhaltes und zu einem größeren Druckverlust entlang des Moduls führt. Eine Spezifierung des Rückhalts ist daher für eine Optimierung eines Moduls notwendig. F. Evangelista und G. Jonsson [2] entwickelten eine numerische Methode, um den Einfluss von verjüngenden und konstant dicken Permeatspacern vorauszusagen. Die Idee dabei war, den Druckverlust in der Membrantasche durch einen dickeren Permeatspacer nach innen auszugleichen. Zwar konnten in einigen Beispielen die Permeationsrate um bis zu 30% gesteigert werden, die Ergebnisse wurden jedoch nicht durch Fallstudien unterlegt.

Eine numerische Simulation zur Optimierung der volumenspezifischen Produktivität eines Spiralwickelelementes wurde von M.B. Boundinar et al. [3] durchgeführt. Im Gegensatz zu früheren Berechnungen wurde der Effekt der Konzentrationspolarisation und der gekrümmten Kanäle berücksichtigt. Obwohl die Resultate gut einige Versuchsergebnisse beschreiben konnten, konnte keine generelle Vorschrift zur Optimierung von Spiralwickelmodulen vorgestellt werden. Eine theoretische Optimierung von NF-Spiralwickelmodulen im Sinne von Rautenbach wurde von W.G.J. van der Meer und J.C. van Dijk simuliert [4]. Die Simulation unterstrich die Effizienzsteigerung bei neueren NF-Modulen zu mehreren aber kürzeren Membrantaschen.

Obwohl die angeführten Beispiele bei der Optimierung von Spiralwickelmodulen hilfreich waren, zeigen diese auch die Grenzen solcher Berechnungen, da elementare Probleme wie Fouling, der Effekt von Konzentrationspolarisation von Makromolekülen und das Verstopfen von Feedkanälen nicht in den Modellen berücksichtigt wurden. Diese Probleme sind natürlich in der Entsalzung geringer als bei der Proteinaufkonzentrierung, was erklärt, warum die Optimierungsmodelle in der Regel für UO-Prozesse gemacht wurden.

Da in der Praxis mit der Wahl der Dicke des Feedspacers und des Außendruckmessers die Membranfläche vorgegeben ist, wurde in jüngster Zeit verstärkt in dem Bereich der Netzstruktur bei Feedspacern geforscht. Dies wird weiter unten näher behandelt. Es ist jedoch anzumerken, dass ein tieferes Verständnis für die Hydrodynamik, welche durch die Spacer, den gekrümmten Kanal und den Fluss durch die Membran beeinflusst wird, noch fehlt. Auch Untersuchungen über die Entwicklung der Konzentrationsprofile in Spiralwickelmodulen bei verschiedenen Prozessströmen und Membranflüssen fehlen weitgehend.

In folgenden Abschnitten wird der Aufbau eines Spiralwickelmoduls dargestellt und die verschiedenen Variationen des Modulaufbaues aufgezeigt, mit Beispielen aus der Prozesswasserbehandlung.

8.1.2
Aufbau eines Spiralwickelmoduls

Ein Spiralwickelmodul besteht aus mehreren einzelnen Komponenten, die abhängig von der Anwendung variieren können. Bevor jedoch auf die einzelnen Komponenten eingegangen wird, wird das generelle Konzept eines Wickelmoduls vorgestellt.

Das Zentrum des Spiralwickelmoduls besteht aus einem gelochten Permeatrohr, an dem ein Permeatspacer befestigt wird. Dieser Permeatspacer wird von einer Membrantasche umgeben, die zum Permeatrohr offen ist. Ein Wickelmodul besteht in der Regel aus mehreren solchen Taschen. Zwischen diesen Taschen liegen Feedspacer, die nicht nur den Abstand zwischen den Membrantaschen halten sondern auch die Hydrodynamik beeinflussen. An den Enden eines Moduls befinden sich Anti-Telescoping-Devices (ATD), die das Teleskopieren der Membrantaschen in der Anwendung verhindern.

Der Aufbau eines Wickelmoduls ist in Abb. 8.1.1 skizziert.

Dieser Aufbau des Wickelmoduls hängt nicht nur von der Designphilosophie der verschiedenen Hersteller, sondern auch von der Applikation ab. Daher werden in folgenden Abschnitten die einzelnen Komponenten und ihre möglichen Variationen besprochen.

Das Permeatrohr besteht in der Regel aus einem Kunststoff (z.B. Polysulfon, Polyvinylchlorid) oder Edelstahl. Wie bei allen im Modul verwendeten Werkstof-

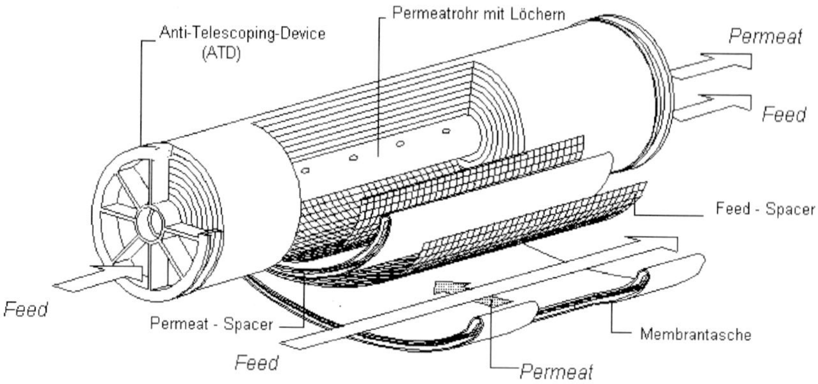

Abb. 8.1.1 Aufbau eines Spiralwickelmoduls.

fen hängt das verwendete Material von zu erwartenden chemischen, thermischen und mechanischen Belastungen ab.

Bei der Konstruktion eines Moduls muss beim Permeatrohr die Größe des Moduls und die Membraneigenschaft berücksichtigt werden, da eine entsprechende Anzahl an Löchern im Permeatrohr gegeben sein muss, um vor allem bei großen Modulen mit einer offenen Membran, wie MF oder UF, einen ungehinderten Abfluss des Permeats zu garantieren.

Der Permeatspacer besteht häufig aus einem Kunststoffgewebe aus Polypropylen, Polyester oder Polyamid. Dieses Gewebe besitzt eine gewisse Steifigkeit, welche in einigen Fällen durch eine Nachbehandlung mit Epoxidharz erreicht wird. Ob ein Polyester- oder Polyamidgewebe eingesetzt wird, hängt von der geforderten chemischen Stabilität ab. Zwar zeigt Polypropylen eine hohe chemische Stabilität, jedoch sind diese Gewebe deutlich teurer. Die Dicke der Gewebe ist mit 0,2–0,3 mm so ausgelegt, dass bei ausreichender Permeatabfuhr nur ein geringer Druckverlust entlang der Membrantasche entsteht. Auch ist die Gewebestruktur so gefertigt, dass sich der angelegte Druck möglichst gleichmäßig auf das Gewebe verteilt. Der Effekt von Konzentrationspolarisation auf der Permeatseite ist bei der Druck-getriebenen Membranfiltration vernachlässigbar und daher nur ein schwaches Kriterium bei der Spacerauswahl.

Die Permeatspacer sind von einer Membrantasche umgeben. Die Membran besteht aus einem Vlies, welches z. B. aus Polyester, Polyethylen oder einer Mischfaser gefertigt wurde, auf welches eine Polymerstruktur aufgebracht wird. Bei der Wahl des Vliesmaterials sind wie beim Permeatspacer die chemische und thermische Stabilität zu berücksichtigen. Die Polymerschicht befindet sich auf der Feedseite. Die Struktur dieser Schicht kann asymmetrisch oder symmetrisch sein. Als Polymere werden verschiedene hydrophile oder hydrophobe Polymer wie Celluloseacetat, Polysulfone, Polyethylsulfone, Polyacrylnitril, Polyetherimide oder Polyvinylidenfluoride verwendet. Die Auswahl des verwendeten Polymers ist von der geforderten chemischen oder thermischen Stabilität abhängig und vom Foulingverhalten des Prozesswassers. Tendenziell haben hydrophobe Polymere eine größere chemische und thermische Stabilität, sie neigen jedoch zu schnellerem Fouling, da sich keine schützende Wasserschicht auf der Oberfläche bildet. Die Dicke einer Membran liegt zwischen 150–300 µm, wobei die Polymerschicht mit ca. 20–50 µm nur zu einem geringen Teil die Dicke beeinflusst. Hauptsächlich wird die Dicke durch das Vlies vorgegeben. Bei Spiralwickelelementen mit großer Membranfläche kann durch dünne Membranen mehr Fläche untergebracht werden, was sich auf die Produktivität des Moduls positiv auswirkt.

Die Fertigung einer Membrantasche kann man sich wie folgt vorstellen. Ein Membranstück wird in der Mitte so geknickt, dass die beiden Polymerschichten aufeinander liegen. In die Falte wird der Feedspacer gelegt. Auf die Vliesseite wird nun ein Kleber auf den äußeren Rändern, außer auf der Seite, wo sich das Permeatrohr befindet, aufgebracht. Der Permeatspacer wird auf die mit Kleber beschichtete Seite gelegt, angedrückt, und die Klebenaht mit Kleber falls erforderlich nochmals nachgefahren. Danach wird ein weiteres geknicktes Membranstück auf den Permeatspacer gelegt. Die Permeattasche ist damit an drei Seiten verklebt.

Um die aktive Membranfläche im Modul nicht mehr als nötig zu reduzieren werden die Klebenähte schmal gehalten. Um eine ausreichende Stabilität zu gewährleisten werden Polyurethan-, Silikon- oder Epoxykleber verwendet. Auch bei der Wahl der Kleber sind die chemischen bzw. thermischen Bedingungen des Prozesswassers und der Reinigung zu berücksichtigen.

Bei der Wahl eines passenden Feedspacers sind verschiedene Effekte einzubeziehen. Feedspacer bestehen meistens aus Polypropylennetzen, die eine rautenförmige Struktur besitzen. Die am häufigsten verwendeten Spacer sind Diamant- und Parallelspacer (Abb. 8.1.2). Bei Parallelspacern sind die Filamente des Netzes parallel zum Permeatrohr ausgerichtet. Bei Diamantspacern laufen die Filamente aufeinander zu. Keines dieser Filamente ist dann parallel zum Permeatrohr.

Es gibt auch Spiralwickelmodule, die keinen Feedspacer besitzen [5]. Der Feed fließt dabei einfach durch einen offenen Kanal, der durch Faltenkonstruktion offen gehalten wird. Ob sich diese neue Entwicklung am Markt durchsetzen kann, wird die Zukunft entscheiden.

Abb. 8.1.2 Von links nach rechts: Diamantspacer, symmetrischer Parallelspacer, asymmetrischer Parallelspacer.

Die Form eines Feedspacers beeinflusst sowohl den Stofftransport im Feedkanal als auch den Druckverlust entlang des Moduls, jedoch nicht die Reinigung [6, 7].

Wie schon erwähnt wurden in den letzten Jahren verstärkt Untersuchungen gemacht, um eine optimale Balance zwischen einer guten Durchmischung des Feedstromes und einem geringen Druckverlust zu finden. Eine der frühsten Untersuchungen wurden von Schock und Miquel 1987 mit Umkehrosmose durchgeführt [8]. Es wurden verschiedene Permeat- und Feedspacer untersucht um den Einfluss auf Konzentrationspolarisation und Druckverlust zu berechnen. Als Maß für den Einfluss auf die Konzentrationspolarisation wurde der Massen-Transfer-Koeffizient gewählt, der den Massentransport von der Membranoberfläche in den Feedstrom beschreibt. Für diese Berechnungen wurde die Sherwood-Gleichung verwendet und die Parameter für die einzelnen Spacer bestimmt. Der Druckverlust entlang des Moduls wurde durch ein Friction Model beschrieben. Zwar wurde in der Untersuchung keine ökonomische Validation der Spacer durchgeführt, doch bezogen sich viele anschließende Untersuchungen auf diese Studien.

Eine breit angelegte Recherche über die Effizienz von Spacern während der Ultrafiltration von Makromolekülen wurde von Da Costa et al. durchgeführt. Es konnte gezeigt werden, dass es zu keiner Abnahme des Massen-Transfer-Koeffizienten entlang der Membran kommt, was die Berechnungen von Schock-Miquel annahmen. Auch konnte der Einfluss des Anströmwinkels bei Diamantspacern auf den Druckverlust und den Massentransport gezeigt werden [9]. Eine Verringerung des Effekts der Konzentrationspolarisation geht einher mit einer Zunahme des Druckverlustes entlang des Moduls. Konzentrationspolarisation führt zu einer Verringerung des Flusses durch die Membran und erfordert daher die Investition in größere Membranflächen, während ein großer Druckverlust die Betriebskosten erhöht. Für geringe Überströmung zeigten dichte Spacer mit einem Anströmwinkel von 50–120° eine gute Balance, während bei hoher Überströmung offene Spacer mit einem Anströmwinkel von 70–90° empfohlen wurden.

Während Da Costa seine Untersuchungen mit kommerziellen Spacern durchführte, führte J. Schwinge seine Recherche mit selbst hergestellten Spacern durch und untersuchte den Einfluss der einzelnen Spacerfilamente [10, 11]. Er zeigte, dass eine Reduzierung der Maschenlänge den Membranfluss erhöht. Dies führt jedoch, da die Filamente auf der Membranfläche liegen, zu einer Reduzierung der Membranfläche, was den Fluss ab einer gewissen Dichte wieder erniedrigt. Auch wurde gezeigt, dass eine Vergrößerung des Filamentdurchmessers den Druckverlust erhöht. Bei Diamantspacern wurde gezeigt, dass eine Verringerung des Anströmwinkels auch den Druckverlust erniedrigt. Als idealer Spacer wurde ein Gitter vorgestellt, das bei vergleichbarem hydraulischen Durchmesser und vergleichbarer Maschenlänge zwar einen etwas höheren Druckverlust hatte aber einen wesentlich besseren Fluss. Jedoch ist ein solcher Spacer mit drei Lagen an Filamenten schwer zu produzieren und würde, falls er kommerziell erhältlich wäre, dementsprechend kostspielig.

In den letzten Jahren wurden neben den experimentellen Untersuchungen auch Computerprogramme zur Simulation des Strömungsverhaltens, genannt

CFD (Computational fluid dynamcis), zur Optimierung der Spacer eingesetzt [12–14]. Zur Parametrisierung der Modelle wurde auf experimentelle Daten zurückgegriffen. Die Simulationen haben wesentlich dazu beigetragen, das komplizierte Strömungsverhalten um die Feedspacer besser zu verstehen.

Dessen ungeachtet fehlen heute noch weitgehende Untersuchungen über das Strömungsverhalten in Wickelmodulen, da sowohl die Experimente als auch die Simulation für ebene Flächen gemacht wurden. Da in der Praxis die Membrananwendung für die Netzhersteller eher ein kleiner Markt ist, werden zukünftige Veränderungen auch von der Produzierbarkeit und den Herstellungskosten abhängen, was der Innovationskraft in diesem Bereich Grenzen auferlegt.

Zwischen den Filterelementen befinden sich so genannte ATD's (Anti-Telescoping-Devices), die entweder direkt an den Enden des Moduls befestigt sind oder separat befestigt werden müssen. Wie der Name schon erwähnt, verhindert es das Auseinanderschieben der Membrantaschen des Spiralwickelmoduls während des Einsatzes. Die ATD's bestehen in der Regel aus Kunststoffen (z. B. Polysulfon, Polyvinylchlorid) oder Edelstahl. Ihr Aussehen entspricht häufig dem eines Speichenrades, wobei die Achse auf das Permeatrohr gesteckt wird. Das Teleskopieren kommt prinzipiell durch Scherkräfte beim Anströmen des Moduls zustande. Dies wird häufig dadurch erklärt, dass ein gewisser Anteil der Flüssigkeit zwischen dem Druckrohr und dem Modul strömen kann. Der geringere Strömungswiderstand führt zu einer größeren Strömungsgeschwindigkeit als im Modul, was nach der Bernoulli, Gleichung zur Folge hat, dass am Rand ein geringerer statischer Druck aufgebaut wird als im Modul. Dadurch bläht sich das Modul etwas auf, und der Feedspacer kann sich bewegen. Dies kann bei längerem Betrieb oder hohen Strömungsgeschwindigkeiten zu einem Teleskopieren der Membrantaschen führen. Um diesen Effekt zu verhindern, wird zum einen der Bypass durch einen Dichtring am ATD verringert oder durch die Form des ATD's kontrolliert. Zusätzlich wird das ATD so dicht an das Filterelement befestigt, dass dieses nicht teleskopieren kann.

Abgesehen von der oben erwähnten Form eines Speichenrades sind mehrere verschiedene Formen an ATD's auf dem Markt. Zum einen gibt es ATD's, die aus einer runden Platte mit Löchern bestehen. Der Vorteil dieser Platten ist, nach Angaben der Konstrukteure [15], eine bessere Reinigung der Module, da weniger Toträume entstehen.

So sollte ein gutes ATD eine gleichmäßige Überströmung der Membranfläche gewährleisten und den Bypass kontrolliert, damit Module mit höherer Überströmung betrieben werden können ohne zu teleskopieren.

Die meisten ATD's werden, wenn sie zwischen zwei Elementen eingesetzt werden, mit Interconnectoren verbunden, die die Permeatrohre miteinander vereinigen. Es gibt aber auch ATD's, die auch als Interconnectoren fungieren. In diesem Fall gibt es speziell ATD's für den Einlass im Druckrohr, für den Auslass und für zwischen den Modulen.

Die äußeren Schalen der Spiralwickelmodule können aus unterschiedlichem Material gefertigt werden. Diese können zum einen Polymernetze sein, ähnlich dem Feedspacer, oder eine Hartschale. Während sich das Netz als Standard in den meisten Applikationen durchgesetzt hat, wird z. B. eine Epoxy-Hartschale meistens im Lackbereich, allgemeinen Industrieanwendungen oder der chemischen Industrie verwendet. Module mit Hartschale werden so ausgelegt, dass diese knapp ins Druckrohr passen und den Bypass möglichst gering halten. Die Hartschale verhindert auch, dass beim Ausbau des Moduls das Spiralwickelelement im Rohr stecken bleibt, da sich durch das Quellen der Membran der Wickel im Durchmesser vergrößern kann.

Um einen Überblick über gängige Möglichkeiten und Kriterien der verschieden Wickelmodifikationen zu bekommen sind hier in Tabelle 8.1.1 einige Modulvariationen aufgeführt.

Jedoch sind in bestimmten Branchen und Anwendungen gewisse Standards vorgegeben.

Dies gilt besonders für den Bereich der Lebensmittelindustrie. Zum einen sind die Materialen, die in den Modulen verwendet werden dürfen, durch gesetzliche Vorgaben eingeschränkt (z. B. Lebensmittel – Bedarfsgegenstände Gesetz oder Food and Drug Administration), zum anderen ist die Konstruktion der Module durch Auflagen eingeschränkt. Um eine gute Reinigbarkeit der Module zu gewährleisten darf nur ein Netz als Mantel benutzt werden. Auch werden Toträume, die bei der Herstellung der Tasche durch das Kleben entstehen, durch das so genannte Trimmen entfernt. Module, die den Ansprüchen der Lebensmittel oder Pharmaindustrie genügen, werden Sanitärmodule genannt.

Beispiele für Standards in der Lebensmittel- und Pharmaindustrie sind:

- Vorschriften der Food and Drug Administration (FDA)
  Positivliste der amerikanischen Lebensmittel- und Arzneimittelbehörde über zu verwendende Materialien oder Testmethoden. In der Regel werden die Module FDA konform hergestellt. Jedoch sollte darauf geachtet werden, dass dies alle Komponenten im Modul betrifft.

- 3-A Sanitär Standard für überströmte Membranmodule
  Ein Standard, der zusammen mit mehreren Organisationen entwickelt wurde, und Vorschriften zu den zu verwendeden Materialen und dem Design ent-

Tabelle 8.1.1 Modulvariationen.

	Auswahlmöglichkeit	Auswahlkriterium
Permeatrohr	Material, Lochmuster	Phys. oder chem. Stabilität, Membranpermeabilität
Permeatspacer	Material	Phys. oder chem. Stabilität
Membran	Polymer/Vlies	Phys. oder chem. Stabilität, Trenneigenschaften
Kleber	PU/Epoxy/Silikon	Phys. oder chem. Stabilität
Feedspacer	Form, Material	Viskosität und Partikelgröße im Feed, Druckverlust, Membranfläche pro Modul
ATD	Form, Material	Bypasskontrolle
Mantel	Hartschale, Netz	Bypassverringerung, Reinigbarkeit

hält. Module, die diesen Standard erfüllen, erfüllen auch weitgehend die Ansprüche der FDA. Der Standard ist zusammen mit dem USDA und dem EHEDG entwickelt worden (s. u.).

- United States Department for Agriculture (USDA)
  Kontrolleure überprüfen in Anlagen, ob die Module gut zu reinigen sind. Im Gegensatz zu früher werden die Module nicht mehr von der Behörde direkt bewertet.

- European Hygienic Engineering & Design Group (EHEDG)
  Es werden Reinigbarkeitstests durchgeführt. Die Module werden vorher mit einer definierten Lösung kontaminiert. Der Standard hat sich zum jetzigen Zeitpunkt bei Membranmodulen noch nicht durchgesetzt.

- United States Pharmacopeia USP class VI
  Teile des Moduls werden Tieren implantiert und die Reaktion der Organe untersucht. Dieser Standard wird häufig von amerikanischen Pharmaunternehmen gefordert.

Andere Ansprüche gelten in der Lackindustrie, wo der Lack aus den Waschbädern wiedergewonnen wird. Wichtig ist hier, dass keine Materialien eingesetzt werden, die benetzungsstörend (z. B. Silikone) sind. Auch wird hier in der Regel vom Kunden eine Hartschale gewünscht.

Ähnliche Standards gibt es für alle Branchen, wie auch bei der Filtration von Oberflächenwasser oder der Metallverarbeitenden Industrie. Diese sind entweder vom Gesetzgeber vorgeschrieben oder sind teilweise historisch aus den Ansprüchen der Branche gewachsen.

Für alle Branchen gelten jedoch hohe Ansprüche an die Qualität der Produkte.

Die Qualität eines Spiralwickelmoduls lässt sich in der Regel von außen schwer bestimmen, sie kann jedoch besonders bei manufakturartig hergestellten Modulen stark schwanken. Bei Modulen mit einem Spacer als Mantel kann die Festigkeit des Moduls eine grobe Vorstellung der Packungsdichte geben. Bei Modulen mit dicken Feedspacern, die schon mit einer geringeren Packungsdichte konzipiert wurden, ist die Aussagekraft dieses Tests schon eingeschränkt.

Wenn es sich um Spiralwickelmodule mit Hartschale und befestigtem ATD handelt, kann nur die Leistung in der Anwendung oder die Durchführung einer Autopsie des Moduls helfen eine Aussage über die Qualität zu machen. Bei einer Autopsie kann man zum einen überprüfen, ob die Membran durch die Anwendung geschädigt wurde oder ob die Haftung der Klebenähte nachgelassen hat. Klebenähte sind bei Spiralwickelmodulen ein sensibler Punkt, da diese zum einen so schmal wie möglich sein sollten, um die Membranfläche nicht zu verkleinern, zum andern sollten sie ausreichend beständig sein.

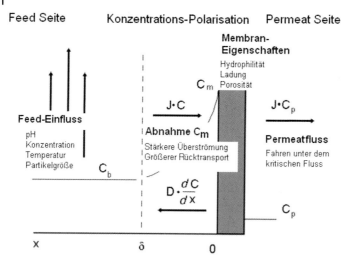

Abb. 8.1.3 Möglichkeiten der Reduzierung des Fouling.

8.1.3
Fouling in Spiralwickelmodulen

Das Fouling und Reinigen bei Spiralwickelmodulen ist dadurch, dass man die Membranfläche nicht direkt erreichen kann schwer zu kontrollieren oder zu beobachten. Vor allem in Batchprozessen kann die plötzliche Abnahme des Permeatflusses auch auf einen größeren Effekt von Konzentrationspolarisation zurückgeführt werden. Die einfachste Methode, die für alle Prozesse geeignet ist den Grad des Foulings festzustellen, ist das Messen des reinen Wasserflusses. Das Fouling in einem Prozess mit Spiralwickelmodulen zu reduzieren ist durch die Form des Moduls beschränkt. Abgesehen von einer ausreichenden Vorbehandlung des Prozesswassers, um größere Partikel, die den Feedkanal blockieren könnten oder Substanzen, die ein großes Foulingpotential haben, herauszufiltern, ist schon bei der Auswahl der Membran, der Spacer und der Prozessparameter darauf zu achten, dass die Foulinggefahr minimiert wird. Ein Schema, welches einige Auswahlkriterien aufzeichnet, ist in Abb. 8.1.3 zu sehen.

Gerade bei Prozesswässern ist die Einstellung des Prozessstroms der wichtigste Schritt das Fouling zu verhindern. So kann die Einstellung des pH's das Scaling von Carbonaten verhindern oder das Fouling von Proteinen deutlich reduzieren. Auch eine hohe Überströmgeschwindigkeit erniedrigt die Oberflächenkonzentration C_m und verhindert das Absetzen von Partikeln auf der Membran. Die hydrophilen Eigenschaften der Membran können helfen das Fouling deutlich zu reduzieren. So bilden hydrophile Membranen eine Wasser-Schutzschicht aus, die zurückgehaltene Komponenten von der Membranoberfläche fernhält. Jedoch haben hydrophile Polymere häufig eine geringere chemische und physikalische Stabilität, was die Anwendung teilweise einschränkt.

Zukünftige Entwicklungen könnten diesen Nachteil allerdings kompensieren. Eine weitere Möglichkeit, das Fouling zu reduzieren, ist mit niedrigem Druck zu arbeiten. Der Fluss, bei dem kein Fouling auftritt, wird der kritische Fluss genannt. Es konnte gezeigt werden, dass die konsequente Anwendung dieses Konzepts auch in Spiralwickelmodulen das Fouling deutlich reduziert.

Der kritische Fluss muss jedoch im gesamten Modul unterschritten werden, d. h. sowohl in den Regionen mit hohen Flüssen, wie die Anströmseite nahe am Permeatrohr, als auch in Bereichen wo in der Regel der niedrigste Fluss ist, z. B. die Abströmseite am äußeren Rand [16]. Bei MF/UF könnte das Problem entstehen, dass der Druckverlust entlang des Moduls größer ist als der angelegte Druck, um den niedrigen kritischen Fluss zu erreichen. Daher ist diese Option häufig nicht praktikabel.

Eine besondere Art des Foulings stellt das Biofouling dar. Gerade in der Lebensmittel- oder Pharmaindustrie muss diese Art des Fouling verhindert werden, um den Hygieneanforderungen der Branche gerecht zu werden. Spiralwickelmodule für diese Bereiche werden so konzipiert, dass Toträume vermieden werden. Dies passiert zum einen durch die Auswahl der ATD's, zum anderen werden die Module entlang der längsseitigen Klebenaht getrimmt. Dabei wird die Membranfläche an den Taschenenden außerhalb der Klebenaht längsseitig entfernt.

Insgesamt können die hier aufgeführten Maßnahmen helfen, die verschiedenen Arten des Foulings zu reduzieren. Jedoch reichen sie in der Regel nicht aus, es vollkommen zu verhindern. Daher ist ein regelmäßiges Reinigen der Membran und der Anlage erforderlich. Bei Spiralwickelelementen ist nur eine chemische Reinigung möglich, da Alternativen wie Rückspülen am Spiralwickelmodul im Allgemeinen nicht durchführbar sind. Die Reinigungsprozedur besteht aus mehreren Reinigungs- und Spülungsschritten. In der Lebensmittelindustrie kann dies noch von einem Sanitärschritt abgeschlossen werden. Die Grundschritte einer Reinigungsprozedur sind in Tabelle 8.1.2 aufgeführt.

Die Effizienz des Reinigens ist abhängig von der Temperatur, dem angelegten Druck, hydrodynamischen Voraussetzungen und den eingesetzten Chemikalien. Das chemische Reinigen kann aus mehreren Reinigungsschritten bestehen, wie z. B. ein alkalisches Reinigen gefolgt von einem sauren Reinigen und schließlich wiederum einem alkalischen Reinigen. Zwischen diesen Schritten wird eine Zwischenspülung gemacht, um die Chemikalien zu entfernen. Die auf dem

Tabelle 8.1.2 Reinigungsprozedur.

Reinigungsschritt	Funktion
Vorspülen	Spülung mit Wasser zur Entfernung von lockeren Ablagerungen
Reinigen	Entfernung der Foulants durch Reinigungsmittel
Zwischenspülen	Entfernung des Reinigungsmittels durch Wasser
Sanitärschritt	Abtöten von Mikroorganismen
Schlussspülen	Entfernung des Sanitärmittels

Markt erhältlichen Reinigungsmittel für Membrane sind in der Regel abgestimmte Kombinationen von Chemikalien wie Tensiden, Chelating-Reagenzien oder auch Enzymen.

Da eine schonende Reinigung die Lebensdauer der Module deutlich verlängern kann, ist der Trend besonders in der Lebensmittelindustrie zur enzymatischen Reinigung. Die Reinigung mit Enzymen ist allerdings deutlich teurer als die traditionelle Chlorreinigung. Auch wird heute verstärkt mit hohen Temperaturen gereinigt, um die Module zu desinfizieren. Dies ist umweltfreundlicher und spart Chemikalien, setzt aber hohe Ansprüche an die verwendeten Materialien in den Modulen und die mechanische Stabilität. Welche Reiniger jedoch zum Einsatz kommen hängt sowohl vom Foulant als auch vom Prozess ab.

Natürlich ist beim Reinigen der Module darauf zu achten, dass die Vorgaben des Herstellers eingehalten werden, da ansonsten eine Schädigung der Membran oder des verwendeten Klebers auftreten kann.

8.1.4
Spiralwickelmodule in Anlagen

Die Anzahl der Module, die in ein Druckrohr kommen, hängt von dem zu erwartenden Einfluss des Druckverlustes entlang des Druckrohres ab. Wird der Prozess mit einem hohen Druckniveau, wie bei der Umkehrosmose, betrieben, fällt der Druckverlust entlang der Module nicht ins Gewicht. Besonders bei der Entsalzung von Prozesswässern, wo kaum ein Effekt der Konzentrationspolarisation zu erwarten ist, wird mit geringer Überströmungsgeschwindigkeit gearbeitet. Daher können mehrere Module hintereinander betrieben werden. Sobald jedoch mit geringen Drücken gearbeitet wird, z. B. 3 bar, und mit hoher Überströmung gearbeitet werden muss, kann der Druckverlust nicht mehr vernachlässigt werden. Zwar kann man den Druckverlust noch durch die Wahl des Feedspacers beeinflussen, jedoch kann es dann schon sinnvoll sein, das Druckrohr nur mit einem Modul zu bestücken.

Die zulässige Anzahl von Modulen in einem Druckrohr wird von folgenden Parametern bestimmt:

- Druckniveau im Rohr,
- Überströmungsgeschwindigkeit,
- Feedspacergeometrie,
- Viskosität der Lösung,
- Temperatur.

Die Anzahl der verwendeten Module in einem Prozess ist nicht nur abhängig von der zu filternden Wassermenge, sie wird auch durch die gewünschte Prozessstabilität beeinflusst. So kann man theoretisch ein 8 Zoll-Modul einsetzen oder mehrere 4 Zoll-Module. Ist jedoch das eine Modul defekt, fällt die Anlage komplett aus und das Modul muss sofort gewechselt werden. Bei mehreren kleinen Modulen ist oft ein Betrieb mit reduzierter Leistung für eine begrenzte Zeit möglich.

8.1.5
Beispiele für die Verwendung von Spiralwickelmodulen in Wasserkreisläufen

An Beispielen für die Verwendung von Spiralwickelmodulen in Wasserkreisläufen mangelt es nicht. Besonders Industrien mit einem großen Wasserverbrauch sind interessiert die Kosten für die Wasseraufbereitung zu reduzieren. Da große Mengen an Wasser gefiltert werden müssen, und die Wiedergewinnung gegen Frischwasser konkurrieren muss, sind Spiralwickelmodule häufig die einzig rentable Lösung.

So liegt das Verhältnis von Wasserverbrauch zu Produktinhalt in der Lebensmittelindustrie bei 10:1. Problematisch in der Lebensmittelindustrie sind die Anforderungen an die Hygiene, da die Prozesswässer in der Regel keine toxischen Substanzen aufweisen. Stattdessen können die Prozessströme durch den Kontakt mit Lebensmitteln und Umgebung mikrobiologisch kontaminiert sein. Der Einsatz von Chemikalien, Hitze oder UV-Bestrahlung kann diese Gefahr reduzieren, jedoch werden Partikel aus dem Wasser damit nicht entfernt. Dies ist ein Vorteil der Membranfiltration, die sowohl Partikel als auch Mikroorganismen aus dem Prozessstrom filtrieren kann. So wird bei belasteten Prozessströmen die Membranfiltration trotz höherer Kosten häufig eingesetzt. Dabei ist die Membranfiltration besonders interessant, wenn das Wasser für den direkten Kontakt mit Lebensmitteln wieder verwendet werden soll. In diesem Fall stellt Membranfiltration, da Partikel, Mikroorganismen und falls erforderlich auch Salze entfernt werden können, eine effektive Lösung dar.

Als Beispiel für eine solche Applikation ist hier ein Prozess beschrieben, in dem flüssiges Ei konzentriert wird. Hier wird die Ultrafiltration eingesetzt um wertvolle Eikomponenten aus dem reinigungsmittelfreien Spülwasser zurückzugewinnen und das Spülwasser wieder einzusetzen. Das eingesetzte Modul ist ein Spiralwickelmodul mit einer molekularen Trenngrenze von 20 kDa.

Das Spülwasser stammt in diesem Prozess aus der Spülung der Eiverarbeitungsmaschine, in der die Schalen und Hagelschnüre entfernt werden. Das Permeat nach der Ultrafiltration kann direkt in einigen Prozessschritten wie der Eierbrechmaschine eingesetzt werden. Bei Bedarf wird es zusätzlich noch mit einer Umkehrosmose behandelt, um es wieder in sensibleren Prozessschritten einzusetzen. Durch diese Prozessführung wird eine Wasserersparnis von ca. 80% erreicht.

Ein weiteres Beispiel aus einer Branche mit intensivem Wasserverbrauch ist die Textilindustrie.

So fallen bei der Färbung von synthetischen Garnen große Mengen an Wasser an. Eine Pinch-Point-Analyse eines solchen Prozesses zeigte ein Einsparungspotential von 30%. Statt in jedem Prozessschritt Frischwasser zu benutzen sollte das Prozesswasser durch Membrantechnologie auf eine Qualität gehoben werden, die es für die Wiederverwertung im Prozess brauchbar macht. Der installierte Prozess ist in Abb. 8.1.4 dargestellt.

In diesem Prozess wird das Garn zuerst bei einem tiefen pH und einem hohen Salzanteil gefärbt. Anschließend wird die Farbe die am Garn haftet aber nicht reagiert hat, durch Reduzierung bei einem hohen pH-Wert entfernt. Zuletzt findet eine abschließende Spülung des Garns statt.

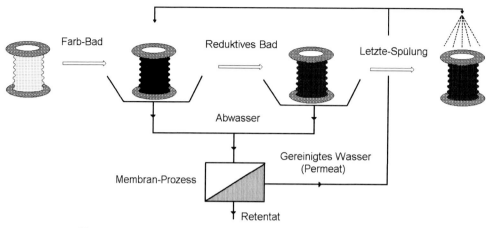

Abb. 8.1.4 Membranprozess bei der Färbung von Garn.

Um Salzflecken bei der Reinigung zu vermeiden wurden Umkehrosmose und Nanofiltration untersucht. Da jedoch die pH-Schwankungen durch den Batchbetrieb groß waren, und die Nanofiltration dadurch keinen konstanten Salzrückhalt ergab, wurde schließlich eine Umkehrosmose mit Spiralwickelmodulen mit einer Ultrafiltration als Vorbehandlung installiert [7].

Als letztes Beispiel für den Einsatz von Spiralwickelmodulen ist die Papierindustrie, die beim Verarbeiten von Holz zu Papier ca. 25 t Wasser für eine Tonne Papier benötigt, anzuführen. Da das Foulingpotential in dieser Applikation sehr hoch ist, werden hier häufig tubulare Module oder rotierende Systeme eingesetzt. Jedoch haben Spiralwickelmodule auch in diesem Prozess durch die Nanofiltration Einzug gefunden, um den CSB-Level (Chemischer-Sauerstoff-Bedarf) im Wasser zu reduzieren. Jedoch muss durch Mikro- oder Ultrafiltration das Wasser soweit aufbereitet sein, dass nur eine Nanofiltrationsstufe benötigt wird, damit der Prozess ökonomisch tragbar ist [17].

Jedoch ist es häufig nicht die Wiedergewinnung des Wassers, die einen Prozess wirtschaftlich macht, sondern die Aufkonzentrierung eines Wertstoffes aus dem Prozessstrom. Ein klassisches Beispiel, in dem sowohl das Wasser als auch das Retentat wieder verwendet werden, ist die Filtration von Elektrotauchlack.

Um eine homogene und defektfreie Beschichtung von leitfähigen metallischen Werkstücken zu erreichen, werden diese in eine wässrige Dispersion von geladenen Lackpartikeln getaucht und elektrophoretisch beschichtet.

Anschließend wird der überflüssige Lack durch mehrere Spülungen entfernt. Das Gemisch aus den Spülbecken läuft anschließend durch eine Ultrafiltration, wobei das gereinigte Wasser anschließend wieder zur Spülung eingesetzt wird, während das Retentat ins Lackbecken zurückgeführt wird.

Es entsteht dadurch ein geschlossener Kreislauf (Abb. 8.1.5). Neben der Einsparung von Wasser führt dieser Prozess zu einer Einsparung im Lack, was diesen Prozess wirtschaftlich effizient macht.

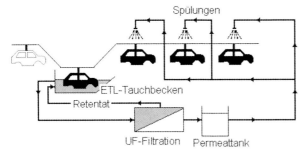

Abb. 8.1.5 Elektrotauchlack (ETL) – Ultrafiltration.

8.1.6
Zusammenfassung und Konklusion

Durch ihre hohe Packungsdichte und relativ günstigen Preis im Verhältnis zu anderen Modularten haben sich Spiralwickelelemente bei der Aufarbeitung von Prozessströmen durchgesetzt. Durch unterschiedliche Materialkombinationen wurden die Module den verschiedenen Anforderungen der Branchen angepasst, was dazu führte, dass Spiralwickelmodule in vielen Applikationen zu finden sind. Dies hat jedoch zur Folge, dass nicht nur die Module den geforderten Prozessen angepasst werden, sondern auch die Anlagen zur Prozesswasseraufbereitung den Ansprüchen der jeweiligen Branche. Die Steigerung der Qualität durch neue Fertigungsmethoden sowie günstige Preise haben der Wasserfiltration mit Spiralmodulen in vielen Applikationen zum Durchbruch verholfen. Neue Entwicklungen, wie z. B. Module, die eine bessere Stabilität gegenüber starken Säuren oder Lösemittel haben, werden weitere Möglichkeiten für Spiralwickelmodule in der Prozessfiltration eröffnen.

8.1.7
Literatur

1 R. Rautenbach, W. Dahm: Design and developmental of spiral wound and hollow fibre RO-modules, Desalination, 65 (1987) 259–275
2 F. Evangelista, G. Jonsson: Optimal design and performance of spiral wound modules I: Numerical Method, Chem. Eng. Comm., Vol. 72 (1988) 69–81
3 M. B. Boundinar, W. T. Hanbury, S. Avlonitis: Numerical simulation and optimisation of spiral wound modules, Desalination 86 (1992) 273–290
4 W. G. J. van der Meer, J. C. van Dijk: Theoretical optimization of spiral-wound and capillary nanofiltration modules, Desalination 113 (1997) 129–146
5 J. Herron: Open-Channeled Spiral-Wound Membrane Module, Patent No. US 6 673 242 B1, Jan. 6 (2004)
6 A. R. Da Costa, A. G. Fane, D. E. Wiley: Ultrafiltration of whey protein solutions in spacer filled flat channels, J. Membr. Sci. 76 (1993) 245–254
7 J. Lipnizki, S. Casani, G. Jonsson: Optimisation of water savings and membrane processes, Water Science and Technology: Water Supply, Vol. 3, No. 5/6 (2003) 289–294

8 G. Schock, A. Miquel: Mass transfer and pressure loss in spiral wound modules, Desalination 64 (1987) 339–352

9 A. R. Da Costa, A. G. Fane, C. J. D. Fell, A. C. M. Franken: Optimal channel spacer design for ultrafiltration, J. Membr. Sci. 62 (1991) 275–291

10 J. Schwinge, D. E. Wiley, A. G. Fane: Novel spacer design improves observed flux, J. Membr. Sci. 229 (2004) 53–61

11 J. Schwinge: Novel spacer design improves spiral wound module performance, 6th World Congress of Chemical Engineering Melbourne, Australia 23–27 September 2001

12 C. Rosén, C. Trägårdh: Computer simulations of mass transfer in the concentration boundary layer over ultrafiltration membranes, J. Membr. Sci. 85 (1993) 139–156

13 Z. Cao, D. E. Wiley, A. G. Fane: CFD simulations of net-type turbulence promoters in a narrow channel, J. Membr. Sci. 185 (2001) 157–176

14 F. Lipnizki, J. Lipnizki, R. Hansen et al.: Membrane Spacers for Ultrafiltration: Modelling of Mass Transfer and Pressure, 5th International Membrane & Science Conference, Sydney (2003)

15 P. J. Tortosa: Anti-telescoping Device for Spiral Wound Membrane Modules, Patent No. US 5 817 235, Oct. 6 (1998)

16 J. Schwinge, P. R. Neal, D. E. Wiley, A. G. Fane: Estimation of foulant deposition across the leaf of a spiral-wound module, Desalination 146 (2002) 203–208

17 J. Nuortila-Jokinen: Choice of optimal membrane processes for economical treatment of paper machine clear filtrate, Diss. Lappeenrant University of Technology (1997)

8.2
Vacuum Rotation Membrane (VRM) – das rotierende Membranbelebungsverfahren: Aufbau und Betrieb

Torsten Hackner

8.2.1
Einleitung

Steigende Anforderungen an die Ablaufqualität zur Reduzierung eutrophierender und krankheitserregender Stoffe und die Wiederverwendung von Abwässern als Brauch- oder Prozesswasser erfordern die Entwicklung neuer Verfahrenskonzepte und Technologien. Neben der technischen Leistungsfähigkeit sind die Kostenminimierung für Investition und Betrieb maßgebliche Faktoren zur Realisierung der breiten Anwendung neuer Verfahren.

Darüber hinaus spielen die Integrationsfähigkeit in bestehende Verfahren und die Erweiterungsmöglichkeiten konventioneller Anlagen eine wesentliche Rolle für eine Vielzahl von Einsatzfällen.

Vor diesem Hintergrund hat im letzten Jahrzehnt das Membranbelebungsverfahren, enorm an Bedeutung gewonnen. Dabei handelt es sich um ein Belebungsverfahren bei dem der Klarwasserabzug nicht durch Sedimentation im Nachklärbecken vollzogen wird, sondern durch Filtration über Mikro- oder Ultrafiltrationsmembranen. Gemein ist allen auf dem Markt existierenden Verfahren die Belebung mit Trockensubstanzgehalten bis ca. 16 g/l und die Trennung der Biomasse vom gereinigten Abwasser mittels getauchten oder externen Membranmodulen. Besonders hervorgetan haben sich für die kommunale Abwasserreinigung die getauchten Niederdruckverfahren mit Platten- oder Hohlfasermembranen. Daneben gibt es noch weitere extern angeordnete Cross-Flow-Modulsysteme wie Spiralwickel-, Rohr- oder Kissenmodule.

Eine der neuesten Membranbelebungstechniken stellt das getauchte Niederdruckverfahren Huber VRM dar. Es wurde über die letzten Jahre entwickelt und ist mittlerweile bereits an mehreren kommunalen Kläranlagen und einer industriellen Abwasserbehandlungsanlage realisiert worden. Das Verfahren soll durch eine völlig neu geartete Konstruktion Vorteile gegenüber Wettbewerbssystemen bringen.

Diese Technik ist neben kommunalen Anwendungen auch für die industrielle Abwasserreinigung und andersgeartete Filtrationsaufgaben geeignet und stellt eine Filtrationstechnik dar, die vielfältige Kombinationsmöglichkeiten zur Leistungs- und Effizienzsteigerung von konventionellen Abwasserbehandlungsverfahren ermöglicht.

8.2.2
Theorie

8.2.2.1 Membranbelebungsverfahren nach dem Niederdruckprinzip

Das Membranbelebungsverfahren nach dem Niederdruckprinzip (Abb. 8.2.1) vereint die Vorteile des Belebungsverfahrens mit denen der Membranfiltration. Dabei werden die Mikro- oder Ultrafiltrationsmembranen direkt in Belebungsbecken oder in separaten Filtrationskammern angeordnet und das gereinigte Abwasser über diese abgesaugt. Durch die sehr feinen Poren werden alle Partikel und je nach Trenngrenze sogar Bakterien und Keime zurückgehalten. Als Triebkraft wirkt die sog. transmembrane Druckdifferenz, ein Druckgefälle über die Membran, das entweder durch eine Pumpe oder hydrostatischen Druck auf den Membranen erzeugt wird. Der Abzug des Klarwassers bewirkt an den Membranoberflächen eine örtliche Aufkonzentrierung der Feststoffe (belebter Schlamm), der zur Verhinderung von flusslimitierenden Deckschichten wieder entfernt bzw. wirksam am Entstehen gehindert werden muss. Vielmehr bildet sich auf den Membranoberflächen eine feine Schicht, die zusätzliche mitfiltrierend wirkt und als Sekundärfiltration bezeichnet wird.

Zur Reinigung wird bei den getauchten Niederdruckverfahren grobblasige Luft eingetragen, welche eine Turbulenz bewirkt und damit zu einer Entfernung des Schlammkonzentrats führt. Diese wird durch die Turbulenz wieder gleichmäßig im Becken verteilt. Die Spülluftmengen liegen je nach Verfahren zwischen 300 und 1000 L/(m^2 · h). Die notwendigen transmembranen Druckdifferenzen variieren je nach Verfahren zwischen 100 und 600 mbar.

Zudem werden viele Membrantypen zur Reinigung der Poren zurückgespült. Dabei wird vorher abgezogenes und gespeichertes Permeat oder Frischwasser nach Unterbrechung der Filtration wieder über die Membranen zurück in den belebten Schlamm gepumpt. Periodisch werden dabei oxidative, saure und basi-

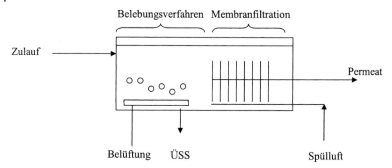

Abb. 8.2.1 Prinzip der getauchten Niederdruckmembranverfahren.

sche Membranreinigungsmittel in niedrigen Konzentrationen (z. B. Natriumhypochlorid) zudosiert, um eine vollständige Entfernung von Deckschichten und eine Reduzierung von Fouling (organische bzw. biologische Beläge) an den Oberflächen zu erreichen.

Bei den getauchten Niederdruckverfahren sind vor allem die Platten- und Hohlfasermembranen verbreitet. Dabei können die Hohlfasern vertikal oder horizontal eingespannt, die Plattenmembranen statisch im Becken installiert oder rotationssymmetrisch um eine feste Achse angeordnet werden.

8.2.2.2 VRM-Verfahren

Als einziges getauchtes Membranbelebungsverfahren nach dem Niederdruckprinzip verwendet das VRM-Verfahren keine starr montierten Membranen, sondern trapezförmige Plattenmembranen, die kreisförmig und rotierend um eine Hohlwelle angeordnet sind. Die kleinste Einheit sind dabei die VRM-Membranplatten. Sie bestehen aus einer Polypropylen-Grundplatte und darauf aufgeschweißten Membranfolien. Diese Membranfolien sind wiederum Kompositmembranen aus einer 300 µm dicken Polypropylenträgerschicht und der darauf aufgebrachten eigentlichen PES-Membranschicht, die nur 0,3 µm Dicke aufweist (Abb. 8.2.2).

Vier dieser VRM-Membranplatten sind dabei jeweils zu einem Modul angeordnet (Abb. 8.2.3 a). Je nach Baugröße werden entweder sechs oder acht Module im Kreis angeordnet und bilden so ein VRM-Element (Abb. 8.2.3 b). Bis zu 60 Module bilden dann ein Unit (Abb. 8.2.3 c), so dass maximal 2880 m² Membranfläche pro Unit möglich sind. Damit sind je nach Einsatzfall pro Unit bis zu 100 m³/h Durchsatz möglich. Bei größeren Durchsätzen werden mehrere Units parallel in den Becken installiert.

Das komplette VRM-Unit (Abb. 8.2.4) ist in einem Rahmengestell integriert und wird direkt in Belebungsbecken eingebaut oder in separaten Filtrationskammern angeordnet.

Das durch den belebten Schlamm und Lufteintrag biologisch gereinigte Abwasser wird mittels einer transmembranen Druckdifferenz, die durch eine ex-

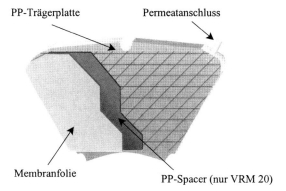

PP-Trägerplatte
Permeatanschluss
Membranfolie
PP-Spacer (nur VRM 20)

Abb. 8.2.2 VRM-Membranplatte.

terne Pumpe oder „gravity flow" erzeugt wird, bei einer molekularen Trenngrenze von 150 kDa durch die Membranen gesaugt und über die Permeatsammler dem Ablauf zugeführt. Dabei wird ein Puls-/Pausebetrieb aufrechterhalten, d. h. die Filtration wird regelmäßig unterbrochen, damit die Membranen intensiver gereinigt werden können. Durch die niedrige Trenngrenze (38 nm nominell) werden sämtliche Partikel und Bakterien und nahezu alle Viren zurückgehalten, so dass eine Weiterverwendung des Permeats als Brauchwasser möglich ist.

Durch die Membranfiltration würden ohne geeignete Maßnahmen Deckschichten an den Membranoberflächen entstehen, die Filtration würde innerhalb kürzester Zeit zum Erliegen kommen. Diesen – beim Dead-End-Betrieb gängigen Zustand – will man bei der kontinuierlichen Membranfiltration mit dem VRM-Verfahren vermeiden und muss deshalb den aufkonzentrierten belebten Schlamm aus den Plattenzwischenräumen entfernen und die Membranen damit abreinigen. Dazu wird zentral Spülluft eingetragen, die eine Turbulenz an den Oberflächen bewirkt und so den aufkonzentrierten Schlamm aus jeweils nur dem oben befindlichen Segment entfernt. Durch die Rotation des Units wird jeweils nur ein Segment bei minimiertem Energiebedarf intensiv gereinigt.

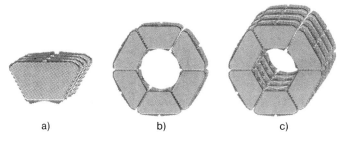

Abb. 8.2.3 Anordnung der VRM-Membranplatten-Module:
(a) einzelnes VRM-Modul, (b) VRM-Elemen, (c) VRM-Unit.

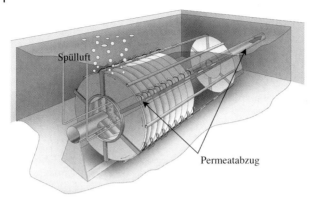

Abb. 8.2.4 Schema eines VRM-Unit im Belebungsbecken.

Durch den zentralen Eintrag kann man beim Spülluftgebläse zusätzlich auf kleinere Druckstufen zurückgreifen, was sich positiv in Investitions- und Betriebskosten auswirkt.

Diese Kombination aus Puls-Pausebetrieb und sequentieller Reinigung bewirkt eine intensive Reinigung der Membranen bei einer dauerhaft hohen hydraulischen Permeabilität. Auf regelmäßige Permeatrückspülungen kann dabei genauso verzichtet werden wie auf chemische Reinigungen. Lediglich halbjährlich erfolgt eine permeatseitige Desinfektion gegen durchgewachsene Biofilme und permeatseitige Rückverkeimungen.

Die VRM-Units können je nach Anwendungsfall direkt in den Belebungsbecken, in separaten Filtrationskammern oder in Containern installiert werden. Durch Installation in Containern können die VRM-Anlagen zu kompletten Klärsystemen erweitert werden.

Das Huber VRM-System gibt es in den beiden Baugrößen VRM 20 und VRM 30, wobei VRM 20 einen Trommeldurchmesser von 2 m und VRM 30 3 m aufweist. Beide Baugrößen sind wiederum in sieben verschiedene Standardgrößen

Tabelle 8.2.1 Kennwerte von VRM-Anlagen.

	VRM 20	VRM 30	Einheit
$\varnothing_{Unit}$	2,0	3,0	m
$A_{Membran}$	bis 900	bis 2880	m^2
$v_{P,\,max.}$	30	30	$L/(m^2\_h)$
$Q_{max}/Unit$	24,3	77,8	m^3/h
Δp_{Trans}	<250	<250	mbar
Trenngrenze	<0,1	<0,1	µm
TS_{BB}	12–16	12–16	g/L
Vorbehandlung, Lochsiebung	<3	<3	mm

mit einer jeweils definierten Membranfläche aufgeteilt. Die Kennwerte von VRM-Anlagen sind in Tabelle 8.2.1 angeführt.

8.2.3
Betriebserfahrungen mit VRM-Anlagen

Das VRM-Verfahren ist mittlerweile an vier kommunalen Kläranlagen und einer industriellen Abwasserreinigungsanlage (Stärkeaufbereitung) realisiert, weitere Anlagen sind beauftragt und werden demnächst ausgeliefert. Daneben wurden verschiedene industrielle Anwendungen erfolgreich pilotiert sowie in mehreren Ländern Vorführungen und Demonstrationen durchgeführt. Im Folgenden werden der Betrieb und die Ergebnisse ausgewählter Anlagen dargestellt.

8.2.3.1 Abwasserreinigungsanlage Schwägalp (kommunales Abwasser)

An der Talstation der Säntis-Seilbahn (Schweiz) ist seit April 2002 eine Membranbelebungsanlage mit dem VRM-Verfahren in Betrieb. Die Anlage behandelt das Abwasser des Berghotels Schwägalp, mehrerer umliegender Pensionen und einer Schaukäserei. Die Käserei besitzt eine Neutralisationsstufe, um die Kläranlage vor pH-Spitzen zu schützen. Der äquivalente Anschlusswert der MBR-Anlage beträgt ca. 780 EW. In der Kläranlage wird das Abwasser aus dem Zulaufsumpf über eine 0,75 mm-Spaltsiebung in den Pufferspeicher der Anlage geleitet. Daraus wiederum gelangt das Abwasser in die Denitrifikationsstufe ($V_{DN} = 75$ m^3) der Anlage, woraus wiederum die Nitrifikations- und Filtrationskammer ($V_N = 75$ m^3) beschickt wird. Durch Öffnungen in der Zwischenwandung gelangt das Belebtschlammgemisch zurück in die Denitrifikation. Im Nitrifikationsbecken ist das VRM-Unit installiert. Hier handelt es sich um eine VRM 20/90-Einheit mit 270 m^2 Membranfläche. Über die Membranen wird das gereinigte Abwasser aus der Biologie abgezogen und an den Vorfluter – einem Bergbach – abgegeben. Der belebte Schlamm inklusive aller Feststoffe und Keime wird im Becken zurückgehalten. Bei Überschreiten der Grenzkonzentration 16 g/L wird dieser mit einer Pumpe abgezogen, in einer Schlammstapelung eingedickt und anschließend über ein Sacksystem entwässert und entsorgt.

Durch die vorhandenen großen Pufferbecken kann die Anlage dauerhaft mit einem Fluss von 13 L/(m^2 h) betrieben werden. Falls durch längerfristigen hohen Zulauf die Pufferung und der geringe Flux nicht mehr ausreichend ist, wird die Anlage in einen hohen Fluss von 24 L/(m^{2}h) geschalten.

Die Filtration reagiert bei diesem hohen Fluss mit einem kurzfristigen Anstieg der transmembranen Druckdifferenz und einem Abfall der Permeabilität, die sich aber nach Rückkehr in die Nominalfiltration wieder erholt und sich auf konstant hohe Werte zwischen 200 und 300 L/(m^2 h bar) einstellt.

Bei maximalem Fluss schafft die Anlage einen Durchsatz von 6,7 m^3/h. Jedoch kann die Anlage durch die großen Pufferbecken (von der Altanlage) kontinuierlich beschickt werden und so fast durchgehend bei schonenden transmembranen Drücken und moderaten Flüssen betrieben werden. Lediglich an

Tabelle 8.2.2 Hydraulische Parameter ARA Schwägalp.

Parameter	Kürzel	Einheit	Wert
Nomineller Fluss	$v_{P,\,nom.}$	L/m² · h	13
Maximaler Fluss	$v_{P,\,max.}$	L/m² · h	24
Hydraulische Permeabilität	L_P	L/(m² · h · bar)	240
Max. Durchsatz	$Q_{P,\,max.}$	m³/h	6,7

Tabelle 8.2.3 Analytische Parameter ARA Schwägalp.

Parameter	Einheit	Zulauf			Ablauf		
		mittl.	max.	min.	mittl.	max.	min.
CSB	mg/L	485	1400	150	18	35	8
NH_4-N	mg/L	20	140	3	0,2	2	0,01
P_{ges}	mg/L	18	40	5	6	20	1,5
E. coli	KBE/mL		$4,5 \times 10^5$		0	0	0

hochfrequentierten Wochenenden im Sommer fällt tourismusbedingt kurzfristig soviel Abwasser an, dass die Anlage längere Zeit mit maximalem Fluss von 24 L/(m² h) betrieben wird (Tabelle 8.2.2).

Die im Abwasser enthaltenen Schmutzstoffe werden von der Biologie jederzeit zuverlässig abgebaut (Tabelle 8.2.3). Durch die Membranen werden dabei alle Partikel und Bakterien und nahezu alle Keime zuverlässig zurückgehalten und so der sensible Vorfluter geschont.

8.2.3.2 Klarfiltration von Brauereiabwasser (Pilotierung)

Eine bayerische Brauerei muss aufgrund der hohen Abwasserschmutzfracht (hauptsächlich durch hohe Feststofffracht im Betriebsabwasser) Starkverschmutzergebühren an die Gemeinde abführen. Um diese Abgabe umgehen zu können, überlegte man betriebsseitig die anfallende Fracht zu senken. Da die Schmutzstoffe hauptsächlich als ungelöster CSB vorliegen, wollte man eine Ultrafiltrationsanlage testen. Dazu wurde die Pilotierung mit einer Huber VRM-Anlage durchgeführt. Hierbei kam die Versuchsanlage VRM 20/15 mit 45 m² Membranfläche und einem Reaktorvolumen von 4,5 m³ zum Einsatz.

Das gesamte Abwasser der Brauerei gelangt über das betriebseigene Kanalnetz zur ROTAMAT Siebschnecke Ro9, die mit einem 3 mm-Spaltsiebkorb ausgerüstet ist. Dadurch werden die gröbsten Stoffe bereits hier abgesiebt, gepresst und ausgetragen. Das Abwasser gelangt anschließend weiter in das Misch- und Ausgleichsbecken (MAB). Darin wird das Abwasser belüftet, umgewälzt, die tageszeitbedingten Belastungsunterschiede ausgeglichen und anschließend in eine weitere Grube abgegeben, so dass eine kontinuierliche Abgabe in das Kanalnetz zur kommunalen Kläranlage gewährleistet wird.

Direkt aus dem MAB wird die Versuchsanlage VRM 20/15 mittels einer füllstandsgeregelten Schmutzwasserpumpe beschickt. In der Membrananlage erfolgt unter Luftzufuhr ein teilweiser biologischer Abbau der enthaltenen Schmutzstoffe. Hierzu wird über eine Sauerstoffsonde der Gehalt an gelöstem Sauerstoff ermittelt und damit ein Belüftungsgebläse gesteuert. Fällt der Wert unter 1,5 mg/L schaltet ein Gebläse zu, das feinblasige Luft in das Belebungsbecken (VRM-Becken, $V = 4{,}5\ m^3$) einträgt. Erreicht der Wert 2,5 mg/L schaltet sich das Gebläse wieder aus.

Durch die Permeatpumpe wird das Klarwasser über die Ultrafiltrationsmembranen aus dem Behälter abgesaugt, wobei sämtliche Feststoffe und Bakterien im VRM-Behälter verbleiben. Über eine zeitproportional gesteuerte Tauchpumpe wird der Überschussschlamm abgezogen um eine Schlammkonzentration von 10–14 g/L aufrecht zu erhalten und eine starke Aufkonzentrierung zu vermeiden.

Bei Zykluszeiten von 9 Filtration und 1 Pause, in der – bei entspannter Membran – eine Intensivreinigung der Membranen vorgenommen wird, wurde die Anlage mit einem Startfluss von 13 L/(m^2 h) in Betrieb genommen.

Sukzessive Steigerung des Flusses konnte – ohne Verringerung der hydraulischen Permeabilität – problemlos bis 23 L/(m^2h) durchgeführt werden. Positiv wirkte sich die hohe Abwassertemperatur von 22 °C aus.

Die transmembrane Druckdifferenz blieb bei dieser Einstellung nahezu konstant. Die Permeabilität der Membran (ein Kennwert für das Filtrationsverhalten) lag bei 660 L/(m^2 h bar).

Eine kurzfristige Steigerung des Flusses auf bis zu 35 L/m^2 h hatte einen kurzfristigen Abfall der hydraulischen Permeabilität zur Folge. Nach Rücksetzen auf den nominellen Fluss regenerierte sich diese wieder – die dabei entstandenen Deckschichten lösten sich wieder ab (Tabelle 8.2.4).

Durch das Zurückhalten sämtlicher partikulärer Bestandteile konnte der Gesamt-CSB von ca. 5600 mg/L im Zulauf auf ca. 50 mg/L im Ablauf reduziert werden, während der Ammoniumstickstoff NH_4-N von 3,7 auf durchschnittlich 0,3 mg/L gesenkt werden konnte. Gesamtphosphor wurde durch die Filtration von durchschnittlich 104 mg/L auf 3,8 mg/L reduziert (Tabelle 8.2.5).

Tabelle 8.2.4 Hydraulische Betriebsergebnisse.

Parameter	Kürzel	Einheit	Wert
Nomineller Fluss	$v_{p,\ nom.}$	L/m^2 h	23
Maximaler Fluss	$v_{p,\ max.}$	L/m^2 h	35
Hydraulische Permeabilität	$L_{P,\ max.}$	L/m^2 h bar	1200
Max. Durchsatz	$Q_{P,\ max.}$	m^3/h	1,4

Tabelle 8.2.5 Schmutzstoffrückhalt.

Parameter	Einheit	Zulauf	Ablauf
AFS	g/L	6,8	0
CSB	mg/L	5600	40
NH_4-N	mg/L	3,7	0,32
P_{ges}	mg/L	104	3,8

8.3
Prozesswasseraufbereitung mit CR-Filtertechnologie

Eugen Reinhardt und Pasi Nurminen

8.3.1
Einleitung

Der CR-Filter ist ein Nischenprodukt für Applikationen in der Mikrofiltration und der Ultrafiltration mit höchsten Leistungsanforderungen an die Membrane. CR steht für Cross-Rotation. Bezugnehmend auf den gängigen Begriff Cross-Flow-Filtration beschreibt Cross-Rotation-Filtration kurz und prägnant das Funktionsprinzip des CR-Filters (Abb. 8.3.1).

Der CR-Filter findet in der Papier- und Zellstoffindustrie, der chemischen Industrie und der Nahrungsmittelindustrie Anwendung. Die Einsatzbereiche lassen sich in 2 Gruppen einteilen. Der erste Bereich beschreibt die Klarfiltration von Prozesswässern zur direkten Wiederverwendung oder als Vorbehandlung für nachfolgende Aufbereitungsschritte wie Nanofiltration, Umkehrosmose, Ionenaustausch, Eindampfung usw. Der zweite Bereich umfasst die Konzentrierung und/oder die Entsalzung von Dispersionen, Suspensionen usw.

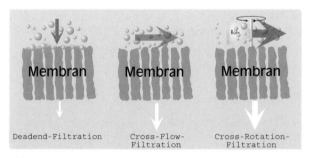

Abb. 8.3.1 Cross-Rotations-Prinzip.

8.3.2
Technische Beschreibung des CR-Filters

8.3.2.1 **Filteraufbau**

Der CR-Filter ist als Platten-Rahmensystem aufgebaut. Platten, Drainagevlies, Membran und Rotor werden sandwichartig übereinander gestapelt (Abb. 8.3.2).

Ein äußerer Rahmen und zwei massive Endplatten aus Edelstahl bilden mit dem Platten- und Rotorstapel eine kompakte Einheit. Der Außendurchmesser des CR-Filters beträgt 110 cm, der Innendurchmesser 100 cm.

Die Membranträgerplatten werden im Spritzguss hergestellt und mit diversen Dichtungen, Umlenkplatten und Klemmringen ausgestattet. Sie sind mit seitlichen Öffnungen versehen, die dem Aufbau der Zuführ-, Konzentrat- und Filtratleitung dienen, und mit einer mittigen Öffnung, die die Rotorantriebswelle aufnimmt.

Die Membranzuschnitte mit einem Durchmesser von 100 cm werden aus handelsüblichen Flachmembranen hergestellt. Sie werden auf der Unter- und Oberseite der Membranträgerplatte befestigt. Zwischen Membranträgerplatte und Membran wird ein Drainagevlies eingebunden. In der Mitte des Plattenstapels rotiert eine Welle, die über Keilriemen von einem Elektromotor angetrieben wird. Auf der Welle sind wechselweise Distanzstücke und Rotoren exakt ausgerichtet. Die Rotoren werden mit einem Abstand von 10 mm über und unter den Membranen bewegt. Sie besitzen eine strömungstechnisch optimierte

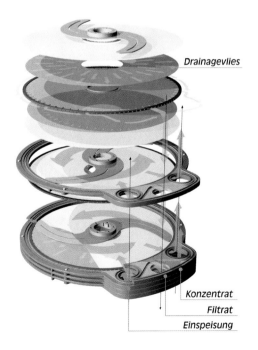

Abb. 8.3.2 Aufbau des Plattenstapels im CR-Filter.

Abb. 8.3.3 Blick auf den geöffneten Plattenstapel.

Form (Abb. 8.3.3). Die Abdichtung der Rotorwelle erfolgt im Bereich der Endplatten mit gespülten Gleitringdichtungen.

8.3.2.2 Funktionsprinzip des CR-Filters

Der CR-Filter wird mittels einer Zuführpumpe bespeist und ein Transmembrandruck von 0,8 bar über ein Druckregelventil eingestellt. In Abhängigkeit des Filtratdruckes kann ein Systemdruck von max. 4,0 bar aufgebaut werden.

Nach der Systemdruckstabilisierung wird die Rotorwelle gestartet. Die durch die Rotoren initiierte Anströmgeschwindigkeit über der Membran beträgt im äußeren Plattenbereich bis max. 15 m/s (Abb. 8.3.4).

Für Standardapplikationen ist die Rotorwellendrehzahl fest eingestellt. Bei Bedarf kann sie in Abhängigkeit von der Problemstellung variiert werden.

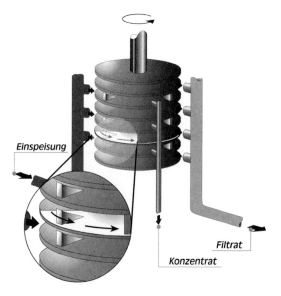

Abb. 8.3.4 Funktionsprinzip des CR-Filters.

Der Druckverlust vom Filterzulauf bis zum Konzentratausgang beträgt je nach Filteraufbau, Anzahl der Sektionen, Medium, Konzentrierungsgrad, Flux usw. 0,3–0,6 bar.

Das eingespeiste Medium wird zwischen die einzelnen Platten verteilt und über den Membranen mittels der Rotoren beschleunigt. Das Konzentrat wird im Konzentratkanal gesammelt und nach außen abgeleitet. Nach dem Passieren von Membran und Drainagevlies wird das Filtrat im Filtratkanal gesammelt und ebenfalls nach außen abgeleitet.

Der CR-Filter kann mit einer oder mehreren Sektionen aufgebaut werden. Die Sektionierung des Filters ist von dem Medium und dem vorgesehenen Konzentrierungsgrad abhängig. In einem sektionierten CR-Filter wird das eingespeiste Medium vor der jeweils nächsten Sektion umgelenkt. Zuführkanal und Konzentratkanal wechseln von Sektion zu Sektion ihre Funktion. Der CR-Filter kann mit 1, 3, 5, 7 oder 9 Sektionen ausgestattet werden.

In der ersten Sektion mit der niedrigsten Belastung wird der höchste spezifische Filtratfluss erreicht. In der jeweils folgenden Sektion und mit steigender Konzentration reduziert sich der Filtratfluss. Durch die Sektionierung können in einem CR-Filter hohe Filtratausbeuten bis zu 99% erzielt werden und feststoffhaltige bzw. viskose Medien bis zur Grenze der Pumpfähigkeit aufkonzentriert werden.

Die maximal zulässige Prozesstemperatur beträgt 80 °C. In Abhängigkeit von der ausgewählten Membran, der Temperatur, des Feststoffgehaltes, des Konzentrierungsgrades und des Mediums können mittlere spezifische Flüsse von 80–400 L/m^2 h erreicht werden.

Durch die Entkoppelung von Einspeisung und Überströmung können die Druckverluste im CR-Filter minimiert werden. Die Deckschichtbildung auf den Membranen wird durch die optimal abgestimmte Anströmung stark unterdrückt und im Idealfall gänzlich vermieden. Bedingt durch den (nahezu) deckschichtfreien Betrieb wird bereits bei einem Transmembrandruck von 0,8 bar ein sehr hohes Leistungsprofil erreicht.

8.3.2.3 CR-Filtertypen

Die wichtigsten Daten unterschiedlicher CR-Filtertypen sind in Tabelle 8.3.1 aufgelistet. In Abb. 8.3.5 ist exemplarisch ein CR-Filter dargestellt.

8 Wasseraufbereitung

Tabelle 8.3.1 CR-Filterfamilie.

Filtertyp	Membranfläche (m^2)	T_{max} (°C)
Labor		
CR200	0,06	60
Pilotanlagen, Kleinanlagen		
CR 550-20	7,5	60
CR 550-40	15	60
Chemische Industrie		
CR 1000-20	35	80
CR 1000-60	84	80
Papierindustrie		
CR 1010-70	98	60
CR 1010-100	140	60

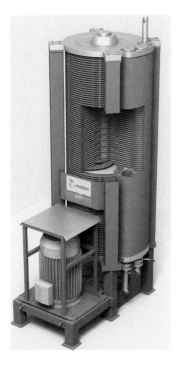

Abb. 8.3.5 CR-Filter, Typ 1010-100, Modelldarstellung.

8.3.2.4 Trennbereich des CR-Filters

Abbildung 8.3.6 zeigt die unterschiedlichen CR-Filterbereiche für verschiedene Stoffe bzw. Partikel auf.

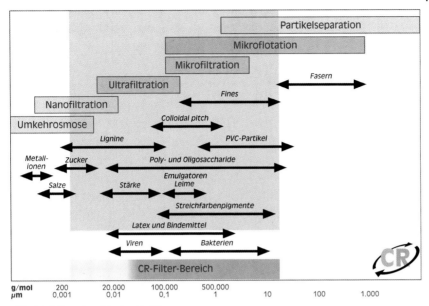

Abb. 8.3.6 Trennbereich des CR-Filters.

Abb. 8.3.7 Designstudie eines CR-Filtersystems mit drei CR-Filtern.

8.3.2.5 Anlagenkonzepte

In Abhängigkeit von der Applikation stehen unterschiedliche Anlagenkonzepte zur Verfügung. Für größere Kapazitäten können mehrere CR-Filter in Reihe oder in Serie betrieben oder auch beide Betriebsarten miteinander kombiniert werden. Die Zuführpumpen können auf einen oder mehrere Filter abgestimmt werden. Das Anlagenkonzept kann auf hohe konstante Filterleistung oder auf höchstmögliche Konzentrierung getrimmt werden.

In der Vorbehandlung muss eine Abscheidung für größere Partikel, Fasern usw. über 150 µm umgesetzt werden. Dies kann mit unterschiedlichen Maßnahmen wie Schrägsieb, Drucksieb, Beutelfilter usw. erfolgen und muss den Erfordernissen der Applikation angepasst werden. Der hygienische Standard wird entsprechend den Ansprüchen der Applikation umgesetzt (Abb. 8.3.7).

8.3.3
Anwendungsbeispiele

8.3.3.1 Aufbereitung von Prozesswasser aus der Textilfarbenproduktion

Die Installation besteht aus einer CR-Filteranlage mit 2 CR-Filtern, Typ CR1000-60. Sie wird in einer Textilfarbenproduktion zur Vorbehandlung der anfallenden Prozesswässer für den nachfolgenden Entsalzungsschritt verwendet (Tabelle 8.3.2). Die Prozesswässer, die beim Produktausschub, beim Spülen und Reinigen von Reaktoren, Stapeltanks und Rohrleitungen anfallen, werden in einem Stapeltank gesammelt. Zur Vorbehandlung werden die Wässer über einen Sedimentabscheider und eine Beutelfilterstation geführt.

Die Abscheidung des Feinsedimentes erfolgt in der nachgeschalteten CR-Filteranlage. In einem weiteren Schritt wird das Filtrat der CR-Filteranlage mittels Umkehrosmose entfärbt und entsalzt. Das Umkehrosmosepermeat wird in den Prozesswasserkreislauf zurückgespeist.

Die Anlage wird im 24-Stundenbetrieb ganzjährig genutzt. Sie ist in den Produktionsablauf integriert und wird über das betriebliche Prozessleitsystem gesteuert und überwacht. Die Leistungsdaten der CR-Filteranlage sind in Abhängigkeit von den täglich wechselnden Spül- und Reinigungswasserqualitäten sehr unterschiedlich (Abb. 8.3.8).

Abb. 8.3.8 CR-Filteranlage zur Aufbereitung von Prozesswasser in der Textilfarbenproduktion.

Tabelle 8.3.2 Betriebsdaten der CR-Filteranlage, Typ CR1000-60, Textilproduktion.

Anzahl der Installationen	1
Anzahl der CR-Filter	2
Installierte Membranfläche (m^2)	168
Trenngrenze (Dalton)	30 000
Fahrweise	kontinuierlich
Zuspeisung (m^3/h)	abhängig von Filtratkapazität und Filtratausbeute
Temperatur (°C)	20–35
Filtratkapazität (m^3/h)	12–30 (abhängig von der Zuspeisequalität)
Ausbeute (%)	90
Flux (L/m^2 h)	70–180 (abhängig von der Zuspeisequalität)
Abfiltrierbare Stoffe (mg/L), Zuspeisung	200–4000
Abfiltrierbare Stoffe (mg/L), Filtrat	0

8.3.3.2 Aufbereitung von Prozesswasser aus der PVC-Produktion

Die Installation besteht aus einer CR-Filteranlage mit 2 CR-Filtern, Typ CR1000-60. Sie wird in einer PVC-Produktionslinie für die Klarfiltration der anfallenden Prozesswässer genutzt (Tabelle 8.3.3). Die Prozesswässer, die als Dekanter-Klarlauf, beim Spülen und Reinigen von Reaktoren, Stapeltanks und Rohrleitungen anfallen, werden in einem Stapeltank gesammelt. Zur Vorbehandlung werden die Wässer über eine Beutelfilterstation geführt.

Die Abscheidung des PVC-Feinsedimentes erfolgt in der nachgeschalteten CR-Filteranlage. Das Filtrat der CR-Filteranlage wird als Spül- und Reinigungswasser wiederverwendet.

Die Anlage wird im 24-Stundenbetrieb ganzjährig genutzt. Sie ist in den Produktionsablauf integriert und wird über das betriebliche Prozessleitsystem gesteuert und überwacht (Abb. 8.3.9 und 8.3.10). Die CR-Filter werden wechselweise oder bei Bedarf gemeinsam betrieben.

Tabelle 8.3.3 Betriebsdaten der CR-Filteranlage, Typ CR1000-60, PVC-Produktion.

Anzahl der Installationen	1
Anzahl der CR-Filter	2
Installierte Membranfläche (m^2)	168
Trenngrenze (Dalton)	30 000
Fahrweise	kontinuierlich
Zuspeisung (m^3/h)	33
Temperatur (°C)	50–75
Filtratkapazität (m^3/h)	30
Ausbeute (%)	90
Flux (L/m^2 h)	175–350
Abfiltrierbare Stoffe (mg/L), Zuspeisung	100–1000
Abfiltrierbare Stoffe (mg/L), Filtrat	0

248 | 8 Wasseraufbereitung

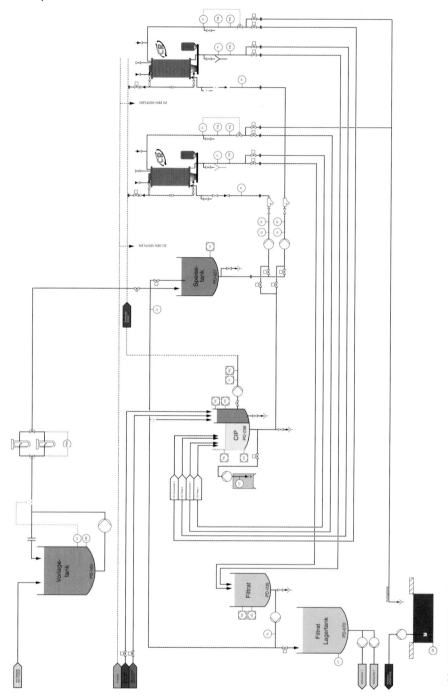

Abb. 8.3.9 CR-Filteranlage zur Aufbereitung von PVC-Prozesswasser.

Abb. 8.3.10 CR-Filteranlage zur Aufbereitung von PVC-Prozesswasser.

8.3.3.3 Aufbereitung von Streichfarbenspülwasser

Die Installation besteht aus einer CR-Filteranlage mit 3 CR-Filtern, Typ CR1000-60. Sie wird an Papiermaschinen für die Rückgewinnung von Streichfarben aus Spülwässern genutzt (Tabelle 8.3.4).

Die Streichfarbenspülwasser fallen beim Reinigen von Streichfarbenkomponenten während eines Papiermaschinenstops an. Sie besitzen eine Trockensubstanz von 4–8%. Zur Abscheidung von größeren Partikeln werden die Streichfarbenspülwässer über ein Schwingsieb geführt und anschließend in der CR-Filteranlage auf ca. 30% Trockensubstanz aufkonzentriert. Das Konzentrat wird dem Streichfarbenansatz wieder beigemischt (Abb. 8.3.11).

Die Anlage wird im 24-Stundenbetrieb ganzjährig genutzt. Sie ist in den Produktionsablauf integriert und wird über das betriebliche Prozessleitsystem gesteuert und überwacht (Abb. 8.3.12). Die CR-Filter werden wechselweise oder bei Bedarf gemeinsam betrieben.

Tabelle 8.3.4 Betriebsdaten der CR-Filteranlage, Typ CR1000-60, Papierindustrie.

Anzahl der Installationen	35
Anzahl der CR-Filter	3
Installierte Membranfläche (m^2)	252
Trenngrenze (Dalton)	30 000
Fahrweise	kontinuierlich
Zuspeisung (m^3/h)	22
Temperatur (°C)	30
Filtratkapazität (m^3/h)	abhängig von Ausgangskonzentration
Ausbeute (%)	abhängig von Ausgangskonzentration
Flux (L/m^2 h)	abhängig von Ausgangskonzentration
Konzentration (%), Zuspeisung	4–8
Konzentration (%), Konzentrat	25–30

8 Wasseraufbereitung

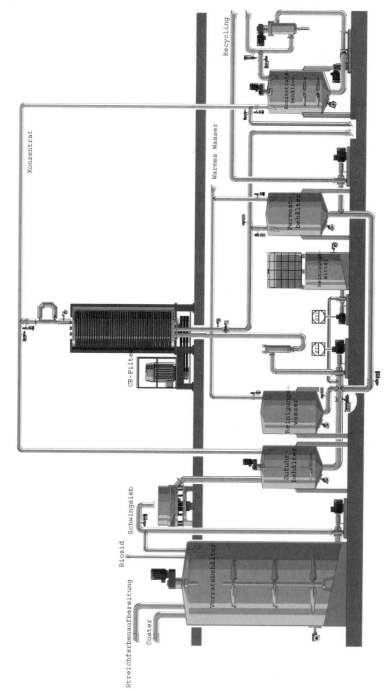

Abb. 8.3.11 CR-Filteranlage zur Rückgewinnung von Streichfarbe in der Papierindustrie.

Abb. 8.3.12 CR-Filteranlage zur Rückgewinnung von Streichfarbe in der Papierindustrie.

8.3.4 Zusammenfassung

Zurzeit sind weltweit ca. 130 CR-Filteranlagen im Einsatz. Die meisten Installationen bestehen aus 1–3 CR-Filtern. Die größte Einzelanlage besitzt eine Kapazität von ca. 230 m^3/h, sie besteht aus 9 CR-Filtern und wird zur Aufbereitung von Papiermaschinen-Kreislaufwasser betrieben.

Im Vergleich zu Cross-Flow-Systemen beweisen sich die Vorteile von CR-Filtersystemen in zwei Nischengebieten mit besonderer Deutlichkeit. Ein Bereich betrifft die Klarfiltration von großen Volumenströmen hoch belasteter Prozesswässer. Die zweite Nische umfasst alle Applikationen zur Konzentrierung und Entsalzung von Medien mit hoher Feststofffracht und/oder mit hohen Viskositäten.

8.3.5 Literatur

Interne Berichte, Patente und Zeichnungen von Metso Paper Chem OY, Raisio, Finnland.

Interne Berichte und Zeichnungen von Dauborn MembranSysteme GmbH, Ratzeburg.

9
Verfahrenskonzepte zur Herstellung von Reinstwasser in der pharmazeutischen und Halbleiter-Industrie

Thomas Menzel

9.1
Einführung

Die Gewinnung des Produktes reines Wasser und/oder Reinstwasser läuft stets auf die Reinigung natürlicher Wässer hinaus. Im Wasserkreislauf der Natur werden verschiedenste Substanzen aufgenommen, so dass es gelöste und suspendierte organische und anorganische Stoffe enthält, deren Konzentration regional und topographisch sehr unterschiedlich sein kann. Die Verwendung von aufbereitetem Wasser ist dabei ganz unterschiedlich und wird für die jeweiligen Anwendungen über entsprechende Regelwerke definiert. So ist die Verwendung von Wasser als Trinkwasser in Deutschland durch die Verordnung über die Qualität von Wasser für den menschlichen Gebrauch geregelt. Sie fordert, dass Wasser für den menschlichen Gebrauch frei von Krankheitserregern, genusstauglich und rein sein soll [1]. Erreicht wird dies durch die Einhaltung der allgemein anerkannten Regeln der Technik bei der Wasseraufbereitung und Verteilung sowie den chemischen und mikrobiologischen Anforderungen.

Die höchsten Anforderungen an die Qualität von aufbereitetem Wasser sind in verschiedenen Bereichen der Technik, wie in der Mikroelektronik, der pharmazeutischen Industrie, der Life Science und der Kraftwerktechnik anzutreffen. Die Verwendung des Produktes Wasser ist dabei ganz unterschiedlich und begründet sich durch die chemische Struktur des Moleküls. Wasser zeigt gute Eigenschaften als Lösemittel und wird zur Verdünnung anderer chemischer Komponenten in einem Produktionsprozess eingesetzt. Dies umfasst die Reinigung von Oberflächen, die mit Wasser hoher Qualität gespült werden oder um die effektive Verdünnung von organischen und anorganischen Stoffen zur Behandlung von Oberflächen. Als Beispiele für das Vorhandensein von reinem Wasser in pharmazeutischen Produkten sind Infusionslösungen oder Wasser für Kontaktlinsen zu nennen.

Inhaltsstoffe, die während der Wasseraufbereitung entfernt werden müssen, um den jeweiligen Anforderungen gerecht zu werden, sind geladene oder ungeladene anorganische und organische Verunreinigungen sowie Mikroorganismen. Mechanische Verfahren wie Grob- und Feinfiltration und physikalisch-chemische Verfahren wie Ionenaustausch und Membrantrennverfahren werden für diese Aufgabenstellung bevorzugt eingesetzt. Vor allem Membrantrennverfahren bieten – durch ihre hohe Selektivität im molekularen Bereich und durch die Möglichkeit der Modularisierung auch große Volumenströme behandeln zu können – sehr gute Voraussetzungen, die gestellten Anforderungen an die Qualität zu erreichen.

Im Folgenden werden Systeme zur Erzeugung von Rein- und Reinstwasser aus der pharmazeutischen und mikroelektronischen Industrie näher betrachtet, wobei der Einsatz von Membrantrennverfahren in Kombination mit konventionellen Verfahrenstechniken besonders hervorgehoben werden soll.

9.2
Anforderungen an Systeme zur Herstellung von Reinwasser der pharmazeutischen Industrie

Das Ziel einer Wasseraufbereitungsanlage muss es grundsätzlich sein, vom Wassereintritt bis zum Point of Use (POU) garantierte und reproduzierbare Wasserqualitäten zu liefern. Die vorgeschriebenen Qualitätsparameter und Grenzwerte dürfen dabei nicht überschritten werden. So sind die Regelwerke des Europäischen Arzneibuches und der amerikanischen Pharmakopöe (Tabelle 9.1) zu erfüllen [2, 3]. Des Weiteren muss das Aufbereitungssystem den c-GMP-Anforderungen (current Good Manufacturing Practice) und den Ansprüchen des Inspection Guide der FDA genügen [4, 5].

Für die pharmazeutische Industrie sind grundsätzlich 4 Arten von Wässern von Interesse: Trinkwasser, Gereinigtes Wasser (Purified Water), Highly Purified Water und Wasser für Injektionszwecke (Water for Injection). Trinkwasser ist hierbei als Rohstoff zu betrachten und einer Wareneingangskontrolle zu unterziehen, da es die 1. Stufe der Wasseraufbereitung darstellt. Die Anwendung von Trinkwasser beschränkt sich auf das Vorspülen von Geräten und Behältern sofern es die Wasserhärte zulässt. Gereinigtes Wasser als Bulk ist vom Arzneibuch für die Herstellung von Zubereitungen vorgesehen, die weder steril noch pyrogenfrei sein müssen. Highly Purified Water ist für die Herstellung von Zubereitungen vorgesehen, die eine hohe biologische Qualität erfordern, außer wenn Wasser für Injektionszwecke vorgeschrieben ist. Für die Herstellung von Arzneimitteln zur parenteralen Anwendung, deren Lösungsmittel Wasser ist, muss Wasser für Injektionszwecke als Bulk eingesetzt werden.

9.3
Systeme zur Herstellung von Reinwasser in der pharmazeutischen Industrie

Das zur Verfügung stehende Rohwasser (Trinkwasserqualität) weist, auch in Europa, teilweise gravierende Veränderungen in der Zusammensetzung auf, da Trinkwasser aus verschiedenen regional verfügbaren Ausgangswässern gemischt

Tabelle 9.1 Zusammensetzung von „Purified water (aqua purificata)" und „Water for injection (aqua ad injectabilia)" gemäß Monografie der europäischen (EP2) und der amerikanischen Pharmakopöe (USP).

Parameter	Einheit	USP	Ph. Eur. (Bulk)
Purified water			
TOC	ppm C	0.5	0.5
Leitfähigkeit	µS/cm@20°C	–	≤4.3
Leitfähigkeit	µS/cm@25°C	≤1.3	–
Nitrat (NO$_3$)	ppm	–	≤0.3
Schwermetalle	ppm als Pb	–	≤0.1
Aerobe Bakterien	KBE/ml	≤100	≤100
Highly purified water			
TOC	ppm C	k.v.S.	0.5
Leitfähigkeit	µS/cm@20°C	k.v.S.	≤1.1
Nitrat (NO$_3$)	ppm	k.v.S.	≤0.2
Schwermetalle	ppm als Pb	k.v.S.	≤0.1
Aerobe Bakterien	KBE/ml	k.v.S.	≤10
Bakterielle Endotoxine	E.U./ml	k.v.S.	≤0.25
Water for injections			
TOC	ppm C	0.5	0.5
Leitfähigkeit	µS/cm@20°C	–	≤1.1
Leitfähigkeit	µS/cm@25°C	≤1.3	–
Nitrat (NO$_3$)	ppm	–	≤0.2
Schwermetalle	ppm als Pb	–	≤0.1
Aerobe Bakterien	KBE/ml	≤10	≤10
Bakterielle Endotoxine	E.U./ml	≤0.25	≤0.25

KBE = koloniebildende Einheiten
E.U. = Endotoxin Units
k.v.S. = kein vergleichbarer Standard

wird. So sind saisonale Schwankungen typisch, die im Bereich von Faktor zwei beim Gesamtsalzgehalt wie auch bei anderen Inhaltsstoffen keine Ausnahme darstellen und bei der Konzeption einer Wasseraufbereitungsanlage berücksichtigt werden müssen. Je genauer das Konzept und die Verfahren definiert und ausgelegt werden können, umso geringer sind spätere Probleme mit einem solchen System. Für den Anwender müssen neben der gleich bleibenden Qualität des Reinwassers auch wirtschaftliche Aspekte bei einer hohen Betriebssicherheit gewährleistet sein.

Ein Wasseraufbereitungssystem besteht aus der Aufbereitungsanlage und aus dem Lager- und Verteilsystem für die Versorgung der Verbraucher. Verfahren nach dem Stand der Technik im Verteilsystem sind UV-Bestrahlung und Ozonbehandlung, auf die im Weiteren nicht tiefer eingegangen wird. Um die betrachteten Wasserverunreinigungen

- Mikroorganismen,
- Partikel,
- kolloidal gelöste Bestandteile,
- gelöste anorganische Bestandteile und
- gelöste organische Bestandteile

in der Aufbereitungsanlage entfernen zu können, stehen verschiedene Verfahren, wie Ionenaustausch, Destillation, Membranentgasung, Umkehrosmose, Ultrafiltration und elektrochemische Deionisation zur Verfügung. In Tabelle 9.2 sind mögliche Verfahrenskombinationen aufgelistet, wobei in Europa die Systemvarianten 2 bis 4 häufig Anwendung finden.

Bevor das Rohwasser der eigentlichen Aufbereitungsstufe zugeführt wird, muss es zunächst vorbehandelt werden. Die Vorbehandlung umfasst die physikalische Trennung der Anlage vom Trinkwassernetz durch einen Netz- bzw. Rohrtrenner, der nach der Deutschen Trinkwasserverordnung zwingend vorgeschrieben ist. Nach einer Grobfiltration (100 µm) oder einer Mikro- oder Ultrafiltration (100 000 Dalton) wird das Wasser durch Ionenaustauscher vollentsalzt oder nur enthärtet. Die Verfahrenskombination 1 kommt aufgrund hoher Betriebskosten bei kontinuierlichem Betrieb nur zum Einsatz, wenn der Salzgehalt des Rohwassers sehr hoch ist (>10–15 mval/l als Natriumchlorid). Die Enthärtung mit nachfolgender Umkehrosmose ist deshalb in Europa weit verbreitet. Als Kationenaustauscherharze kommen hauptsächlich stark saure Typen auf der Basis von sulfoniertem Styrol-Divinylbenzolpolymer in der Natriumform zum Einsatz. Die nutzbare Kapazität der Austauscher liegt abhängig von den Betriebsbedingungen bei 1,0 bis 1,3 val/l. Ein ausschlaggebender Grund für den Einsatz eines Enthärtungssystems statt einer Antiscalant-Dosierung oder eines Druckentkarbonisierungssystems ist die Betriebssicherheit, die biotechnologische und pharmazeutische Anwendungen erfordern. Enthärtungsanlagen schützen die Membranen von Umkehrosmosesystemen und die der Elektrodeionisationsmodule optimal. So werden nicht nur Kalkausfällungen auf der Membran verhindert, sondern auch die wesentlich kritischeren Ausfällungen von Erdalkalisulfaten verhindert.

Tabelle 9.2 Verfahrenskombinationen zur Erzeugung von gereinigtem Wasser.

	System-variante 1	System-variante 2	System-variante 3	System-variante 4
Vorbehandlung	X	X	X	X
Vollentsalzung	X			
Enthärtung		(X)	X	X
Umkehrosmose 1	X	X	X	X
Umkehrosmose 2		X		
Elektrodeionisation			X	X
Ultrafiltration				X

9.3.1
Einsatz der Umkehrosmose bei Systemen zur Herstellung von Reinwasser in der pharmazeutischen Industrie

Die nachgeschaltete Umkehrosmoseanlage entsalzt das enthärtete Wasser um ca. 98 bis 99% bei einer Wasserausbeute von 75 bis 80% abhängig von der Rohwasserzusammensetzung. Mit typischen Trinkwässern lassen sich im Permeat der Umkehrosmose Leitfähigkeiten von 5 bis 30 µS/cm bei 25 °C erreichen. Der Betriebsdruck der Anlagen liegt dabei zwischen 10 und 20 bar.

Für das Verfahren der Umkehrosmose stellt Kohlendioxid ein Problem dar, da es als gelöstes Gas durch die Membran nicht zurückgehalten wird und im Permeat entsprechend dem Kohlesäuregleichgewicht nachdissoziiert und die Leitfähigkeit wieder erhöht. Zwei Methoden werden in der Praxis angewandt, um das Kohlendioxid vor der Umkehrosmose entsprechend dem Kohlensäuregleichgewicht in die ionischen Komponenten zu überführen bzw. abzutrennen. Durch die Anhebung des pH-Wertes auf pH 8,3 wandelt sich Kohlendioxid in die entsprechenden Anteile Hydrogencarbonat und Carbonat um, die von der Membran zurückgehalten werden können. Die Membranentgasung (Membrankontaktor) stellt die andere Alternative dar, bei der mikroporöse Membranen in einer Hohlfasergeometrie zum Einsatz kommen. Die Hohlfasern werden in Modulgehäusen zusammengefasst, um die notwendige Phasengrenzfläche für den Stofftransport zur Verfügung zu stellen. Die Poren der mikroporösen Membranen erfüllen in dieser Anwendung nur die Aufgabe der Stabilisierung der Phasengrenzfläche zwischen Flüssigkeit, d.h. dem zu entgasenden Wasser, und einem Inertgas, das das zu entfernende gelöste Kohlendioxid und zwangsläufig Wasserdampf aufzunehmen hat. Das Wasser fließt dabei im Lumen der Hohlfasern während im Außenraum Inertgas, meist Stickstoff, bei reduziertem Druck durch das Modul geleitet wird.

In der Wasseraufbereitung für pharmazeutische Anwendungen werden heute meist Umkehrosmose-Module mit Thin Film Composite-Membranen eingesetzt. Als Membranpolymer für die mikroporöse Stützstruktur der Membran wird Polysulfon verwandt, auf die die dichte Trennschicht aus einem aromatischen Polyamid durch Grenzflächenpolymerisation aufgetragen wird. Die mechanische Verstärkung der beiden Schichten wird durch ein Vlies oder Gewebe aus Polyester erreicht. Die Verwendung von Membranen aus Celluloseacetat ist durch die chemischen Eigenschaften des Polymers etwas in den Hintergrund getreten. Celluloseacetatmembranen, entweder aus Di-acetat oder Tri-acetat oder einem Blend aus beidem, werden durch Phaseninversion in einem Herstellungsschritt hergestellt. Tabelle 9.3 zeigt einen Vergleich der beiden Membrantypen.

Die wesentlichen Parameter für die Anwendung der beiden Membrantypen stellen das Druckniveau, der Temperatur-Einsatzbereich und die chemische Stabilität dar. Thin Film Composite-Membranen können bei einem niedrigeren Druck betrieben werden und weisen so niedrigere Betriebskosten auf. Eine anerkannte Methode zur Reinigung von Anlagen in der pharmazeutischen Industrie ist die Heißwassersanitation bei 85 °C. Durch die maximale Anwen-

Tabelle 9.3 Vergleich der beiden Membrantypen Thin Film Composite (PA) und Celluloseacetat (CA) [6, 7].

Parameter	PA-Membran	CA-Membran
Einsatzbereich pH	2–12	4–8
Einsatzbereich Druck [bar]	15	30
Einsatzbereich Temperatur [°C]	0–45	0–35
Heißwassersanitation bei 85 °C	ja	nein
Salzrückhalt [%] TDS	99 +	98
Salzrückhalt [%] Silikat (SiO_2)	99 +	<95
Salzrückhalt nach 3 Jahren [%]	99 → 98,7	98 → 96
Chlortoleranz [ppm]	<0,1	1
Foulingtendenz	hoch	niedrig
Kosten	hoch	niedrig

dungstemperatur von 35 °C bei Celluloseacetatmembranen können die Membranen nicht der Heißwassersanitation unterworfen werden (85 °C). Eine pH-Wertverschiebung, wie oben angeführt, ist mit CA Membranen nicht möglich, so dass die teurere Membranentgasung eingesetzt werden muss. Deutliche Vorteile weist die CA-Membran aufgrund der chemischen Beständigkeit nur bei einem Trinkwasser auf, das mit Chlor versetzt ist. Die vergleichsweise niedrigeren Kosten der CA-Membran treten für Anwendungen in der pharmazeutischen Industrie in den Hintergrund.

Zwei Modulbauarten für die Umkehrosmose, Standard- und Fullfit-Module, werden auf dem Markt angeboten. Eine schematische Darstellung zeigt Abb. 9.1.

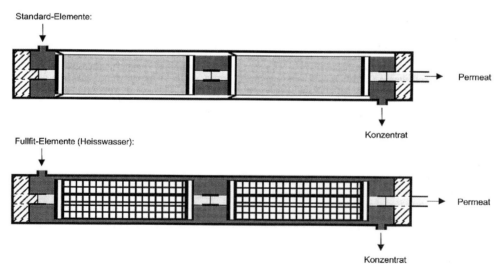

Abb. 9.1 Schematische Darstellung von Standard- und Fullfit-Modulen für die Umkehrosmose [8].

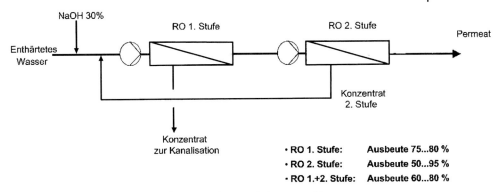

Abb. 9.2 Schematische Darstellung der zweistufigen Umkehrosmose [8].

Bei Standard-Modulen erfolgt die Abdichtung zwischen Membranelement im Druckrohr durch eine Lippendichtung, während bei Fullfit-Elementen ein erzwungener Bypass im Betrieb erfolgt, der für eine Überströmung an der Außenseite des Elements sorgt. Totzonen im Modulaußenraum können so verhindert werden und stellen für Anwendungen, die ein hygienisches Design erfordern, die bessere Lösung dar.

Die Restentsalzung zum Erreichen der geforderten Wasserqualitäten kann weiter mit einer 2. Umkehrosmosestufe erfolgen oder mit der elektrochemischen Deionisation. Der schematische Aufbau einer doppelstufigen Umkehrosmose ist in Abb. 9.2 dargestellt. Enthärtetes Wasser wird über eine Druckerhöhungspumpe der ersten Stufe der Umkehrosmose zugeführt. Das Permeat wird in der zweiten Stufe weiter entsalzt. Abhängig von der Anlagenkonfiguration kann eine zweite Druckerhöhungspumpe zum Einsatz kommen. Das Konzentrat der ersten Stufe wird als Abwasser verworfen. Das Permeat der zweiten Stufe der Umkehrosmose entspricht in seiner Qualität in Bezug auf Leitfähigkeit und TOC-Konzentration den geforderten Werten der Pharmakopöen. Das Konzentrat der zweiten Umkehrosmose wird zu dem enthärteten Wasser vor der ersten Stufe zurückgeführt um die Gesamtwasserausbeute zu erhöhen. Typische Werte für die Wasserausbeute einer zweistufigen Umkehrosmose sind 60 bis 80% bei einem WCF der ersten Stufe von 75 bis 80% und der zweiten Stufe von 50 bis 95%. Die erzielbare Wasserausbeute wird im Wesentlichen durch den Salzgehalt des Rohwassers bestimmt. Bei Verwendung neuer Membranen lassen sich Leitfähigkeiten im Permeat der zweiten Stufe von 0,7 bis 1 µS/cm bei 25 °C erreichen. Zu beachten ist, dass mit zunehmender Standzeit der Membranen der Rückhalt sinkt und der Qualitätsparameter Leitfähigkeit überschritten werden kann.

9.3.2
Einsatz der Elektrodeionisation bei Systemen zur Herstellung von Reinwasser in der pharmazeutischen Industrie

Eine sichere Verfahrensvariante, um die gestellten Anforderungen der Regelwerke zu gewährleisten, stellt die Kombination der Umkehrosmose mit der elektrochemischen Deionisation dar. Die Elektrodeionisation (EDI) kombiniert die Vorteile des Mischbett-Ionenaustausches und der Elektrodialyse bei der Entsalzung:

- hoher Entsalzungsgrad,
- kontinuierlicher Betrieb,
- kein Chemikalieneinsatz bei der Regeneration notwendig,
- keine Neutralisation,
- kein Unterbruch des Prozesses bei der Regeneration.

Der Unterschied zur Elektrodialyse besteht in der Verfahrensführung des Diluats. Bei dem Verfahren der Elektrodeionisation wird das aufzubereitende Wasser kontinuierlich in einem Durchlauf durch das Modul geführt. Eine Rezirkulation des Diluats findet nicht statt während das Konzentrat im Kreislauf geführt werden kann. Das Grundprinzip des Verfahrens ist in Abb. 9.3 dargestellt. Zwischen den beiden Elektroden, Anode und Kathode, sind die einzelnen Kammern Diluat und Konzentrat angeordnet. Die Diluatkammer enthält ein Mischbettionenaustauscherharz, während die Kammergeometrie für das Konzentrat durch einen Spacer zwischen den An- und Kationenaustauschermembranen ausgebildet ist. Durch das angelegte elektrische Feld senkrecht zur Strömungsrichtung des Wassers werden die Anionen des Hauptstromes (Diluat) durch das

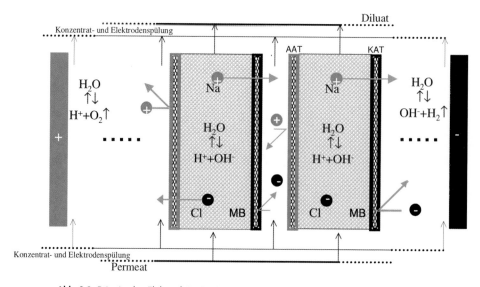

Abb. 9.3 Prinzip der Elektrodeionisation.

Harzbett in Richtung Anode, die Kationen in Richtung der Kathode transportiert und in das Konzentrat überführt. Die gleichzeitige Dissoziation der Wassermoleküle im Mischbettionenaustauscherharz in Protonen und Hydroxydionen regeneriert die erschöpften Anionen- und Kationenaustauscherharze kontinuierlich. Die Austauschreaktionen im Mischbettharz laufen parallel ab, um die kontinuierliche Regeneration des Harzes zu ermöglichen. Reaktion (1) und (2) sind für den Prozess notwendig während Reaktion (3) von untergeordneter Bedeutung und unerwünscht ist.

Wasserdissoziation aufgrund des elektrischen Feldes:

$$H_2O \Leftrightarrow H^+ + OH^- \tag{1}$$

Kontinuierliche Regeneration des Mischbettharzes bei Stromfluss:

$$H^+OH^- + R-SO_3^-Na^+ + R-N-(CH_3)_3^+Cl^- \\ \Leftrightarrow NaCl + R-SO_3^-H^+ + R-N-(CH_3)_3^+OH^- \tag{2}$$

Selbstregeneration des Ionenaustauscherharzes:

$$H^+OH^- + R-SO_3^-H^+ + R-N-(CH_3)_3^+OH^- \\ \Leftrightarrow HOH + R-SO_3^-H^+ + R-N-(CH_3)_3^+OH^- \tag{3}$$

Die Module zur Elektrodeionisation sind entweder als Plattenmodule oder als Spiralwickelmodule aufgebaut. Bei Plattenmodulen sind die einzelnen Kammern, Diluat und Konzentrat, zwischen den Endplatten, die die Elektroden enthalten, ähnlich einer Kammerfilterpresse angeordnet und werden mit Zugankern verpresst. In der Praxis hat sich gezeigt, dass eine periodische Kontrolle der starren, mechanischen Verbindung durchgeführt werden sollte, da aufgrund der herrschenden Quellungskräfte, verursacht durch Ionenaustauscherharz und Ionenaustauschermembranen, äußere Undichtigkeiten entstehen können. Bei Spiralwickelmodulen ist dieses Problem durch einen inerten Verguss aus Kunststoffharz des ganzen Moduls gelöst. In Abb. 9.4 ist schematisch der Aufbau eines Spiralwickelmoduls dargestellt. Die Ionenaustauschermembranen werden spiralförmig um den Kern gewickelt, der die Anode hält. Der Raum zwischen den Membranen wird für die Diluatkammer mit einem Mischbettionenaustauscherharz gefüllt. Der Raum zwischen den Membranen ohne Harzfüllung wird über einen Abstandshalter (Spacer) definiert und bildet die Konzentratkammer. Die Wicklung wird mit der Gegenelektrode (Kathode) abgeschlossen. Eine schematische Schnittdarstellung mit den elektrochemischen Reaktionen im Modul zeigt Abb. 9.5.

Die beiden Volumenströme Permeat und Konzentrat fließen von außen nach innen über ein Verteilsystem tangential durch das Modul. Die Lösung für das Konzentrat spült zuerst den Kathodenraum nachfolgend die Konzentratkammer und dann den Anodenraum. Das elektrische Feld in einem Spiralwickelmodul verläuft konzentrisch. Die somit erzielbare hohe Stromdichte fördert zusätzlich

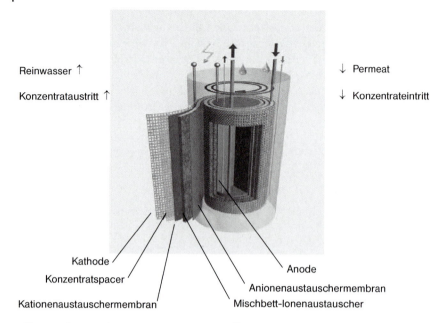

Abb. 9.4 Schematische Darstellung eines Septron®-Moduls (Fa. Christ).

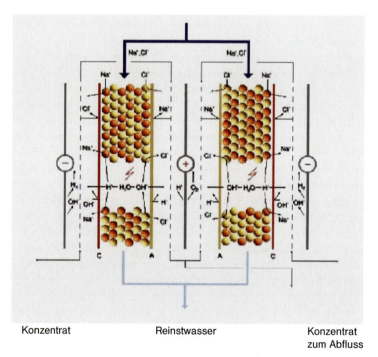

Abb. 9.5 Schematische Schnittdarstellung eines Septron®-Moduls (Fa. Christ).

die elektrolytische Wasserdissoziation und erhöht den Regenerationsgrad des Harzes. Des Weiteren werden kritische Wasserinhaltsstoffe wie CO_2, SiO_2 und organische Kohlenstoffverbindungen (TOC) ionisiert und über die Konzentratkammer abtransportiert. Entlang der Wicklung ergibt sich eine große Verfahrensweglänge, die einen hohen Entsalzungsgrad gewährleistet.

Besonders bei der Abtrennung schwacher Elektrolyte wie CO_2, SiO_2 und Bor wirken sich die große Verfahrensweglänge und die damit verbundene längere Verweilzeit positiv aus. Kohlensäure liegt in Wasser hauptsächlich als gelöstes Gas vor. Mit steigendem pH-Wert dissoziiert das physikalisch gelöste CO_2 zu vollständig dissoziiertem HCO_3^- und CO_3^{2-}. Die verschiedenen Anteile sind in Abb. 9.6 in Abhängigkeit des pH-Wertes dargestellt.

Nur ein kleiner Teil existiert in der hydratisierten Form H_2CO_3 bei einem pH <8 entsprechend der Reaktionsgleichung

$$CO_2 + H_2O \rightarrow H_2CO_3 \qquad (4)$$

mit der Gleichgewichtskonstanten

$$K_{eq} = \frac{[H_2CO_3]}{[CO_2(aq)]} = 2{,}6 \cdot 10^{-3}$$

Das heißt, weniger als 0,3% der Gesamtkonzentration liegt als H_2CO_3 vor [9]. Der nachfolgende Schritt

$$H_2CO_3 + OH^- \rightarrow HCO_3^- + H_2O \qquad (5)$$

erfolgt augenblicklich. Die Kinetikkonstante der Hinreaktion (4) ist mit $k_{CO_2} = 0{,}03\ s^{-1}$ im Vergleich zur Folgereaktion langsam und kann im sauren pH-Bereich für die Abtrennung der Kohlensäure limitierend sein.

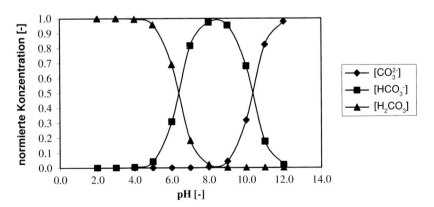

Abb. 9.6 Anteile der verschiedenen Komponenten der Kohlensäure als Funktion des pH-Wertes.

Tabelle 9.4 Abtrennraten verschiedener schwacher Elektrolyte in einem Spiralwickelmodul, Typ Septron® (Fa. Christ).

	Eintrittskonzentration	Abtrennung [%]
CO_2	20 ppm	>99
SiO_2	500 ppt	>98
Bor	3300 ppt	>99

Im alkalischen Milieu (pH >10) erfolgt die direkte Reaktion mit OH^- nach der Reaktionsgleichung

$$CO_2 + OH^- \rightarrow HCO_3^- \tag{6}$$

und der sofortigen Folgereaktion

$$HCO_3^- + OH^- \rightarrow CO_3^{2-} + H_2O \tag{7}$$

Reaktion (6) läuft sehr schnell ab ($k_{OH} = 8500\ s^{-1}(mol/L)^{-1}$) [10]. Für die Abtrennung der Kohlensäure im neutralen pH-Wertbereich sind beide Mechanismen in Betracht zu ziehen. Sie verdeutlichen, dass die Abtrennung der Kohlensäure aufgrund der langsamen Kinetik der einzelnen Reaktionen eine höhere Verweilzeit im Elektrodeionisationsmodul erfordert. Das Spiralwickelkonzept erfüllt die Forderung, so dass eine hohe Abtrennrate für schwache Elektrolyte gegeben ist. In Tabelle 9.4 sind typische Abtrennraten eines Spiralwickelmoduls bei gegebenen Eintrittskonzentrationen zusammengefasst.

9.3.2.1 Heißwassersanitation der Elektrodeionisation

Moderne Anlagen zur Aufbereitung von gereinigtem Wasser erfüllen heutzutage problemlos die physikalischen, chemischen und mikrobiologischen Anforderungen und Richtlinien der internationalen Zulassungsbehörden. Durch Störungen oder Verschlechterung der Eintrittswasserqualität kann es jedoch zu Problemen wie z. B. der Ansiedlung von Biofilmen kommen. Um diese Mikroorganismen in allen Verfahrensschritten minimieren und einen möglichen Bewuchs vermeiden zu können, sind im Anlagenbau mehrere Basisregeln zu beachten:

- totraumfreies Design der Anlage,
- turbulente Strömung,
- Apparate und Rohrleitungen mit einer Rohrrauigkeit kleiner als 0,8 µm und orbital geschweißt,
- sterile Verschraubungen und Kupplungen.

Zusätzlich müssen Maßnahmen geplant werden, um ein bakteriologisches Wachstum zu reduzieren bzw. unter Kontrolle zu halten. Man erfüllt diese Erfordernisse durch eine chemische Desinfektion oder eine Heißwassersanitation.

Das Durchspülen der gesamten Reinwassererzeugungsanlage mit heißem Wasser ersetzt in den meisten Fällen die bislang eingesetzte chemische Desinfektion. Diese neue Methode erlaubt durch die Erhitzung der Anlage auf Temperaturen bis zu 85 °C die Inaktivierung bzw. die Abtötung aller im realistischen Anwendungsfall vorkommenden mesophilen und thermophilen Mikroorganismen und bietet so die von der pharmazeutischen und kosmetischen Industrie geforderte mikrobiologische Sicherheit. Die Methode der Heißwassersanitation zeichnet sich durch zahlreiche Vorteile aus:

- Da keine Chemikalien für die Sanitation benötigt werden, entfallen deren Umschlag und Lagerung. Durch diesen sparsamen Umgang mit Ressourcen ergibt sich ein Kostenvorteil.
- Die beim Gebrauch von Chemikalien nötige Abwasserbehandlung entfällt und unterstützt die Umweltverträglichkeit sowie die wirtschaftlichen Vorteile des Verfahrens.
- Die Überwachung der Temperatur und ihre vollständige Verteilung sind technisch einfacher als die kontinuierliche Kontrolle chemischer Konzentrationen. Das Fehlerrisiko ist stark reduziert.
- Die Steuerung der Abkühlung ist einfacher und schneller als die komplette Ausspülung von Chemikalien. So dauert eine Sanitation nur etwa 3,5 Stunden und gewährleistet eine höhere Anlageverfügbarkeit.
- Im Biofilmabbau ist die Effizienz der Heißwassersanitation weit höher als die der chemischen Behandlung. Ferner ist die Konzentration von Chemikalien, wegen der Gefahr der Schädigung von Anlagenkomponenten wie Membranen, oft reduziert, was die Effizienz ebenfalls beeinträchtigt.
- Qualitativ hochwertiges Reinstwasser steht dem Anwender sofort nach der Sanitation zur Verfügung.
- Die Validierung des Ablaufes ist einfacher durchzuführen und reduziert so die Konformitätskosten.

Eine kompakte Wasseraufbereitungsanlage besteht aus Filtration, Enthärter, Umkehrosmose und der sich anschließenden Elektrodeionisation wie in Abb. 9.7 dargestellt.

Durch den Einbau eines integrierten Wärmeaustauschers entfällt der Bedarf einer externen Heißwasserquelle und erlaubt eine bessere Überwachung der Temperatur während der Sanitation. Nach dem Aufheizen des gereinigten Wassers mit dem Wärmeaustauscher auf >80 bis 85 °C, wird die Temperatur für 30 min. konstant gehalten. In dieser Zeit wird die Anlage mit heißem Wasser durchspült. Anschließend kühlt das Wasser wieder auf Betriebstemperatur ab.

Abbildung 9.8 zeigt den typischen Verlauf einer Sanitation. Die Temperatur wurde nach der Umkehrosmose (Wasserqualität: Permeat) und nach dem Elektrodeionisationsmodul (Wasserqualität: Diluat) gemessen. Das Modul wird während einer halben Stunde auf über 80 °C aufgeheizt.

Die Wirksamkeit der Heißwassersanitation wurde durch eine Untersuchung des Rheinisch-Westfälischen Instituts für Wasser IWW, Mülheim/Ruhr bestätigt. Die Anlage wurde mit dem Ausschlusskeim, Pseudomonas aeruginosa, ge-

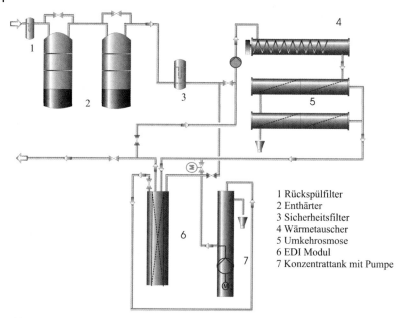

Abb. 9.7 Schematische Darstellung der Wasseraufbereitung; die dunkel markierte Leitungsführung wird bei einer Sanitation mit Wasser über 80 °C durchströmt [11].

1 Rückspülfilter
2 Enthärter
3 Sicherheitsfilter
4 Wärmetauscher
5 Umkehrosmose
6 EDI Modul
7 Konzentrattank mit Pumpe

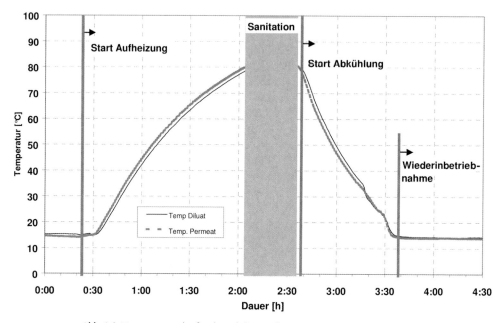

Abb. 9.8 Temperaturverlauf während der Heißwassersanitation [11].

Tabelle 9.5 Untersuchungsergebnisse der mikrobiologischen Kontamination.

	Einheit	Permeat nach RO	Diluat
Vor der Sanitation	KBE/ml	298 000	222
5 Min. nach der Sanitation	KBE/ml	0,9	3
6 Tage nach der Sanitation	KBE/ml	0	1

zielt kontaminiert. Dann wurde die Anlage betrieben bis sich der erwartete Biofilm gebildet hatte. 25 Tage nach der Animpfung wurde die Anlage sanitisiert, 5 Min. nach der Wiederinbetriebnahme und nach 6 weiteren Betriebstagen Wasserproben gezogen und analysiert (Tabelle 9.5).

Bei dauerhafter Anwendung höherer Temperaturen (>60 °C) weist die funktionelle Gruppe der stark basischen Anionenaustauscherharze und -membranen eine mangelnde chemische Stabilität auf. Bei der Heißwassersanitation ist zwar kein dauerhafter Betrieb bei hoher Temperatur gegeben, aber die einwandfreie Funktion der einzelnen Komponenten muss gewährleistet sein. Eine Extrembelastung von über 3000 Betriebsstunden mit 135 Heißwassersanitationen zeigt keine Einbußen in der erstklassigen Wasserqualität und Diluatleistung. Die Ergebnisse sind in Abb. 9.9 dargestellt. Während eines Testbetriebs betrug die erzielte Diluatqualität ca. 0,055–0,056 μS/cm. Diese Werte liegen weit unter dem Grenzwert von 1,1 μS/cm bei 20 °C, das der USP 25 Stufe 1 entspricht. Diese Qualität wurde bei einer Permeatleitfähigkeit von 5 bis über 15 μS/cm erreicht.

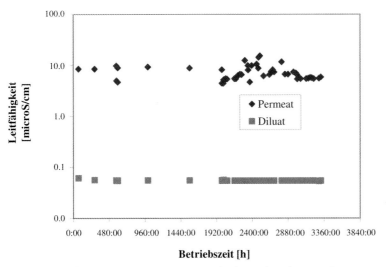

Abb. 9.9 Verlauf der Qualitäten von Permeat und Diluat während 135 Heißwassersanitationen.

Diese Darstellungen verdeutlichen die Konstanz der Leistung und der Diluatqualität trotz erhöhter Belastung und zahlreicher Sanitationen. Das Modul beweist eine absolute Zuverlässigkeit im EDI-Verfahren.

9.4
Anforderungen an Systeme zur Herstellung von Reinstwasser in der mikroelektronischen Industrie

Mit der zunehmenden Verfeinerung der Strukturen auf einem mikroelektronischen Bauteil und dem zwangsweise höheren geforderten elektrischen Widerstand zwischen den feinen Strukturen steigen die Spezifikationen für Reinstwasser, das im Produktionsprozess eingesetzt wird. Die geforderte Reinheit des Wassers folgt Empfehlungen wie sie z. B. durch die SIA (Semiconductor Industry Association) oder die ITRS (International Roadmap for Semiconductor, Tabelle 9.6) festgelegt werden [12]. So muss z. B. der spezifische Widerstand des Reinstwassers über 18,2 MΩ/cm bei 25 °C liegen, d. h. die Konzentration der Ionen im ppt-Bereich, der TOC (totaler organischer Kohlenstoff) kleiner als 1 ppb sein und maximal 1 koloniebildende Einheit von Bakterien pro 1 L Wasser nachgewiesen werden können. Die Spezifikation einer kundenspezifischen Anlage

Tabelle 9.6 ITRS (International Roadmap for Semiconductor).

	Einheit	2005	2006	2007	2008	2009	2010
Technologische Generation	[nm]	80	70	65	57	50	45
Kritische Partikelgröße	[nm]	40	35	33	29	25	23
Reinstwasser-Anforderung							
Spez. Widerstand @ 25 °C	[MΩ/cm]	18,2	18,2	18,2	18,2	18,2	18,2
TOC	[ppb]	<1	<1	<1	<1	<1	<1
Mikroorganismen	[KBE/l]	<1	<1	<1	<1	<1	<1
Silikat gesamt als SiO_2	[ppb]	0,75	0,75	0,5	0,5	0,5	0,5
Silikat reaktiv als SiO_2	[ppb]	0,5	0,5	0,5	0,5	0,5	0,5
Sauerstoff gelöst (Kontamination)	[ppb]	3	3	3	3	3	3
Sauerstoff gelöst (Prozess definiert)	[%]	±20	±20	±20	±20	±20	±20
Stickstoff gelöst (Prozess definiert)	[ppm]	8–12	8–12	8–12	8–12	8–12	8–12
krit. Metalle (jeweils)	[ppt]	1	<0,5	<0,,5	<0,5	<0,5	<0,5
krit. Anionen (jeweils)	[ppt]	50	50	50	50	50	50
Bor	[ppt]	50	50	50	50	50	50
Temperaturstabilität	[°K]	±1	±1	±1	±1	±1	±1

TOC = Summe des organisch gebundenen Kohlenstoffs in gelösten und ungelösten organischen Verbindungen.
KBE = Koloniebildende Einheiten.

9.4 Anforderungen an Systeme zur Herstellung von Reinstwasser in der Industrie

ist natürlich an die Bedürfnisse des jeweiligen Produktionsstandortes angepasst. Angesichts dieser Anforderungen ist es ersichtlich, dass sich die Reinheit des verwendeten Wassers in der mikroelektronischen Industrie an der Nachweisgrenze der einzelnen Analysengeräte ausrichtet. Hilfsstoffe wie Chemikalien zur Dosierung oder zur Regeneration müssen ebenfalls wie die verwendeten Materialien für den Anlagen- und Apparatebau den höchsten Spezifikationen in Bezug auf die Reinheit entsprechen.

9.4.1
Konzeptioneller Aufbau eines Reinstwassersystems

Ein effizientes System zur Produktion von Reinstwasser muss unter Sicherstellung der geforderten Qualität und Quantität (kleinere Systeme 30–60 m^3/h, größere Systeme 150–250 m^3/h) bei geringen Kosten einen stabilen Betrieb gewährleisten. Das Gesamtsystem lässt sich dabei in verschiedene Teilsysteme unterteilen (Abb. 9.10). Nach einer Vorbehandlungsstufe (Pretreatment) erfolgt die weitere Abtrennung der störenden Wasserinhaltsstoffe in einem Make-up-System, an das sich das Polishing-Loop-System anschließt [15]. Um Wasser einzusparen wird schwach belastetes Abwasser aus der Fabrikation über ein Recycling-System zurückgewonnen. Das Abwasser aus verschiedenen Produktionsprozessen wird einer Abwasserbehandlung zugeführt. Hierbei werden während der Produktion anfallende gelöste oder partikuläre Metalle sowie Reinigungschemikalien (Säuren und Laugen) umweltgerecht entsorgt.

Eine große Bedeutung fällt hierbei der Vorbehandlungsstufe zu, da 95–99% der gesamten Verunreinigungen aus dem verwendeten Rohwasser (meist Oberflächenwasser) abgetrennt werden. Verfahren bzw. Verfahrenskombinationen sind hierbei Grobfiltration, Fällung/Flockung, Multimediafilter, Ionenaustausch und Umkehrosmose, bevor das aufbereitete Wasser in einen Reinwassertank ge-

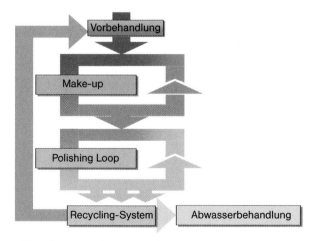

Abb. 9.10 Dynamisches System für Reinstwasser.

langt. Die beiden ersten Verfahrensstufen Multimediafilter und/oder Fällung/ Flockung verringern die Konzentration an Partikeln (> 5–10 µm) und Kolloiden. Zur effizienteren Verminderung der Trübung können ionische Flockungshilfsmittel wie Eisen(III)chlorid und Polyaluminiumchlorid eingesetzt werden. Eine Kontrolle der Dosierung ist unbedingt notwendig, damit die nachfolgenden Verfahrensstufen, hauptsächlich die Umkehrosmose, nicht verblocken. Eine effektive Reduktion der Leitfähigkeit erfolgt dann im Kationen- und Anionenaustauscher. Die nachgeschaltete Umkehrosmose reduziert neben der Leitfähigkeit vor allem die Konzentration an TOC. Zur Trennung des Teilsystems Vorbehandlung vom Teilsystem Make-up wird das behandelte Wasser in einem Permeattank zwischengelagert.

Neben den zum Stand der Technik gehörenden konventionellen Multimediafiltern mit Filtermaterialien wie Sand, Anthrazit oder Bims wird in zunehmendem Maße die Rohwasser-Ultrafiltration zur Abtrennung partikulärer Inhaltsstoffe diskutiert. Das Membranverfahren weist z. B. gegenüber Multimediafiltern deutliche Vorteile in der Reduktion der Mikroorganismen und der Trübungseinheiten des Rohwassers auf. Das Rohwasser kann bis zu 35 g/m^3 TSS bei der Ultrafiltration gegenüber ca. 20 g/m^3 bei einem Multimediafilter aufweisen. Die erforderliche Rückspülmenge liegt bei beiden Verfahren in der gleichen Größenordnung. Die Kosten für Chemikalien zur chemischen Reinigung (Säure bzw. Hypochlorid) sind in den meisten Fällen vernachlässigbar. Der Platzbedarf sowie die Energiekosten liegen ebenfalls in der gleichen Größenordnung.

Ein wesentlicher Punkt bei der Bewertung der Ultrafiltration bezieht sich auf die Investitionskosten, die vergleichsweise höher anzusetzen sind [13]. In Abb. 9.11 ist der Fluss bei der Rohwasser-Ultrafiltration in Abhängigkeit der Trübung des Rohwassers dargestellt. Der Fluss reduziert sich sehr stark bis zu ca. 20 Trübungseinheiten. Danach stellt sich ein flacherer Verlauf ein. Da eine Vielzahl von Oberflächenwässern bis zu 20 Trübungseinheiten aufweisen ist hier der Einfluss des Flächenbedarfs besonders ausgeprägt. Das heißt, eine geringe Zunahme der Trübung führt schnell zu einer größeren benötigten Membranfläche, die direkt proportional in die Rechnung der Investitionskosten eingeht. Der Einfluss auf die Betriebskosten ist wesentlich durch die Standzeit der Membranen und durch den notwendigen Membranersatz begründet.

Auf der anderen Seite ist der große Vorteil der Ultrafiltration auf die deutlich bessere Filtratqualität zurückzuführen. Bei Pilotuntersuchungen konnte ein wesentlich geringeres Biofouling bei den nachfolgenden Verfahrensstufen Ionenaustausch und Umkehrosmose festgestellt werden.

Im Make-up-System erfolgt der weitere Abbau der organischen Inhaltsstoffe durch eine UV-Einheit. Durch den Einsatz von UV-Strahlern bei 254 nm werden Mikroorganismen auf die geforderten Werte abgetötet. Gelöster Sauerstoff wird durch Vakuumentgasung bis zu 1 ppb entfernt, bevor das Wasser über einen Mischbettionenaustauscher zur weiteren Reduktion der ionalen Verunreinigung einem mit Stickstoff überlagertem Tank zugeführt wird. Der Reinstwassertank trennt das Teilsystem Make-up vom Teilsystem Polishing.

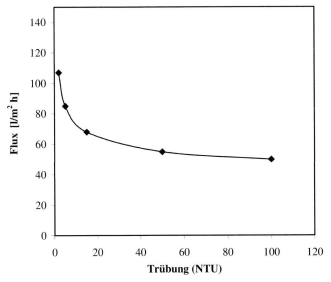

Abb. 9.11 Fluss bei der Filtration von Oberflächenwasser in Abhängigkeit der Trübung bei der Rohwasser-Ultrafiltration [14].

Im Polishing-Loop werden UV und ein Einweg-Mischbett eingesetzt, um letzte TOC-Verunreinigungen abzutrennen und die Qualität im rezirkulierten Volumenstrom sicherzustellen [15].

Qualitativer Verlauf der Parameter Leitfähigkeit, TOC, Silikat, Partikel und Mikroorganismen in einem Reinstwassersystem ist in Abb. 9.12 dargestellt.

9.5
Zusammenfassung

Bei der Herstellung von Rein- und Reinstwasser gehören Membrantrennverfahren zum Stand der Technik, um die gestellten hohen Anforderungen an die Reinheit des hergestellten Wassers auch bei hohen Volumenströmen zu gewährleisten. Rohwasser-Ultrafiltration, Membrankontaktoren und Elektrodeionisation als vergleichsweise neue Verfahren stehen in Konkurrenz zu konventionellen Verfahren, die sich seit Jahren bewährt haben. In manchen Anwendungsfällen als nachteilig zu bewerten ist der vergleichsweise hohe Kostenanteil. Im direkten Vergleich erweisen sie sich z. T. als leistungsfähiger und verursachen ein geringeres Abwasservolumen.

9 Verfahrenskonzepte zur Herstellung von Reinstwasser in der pharmazeutischen Industrie

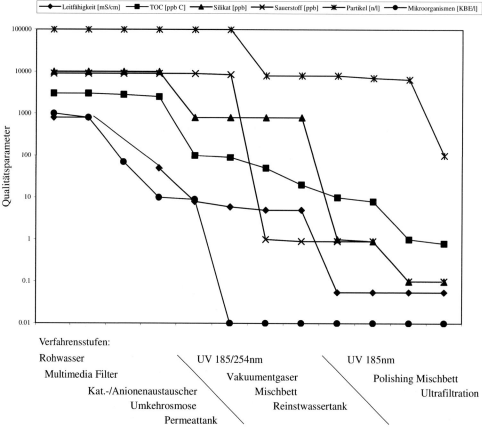

Abb. 9.12 Qualitativer Verlauf verschiedener Qualitätsparameter in einem Reinstwassersystem.

9.6
Literatur

1. Verordnung über Trinkwasser und Wasser für Lebensmittelbetriebe (Trinkwasserverordnung 2001) BGBl.
2. European Pharmacopeia, 4th edition, 2002.
3. US Pharmacopeia, USP XXVI.
4. EG-Leitfaden einer Guten Herstellpraxis für Arzneimittel, III/2244/87, Rev. 3, 1989.
5. FDA: Guide to inspections of high purity water systems, Rockville, 1999.
6. DOW, Technical manual.
7. Saehan, Technical manual.
8. M. Dannien, Swiss Pharma 24(2002), 11a.
9. D. Langmuir, Aqueous Environmental Geochemistry, Prentice-Hall, Inc., 1997.
10. D. Kern, Journal of Chemical Education, Vol. 37, Nr. 1, 1960.
11. C. Joris, Th. Menzel, Swiss Pharma 24(2002), 11a.
12. International Technology Roadmap for Semiconductors (ITRS), Semiconductor Industry Association, International Sematech, Austin.
13. A. Müller, Th. Menzel, Swiss Pharma 24(2002), 11a.
14. Hydranautics, Technical manual.
15. T. Ohmi: Ultraclean Technology Handbook, Vol. 1, Ultrapure Water; Marcel Dekker 1993.

10
Modellierung und Simulation der Membranverfahren Gaspermeation, Dampfpermeation und Pervaporation

Torsten Brinkmann

10.1
Einführung

Traditionell wurden Membranverfahren in „end-of-pipe"- oder „stand-alone"-Konfigurationen angewendet. Beispiele hierfür sind die Entfernung flüchtiger, organischer Komponenten aus Abluft mit Gaspermeationsverfahren (siehe Kapitel 12), die Abwasserbehandlung durch Ultra- oder Mikrofiltration (siehe Kapitel 8 und 15) und die Meerwasserentsalzung. In den letzten Jahren ist jedoch ein Trend in Richtung des prozessintegrierten Einsatzes von Membranverfahren festzustellen. Dies ist vor allem für die Gas- und Dampfpermeation sowie die Pervaporation der Fall. Zu erwähnen sind hier vor allem die Abtrennung von Wasserstoff aus Prozessgasen (siehe Abschnitt 12.1.3), die Rückgewinnung von Monomeren wie Ethylen oder Propylen in der Polymerherstellung (siehe Abschnitt 12.1.8.2) und die Verschaltung von Membranstufen mit anderen, vor allem destillativen Trennverfahren zum Auftrennen azeotroper oder engsiedender Gemische (siehe Kapitel 11). Für die Entwicklung dieser integrierten Prozesse, welche sich durch komplexe Verschaltungen verschiedener Grundoperationen mit einer Vielzahl von Rückläufen auszeichnen, ist die Benutzung von kommerziellen Prozesssimulationsprogrammen Stand der Technik. Diese Simulatoren sind mit umfangreichen Modellbibliotheken für konventionelle Grundoperationen wie z. B. Rektifikation und Absorption ausgestattet, enthalten aber keine Modelle für Membranverfahren. Um Membranverfahren für integrierte Anwendungen sicher auszulegen, ist es also notwendig, Modelle für sie zu entwickeln, welche idealerweise zu den kommerziellen Simulationstools kompatibel sind.

Eine Vielzahl verschiedener Modelle für die Simulation von Membranverfahren sind in den letzten Jahren veröffentlicht worden. Hierbei handelt es sich einmal um Modelle, welche das Einsatzverhalten des Membranmoduls als Einzelverfahren beschreiben [1–20]. Mit der Einbindung des Modulmodells in ein

---

Ein Symbolverzeichnis findet sich unter Abschnitt 10.8.

Membranen: Grundlagen, Verfahren und industrielle Anwendungen
Herausgegeben von Klaus Ohlrogge und Katrin Ebert
Copyright © 2006 WILEY-VCH Verlag GmbH & Co. KGaA, Weinheim
ISBN: 3-527-30979-9

Gesamtverfahren beschäftigen sich ebenfalls zahlreiche Veröffentlichungen [21–44]. Ferner ist hier eine eindeutige Konzentration auf die Verfahren Gas- und Dampfpermeation sowie Pervaporation festzustellen. Bei dem am häufigsten behandelten Modultyp handelt es sich um Hohlfasermodule [1–7, 9, 12, 13, 15, 20, 28, 32, 45], was wahrscheinlich mit dem weit verbreiteten Einsatz dieses Typs zu erklären ist. Es wurden jedoch auch Modelle für Spiralwickelmodule [5, 6, 10, 11, 15, 19, 46, 47] sowie Taschen- und Plattenmodule veröffentlicht [14, 31, 35, 47–57]. Ferner ist festzustellen, dass die Mehrzahl der vorgestellten Modelle von idealisierten Vorstellungen ausgeht bzgl. der für die Permeation angesetzten Triebkraft, der Abhängigkeit der Permeabilität von Feldgrößen wie Temperatur, Druck und Zusammensetzung, des Realverhaltens der Fluidphasen, der Strömungen auf Feed- und Permeatseite sowie der Konzentrations- und Temperaturpolarisation [22, 23, 26, 27, 29, 30]. Am häufigsten berücksichtigt werden Druckverluste, vor allem auf der Innenseite von Hohlfäden beim Outside-In-Betrieb in der Gaspermeation [1–9, 12, 13, 28, 45]. Vermehrt berücksichtigt wird in den letzten Jahren auch die feedseitige Konzentrationspolarisation, und zwar nicht nur für die Flüssigphasenverfahren wie Umkehrosmose und Pervaporation [16, 19, 35], sondern auch für die Gas- und Dampfpermeation [14, 31, 46–53]. Energiebilanzen werden vor allem bei Modellen für Pervaporationsverfahren mitberücksichtigt [5, 6, 17, 19, 21, 23, 25, 39, 41, 43], aber auch bei Modellen für die Gaspermeation [4, 46, 47, 49, 51, 53, 54]. Bei Ersteren werden sie zur Erfassung der dem Permeat zugeführten Verdampfungsenthalpie, bei Letzteren zur Berücksichtigung der Abkühlung des durch die Membran hindurchtretenden Gases durch den Joule-Thomson-Effekt benötigt. Die Berechnung eines Temperaturprofils entlang der im Modul durchlaufenen Verfahrensstrecke impliziert die Verwendung temperaturabhängiger Permeabilitäten bzw. empirischer Beziehungen für den transmembranen Fluss. Dies geschieht bei der Gas- und Dampfpermeation sowie bei der Pervaporation meistens durch Arrhenius-Beziehungen, welche die Messdaten im Allgemeinen gut wiedergeben (siehe z. B. [35] und [55]). Bei der Pervaporation wird die ausgeprägte Konzentrationsabhängigkeit des transmembranen Flusses oft durch empirisch ermittelte Flusskurven erfasst [55]. Die Berücksichtigung der Konzentrations- und Druckabhängigkeit des transmembranen Stofftransports durch Struktur- oder halbempirische Modelle wird in weitaus weniger Veröffentlichungen soweit behandelt, dass eine Integration in ein Modell für ein Membranmodul vorgestellt wird. Beispiele für erfolgreiche Ansätze sind [14, 31, 46–53, 56] angegeben.

Bei den in der Literatur beschriebenen Modellierungen von Hybridverfahren bestehend aus Membrantrennstufen und konventionellen Grundoperationen handelt es sich größtenteils um Verschaltungen von Dampfpermeations- oder Pervaporationsmodulen mit Rektifikationskolonnen, wobei die Mehrzahl die Entwässerung organischer Lösungsmittel zum Thema hat [21, 22, 26, 27, 29–31, 33, 34, 36–38]. Es sind allerdings auch rein organische Trennungen beschrieben worden [24, 25, 39–41, 43]. Einige Veröffentlichungen behandeln auch die Verschaltung von Gaspermeationsanlagen mit anderen Grundoperationen wie Absorption und Kondensation [22, 25].

Tabelle 10.1 Zusammenstellung von in der Literatur veröffentlichten Modellierungen und Simulationen für die Gaspermeation, Dampfpermeation und Pervaporation.

Lit.	Modultyp/ Strömungsform	Isotherm Druckverlust Konz. Pol.	Stofftransport durch Membran $\dot{n}''_{M,i}$	Realverhalten	Software/Numerik	Betrachtetes System
[21]	Kolbenströmung retentatseitig, freier Permeatabfluss	nein (PV) nein nein	$\dot{n}''_{M,i} = F(T, p, y_{i=1,...nc})$ aus [57]	ja, a_i im Stofftransport	k. A.	PV/DP mit Rektifikation, short-cut design für Auslegung von Hybridverfahren, Beispiele: EtOH/H$_2$O und MTBE/MeOH/C$_4$H$_8$
[22] [25]	Kolbenströmung retentatseitig, freier Permeatabfluss	GP, RO: ja PV: nein nein nein	GP: konst. L_i mit $\dot{n}''_{M,i} = L_i \cdot (p_{R,i} - p_{P,i})$ RO: 5 verschiedene Modelle z. B. wässrige Salzlsg. $\dot{m}''_S = B \cdot \Delta w_S$ org. Lsg. $\dot{m}''_W = A \cdot (\Delta p - \Pi_W)$ $\dot{n}''_{M,i} = P_i \cdot \frac{\theta_i}{1-e^{-\theta_i}}$ $\cdot (a_{R,i} \cdot e^{-\theta_i} - a_{P,i})$ $\theta_i = \tilde{V}_i \cdot \Delta p/(R \cdot T)$ PV/DP: experimentelle Daten, Arrhenius für T-Abhängigkeit	nein	Fortran User-Modelle eingebunden in Prozesssimulator Aspen Plus [58], Aufteilung des Moduls in Bilanzzellen	[22, 25]: GP: Benzindampfrückgewinnung aus Tanklagerabluft (C$_2$,C$_3$,C$_4$,C$_5$,C$_6$,O$_2$,N$_2$), dabei Simulation des Gesamtverfahrens (Verdichter, Vakuumpumpe, Kondensator/Absorber und Membranstufe). [25]: RO: Trennung von MeOH/ BuOH durch zweistufigen RO-Prozess, Untersuchung des Membranflächenverhältnisses und Pumpenleistung als Funktion der BuOH-Rückgewinnung [25]: PV: MeOH/Dimethylcarbonat (DMC) Trennung als Hybridverfahren Rektifikation/PV, $w_{P,MeOH} = 0{,}95$ und $w_{B,DMC} = 0{,}99$, untersucht wurde Retentat- und Destillateinfluss auf spez. Kosten

Tabelle 10.1 (Fortsetzung)

Lit.	Modultyp/ Strömungsform	Isotherm Druckverlust Konz. Pol.	Stofftransport durch Membran $\dot{n}''_{M,i}$	Realverhalten	Software/Numerik	Betrachtetes System
[23]	Gegenstrom und freier Permeatabfluss	nein, integrale EB für PV nein nein	GP: konst. L_i. PV: $L_i = F(x_{R,i})$, Partial-drucktriebkraft mit $\gamma_{R,i} \cdot p_R = \dfrac{\gamma_{R,i} \cdot x_{R,i} \cdot p_i^S}{\varphi_{R,i}}$	GP: nein PV: ja	Implementiert in Prozess-simulator HYSYS [58, 59] mittels Spreadsheet und Splitter. HYSYS-Dateien unter: www.d.umn.edu/~davis/cet	GP: O_2/N_2 PV: EtOH/H_2O in Kombination mit Rektifikation
[1] [9]	Gleich- und Gegenstrom für HF-Module mit Outside-in-Betrieb	ja Hagen-Poisseuille für HF-Innenseite nein	konst. L_i mit $\dot{n}''_{M,i} = L_i \cdot (p_{R,i} - p_{P,i})$ [1]: E_{Akt} angegeben, angebliche leichte Erweiterung für $\dot{n}''_{M,i} = F(T, p, y_{i=1...nc})$ mgl. [9]: $a_{i,j} = L_i/L_j$ va-iiert	nein	Orthogonale Kollokation (OC) [60] mit Ermittlung der benötigten Stützstellen, wird als überlegen gegenüber Finiten Differenzen und Runge-Kutta Verfahren dargestellt. Anzahl benötigter Stützstellen abgeschätzt. Lösung des NLAG-Systems durch Browns Methode. Umfangreicher OC-Anhang. Teilweise im Widerspruch zu [8]	[9]: GP HF-Modul mit Celluloseacetatmembran, N_2/CO_2-Trennung, Einfluss Feeddruck und auf Trennergebnis untersucht [1]: GP HF-Modul mit Polyimid Membran (UBE Industries Ltd.) für Raffineriegasanwendungen ($H_2/CO_2/CH_4/C_2H_6$), Einfluss p_F, $\dot{n}_P/\dot{n}_F$, T_F auf Trennergebnis.
[26] [27] [30]	Kolbenströmung retentatseitig, freier Permeatabfluss	ja nein nein	konst. L_i mit $\dot{n}''_{M,i} = L_i \cdot (p_{R,i} - p_{P,i})$ Variation $a_{i,j} = L_i/L_j$	nein	System aus DGL und algebraischen Gln.: Massenbilanz, Stoffartbilanz, Permeation. Als User Block in Aspen Plus, dort Optimierungsrechnungen	EtOH/H_2O-Dampfpermeation gekoppelt mit Rektifikation. Berücksichtigung der Leckluft, der WAT-Flächen und Volumina, Bestimmung der optimalen a- und p_P-Werte.

Tabelle 10.1 (Fortsetzung)

Lit.	Modultyp/ Strömungsform	Isotherm Druckverlust Konz. Pol.	Stofftransport durch Membran $\dot{n}''_{M,i}$	Realverhalten	Software/Numerik	Betrachtetes System
[2] [7]	Gleich- und Gegenstrom für HF-Module, Kreuzstrom für SW-Module	ja Permeatseitig für HF nein	konst. L_i mit $\dot{n}''_{M,i} = L_i \cdot (p_{R,i} - p_{P,i})$ soll erweiterbar sein auf $L_i \neq$ konst.	nein, Erweiterung möglich	OCFE zur Beschreibung der zwei-Punkt-Randwertaufgabe, Newton Verfahren mit vereinfachter Jacobi-Matrix, Methode zur Bestimmung von Startwerten, Optimierung und Parameterabschätzung, stand-alone und Optisim (Linde AG) Implementierung.	[2]: GP HF-Modul mit PE-Membran im Outside-in-Betrieb, $NH_3/N_2/H_2$ [7]: GP HF-Modul für CO/H_2-Trennung als Zwischenstufe bei der CO-Gewinnung aus Steamreformern, Kostenoptimierung.
[3] [4]	Gleich- und Gegenstrom, freier Permeatabfluss für HF-Module, Spülgas möglich	nein [T in [4] Fadeninnenseite nein	$\dot{n}''_{M,i} = L_i \cdot (p_{R,i} - p_{P,i})$ mit $L_i = F(T)$	nur für Enthalpieberechnung	In Reihe geschaltete Bilanzzellen, reduziert auf tridiagonale Matrix, Substitutionsschleife für Lösung	GP HF-Module mit PS-Membran, Spülgas mgl., O_2/N_2, Raffineriegas, hypothetisches 3-Komponentengemisch, Untersuchungen Spülgas, Stufenschnitt, Konzentrationsmaxima GP HF-Modul mit Polyimidmembran, CO_2/CH_4 und $CO_2/N_2/CH_4/C_2/C_3$
[5] [6]	Gleich- und Gegenstrom, freier Permeatabfluss, Kreuzstrom, parallel- und radial angeströmte HF-Module SW-Module	nein, erwähnt für PV Retentat- und permeatseitig, 2-D-Impulsbilanz 2-D-Stoffartbilanz oder Sh	GP mit konst. L_i $\dot{n}''_{M,i} = L_i \cdot (p_{R,i} - p_{P,i})$ PV mit $\dot{n}''_{M,i} = F(T, p, y_{i=1...nc})$ RO mit $\dot{n}''_w = Q_W \cdot c_W \cdot (\Delta p - \Delta \Pi)$ $\dot{n}''_S = Q_S \cdot \Delta c_S$	GP: nein, PV, RO: ja	gPROMS für die Lösung gekoppelter Systeme aus NLAGL, DGL und PDGL. gEST für die Abschätzung von Parametern, umfangreicher Anhang mit detaillierter Modellentwicklung	PV: Trichlorethylen/H_2O mit Silicon HF-Modul, EtOH/H_2O mit HF-Modul GP: $H_2/N_2/CH_4/Ar$ und H_2/N_2 mit HF-Modul. RO: Brackwasser mit Parameterabschätzung mit SW-Modul, Meerwasser mit Parameterabschätzung, radial angeströmtes HF-Modul

Tabelle 10.1 (Fortsetzung)

Lit.	Modultyp/ Strömungsform	Isotherm Druckverlust Konz. Pol.	Stofftransport durch Membran $\dot{n}''_{M,i}$	Realverhalten	Software/Numerik	Betrachtetes System
[28] [32] [38] [45]	Gleichstrom für HF-Modul mit Oustside-in-Betrieb	ja Hagen-Poisseuille für Retentat und Permeat nein	L-D-Modell mit $\dot{n}''_{M,i} = \frac{c_{M} \cdot D_{M,i}}{f_i^{0} \cdot \gamma_i \cdot \delta}$ $\cdot (f_{RM,i} - f_{PM,i})$ Stützschicht berücksichtigt: $\dot{n}''_{M,i} = L_{PS} \cdot (f_{PM,i} - f_{F,i})$	ja Δf Triebkraft	Diskretisiertes Gleichstrom HF-Modell mit Berücksichtigung der aktiven und der Stützschicht sowie Abschätzung der benötigten Stützstellen [28]; implementiert in ABACUSS [61] [45]; implementiert in Aspen Custom Modeler [58]	[28, 32]: Dynamische Simulation für Koppelung Dampfpermeation und Reaktion am Beispiel Ethylacetatsynthese mit DP für EtOH/H$_2$O zur Wasserausschleusung [28, 45]: DP für EtOH/H$_2$O mittels HF-Modul mit Polyimidmembran. Umfangreiche Information über Modulgeometrie und Permeationseigenschaften. [38]: Betrachtung eines Hybridverfahrens zur Abtrennung von Wasser aus IPA/Acetongemischen mit DP- oder PV-Modul im Seitenstrom.
[8]	Gleich- und Gegenstrom für HF-Module mit Oustside-in-Betrieb	ja Hagen-Poisseuille für HF-Innenseite nein	GP mit konst. L_i $\dot{n}''_{M,i} = L_i \cdot (p_{R,i} - p_{P,i})$	nein	Gewöhnliche Differentialgleichungen gelöst mit Shooting-Methode und Runge-Kutta-Verfahren 4. Ordnung [62]	GP HF-Module, binäre Systeme O$_2$/N$_2$ und He/N$_2$, im experimentellen Teil wurden Profile im Inneren der HF gemessen.
[29]	Kolbenprofil im Feed, frei abströmendes Permeat, binär	ja nein nein	Fester Wert bzw. log. Mittelwert mit y_F und y_R für $\dot{n}''_{M,ges}$ und a	nein	Numerisch lösbares System und Voraussetzung der Anwendbarkeit der log. Mittelwerte für $\dot{n}''_{M,ges}$ und a so vereinfacht, dass explizite Gl. für $\dot{n}_P/\dot{n}_F$. A_M und Rückgewinnungsraten	DP für EtOH/H$_2$O, IPA/H$_2$O und Methylamin/H$_2$O-Systeme, gekoppelt mit Rektifikation, gegenseitige Beeinflussung a, $\dot{n}_P$, Kolonnenrücklaufverhältnis. Gut geeignet für „short-cut" Analyse bei begrenzten Membraninformationen

10.1 Einführung | 279

Tabelle 10.1 (Fortsetzung)

Lit.	Modultyp/ Strömungsform	Isotherm Druckverlust Konz. Pol.	Stofftransport durch Membran $\dot{n}''_{M,i}$	Realverhalten	Software/Numerik	Betrachtetes System
[10] [11] [19]	SW-Module mit Kreuzstrom, vereinfachtem Lösungsalgorithmus	ja Hagen-Poiseuille für Permeat GP: nein PV [19]: ja, Sh-Beziehungen	GP mit konst. L_i. $\dot{n}''_{M,i} = L_i \cdot (p_{R,i} - p_{P,i})$ PV [19]: Lösungs-Diffusionsmodell mit Flory-Huggins für Sorption, Margules für fl. Phasen a_i, 6 Parameter Diffusionsmodell für binäre Mischung in Membran	GP: nein PV: ja, fl. Phasen a_i	Umwandlung des Systems aus 3 DGL/2 NLAGL/1 IGL aus [12, 13] in System aus 4 NLAGL. Vereinfachung der Lösung durch Annahme konst. $\dot{n}_R$ in radialer Ri., $\dot{n}_P$ variiert linear in Ri. Permeatabfluss Gelöst mit Quadratur vergleichbar zu OC, für Permeatprofile und Runge-Kutta-Gill-Shooting Methode für Retentatprofile. Auch Parameterabschätzung. Vergleich mit OC [10]: 200- bis 400-mal schnellere Berechnung als exakte Modellierung [11]: 200- bis 700-mal schnellere Berechnung für Multikomponentensystem gegenüber exakter Modellierung [19]: DGL/NLAGL-System gelöst mit numerischer Integration für Retentat- und Shooting-Methode für Permeatseite Implementiert in MATLAB	[10]: GP SW-Modul für binäres System (CO_2/N_2) [11]: GP SW-Modul für Mehrstoffsystem, CO_2 aus $CH_4/C_2H_6/C_3H_8$ sowie hypothetisches 8-Komponentengemisch [19]: PV SW-Modul mit Polyurethanmembran, Trennung von Styrol und Ethylbenzol mit Styrol als besser permeierender Komponente

Tabelle 10.1 (Fortsetzung)

Lit.	Modultyp/ Strömungsform	Isotherm Druckverlust Konz. Pol.	Stofftransport durch Membran $\dot{n}''_{M,i}$	Realverhalten	Software/Numerik	Betrachtetes System
[12] [13]	Gleich-, Gegen- und Kreuzstrom für HF- und SW-Module HF: outside-in	ja Hagen-Poiseuille für Permeat nein	GP mit konst. L_i $\dot{n}''_{M,i} = L_i \cdot (p_{R,i} - p_{P,i})$	nein	Numerisches Verfahren basierend auf DGL/NLAGL-System, vereinfacht um mit Runge-Kutta-Shooting gelöst zu werden. [12]: Binäres System mit entsprechenden Vereinfachungen [13]: Mehrstoffsystem nur für HF	[12]: GP HF-Module für He aus Erdgas, Labor- und Pilotversuche für Validierung, Untersuchung Einfluss Strömungsführung: Gegenstrom nicht unbedingt Gleichstrom überlegen [13]: GP HF-Module mit CA-Membran für Umkehrosmose bestückt H_2 aus CH_4, N_2 Ar bei NH_3 Produktion
[67]	Rohrmodul mit/ohne Umlenkungen	nein ja Konz.-/Temp. Polarisation über Nu/Sh-Beziehungen [63]	PV mit $\dot{n}''_{M,i} = L_i \cdot (p_{R,i} - p_{P,i})$ und $L_i = F(T)$ für keramische Membran	nein	MS-Excel-Modell: Gegenstrommodell mit Sh/Nu aus Feedseite für Konz./Temp.-Polarisation, gelöst mit Excels Newton Solver CFD mit AEA-CFX 4.2, dabei Umlenkbleche ähnlich zu WAT berücksichtigt, inkl. Bypässe	H_2S und CO_2 aus Erdgas. Entwässerung von Alkoholen mittels PV oder DP bei 75 °C mit ECN SiO_2-Membranen

10.1 Einführung | 281

Tabelle 10.1 (Fortsetzung)

Lit.	Modultyp/ Strömungsform	Isotherm Druckverlust Konz. Pol.	Stofftransport durch Membran $\dot{n}''_{M,i}$	Realverhalten	Software/Numerik	Betrachtetes System
[48] [54] [64]	Kolbenströmung retentatseitig, freier Permeatabfluss	nein nein ja, nur [48] mit Grenzschichttheorie und Sh-Beziehungen	GP mit: $\dot{n}''_{M,i} = L_i \cdot (f_{R,i} - f_{P,i})$ und $L_i = F(T)$ in [54] und [69] bzw. $L_i = F(T, p, y_{j=1,...,nc})$ gemäß Multikomponenten-Free-Volume Modell (Gl. 10) in [48]	ja, Triebkraft und Joule-Thomson	Bilanzzellenmodell implementiert in Fortran [48]: Stand-alone-Modell [54, 64]: Implementiert in Aspen Plus	[48, 57]: GP GKSS-Taschenmodul mit PDMS-Membran, Abtrennung von Aceton aus N_2, Validierung anhand Pilotanlage [54]: GP GKSS-Taschenmodul Abtrennung von höheren KW aus CH_4, p_F=65,4 bar, p_P=1,9 bar, Einfluss JT-Effekt auf Permeanzen, Benutzung von Retentat und Permeat zur Feedkonditionierung.
[31] [14] [35]	Kolbenströmung retentatseitig [14, 35]: freier Permeatabfluss [31]: Gleich/ Gegenstrom-Modell für GKSS-Taschenmodul	nein ja, Retentat für [31] auch Permeat ja, Sh-Beziehungen	[14, 31]: DP mit $\dot{n}''_{M,i} = L_i \cdot (f_{R,i} - f_{P,i})$ und $L_i = F(T, p, y_{j=1,...,nc})$ gemäß Multikomponenten-Free-Volume-Modell (Gl. 10) mit Parametern aus Gemischmessungen in Laboranlage [35]: $\dot{n}''_{M,i}$ als Flusskurven etc. möglich durch entsprechende Parametrisierung L_i = konst., $\dot{n}''_{M,i}$ als Flusskurven aus Laborzelle	ja, Triebkraft	[31]: Diskretisierte DGL und NLAGL für GKSS-Taschenmodul, Gleichstrom für erste, Gegenstrom für zweite Taschenhälfte [14, 35] Bilanzzellenmodell Beide implementiert in Aspen Custom Modeler, kompatibel zu Aspen Plus. Parametrisierung ermöglicht selektive Berücksichtigung nicht-idealer Effekte. Lösung des Gl.-Systems mit Newton-Methode in ACM. Möglichkeit zur Benutzung der in ACM implementierten Parameterabschätzungs- und optimierungsroutinen	[14, 31]: DP GKSS-Taschenmodul mit PVAl-basierter Membran, Abtrennung von Wasser aus EtOH zum Brechen des Azeotrops, Modellvalidierung anhand Messungen in Pilotanlage [31]: Hybridverfahren in ACM: Rektifikation, DP, und Dampfstrahlvakuumpumpen [35]: Modellierung eines integrierten Bioprozesses in ACM: Fermenter und PV-Modul, Abtrennung der im Fermenter erzeugten Wertstoffe (2-Phenylethanol und 2-Phenylethylacetat) als Permeat der PV-Stufe, dynamisches Fermentermodell, Validierung anhand Messungen in Pilotanlage

Tabelle 10.1 (Fortsetzung)

Lit.	Modultyp/ Strömungsform	Isotherm Druckverlust Konz. Pol.	Stofftransport durch Membran $\dot{n}''_{M,i}$	Realverhalten	Software/Numerik	Betrachtetes System
[61] [47] [49] [52] [53]	Kolbenströmung retentatseitig, freier Permeatabfluss [47]: Kreuzstrom für SW-Modul	nein ja, Retentat, für [47] auch Permeat inkl. Permeatrohr ja, Sh-Beziehungen und Stefan-Maxwell für Multikomponenten	GP mit: $\dot{n}''_{M,i} = L_i \cdot (f_{R,i} - f_{P,i})$ und $L_i = F(T, p, y_{j=1,...,nc})$ gemäß Multikomponenten-Free-Volume-Modell (Gl. 10) mit Parametern aus Reingasmessungen in Laboranlage. L_i = konst., $\dot{n}''_{M,i}$ als Flusskurven etc. möglich durch entsprechende Parameterisierung	ja, Triebkraft und Joule-Thomson	Parametrisiertes Bilanzzellenmodell, implementiert in Aspen Custom Modeler, kompatibel zu Aspen Plus. Parametrisierung ermöglicht selektive Berücksichtigung nicht-idealer Effekte. Lösung des Gl.-Systems mit Newton-Methode in ACM. Möglichkeit zur Benutzung der in ACM implementierten Parameterabschätzungs- und Optimierungsroutinen	[61]: GP GKSS-Taschenmodul mit POMS Membran, KW-Taupunkteinstellung von Erdgas bei $p_F = 65$ bar, Validierung anhand Daten aus Pilotanlage an Erdgasquelle [49, 52, 53]: GP GKSS Taschenmodul mit POMS-Membran, Abtrennung von C_2–C_5 und CO_2 aus CH_4 und N_2, Validierung mit Pilotanlage [47, 53]: GP GKSS-Taschenmodul und SW-Modul mit POMS-Membran, Vergleich der Modulkonzepte, Abtrennung von n-C_4H_{10} und CO_2 aus N_2, Validierung mit Pilotanlage GP SW-Modul mit PDMS-Membran: Abtrennung von KW aus H_2 (Raffineriegas) bei $p_F = 27$ bar, Abtrennung von C_2/C_3 aus N_2 Spülgas bei der Polypropylenherstellung bei $p_F = 14$ bar, zweistufige Verstärkungskaskade
[46]	Kreuzstrom für SW-Modul	nein ja, inkl. Permeatrohr ja, Stefan-Maxwell für Multikomponenten	GP mit Lösungs-Diffusionmodell, Sorption mit verschiedenen ZGL, Mischungsregel und UNIFAC basierter Gibbsschen Exzessenthalpie, Diffusion nach Stefan-Maxwell mit Diffusionskoeffizient aus Reingasmessungen	ja, Triebkraft und Joule-Thomson	System von PDGL, DGL und NLAGL diskretisiert mittels Kontrollvoluminaansatz, parametrisiertes Modell, Permeatrohr wurde mitberücksichtigt, implementiert in Flowbat (Neste Oy in-house-Prozesssimulator)	

Tabelle 10.1 (Fortsetzung)

Lit.	Modultyp/ Strömungsform	Isotherm Druckverlust Konz. Pol.	Stofftransport durch Membran $\dot{n}''_{M,i}$	Realverhalten	Software/Numerik	Betrachtetes System
[50]	Kolbenströmung retentatseitig, freier Permeatabfluss	nein nein ja, Sh-Beziehungen	GP oder DP mit $\dot{n}''_{M,i} = L_i \cdot (f_{R,i} - f_{P,i})$ und $L_i = F(T, p, y_{j=1...nc})$ gemäß Multikomponenten-Free-Volume-Modell (Gl. 10) mit Parametern aus Reingasmessungen in Laboranlage L_i = konst. möglich	ja, Triebkraft und Joule-Thom son	Parameterisiertes Bilanzzellenmodell, implementiert in Visual Basic gemäß Cape-Open Standard [65], daher kompatibel zu entsprechenden Fließbildsimulatoren (z. B. HYSYS, Aspen Plus, PRO II [66]). Lösung des NLAGL-Systems durch Newton-Verfahren nach [62]	GP GKSS-Taschenmodul mit POMS Membran, Abtrennung von CO_2 und n-C_4H_{10} aus CH_4 bei p_F=50 bar, Vergleich mit ACM-Modell GP GKSS-Taschenmodul mit POMS-Membran, Abtrennung von n-C_4H_{10} und CO_2 aus N_2. Validierung mit Ergebnissen aus Pilotanlage DP GKSS Taschenmodul mit PVAI-basierter Membran, Abtrennung von Wasser aus EtOH zum Brechen des Azeotrops, Validierung anhand Messungen in Pilotanlage
[39]	Kolbenströmung retentatseitig, freier Permeatabfluss	nein nein nein	PV beschrieben mit 8-Parameter-Diffusionsmodell für binäre Permeation, Lösung durch thermodynamisches Gleichgewicht $a_i = a_{M,i}$	ja, fl. Phasen a_i	Differentielle Stoffart- und Energiebilanzen zusammen mit algebraischen Gleichungen gelöst mit gPROMS [67]	PV mit Plattenmodul und Sulzer PERVAP 2256-Membran, Abtrennung von MeOH aus MTBE und C4 über PV-Modul im Seitenstrom zur Rektifikation, gesamtes Hybridverfahren in gPROMS implementiert

Abkürzungen: ACM: Aspen Custom Modeler, BuOH: Butanol, CA: Celluloseacetat, DGL: Differentialgleichung, DP: Dampfpermeation, EtOH: Ethanol, GL: Gleichung, GP: Gaspermeation, HF: Hohlfäden, IGL: Integralgleichung, IPA: 2-Propanol, MeOH: Methanol, MTBE: Methyltertiärbutylether, NLAGL: nicht-lineare, algebraische Gleichung, OC: Orthogonale Kollokation, OCFE: Orthogonale Kollokation auf finiten Elementen, PDGL: partielle Differentialgleichung, PDMS: Polydimethylsiloxan, POMS: Polyoctylmethylsiloxan, PS: Polysulfon, PV: Pervaporation,

Ri: Richtung, RO: Umkehrosmose, SW: Spiralwickel, WAT: Wärmeaustauscher.

Das letztendliche Ziel einer Prozessmodellierung ist es, das kostengünstigste Verfahren zu entwickeln. Hierbei kommen numerische Verfahren zur Optimierung zum Einsatz. Auch diese sind in einigen Veröffentlichungen auf Membranverfahren und Hybridverfahren angewendet worden [56, 68. 69]. Tabelle 10.1 enthält eine Aufstellung von einigen Modulmodellen, die in der Literatur veröffentlicht worden sind.

10.2
Modellierung von Membranverfahren

Kern einer jeden Prozessmodellierung für Membranverfahren ist die genaue Beschreibung des Membranmoduls und der in ihm ablaufenden Vorgänge. Sie werden bestimmt durch das Permeationsverhalten der verwendeten Membran, aber auch durch den thermodynamischen Zustand der angrenzenden Fluidphasen, sich ausbildende Grenzschichten und der retentat- und permeatseitigen Strömungen im Modul. Für die Modellierung eines Membranmoduls ist es notwendig, die Beschreibung der lokalen Geschehnisse an und in der Membran in eine integrale Beschreibung des Moduls zu integrieren. Der nächste Schritt ist

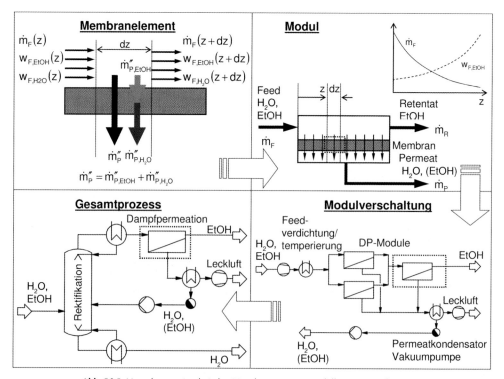

Abb. 10.1 Vorgehensweise bei der Membranprozessmodellierung (nach [55]).

es, die für die Trennaufgabe notwendige Anzahl an Modulen möglichst optimal anzuordnen und diese Anordnung in das Gesamtverfahren zu überführen. Diese Vorgehensweise hat sich nach Rautenbach und Melin [55] bewährt. Sie ist in Abb. 10.1 für einen Dampfpermeationsprozess, welcher verschaltet mit einer Rektifikationskolonne einen Hybridprozess bildet, dargestellt.

Ferner kann ein Modell eines Membranmoduls nach der Modellierungstiefe klassifiziert werden [14, 31, 38, 45, 47, 50, 53]. Hierbei wird die Komplexität des Modells gemäß dem Wissensstand über das betrachtete Membranverfahren erhöht. Begonnen wird mit einer idealisierten Betrachtung. Nach und nach werden nun die nicht-idealen Effekte zugeschaltet, um ein möglichst realistisches Modell zu erzeugen. Ein Vorteil dieser Betrachtungsweise ist es, dass die Lösung der vorhergegangenen, einfacheren Simulation immer auch eine Abschätzung für den Lösungsvektor der nächsten, komplexeren Ebene der Modellierung ist und damit hierfür einen Startwert darstellt. Hierbei wird davon ausgegangen, dass die Modellierung im allgemeinsten Fall in einem Gleichungssystem, bestehend aus algebraischen Gleichungen sowie gewöhnlichen und partiellen Differentialgleichungen, resultiert. Auch für idealisierte Betrachtungen sind diese Systeme nur noch mit numerischen Methoden lösbar.

Abbildung 10.2 stellt drei Ebenen von Modellierungstiefen dar, nämlich grundlegende Konzipierung, Anlagenauslegung und Modulauslegung. Diese Ebenen können bei Bedarf noch in weitere Abschnitte unterteilt werden.

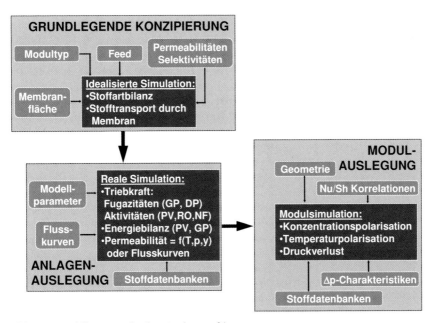

Abb. 10.2 Modellierungstiefen für Membranverfahren.

10.2.1
Modellierung des transmembranen Stofftransports

Je nach betrachtetem Membranverfahren gibt es unterschiedliche Ansätze zur Modellierung des transmembranen Stofftransports. Die gröbste Unterscheidung ist zuerst einmal die zwischen porösen und dichten Membranen. Bei den porösen Membranen ist der Transportmechanismus natürlich von der Porengröße abhängig. Bei den Flüssigphasenverfahren Mikro- und Ultrafiltration kommt es zu einer Hagen-Poiseuilleschen Strömung in der porösen Struktur [55]. Poröse, keramische Membranen werden auch für die Gas- und Dampfpermeation sowie für die Pervaporation und Nanofiltration eingesetzt. Hierbei sind die Porengrößen kleiner und gehen bei Zeolithmembranen bis in den Å-Bereich hinunter. Die Beschreibung der auf Adsorption und Diffusion sowohl im freien Porenvolumen wie auch in der adsorbierten Phase basierenden Transportmechanismen kann z. B. bei Melin und Rautenbach sowie bei Krishna et al. [70, 71] gefunden werden. Handelt es sich um Membranen mit Poren im nm-Bereich, lässt sich der Transport von Gasen und Dämpfen gut mit dem Dusty-Gas-Modell [72] beschreiben. Dieses Modell hat den Vorteil, dass es die die Porenströmung beeinflussenden Phänomene, also molekulare sowie Knudsen-Diffusion und laminare Strömung, automatisch richtig gewichtet berücksichtigt. Ferner lässt sich das Modell um einen Oberflächendiffusionsterm erweitern. Das Dusty-Gas-Modell lässt sich natürlich auch für die Beschreibung der Stofftransportvorgänge der als Stützstruktur für dichte Polymerfilme verwendeten porösen Membranen verwenden. Wichtig für alle Modelle für poröse Membranen ist eine genaue quantitative Kenntnis der Porenstruktur.

Abgesehen von der Mikro- und Ultrafiltration werden jedoch die weitaus meisten Membranverfahren mit dichten Polymermembranen betrieben. Für die Beschreibung dieser Verfahren hat sich in den meisten Fällen das Lösungs-Diffusionsmodell bewährt. Ausnahmen bilden hierbei die Nanofiltration wässriger Salzlösungen, bei der es aufgrund der zu wahrenden Elektroneutralität zu einem zusätzlichen Transportmechanismus (Donnan-Effekt) kommt sowie die Elektrodialyse, bei der ein elektrisches Feld über den Membranstapel angelegt wird. Die Beschreibung des transmembranen Stofftransports dieser beiden Verfahren wird z. B. von Rautenbach und Melin [55] sowie in Kapitel 13 detailliert beschrieben. Das Lösungs-Diffusionsmodell beschreibt den Stofftransport durch Polymermembranen als aus drei Schritten bestehend:

- Lösung der permeierenden Komponenten im Membranmaterial,
- Diffusion der Komponenten im in der Polymermatrix gelösten Zustand,
- Desorption der Komponenten auf der Rückseite der Membran.

Der Lösungs- wie auch der Desorptionsschritt implizieren die Einstellung thermodynamischer Gleichgewichte, welche durch Minima der Gibbsschen Enthalpie und damit durch gleichgroße chemische Potentiale in Fluid- und angrenzenden Membranphasen gekennzeichnet sind. Für die Retentatseite heißt das:

$$G = G_R + G_M = \text{Min} \Rightarrow \begin{cases} T_R = T_M \\ p_R = p_M \\ \mu_{R,i} = \mu_{M,i};\ i = 1,\dots,nc \end{cases} \quad (1)$$

Für den Lösungs-Diffusionsmechanismus ist die Aufbringung einer Triebkraft notwendig. Dies geschieht im Allgemeinen durch Anlegen eines erhöhten Druckes auf der Feedseite der Membran. Bei der Pervaporation, der Dampfpermeation sowie bei manchen Gaspermeationsverfahren wird zusätzlich noch ein permeatseitiges Vakuum angelegt. Grundsätzlich ist die so aufgebrachte Triebkraft aber nicht die Druckdifferenz, sondern die damit erzeugte Differenz der chemischen Potentiale zwischen Retentat- und Permeatseite der Membran. Abbildung 10.3 stellt die Zusammenhänge dar. Die Diffusion eines Stoffes in der Polymermatrix kann durch folgende Beziehung beschrieben werden [55]:

$$\dot{n}''_{M,i} = -c_{M,i} \cdot \frac{D_{0M,i}}{R \cdot T} \cdot \frac{\partial \mu_{M,i}}{\partial z} \quad (2)$$

Hierbei wird abweichend zum Fickschen Gesetz der thermodynamische Diffusionskoeffizient $D_{0M,i}$ sowie der Gradient des chemischen Potentials verwendet.

Somit kann die Differenz der chemischen Potentiale als universelle Triebkraft begriffen werden. Für die Lösung von Gleichung (2) wird die Definition des chemischen Potentials benötigt. Mit Einführung der Fugazität f_i, der Bestimmung der Standardfugazität bei Systemdruck und -temperatur f_i^0 unter Verwendung des Sättigungsdampfdruckes der reinen Komponente p_i^s als Bezugsdruck ergibt sie sich zu [73]:

$$\mu_i = \tilde{G}_i^{\text{Rein}}(T, p^0) + R \cdot T \cdot \ln\left(\frac{f_i}{f_i^0(p_i^s)}\right) + \tilde{V}_i \cdot (p - p_i^s) \quad (3)$$

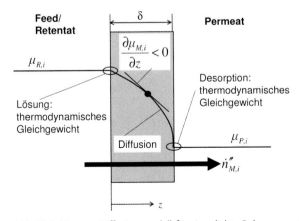

Abb. 10.3 Lösungs-Diffusionsmodell für eine dichte Polymermembran.

Gleichung (3) kann unter Verwendung der Aktivität

$$a_i = \frac{f_i}{f_i^0(p_i^s)} \tag{4}$$

ausgedrückt werden als

$$\mu_i = \tilde{G}_i^{\text{Rein}}(T, p^0) + R \cdot T \cdot \ln a_i + \tilde{V}_i \cdot (p - p_i^s) \tag{5}$$

Gleichung (5), eingesetzt in die Definitionsgleichung für den diffusiven Stofftransport in dichten Polymermembranen (Gleichung 2), ergibt die allgemeine Stofftransportbeziehung für Lösungs-Diffusionsmembranen.

$$\dot{n}''_{M,i} = -c_{M,i} \cdot D_{0M,i} \cdot \left(\frac{\partial}{\partial z} \ln a_{M,i} + \frac{\tilde{V}_i}{R \cdot T} \cdot \frac{\partial p}{\partial z} \right) \tag{6}$$

Um mit dieser Beziehung den Stofftransport beschreiben zu können, ist jedoch noch eine Verknüpfung mit den anliegenden Fluidphasen notwendig. Dies geschieht mit Hilfe von Sorptionsisothermen. Verbreitet sind die Ansätze nach Henry und Flory-Huggins sowie die Dual-Sorption Isotherme. Für eine Henry-Isotherme, angewandt auf die Lösung eines realen Gases in einem Polymer, ergibt sich hier folgender Zusammenhang:

$$c_{M,i} = S_i \cdot f_i \tag{7}$$

Kombiniert man die Beziehungen (6) und (7) und führt zusätzlich verfahrensspezifische Annahmen ein, erhält man letztendlich Formen des Lösungs-Diffusionsmodells, welche auf die unterschiedlichen Prozesse anwendbar sind. Zum Beispiel ergibt sich für die Gas- und Dampfpermeation:

$$\dot{n}''_{M,i} = L_i \cdot (f_{R,i} - f_{P,i}) \tag{8}$$

Erwähnt werden soll an dieser Stelle auch, dass es durchaus von der hier dargestellten Vorgehensweise abweichende Ansätze gibt, welche erfolgreich zur Beschreibung des Permeationsverhaltens verwendet worden sind. Beispiele sind UNIQUAC-Ansätze für das Sorptionsverhalten bei [46, 74, 75] und die Benutzung der Stefan-Maxwell-Gleichungen zur Beschreibung des Diffusionsverhaltens [46, 74–76]. Den vorgestellten Ansätzen ist gemein, dass die Triebkraft durch in den anliegenden Fluidphasen messbare Größen (Temperatur, Druck und Zusammensetzung) ausgedrückt werden kann, der Permeationskoeffizient jedoch nicht. Hier ist man auf Messungen angewiesen. Der Aufwand hierfür unterscheidet sich je nach eingesetzter Membran und zu trennendem Stoffgemisch. So beeinflussen sich bei der Permeation von Gasgemischen durch glasartige Membranen die unterschiedlichen Komponenten oft nicht und es ist in den meisten Fällen auch keine Druckabhängigkeit festzustellen. Daher reicht hier oft ein Arrhenius-Ansatz zur Beschreibung der Temperaturabhängigkeit der Permeabilitäten aus:

$$L_i = L^0_{\infty,i} \cdot \exp\left[-\frac{E_{Akt,i}}{R \cdot T}\right] \qquad (9)$$

Anders ist es bei der Verwendung von gummiartigen Polymeren: hier ist eine starke Konzentrationsabhängigkeit zu beobachten. Beispielhaft hierfür ist die Rückgewinnung von Lösungsmitteldämpfen aus Abluft [52] oder die Abtrennung höherer Kohlenwasserstoffe aus Erdgas [51]. Zur Beschreibung des Permeationsverhaltens für diese Systeme hat sich das Free-Volume-Modell [77–80] bewährt. Für silikonbasierte Membranmaterialien wie PDMS und POMS lässt sich mit einer erweiterten Form des Free-Volume-Modells (Gleichung 10) das Permeationsverhalten von Mehrstoffsystemen auf Basis von Einzelkomponentenmessungen voraussagen [47, 49, 51–53, 56].

$$L_i = L^0_{\infty,i} \cdot \exp\left[-\frac{E_{Akt,i}}{R \cdot T} + \sum_{j=1}^{nc}\left(\frac{\sigma_i}{\sigma_j}\right)^2 \cdot m_{0,j} \cdot \bar{f}_j \cdot \exp(m_{T,j} \cdot T)\right] \qquad (10)$$

Vielfach werden jedoch auch experimentell ermittelte Flusskurven verwendet, welche den betrachteten Konzentrationsbereich abdecken. Hierbei werden die gemessenen transmembranen Stoffmengenstromdichten und Permeatzusammensetzungen gegen die Zusammensetzung im Retentat aufgetragen. Diese Vorgehensweise ist vor allem bei binären Mischungen und Verfahren wie der Dampfpermeation, Pervaporation und Nanofiltration verbreitet. Die gemessenen Flusskurven lassen sich oft gut durch Anpassung von Polynomen beschreiben [35].

Die Permeabilitäten bzw. Flüsse von dichten, nach dem Lösungs-Diffusionsmodell beschreibbaren Membranen sind im Allgemeinen temperaturabhängig. Wie bereits angedeutet lässt sich diese Temperaturabhängigkeit oft durch einen Arrhenius-Ansatz adäquat beschreiben (Gleichung 9). Die Einbindung einer solchen Beschreibung ist vor allem dort notwendig, wo mit nichtisothermem Verhalten gerechnet werden muss, also bei der Pervaporation sowie bei Gaspermeationsverfahren, bei denen das Permeat von einem hohen Druckniveau auf ein niedriges entspannt wird.

Um die in diesem Kapitel vorgestellten Konzepte zur Prozessmodellierung von Membranverfahren zu illustrieren, soll an dieser Stelle ein Beispiel eingeführt werden. Hierbei handelt es sich um ein im Rahmen eines EU-Projektes [51, 64] untersuchtes Gaspermeationsverfahren zur Kohlenwasserstofftaupunkteinstellung von Erdgas. Abbildung 10.4 zeigt das Fliessbild der Pilotanlage, die parallel zu einer Produktionsanlage installiert war. Ziel des Verfahrens war es, den Kohlenwasserstofftaupunkt von −8 °C bei 65 bar im Zulauf auf −16,75 °C bei 65 bar abzusenken. Verwendet wurde eine silikonbasierte Membran. Das Verfahren ist auch in Abschnitt 12.7.3 vorgestellt.

Geht man davon aus, dass am Moduleintritt die in Abb. 10.4. dargestellten Verhältnisse herrschen, ergeben sich die Partialdruck- und Fugazitätsverläufe in

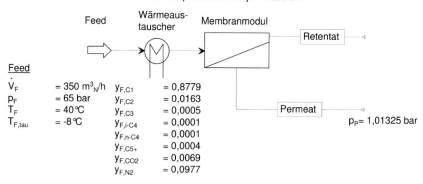

Abb. 10.4 Pilotanlage zur Kohlenwasserstoffeinstellung von Erdgas.

Abb. 10.5 für n-Butan (n-C4) und höhere Kohlenwasserstoffe mit mehr als 5 Kohlenstoffatomen (C5+) in Retentat und Permeat. Hierbei wird angenommen, dass auch die Permeatzusammensetzung bekannt ist. Deutlich wird, dass eine idealisierte Betrachtung nicht ausreichend ist. Als Triebkraft muss die Differenz der Fugazitäten verwendet werden, da nur so das Realverhalten des Gases adäquat berücksichtigt werden kann.

Für die Ermittlung des in Abb. 10.5 gezeigten transmembranen Stofftransports muss das folgende Gleichungssystem gelöst werden.

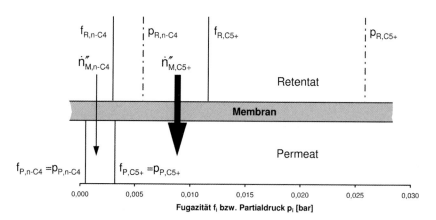

Abb. 10.5 Partialdruck- und Fugazitätsverläufe in Retentat und Permeat für n-Butan (n-C4) und höhere Kohlenwasserstoffe (C5+) bei der Erdgasaufbereitung.

10.2 Modellierung von Membranverfahren

Tabelle 10.2 Unterschied zwischen idealisierter und nicht idealisierter Betrachtung.

Komponente	$\dot{n}''_{M,i}$ [kmol/(m² h)]		Unterschied (%)
	Idealisiert	Gl. (8) und (11–13)	
CH$_4$	0,4589	0,4446	−3,22
n-C$_4$H$_{10}$	0,00043	0,00024	−79,17
C$_{5+}$	0,00333	0,00156	−113,46

Transmembraner Stofftransport:

	Unbekannte	Gleichungen	
$\dot{n}''_{M,i} = L_i \cdot (f_{R,i} - f_{P,i})$	$4 \cdot nc$	nc	(8)

Bestimmung der Fugazitäten auf Retentat- und Permeatseite mit einer geeigneten Zustandsgleichung (z. B. Soave-Redlich-Kwong oder Peng-Robinson [73]):

	Unbekannte	Gleichungen	
$f_{R,i} = F_{ZGL}(T_R, p_R, y_{R,j=1...nc})$	–	nc	(11)
$f_{P,i} = F_{ZGL}(T_P, p_P, y_{P,j=1...nc})$	–	nc	(12)

Bestimmung der Permeabilitätskoeffizienten als Funktion der retentat- und permeatseitig anliegenden Temperaturen, Drücke und Zusammensetzungen, z. B. mit dem erweiterten Free-Volume-Modell nach Gleichung (10):

	Unbekannte	Gleichungen	
$L_i = f_{Perm}(T_R, T_P, p_R, p_P, y_{R,j=1...nc}, y_{P,j=1...nc})$	–	nc	(13)

Damit ergibt sich ein nicht-lineares Gleichungssystem mit $4 \cdot nc$ Gleichungen bzw. Unbekannten, welches mit Methoden der numerischen Mathematik wie z. B. dem Newton Verfahren [62] gelöst werden kann. In Tabelle 10.2 sind die sich bei einer idealisierten Betrachtung (d. h. Reingaspermeabilitäten, Partialdruckdifferenz als Triebkraft) ergebenden Flüsse für die Komponenten CH$_4$, n-C$_4$ und C$_{5+}$ denen sich aus der oben vorgestellten realen Berechnung ergebenden gegenübergestellt. Es wird deutlich, dass ein erheblicher Fehler durch eine idealisierte Betrachtung verursacht wird.

10.2.2
Modellierung der sekundären Transportphänomene

Unter sekundären Transportphänomenen werden in diesem Abschnitt diejenigen Mechanismen verstanden, welche den selektiven Stofftransport durch Membranen, im Allgemeinen negativ, beeinflussen. Hierbei handelt es sich um

- die Ausbildung von Konzentrationsgrenzschichten (Konzentrationspolarisation),
- Druckverluste und Transportwiderstände in porösen Stützschichten,
- die Ausbildung von Temperaturgrenzschichten.

10.2.2.1 Konzentrationsgrenzschichten

Das Vorhandensein von Konzentrationsgrenzschichten, auch Konzentrationspolarisation genannt, wirkt sich negativ auf den beobachteten transmembranen Fluss aus, da sie die Konzentration der bevorzugt permeierenden Komponenten an der Membranoberfläche herabsetzt, und damit die dem transmembranen Stofftransport zur Verfügung stehenden Triebkräfte verringert. Schematisch ist dies in Abb. 10.6 für ein binäres System dargestellt.

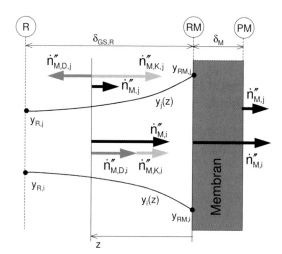

Abb. 10.6 Stofftransport in der retentatseitigen Grenzschicht für ein binäres Gemisch.

Aufgrund der Abreicherung der besser permeierenden Komponente nimmt ihre Konzentration vom retentatseitigen Strömungskern zur Membranoberfläche hin ab. Entlang des abfallenden Konzentrationsgradienten kommt es zu einem diffusiven Stofftransport in Richtung Membranoberfläche. Anders verhält es sich für die zurückgehaltene Komponente: hier steigt der Gradient zur Membranoberfläche hin an und damit kommt es zu einem diffusiven Transport in Richtung der Kernströmung. Da die zurückgehaltene Komponente ja zum einen zur Membranoberfläche gelangen und zum anderen auch in einem gewissen Umfang durch die Membran hindurch permeieren muss, wird ein konvektiver Strom in Richtung Membranoberfläche impliziert. Da ein konvektiver Strom eine Zusammensetzung gemäß der örtlichen Gemischkonzentration hat, kommt es ebenfalls zu einem konvektiven Strom der besser permeierenden Komponente. Um dieses Verhalten zu beschreiben, wird die in [81] angegebene Beziehung verwendet:

$$\dot{n}''_{M,i} = \underbrace{y_i \cdot \dot{n}''_{M,ges}}_{\text{konvektiv}} - \underbrace{c_{R,ges} \cdot D_{i,j} \cdot \frac{dy_i}{dz}}_{\text{diffusiv}} \qquad (14)$$

Wenn Gleichung (14) linearisiert wird, ergibt sich:

$$\dot{n}''_{M,i} = y_{RM,i} \cdot \dot{n}''_{M,ges} + c_{R,ges} \cdot \frac{D_{i,j}}{\delta_{GS,R}} \cdot (y_{R,i} - y_{RM,i}) \qquad (15)$$

Hierin stellt der Term

$$\frac{D_{i,j}}{\delta_{GS,R}} = \beta_{i,j} \qquad (16)$$

den Stoffübergangskoeffizienten $\beta_{i,j}$ der Filmtheorie nach [82] dar. Er kann mit Hilfe von Sherwood-Beziehungen berechnet werden. Als geeignet für Membranmodule werden von Melin und Rautenbach [55] folgende Beziehungen angegeben:

$$Sh_i = 1{,}62 \cdot \left(Re \cdot Sc_i \cdot \frac{d_h}{L} \right)^{1/3} \qquad 30 < Re \cdot Sc_i \cdot \frac{d_h}{L} < 10^4 \qquad (17)$$

$$Sh_i = 0{,}04 \cdot Re^{3/4} \cdot Sc_i^{1/3} \qquad Re > 10^4 \qquad (18)$$

$$Sh_i = 1{,}85 \cdot Re^{0{,}0875} \cdot Sc_i^{0{,}5} \qquad \text{für spacergefüllte Kanäle} \qquad (19)$$

Allerdings sind in der Literatur (z. B. [14, 83–86]), eine Vielzahl anderer, für bestimmte Modultypen u. U. besser geeignete Ansätze veröffentlicht worden.

Die bisherigen Betrachtungen beziehen sich auf binäre Mischungen. Für Mehrstoffsysteme ist die Situation komplexer. Es ist z. B. durchaus möglich, dass es hier zu einer Diffusion einer Komponente entgegen der Richtung ihres abfallenden Konzentrationsgradienten kommt [87, 88]. Zur Beschreibung des Stoffübertragungsverhaltens von Mehrkomponentensystemen werden die Stefan-Maxwell-Gleichungen verwendet [81, 87, 88]. Sie sind hier für ein reales Fluid bei konstantem Druck, ohne Einwirkung externer Kräfte und für die membran-orthogonale Koordinate wiedergegeben:

$$c_i \cdot \frac{d\mu_i}{dz} = \sum_{j=1}^{nc} \frac{y_i \cdot \dot{n}''_{D,j} - y_j \cdot \dot{n}''_{D,i}}{c_{ges} \cdot D_{i,j}^{SM}} \qquad (20)$$

Für ideale Gase vereinfacht sich diese Gleichung zu:

$$\frac{dy_i}{dz} = \sum_{j=1}^{nc} \frac{y_i \cdot \dot{n}''_{D,j} - y_j \cdot \dot{n}''_{D,i}}{c_{ges} \cdot D_{i,j}} \qquad (21)$$

wobei $D_{i,j}$ die Fickschen Diffusionskoeffizienten der binären Paare sind. Allerdings sind nur nc-1 der Gleichungen (20) bzw. (21) linear unabhängig, da gelten muss:

$$\sum_{i=1}^{nc} \frac{dy_i}{dz} = 0 \tag{22}$$

Um die Gleichungen zugänglicher für eine numerische Lösung zu machen, bietet es sich an, die Beziehungen in Matrixschreibweise darzustellen:

$$\{\dot{n}_D''\} = -c_{ges} \cdot [B]^{-1} \cdot \left\{\frac{dy}{dz}\right\} \tag{23}$$

mit

$$B_{i,i} = \frac{y_i}{D_{i,nc}} + \sum_{\substack{j=1 \\ j \neq i}}^{nc} \frac{y_j}{D_{i,j}} \tag{24}$$

und

$$B_{i,j} = -y_i \cdot \left(\frac{1}{D_{i,j}} - \frac{1}{D_{i,nc}}\right) \tag{25}$$

Zu dem Vektor der diffusiven Stoffmengenstromdichten muss nun noch der der konvektiven Stoffmengenstromdichten addiert werden:

$$\{\dot{n}''\} = \{\dot{n}_D''\} + \{\dot{n}_K''\} = -c_{ges} \cdot [B]^{-1} \cdot \left\{\frac{dy}{dz}\right\} + \{y\} \cdot \dot{n}_{ges}'' \tag{26}$$

Auch diese Gleichung kann analog zum binären Fall linearisiert werden.

$$\{\dot{n}''\} = c_{ges} \cdot \frac{[B]^{-1}}{\delta_{GS,R}} \cdot (\{y_R\} - \{y_{RM}\}) + \{y_{RM}\} \cdot \dot{n}_{ges}'' \tag{27}$$

Hierbei stellt $[B]^{-1}$ die Mehrstoffdiffusionskoeffizientenmatrix $[B]^{-1} = [\mathcal{D}]$ dar. Somit lassen sich wiederum Stoffübergangskoeffizienten und die dazugehörigen Sherwood-Korrelationen definieren, allerdings diesmal in Matrixschreibweise:

$$[\beta] = \frac{[\mathcal{D}]}{\delta_{GS,R}} \tag{28}$$

$$[Sh] = [\beta] \cdot d_h \cdot [\mathcal{D}]^{-1} = a \cdot Re^b \cdot [Sc]^c = a \cdot Re^b \cdot \left(\frac{\eta}{\rho}\right)^c \cdot [\mathcal{D}]^{-c} \tag{29}$$

Der letzte Term von Gleichung (29) ist problematisch, da es mathematisch sehr aufwändig ist, eine Matrix zu potenzieren. Alopaeus und Nordén [89] haben eine Methode vorgeschlagen, welche diesen Aufwand erheblich reduziert. Sie haben eine Matrix

$$[A] \approx [\mathcal{D}]^{1-c} \tag{30}$$

definiert. Die Elemente auf der Hauptdiagonalen von $[A]$ können durch

$$A_{i,i} = \mathcal{D}_{i,i}^{1-c} \tag{31}$$

angenähert werden, die anderen Elemente hingegen durch:

$$A_{i,j} = \mathcal{D}_{i,j} \cdot \frac{\mathcal{D}_{i,i}^{1-c} - \mathcal{D}_{j,j}^{1-c}}{\mathcal{D}_{i,i} \cdot \mathcal{D}_{j,j}} \quad i \neq j \tag{32}$$

abgeschätzt werden. Um jetzt nach Gleichung (27) die Stoffmengenstromdichten zu bestimmen, fehlt noch eine zusätzliche Gleichung, da es sich ja nur um $nc-1$ unabhängige Gleichungen handelt. Diese zusätzliche Gleichung wird für die hier betrachtete retentatseitige Konzentrationspolarisation durch die Summation der Stoffmengenanteile an der Membranoberfläche geliefert:

$$\sum_{i=1}^{nc} y_{RM,i} = 1 \tag{33}$$

In den Gleichungen (15) und (27) wurden die konvektiven Stoffmengenstromdichten mit der Zusammensetzung an der retentatseitigen Membranoberfläche y_{RM} ausgewertet. Hierbei wurde vorausgesetzt, dass die hier nicht näher be-

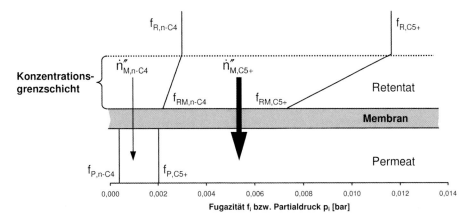

Abb. 10.7 Fugazitätsverläufe in Retentat und Permeat für n-Butan und höhere Kohlenwasserstoffe bei der Erdgasaufbereitung unter Berücksichtigung der Konzentrationspolarisation.

schriebenen Korrekturfaktoren für hohe Stoffmengenstromdichten [81, 87] an der Membranoberfläche ausgewertet werden.

Mit den bis hierher in diesem und im vorherigen Abschnitt behandelten Methoden können die in Reihe geschalteten Stofftransportwiderstände in der Grenzschicht der Membran und der Membran selbst erfasst werden. Die Bedeutung dieser Betrachtung wird wiederum am Beispiel in Abschnitt 10.2.1 deutlich. Abbildung 10.7 stellt die sich ausbildende Grenzschicht bei Moduleintritt für in technisch eingesetzten Modulen realisierbare Geschwindigkeiten dar. Es wird deutlich, dass erhebliche Konzentrationsgradienten auftreten können. Dieser Effekt wird bei dem hier betrachteten Hochdruckgaspermeationsverfahren noch zusätzlich verstärkt, da die Gasphasendiffusionskoeffizienten umgekehrt proportional vom Druck abhängig sind, was wiederum die berechneten Stoffübergangskoeffizienten verringert.

10.2.2.2 Druckverluste und Transportwiderstände in porösen Stützschichten

Eine Ursache für Druckverluste in Membranmodulen ist der Einfluss der retentat- und permeatseitigen Strömungsführung. Hierdurch wird der retentatseitige Druck erhöht, während der permeatseitige Druck erniedrigt wird. Als Resultat sinkt die an der Membran anliegende Triebkraft. Die rechnerische Erfassung der Druckverluste kann in verschiedenen Komplexitätsebenen erfolgen. Sehr gut für eine genaue Erfassung geeignet sind CFD-Methoden [48]. Hiermit werden die differentiellen Impulsbilanzen numerisch gelöst, so dass sich dreidimensionale Druck- und Geschwindigkeitsfelder ergeben. Für Auslegungen im Rahmen einer Prozessmodellierung sind solche Methoden aber noch zu aufwändig. Hier haben sich Druckverlustbeziehungen der Form:

$$\frac{dp}{dz} = -\zeta \cdot \frac{1}{d_h} \cdot \frac{\rho}{2} \cdot v^2 \tag{34}$$

bewährt. Die Druckverlustbeiwerte werden für die verschiedenen Modulsysteme experimentell ermittelt und als Funktion der Reynolds-Zahl dargestellt:

$$\zeta = F(\text{Re}) = a + b \cdot \text{Re}^c \tag{35}$$

Für die laminare Rohrströmung gilt z. B. [63]:

$$\zeta = \frac{64}{\text{Re}} \tag{36}$$

Eine zweite Quelle für Druckverluste tritt bei Komposit- und integral-asymmetrischen Membranen auf. Die Struktur der hier verwendeten porösen Stützschicht kann zu einem Druckverlust des abfließenden Permeats führen. Dieser kann für manche Prozesse die an der Rückseite der Membran anliegende Konzentration erhöhen und somit eine Abnahme der Triebkraft verursachen.

Dies ist vor allem bei der Dampfpermeation und der Pervaporation der Fall, da hier permeatseitig ein Vakuum in der Größenordnung von etwa 10 mbar angelegt wird und für gasförmige Strömungen gilt [55]:

$$\frac{dp}{dz} \sim \frac{\dot{m}}{p} \tag{37}$$

also der permeatseitige Druckverlust mit fallendem Absolutdruck stark zunimmt. Neben dem Druckverlust kann es in porösen Stützschichten natürlich auch zu diffusiven Stofftransportwiderständen kommen. Eine elegante Methode für die Erfassung all dieser Widerstände bei gasförmigem Permeat ist das bereits in Abschnitt 10.2.1 erwähnte Dusty-Gas-Modell (DGM) [72]. Es setzt allerdings die Kenntnis der Strukturparameter der porösen Stützschicht voraus. Mit diesem Modell kann der Fluss in der Stützschicht aus Kombination aus laminarer Strömung, Knudsen-Diffusion und molekularer Diffusion beschrieben werden, wobei die Gewichtung der Bestandteile automatisch erfolgt. Für ein ideales Gas ist die differentielle Form des DGM:

$$c_{ges} \cdot \frac{dy_i}{dr} + \frac{y_i}{R \cdot T} \cdot \left(1 + \frac{B_0 \cdot p}{\eta \cdot D^e_{K,i}}\right) \cdot \frac{dp}{dz} = \sum_{\substack{j=1 \\ j \neq i}}^{nc} \frac{y_i \cdot \dot{n}''_j - y_j \cdot \dot{n}''_i}{D^e_{i,j}} - \frac{\dot{n}''_i}{D^e_{K,i}} \tag{38}$$

Hierin stellt B_0 die Poisseuille-Konstante dar:

$$B_0 = \frac{\varepsilon}{\tau} \cdot \frac{r^2_{Pore}}{8} \tag{39}$$

ε und τ sind die Porosität bzw. Tortuosität der porösen Stützschicht, während r_{Pore} der Porenradius ist. Der Knudsen-Diffusionskoeffizient $D_{K,i}$ berechnet sich nach:

$$D_{K,i} = \frac{8}{3} \cdot r_{Pore} \cdot \sqrt{\frac{R \cdot T}{2 \cdot \pi \cdot M_i}} \tag{40}$$

Die effektiven Diffusionskoeffizienten werden durch

$$D^e_{K,i} = \frac{\varepsilon}{\tau} \cdot D_{K,i} \tag{41}$$

und

$$D^e_{i,j} = \frac{\varepsilon}{\tau} \cdot D_{i,j} \tag{42}$$

für den molekularen Diffusionskoeffizienten ermittelt.

Es ist allerdings auch möglich den Widerstand der Stützschicht experimentell zu erfassen und aus den Versuchen eine Permeationskonstante zu ermitteln. So schlagen Holtmann und Górak [28] eine für alle Komponenten gleiche Permeationskonstante vor, die mit der über der Stützschicht anliegenden Fugazitätstriebkraft analog zu Gleichung (8) multipliziert wird.

10.2.2.3 Temperatureffekte

Die beiden Verfahren, bei denen Temperatureffekte zu berücksichtigen sind, sind die Pervaporation und die Hochdruckgaspermeation. Bei ersterem Verfahren wird bei adiabater Fahrweise eine Abkühlung entlang der Verfahrensstrecke beobachtet. Diese wird durch die Verdampfung des Permeats an der Rückseite der aktiven Schicht verursacht. Die dafür benötigte Verdampfungsenthalpie wird der Retentatseite entzogen, welche sich entsprechend abkühlt. Eine Energiebilanz um ein differentielles Element von Retentatseite und Membran (Abb. 10.8) ergibt unter Vernachlässigung der Wärmeleitung in Strömungsrichtung:

$$\text{Stoffartbilanz:} \quad \frac{d\dot{n}_R}{dz} + \dot{n}''_M \cdot b = 0 \tag{43}$$

$$\text{Energiebilanz:} \quad \dot{n}_R \cdot \frac{d\tilde{H}^L_R}{dz} + b \cdot \dot{n}''_M \cdot (\tilde{H}^G_M - \tilde{H}^L_R) = 0 \tag{44}$$

$$\dot{n}''_R \cdot c^L_P \cdot \frac{dT_R}{dz} + b \cdot \dot{n}''_M \cdot \Delta \tilde{H}^{GL} = 0 \tag{45}$$

Gleichung (45) gilt für p_R=konst [81]. In ihr stellt $\Delta \tilde{H}^{GL} = \tilde{H}^G - \tilde{H}^L$ die Verdampfungsenthalpie dar. Ferner geht aus Gleichung (45) hervor, dass es zu einer Abkühlung entlang der Verfahrensstrecke kommt.

Ähnlich sieht es bei der Abkühlung durch den Joule-Thomson-Effekt aus. Hierbei tritt allerdings kein Phasenwechsel des Permeats auf: die Temperaturänderung wird durch die Entspannung eines realen Gases verursacht. Eine Bilanz um ein Membranelement (Abb. 10.8) ergibt direkt die isenthalpe Entspannung, also:

$$\tilde{H}^G_M(T_R, p_R, y_{M,i=1,\dots,nc}) = \tilde{H}^G_M(T_P, p_P, y_{M,i=1,\dots,nc}) \tag{46}$$

Wenn vorausgesetzt wird, dass Retentattemperatur, Retentat- und Permeatdruck sowie die Zusammensetzung des durch die Membran hindurchtretenden Stoffstroms bekannt ist, kann aus Gleichung (46) in Verbindung mit einer geeigneten thermodynamischen Zustandsgleichung die Permeattemperatur bestimmt werden.

Die vorherigen Betrachtungen gehen von einer Membran aus, welche als thermischer Isolator zwischen Retentat- und Permeatraum des Moduls fungiert, Energie dem Retentat also nur mit dem durch die Membran hindurchtretenden

10.2 Modellierung von Membranverfahren

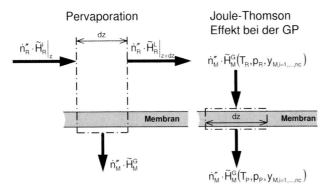

Abb. 10.8 Energiebilanzen bei der Pervaporation und der Gaspermeation (Joule-Thomson-Effekt).

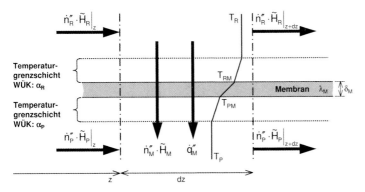

Abb. 10.9 Energietransport durch Membranen bei der Pervaporation und der Hochdruckgaspermeation (WÜK: Wärmeübergangskoeffizient).

Stoffmengenstrom entzogen wird. Dies ist in der Realität nicht der Fall und es kommt zu einer Wärmeleitung durch die Membran sowie zur Ausbildung von Temperaturgrenzschichten. Hiermit ergibt sich die in Abb. 10.9 dargestellte Situation.

Die Gesamtbilanzen für das differentielle Element unter Vernachlässigung der Wärmeleitung in z-Richtung ergeben:

$$\frac{\mathrm{d}}{\mathrm{d}z}(\dot{n}_R \cdot \tilde{H}_R) + \frac{\mathrm{d}}{\mathrm{d}z}(\dot{n}_P \cdot \tilde{H}_P) = 0 \qquad (47)$$

für Gleichstrom und

$$\frac{\mathrm{d}}{\mathrm{d}z}(\dot{n}_R \cdot \tilde{H}_R) - \frac{\mathrm{d}}{\mathrm{d}z}(\dot{n}_P \cdot \tilde{H}_P) = 0 \qquad (48)$$

für Gegenstrom. Bilanziert man nur den Retentatstrom ergibt sich:

$$\frac{d}{dz}(\dot{n}_R \cdot \tilde{H}_R) + b \cdot \dot{n}''_M \cdot \tilde{H}_M(T_{RM}, p_R, y_{M,i=1,\ldots,nc}) + b \cdot \dot{q}''_M = 0 \quad (49)$$

und entsprechend für den Permeatraum:

$$\frac{d}{dz}(\dot{n}_P \cdot \tilde{H}_P) - b \cdot \dot{n}''_M \cdot \tilde{H}_M(T_{PM}, p_P, y_{M,i=1,\ldots,nc}) - b \cdot \dot{q}''_M = 0 \quad (50)$$

Hierbei stellt $\dot{q}''_M$ die diffusiv durch die Membran übertragene Wärmestromdichte dar, während $\dot{n}''_M \cdot \tilde{H}_M$ der konvektive Anteil ist [87]. Im stationären Zustand berechnet sich $\dot{q}''_M$ zu:

$$\dot{q}''_M = \frac{\lambda_M}{\delta_M} \cdot (T_{RM} - T_{PM}) = a_R \cdot (T_R - T_{RM}) = a_P \cdot (T_{PM} - T_P)$$
$$= \frac{1}{\frac{1}{a_R} + \frac{\delta_M}{\lambda_M} + \frac{1}{a_P}} \cdot (T_R - T_P) = k \cdot (T_R - T_P) \quad (51)$$

a_R und a_P ergeben sich aus den für die Modulgeometrie anwendbaren Wärmeübergangs- bzw. Nusselt-Beziehungen [63]. Die Wärmeleitfähigkeit λ von Membranmaterialien kann nur experimentell bestimmt werden. Rautenbach und Melin [55] geben Werte von 0,18 W/(m K) für Gaspermeations-Hohlfäden an. Für eine Celluloseacetat-Pervaporationsmembran ist für das Verhältnis von Wärmeleitfähigkeit zu Membrandicke in derselben Quelle ein Wert von $\frac{\lambda_M}{\delta_M}$ = 2000 W/(m² K) angegeben.

10.2.3
Modellierung von Membranmodulen

Das Verhalten der retentat- und permeatseitigen Strömungen in Membranmodulen wird im allgemeinsten Fall durch die differentiellen Erhaltungsgleichungen für Stoffart, Masse, Impuls und Energie beschrieben [81]. Diese Gleichungen haben eine zeitliche und drei räumliche Dimensionen und stellen somit ein System partieller Differentialgleichungen dar. Solch ein System ist nur bei Angabe der entsprechenden Randbedingungen eindeutig lösbar. Diese werden unter Betrachtung der Modulgeometrie, der Stoff- und Energietransporte durch die Membran sowie etwaiger Wärmeverluste über die Behälterwand formuliert. Für eine Prozessmodellierung, welche letztendlich die Auslegung von Verfahren bestehend aus Membranmodulen und einer Anzahl anderer Grundoperationen zum Ziel hat, ist die Lösung des Systems partieller Differentialgleichungen jedoch zu rechenintensiv. Bewährt haben sich hier ein- oder zweidimensionale Ersatzsysteme [3–6, 10, 11, 14, 19, 31, 46–48, 54], wobei in den meisten Fällen ebenfalls von einem stationären Betrieb ausgegangen werden kann. Dies ist nicht nur der Fall für kontinuierlich

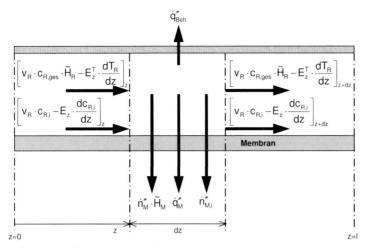

Abb. 10.10 Stoffart- und Energiebilanzen.

betriebene Prozesse, sondern auch für Batchverfahren, bei denen die Dynamik durch einen „langsamen" Prozess, z. B. Fermenter oder Batchreaktor, bestimmt wird. Demgegenüber kann die verschaltete Membranstufe als „schnell" angesehen werden. Somit erhält man ein System gewöhnlicher Differentialgleichungen. Stoff- und Energietransport durch die Membran und die an ihr anliegenden Stütz- und Grenzschichten stellen zusammen mit einem etwaigen Energietransport durch die Behälterwand Randbedingungen für ein örtlich mehrdimensionales System dar. Für ein eindimensionales System können sie als Transportterme quer zur Hauptströmungsrichtung interpretiert werden und in integrierter Form in die Gleichungen eingeführt werden. Für die Hauptströmungsrichtung werden je nachdem, ob axiale Dispersionen in den Stoffart- und Energiebilanzen berücksichtigt werden sollen oder nicht, pro Gleichung eine oder zwei Randbedingungen definiert. Für die Koordinate z in Strömungsrichtung ergibt sich für die Retentatseite bei ρ = konst. und η = konst. das folgende Gleichungssystem [81]. Schematisch sind die Zusammenhänge in Abb. 10.10 dargestellt.

Stoffartbilanz:

$$\frac{d\dot{n}''_{R,i}}{dz} + a_M \cdot \dot{n}''_{M,i} = 0 \quad \text{oder} \tag{52}$$

$$\frac{d}{dz}(c_{R,i} \cdot v_R) - E_z \cdot \frac{d^2 c_{R,i}}{dz^2} + a_M \cdot \dot{n}''_{M,i} = 0 \tag{53}$$

Energiebilanz:

$$\frac{d}{dz}(c_{R,ges} \cdot v_R \cdot \tilde{H}_R) - E_z^T \cdot \frac{d^2 T_R}{dz^2} + a_M \cdot \dot{n}''_{M,ges} \cdot \tilde{H}_M + a_M \cdot \dot{q}''_M + a_{Beh} \cdot \dot{q}''_{Beh} = 0 \tag{54}$$

Impulsbilanz:

$$\rho \cdot v_R \cdot \frac{dv_R}{dz} + \frac{dp_R}{dz} - \eta \cdot \frac{d^2 v_R}{dz^2} = 0 \qquad (55)$$

Hierbei wird Gleichung (55) im Allgemeinen durch empirisch ermittelte Druckverlustbeziehungen ersetzt (siehe Gleichung 34).

Die Randbedingungen ergeben sich aus der Definition des Zulaufs:

$$\dot{n}_F = \dot{n}_R''|_{z=0} \cdot A_Q = c_{R,ges}|_{z=0} \cdot v_R|_{z=0} \cdot A_Q \qquad (56)$$

$$T_F = T_R|_{z=0} \qquad (57)$$

$$p_F = p_R|_{z=0} \qquad (58)$$

$$y_{F,i=1,\ldots,nc} = y_{R,i=1,\ldots,nc}|_{z=0} \qquad (59)$$

$$\tilde{H}_R|_{z=0} = F_{ZGL}(T_R|_{z=0}, p_R|_{z=0}, y_{R,i=1,\ldots,nc}|_{z=0}) \qquad (60)$$

Ferner sind für die Stoffartbilanzen und für die Energiebilanz noch Randbedingungen für $z=l$ notwendig:

$$\left.\frac{dc_{R,i=1,\ldots,nc}}{dz}\right|_{z=l} = 0 \qquad (61)$$

$$\left.\frac{dT_R}{dz}\right|_{z=l} = 0 \qquad (62)$$

Um das Gleichungssystem lösen zu können, müssen die Komponentenkonzentrationen $c_{R,i}$ und die Gesamtkonzentration $c_{R,ges}$ noch gekoppelt werden. Dies geschieht über

$$c_{R,ges} = \sum_{i=1}^{nc} c_{R,i} \qquad (63)$$

und eine geeignete Zustandsgleichung

$$c_{R,ges} = F_{ZGL}(T_R, p_R, y_{R,i=1,\ldots,nc}) \qquad (64)$$

Die hier ausgeführte Betrachtung bezieht sich auf die Retentatseite eines Membranmoduls mit konstantem Strömungsquerschnitt A_Q, also einem Rohr oder Flachkanal. Diese Annahme ist für die meisten industriell eingesetzten Module zulässig.

Die Art der permeatseitigen Strömungsführung unterscheidet sich jedoch von Modul zu Modul. Bei Rohr-, Kapillar- und Hohlfadenmodulen wird das Permeat im Gleich- oder Gegenstrom zum Retentat geführt. Die Strömung im Rohr ist im Vergleich zu der im Mantelraum natürlich wohlgeordnet. Spiralwickelmodule lassen sich durch Kreuzstrom repräsentieren, d.h. das Permeat wird orthogonal zum Retentat geführt. Für viele Modulbauformen und Betriebsweisen kann auch freier Permeatabfluss angenommen werden. Hierbei wird das lokal am Ort z abgezogene Permeat verlustfrei orthogonal zur Membranrückseite abgeführt und mit den anderen entlang der Verfahrensstrecke anfallenden Permeaten vermischt. Im Permeatraum entsteht also kein Strömungsfeld und damit treten auch die damit verbundenen Verluste nicht auf. Modulbauformen, die mit diesem Modell abgebildet werden können, sind z.B. Taschen- und Plattenmodule. Allerdings wird auch für Prozesse, die mit Hohlfaden- oder Spiralwickelmodulen betrieben werden die Annahme des freien Permeatabflusses verwendet. Dies ist dann zulässig, wenn die Permeatvolumenströme im Verhältnis zur Verfügung stehenden Strömungsquerschnittsfläche klein sind. Abbildung 10.11 verdeutlicht die beschriebenen Strömungsführungen während Tabelle 10.1 Beispiele für Modellimplementierungen zu entnehmen sind.

Für manche Modulbauformen sind auch Mischformen der vorgestellten Modelle denkbar: so hat sich z.B. für das GKSS GS-Taschenmodul, eingesetzt für Dampfpermeations- oder Pervaporationsanwendungen mit Permeatdrücken um 20 mbar, die Aufteilung der Permeatseite in einen Gleich- und einen Gegenstromteil bewährt [31]. Dieses Vorgehen wird für ein Kompartiment in Abb. 10.12 schematisch dargestellt.

Hierzu wird das zweidimensionale Strömungsfeld durch ein eindimensionales abgebildet, also die aus axialen und radialen Komponenten bestehende retentatseitige Strömung durch eine rein axiale, in positive z-Richtung verlaufende Strömung angenähert. Das permeatseitige Strömungsprofil auf der Innensei-

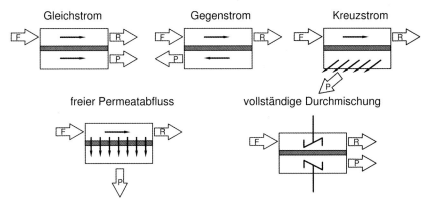

Abb. 10.11 Strömungsführungen in Membranmodulen (nach [55]).

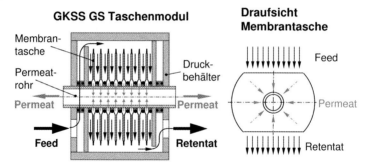

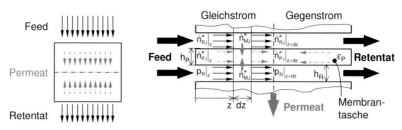

Abb. 10.12 Entwicklung eines eindimensionalen Ersatzsystems für das GKSS-GS-Taschenmodul.

te der Membrantasche verläuft radial. Es wird ersetzt durch einen Gleich- und Gegenstromanteil. Somit kann also das vorgestellte Differentialgleichungssystem für die Retentatseite mit zwei analogen Systemen, welche die Strömungen im Gleich- bzw. Gegenstromteil der Permeatseite beschreiben, kombiniert werden. Zusätzlich werden in das System noch die in den beiden vorherigen Abschnitten eingeführten Methoden zur Beschreibung des transmembranen Stofftransports und der dabei auftretenden Verluste eingeführt. Somit erhält man letztlich ein System aus algebraischen Gleichungen und Differentialgleichungen. Dass ein solches Vorgehen zielführend ist, zeigt Abb. 10.13. In ihr wird der Vergleich zwischen in einer Dampfpermeations-Pilotanlage ermittelten Datenpunkten und den mit dem beschriebenen Modell berechneten Werten dargestellt. Es ist zu erkennen, dass die Modellierung das Einsatzverhalten des Moduls gut wiedergibt [31].

Das gekoppelte System aus algebraischen und Differentialgleichungen ist allerdings analytisch nicht lösbar. Für die Lösung müssen numerische Verfahren verwendet werden. Hierzu können die Ableitungen nach der Ortskoordinate z durch finite Differenzen ersetzt werden. Die axiale Länge l wird dabei in diskrete Abschnitte Δz unterteilt. Verschiedene finite Differenzenverfahren sind in der Literatur veröffentlicht worden [62, 90]. Die einfachste, numerisch stabilste und für viele Anwendungen ausreichende Methode ist das „Upwind Differencing Scheme" (UDS). Das Differential der Stoffmengenstromdichte in Gleichung

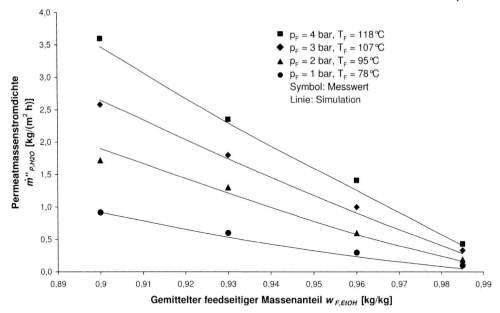

Abb. 10.13 Vergleich zwischen experimentellen Ergebnissen und Modellierung für ein GKSS GS-Modul in der Dampfpermeation [31].

(52) wird dann z. B. auf einer in $k=0,\ldots,nz$ Abschnitte diskretisierten axialen Länge angenähert durch

$$\frac{d\dot{n}''_{R,i}}{dz} \approx \frac{\dot{n}''_{R,i,k} - \dot{n}''_{R,i,k-1}}{\Delta z} \quad \text{mit} \quad k = 1, \ldots, nz; \; L = nz \cdot \Delta z \tag{65}$$

Für die Stützstelle $k=0$ wird die Stoffmengenstromdichte aus den Randbedingungen (Gleichung 56) ermittelt. Neben finiten Differenzenmethoden wurde für die Diskretisierung der Ortskoordinate auch die Methode der orthogonalen Kollokation auf finiten Elementen vorgeschlagen [2, 6, 9, 60]. Eine andere formal dem „Upwind Differencing Scheme" gleichwertige Methode ist die Unterteilung des Membranmoduls in ideal durchmischte Zellen [3, 4, 14, 47, 53]. Hierbei wird für jede Zelle eine Bilanzierung durchgeführt, wie in Abb. 10.14 angedeutet.

Für eine Zelle k einer Gegenstromanordnung (Abb. 10.14) ergibt sich daraus das folgende Gleichungssystem.

Stoffartbilanzen:

$$\dot{n}_{R,i,k-1} + \dot{n}_{P,i,k+1} = \dot{n}_{R,i,k} + \dot{n}_{P,i,k} \tag{66}$$

$$\dot{n}_{M,i,k} = \dot{n}_{R,i,k-1} - \dot{n}_{R,i,k} \tag{67}$$

10 Modellierung und Simulation der Membranverfahren Gaspermeation, Dampfpermeation

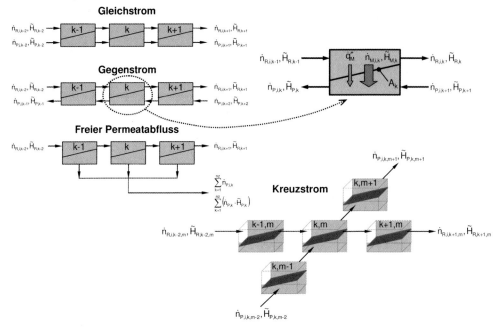

Abb. 10.14 Bilanzzellenmodellierung verschiedener Modulströmungsformen.

Energiebilanzen:

$$\dot{n}_{R,k-1} \cdot \tilde{H}_{R,k-1} + \dot{n}_{P,k+1} \cdot \tilde{H}_{P,k+1} = \dot{n}_{R,k} \cdot \tilde{H}_{R,k} + \dot{n}_{P,k} \cdot \tilde{H}_{P,k} \tag{68}$$

$$\dot{n}_{R,k-1} \tilde{H}_{R,k-1} = \dot{n}_{R,k} \cdot \tilde{H}_{R,k} + \dot{n}_{M,k} \cdot \tilde{H}_k(T_{RM,k}, p_{R,k}, \gamma_{M,i=1,\ldots,nc,k}) \\ + A_k \cdot k \cdot (T_{R,k} - T_{P,k}) \tag{69}$$

Druckverluste:

$$p_{R,k} = p_{R,k-1} - \zeta_{R,k} \cdot \frac{A_k}{d_{h,R} \cdot b_R} \cdot \frac{\rho_{R,k}}{2} \cdot v_{R,k}^2 \tag{70}$$

$$p_{P,k} = p_{P,k+1} - \zeta_{P,k} \cdot \frac{A_k}{d_{h,P} \cdot b_P} \cdot \frac{\rho_{P,k}}{2} \cdot v_{P,k}^2 \tag{71}$$

Der durch die Membran hindurchtretende Stoffmengenstrom $\dot{n}_{M,i,k}$ ergibt sich wiederum aus den in den Abschnitten 10.2.1 und 10.2.2 dargelegten Konzepten. Zur Vervollständigung des Gleichungssystems sind ferner diverse Umrechnungen, z. B. die Bestimmung von Stoffmengenanteilen und Geschwindigkeiten aus den Stoffmengenströmen, die Berechnung von Dichten, Fugazitäten, En-

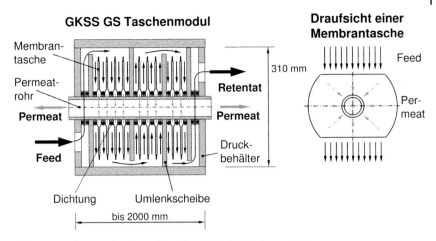

Abb. 10.15 Schematische Darstellung des GKSS GS-Taschenmoduls.

thalpien bzw. Temperaturen mit Hilfe von Zustandsgleichungen [73] sowie die Berechnung von Diffusionskoeffizienten und Viskositäten [63, 91] notwendig.

In Abb. 10.14 sind die möglichen Verknüpfungen der ideal durchmischten Zellen dargestellt. Durch diese Verknüpfungen ergeben sich die beschriebenen Strömungsformen in Membranmodulen. Das Spiralwickelmodul nimmt hier eine Sonderstellung ein, da es eine zweidimensionale Betrachtung notwendig macht, d. h. retentatseitig kommt es zu einer axialen und permeatseitig zu einer radialen Strömung. Die Randbedingungen werden durch die Modulein- und auslässe bestimmt.

Die beschriebene Vorgehensweise zur Modellierung eines Membranmoduls durch Verknüpfung von Bilanzzellen soll anhand des in Abb. 10.4 beschriebenen Beispiels zur Erdgasaufbereitung erläutert werden. Das bei den Versuchen eingesetzte Modul war ein GKSS GS-Taschenmodul mit insgesamt 24 Membrantaschen, installiert in sechs Kompartimenten mit je vier Taschen. Abbildung 10.15 zeigt schematisch den Aufbau des Moduls. Der wesentliche Vorteil dieses Modulkonzepts ist die Möglichkeit, die feedseitige Überströmungsgeschwindigkeit durch Auswahl der geeigneten Taschenzahl pro Kompartiment in einem eng definierten Auslegungsbereich zu halten. Ferner werden die vom Permeat zurückgelegten Wege durch den radialen Abzug des Permeats in Richtung Permeatrohr kurz gehalten. Damit können permeatseitige Widerstände bei der Gaspermeation vernachlässigt werden. Weitere Informationen zu diesem Modultyp können in Abschnitt 12.1 gefunden werden.

Für die Modellierung wurden folgende Annahmen getroffen:
- freier Permeatabfluss (siehe Abb. 10.14),
- keine Verluste in der porösen Stützschicht,
- das Realgasverhalten kann durch die Redlich-Kwong-Soave [73] Zustandsgleichung beschrieben werden,

- die Permeabilitätskoeffizienten werden mit dem erweiterten Free-Volume-Modell nach Gleichung (10) ermittelt, wobei die Modellparameter $L^0_{\infty,i}$, $E_{\text{Akt},i}$, $m_{0,i}$ und $m_{T,i}$ aus Reinkomponentenmessungen stammen,
- die Konzentrationspolarisation wurde mit den in Abschnitt 10.2.2.1 vorgestellten Stefan-Maxwell Gleichungen für Mehrkomponentengemische erfasst,
- der Druckverlust der retentatseitigen Strömung wurde mit einem für diesen Modultyp vermessenen Druckverlustbeiwert $\zeta = F(\text{Re})$ ermittelt [92] (siehe auch Abschnitt 10.2.2.2),
- der bei der Entspannung des durch die Membran hindurchtretenden Permeats auftretende Joule-Thomson-Effekt wurde mit den in Abschnitt 10.2.2.3 erläuterten Gleichungen bestimmt.

Für jede der Bilanzzellen ergibt sich das in Tabelle 10.3 dargestellte Gleichungssystem. Um Tabelle 10.3 übersichtlich zu halten, wurden die Gleichungen zur Bestimmung der Stoffübergangskoeffizienten $\beta_{R,i,j,k}$, des Wärmedurchgangskoeffizienten k_k und des Druckverlustbeiwerts $\zeta_{R,k}$ nicht aufgeführt. In den Simulationsrechnungen wurden sie jedoch berücksichtigt.

Tabelle 10.3 verdeutlicht, dass ein erheblicher numerischer Aufwand für die Berechnung des Trennverhaltens einer Bilanzzelle k notwendig ist. Um das Betriebsverhalten des Moduls zu simulieren werden $nz=100$ dieser Bilanzierungen durchgeführt, wobei der Zulauf der Zelle k durch das Retentat der Zelle $k-1$ gegeben ist. Für die Zelle $k=1$ ergeben sich die Zulaufwerte mit dem Index $k=0$ aus den in Abb. 10.4 angegebenen Feedwerten. In dieser Abbildung sind auch der Permeatdruck sowie die in $A_k = A_M/nz$ unterteilte Membranfläche angegeben. Das Permeat des Moduls ergibt sich aus einer Mischung der Permeate der einzelnen Zellen. Abbildung 10.16 zeigt oben die sich aus der Simulation ergebenden Zusammensetzungsverläufe der höheren Kohlenwasserstoffe (C5+), aufgetragen über der Membranfläche. Für die Berechnung der drei dargestellten Verläufe wurden die aus Abb. 10.16 entnehmbaren Annahmen getroffen. Sie entsprechen den in Abb. 10.2 eingeführten Modellierungstiefen. Deutlich erkennbar ist, dass die Simulationen 1 und 2 die zu erwartende Abreicherung an C5+ im Retentat deutlich überschätzen. Die zusätzliche Berücksichtigung von Konzentrationspolarisation und Druckverlusten (Simulation 3) resultiert in dem in Tabelle 10.3 aufgelisteten Gleichungssystem und zeigt eine entsprechend geringere Abreicherung. Dass diese umfangreichste Simulation das Einsatzverhalten des in der Pilotanlage untersuchten Moduls gut wiedergibt, zeigt die Darstellung in Abb. 10.16 unten. Hier werden die gemessenen und berechneten Taulinienverläufe im Retentat abgebildet.

10.3
Implementierung

Wie bereits erwähnt, kann das in Abschnitt 2 aufgezeigte Gleichungssystem zur Berechnung des Einsatzverhaltens von Membranmodulen analytisch nicht gelöst werden. Hierzu sind Methoden der numerischen Mathematik notwendig,

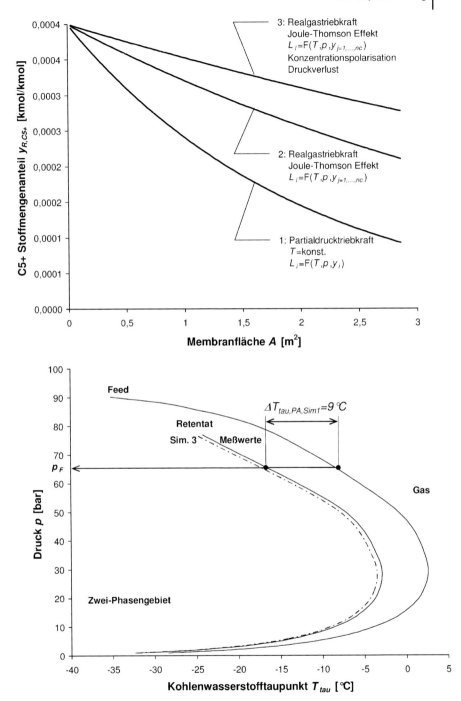

Abb. 10.16 Zusammensetzungsverläufe für die höheren Kohlenwasserstoffe und Taupunktkurven in Feed und Retentat für das Erdgasaufbereitungsbeispiel.

Tabelle 10.3 Gleichungssystem für die Berechnung einer Bilanzzelle.

Gleichung	Gl. Nr.	Anzahl Gl.	Unbekannte	Anzahl unbekannte
$\dot{n}_{R,i,k-1} = \dot{n}_{R,i,k} + \dot{n}_{P,i,k}$	66	nc	$\dot{n}_{R,i,k}$	nc
$\dot{n}_{M,i,k} = \dot{n}_{R,i,k-1} - \dot{n}_{R,i,k}$	67	nc	$\dot{n}_{P,i,k}$	nc
$\dot{n}_{M,i,k} = A_k \cdot L_{i,k} \cdot (\varphi_{RM,i,k} \cdot y_{RM,i,k} \cdot p_{R,k} - \varphi_{P,i,k} \cdot y_{P,i,k} \cdot p_P)$	8	nc	$\dot{n}_{M,i,k}$	nc
$L_{i,k} = L^0_{\infty,i}$ $\cdot \exp\left[-\frac{E_{Akt,i}}{R \cdot \overline{T}_k} + \sum_{j=1}^{nc} \left(\frac{\sigma_i}{\sigma_j}\right)^2 \cdot m_{0,j} \cdot \overline{f}_{k,j} \cdot \exp(m_{T,j} \cdot \overline{T}_k) \right]$	10	nc	$L_{i,k}$	nc
$p_{R,k} = p_{R,k-1} - \zeta_{R,k} \cdot \frac{A_k}{d_{h,R} \cdot b_R} \cdot \frac{\rho_{R,k}}{2} \cdot v^2_{R,k}$	70	1	$\varphi_{RM,i,k}$	nc
$\dot{n}_{M,i,k} = A_k \cdot c_{R,k} \cdot \sum_{j=1}^{nc-1} \beta_{R,i,j,k} \cdot (y_{R,j,k} - y_{RM,j,k})$ $+ y_{RM,i,k} \cdot \sum_{j=1}^{nc} \dot{n}_{M,j,k}$	27/28	nc−1	$\varphi_{PM,i,k}$	nc
$\sum_{j=1}^{nc} y_{RM,i,k} = 1$	33	1	$y_{R,i,k}$	nc
$\dot{n}_{R,k-1} \cdot \tilde{H}_{R,k-1} = \dot{n}_{R,k} \cdot \tilde{H}_{R,k} + \dot{n}_{P,k} \cdot \tilde{H}_{P,k}$	68	1	$y_{RM,i,k}$	nc
$\dot{n}_{R,k-1} \cdot \tilde{H}_{R,k-1} = \dot{n}_{R,k} \cdot \tilde{H}_{R,k} + \dot{n}_{M,k} \cdot \tilde{H}_{M,k} + A_k \cdot k_k \cdot (T_{R,k} - T_{P,k})$	69	1	$y_{P,i,k}$	nc
$\overline{T}_k = 0{,}5 \cdot (T_{R,k} + T_{P,k})$	–	1	$\overline{f}_{i,k}$	nc
$\overline{f}_{k,i} = 0{,}5 \cdot (\varphi_{RM,i,k} \cdot y_{RM,i,k} \cdot p_{R,k} + \varphi_{P,i,k} \cdot y_{P,i,k} \cdot p_P)$	–	nc	$p_{R,k}$	1
$\dot{n}_{R,k} = \sum_{j=1}^{nc} \dot{n}_{R,j,k}$	–	1	$\overline{T}$	1
$\dot{n}_{P,k} = \sum_{j=1}^{nc} \dot{n}_{P,j,k}$	–	1	$T_{R,k}$	1
$y_{R,i,k} = \frac{\dot{n}_{R,i,k}}{\dot{n}_{R,k}}$	–	nc	$T_{P,k}$	1
$y_{P,i,k} = \frac{\dot{n}_{P,i,k}}{\dot{n}_{P,k}}$	–	nc	$\tilde{H}_{R,k}$	1
$\varphi_{RM,i,k} = F_{ZGL}(T_{R,k}, p_{R,k}, y_{RM,i=1,\ldots,nc,k})$	11	nc	$\tilde{H}_{P,k}$	1
$\varphi_{P,i,k} = F_{ZGL}(T_{P,k}, p_P, y_{P,j=1,\ldots,nc,k})$	12	nc	$\tilde{H}_{M,k}$	1
$\tilde{H}_{R,k} = F_{ZGL}(T_{R,k}, p_{R,k}, y_{R,i=1,\ldots,nc,k})$	–	1	$\dot{n}_{R,k}$	1
$\tilde{H}_{P,k} = F_{ZGL}(T_{P,k}, p_{P,k}, y_{P,i=1,\ldots,nc,k})$	–	1	$\dot{n}_{P,k}$	1
$\tilde{H}_{M,k} = F_{ZGL}(T_{R,k}, p_{R,k}, y_{M,i=1,\ldots,nc,k})$	–	1	$c_{R,k}$	1
$\rho_{R,k} = F_{ZGL}(T_{R,k}, p_{R,k}, y_{R,i=1,\ldots,nc,k})$	–	1	$\rho_{R,k}$	1
$c_{R,k} = F_{ZGL}(T_{R,k}, p_{R,k}, y_{R,i=1,\ldots,nc,k})$	–	1		
Gesamtanzahl		$10 \cdot nc + 11$		$10 \cdot nc + 11$

die sinnvollerweise mit Hilfe von Rechnern angewendet werden. Drei prinzipielle Vorgehensweisen sind hierbei möglich:

- Entwicklung eines „stand-alone"-Programms in einer höheren Programmiersprache,
- Entwicklung eines Programms in einer höheren Programmiersprache, welches in die Fliessbildberechnungen kommerzieller Prozesssimulatoren eingebunden werden kann,
- Modellierung des Membranmoduls in einem kommerziellen, gleichungsorientierten Prozesssimulator mit entsprechender Entwicklungsumgebung.

Beispiele der verschiedenen Implementierungsarten sind in Tabelle 10.1 aufgeführt.

Bei der ersten Alternative werden höhere Programmiersprachen wie Fortran, C, C++, Visual Basic oder Java eingesetzt. Es ist auch möglich, die Modellierung in Tabellenkalkulationsprogrammen unter Benutzung der mitgelieferten Makrosprache, wie z. B. Microsoft Excel/VBA, durchzuführen. Der Vorteil dieser Vorgehensweise liegt in den günstigen Kosten: neben den (generell einmaligen) Kosten für die Lizenzierung der Entwicklungssoftware fallen keine weiteren Kosten für Software an. Wird das Modell z. B. in Java entwickelt, entfallen auch diese Kosten, da die komplette Entwicklungsumgebung kostenlos aus dem Internet bezogen werden kann. Allerdings gibt es eine Reihe von Nachteilen: so ist ein solches Modell in der Softwarearchitektur oft monolithisch angelegt und kann nur schwer geändert und angepasst werden. Ferner ist es in der Regel ein „stand-alone"-Programm, kann also die Interaktionen mit anderen, mit dem Modul verschalteten Grundoperationen nicht wiedergeben. Die benötigten numerischen Methoden müssen zur Verfügung gestellt werden. Dies kann einmal durch die Programmierung eigener Methoden oder durch die Verwendung kommerzieller oder veröffentlichter Routinen geschehen [62, 93]. Bewährt haben sich hier u. a. Newton-Verfahren für die Lösung des nicht-linearen Gleichungssystems. Des Weiteren wurde im vorherigen Abschnitt gezeigt, dass die Berücksichtigung des Realverhaltens der Fluidphasen sowie die Berechnung von Konzentrationspolarisation und Druckverlusten von entscheidender Bedeutung für eine genaue Vorhersage des Trennergebnisses sein können. Hierfür ist allerdings die Berechnung von Stoffdaten wie Fugazitäten, Aktivitäten, Dichten, Diffusionskoeffizienten, Enthalpien und Viskositäten notwendig. Auch dies kann natürlich programmiert werden. Gmehling und Kolbe [73] haben ihrem Buch eine Sammlung von Fortran Programmen zur Berechnung der thermodynamischen Größen beigefügt und Reid et al. [91] sowie der VDI-Wärmeatlas [63] zeigen Methoden zur Berechnung der Transportkoeffizienten auf. Allerdings sind die Rechenwege oft umfangreich und die Methoden basieren auf Reinstoffdaten und, teilweise, auf binären Parametern, die umständlich eingegeben oder in Datenbanken hinterlegt werden müssen.

Die zweite oben aufgeführte Möglichkeit kombiniert den im Vorherigen beschriebenen Ansatz mit kommerziellen Prozesssimulatoren. Viele dieser Simulatoren enthalten definierte Schnittstellen, um so genannte „User-Modelle" einzubinden. Dabei werden Prozedurenamen und Listen der vom Simulator an das User-Modell sowie vom User-Modell an den Simulator zu übergebenden Variablen vordefiniert. In der benutzergeschriebenen Prozedur wird dann die Berechnung des Moduls ausgeführt. Zwei große Vorteile sind gegenüber dem vorher beschriebenen Ansatz zu erwähnen: zum einem ist das Modell des Membranmoduls in die Modellierung des Gesamtverfahrens eingebunden. Also können Verschaltungen mit anderen Grundoperationen und Reaktionen inklusive etwaiger Rückläufe modelliert werden und der erhebliche Einfluss dieser Verschaltungen auf das Modul quantifiziert werden [22–27, 30, 43, 54]. Zum anderen besteht die Möglichkeit über definierte Routinen aus dem „User-Modell" heraus auf den Prozesssimulator zuzugreifen. Dies ermöglicht die Benutzung von vom Stoffdatensystem des Prozesssimulators berechneten Werten, wie z. B. Fugazitätskoeffizienten, Aktivitätskoeffizienten, Enthalpien, Diffusionskoeffizienten, Viskositäten usw, im benutzergeschriebenen Modell. Somit ist es z. B. für Gaspermeationsanwendungen relativ einfach möglich Triebkräfte durch Fugazitätsdifferenzen zu beschreiben sowie den Joule-Thomson-Effekt zu berücksichtigen [54]. Einige kommerzielle Prozesssimulatoren, die diese Einbindung unterstützen, sind z. B. Aspen Plus, Aspen Hysys [58], Honeywell UniSim [59], SimSci-Esscor PRO II [66], Chemstation ChemCAD [94]. Der im Rahmen eines EU-Projektes entwickelte Cape-Open-Standard [50, 65] stellt eine Weiterentwicklung dieser Ansätze dar. In ihm wurden Schnittstellen für Modelle von Grundoperationen, Thermodynamikprogramme und numerische Methoden festgelegt und standardisiert. Dies bedeutet, dass ein diesem Standard entsprechendes Modell kompatibel zu unterschiedlichen Simulatoren ist. Simulatoren, die den Cape-Open Standard implementiert haben, sind die vorher aufgeführten Produkte.

Des Weiteren besteht die Möglichkeit die Modellierung des Membranmoduls in gleichungsorientierten Prozesssimulatoren vorzunehmen. Hier sind vor allem AspenTechnology Incs Aspen Custom Modeler [58], Process System Engineering Ltds gPROMS [67] sowie in-house Simulatoren einiger Unternehmen wie Neste Engineering Oys FLOWBAT [46] oder Linde AGs Optisim [7] zu erwähnen. Diese Programme besitzen eine eigene Modellierungssprache, die es ermöglicht, die das Membranverfahren beschreibenden Gleichungssysteme in einer dem Ingenieur eingängigen Art und Weise einzugeben. So sind z. B. gesonderte Variablentypen für Drücke, Temperaturen, Zusammensetzungen, Enthalpien etc., vordefinierte örtliche Diskretisierungen mit entsprechenden Näherungsverfahren für partielle Ableitungen und Schnittstellen zu den Stoffdatensystemen der Hersteller zu erwähnen. Bei der Übertragung der Modellierungsgleichungen ist nur darauf zu achten, dass die Anzahl der zu berechnenden, freien Variablen gleich der der Gleichungen ist und dass diese linear unabhängig sind. Auf eine Reihenfolge muss nicht geachtet werden. Es ist ferner möglich Variablen von „frei" auf „festgelegt" zu schalten, z. B. kann einmal mit festgelegter Membranfläche die zu erwartende Produktqualität berechnet werden und zum anderen bei festgelegter Produktqualität die benötigte Membranfläche bestimmt werden. Ferner können die Modelle parametrisiert werden,

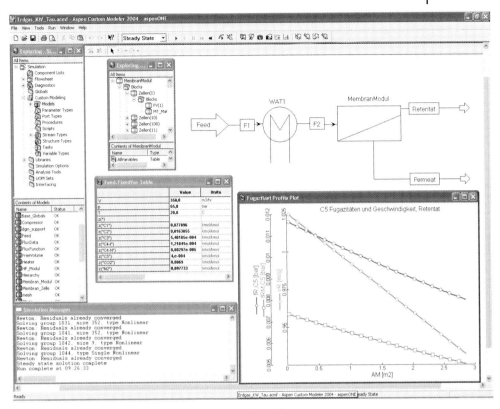

Abb. 10.17 Aspen Custom Modeler-Screenshot der Erdgasaufbereitungssimulation (vgl. Abb. 10.4 und Abschnitt 10.2.3).

d. h. verschiedene Modellierungstiefen (siehe Abb. 10.2) können in einem Modell realisiert werden. Aspen Custom Modeler und gPROMS sind mit grafischen Benutzeroberflächen ausgestattet, die es ermöglichen Fließbilder analog zu den im vorherigen Absatz erwähnten block-sequentiellen Simulatoren zu erstellen. Die Benutzeroberflächen ermöglichen auch die Visualisierung der Ergebnisse. Ferner bieten diese Simulatoren die Möglichkeit zur Parameterabschätzung, zur Optimierung und zur dynamischen Simulation. Dies impliziert das Vorhandensein entsprechender numerischer Routinen, welche oft den frei verfügbaren in Stabilität und Geschwindigkeit überlegen sind. In Aspen Custom Modeler erstellte Modelle können in andere Produkte der Aspen Engineering Suite wie Aspen Dynamics, Aspen Adsim, Aspen Plus oder Aspen Hysys importiert werden und so für die Simulation komplexer Prozesse verwendet werden. Die im Rahmen dieses Kapitels vorgestellten Beispiele wurden mit Aspen Custom Modeler und Aspen Plus berechnet. So zeigt Abb. 10.17 einen Screenshot der im vorherigen Abschnitt vorgestellten Simulation eines Moduls für die Erdgasaufbereitung.

10.4
Modulverschaltung

Bei der Membrantechnologie besteht aufgrund des modularen Aufbaus die Möglichkeit einer Anzahl verschiedener Modulverschaltungen. So gibt es Spiralwickelmodule in standardisierten Durchmessern wie 4" und 8" und in herstellerspezifischen Längen. Für andere Modultypen ist die Situation ähnlich. Somit kann ein bestimmtes Modul nur in einem vom Hersteller definierten Einsatzbereich für Druck, Temperatur und besonders Zulaufvolumenstrom eingesetzt werden. Für größere Zulaufströme müssen dann Module parallel geschaltet werden. Wenn die geforderte Produktreinheit nach einer Modullänge nicht erreicht worden ist, müssen zusätzlich noch Reihenschaltungen vorgesehen werden. Eine gewisse Ausnahme bildet hier das GKSS GS-Taschenmodul: es kann einmal mit verschiedenen Behälterlängen hergestellt werden und zum anderen so in durch Umlenkbleche geteilte Kompartimente einer bestimmten Taschenzahl aufgeteilt werden, dass die Überströmungsgeschwindigkeit im Modul in definierten Grenzen gehalten werden kann. Generell gibt es aber auch bei diesem Modultyp Parallel- und Reihenschaltungen. Eine Kombination aus Reihen- und Parallelschaltung stellen die bei großen Umkehrosmoseanlagen typischen Tannenbaumstrukturen dar. Hierbei werden in der Modulanzahl abnehmende, parallel verschaltete Blöcke in Reihe geschaltet. Melin und Rautenbach [55] geben einen umfangreichen Abriss dieser Verschaltungen. Die Prozesssimulation kann dazu beitragen, die optimale Anlagenkonfiguration zu ermitteln sowie die benötigten Kompressionsleistungen zu bestimmen.

Vor allem bei Flüssigphasenmembranverfahren ist die Einstellung der optimalen Membranüberströmung oft mit Schwierigkeiten verbunden. Es gibt Anwendungen mit Feedvolumenströmen, welche zu klein für die Standardmodultypen sind und somit nicht eine geforderte Überströmungsgeschwindigkeit der Membranfläche garantieren. Dies führt dann wiederum zu einem größeren Einfluss der Konzentrationspolarisation bzw. zu einem kontinuierlichen Anwachsen der Deckschicht bei Cross-Flow Ultra- und Mikrofiltrationsverfahren. Um dies zu verhindern, wird ein Teil des Retentats zur Feedseite des Moduls rezirkuliert (siehe Abb. 10.18). Nachteilig wirkt sich hierbei aus, dass bei steigender Rezirkulationsrate $\dot{V}_{Rück}$ die zur Verfügung stehende Triebkraft immer stärker reduziert wird. Um jetzt die optimale Rezirkulationsrate $\dot{V}_{Rück}$ zu bestimmen, kann die Prozesssimulation bei Vorhandensein eines entsprechenden Modells für das Membranmodul, welches die Konzentrationspolarisation bzw. Deckschichtbildung mitberücksichtigt (siehe z. B. [95]), zur Bestimmung der optimalen Rückführrate beitragen (siehe [55]).

Falls die Selektivität einer Membran für eine bestimmte Trennaufgabe nicht ausreichend ist, können auch mehrstufige Verschaltungen mit entsprechenden Rückführungen von Permeat und/oder Retentat realisiert werden. Hierdurch wird eine stärkere Anreicherung der zurückgehaltenen Komponenten im Retentat bzw. der gut permeierenden Komponenten im Permeat erreicht. Theoretisch ist es möglich, vielstufige Kaskaden mit Rückführungen analog zu einer Rektifi-

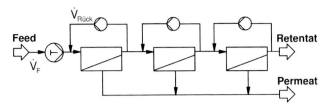

Abb. 10.18 Verschaltung von Membranmodulen-Rezirkulationsschleifen und für die Einstellung der optimalen Membranüberströmung (nach [55]).

kationskolonne mit entsprechend vielen Böden aufzubauen und so ein binäres Gemisch, auch mit begrenzt selektiven Membranen, in seine Bestandteile aufzuteilen. Allerdings ist die Wiederaufbringung der Triebkraft durch Rekomprimierung des Permeats so teuer, dass eine vielstufige Membrankaskade nicht konkurrenzfähig ist [55]. Daher wurden in der Praxis nur ein- bis dreistufige Kaskaden realisiert. Die Grundverschaltungen hierfür sind in Abb. 10.19 für Gaspermeationsverfahren dargestellt.

Als Anwendungsbeispiel soll hier die Aufkonzentrierung von Methan aus Grubengas behandelt werden. Schwach konzentriertes Grubengas hat Methanstoffmengenanteile zwischen 0,15 und 0,25. Um das Gas einer energetischen Verwertung zuzuführen, sind Methanstoffmengenanteile zwischen 0,3 und 0,5 notwendig. Silikonbasierte Membranen haben eine gewisse CH_4/N_2-Selektivität von ca. $a_{CH_4,N_2} = L_{CH_4}/L_{N_2} = 3{,}25$ bei $20\,°C$. Diese Selektivität ist allerdings nicht ausreichend, um die gewünschte Anreicherung bei einer gleichzeitig ge-

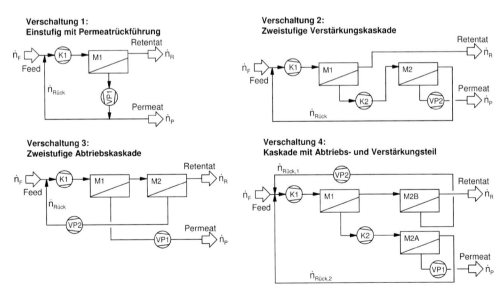

Abb. 10.19 Ein- und zweistufige Membranmodulverschaltungen für die Gaspermeation (nach [55, 96]).

forderten hohen Ausbeute in einem einstufigen Prozess zu realisieren. Im Rahmen einer Diplomarbeit [56] wurde untersucht, ob durch die in Abb. 10.19 dargestellten Verschaltungen 1 bis 3 notwendige Methankonzentrationen und -ausbeuten mit vertretbarem Aufwand realisiert werden können. Hierzu wurde das in Abschnitt 10.2.3 vorgestellte Modulmodell mit freiem Permeatabfluss verwendet. Das Modulmodell wie auch die benötigten Modelle für Kompressoren und Vakuumpumpen wurden in Aspen Custom Modeler implementiert [14, 47, 51–53, 58] und entsprechend der in Abb. 10.19 gezeigten Verschaltungen 1 bis 3 zu Fließbildern verbunden und simuliert. Die Mischgaspermeabilitäten wurden mit Hilfe des erweiterten Free-Volume-Modells [77–79] bestimmt (Gleichung 10), wobei die benutzten Parameter aus Reingasmessungen stammen. Realgasverhalten bei Triebkraft und Joule-Thomson-Effekt wurden berücksichtigt, während die Konzentrationspolarisation vernachlässigt wurde. Für jedes Modul wurde feedseitig ein Kompressor und permeatseitig eine Vakuumpumpe zur Aufbringung der Triebkraft vorgesehen. Ziel der Berechnungen war es, die Methanausbeute bei minimal geforderten Permeatreinheiten zu maximieren:

$$Rec_{CH_4} = \frac{\dot{n}_{P,CH_4}}{\dot{n}_{F,CH_4}} \tag{72}$$

Hierbei wurde von den folgenden Bedingungen ausgegangen:

$\dot{V}_F = 25 \text{ Nm}^3/\text{h}$
$T_F = 25\,°C$
$p_F = 1 \text{ bar}$
$p_{K_1} = 2 \text{ bar}$
$y_{F,CO_2} = 0{,}05$
$y_{F,CH_4} = 0{,}15;\ 0{,}20;\ 0{,}25$
$y_{F,N_2} = 0{,}80,\ 0{,}75,\ 0{,}70$

Variiert wurden bei der Optimierung die folgenden Variablen mit den jeweils angegebenen Begrenzungen:

$A_{M,ges} = A_{M1} + A_{M2} \leq 25 \text{ m}^2$
$p_{VP1} \geq 0{,}1 \text{ bar}$
$p_{VP2} \geq 0{,}1 \text{ bar}$
Verschaltung 2: $p_{K2} \leq 5 \text{ bar}$

Als Permeatkonzentration wurde gefordert:

$y_{P,CH_4} = 0{,}30;\ 0{,}40;\ 0{,}50$

Zur Lösung der Optimierungsaufgabe wurde das in Aspen Custom Modeler implementierte Nelder-Mead Simplex-Verfahren verwendet [58, 62]. Für alle untersuchten Fälle war die ermittelte Gesamtmembranfläche 25 m² (in verschiedenen Aufteilungen zwischen den 2 Modulen bei Verschaltungen 2 und 3), die durch die Vakuumpumpen eingestellten Permeatdrücke 100 mbar sowie der in Verschaltung 2 berücksichtigte Kompressordruck p_{K2} 5 bar. Abbildung 10.20 zeigt

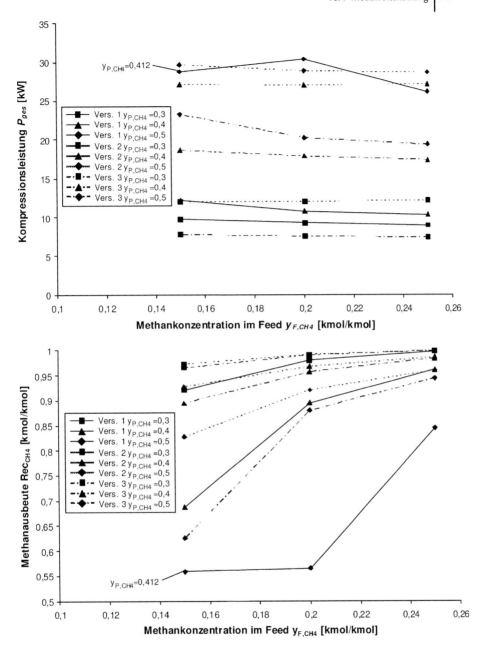

Abb. 10.20 Methanausbeuten und Verdichterleistungen bei der Aufkonzentrierung von Methan aus Grubengas [56].

die erreichbaren Ausbeuten für die verschiedenen Permeatreinheiten sowie die dafür benötigten Verdichterleistungen.

Mit Verschaltung 1 war es nicht möglich, eine Permeatkonzentration von $y_{P,CH_4}=0{,}5$ bei einer Feedkonzentration von $y_{F,CH_4}=0{,}15$ zu erreichen. Deutlich wird auch, dass diese Verschaltung am wenigsten geeignet ist, eine hohe Ausbeute zu erreichen. Verschaltung 2 sichert die höchste Ausbeute, allerdings bei einer im Vergleich zu Verschaltung 3 höheren Pumpenleistung. Dies liegt vor allem an dem hohen, durch den Verdichter K2 erzeugten Feeddruck von 5 bar für das Membranmodul M2. Allerdings wird damit auch die hohe CH_4-Triebkraft und damit die hohe Ausbeute und Reinheit in Modul M2 auch bei geringen Methankonzentrationen im Feed gewährleistet. Somit ist für diese Anwendung unter der Annahme, dass die Kompressionskosten vertretbar sind, die Verschaltung 2 zu empfehlen. Sonst sollte die Verschaltung 3 gewählt werden, da die benötigte Kompressionsleistung bei akzeptablen Ausbeuten deutlich geringer ist.

10.5
Verfahrenssimulation

Unter Verfahrenssimulation wird in diesem Abschnitt die Simulation von Membranverfahren verschaltet mit anderen Grundoperationen verstanden. Der Großteil der Literatur beschreibt hier die Verschaltung von Rektifikationskolonnen mit Dampfpermeations- oder Pervaporationsverfahren. Hierbei stellt wiederum die Entwässerung organischer Lösungsmittel den Schwerpunkt dar. Das liegt zum einen daran, dass diese Systeme oft Azeotrope bilden, welche eine weitere destillative Trennung unmöglich machen und die durch Membranverfahren „gebrochen" werden können (z. B. Ethanol-Wasser) oder es sich um engsiedende Gemische handelt (z. B. Aceton-Wasser), bei denen Membranverfahren im Bereich geringer relativer Flüchtigkeiten eingesetzt werden (siehe auch Kapitel 11). Zum anderen sind wasserselektive Membranen verfügbar, die diese Trennaufgabe auch realisierbar machen. Dies sind zum einen Polyvinylalkohol und polyvinylalkoholbasierte Membranen [31, 55] sowie Polyimidmembranen [45] und keramische Membranen [40, 55]. Beschrieben werden die Simulationen dieser Verfahren in zahlreichen Publikationen. Beispielhaft seien die Arbeiten von Bausa und Marquardt [21], Davis [23], Fahmy et al. [26, 27, 30], Pettersen und Lien [29], Brinkmann et al. [31], Schipolowski und Wozny [33] sowie Sommer und Melin [34] genannt. Bei diesen binären Trennungen liegt der azeotrope bzw. engsiedende Bereich häufig im Bereich hoher Lösungsmittelkonzentrationen. Somit wird die Membraneinheit zur Aufbereitung des Kopfproduktes der Kolonne verwendet. Abbildung 10.21 zeigt die hierfür verwendeten Verschaltungen für die Beispiele Ethanol-Wasser und Isopropanol-Wasser, wenn die Dampfpermeation als Membranstufe fungiert.

Aus Abb. 10.21 wird deutlich, dass die Dampfpermeation oder Pervaporation dort eingesetzt wird, wo ihre Stärke liegt, nämlich im Bereich azeotroper Punk-

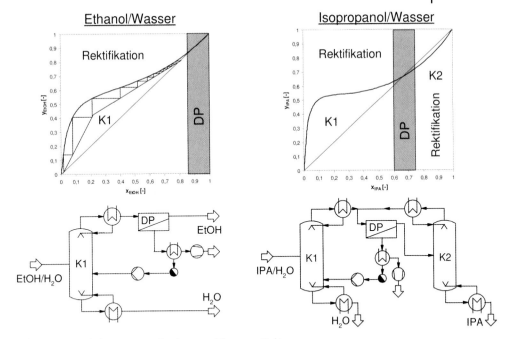

Abb. 10.21 Verschaltungen zum Brechen von Lösungsmittel/Wasser-Azeotropen mittels der Dampfpermeation.

te und geringer relativer Flüchtigkeiten, während die Rektifikation dort eingesetzt wird, wo sich das Dampf-Flüssiggleichgewicht durch hohe relative Flüchtigkeiten auszeichnet. Die Prozesssimulation ist hervorragend dazu geeignet, die optimale Auslegung eines solchen Hybridverfahrens zu bestimmen. Typische zu ermittelnde Größen sind Betriebstemperaturen und -drücke, Bodenzahl und Rücklaufverhältnisse der eingesetzten Kolonnen, Membranflächen der Dampfpermeations- oder Pervaporationsstufen, Vakuumdruckstufen für die Membraneinheiten, Kondensationsleistungen für das Permeat, benötigte Zwischenaufheizungen bei der Pervaporation, optimale Übergabekonzentrationen zwischen den Grundoperationen sowie die adäquaten Böden für die Rückführung des wasserreichen Permeats. Ein wesentlicher Kostenfaktor bei Pervaporations- und Dampfpermeationsverfahren ist die Aufbringung der Triebkraft. Dies geschieht durch den Einsatz eines permeatseitigen Vakuumsystems, welches typischerweise bei Betriebsdrücken um die 20 mbar arbeitet. Hierbei ist nicht die Vakuumpumpe selbst, sondern die Kondensation des Permeats und der hierfür erforderliche Kältemittelbedarf von entscheidender Bedeutung. Die zu erwartenden Leckluftmengen bestimmen die Größe der Vakuumpumpe. Verschiedene Alternativen zur Aufbringung des permeatseitigen Vakuums sowie der Permeatkondensation wurden von Fahmy [27] diskutiert und mit Hilfe des Prozesssimulators Aspen Plus [58] in Verbindung mit Fortran User-Modellen berechnet, optimiert und wirtschaftlich evaluiert. Hierzu zählen die Verwendung von mit externem Treibdampf beschickten Dampfstrahlvakuumpumpen sowie die Benutzung von Absorptionstechnologie mit stark hygroskopischen Absorptionsmitteln. Eine andere Möglichkeit der Verwendung von Dampfstrahlvakuumpumpen wurde durch die Entwicklung von Dampfpermeationsmembranen, die eine Temperaturbeständigkeit von bis zu 150 °C für Polymermembranen [14, 31, 45] und höher für keramische Membranen [40, 55] haben, eröffnet. Die höhere Temperaturbeständigkeit impliziert zunächst einmal die Möglichkeit höherer retentatseitiger Betriebsdrücke und damit höherer transmembraner Triebkräfte, die wiederum höhere Reinheiten bzw. geringere Membranflächen realisierbar machen. Zum anderen kann retentatseitig ein gespannter Dampf zur Verfügung gestellt werden, welcher als Treibdampf für Dampfstrahlvakuumpumpen verwendet werden kann [31, 97]. Um das erforderliche Vakuum zu erzeugen, sind mehrstufige Dampfstrahlvakuumpumpen notwendig. Sie können so mit den Membranstufen verschaltet werden, dass die zur Aufrechterhaltung der erforderlichen Triebkraft notwendige Druckstufe permeatseitig am Modul anliegt, also Permeatdrücke in der Größenordnung 100 mbar im Bereich hoher retentatseitiger Wasserfugazitäten, während niedrige Permeatdrücke um die 20 mbar am Ende der Verfahrensstrecke angelegt werden können. Das druckseitig in den Dampfstrahlvakuumpumpen anfallende Gemisch besteht aus dem als Treibdampf verwendeten Teil des Retentats, der unvermeidbaren, in das Vakuumsystem eintretenden Leckluft sowie nichtkondensierten Permeatbestandteilen. Letztere stellen aber keine Verunreinigung des Retentats dar, da sie zum größten Teil aus Leichtsieder, also dem Lösungsmittel bestehen. Abbildung 10.22 zeigt die Simulation eines solchen Verfahrens bestehend aus Rektifikation, vier in Reihe geschalteten Dampfpermeationsmodulen und vier Dampfstrahlvakuumpumpen [31]. Modelle für alle gezeigten Grundoperationen wurden in Aspen Custom Modeler [58] implementiert und die optimale Verschaltung berechnet. Auch hierbei hat sich die Verwendung gleichungsorientierter Prozesssimulatoren für die Entwicklung innovativer Prozesse bewährt. Das Modulmodell wurde bereits in Abb. 10.12 vorgestellt. Zusätzlich wurde ein Modell für Dampfstrahlvakuumpumpen nach Herstellerunterlagen [98] entwickelt. Für die Rektifikationskolonne wurde ein Gleichgewichtsstufenmodell verwendet [99], während für Verdichter und Wärmeaustauscher eine einfache, thermodynamische Berechnung gewählt wurde. Durch den einfachen Zugriff auf das Stoffdatensystem Aspen Properties [58] konnten die benötigten Dampf-Flüssiggleichgewichte, wie auch Realgastriebkräfte sicher berechnet werden. Die Fließbildumgebung ermöglichte die schnelle Auswertung von Prozessalternativen.

Neben den beschriebenen Verfahren für die Trennung binärer Gemische wurde auch die Trennung ternärer Gemische untersucht. Auch hierbei soll Wasser aus einem Lösungsmittelgemisch entfernt werden und das Lösungsmittelgemisch in seine Reinkomponenten aufgetrennt werden. Untersucht wurden die Systeme Methanol/Isopropanol/Wasser [36, 37] und Aceton/Isopropanol/Wasser [38]. Die Verschaltung Membranmodul/Rektifikationskolonne weicht hier insofern von Abb. 10.21 ab, dass das Modul einem Seitenstrom der Kolonne das Wasser permeatseitig entzieht. Das Retentat wird der Kolonne auf einem

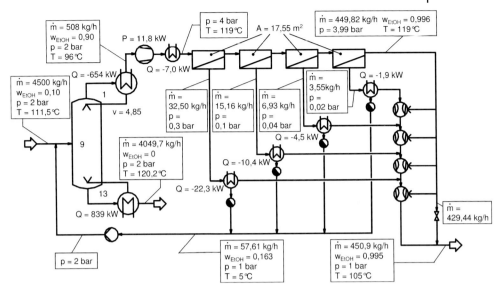

Abb. 10.22 Hybridverfahren bestehend aus Rektifikation, Dampfpermeation und Dampfstrahlvakuumpumpen für die Absolutierung von Ethanol [31].

geeigneten Boden wiederzugeführt. Für diese Auslegung ist die Anwendung der Verfahrenssimulation ein wichtiges Hilfsmittel. Dijkstra et al. [36] beschreiben in die Verwendung eines in Aspen Custom Modeler entwickeltes Modulmodell [14] in Aspen Plus, wo es mit dem dort vorhandenen Kolonnenmodell verschaltet wurde, um die optimale Prozesskonfiguration sowie die Kosten des Verfahrens zu ermitteln.

Hybridverfahren, bestehend aus Rektifikation und Pervaporation oder Dampfpermeation, sind bei Vorhandensein einer geeigneten Membran auch für die Trennung organischer Systeme geeignet. Auch diese Trennung wurde mit Hilfe der Prozesssimulation untersucht. Beispiele hierfür sind die Verwendung eines Fortran- User-Modells in Aspen Plus für die Trennung Dimethylcarbonat/Methanol [25] und die Trennung des Systems Methyltertiärbutylether/Methanol/n-Buten [25, 40]. Hömmerich [40] hat in seiner Arbeit letzteres System detailliert untersucht und die gesamte Bandbreite des Einsatzes der Prozesssimulation dargestellt. Hierbei wurde der gesamte Herstellungsprozess von Methyltertiärbutylether (MTBE) betrachtet und die im konventionellen Prozess vorhandene Zweidruckrektifikation durch ein Hybridverfahren ersetzt. Der mit der Rektifikation verschalteten Dampfpermeation bzw. Pervaporation wird ein Seitenstrom der Kolonne zugeführt, aus dem über eine methanolselektive Membran das Methanol als Permeat abgetrennt wird. Das Retentat wird auf einen geeigneten Boden in die Kolonne zurückgeführt. Hierbei wurden verschiedene Prozessalternativen untersucht: Verschaltung der Membranstufe mit dem Verstärkungs- und dem Abtriebsteil sowie Polymer- und keramische Membranen. Ferner wurden Regelbarkeit und Betriebsstabilität betrachtet sowie ein umfangreicher Kostenvergleich durchgeführt. Gonzáles und Ortiz [39] untersuchten dasselbe System, allerdings wurde nur die Pervaporation mit Polymermembranen untersucht. Rektifikationskolonne und Pervaporationsmodul wurden in gPROMS [67] implementiert. Spezielles Augenmerk wurde hierbei auf die Anzahl an Pervaporationsstufen und dazu in Reihe geschalteten Wärmeaustauschern für die Zuführung der verbrauchten Verdampfungsenthalpie gelegt. Eine weitere Simulation dieses Verfahrens haben Lu et al. [41] vorgestellt. Sie benutzten den inzwischen nicht mehr erhältlichen HYSIM Prozesssimulator. Eine HYSYS Implementierung [58, 59] des Prozesses wurde von Daviou et al. [43] vorgestellt. Sie benutzten ein gPROMS-Modell, konvertierten es zu Fortran, um es dann über eine Visual Basic-Schnittstelle als dll mit dem HYSYS-Kolonnenmodell zu verbinden. Ferner wurde die in HYSYS implementierte SQP-Optimierungsroutine verwendet. Arbeiten, die die Trennung anderer organischer Gemische mittels Hybridverfahren untersuchten, sind z. B. die Propan/Propen-Trennung [44] und die Verschaltung von Reaktivrektifikation und Membranstufen bei Umesterungen [24].

Eine weitere Klasse von Hybridverfahren ist die Verschaltung von Dampfpermeations- oder Pervaporationsmodulen mit Chemiereaktoren oder Fermentern. Die Grundverschaltung ist in Abb. 10.23 für eine Veresterung gekoppelt mit einer Dampfpermeation dargestellt. Hierbei wird der Reaktion über die hydrophile Membran Wasser entzogen und somit die Einstellung des Reaktionsgleichgewichts in Richtung höherer Ausbeuten an Produkt C verschoben.

Hömmerich [40] hat ein solches System in MS Excel modelliert und den Einfluss von Membranfläche und Permeatmassenstromdichte auf Reaktionsumsatz und Wassergehalt im Reaktor untersucht. Holtmann und Górak [28, 32] haben ein umfangreiches Modell für ein im Gleichstrom gefahrenes Hohlfadenmodul für die Dampfpermeation entwickelt, so sind z. B. Realgastriebkraft und der Einfluss der porösen Stützschicht enthalten. Verschaltet wurde das Modul ebenfalls mit einem Veresterungsreaktor. Diese Verschaltung wurde dynamisch simuliert und die Simulation im Technikumsmaßstab validiert. Für die Lösung des Gleichungssystems aus algebraischen und Differentialgleichungen wurde der Prozesssimulator Abacuss [61] verwendet. Ähnlich zu den oben beschriebenen Anwendungen in der chemischen Verfahrenstechnik kann die Pervaporation auch

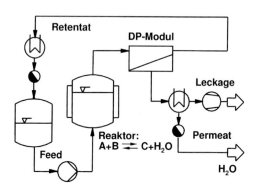

Abb. 10.23 Dampfpermeationsmodul verschaltet mit einem Veresterungsreaktor zur selektiven Wasserausschleusung.

in der Bioverfahrenstechnik eingesetzt werden. Maltzahn [35] beschreibt in ihrer Arbeit die Entwicklung eines integrierten Bioprozesses zur Herstellung natürlicher Aromastoffe. Hierbei werden diese durch Fermentation erzeugt und dann mittels organophiler Pervaporation ausgeschleust, da sie analog zum Wasser bei der Estersynthese inhibierend auf die Reaktion wirken. Um den Prozess im Modell nachzubilden, wurde ein Fermentermodell in Aspen Custom Modeler entwickelt und mit einem vorhandenen Modell für die Dampfpermeation und Pervaporation [14] zu einer Fließbildsimulation verknüpft. Hierbei wurde das Modell so erweitert, dass es etwaige, aus dem Fermentationsmedium herrührende Deckschichten mitberücksichtigt. Wiederum entsteht so ein System von algebraischen- und Differentialgleichungen, wobei Letztere den Reaktionsfortschritt mit der Zeit beschreiben. Das System kann gut mit den in Aspen Custom Modeler enthaltenen Integrationsroutinen gelöst werden und liefert zuverlässige Ergebnisse, wie Vergleiche mit experimentellen Untersuchungen in einer Pilotanlage zeigten.

Als letzte Beispiele für die Verwendung von Prozesssimulatoren zur Berechnung von Membranverfahren in Kombination mit anderen Grundoperationen soll die Auslegung von Gaspermeationsverfahren diskutiert werden. Neben den klassischen Verfahren zur Wasserstoffabtrennung aus Raffinerie- oder Synthesegas, CO_2-Abtrennung aus Erdgas sowie der Erdgastrocknung hat die Verwendung silikonbasierter Membranen zur Abtrennung flüchtiger organischer Komponenten aus Gasströmen ein weites Einsatzfeld. Beispiele sind die Benzindampfrückgewinnung aus Tanklagerabluft, die bereits erwähnte Kohlenwasserstofftaupunkteinstellung von Erdgas, die Erdölbegleitgasbehandlung, die Lösungsmittelrückgewinnung bei diversen Produktionsprozessen und Rückgewinnung von Monomeren bei der Polymerherstellung (siehe Kapitel 12). Rautenbach et al. [22, 25] haben die Simulation eines Benzindampfrückgewinnungsverfahrens mit Aspen Plus durchgeführt und dazu ein in Fortran implementiertes User Modell verwendet. Von der Prozesstopologie her ähnlich ist das im Folgenden vorgestellte Verfahren: hierbei handelt es sich um das in Abschnitt 12.1 und in [100] beschriebene Verfahren zur Rückgewinnung von Hexan aus und zur gleichzeitigen Trocknung von N_2-Spülgas, welches bei der Behandlung des Polyethylengranulats nach der Polymerisation anfällt. Das Polyethylenherstellungsverfahren ist der Basell Hostalen-Prozess, während die Rückgewinnungsanlage von der Firma Sterling-SIHI realisiert wird. In Abb. 10.24 ist das Simulationsfließbild des Verfahrens dargestellt. Es ist allerdings anzumerken, dass es soweit anonymisiert worden ist, dass sich Durchflüsse und Behälterabmessungen nicht ableiten lassen. Das als Retentat anfallende getrocknete Spülgas darf noch maximal 150 mg/Nm^3 Hexan enthalten. Um dies zu erreichen, wird das Feedgas mit einem Flüssigkeitsringverdichter (K1) verdichtet und einem Dekanter (F1) zugeführt, in dem die flüssigen Bestandteile (Wasser und Hexan) zweiphasig abgeschieden werden. Das gesättigte Gas wird dem Membranmodul M1 bis M3 zugeführt. Das Membranmodul ist ein GKSS GS-Taschenmodul, in dem die Membrantaschen in Kompartimenten mit abnehmender Taschenzahl installiert sind, um so die Überströmungsgeschwindigkeit näherungsweise konstant

324 | 10 Modellierung und Simulation der Membranverfahren Gaspermeation, Dampfpermeation

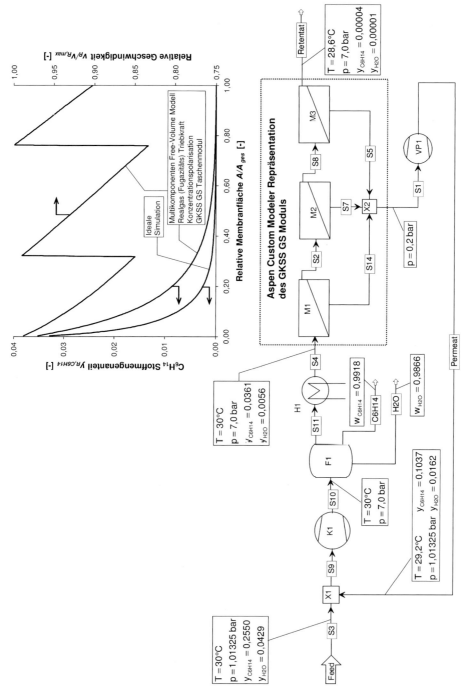

Abb. 10.24 Simulation des Sterling-SIHI-Hexan-Rückgewinnungsverfahrens beim Basell-Hostalen-Prozess (angelehnt an [100]).

zu halten und damit die Konzentrationspolarisation zu minimieren. M1 bis M3 stellen die Segmente des Moduls mit jeweils gleicher Taschenzahl pro Kompartiment und somit konstanter Anströmfläche dar. Das Retentat kann als Spülgas in den Prozess zurückgeführt werden, während das Permeat über eine Flüssigkeitsringvakuumpumpe (VP1) abgezogen und dem Feed zugemischt wird. Alle für die Simulation benötigten Modelle wurden wiederum in Aspen Custom Modeler implementiert. Das Membranmodul wurde wie in Abschnitt 10.2.3 vorgestellt modelliert. Die Auftragungen des retentatseitigen Hexan-Stoffmengenanteils sowie der relativen retentatseitigen Geschwindigkeit über der relativen Membranfläche in Abb. 10.24 zeigen deutlich, dass auch hier eine idealisierte Modellierung des Membranmoduls nicht zielführend ist und zu unterdimensioniertem Membranmodul und Flüssigkeitsringsmaschine führen würde.

10.6
Zusammenfassung und Ausblick

In diesem Kapitel wurde die Modellierung von Membranmodulen für die Gas- und Dampfpermeation sowie die Pervaporation vorgestellt. Als wichtig hat es sich hierbei erwiesen, Nichtidealitäten wie die Abhängigkeit der Permeationskoeffizienten von Temperatur, Druck und Zusammensetzung der anliegenden Fluidphasen, Konzentrationspolarisation, Realverhalten der Fluidphasen und nicht-isothermes Verhalten angemessen zu berücksichtigen, um das Trennergebnis mit Genauigkeit voraussagen zu können. Geeignete Modellierungs- und Simulationsumgebungen für die Berechnung der hier behandelten Membranverfahren sind gleichungsorientierte Prozesssimulatoren wie Aspen Custom Modeler [58] oder gPROMS [67], da sie dem Ingenieur erlauben sich auf das Wesentliche, nämlich das Modell „seines" Membranmoduls zu konzentrieren. Es ist natürlich auch möglich, andere mit dem Modul verschaltete Grundoperationen in diesen Simulatoren zu modellieren und so komplexe Verfahren darzustellen. Ferner können Modelle, die mit diesen Tools erzeugt wurden, in die „gewöhnlichen", blocksequentiellen Prozesssimulatoren wie Aspen Plus, PROII oder HYSYS importiert werden. Damit wird es möglich, die umfangreichen Modellbibliotheken dieser Simulatoren zu nutzen und so bereits entwickelte Hybridverfahren besser auszulegen, vor allem aber neue zu entwickeln. Die Entwicklung ist hier sicher noch nicht abgeschlossen: z. B. verspricht Computational Fluid Dynamics (CFD) eine verbesserte Auslegung innovativer Membranmodule. Bei entsprechender Weiterentwicklung der Rechnerleistungen ist es sicher denkbar, dass CFD-Simulationen in Prozesssimulatoren importiert werden.

10.7
Danksagungen

Der Autor möchte sich an dieser Stelle bei seinen Kollegen im GKSS-Forschungszentrum und vor allem bei den von ihm (mit)betreuten Diplomanden und Doktoranden bedanken. Die Arbeiten von Sven Bach, Bianca Maltzahn, Janina Puhst, Henrik Serk, Max Staudacher, Marc Tiedemann und Thorsten Wolff haben wesentlich zu diesem Kapitel beigetragen.

10.8
Symbolverzeichnis

Symbole

a	Aktivität	–
a	Koeffizient in Stoffübergangs- oder Druckverlustbeziehung	–
a	spezifische Oberfläche	m^2/m^3
A	Matrixelement	
A	Fläche	m^2
b	Breite der überströmten Membranfläche	m
b	Koeffizient in Stoffübergangs- oder Druckverlustbeziehung	–
B	Element der Inversen der Diffusionskoeffizientenmatrix	s/m^2
B_0	Poiseuille-Konstante im Dusty-Gas-Modell	m^2
c	molare Konzentration	$kmol/m^3$
$\tilde{c}_P$	spezifische Wärmekapazität bei p=konst.	$kJ/(kmol\ K)$
c	Koeffizient in Stoffübergangs- oder Druckverlustbeziehung	–
d_h	hydraulischer Durchmesser	m
D	Fickscher Diffusionskoeffizient	m^2/s
D_0	thermodynamischer Diffusionskoeffizient	m^2/s
$Đ$	Element der Mehrstoffdiffusionskoeffizientenmatrix	m^2/s
E_{Akt}	Aktivierungsenergie	$kJ/kmol$
E_z	axialer Dispersionskoeffizient	m^2/s
E_z^T	thermischer axialer Dispersionskoeffizient	$kW/(m\ K)$
f	Fugazität	bar, Pa
F	mathematische Funktion	
G	Gibbssche Enthalpie	kJ
$\tilde{G}$	molare Gibbssche Enthalpie	kJ/kmol
$\tilde{H}$	molare Enthalpie	kJ/kmol
k	Stützstellen- bzw. Bilanzzellennummer	–

10.8 Symbolverzeichnis

k	Wärmedurchgangskoeffizient	W/(m² K)
l	Länge der überströmten Membranfläche	m
L	Permeanz bzw. Permeationskoeffizient	kmol/(m² s Pa)
L^0_∞	Permeanz für $T \to \infty$ und $p \to 0$	kmol/(m² s Pa)
m_0	Parameter im Free-Volume-Modell	Pa^1
m_T	Parameter im Free-Volume-Modell	K^1
$\dot{m}$	Massenstrom	kg/s
$\dot{m}''$	Massenstromdichte	kg/(m² s), kg/(m² h)
M	Molekulargewicht	kg/kmol
$\dot{n}$	Stoffmengenstrom	kmol/s
$\dot{n}''$	Stoffmengenstromdichte	kmol/(m² s), kmol/(m² h)
nc	Anzahl der Komponenten	–
nz	Anzahl der Bilanzzellen bzw. Stützstellen	–
p	Druck	bar, Pa
P	Permeabilität für org. RO	kmol/(m² h)
$\dot{q}''$	Wärmestromdichte	kW/m²
Q	Permeabilität	m³/(m² s bar), m³/(m² s)
R	universelle Gaskonstante	kJ/(kmol K)
Rec	Ausbeute	kmol/kmol
S	Sorptionskoeffizient	kmol/(m³ Pa), kmol/m³
T	Temperatur	K
v	Geschwindigkeit	m/s
V	Volumen	m³
$\dot{V}$	Volumenstrom	m³/s, m³/h
$\tilde{V}$	molares Volumen	m³/kmol
w	Massenanteil	kg/kg
x	Stoffmengenanteil	kmol/kmol
y	Stoffmengenanteil	kmol/kmol
z	Ortskoordinate	m

Griechisch

α	Wärmeübergangskoeffizient	kW/(m² K)
β	Stoffübergangskoeffizient	m/s
δ	Schichtdicke	m
Δ	Differenz	–
ε	Porosität	–
η	dynamische Viskosität	N/(m² s)
μ	Chemisches Potential	kJ/kmol
λ	Wärmeleitfähigkeit	kW/(m K)
Π	osmotischer Druck	bar
ρ	Dichte	kg/m³
σ	Lennard-Jones-Moleküldurchmesser	Å
τ	Tortuosität bzw. Umwegfaktor	–
ζ	Druckverlustbeiwert	–

Kennzahlen

Re   Reynolds-Zahl
Sc   Schmidt-Zahl
Sh   Sherwood-Zahl

Mathematische Notation

{ }   Vektor
[ ]   Matrix

Tiefgestellt

B   Sumpfprodukt Rektifikation
Beh   Behälter
D diffusiv
ges   Gesamt
GS   Grenzschicht
i Komponente i
j Komponente j
k Stützstelle, Bilanzzelle
K   konvektiv
Kn   Knudsen
M   Membran
N   im Normzustand bei 1,01325 bar und 0 °C
nc Anzahl der Komponenten
nz Anzahl der Bilanzzellen bzw. Stützstellen
P   Permeat
Perm   Permeabilität oder Permeanz
PM   permeatseitige Membranoberfläche
PS   poröse Stützschicht
Q   Querschnitt
R   Retentat
RM   retentatseitige Membranoberfläche
S   Salz
W   Wasser
ZGL   Zustandsgleichung

Hochgestellt

e   effektiv
G   gasförmig
L   flüssig
Rein   Reinstoff
s   Sättigungszustand
SM   Stefan-Maxwell
0   Bezugszustand
$\sim$ Molarspezifisch
–   Mittelwert zwischen Retentat- und Permeatseite einer Membran

10.9 Literatur

1 S. P. Kaldis, G. C. Kapantaidakis und G. P. Sakkelaropoulos; Simulation of multicomponent gas permeation in a hollow fiber membrane by orthogonal collocation – hydrogen recovery from refinery gas, J. Membrane Sci. 173, 2000, 61–71

2 S. Tessendorf, R. Gani und M. L. Michelsen; Aspects of modeling, design and operation of membrane-based separation processes for gaseous mixtures, Computers Chem. Engng. 20 Suppl., 1996, S653–S658

3 D. T. Coker, B. D. Freeman und G. K. Fleming; Modeling multicomponent gas separation using hollow-fiber membrane contactors, AIChE Journal 44, 1998, 1289–1302

4 D. T. Coker, T. Allen, B. D. Freeman und G. K. Fleming; Nonisothermal model for gas separation hollow-fiber membranes, AIChE Journal, 45, 1999, 1451–1468

5 J. Marriott, E. Sørensen, I. D. L. Bogle; Detailed mathematical modelling of membrane modules, Computers Chem. Engng. 25, 2001, 693–700

6 J. Marriott und E. Sørensen, A general approach to modelling membrane modules, Chem. Engng. Sci. 58, 2003, 4975–4990

7 S. Tessendorf, R. Gani und M.L. Michelsen; Modeling, simulation and optimization of membrane-based gas separation systems, Chem. Engng. Sci. 54, 1999, 943–955

8 S. Giglia, B. Bikson, J. E. Perrin und A. A. Donatelli; Mathematical and experimental analysis of gas separation by hollow fiber membranes, Ind. Eng. Chem. Res. 30, 1991, 1239–1248

9 S. P. Kaldis, G. C. Kapantaidakis, T. I. Papadopoulos und G. P. Sakellaropoulos; Simulation of binary gas separation in hollow fiber asymmetric membranes by orthogonal collocation, J. Membrane Sci. 142, 1998, 43–59

10 R. Qi und M. A. Henson; Approximate modelling of spiral-wound gas permeators, J. Membrane Sci. 121, 1996, 11–24

11 R. Qi und M. A. Henson; Modeling of spiral-wound permeators for multicomponent Gas Separations, Ind. Eng. Chem. Res. 36, 1997, 2320–2331

12 C. Y. Pan; Gas separation by permeators with high-flux asymmetric membranes, AIChE Journal 29, 1983, 545–552

13 C. Y. Pan; Gas separation by high-flux, asymmetric hollow-fiber Membrane, AIChE Journal 32, 1986, 2020–2027

14 T. Brinkmann, M. F. J. Dijkstra, K. Ebert und K. Ohlrogge; Improved simulation of a vapour permeation module, J. Chem. Technol. Biotechnol. 78, 2003, 332–337

15 R. Rautenbach und W. Dahm; Design and optimization of spiral-wound and hollow fiber RO modules, Desalination 65, 1987, 259–275

16 S. Sommer, B. Klinkhammer, M. Schleger und T. Melin; Performance efficiency of tubular inorganic membrane modules for pervaporation, AIChE Journal 51, 2005, 162–177

17 H. Tarjus, C. Vauclair, V. Rollet und P. Schaetzel; Multistage and multicomponent separation in pervaporation: The non-isothermal model, Chem. Eng. Technol. 22, 1999, 331–335

18 A. S. Kovvali, S. Vemury, W. Admassu; Modeling of multicomponent countercurrent gas permeators, Ind. Eng. Chem. Res. 33, 1994, 896–903

19 B. C. und M. A. Henson; Modeling of spiral wound pervaporation modules with application to the separation of styrene/ethylbenzene mixtures, J. Membrane Sci. 197, 2002, 117–146

20 P. Taveira, P. Cruz, A. Mendes, C. Costa und F. Magalhães; Considerations on the performance of hollow-fiber modules with glassy polymeric membranes, J. Membrane Sci. 188, 2001, 263–277

21 Jürgen Bausa und Wolfgang Marquardt; Shortcut Design Methods for Hybrid Membrane/Distillation Processes for the Separation of Nonideal Multicomponent Mixtures, Ind. Eng. Chem. Res. 39, 2000, 1658–1672

22 R. Rautenbach und A. Struck; Auslegung von Membranprozessen mit dem Simulationsprogramm Aspen Plus – Teil 1: Optimierung eines Benzindampfrückgewinnungsprozesses, Chem. Ing. Tech. 68, 1996, 290–292

23 R. A. Davis; Simple gas permeation and pervaporation unit operation models for process simulators, Chem. Eng. Technol. 25, 2002, 717–722

24 S. Steinigeweg und J. Gmehling; Transesterification Processes by Combination of Reactive Distillation and Pervaporation, Proceedings (CD-Rom, Paper 4-3) of the International Conference on Distillation and Absorption, Baden-Baden, 30.09.–02.10.2002

25 R. Rautenbach, R. Knauf, A. Struck und J. Vier; Simulation and design of membrane plants with Aspen Plus, Chem. Eng. Technol., 19, 1996, 391–397

26 A. Fahmy, D. Mewes und K. Ohlrogge; Hybrid Pervaporation-Absorption for the Dehydration of Organics, Proceedings (CD-Rom, Paper 4-8) of the International Conference on Distillation and Absorption, Baden-Baden, 30.090.–02.10. 2002

27 A. Fahmy, Membrane Processes for the Dehydration of Organic Components, Dissertation, Universität Hannover, 2002

28 T. Holtmann und A. Górak; Dynamische Modellierung und Simulation von Membranreaktoren zur Estersynthese, Chem. Ing. Tech. 72, 2000, 867–871

29 T. Pettersen und K. M. Lien; Design of hybrid distillation and vapor permeation processes, J. Membrane Sci. 99, 1995, 21–30

30 A. Fahmy, D. Mewes und K. Ebert; Design methodology for the optimization of membrane separation properties for hybrid vapor permeation-distillation processes, Separation Science and Technology 36, 2001, 3287–3304

31 T. Brinkmann, K. Ebert, H. Pingel, A. Wenzlaff und K. Ohlrogge; Prozessalternativen durch den Einsatz organisch-anorganischer Kompositmembranen für die Dampfpermeation, Chem. Ing. Tech. 75, 2004, 1529–1533

32 T. Holtmann und A. Górak; Prozessanalyse eines Membranreaktors zur Estersynthese im Technikumsmaßstab, Chem. Ing. Tech. 74, 2002, 819–824

33 T. Schipolowski und G. Wozny; Prozesssimulation druckgetriebener Membranprozesse, Chem. Ing. Tech. 77, 2005, 505–515

34 S. Sommer und T. Melin; Design and optimization of hybrid separation processes for the dehydration of 2-propanol and other organics, Ind. Eng. Chem. Res. 43, 2004, 5248–5259

35 B. Maltzahn; Design und Modellierung eines integrierten Bioprozesses zur Produktion natürlicher Aromastoffe, Dissertation, Universität Erlangen-Nürnberg, 2005

36 M. F. J. Dijkstra, S. Bach, T. Brinkmann, K. Ebert und K. Ohlrogge; Hybridverfahren zur Trennung von Methanol/Isopropanol/Wasser Gemischen, Chem. Ing. Tech. 75, 2003, 1611–1616

37 F. F. Kuppinger, R. Meier und R. Düssel; Hybridverfahren zur Zerlegung azeotroper Mehrkomponentengemische durch Rektifikationskolonnen mit Seitenstrom, Chem. Ing. Tech. 70, 2000, 333–338

38 P. Kreis und A. Górak; Modellierung und Simulation des Hybridverfahrens Rektifikation/Membrantrennung, Chem. Ing. Tech. 74, 2002, 594

39 B. González und I. Ortiz; Modelling and simulation of a hybrid process (pervaporation-distillation) for the separation of azeotropic mixtures of alcohol-ether, J. Chem. Technol. Biotechnol. 77, 2001, 29–42

40 U. Hömmerich; Pervaporation und Dampfpermeation mit Zeolithmembranen – Einsatzpotential und Verfahrensintegration, Dissertation, RWTH Aachen, 1998

41 Y. Lu, L. Zhang, H. L. Chen, Z. H. Qian und C. L. Gao; Hybrid process of distillation side-connected with pervaporation for separation of methanol/MTBE/C_4 mixture, Desalination 149, 2002, 81–87

42 T. Pettersen, A. Argo, R. D. Noble und C. A. Koval; Design of combined membrane and distillation processes, Separation Technology 6, 1996, 175–187

43 M. C. Daviou, P. M. Hoch und A. M. Eliceche; Design of membrane modules used in hybrid distillation/pervaporation systems, Ind. Eng. Chem. Res. 43, 2004, 3403–3412

44 W. Stephan, R. D. Noble und C. A. Koval; Design methodology for a membrane distillation column hybrid process, J. Membrane Sci. 99, 1995, 259–272

45 P. Kreis und A. Górak; Modellierung und Simulation des Stofftransports in Hohlfasermodulen bei der Dampfpermeation, Jahresbericht 2001/2002, des Max-Buchner-Forschungsstipendiums Kennziffer 2213, http://www.dechema.de/data/dechemaneu_/mbf/2213.pdf

46 P. Savolainen; Modelling of non-isothermal vapor membrane separation with thermodynamic models and generalized mass transfer equations, Dissertation, Lappeenranta University of Technology, 2002

47 T. Wolff; Vergleich zweier Membranmodultypen für die Gaspermeation, Diplomarbeit, Technische Universität Hamburg-Harburg, 2003

48 M. Staudacher; Modellierung von Transportphänomenen in Gas- und Dampfpermeationsmodulen, Dissertation, Technische Universität Wien, 2002

49 M. Tiedemann; Untersuchung eines Membranmodulsystems für die Abtrennung von Kohlenwasserstoffen, Diplomarbeit, Hochschule für Angewandte Wissenschaften Hamburg, 2003

50 J. Puhst; Entwicklung eines Simulationswerkzeuges für die Membranverfahren Gas- und Dampfpermeation, Diplomarbeit, Technische Fachhochschule Berlin, 2005

51 T. Brinkmann, J. Wind und K. Ohlrogge; Membranverfahren in der Erdgasaufbereitung, Chem. Ing. Tech. 75, 2003, 1607–1611

52 K. Ohlrogge, J. Wind, C. Scholles und T. Brinkmann; Membranverfahren zur Abtrennung organischer Dämpfe in der chemischen und petrochemischen Industrie, Chem. Ing. Tech. 77, 2005, 527–537

53 T. Brinkmann, J. Hapke, K. Ohlrogge, J. Wind und T. Wolff; Novel simulation tools for the design of multicomponent gas permeation processes, Vortrag, Euromembrane Hamburg, 28.09.–01.10.2004

54 B. Keil, M. Staudacher, J. Wind und K. Ohlrogge; Membrane simulation tools for flowsheeting programmes, AIDIC Conference Series 5, 2002, 155–160

55 R. Rautenbach und T. Melin; Membranverfahren, Springer, Berlin, 2004

56 H. Serk; Untersuchung eines Membranmodulsystems für die Anreicherung von Methan aus Grubengas, Diplomarbeit, Fachhochschule Lübeck, 2005

57 J. Vier; Pervaporation azeotroper wässriger und rein organischer Stoffgemische – Verfahrensentwicklung und -integration, Dissertation, RWTH Aachen, 1995

58 Aspen Technology Inc., http://www.aspentech.com/

59 Honeywell Process Solutions, http://hpsweb.honeywell.com/Cultures/en-US/Products/OperationsApplications/DynamicSimulation/UniSimDesignSuite/default.htm

60 B. A. Finlayson; Nonlinear analysis in chemical engineering, McGraw-Hill, New York, 1980

61 Massachusetts Institute of Technology, http://yoric.mit.edu/abacuss2/abacuss2.html

62 W. H. Press, S. A. Teukolosky, W. T. Vetterling und B. P. Flannery; Numerical recipes in C, Cambridge University Press, Cambridge, 1992

63 VDI-Wärmeatlas-Berechnungsblätter für die Wärmeübertragung, VDI-Verlag, Düsseldorf, 1994

64 EU-Project No. BE97-4589, Dehydration and hydrocarbon dewpointing of natural gas by membrane technology, Final technical report, Geesthacht, 2002

65 http://www.colan.org/

66 Invensys SimSci-Esscor, http://www.simsci-esscor.com/us/eng/default.htm

67 Process System Enterprise Ltd., http://www.psenterprise.com/

68 J. Marriott und E. Sørensen; The optimal design of membrane systems, Chem. Engng. Sci. 58, 2003, 4991–5004

69 R. Qi und M. A. Henson; Membrane system design for multicomponent gas mixtures via mixed-integer nonlinear programming, Computers Chem. Engng. 24, 2000, 2179–2737

70 R. Krishna; A unified approach to the modelling of intraparticle diffusion in adsorption processes, Gas Separation and Purification 7, 1993, 91–104

71 R. Krishna und L. J. P. van der Broeke; The Maxwell-Stefan description of mass

transfer across zeolite membranes, Chem. Eng. J. 57, 1995, 155–162
72 E. A. Mason und A. P. Malinauskas; Gas transport in porous media: the dusty gas model, Elesevier Publishing Company, Amsterdam, 1983
73 J. Gmehling und B. Kolbe; Thermodynamik, Thieme, Stuttgart, 1988
74 A. Heintz und W. Stephan; A generalized solution diffusion model of the pervaporation process through composite membranes Part I. prediction of the mixture solubilities in the dense active layer using the UNIQUAC model, J. Membrane Sci. 89, 1994, 143–151
75 A. Heintz und W. Stephan; A generalized solution diffusion model of the pervaporation process through composite membranes Part II. concentration polarization, coupled diffusion and the influence of the porous support layer, J. Membrane Sci. 89, 1994, 153–169
76 M. F. J. Dijkstra, S. Bach, L. Volpe und K. Ebert; A transport model for nonaqueous nanofiltration, Vortrag, Euromembrane, Hamburg, 28. 09.–01. 10. 2004
77 H. Fujita; Diffusion in polymer diluent systems, Fortschr. Hochpolym. Forsch. 3, 1961, 1–47
78 S. A. Stern und S. M. Fang; Effect of pressure on gas permeability coefficients. A new application of "Free Volume" Theory, J. Polym. Sci. 10, 1972, 201–219
79 S. M. Fang, S. A. Stern und H. L. Frisch; A free volume model of permeation of gas and liquid mixtures through polymeric membranes, Chem. Engng. Sci. 30, 1975, 773–778
80 A. Alpers; Hochdruckpermeation mit selektiven Polymermembranen für die Separation gasförmiger Gemische, Dissertation, Universität Hannover, 1997
81 R. B. Bird, W. E. Stewart und E. N. Lightfoot; Transport Phenomena, John Wiley & Sons, New York, 1960
82 W. K. Lewis und W. Whitman; Ind. Eng. Chem. 16, 1924, 1215
83 F. Lipnizki und R. W. Field; Mass transfer performance for hollow fibre modules with shell-axial feed flow: using an engineering approach to develop a framework, J. Membrane Sci. 193, 2001, 195–208
84 A. Alpers, B. Keil, O. Lüdtke und K. Ohlrogge; Organic vapor separation: process design with regards to high flux membranes and the dependence on real behaviour at high pressure applications, Ind. Eng. Chem. Res. 38, 1999, 3754–3760
85 O. Lüdtke, R.-D. Behling und K. Ohlrogge; Concentration polarization in gas permeation, J. Membrane Sci. 146, 1998, 145–157
86 L. Mi und S.-T. Hwang; Correlation of concentration polarization and hydrodynamic parameters in hollow fiber modules, J. Membrane Sci. 159, 1999, 143–165
87 R. Taylor und R. Krishna; Multicomponent mass transfer, John Wiley & Sons Inc. New York, 1993
88 A. Górak; Berechnungsmethoden der Mehrstoffrektifikation – Theorie und Anwendungen, Habilitationsschrift, RWTH Aachen, 1991
89 V. Alopaeus und H. V. Nordén; A calculation method for multicomponent mass transfer calculations, Computers Chem. Engng. 23, 1999, 1177–1182
90 M. B. Carver und W. E. Schiesser; Biased upwind difference approximations for first order hyperbolic (convective) partial differential equations, 73rd Annual Meeting of the American Institute of Chemical Engineers, 16.–18. 11. 1980
91 R. C. Reid, J. M. Prausnitz und T. K. Sherwood; The Properties of gases and liquids, McGraw-Hill, New-York, 1977
92 J. Meißner; Druckverlustcharakteristik längsangeströmter Gewebe, Studienarbeit RWTH Aachen, 1995
93 Visual Numerics International GmbH, http://www.visual-numerics.de/
94 Chemstations, http://www.chemstations.net/
95 R. Rautenbach und R. Albrecht; Membrane processes, John Wiley & Sons, New York, 1989
96 R. W. Baker, J. G. Wijmans und J. H. Kaschemekat; The design of membrane vapour/gas separation systems, J. Membrane Sci. 151, 1998, 55–62

97 A. Wenzlaff, O. J. Stange, K. Ebert, D. Fritsch und K. Ohlrogge; Patentoffenlegungsschrift, DE10002692A1, 2001
98 Körting Hannover AG, Arbeitsblätter für die Strahlpumpen-Anwendung und die Vakuumtechnik, Hannover, 1993
99 J. Gmehling und A. Brehm;, Grundoperationen: Lehrbuch der Technischen Chemie Band 2, Georg Thieme, Stuttgart, 1996
100 Ullmann

11
Pervaporation und Dampfpermeation

Hartmut E. A. Brüschke

11.1
Einleitung

Pervaporation und Dampfpermeation sind Trennverfahren, bei denen ein homogenes fluides Gemisch (Zulauf oder „Feed") über eine Seite einer dichten, porenfreien Membran geführt wird. Aufgrund der besseren Wechselwirkung mindestens einer der Komponenten des fluiden Gemisches mit dem Membranmaterial wird diese eine Komponente wesentlich besser in der Membran gelöst als die anderen Komponenten, sie kann durch einen Diffusionsmechanismus durch die Membran transportiert werden, solange eine ausreichende treibende Kraft zwischen den beiden Seiten der Membran aufrecht erhalten wird. Als Ergebnis verarmt die Mischung auf der Zulaufseite an dieser Komponente, während diese auf der zweiten Seite der Membran, der Permeatseite, angereichert wird. Da die Trennung nur von der Wechselwirkung der Komponenten mit der Membransubstanz und dem Transport durch die Membran abhängt, können auch solche Komponenten aus Mischungen entfernt werden, die mit konventionellen Methoden nur schwer zu trennen sind, z.B. bei nahezu gleichen Siedepunkten oder bei der Bildung von Azeotropen. Pervaporation und Dampfpermeation sind äquivalent zur Trennung von Gasen durch dichte Membranen, es treten die gleichen Transportmechanismen und treibenden Kräfte auf. Die treibende Kraft für den Transport durch die Membran wird durch die Differenz des Partialdruckes einer jeden Komponente zwischen der Zulauf- und der Permeatseite der Membran bestimmt. Bei der Pervaporation liegt der Feed in flüssiger Phase vor, der Partialdruck jeder Komponente hat definitionsgemäß seinen Sättigungswert erreicht. Bei der Dampfpermeation sollte mindestens der Partialdruck der besser transportierten Komponente beim Sättigungswert liegen.

Der Begriff „Pervaporation" wurde 1917 durch Kober [1] eingeführt, der beobachtete, dass eine Flüssigkeit verdampfte, die sich in einem dicht verschlossenen Behälter aus Kollodium befand. Da die Verdampfung durch eine dichte Membran erfolgte, sprach er von „Pervaporation" bzw. von „Perstillation" bei der Verdampfung von Flüssigkeitsgemischen. Kober war sicher nicht der erste Forscher, der dieses Phänomen beobachtete, aber er war der erste, der vorschlug, es zur Trennung von Gemischen von Flüssigkeiten einzusetzen.

In den Jahren nach Kobers Veröffentlichung wurden nur wenige Arbeiten zur Pervaporation publiziert, praktische Anwendungen wurden nicht verfolgt. In den Jahren nach 1950 wurde intensiver geforscht, vor allem in der Gruppe um Binning in den USA. Hier konzentrierte sich das Interesse vor allem auf Anwendungen in der Mineralölindustrie, es wurde nach Membranen gesucht, die Klassen von Kohlenwasserstoffen (z. B. Aromaten von Aliphaten, Olefine von Paraffinen) und Isomere trennen sollten [2–4]. Eine Reihe von Patenten auf Membranen und Verfahren [5, 6] wurden erteilt, die untersuchten Membranen bestanden vorzugsweise aus Celluloseestern und -ethern und aus modifizierten und unmodifizierten Polyolefinen. Keine dieser Membranen fand jedoch ihren Weg in die industrielle Praxis, vor allem wegen der unzureichenden Selektivitäten und Flüsse und dem Fehlen kostengünstiger Module mit großen Membranflächen. Mit der Entdeckung der asymmetrischen Celluloseacetatmembranen durch Loeb und Sourirajan begannen neue Entwicklungen in der Trennung durch Membranen, die sich aber zunächst auf die Entsalzung von Wasser konzentrierten. In der Folge begannen dann auch Untersuchungen zur Pervaporation [7–12], vor allem zur Abtrennung von Wasser aus organischen Lösungsmitteln. 1982 wurde eine erste Pervaporationsmembran für den industriellen Einsatz entwickelt, die 1983 in einer kleinen Anlage zur Entwässerung von Ethanol mit einer Kapazität von 1200 L/d in Brasilien zum Einsatz kam. Größere Anlagen folgten [13–17], zunächst nur für die Absolutierung von Ethanol. Mit den hier gewonnenen Erfahrungen gelang auch die Übertragung auf die Entwässerung anderer Lösungsmittel, 1988 ging die erste Anlage zur Entwässerung eines Esters in der chemischen Industrie in Betrieb. In der Folge wurden nicht nur einfache binäre Gemische entwässert, sondern auch komplexere Systeme. 1994 nahm die erste industrielle Anlage zur kontinuierlichen Entwässerung eines Reaktionsgemisches ihren Betrieb auf bei der Herstellung eines Diesters wird das als Nebenprodukt gebildete Wasser abgezogen, um einen nahezu vollständigen Umsatz der eingesetzten Säure zu erreichen und die Reinigung des Endproduktes zu vereinfachen.

Die Wasserkonzentration im Zulauf als auch im Endprodukt kann dabei in weiten Bereichen schwanken. Einerseits ist es möglich, etwa verdünnte Essigsäure mit einem Wassergehalt von etwa 85% aufzukonzentrieren, andererseits werden Restgehalte an Wasser im Produkt von weniger als 30 ppm erreicht, etwa für Tetrahydrofuran (THF) und Kohlenwasserstoffe, aber auch für einfache Alkohole. Letztlich sind die gesamten Kosten für das entwässerte Produkt entscheidend für den Einsatz von Pervaporation und Dampfpermeation, in vielen Fällen sind diese Kosten niedriger als bei konkurrierenden konventionellen Verfahren.

Die Abtrennung von Wasser aus seinen Mischungen mit organischen Komponenten durch Pervaporation und Dampfpermeation ist heute allgemein akzeptierter Stand der Technik. Die hierfür verwendeten hydrophilen Membranen werden in modifizierter Form auch eingesetzt, um die einfachen Alkohole Methanol und Ethanol aus Gemischen mit anderen organischen Stoffen abzutrennen, in denen Wasser nur noch in sehr geringen Konzentrationen vorhanden ist. Auch hier liegen häufig Azeotrope vor, etwa in Mischungen der Ester dieser Alkohole. Eine erste Anlage dieser Art trennt seit 1997 [18] Methanol aus einem azeotropen Gemisch mit Trimethylborat (TMB) ab, eine konventionelle Auswaschung des Methanols aus dem Ester ist wegen der hohen Hydrolyseempfindlichkeit des Letzteren nicht möglich. Mittlerweile gibt es auch für diese Anwendung eine Reihe von weiteren industriellen Anlagen, etwa zur Abtrennung von Methanol aus Methylacetat oder aus Aceton. Weiterhin wird die Abtrennung von Methanol bei der Synthese von Methyl-tertiär-butylether (MTBE) beschrieben [19].

Neben den hydrophilen wurden auch die organophilen Membranen, zur Abtrennung flüchtiger Organika aus Wasser, intensiv untersucht [20–24]. Gedacht war z. B. an die Abtrennung von Ethanol aus Fermentationsmaischen und alkoholischen Getränken oder die Reinigung von Abwässern. Die Selektivitäten der verwendeten Membranen sind aber geringer als im Falle der hydrophilen Membranen und konventionelle Verfahren, wie Destillation oder Strippen mit Dampf oder Luft, oder die biologische Zerstörung der flüchtigen Stoffe im Abwasser, haben sich als kostengünstiger erwiesen. Daher existieren bisher keine größeren industriellen Anlagen mit organophilen Membranen zur Abtrennung von Organika aus wässrigen Gemischen. In der Biotechnologie bei der Herstellung von wertvollen Substanzen, etwa von Aromastoffen, die in nur niedriger Konzentration gebildet werden, besitzt dieses Verfahren aber sicher ein beträchtliches Potential zur Vorkonzentrierung und Vorreinigung, ebenso zur Entfernung inhibierender Nebenprodukte.

Die Abtrennung flüchtiger organischer Komponenten („VOC's") aus Gasströmen durch organophile Membranen gehört dagegen zum bewährten Stand der Technik. Hier liegt eine Anwendung der Dampfpermeation vor, da die abzutrennende Komponente im Zulauf nahezu ihre Sättigungskonzentration erreicht und letztlich nach der Abtrennung durch die Membran kondensiert wird. Monomere wie Ethen, Propen und Vinylchlorid werden aus Spülgasen zurück gewonnen, Benzin und andere Kohlenwasserstoffe bei ihrer Verladung aus der verdrängten Luft entfernt. Im Allgemeinen ist der Wert des zurückgewonnenen Materials genügend hoch, so dass diese Verfahren konkurrenzfähig und wirtschaftlich sind.

Die Trennung unterschiedlicher organischer Stoffe, die in der Mitte des vorigen Jahrhunderts intensiv untersucht wurden, ist immer noch von besonderem Interesse und Gegenstand der Forschung. Besonders für die Trennung der Aromaten von Aliphaten wurden unterschiedliche Polymere synthetisiert und als Membranen getestet [25, 26]. In der jüngsten Zeit sind hier Fortschritte erreicht worden, die zum Betrieb von Pilotanlagen geführt haben, etwa bei der Abtrennung schwefelhaltiger Aromaten aus Benzin [27], und es ist zu erwarten, dass in Zukunft auch andere Trennungen, etwa die Trennung von Olefinen von Paraffinen oder Trennung von Isomeren, möglich werden.

11.2
Grundlagen

11.2.1
Definitionen

Pervaporation, Dampfpermeation und Gastrennung mit Membranen sind nahe verwandte Verfahren und eine Unterscheidung zwischen ihnen entbehrt nicht einer gewissen Willkür. In allen drei Fällen werden porenfreie, dichte Membranen eingesetzt, die treibende Kraft für den Transport der Komponenten durch die Membran kann am besten durch den Gradienten in Partialdruck der Komponenten von der Zulauf- zur Permeatseite beschrieben werden. Die Trennung beim Durchtritt durch die Membran wird vor allem durch die Wechselwirkung der Komponenten mit dem Membranmaterial bestimmt, Löslichkeit und Diffusion sind die wichtigsten Einflussgrößen, eine mathematische Beschreibung erfolgt vorteilhaft nach dem Lösungs-Diffusionsmodell. Die eigentlichen Unterschiede bestehen im Phasenzustand und den thermodynamischen Bedingungen des Zulaufs und deren Beeinflussung der Membran.

11.2.1.1 Pervaporation

Bei der Pervaporation befindet sich eine Flüssigkeit in Kontakt mit der Zulaufseite der Membran, die Partialdrucke aller Komponenten haben ihren Sättigungswert erreicht, eine Erhöhung des Partialdrucks der Komponenten ist bei gegebener Zusammensetzung nur durch eine Temperaturerhöhung zu erreichen (Abb. 11.1). Es liegt eine hohe Konzentration (Teilchen pro Volumeneinheit) an der Grenzfläche zwischen Membran und Flüssigkeit vor, die Membran ist am stärksten gequollen. Die treibende Kraft für den transmembranen Transport wird durch die Reduzierung des Partialdruck auf der Permeatseite aufrecht erhalten. Nach dem Durchtritt durch die Membran desorbiert die transportierte Komponente in einen Bereich mit niedrigem Partialdruck, sie verlässt die Membran als Dampf, der gewöhnlich bei entsprechend niedriger Temperatur

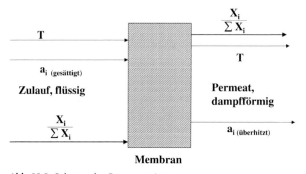

Abb. 11.1 Schema der Pervaporation.

kondensiert wird. Beim Durchtritt durch die Membran findet also ein Phasenwechsel statt. Auch die Enthalpie für die Verdampfung der Komponente muss durch die Membran transportiert werden, es findet also ein gekoppelter Transport von Wärme und Masse durch die Membran statt. Da diese Wärme der Flüssigkeit auf der Zulaufseite entzogen wird, kühlt sich diese ab, in dieser Beziehung nimmt die Pervaporation eine Sonderstellung unter den anderen Membranverfahren ein.

11.2.1.2 Dampfpermeation

Das Zulaufgemisch liegt hier in der Dampfphase vor, zumindest der Partialdruck der kritischen, besser permeierenden Komponente sollte möglichst nahe bei seinem Sättigungswert liegen. Eine Erhöhung des Partialdrucks durch eine Druckerhöhung alleine ist nicht möglich, sie führt nur zur verstärkten Kondensation der gesättigt vorliegenden Komponente. Eine Erhöhung der Temperatur bei konstantem Druck führt zu einer Überhitzung des Dampfes und ebenfalls zu keiner Erhöhung des Partialdrucks. Da in der Dampfphase die Teilchenzahldichte wesentlich niedriger ist als in der Flüssigkeit, sind Quellungsvorgänge an der Grenzfläche der Membran weniger stark ausgeprägt. Die treibende Kraft für den Transport durch die Membran wird wieder durch ein Absenken des Partialdruckes auf der Permeatseite aufrecht erhalten, zumindest die besser permeierende Komponente kann auf der Permeatseite kondensiert werden. Da die Lösung der Komponente in der Membran bereits aus der Dampfphase erfolgt, wird nur Materie durch die Membran transportiert. Die Abreicherung der besser permeierenden Komponente auf der Zulaufseite bei konstantem Druck kann zu Änderungen der Sättigungsbedingungen und damit zu teilweiser Kondensation auf der Membranfläche führen.

11.2.1.3 Gaspermeation

Alle Komponenten liegen in der Zulaufmischung gasförmig vor, oberhalb der kritischen Temperatur, der Partialdruck keiner der Komponenten erreicht den Sättigungswert. Auch das Permeat fällt gasförmig an, keine der Komponenten kann kondensiert werden. Durch Erhöhung des Gesamtdruckes und der Temperatur können die jeweiligen Partialdrucke auf der Zulaufseite erhöht werden, auf der Permeatseite wird im Allgemeinen Normaldruck aufrechterhalten. Da in der Gasphase die Teilchenzahldichte noch geringer ist als in der Dampfphase, spielen Quellungsvorgänge in der Membran eine weniger ausgeprägte Rolle. Die Selektivität der Membran ist nicht mehr so stark durch die unterschiedliche Löslichkeit der Komponenten in der Membran bedingt, die unterschiedliche Diffusion hat einen stärkeren Einfluss auf das Trennvermögen der Membran.

Für alle drei Prozesse können im Wesentlichen die gleichen Membranen eingesetzt werden, hydrophile Pervaporationsmembranen können für Dampfpermeation und zur Abtrennung polarer Komponenten in der Gastrennung verwendet werden. Allerdings wird man eine Optimierung der Membran für die einzelnen Verfahren anstreben, diese wird vor allem die unterschiedliche Quellung der Membran durch die Lösung der besser permeierenden Komponente berücksichtigen.

11.2.2
Lösungs-Diffusionsmechanismus

Der Transport von Materie durch dichte Membranen wird am besten durch das sog. Lösungs-Diffusionsmodell beschrieben. Nach diesem Modell wird angenommen, dass eine Komponente auf der Zulaufseite zunächst adsorbiert wird und sich in der Membransubstanz mit hoher Konzentration löst. Eine gut lösliche Substanz mit einer hohen Wechselwirkung mit dem Membranmaterial wird wegen des höheren Konzentrationsgradienten in der Membran dementsprechend besser und schneller transportiert als eine solche mit nur geringer Löslichkeit. Da sich die Diffusionskoeffizienten zumindest für ähnlich große Moleküle in einer Polymermatrix nicht wesentlich unterscheiden, wird die Selektivität der Membran vor allem durch die unterschiedliche Löslichkeit bestimmt. Entlang eines Gradienten des chemischen Potentials diffundieren die Substanzen durch die Membran, um schließlich auf der Permeatseite desorbiert zu werden.

Jede mathematische Modellierung des Transportvorganges muss zunächst von einer Reihe von Vereinfachungen ausgehen, um leicht zugängliche Größen in die Berechnung einzuführen. Es wird daher angenommen, dass auf der Zulauf- und auf der Permeatseite die entsprechenden Gleichgewichte zwischen der äußeren Phase und der Membran eingestellt werden. Unterstellt man die Gültigkeit des Gesetzes von Henry, dann gilt

$$c_i^f = p_i^f \cdot k \qquad (1)$$

$$c_i^p = p_i^p \cdot k \qquad (2)$$

wo c_i^f die Konzentration der Komponente i in der Zulaufseite der Membran, c_i^p die entsprechende Konzentration der Komponente i in der Permeatseite der Membran, p_i^f der Dampfdruck der Komponente i an der Zulaufseite, p_i^p derjenige an der Permeatseite ist, und k die Henry'sche Löslichkeitskonstante, die nur eine Funktion der Temperatur des Systems und der Natur der Komponenten ist.

Wenn die Löslichkeitsgleichgewichte für alle Komponenten auf beiden Seiten der Membran eingestellt sind, ist die Transportgeschwindigkeit durch die Diffusion bestimmt. Das Fick'sche Gesetz kann benutzt werden, um diesen Vorgang zu beschreiben.

$$J_i = D_i \cdot \frac{dc_i}{dx} \qquad (3)$$

wo J_i der partielle Fluss der Komponente i durch die Membran, D_i der Diffusionskoeffizient und dc_i/dx der entsprechende Konzentrationsgradient ist.

Die Diffusionskonstante einer Substanz in einem Polymeren hängt sehr stark vom Zustand des Letzteren ab, mit zunehmender Konzentration der gut löslichen Substanz in der Membran quillt Letztere, und damit ändert sich die Diffusionskonstante. Da sich die Konzentration der Komponente i von der Zulauf- zur Permeatseite hin ändert, muss in Gleichung (3) ein konzentrationsabhängiger Koeffizient eingeführt werden. Sehr unterschiedliche Ausdrücke sind hierfür vorgeschlagen worden, weit verbreitet ist ein exponentieller Ansatz.

$$D_i = D_i^0 \exp(\tau \cdot c_i) \tag{4}$$

Hier ist D_i der wirksame Diffusionskoeffizient, D_i^0 derjenige bei verschwindender Konzentration von i und τ ein Koeffizient, der die Quellung der Membran beschreibt.

Einsetzen dieser Beziehung in Gleichung (3) und Integration unter der Berücksichtigung der Grenzen, dass bei $x=0$ $c_i=c_i^f$ und bei $x=L$ (Dicke der Membran) $c_i=c_i^p$ wird, führt zu

$$J_i = \frac{D_i^0}{(\tau \cdot L)} \cdot (\exp(\tau \cdot c_i^f) - \exp(\tau \cdot c_i^p)) \tag{5}$$

Werden in Gleichung (5) noch die Beziehungen nach (1) und (2) eingesetzt, so folgt

$$J_i = \frac{D_i^0}{(\tau \cdot L)} \cdot \exp(\tau \cdot p_i^f \cdot k) - \exp(\tau \cdot p_i^p \cdot k)) \tag{6}$$

Für Gastrennmembranen wird die Gleichung (3) häufig in einer anderen Form aufgestellt, wobei die Permeabilität Q_j als stofftypische Größe des Membranmaterials eingeführt wird

$$J_i = \frac{Q_j}{L} \cdot (p_i^f - p_i^p) \tag{7}$$

oder

$$J_i = \frac{Q_j}{L} \cdot \Delta p_i \tag{8}$$

Unter Berücksichtigung dieser Beziehungen erhält man

$$Q_j = J_i \cdot \frac{L}{\Delta p_i} \tag{9}$$

Wird davon ausgegangen, dass der Druck auf der Permeatseite sehr viel niedriger ist als auf der Zulaufseite, so kann er in der Differenz gegenüber Ersterem vernachlässigt werden. Die Beziehung nach (6) vereinfacht sich dann zu

$$J_i = \frac{D_i^0}{(\tau \cdot L)} \cdot (\exp(\tau \cdot k \cdot p_i^0) - 1) \tag{10}$$

und Gleichung (9) zu

$$Q_i = \frac{D_i^0}{(\tau \cdot \Delta p_i)} \cdot \exp(\tau \cdot k \cdot p_i^0) - 1) \tag{11}$$

Danach kann die Permeabilität einer einzelnen Komponente in einer Membransubstanz durch einen Pervaporationstest, bei dem der permeatseitige Druck nahe Null gehalten wird, bestimmt werden. Die Diffusionskonstante D_i^0 und die Henry'sche Löslichkeitskonstante k sind experimentell durch Sorptionsmessungen zu erhalten. Der Quellungskoeffizient τ ist nicht direkt zugänglich, sondern ein Parameter zur Anpassung der Messergebnisse.

Nach diesen Beziehungen sollte es möglich sein, für die wichtigsten Komponenten und Membranmaterialien die Permeabilitäten zu bestimmen und, bei Kenntnis der Temperaturabhängigkeiten der Konstanten D_i^0 und k, die partiellen Flüsse, die Selektivität und damit die Menge und Zusammensetzung des Permeates für jede Membran und jede vorgegebene Zusammensetzung des Zulaufs zu bestimmen.

Leider ist ein solcher Ansatz nur zu verwenden, wenn inerte Gase mit Hilfe einer Membran getrennt werden sollen, in der keine merkliche Wechselwirkung zwischen der Membran und den zu trennenden Komponenten auftritt und die Quellung der Membran zu vernachlässigen ist. Sobald eine Komponente aus der Zulaufmischung eine höhere Wechselwirkung mit dem Material der Membran aufweist und in der Membran in merklicher Konzentration gelöst ist, ändern sich die Eigenschaften der Membran erheblich. Sowohl die Löslichkeit als auch die Diffusion der zweiten Komponente können Werte annehmen, die sich wesentlich von denen unterscheiden, die für diese zweite Komponente alleine gemessen werden [28, 29]. Werden die Permeabilität von zwei Komponenten A und B durch Einzelmessungen bestimmt, wobei A keine und B eine sehr starke Wechselwirkung mit dem Material der Membran aufweist, so kann daraus zunächst auf eine große Selektivität der Membran für die Trennung von B aus einer Mischung A+B geschlossen werden. Wird eine solche Mischung, auch mit einer nur geringen Konzentration an B aber tatsächlich in Kontakt mit der Membran gebracht, so ist häufig nur eine geringe oder gar keine Selektivität mehr zu beobachten. Die Ursache hierfür liegt in der starken Quellung, welche die Komponente B verursacht. In der stark gequollenen Membran ist nun auch die Komponente A deutlich besser löslich, damit verschwinden die ursprünglich großen Unterschiede in den Permeabilitäten, wie sie für die Einzelkomponenten gemessen wurden. Dieser Effekt tritt vor allem dann auf, wenn die Komponenten A und B gut miteinander mischbar sind. Für Membranen aus Polyvinylalkohol (PVA) konnte gezeigt werden [29], dass die einfachen Alkohole wie Methanol, Ethanol oder 2-Propanol nahezu unlöslich in diesem Polymer sind, während Wasser sehr gut darin löslich ist und die Membran in Anwesenheit von Wasser stark quillt. Bestimmt man die Löslichkeit dieser Alkohole aus ihren Mischungen mit Wasser, so zeigt sich, dass sie mit steigendem Wassergehalt mehr und mehr in der gequollenen Membran gelöst werden. Ihre Löslichkeit geht durch ein Maximum und geht bei hohen Alkohol- (oder niedrigen Wassergehalten) wieder gegen Null. Ein ähnliches Verhalten gilt für den Diffusionskoeffizienten der organischen Komponente, auch er hängt zusätzlich von der Konzentration des Wassers ab.

Eine Berechnung der Partialflüsse und der Selektivität einer Membran auch für eine einfache Mischung aus nur zwei Komponenten alleine aus Messungen der Permeabilitäten der reinen Komponenten ist daher wenig sinnvoll und führt zu keinen brauchbaren Ergebnissen. Hierfür ist die Kenntnis der Löslichkeiten der Komponenten und ihrer Diffusion über den gesamten Bereich der Mischung und über den interessierenden Temperaturbereich erforderlich. Derartige Daten können zwar für Forschungszwecke für eine Mischung bestimmt werden, für praktische Anwendungen und reale Mischungen ist aber der Aufwand unrealistisch hoch.

Bei Pervaporationsprozessen stellt die Membranoberfläche ferner auch eine Wärmesenke dar. Die auf der Permeatseite in den Dampfraum desorbierende Substanz entzieht die hierfür benötigte Verdampfungswärme der Membran und letztlich der spezifischen (fühlbaren) Wärme der Zulaufmischung. Dies führt zu einer Absenkung der Temperatur und damit zu einer Verminderung des Partialdruckes, der Triebkraft für den Transport durch die Membran. Damit nimmt diese längs der Reaktionsstrecke in zweifacher Weise ab: In erster Näherung ist sie linear abhängig von der Abnahme der Konzentration der besser permeierenden Komponente und exponentiell abhängig von der Temperaturabnahme (Abb. 11.2). Der Transport von Masse durch eine Pervaporationsmembran ist somit gekoppelt mit einem Transport von Wärme, die Pervaporation unterscheidet sich hierin von allen anderen Membranprozessen. Diese Kopplung zwischen dem Fluss von Masse und Energie ist bei der Entwicklung von Membranen,

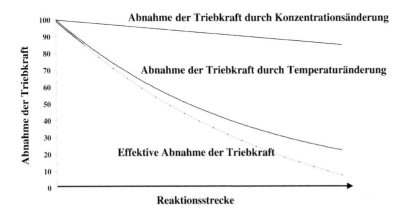

Abb. 11.2 Abnahme der Triebkraft durch Temperatur- und Konzentrationsabnahme.

Modulen und Verfahren und bei der Auslegung von Anlagen immer zu beachten.

11.2.3
Polarisationseffekte

11.2.3.1 Konzentrationspolarisation

Wie bei jedem anderen Membranverfahren treten auch bei Pervaporation und Dampfpermeation Polarisationseffekte auf. Eine Molekel muss zunächst aus der entfernten Zulaufmischung durch die Diffusionsgrenzschicht an die Membranoberfläche gelangen, dort adsorbiert und durch die Phasengrenze in der Membran gelöst werden. Durch einen weiteren Diffusionsvorgang wird sie durch die Membran transportiert, tritt auf der Permeatseite erneut durch eine Phasengrenze und wird schließlich in den Permeatraum desorbiert. Andererseits reichern sich die weniger gut permeierenden Komponenten vor der Membran an, sie müssen durch Diffusion in die Zulaufmischung zurück transportiert werden. Weiter oben wurde zunächst angenommen, dass auf beiden Seiten der Membran sich die jeweiligen Löslichkeitsgleichgewichte einstellen. Diese Annahme kann nur insoweit gelten, dass sich im stationären Fall ein Gleichgewicht zwischen der Konzentration an der Phasengrenze im Zulauf und derjenigen in der Membran einstellt (Abb. 11.3). Es ist aber unbekannt, wie groß diese Konzentration an der Phasengrenze im Zulauf tatsächlich ist. Werden die gelösten Spezies rasch durch die Membran abtransportiert, ist die Diffusion durch die Membran also ein schneller Vorgang, dann wird sich eine deutlich niedrigere Konzentration im Zufluss an der Phasengrenze ausbilden als bei einer langsamen Diffusion durch die Membran. Letztendlich wird sich immer ein stationäres Gleichgewicht einstellen, bei dem die Konzentration in der Phasengrenze soweit erniedrigt ist, dass beide Diffusionsvorgänge gleich schnell verlaufen. Der Transport durch die Membran wird also auch durch einen vorgelagerten Schritt beeinflusst, der wiederum von den Bedingungen der Überströmung abhängt.

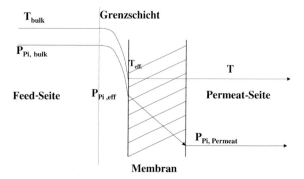

Abb. 11.3 Temperatur- und Konzentrationspolarisation.

Im Prinzip tritt auch an der Phasengrenze zwischen der Membran und dem Dampfraum auf der Permeatseite ein Polarisationseffekt auf. Der Abtransport der permeierten Spezies von der Membran in die Dampfphase ist aber im Allgemeinen ein schneller Vorgang, so dass sein Einfluss auf den gesamten Transportvorgang vernachlässigt werden kann. Von größerer Bedeutung ist ein möglicher Druckverlust in der permeatseitigen porösen Unterstruktur der Membran, der den Partialdruck an der Permeatseite der Membran erhöhen und damit die treibende Kraft und den Transport durch die Membran vermindern kann.

11.2.3.2 Temperaturpolarisation

Die gleichen Überlegungen wie für den Massetransport gelten auch für den Antransport der Wärme an die Membran. An der Phasengrenze zwischen Zulauf und Membran herrscht eine niedrigere Temperatur als im weiter entfernten Zulauf, da, wie oben gesagt, die Membran eine Wärmesenke darstellt. Der Wärmetransport durch die Phasengrenzschicht und durch die Membran erfolgt durch Wärmeleitung und ist über die Verdampfungsenthalpie des Permeats mit dem Stoffstrom gekoppelt. Im stationären Zustand werden sich somit Konzentration und Temperatur an der Phasengrenze vor der Membran auf solche Werte einstellen, dass ein Gleichgewicht zwischen den beiden Transportvorgängen durch die Membran und die Phasengrenzschicht aufrechterhalten wird.

Wie bereits oben erwähnt und aus Abb. 11.2 ersichtlich, hat die Änderung der Temperatur einen größeren Einfluss auf die treibende Kraft und damit auf den Fluss durch die Membran als eine Verminderung der Konzentration. In dieser Beziehung ist die Temperaturpolarisation von erheblichem Einfluss auf die Leistung einer Pervaporationsmembran. Bei der Auslegung einer Pervaporationsanlage muss dies besonders berücksichtigt werden. Ferner macht es wenig Sinn, Hochflussmembranen zu entwickeln, wenn nicht durch eine gleichzeitige Anpassung und Optimierung der Modulgeometrie beide Polarisationseffekte minimiert werden, da andernfalls diese Effekte den Gewinn an Fluss durch eine Membran weitgehend aufheben können.

11.3
Permeatraum

Nach Gleichung (9) ist der Fluss durch eine Pervaporationsmembran direkt proportional zum Gradienten des Partialdrucks zwischen den beiden Seiten der Membran. Auf der Zulaufseite ist der Partialdruck aller Komponenten der flüssigen Mischung festgelegt durch die Natur der Komponenten, durch ihre Konzentration und durch die Temperatur. Der einzige Parameter, durch dessen Änderung der Partialdruck der besser permeierenden Komponente verändert werden kann, ist somit die Temperatur. Einer Erhöhung der Letzteren sind aber Grenzen gesetzt durch die Beständigkeit von Membran, Zulaufmischung und Modul. Eine Erhöhung des hydrostatischen Druckes auf der Zulaufseite führt zu keiner Änderung des Partialdruckes, zumindest solange die Flüssigkeit als nicht komprimierbar angesehen werden kann. Um somit eine hinreichend große treibende Kraft für den Transport durch die Membran zu erreichen, muss der Partialdruck der transportierten Komponente auf der Permeatseite hinreichend weit erniedrigt werden, im Idealfall gegen Null. Für reale Anwendungen muss man versuchen, solche Verhältnisse zwischen dem Partialdruck auf der Zulauf- und dem auf der Permeatseite zu erreichen, dass ein möglichst hoher Fluss durch die Membran erhalten wird, die Absenkung des Partialdrucks auf der Permeatseite aber noch technisch und wirtschaftlich akzeptabel ist. Zur Ableitung einer entsprechenden Beziehung kann man den Fluss durch die Membran analog dem Ohm'schen Gesetz darstellen

$$J_i = x_i \cdot u_i \cdot \mathrm{grad}\mu_i \tag{12}$$

wobei J_i der Fluss einer Komponente ist, c_i ihre Konzentration, grad μ_i der Gradient ihres chemischen Potentials und u_i ihre Beweglichkeit. Für die Beweglichkeit kann gesetzt werden

$$u_i = \frac{D_i}{(R \cdot T)} \tag{13}$$

Einführen der Dicke L der Membran und Ersatz des Gradienten durch die Differenz des chemischen Potentials führt zu

$$J_i = \frac{x_i \cdot D_i \cdot \Delta\mu_i}{R \cdot T \cdot L} \tag{14}$$

Beschreibt man das chemische Potential durch den Partialdruck der Komponente und beschreibt den permeatseitigen Dampf als ideales Gas, so erhält man

$$J_i = \frac{x_i \cdot D_i}{L} \cdot \ln\left(\frac{x_i \cdot \gamma_i \cdot P_{i,0}^f}{y_i \cdot P^p}\right) \tag{15}$$

Hier ist x_i die molare Konzentration der Komponente i im Zulauf, γ_i ihr Aktivitätskoeffizient in der Mischung, $P_{i,0}^f$ der Dampfdruck der reinen Komponente i bei der Temperatur des Zulaufs, y_i die molare Konzentration im Permeat und P^p der Gesamtdruck im Permeatraum. In vielen Anwendungen wird der Wert von x_i relativ niedrig sein, da meist die Komponente aus einer Mischung durch Pervaporation entfernt wird, die nur in geringer Konzentration im Zulauf vorliegt. Die molare Konzentration y_i der zu entfernenden Komponente im Permeatraum wird hingegen relativ groß sein und häufig nahe bei 1 liegen, zumindest dann, wenn durch hochselektive Membrane kleine Moleküle abgetrennt werden. Das Argument unter dem Logarithmus ist somit das Verhältnis der Partialdrucke der abzutrennenden Komponente auf beiden Seiten der Membran. Es ist aus der Gleichung (15) ersichtlich, welchen Einfluss ein niedriger Wert und ein Absenken des Partialdruckes auf der Permeatseite auf die Leistung einer Pervaporationsmembran haben. Der optimale Fluss wird bei einem verschwindenden Wert des permeatseitigen Druckes erreicht werden, in der Praxis wird man sich aber mit endlichen Werten des Druckes begnügen müssen. Für industrielle Anwendung, besonders für die Abtrennung von Wasser aus organischen Gemischen, hat sich ein Wert zwischen 7 und 10 für das Verhältnis des Partialdrucks als praktikabel und wirtschaftlich erwiesen. Ferner ist aus Gleichung (15) zu erkennen, dass bereits kleine Druckverluste beim Abtransport des Permeatdampfes von der Rückseite der Membran zu einer erheblichen Verminderung der Leistung der Membran führen. Bei der Konstruktion eines Moduls für die Pervaporation ist daher der kritische Einfluss eines solchen Druckverlustes zu berücksichtigen.

11.3.1
Absenken des Drucks im Permeatraum

In der Abb. 11.4 sind die gängigsten Methoden für die Absenkung des Partialdruckes auf der Permeatseite dargestellt. Im Prinzip kann durch alle drei gezeigten Verfahren der Partialdruck der zu entfernenden Komponente auf der Permeatseite hinreichend niedrig gehalten werden. Im Beispiel A wird ein inertes Gas („Sweep Gas") oder eine inerte Flüssigkeit über die Permeatseite der Membran geleitet. In diesem Fluid wird ein ausreichend niedriger Partialdruck der aus der Zulaufmischung zu entfernenden Komponente eingestellt und mit diesem Strom die Komponente ständig aus dem Permeatraum entfernt. In Beispiel B wird der Permeatdampf kontinuierlich durch eine Vakuumpumpe abgesaugt. Im Beispiel C schließlich wird der Permeatdampf bei einer hinreichend niedrigen Temperatur kondensiert, die gestrichelt eingezeichnete Vakuumpumpe dient dazu, nicht kondensierbare Anteile (Gase) aus dem Permeatraum zu entfernen und so den Transport des Dampfes von der Membran zum Kondensator zu erleichtern.

Wird nach Beispiel A ein inertes Fluid verwendet, so muss in diesem durch eine Aufbereitung zunächst der entsprechende Partialdruck eingestellt werden.

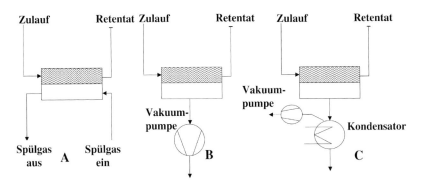

Abb. 11.4 Erniedrigung des permeatseitigen Partialdrucks.

Bei den niedrigen zu erreichenden Werten des Letzteren ist die Aufnahmekapazität des Fluids nur gering, es müssen also große Volumina umgewälzt werden. Bei jeder praktischen Anwendung werden sich im Permeat immer auch gewisse Anteile der eigentlich zurückzuhaltenden Komponenten finden, so dass aus Gründen des Umweltschutzes und aus wirtschaftlichen Gründen das Spülfluid meist nicht verworfen werden kann. Es muss also ein weiterer Trennprozess nachgeschaltet werden, um das Spülfluid von diesen Anteilen zu befreien und aufzubereiten. Hierfür kommen fast ausschließlich thermische Verfahren infrage, wodurch zusätzliche Kapital- und Betriebskosten entstehen. Ferner muss das verwendete Modul so konstruiert sein, dass ein Spülfluid mit minimalem Druckverlust direkt über die Permeatseite der Membran geführt werden kann. Verfügt eine Membran über eine poröse Unterstruktur, so ist diese mit dem Spülfluid gefüllt, durch diese stagnierende Phase ist ein Transport nur durch Diffusion möglich, wodurch ein zusätzlicher langsamer Schritt zugefügt wird. Daher wird diese Methode der Absenkung des permeatseitigen Partialdrucks nur im Labor eingesetzt, für technische Anlagen ist sie technisch zu aufwändig und unwirtschaftlich.

Eine vollständige Absaugung und Verdichtung des gesamten Permeatdampfes durch eine Vakuumpumpe nach Beispiel B erscheint als eine geeignete Methode. Es ist allerdings verständlich, dass dieses Verfahren nur bei kleinen Volumina des Permeatdampfes sinnvoll ist, da andererseits zu große Pumpen verwendet werden müssen, deren Energieverbrauch wieder unwirtschaftlich hoch ist. Der verdichtete Permeatdampf kann kondensiert und das Kondensat aufbereitet werden. Das Verfahren wird für Entfernung von Wasser industriell nur bei kleinen Anlagen eingesetzt. Wenn Komponenten mit höherem Molekulargewicht abgetrennt werden, z. B. bei der Abtrennung von Methanol von anderen Organika oder der Rückgewinnung von VOC's aus Gasströmen, wenn ein sehr niedriger permeatseitiger Druck erforderlich ist und eine Kondensation zu tiefe Temperaturen bedingen würden, kann die direkte Absaugung des Permeatdampfes auch bei Großanlagen wirtschaftlich sein.

In den meisten technischen Anwendungen der Pervaporation und Dampfpermeation wird der Permeatdampf bei hinreichend niedrigen Temperaturen kondensiert (Beispiel C). Da, bedingt durch die Konstruktion der Module die Kondensatoroberfläche nur in einem größeren Abstand von der Membran angeordnet werden kann, ist es erforderlich, alle nichtkondensierbaren Gase aus dem Permeatraum zu entfernen, da diese den Transport des Dampfes an die Oberfläche des Kondensators behindern. Wie in Beispiel C gezeigt ist, geschieht dies über eine Vakuumpumpe am Kondensator. Die Leistung dieser Vakuumpumpe ist klein, da sie nur die nichtkondensierbaren Gase abzusaugen hat, ihr Energieverbrauch entsprechend gering. Nach den in der Gleichung (15) dargestellten Zusammenhängen kann bei einem vorgegebenen Verhältnis der Partialdrucke und der bekannten Zusammensetzung des Permeates die erforderliche Kondensationstemperatur berechnet werden. Bei der Auslegung einer Anlage ist dann zu beachten, dass die Kondensationstemperatur und die Zusammensetzung des Permeates so aufeinander abgestimmt sind, dass der Kondensator nicht einfrieren kann.

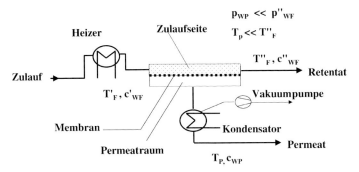

Abb. 11.5 Pervaporation, Schema.

Die Auslegung des Permeatkondensators ist nicht trivial. Ein überhitztes Dampfgemisch, das unter vermindertem Druck anfällt, muss zunächst auf den ersten Taupunkt abgekühlt werden, anschließend erfolgt eine Teilkondensation unter vermindertem Druck. Exakte Werte für Wärmeübergangskoeffizienten und Siede- und Taupunktskurven bei konstantem, aber vermindertem Druck, sind nur schwer zu erhalten, besonders für Gemische aus mehreren Komponenten wird man sich häufig mit Näherungen und Erfahrungswerten begnügen müssen.

In Abb. 11.5 sind die wesentlichen Elemente einer Pervaporationsanlage zusammengefasst. Das zu trennende Gemisch wird auf die höchste, mit allen Komponenten des Systems verträgliche, Temperatur aufgeheizt. Es fließt über die Zulaufseite der Membran mit einer Geschwindigkeit, die Polarisationseffekte auf akzeptable Werte begrenzt und verlässt die Membran mit erniedrigter Temperatur und Konzentration der besser permeierenden Komponente. Auf der Permeatseite wird der aus der Membran austretende Dampf unter vermindertem Druck kondensiert, Temperatur und Druck sind so aufeinander abgestimmt, dass einerseits eine ausreichend hohe Triebkraft für den Transport durch die Membran gewährleistet ist, andererseits aber unter technisch und wirtschaftlich vertretbaren Bedingungen gearbeitet werden kann. Druckverluste auf dem Weg von der Permeatseite der Membran zum Kondensator müssen auf das äußerste Minimum reduziert werden, da besonders bei niedrigen Konzentrationen der abzutrennenden Komponente im Zulauf (und damit einem niedrigen Partialdruck, der häufig nur noch Werte unter 10 mbar erreicht) bereits Druckverluste im Bereich von 1 mbar den Transport durch die Membran stark verringern können. Die Vakuumpumpe entfernt einerseits alle nicht kondensierbaren Gase, andererseits wird durch sie auch ein gewisser Anteil der permeierenden Komponente abgesaugt, der durch den Dampfdruck über dem kondensierten Permeat gegeben ist.

11.4
Auslegung von Anlagen

Nach den Ausführungen in Abschnitt 11.2 kann die Berechnung und Auslegung von Anlagen für Pervaporation und Dampfpermeation nur auf der Basis experimenteller Daten erfolgen. Man wird mit dem zu trennenden Originalgemisch in dem interessierenden Konzentrationsbereich in kleinem Maße Versuche durchführen, bei gleichen Temperaturen und Drucken auf der Zulauf- und Permeatseite, wie sie später auch in der Großanlage vorliegen werden. Die so erhaltenen Daten für die partiellen Flüsse der einzelnen Komponenten der Mischung, in kg/m² h oder mol/m² h, und ihre Abhängigkeit von den Betriebsparametern werden in entsprechend angepasste mathematische Gleichungen eingebracht, mit deren Hilfe das System innerhalb der Grenzen der Messungen mit ausreichender Genauigkeit beschrieben werden kann. Dabei ist es unerheblich, ob den verwendeten Gleichungen noch ein plausibles physikalisches Model mit entsprechenden Parametern zur Anpassung der Messwerte zugrunde liegt oder nicht. Aus dem Vergleich zwischen den Versuchsmessungen und dem Verhalten der realisierten Großanlagen ergeben sich schließlich Korrekturfaktoren, die in die Berechnungen eingebracht werden und den Unterschieden zwischen Versuchsmessung und Großanlage Rechnung tragen.

Besonders bei der Anwendung hydrophiler Membranen für die Abtrennung von Wasser wird es möglich sein, die meisten Zulaufgemische als quasi-binäre Mischungen zu betrachten, mit Wasser als der abzutrennenden (x_{trans}) und der oder den organischen Komponenten als zurückzuhaltendem Anteil (x_{ret}). Die bei konstanter Temperatur gemessenen Werte der partiellen Flüsse J_{trans} und J_{ret} der beiden Komponenten können z. B. so ohne Berücksichtigung eines Transportmodells als Funktion der Wasserkonzentration im Zulauf dargestellt werden,

$$J_{trans} = a \cdot x_{trans} + b \cdot (x_{trans})^c \tag{16}$$

$$J_{ret} = d \cdot x_{ret} + e \cdot x_{ret} \cdot x_{trans} \tag{17}$$

oder für ein binäres Gemisch

$$J_{ret} = d \cdot (1 - x_{trans}) + e \cdot x_{trans} \cdot (1 - x_{trans}) \tag{18}$$

wobei J_{trans} der partielle Fluss und x_{trans} die Konzentration im Zulauf der besser permeierenden Komponente (z. B. Wasser) ist und J_{ret} und x_{ret} die entsprechenden Werte der zurückgehaltenen (organischen) Komponente(n) sind. Die Konstanten a, b, c, d, e sind Parameter zur Anpassung der berechneten an die gemessenen Werte. Aus Gleichung (17) ergibt sich, dass auch bei verschwindender Konzentration der besser permeierenden Komponente x_{trans} noch ein Fluss der an sich zurückgehaltenen Komponente auftreten kann, der letzte Term in Gleichung (17) berücksichtigt die Kopplung zwischen den beiden Flüssen.

Führt man derartige Messungen bei unterschiedlichen Temperaturen durch, so kann die Anpassung der Abhängigkeit der Flüsse von der Temperatur in einem Ansatz nach Arrhenius erfolgen

$$J_T = J_0 \cdot \exp\left(-\frac{E_A}{R} \cdot \left(\frac{1}{T} - \frac{1}{T_0}\right)\right) \tag{19}$$

bzw.

$$J_T = J_0 \cdot \exp\left(-T_A \cdot \left(\frac{1}{T} - \frac{1}{T_0}\right)\right) \tag{20}$$

mit J_T als Fluss bei der Temperatur T, J_0 der Fluss bei der Bezugstemperatur T_0, R der Gaskonstante, und E_A bzw. T_A die sich aus dem Ansatz ergebenden scheinbaren Aktivierungsenergien oder -temperaturen. Letztere können Konstanten sein, für viele Systeme ist es allerdings sinnvoll, für eine exakte Beschreibung eine zusätzliche lineare oder exponentielle Abhängigkeit von E_A bzw. T_A von der Konzentration der besser permeierenden Komponente im Zulauf anzusetzen.

Nach Bestimmung der mindestens sechs Konstanten a, b, c, d, e und T_A aus den Messwerten berechnet man zur Auslegung von Anlagen für Pervaporation für ein Flächeninkrement der untersuchten Membran die Partialflüsse der Komponenten bei konstanter Temperatur und damit den Gesamtfluss und die Zusammensetzung des Permeates. Aus der Massen- und Wärmebilanz über das erste Flächeninkrement ergeben sich die Menge, Zusammensetzung und Temperatur für das nächste Inkrement. Nach einer der bekannten Methoden zur Berechnung von Dampf-Flüssigkeits-Gleichgewichten kann der Aktivitätskoeffizient γ und damit der Partialdruck der besser permeierenden Komponente im Zulauf für jedes Inkrement bestimmt werden. Aus der Gleichung (15) und den in im folgenden gemachten Bemerkungen zum Partialdruckverhältnis lässt sich der jeweilig benötigte Partialdruck auf der Permeatseite berechnen, aus der Zusammensetzung des Permeatdampfes kann die benötigte Temperatur zu seiner Kondensation bestimmt werden. Aufsummierung über die einzelnen Inkremente bis zur gewünschten Endkonzentration ergibt schließlich die benötigte Membranfläche für ein bestimmtes Trennproblem und eine Anlage. Ein Abbrechen der Rechnung beim Erreichen einer vorgegebenen Abkühlung des Zulaufs erlaubt eine Unterteilung der Membranfläche in Stufen und die Berechnung für die Wiederaufheizung der Leistung der zwischengeschalteten Wärmetauscher.

In gleicher Weise lassen sich Anlagen für die Dampfpermeation berechnen und auslegen, der Partialdruck auf der Zulaufseite ergibt sich hier einfacher aus der molaren Konzentration und dem Gesamtdruck des Dampfes. Mittlerweile gibt es für die gängigen Ingenieurprogramme (Aspen®, Chemcad®, PROII®) geeignete Module, mit deren Hilfe Anlagen für Pervaporation und Dampfpermeation ausgelegt und optimiert werden können. Zu berücksichtigen ist dabei, dass nur innerhalb des Gültigkeitsbereiches der Messwerte gerechnet werden darf, dies gilt besonders für den in Gleichung (15) angeführten Quotienten der Partialdrucke zwischen Zulauf und Permeat.

Eine vereinfachte Beziehung zwischen Zulaufmenge, Anfangs- und Endkonzentration, benötigter Fläche und dem Membranfluss erhält man aus einem kinetischen Ansatz bei der Bestimmung der Konzentrationsabnahme $\frac{dc}{dt}$ in einer gegebenen Zulaufmenge M

$$-\frac{dc}{dt} = J_0 \cdot c \cdot \frac{A}{M} \tag{21}$$

Integration dieser Beziehung i in den Grenzen c_{Anfang} bei $t=0$ und c_{Ende} bei $t=t$ liefert

$$A = \frac{M}{t \cdot J_0} \cdot \ln\left(\frac{c_{\text{Anfang}}}{c_{\text{Ende}}}\right) \tag{22}$$

Hier ist A die benötigte Membranfläche, um in der Zeit t in der Menge M die Konzentration vom Wert c_{Anfang} auf den Wert c_{Ende} zu erniedrigen. J_0 ergibt aus der Division des bei einer bestimmten Konzentration gemessenen Flusses durch diese Konzentration

$$J_0 = \frac{J_c}{c} \tag{23}$$

Bei Membranen für die Entfernung von Wasser findet man für J_0 häufig die Bezeichnung „extrapolierter Reinwasserfluss". Die Beziehung (22) gilt exakt nur unter der Annahme, dass sich die Menge des Zulaufs nicht ändert, also nur eine infinitesimale Menge an Permeat entfernt wird, und die Temperatur und damit J_0 konstant sind. Trotz dieser in der Praxis meist nicht genau zutreffenden Annahmen eignet sich diese Beziehung (22) sehr gut für eine erste Abschätzung der benötigten Fläche für eine bestimmte Trennaufgabe.

11.5
Charakterisierung von Membranen

Um die Leistung einer Membran zu beschreiben, müssen die partiellen Flüsse der einzelnen Komponenten (in $kg/m^2\,h$ oder $mol/m^2\,h$) unter sonst konstanten Bedingungen bestimmt werden. Aus dem Verhältnis des partiellen Flusses einer Komponente zum Gesamtfluss ergibt sich die Selektivität der Membran für diese Komponente. Die Selektivität für eine wässrige binäre Mischung wird häufig durch zwei Werte angegeben:

$$a = \frac{\left(\dfrac{c_{\text{Wasser}}}{c_{\text{organisch}}}\right)_{\text{Permeat}}}{\left(\dfrac{c_{\text{Wasser}}}{c_{\text{organisch}}}\right)_{\text{Zulauf}}} \tag{24}$$

$$\beta = \frac{(c_{\text{Wasser}})_{\text{Permeat}}}{(c_{\text{Wasser}})_{\text{Zulauf}}} \tag{25}$$

und zusammen

$$a = \beta \cdot \frac{(c_{\text{organisch}})_{\text{Zulauf}}}{(c_{\text{organisch}})_{\text{Permeat}}} \tag{26}$$

Hier sind c die jeweiligen Konzentrationen des Wassers und der organischen Komponente. Trägt man nun, wie z. B. in Abb. 11.6 für ein Ethanol-Wasser-Gemisch, die bei konstanter Temperatur gemessenen partiellen Flüsse von Ethanol und Wasser und den Wassergehalt des Permeates in einem Diagramm über der Konzentration des Wassers im Zulauf auf, so stellt man fest, dass die Zusammensetzung des Permeates über weite Bereiche konstant und unabhängig vom Wassergehalt des Zulaufs ist. Damit sind aber sowohl a als auch β nach den Gleichungen (24) und (25) keine Konstanten, sondern hängen von der gerade betrachteten Zusammensetzung des Zulaufs ab. Berechnet man etwa für die Daten aus Abb. 11.13 die entsprechenden Werte von a und β und trägt sie in gleicher Weise über der Wasserkonzentration im Zulauf auf, so erhält man die

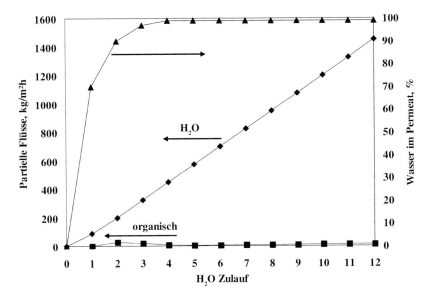

Abb. 11.6 Partielle Flüsse und Selektivität.

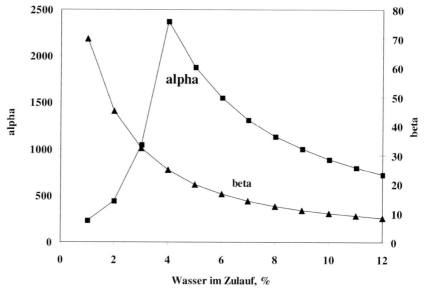

Abb. 11.7 α- und β-Werte als Funktion des Wassergehaltes im Zulauf.

in Abb. 11.7 gezeigten Kurven. Für eine Beschreibung und einen Vergleich zwischen verschiedenen Membranen sind diese Größen damit ungeeignet und zu wenig aussagefähig. Sinnvoller ist es, Diagramme der in Abb. 11.6 gezeigten Art zu erstellen und zur Beurteilung der Leistung von Membranen zu vergleichen. Dabei kann man selbstverständlich auch die partiellen Flüsse vom System mit mehr als zwei Komponenten auftragen. Dies gilt nicht nur für wässrig-organische Mischungen, sondern auch für die Abtrennung von flüchtigen organischen Komponenten aus Wasser oder Gas und für die Trennung unterschiedlicher organischer Substanzen voneinander.

11.6
Membranen

Für Anwendungen der Pervaporation werden praktisch ausschließlich sog. Kompositmembranen eingesetzt, die aus mehreren Schichten aus unterschiedlichen Materialien bestehen. Die unteren, der Permeatseite zugewandten Schichten haben in erster Linie die Funktion, für eine gute mechanische Stabilität zu sorgen und die Handhabbarkeit auch großer Membranflächen zu ermöglichen. Eine oberste Schicht in Kontakt mit dem Zulaufgemisch, bestimmt die eigentliche Trennung, die möglichst dünn ist, um kurze Strecken für die Diffusion sicherzustellen. Diese Schicht muss allerdings absolut frei von Poren und Fehlstellen sein, da auch kleinste Leckagen bereits die Selektivität beeinträchtigen. Durch die Notwendigkeit, mehrere Schichten nacheinander aufzutragen, ergibt sich, dass fast ausschließlich Flachmembranen als Bahnware hergestellt werden. Sollen Kompositmembranen als tubulare Körper hergestellt werden, so ergibt sich meist ein Arbeitsschritt, in dem nicht mehr kontinuierlich gearbeitet werden kann; dies führt zu deutlich höheren Kosten als die kontinuierliche Herstellung von Bahnware.

11.6.1
Polymermembranen

Die überwiegende Menge der bisher eingesetzten Membranen besteht aus organischen Polymeren. Um die nötige mechanische Festigkeit zu erreichen, wird als Träger eine textile Unterlage benutzt – ein Vlies oder ein Gewebe aus chemisch und thermisch beständigen Fasern, vorwiegend aus Polyestern, aber auch aus Polyphenylensulfid (PPS) oder aus fluorierten Polyolefinen. Hierauf wird durch einen üblichen Phaseninversionsprozess eine poröse Membran mit asymmetrischer Porenstruktur abgeschieden. Materialien hierfür sind die auch aus anderen Membranen bekannten Strukturpolymere wie Polyvinylidendifluorid (PVDF), Polysulfon (PS), Polyacrylnitril (PAN), Polyetherimid (PEI). Beim Einsatz in der Pervaporation und Dampfpermeation ist die chemische und thermische Beständigkeit der porösen Stützschicht wesentlich und entscheidend. Die Membranen sind zwar keinen sehr hohen Druckdifferenzen ausgesetzt, bei den hohen Temperaturen können aber durch die zu trennenden Substanzen Weichmachereffekte auftreten. Die Poren an der freien Oberfläche dieser Schicht müssen von der dünnen, eigentlichen Trennschicht sicher überbrückt werden, ihr Durchmesser liegt daher im Bereich von etwa 10 bis 20 nm. Zwischen der porösen Unterstruktur und der Trennschicht kann noch eine weitere Schicht liegen, auch kann die Trennschicht mit einer zusätzlichen Schutzschicht gegen den Angriff aggressiver Chemikalien versehen sein. Diese darf aber für den Transport durch die Membran keinen zusätzlichen Widerstand bilden. Neben der eigentlichen Trennschicht kann auch die poröse Unterstruktur, je nach eingesetztem Material und dem zu trennenden Gemisch, zur Selektivität der Membran beitragen, es ist aber sehr schwierig, hier durch Messungen an den einzelnen Polymeren Vorhersagen zu treffen. Auf die Bedeutung eines geringen Druckverlustes in der porösen Unterstruktur für den Abtransport des Permeates wurde bereits hingewiesen.

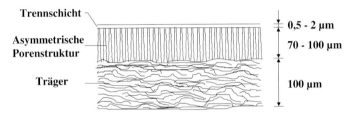

Abb. 11.8 Kompositmembran.

In der konventionellen Herstellung wird die Trennschicht durch Aufbringen des betreffenden Polymeren in einer flüssiger Phase, gegebenenfalls unter Zusatz von Vernetzungsmitteln, hergestellt, gefolgt von der Verdampfung des Lösungsmittels und einer Aushärtung der Trennschicht. Wenn immer möglich, sind wässrige Lösungen von Polymeren für das Aufbringen der Trennschicht zu bevorzugen. Die Abb. 11.8 zeigt einen Schnitt durch eine Kompositmembran.

11.6.1.1 Hydrophile Membranen

Hydrophile Membranen zeigen eine besonders hohe Wechselwirkung mit Wasser und werden benutzt, um selektiv Wasser von organischen Substanzen abzutrennen. Dies bedeutet aber, dass die verwendeten Polymere zumindest teilweise in Wasser löslich sind. Wesentlich für eine gute Trennschicht ist daher die Möglichkeit, das Polymer so zu vernetzen, dass einerseits Wasser gut und bevorzugt in ihm gelöst wird, andererseits aber die dadurch verursachte Quellung des Polymeren soweit begrenzt ist, dass es auch bei hohen Temperaturen und in Gegenwart größerer Mengen an Wasser stabil bleibt und sich nicht auflöst. Für industrielle Anwendungen werden heute in erster Linie Membranen eingesetzt [16], deren Trennschicht aus Polyvinylalkohol (PVA) besteht, der durch unterschiedliche Methoden und mit unterschiedlichen Zusätzen vernetzt und damit in Wasser unlöslich gemacht wird. Als Vernetzungsmittel werden bevorzugt mehrfunktionelle Säuren und Aldehyde eingesetzt, eine Verätherung der Hydroxylgruppen des Polymeren kann durch Halogenverbindungen und durch Diole und durch Erhitzen auf höhere Temperatur bei der Anwesenheit katalytischer Mengen von Mineralsäuren erreicht werden. Wird PVA längere Zeit ohne weiteren Zusatz höheren Temperaturen (etwa oberhalb 120 °C) ausgesetzt, so tritt eine teilweise Kristallisation auf, die sich wie eine Vernetzung auswirkt. Durch einen solchen Schritt wird allerdings der Fluss durch die Membran reduziert, da die kristallinen Bereiche für den Transport nicht mehr zur Verfügung stehen.

Als weitere Materialien für hydrophile Schichten sind unter anderem Celluloseester, Chitin, Chitosan [30], Acrylsäure und deren Derivate, Polyvinylchlorid (PVC) [31] und Polyelektrolyte [32, 33] vorgeschlagen und getestet worden. Neben den üblichen chemischen Methoden zur Vernetzung kommen hier auch photochemische Reaktionen zum Einsatz. Ferner werden Membranen hergestellt, deren Trennschicht aus der Gasphase unter der Einwirkung einer Glimmentladung abgeschieden wird [34]. Die so gebildeten Plasmapolymere bestehen aus einem dreidimensionalen Netzwerk von Molekülbruchstücken, sie können zusätzlich sowohl basische als auch saure Gruppen enthalten. Diese Membranen zeigen teilweise sehr gute Werte für Fluss und Selektivität, ihre Herstellung ist aber sehr viel aufwändiger als bei konventionell beschichteten Membranen.

11.6.1.2 Organophile Membranen

Das Material der Trennschicht von organophilen Membranensoll eine hohe Affinität zu nicht-polaren Molekülen zeigen, polare Moleküle aber nach Möglichkeit ausschließen. Zum Einsatz kommen hier Elastomere, unter denen die Silikone eine herausragende Sonderstellung einnehmen. Silikone sind beständig gegen erhöhte Temperaturen, gegen Wasser und gegen viel organische Substanzen. Wasser wird von Silikonen nicht aufgenommen, organische Komponenten werden dagegen je nach ihrer Natur in unterschiedlichem Maße gelöst. Da es sich hier um verhältnismäßig große Moleküle handelt, unterscheiden sich die Geschwindigkeiten ihrer Diffusion nicht sehr stark. Die Selektivität von Silikonmembranen beruht daher ebenfalls in erster Linie auf der unterschiedlichen Löslichkeit der Substanzen im Polymeren. Durch Ersatz der Methylgruppen im einfachsten Silikon, Polydimethylsiloxan (PDMS), durch andere organische, auch teilfluorierte Gruppen können die Eigenschaften für die Trennung variiert werden. Ein häufig verwendetes Material ist Polyoktylmethylsilikon (POMS). Silikone lassen sich hinreichend gut vernetzen, so dass ihre Beständigkeit gegen niedrige Konzentrationen der Organika ausreichend ist. Die Vernetzung kann durch chemische Bindung über Seitengruppen, aber auch durch Bestrahlung mit ultraviolettem Licht und unter der Einwirkung von Elektronen- oder γ-Strahlen erfolgen.

Wie bereits oben erwähnt, ist der Einsatz von organophilen Membranen für die Pervaporation, zur Entfernung geringer Mengen an organischen Komponenten aus flüssigen, insbesondere wässrigen Gemischen, noch sehr begrenzt. In erster Linie handelt es sich hier um Verfahren, in denen wertvolle Aromakomponenten abgetrennt und gewonnen werden. Anders sieht es dagegen bei Anwendungen aus, in denen die organische Komponente als nahezu gesättigter Dampf in einem Gemisch mit Gasen vorliegt. Die Rückgewinnung von Ethylen, Propylen und Vinylchlorid aus Spülgasen bei der Herstellung der entsprechenden Polymere, von Benzin und anderen Kohlenwasserstoffen aus der Abluft bei ihrer Verladung, die Reinigung der Abluft von Lagertanks und von Flüssigkeitsringpumpen, um nur einige Beispiele zu nennen, sind bewährter Stand der Technik. Über diese Verfahren wird in dem Kapitel über VOC-Abtrennung berichtet.

11.6.1.3 Membranen zur Trennung von Organika

Die Abtrennung von Methanol (und in begrenztem Umfang auch Ethanol) aus seinen Gemischen mit anderen organischen Substanzen durch Pervaporation und Dampfpermeation gehört heute zum bewährten Stand der Technik. Allerdings kann dieses Verfahren nur bedingt als eine Trennung unterschiedlicher organischer Komponenten angesehen werden, da hier nur leicht modifizierte und weniger stark vernetzte hydrophile Membranen verwendet werden, in denen das polare Methanol die Rolle des Wassers einnimmt.

Die eigentliche Trennung von unterschiedlichen Gruppen organischer Verbindungen durch Pervaporation, die Mitte des vorigen Jahrhunderts intensiv untersucht wurde, wird bis jetzt industriell noch nicht eingesetzt. Für die Trennung von Aromaten aus Gemischen mit Nichtaromaten, für diejenige von Olefinen aus Gemischen mit Paraffinen [35] oder für die Trennung von Isomeren befinden sich Membrane noch im Stadium der Entwicklung oder der Pilotierung. Die Trennschichten bestehen hier meist aus Polyimiden, aus Polyurethanen oder aus photochemisch vernetzten Acrylaten. Auch Celluloseester und Plasmapolymere zeigen für diese Trennung eine deutliche Selektivität, für alle Membranen sind diese allerdings bis jetzt deutlich geringer als sie für hydrophile Membranen bei der Abtrennung von Wasser gefunden werden. Sollten solche Membranen in größerem Umfang eingesetzt werden, so ist eine Anpassung und Änderung des gesamten Prozesses erforderlich, um die Membranen dort einzusetzen, wo ihr Trennvermögen besonders effektiv ist.

11.6.2
Anorganische Membranen

Polymermembranen können heute für Pervaporation und Dampfpermeation bei Temperaturen bis zu etwa 120 °C eingesetzt werden. Obwohl damit ein breites Spektrum an Anwendungen abgedeckt werden kann, gibt es Trennprobleme, etwa zur Entwässerung von Hochsiedern oder bei der Abtrennung von Wasser aus Reaktionsgemischen bei erhöhter Temperatur. Dazu sind Membranen erforderlich, deren Temperaturbeständigkeit bis in Bereiche oberhalb von 200 °C reicht. Hierfür kommen nur Membranen mit Stützkörpern und Trennschichten aus anorganischen Materialien infrage. Als Grundkörper dienen poröse keramische Rohre oder Flachkörper aus reinem Aluminiumoxid oder aus Mischoxiden, die Porenradien in der Größe von einigen Mikrometern aufweisen. Durch das Aufbringen von zusätzlichen keramischen Schichten auf der Innen- oder Außenseite der Rohre oder auf eine Seite des Flachkörpers werden die Poren stufenweise verkleinert, bis zu Radien von einigen Nanometern. Solche nanoporösen Schichten bestehen meist aus γ-Aluminiumoxid, auch Titanoxid oder Zirkonoxid werden verwendet. Die eigentliche Trennschicht besteht dann entweder aus amorphem Siliciumoxid [36] oder aus mehreren Lagen von Zeolithkristallen [37], die aus Lösungen gefällt werden. Diese Trennschichten besitzen Poren mit einem Durchmesser in der Größenordnung von etwa 0,4–0,6 Nanometer, d. h. im Bereich des kinetischen Durchmessers von kleinen Molekülen. In Zeolithschichten ist dieser Durchmesser durch die Kristallstruktur des jeweiligen Zeolithen bestimmt und sehr einheitlich. Trennschichten aus amorphem Siliciumoxid zeigen eine gewisse Porenverteilung, deren Breite und Mittelwerte von den Parametern der Herstellung abhängen. Gleichzeitig sind die Oberflächen dieser Poren hydrophil, so dass sie mit polaren Molekülen wie Wasser stark wechselwirken. Unpolare Moleküle werden von der Oberfläche abgestoßen, größere Moleküle passen auch nicht mehr durch die Poren. Daher eignen sich die bisher bekannten anorganischen Membranen besonders zur Abtrennung kleiner polarer Moleküle wie Wasser oder Methanol aus ihren Gemischen mit höhermolekularen organischen Komponenten. Zeolithe mit einem sehr geringen Gehalt an Aluminium zeigen auch ein gewisses organophiles Verhalten.

Der Trennvorgang kann formal in ähnlicher Weise wie für Polymermembranen als Sorptions-Diffusionsmechanismus beschrieben werden, die Vorgänge sind aber komplexer. Es handelt sich um eine Kombination aus Porenausschluss, Adsorption und Porendiffusion, vor allem eine Diffusion entlang der inneren Oberfläche der Poren. Für eine einheitliche Darstellung der Vorgänge fehlen aber noch detailliertere Untersuchungen.

Die bisher bekannten anorganischen Membranen werden in Form von Rohren hergestellt, meist mit der Trennschicht auf der Außenseite. Sie zeigen gute Selektivitäten und teilweise deutlich höhere Flüsse als Polymermembranen. Trotz ihres theoretisch großen Potentials werden sie aber nur in sehr begrenztem Umfang für Pervaporation und Dampfpermeation eingesetzt. Zur Herstellung muss jedes der bereits relativ teuren Grundrohre einzeln in einer Reihe von Schritten behandelt werden, die spezifischen Kosten für die installierten Membranflächen liegen damit um etwa eine Größenordnung höher als sie für die Herstellung von Polymermembranen erreicht werden. Diese höheren Kosten werden nur zum Teil durch die höheren Flüsse kompensiert, die besonders bei den höheren Betriebstemperaturen erzielt werden können. Es fehlen auch noch die Erfahrungen mit dem Einsatz anorganischer Membranen, über etwaige Begrenzungen durch Temperatur und Konzentration und über die Lebensdauer. Bekannt ist bisher, dass die bis jetzt verwendeten, aluminiumreichen Zeolithschichten sehr empfindlich gegen Säuren sind und durch diese rasch zerstört werden, über obere Temperaturgrenzen ist noch nichts bekannt. Schichten aus amorphem Siliciumoxid sind wahrscheinlich besser beständig gegen Säuren, für sie scheint aber eine obere Grenze der Temperatur für den Dauerbetrieb zu existieren, die stark vom Wassergehalt der Zulaufmischung abhängt. Dadurch ist der Einsatzbereich dieser Membranen wieder stark begrenzt, erst die zunehmende Erfahrung muss zeigen, wieweit anorganische Membranen in Konkurrenz zu solchen aus Polymeren treten und wo sie diese ergänzen werden.

Die Beständigkeit vieler Polymermembranen gegen höhere Temperaturen und Drucke ist häufig durch die poröse Unterstruktur begrenzt. Viele Lösemittel wirken auch bei geringer Konzentration als Weichmacher für die für die poröse Unterstruktur eingesetzten Polymere, bei hohen Temperaturen können die Poren dadurch kollabieren, der Fluss durch die Membran nimmt ab. Daher ist auch daran gedacht worden, die an sich stabileren organischen Trennschichten auf keramische Träger aufzubringen und so Hybridmembranen zu entwickeln, die beständig gegen höhere Temperaturen, aber einfacher herzustellen sind.

11.7 Module

Ein Modul dient dazu, eine möglichst große Membranfläche in einem kleinen Volumen unterzubringen und dabei eine dichte Trennung zwischen dem Permeat und dem Zulauf sicherzustellen. Alle Komponenten des Moduls müssen bei den jeweiligen Betriebsbedingungen beständig sein, durch die Strömungsverhältnisse auf der Zulaufseite soll Polarisation so weit als möglich unterdrückt und das Permeat ohne weiteren Widerstand abgeführt werden können. Weiterhin sollen Module einfach und kostengünstig herzustellen sein. Wird eine Membran als Bahn bzw. ebene Fläche hergestellt, so kann sie in Platten-, Spiralwickel- und Taschenmodulen eingesetzt werden, tubulare Membranen erfordern entsprechende tubulare Module.

11.7.1
Plattenmodule

Wenn Wasser durch Pervaporation und Dampfpermeation aus organischen Mischungen entfernt werden soll, werden vor allem Plattenmodule eingesetzt. Diese sind ähnlich einfach aufgebaut wie Filterpressen, auf eine Trägerplatte ist beidseitig auf eine Dichtung eine Membran mit ihrer Zulaufseite aufgelegt. Zwischen den Permeatseiten zweier Membranen befinden sich Abstandshalter, die sog. Permeatspacer, durch die das Permeat abgeführt wird (Abb. 11.9). Auf zwei gegenüberliegenden Seiten des Moduls befinden sich durchgehende Kanäle, die ebenfalls gegen den Permeatraum abgedichtet sind; sie sorgen für die Zuführung des Zulaufs und die Abführung des Retentats. Benutzt man Edelstahl als Material für alle tragenden Teile des Moduls, Trägerplatten und Permeatspacer, und flexiblen Graphit als Material für die Dichtungen, so erhält man eine Kombination, die gegen fast alle zu trennenden Gemische und Temperaturen beständig ist.

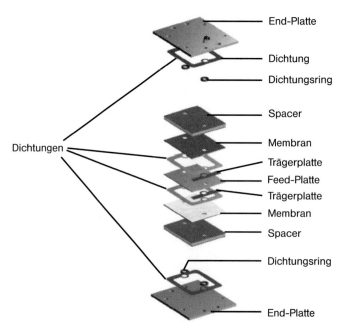

Abb. 11.9 Plattenmodul, Explosionszeichnung.

Sind die Permeatspacer über den gesamten Umfang des Moduls offen, so erlauben sie einen Abtransport des Permeates praktisch ohne Druckverlust [38], die Module sind dann in einem evakuierbaren Behälter installiert. Alternativ kann der Permeatraum mit einer zusätzlichen Dichtung nach außen abgeschlossen sein, dann muss ein weiterer, gegen den Zulaufraum abgedichteter, Kanal durch das Modul führen, durch den der Permeatdampf abgezogen wird. Diese, von Plattenwärmetauschern abgeleiteten Module benötigen nur ein geringeres Volumen, da der zusätzliche Vakuumbehälter entfällt. Die in ihnen zu installierende Membranfläche ist aber durch den nicht zu vernachlässigenden Druckabfall im Kanal zur Abführung des Permeates begrenzt.

Es hat nicht an Versuchen gefehlt, zusätzliche Wärmetauscher in diesen Modulen zu integrieren, um die durch die Verdampfung des Permeates verlorene Wärme zu ersetzen. Die sich aus den zusätzlichen Abdichtungen zum Heizmedium und dessen Zu- und Abführungen ergebenden Probleme haben aber bisher eine industrielle Realisierung dieses Konzeptes verhindert.

11.7.2
Spiralwickelmodule

In einem Spiralwickelmodul sind eine Vielzahl von Taschen („leafs") spiralig um ein Zentralrohr aufgewickelt. Die Taschen werden aus je zwei Membranen mit einem eingelegten Abstandshalter („spacer") zur Ableitung des Permeates gebildet; sie sind an drei Seiten durch Verkleben verschlossen, die vierte Seite und damit das Innere der Tasche ist mit dem Inneren des zentralen Ableitrohres über Bohrungen verbunden. Das Zulaufgemisch fließt parallel zum Zentralrohr zwischen den Membranen der Taschen, die durch einen weiteren Spacer auf Abstand gehalten werden, das Permeat im Inneren der Taschen spiralig zum Zentralrohr. Mehrere Module werden gemeinsam in einem äußeren Druckrohr montiert, so dass der Zulauf eine Serie von Modulen durchfließt, deren Permeatrohre miteinander verbunden sind.

Spiralwickelmodule haben eine relativ große Packungsdichte und sind kostengünstig herzustellen, daher sind sie in der Wasseraufbereitung und der Gastrennung weit verbreitet. Dem Einsatz in der Pervaporation zur Wasserabtrennung steht der hohe Druckverlust in dem engen Gewebe der Permeatspacer entgegen, außerdem ist es schwierig, Materialien von ausreichender thermischer und chemischer Beständigkeit zum Verkleben der Taschen zu finden. Daher wird diese Modulform eher zur Entfernung organischer Dämpfe aus Gasgemischen eingesetzt, bei denen das Volumen des Permeatdampfes und der entstehende Druckverlust geringer sind. Auch für die Trennung rein organischer Gemische ist diese Modulart geeignet.

11.7.3
Taschenmodule (Kissenmodule)

Diese Modulform vereinigt Elemente des Platten- und des Spiralwickelmoduls. Auch hier sind Membranen paarweise mit einem eingelegten Spacer durch Verkleben oder Verschweißen zu Taschen oder Kissen geformt, die Ableitung des Permeates erfolgt aber durch ein entsprechend perforiertes Rohr in der Mitte der Taschen. Auf diesem zentralen Rohr ist zur Ableitung des Permeates eine Vielzahl von Taschen angeordnet. Die Überströmung auf der Zulaufseite kann durch die Auswahl des Spacers zwischen den Taschen und durch deren Anordnung optimiert werden. Ein Zentralrohr mit einer Vielzahl von Taschen befindet sich wieder in einem Druckrohr mit den Anschlüssen für die Zulaufmischung, das Retentat und das Permeat. Ursprünglich für die Wasserreinigung entwickelt, werden diese Module in größerem Umfang für die Abtrennung organischer Dämpfe aus Gasen eingesetzt. Bei der Abtrennung von Stoffen mit hohem spezifischem Dampfvolumen (Entwässerung) kann sich wieder der Druckverlust im Permeatspacer, vor allem im Bereich des Anschlusses an das Zentralrohr, bemerkbar machen.

11.7.4
Tubulare Module

Keramische Membranen werden fast ausschließlich in Form von Rohren hergestellt. Wie in einem Rohrbündelwärmetauscher werden eine Vielzahl dieser Membranen in einem Modul zusammengefasst. Das Zulaufgemische kann dabei sowohl durch das Innere der Rohre fließen, mit der Abfuhr des Permeats von der Außenseite, als auch umgekehrt, mit dem Transport des Permeats von der Außen- zur Innenseite des Rohres. Ein schwierig zu lösendes Problem ist die Abdichtung zwischen Permeat- und Zulaufraum in den Rohrböden. Beim Einsatz keramischer Membranen in der Filtration wässriger Lösungen werden hierfür O-Ringe aus gängigen Elastomeren eingesetzt, für Anwendungen bei hoher thermischer und chemischer Belastung müssen Dichtungen aus hochwertigen Materialen benutzt werden, mit den damit verbundenen höheren Kosten. Zusammen mit den schon an sich hohen Kosten der Rohrmembranen beeinträchtigt dies die Konkurrenzfähigkeit dieser Module. Schließlich muss auch die unterschiedliche thermische Ausdehnung der keramischen Membranen und der übrigen Bauteile, etwa des äußeren Metallmantels, berücksichtigt werden. In einem auf der Außenseite angeströmten Rohrbündel treten beträchtliche Polarisationseffekte auf. In einer besonderen Form können [39] sie durch eine erzwungene Strömung in einem Ringkanal beherrscht werden. Zusätzlich kann das über die Außenseite der Keramikmembranen fließende Zulaufgemisch direkt beheizt werden, wodurch ein Betrieb bei konstanter Temperatur und somit eine optimale Ausnutzung der Membranfläche möglich wird.

Polymermembranen in tubularer Form, als Kapillaren oder Hohlfasern, werden für die Pervaporation praktisch nicht eingesetzt. Dies ergibt sich einmal aus den bereits oben erwähnten Gründen der schwierigen Herstellung von Kompositmembranen in dieser Form, zum anderen aus dem Problem der Abdichtung zwischen der Zulauf- und der Permeatseite. Erfolgt die Permeation von der Außen- zur Innenseite von Kapillaren oder Hohlfasern, so ist der Druckverlust im inneren Volumen, bei einem Innendurchmesser der Kapillaren von weniger als 1 mm, so hoch, dass nur Modullängen von etwa 20 cm sinnvoll sind, wodurch solche Module unwirtschaftlich werden. Außerdem ist bei einer dichten Packung der Kapillaren die Überströmung durch das Zulaufgemisch auf der Außenseite nicht mehr gut definiert, so dass in erheblichem Maße Polarisation auftritt.

In der letzten Zeit sind Entwicklungen bekannt geworden [40], aus als Bahnware hergestellten Polymermembranen Schläuche oder Rohre durch Verschweißen oder Verkleben schmaler Streifen zu formen. Fließt das Zulaufgemisch durch das Innere dieser Schläuche, so kann ihre Stabilität gegen die relativ geringen Druckunterschiede zwischen Zulauf- und Permeatraum bereits ausreichend sein. Andernfalls führt man sie in perforierte Trägerrohre ein, die dann zu einem entsprechenden Apparat zusammengefasst werden. Auch hier bereitet die Abdichtung zwischen Zulauf und Permeatraum erhebliche Probleme.

Die Auswahl des am besten geeigneten Modultyps wird letztlich durch die Kosten der in einer Anlage installierten Membranfläche bei einem sicheren Betrieb bestimmt.

11.8 Verfahren

Abgesehen von der Abtrennung organischer Dämpfe aus Gasen werden Pervaporation und Dampfpermeation vor allem zur Abtrennung von Wasser und von einfachen Alkoholen, insbesondere Methanol, aus ihren Mischungen mit organischen Flüssigkeiten eingesetzt. Unabhängig von der Natur der eingesetzten Membran können Anlagen zur Pervaporation und zur Dampfpermeation sowohl kontinuierlich als auch absatzweise („Batch") betrieben werden. Im Folgenden werden diese Verfahren erläutert, ihre Vor- und Nachteile diskutiert und Kriterien für ihre Auswahl angegeben.

Das Zulaufgemisch einer Pervaporationsanlage, sowohl im absatzweisen als auch im kontinuierlichen Betrieb, muss frei von ungelösten und gelösten Feststoffen, speziell Salzen, sein, die im Laufe des Pervaporationsprozesses ausgefällt werden können. Solche Ablagerungen können durch chemischen Angriff die Membran zerstören, bei keramischen Membranen die Poren blockiert werden („Fouling"), generell können die engen Kanäle in den Modulen verstopfen.

11.8.1
Absatzweiser („Batch") Betrieb

Ein vorgegebenes Volumen der Zulaufmischung wird im Kreislauf über eine vorgegebene Membranfläche geführt, für jedes Inkrement der Fläche ändert sich die Zusammensetzung der Mischung mit der Zeit. In Abb. 11.10 ist ein solches System schematisch dargestellt. Die Zulaufmischung wird aus einem Tank über einen Wärmetauscher gepumpt und aufgeheizt, über die Membran und zurück in den Tank geführt. Jedes Inkrement der Membranfläche steht in Kontakt mit einer sich laufend ändernden Zusammensetzung des Zulaufgemisches. Die pro Zeiteinheit und Fläche umgewälzte Zulaufmenge ist relativ hoch, so dass Polarisationseffekte minimiert werden und bei einem Durchgang nur eine geringe Abkühlung auftritt, eine Zwischenaufheizung innerhalb der Anlage kann entfallen. Zur Rückgewinnung der Wärme dient ein Rekuperator, in dem das Zulaufgemisch durch den Rücklauf zum Tank vorgewärmt wird. Häufig wird noch ein Nachkühler notwendig sein (in Abb. 11.10 nicht gezeigt), um zu vermeiden, dass sich der Tankinhalt mit der Zeit zu sehr aufheizt.

Anlagen dieser Art sind sehr flexibel. Benutzt man die Beziehung (22) zur Beschreibung eines Batchverfahrens, so sieht man, dass nur die Membranfläche und, über die Eigenschaften der Membran, der Wert von J_0 fixiert sind. Die behandelte Menge, die Zeit und die Anfangs- und Endkonzentration sowie ihr Verhältnis sind dagegen frei wählbar. Man kann also durch Verlängerung der Zeit je Ansatz eine größere Menge behandeln oder eine niedrigere Endkonzentration erreichen oder bei einer höheren Konzentration beginnen. Nachteilig ist allerdings, dass der Kondensator für das Permeat für zwei Extremwerte gleichzeitig ausgelegt werden muss: für eine hohe Permeatmenge zum Beginn eines Ansatzes bei hoher Konzentration der zu entfernenden Komponente und für eine geringe Permeatmenge zum Ende, wobei dann aber auch ein sehr viel niedrigerer Partialdruck im Permeatraum eingehalten werden muss. Der Wärmever-

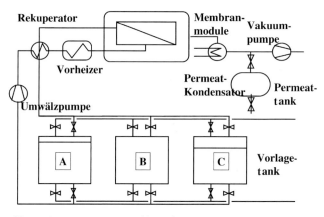

Abb. 11.10 Pervaporation, Batchbetrieb.

brauch einer solchen Anordnung ist höher als theoretisch notwendig, da keine vollständige Wärmerückgewinnung möglich ist und in der im Allgemeinen notwendigen Nachkühlung ein Teil der zugeführten Wärme verloren geht. In Abb. 11.8 sind drei Vorlagetanks gezeigt: einer im Betrieb mit der Anlage, der zweite enthält Produkt aus dem vorhergehenden Ansatz, der dritte wird mit frischem Zulauf für den nächsten Ansatz gefüllt.

Anlagen dieser Art werden in sehr unterschiedlichen Kapazitäten industriell eingesetzt, vor allem zur Entwässerung von Gemischen unterschiedlicher Lösungsmittel, deren Wassergehalt und Zusammensetzung in weiten Bereichen schwanken kann. Wichtig ist vor allem die Flexibilität hinsichtlich der Endkonzentration, da durch Verlängerung der Laufzeit eines Ansatzes auch niedrigere Werte als ursprünglich spezifiziert erreicht werden können.

11.8.2
Kontinuierlicher Betrieb

Bei einer kontinuierlich betriebenen Anlage soll in einem Durchgang die spezifizierte Menge von einer vorgegebenen Anfangs- auf die gewünschte Endkonzentration abgereichert werden. Jedes Inkrement der installierten Membranfläche steht in der kontinuierlichen Anlage immer mit einer Mischung der gleichen Zusammensetzung in Kontakt, die Konzentration ändert sich nur längs der Reaktionsstrecke. In Abb. 11.11 ist eine solche kontinuierliche Anlage für die Pervaporation dargestellt. Der Zulaufstrom wird auf die Betriebstemperatur aufgeheizt und über eine erste Membranstufe geführt. Die Größe dieser Stufe ist für die betreffende Anwendung optimiert, so dass nur eine akzeptable Abkühlung auftritt. Das Gemisch wird in einem Zwischenwärmetauscher wieder aufgeheizt und die durch die Verdampfung des Permeates verlorene Wärme

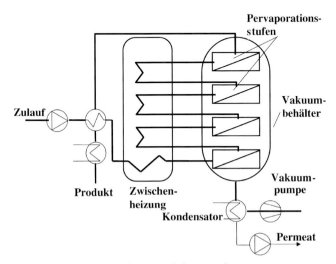

Abb. 11.11 Pervaporation, kontinuierlicher Betrieb.

ersetzt. Es folgt eine zweite Stufe, eine weitere Aufheizung. Diese Anordnung wird so lange wiederholt, bis die gewünschte Endkonzentration erreicht ist.

Über einen Rekuperator kann die spezifische Wärme des Produktes für die Aufheizung des Zulaufs zurückgewonnen werden. Neben der hierbei verlorenen Wärme ist nur die Energie notwendig, die zur Verdampfung des Permeates gebraucht wird, ein kontinuierliches Pervaporationsverfahren ist dasjenige mit dem niedrigsten Energieverbrauch. Ordnet man die Stufen so an, dass über jede Stufe die gleiche Abkühlung auftritt, so würde sich nach dem in Abb. 11.2 dargestellten exponentiellen Abfall des Flusses mit abnehmender Temperatur eine exponentiell ansteigende Membranfläche der Stufen ergeben. Aus praktischen Gründen zieht man vor, Stufen gleicher Membranfläche zu verwenden und unterschiedliche Abkühlungen in Kauf zu nehmen. Nach der Gleichung (22) sind somit in einer optimierten kontinuierlichen Anlage alle Werte festgelegt. Gezielte Änderungen eines Betriebsparameters sind zwar möglich, bedingen aber die Änderung mindestens eines weiteren Wertes, und die Anlage wird dann nicht mehr unter optimalen Bedingungen betrieben. Kontinuierliche Anlagen sind in jeder Größe in Betrieb, speziell für Verfahren mit einer kleinen bis mittleren Änderung der Konzentration; ein typisches Beispiel ist die Absolutierung von Ethanol. Eine gewisse Beschränkung der Stufenzahl ist durch den Druckverlust in den Stufen und Wärmetauschern gegeben, Anlagen mit mehr als etwa acht Stufen sind selten. Werden mehr Stufen wegen eines größeren Unterschiedes in der Anfangs- und Endkonzentration erforderlich, so ist die Dampfpermeation oder eine Batchanlage vorzuziehen.

11.8.3
Dampfpermeation

Bei der Dampfpermeation wird das zu trennende Gemisch als Sattdampf über die Membran geführt. In Abb. 11.12 ist das Prinzip einer solchen Anlage gezeigt. Der Sattdampf kann das Kopfprodukt einer Destillationskolonne sein, häufig wird aber das flüssige Zulaufgemisch auch in einem besonderen Verdampfer verdampft. Dies geschieht vor allem dann, wenn das Gemisch Verunreinigungen wie Salze oder andere gelöste Feststoffe enthält oder eine Kolonne nicht bei der benötigten Temperatur und dem erforderlichen Druck arbeitet. Da das Zulaufgemisch bereits dampfförmig vorliegt, entfallen Zwischenwärmetauscher, die gesamte Membranfläche kann in einer Stufe angeordnet werden. Dies ist besonders für solche Anwendungen attraktiv, in denen größere Konzentrationsunterschiede zwischen Zulauf und Produkt erreicht werden müssen, was bei einer Pervaporation zu einer unwirtschaftlich hohen Stufenzahl führt. Daher können Anlagen für die Dampfpermeation immer kontinuierlich betrieben werden. Abgesehen von dem meist vernachlässigbaren Joule-Thompson-Effekt durch die Entspannung des Dampfes von der Zulauf- zur Permeatseite ist die Membran nicht mehr eine Wärmesenke, damit wird auch keine Temperaturpolarisation mehr beobachtet. Konzentrationspolarisation kann aber nach wie vor auftreten. Zwar ist die Diffusion in der Dampfphase um Größenordnungen

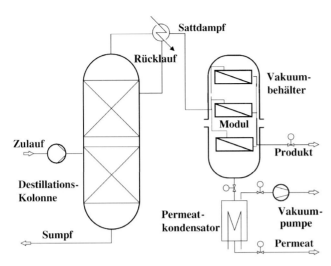

Abb. 11.12 Dampfpermeation.

schneller als in der Flüssigkeit, dafür ist aber die Dichte des Dampfes um etwa die gleiche Größenordnung geringer. Die Quellung einer Polymermembran in Kontakt mit Dampf ist geringer als bei einem Kontakt mit Flüssigkeit, wodurch die Membran meist bei etwas höheren Temperaturen als in der Pervaporation betrieben werden kann. Wird eine Dampfpermeation in Kopplung mit einer Kolonne betrieben, dann ist der Energieverbrauch des Verfahrens minimal, andernfalls ist es schwierig, die Verdampfungswärme bei der Kondensation des Produktdampfes vollständig zurückzugewinnen.

Wird aus einem Gemisch von zwei Komponenten bei konstantem Druck eine der Komponenten entfernt, so ändert sich der Siedepunkt der Mischung. In Abb. 11.13 sind schematisch die Tau- und Siedepunktskurven einer Mischung von Wasser und n-Propanol mit einem Minimum-Azeotrop gezeigt. Bei einer Dampfpermeation wird das zu trennende Gemisch meistens eine Zusammensetzung haben, die nahe am Azeotrop liegt. Durch die Entfernung der einen Komponente, in diesem Beispiel des Wassers, steigt der Siedepunkt; damit das System bei konstantem Druck im Gleichgewicht bleibt, wird ein entsprechender Teil des Dampfes kondensieren und durch die frei werdenden Verdampfungswärme wird das System die höhere Temperatur des neuen Gleichgewichtes erreichen. Unter diesen Bedingungen hat somit das Retentat einer Dampfpermeation eine höhere Temperatur als der Zulauf ein Effekt, der bei Absolutierung von Ethanol zwar kaum bemerkbar ist, für andere Systeme aber erhebliche Werte annehmen kann. Dieser Effekt lässt sich zur Überwachung einer Anlage ausnutzen. Durch die Gestaltung des Moduls und der Anlage muss für den Abfluss des auf der Zulaufseite unvermeidlich entstehenden Kondensates gesorgt werden.

Anlagen zur Dampfpermeation werden aber häufig auch zwischen zwei Destillationskolonnen nur zum Überspringen des azeotropen Punktes eingesetzt,

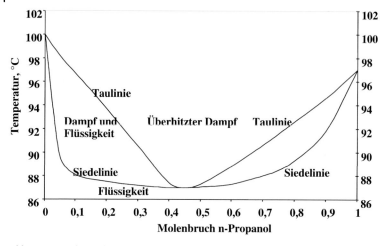

Abb. 11.13 Siede- und Taulinie, n-Propanol.

wenn etwa durch die zweite Kolonne die gewünschte Endreinheit wirtschaftlicher als durch eine größere Membranfläche erreicht werden kann. Solche Hybridanlagen erlauben es, die besonderen Vorteile der einzelnen „Unit Operations" zu nutzen und die Gesamtanlage zu optimieren. Einen solchen Fall zeigt Abb. 11.14. Hier ist ein ternäres Gemisch aus einem Ester und einem Alkohol gegeben, das Wasser enthält. Die beiden organischen Komponenten lassen sich in Abwesenheit von Wasser durch Destillation trennen, zusammen mit ihm bilden sie aber ein Quasi-Azeotrop. In der ersten Kolonne wird daher dieses ternäre Gemisch als Kopfprodukt von höher siedenden Verunreinigungen und

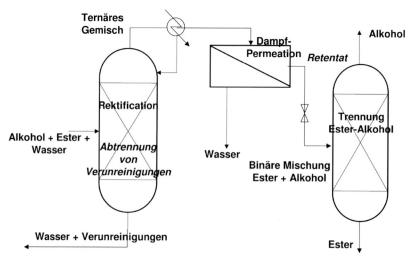

Abb. 11.14 Hybridanlage, Dampfpermeation zwischen zwei Kolonnen.

überschüssigem Wasser getrennt. In der folgenden Dampfpermeation wird das übrige Wasser entfernt, in der zweiten Kolonne erfolgt dann die Trennung der beiden wasserfreien organischen Verbindungen. Da die zweite Kolonne ihren Zulauf bereits als Dampf erhält, ist der Energieverbrauch für diese Trennung minimal und beschränkt sich auf die Kühlung zur Kondensation des Permeatdampfes.

11.9
Beeinflussung von Reaktionen

Bei vielen chemischen Kondensationsreaktionen wie Acetalisierungen, Verätherungen, Veresterungen entsteht Wasser als Nebenprodukt. Solche Reaktionen der allgemeinen Form

$$A + B \Leftrightarrow C + Wasser \tag{27}$$

verlaufen bis zu einem Gleichgewicht, das durch die Entfernung des unerwünschten Nebenproduktes Wasser zu Gunsten des Produktes C verschoben werden kann. Im einfachsten Fall geschieht dies in einer Anordnung, wie sie Abb. 11.15 schematisch zeigt.

Die Edukte A und B werden im stöchiometrischen Verhältnis im Reaktor gemischt und bei der Reaktionstemperatur in einer Schlaufe über die Membran geführt. Durch die Entfernung des produzierten Wassers wird das Gleichgewicht der Reaktion laufend verschoben, so dass theoretisch nach unendlich langer Zeit schließlich die Edukte vollständig umgesetzt sind, und nur noch das gewünschte Produkt C übrig bleibt.

Wenn eines der Edukte eine höhere Flüchtigkeit zeigt als das andere und als das Produkt C, kann statt der flüssigen Mischung auch ein entsprechender Dampf als Zulauf zur Membran geführt werden, alternativ in Kombination mit einer Destillationskolonne. Weiterhin können mehrere Reaktoren mit dazwischen geschalteten Membraneinheiten als Kaskade, auch als „Feed and Bleed"-System, zusammengefasst und kontinuierlich betrieben werden.

In der Praxis wird man jenes Edukt im Überschuss einsetzen, von dem sich das gewünschte Produkt C am leichtesten abtrennen lässt, und die Reaktion bis zu einem Umsatz führen, der eine einfache Trennung des Überschusses des einen Eduktes vom gewünschten Produkt C erlaubt. Eine der ersten industriellen

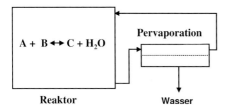

Abb. 11.15 Kopplung Reaktion–Pervaporation.

Anlagen dieser Art, in der eine Veresterung durch kontinuierliche Entfernung des Wassers mittels Pervaporation beschleunigt wird, ist in der Literatur [41] beschrieben.

Zur Berechnung und Simulation eines solchen Verfahrens müssen das Verhalten der Membran und die Kinetik der Reaktion bekannt sein. Für den einfachen Fall einer Reaktion zweiter Ordnung kann man ansetzen

$$\frac{d[C]}{dt} = k_1 \cdot [A] \cdot [B] - k_2 \cdot [C] \cdot [H_2O] \tag{28}$$

Die Ausdrücke in eckigen Klammern stehen für die molaren Konzentrationen der jeweiligen Substanzen, k_1 und k_2 sind die Geschwindigkeitskonstanten der Hin- und Rückreaktion bei vorgegebener Temperatur und eventueller Konzentration eines Katalysators. Das Gleichgewicht der Reaktion ist erreicht, wenn

$$\frac{d[C]}{dt} = 0, \quad \text{bzw.} \quad k_1 \cdot [A] \cdot [B] = k_2 \cdot [C] \cdot [D] \quad \text{oder} \quad K = \frac{k_1}{k_2} \tag{29}$$

Für die Bildung des Wassers durch die Reaktion kann die Gleichung (28) entsprechend formuliert werden

$$\left(\frac{d[H_2O]}{dt}\right)_{Reaktion} = k_1 \cdot [A] \cdot [B] - k_2 \cdot [C] \cdot [H_2O] \tag{30}$$

Nach der Gleichung (21) ist die Entfernung des Wassers durch die Pervaporationsmembran direkt proportional zur Membranfläche $A_{Membran}$, zur Konzentration des Wasser in der Mischung und zu dem nur temperaturabhängigen spezifischen Fluss J_0 der Membran und umgekehrt proportional zur Menge M des zu behandelnden Reaktionsgemisches

$$-\left(\frac{d[H_2O]}{dt}\right)_{Membran} = \frac{A_{Membran}}{M} \cdot [H_2O] \cdot J_0 \tag{31}$$

Fasst man die Bildung von Wasser durch die Reaktion und seine Entfernung durch die Membran zusammen, so erhält man

$$\frac{d[H_2O]}{dt} = k_1 \cdot [A] \cdot [B] - k_2 \cdot [C] \cdot [H_2O] - [H_2O] \cdot J_0 \cdot \frac{A_{Membran}}{M} \tag{32}$$

Für die Berechnung der Geschwindigkeit, mit der das Produkt C gebildet wird, können die abhängigen Differentialgleichungen (28) und (32) numerisch gelöst werden. Die Werte der hierfür erforderlichen Konstanten k_1 und k_2 können relativ leicht bestimmt werden, sofern keine Literaturdaten verfügbar sind. Die Geschwindigkeitskonstante k_1 für die Hinreaktion ergibt sich aus der Anfangssteigung der Bildungskurve des Wassers, k_2 ist dann aus der Gleichgewichtskonstanten K nach der Gleichung (29) zugänglich, und J_0 ist eine spezifische Konstante der Membran. Das Verhältnis $\frac{A_{\text{Membran}}}{M}$ kann dann für die jeweilige Reaktion optimiert werden.

In Abb. 11.16 sind für eine einfache Veresterung der zeitliche Verlauf des Umsatzes an Ester und des noch in der Mischung enthaltenen Wassers über einer dimensionslosen Reaktionszeit aufgetragen. Bei einem stöchiometrischen Verhältnis der Edukte (Fall a) ohne Membran werden beide Produkte gleich schnell gebildet, das Gleichgewicht dieser Reaktion wird bei einem Umsatz von 2/3 der Ausgangskonzentrationen erreicht. Wird Wasser laufend aus dem Gemisch entfernt, so sind die anfänglichen Geschwindigkeiten der Bildung beider Produkte (Steigung der Kurven am Nullpunkt) zunächst wieder gleich. Wasser wird dann aus der Mischung entfernt, zunächst langsamer, dann schneller als es gebildet wird. Sein Gehalt in der Mischung läuft durch ein Maximum, um dann für längere Reaktionszeiten gegen Null zu streben, die Rückreaktion verschwindet. Der Gehalt an Ester steigt kontinuierlich an über den Gleichgewichtswert hinaus, um nach unendlicher Zeit einen vollständigen Umsatz zu erreichen. Mit zunehmendem Umsatz nähern sich bei dieser Reaktion zweiter Ordnung die Konzentrationen beider Edukte dem Wert Null, in gleicher Weise nimmt auch die Bildung des Esters ab. Beginnt man mit einer Komponente im Überschuss, aber bei unveränderter Anzahl an Molen (Fall b), so ist die Reaktionsgeschwindigkeit am Anfang praktisch unverändert. Zunächst wird Wasser schneller gebildet als entfernt, mit steigender Konzentration steigt aber der Wasserfluss, Wasser wird dann schneller entfernt als gebildet, schließlich geht sein Gehalt in der Mischung gegen Null. Zum Ende der Reaktion verschwindet zwar auch die Konzentration der Minderkomponente, die Restkonzentration des Eduktes im Überschuss bleibt aber endlich und nahezu konstant. Damit geht die Reaktion zweiter Ordnung gegen Ende in eine solche erster Ordnung

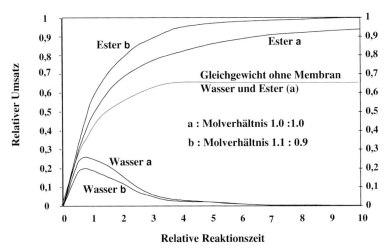

Abb. 11.16 Zeitlicher Verlauf, Reaktion – Pervaporation.

über und der Umsatz der Minderkomponente ist nach endlicher Zeit praktisch vollständig.

Nicht nur das Nebenprodukt Wasser kann auf diese Weise aus einem Reaktionsgemisch entfernt werden. Bei einer Umesterung eines Methylesters kann z. B. in gleicher Weise Methanol abgetrennt werden. Ferner ist es möglich, in Fermentationsprozessen ein flüchtiges Nebenprodukt, das als Inhibitor wirkt, z. B. Ethanol oder Butanol, durch eine organophile Membran zu entfernen, oder das gewünschte Produkt selbst abzutrennen.

11.10
Zusammenfassung

Pervaporation und Dampfpermeation zur Entfernung von Wasser und Methanol aus Gemischen mit anderen organischen Komponenten und die Abtrennung von flüchtigen organischen Dämpfen aus Gasgemischen haben sich in den letzten zwei Jahrzehnten zu einem akzeptierten Stand der Technik entwickelt. Anlagen mit Durchsätzen von mehreren Tonnen pro Stunde sind seit längerer Zeit in Betrieb, Membranen und Module haben hier ihre Beständigkeit unter industriellen Bedingungen bewiesen. Durch neue Membranen, vor allem solchen aus anorganischen Materialen, können Bereiche höherer Temperaturen für diese bekannten Anwendungen erschlossen werden. Neue Anwendungen im Bereich der Trennung rein organischer Mischungen werden sich in Zukunft durch die Entwicklung zusätzlicher Membranen und ihre Einbindung in konventionelle Prozesse ergeben.

11.11
Literatur

1 P. A. Kober, Pervaporation, Perstillation, and Percrystallisation, J. Amer. Chem. Soc., 39 (1917) 9444.
2 R. C. Binning, R. J. Lee, J. F. Jenning, E. C. Martin, Separation of liquid mixtures by permeation, Ind. Eng. Chem., 53 (1961) 45.
3 R. C. Binning, F. E. James, Permeation. A new commercial separation tool. The Refiner Engineer, 30, no. 6 (1958) C14.
4 R. C. Binning, F. E. James, How separate by membrane permeation, Petroleum Refiner, 37, no. 5 (1958) 214.
5 R. C. Binning, Separation of mixtures, US Patent 2 981 680 (1961).
6 R. J. Lee, Permeation process using irradiated polyethylene membranes, US Patent 2 984 623.
7 P. Aptel, J. Cuny, J. Josefowicz, J. Néel, Liquid transport through membranes prepared by grafting of polar monomers onto polytetrafluoroethylene films, Parts I, II, III.
8 J. Appl. Polym. Sci., 16 (1972) 1061.
9 J. Appl. Polym. Sci., 18 (1974) 351.
10 J. Appl. Polym. Sci., 18 (1974) 365.
11 R. Fries, J. Néel, Transfer sélectif á travers des membranes actives, J. Chim. Phys., 62 (1965) 494.
12 P. Aptel, J. Cuny, G. Morel, J. Josefowicz, J. Néel, Pervaporation à travers des films de polytétrafluoroéthylene modifiés par greffage radiochimique de N-vinylpyrrolidone. Europ. Polym. J., 9 (1973) 877.

13 H. E. A. Brüschke, W. H. Schneider, G. F. Tusel, Pervaporation membrane for the separation of water and oxygen-containing simple organic solvents. European Workshop on Pervaporation, Nancy, France, Sept. 21–22 (1982).

14 A. H. Ballweg, H. E. A. Brüschke, W. H. Schneider, G. F. Tusel, K. W. Böddeker, A. Wenzlaff, Pervaporation membranes. An economical method to replace conventional dehydration and rectification columns in ethanol distilleries. Fifth Intern. Sympos. on Alcohol Fuel Technology. Auckland, New Zealand, May 13–18 (1982).

15 J. L. Rapin, The BETHENIVILLE pervaporation unit. The first large-scale productive plant for the dehydration of ethanol. Third Intern. Confer. on Pervaporation Processes in the Chem. Industry. Nancy, France, Sept. 19–22 (1988).

16 H. E. A. Brüschke, Verwendung einer mehrschichtigen Membran zur Trennung von Flüssigkeitsgemischen nach dem Pervaporationsverfahren, Europ. Patent EP 096 339 (1982).

17 U. Sander, P. Sonkup, Design and operation of a pervaporation plant for ethanol dehydration, J. Memb. Sci., 36 (1988) 463.

18 L. van der Ent, Succesverhaal rond Damppermeatie, npt Processtechnologie, Sept.–Oct 1999, pp. 25–28 (niederländisch).

19 U. Hömmerich, Integration der Pervaporation in den MTBE-Herstellungsprozess, IVT Information der RWTH Aachen, 26, Nr. 2, 1996.

20 K. W. Böddeker, G. Bengtson, Phenolanreicherung durch Pervaporation, Erdöl und Kohle 40 (1987) 439.

21 H. E. A. Brüschke, W. H. Schneider, G. F. Tusel, Verfahren zur Reduktion des Alkoholgehaltes alkolischer Getränke, Europ. Patent 0 332 738, 1994.

22 H. J. te Hennepe, M. H. V. Mulder, C. A. Smolders, D. Bargemann, G. A. T. Schröder, Pervaporation Process and Membrane, US Patent 4 025 562, 1990.

23 W. Gundernatsch, K. Kimmerle, N. Stroh, H. Chmiel, Recovery and concentration of high vapour pressure bioproducts by means of controlled membrane separation, J. Membr. Sci. 36 (1988) p. 331.

24 G. Bengtson, K. W. Böddeker, Pervaporation of low volatiles from water, Proc. 3rd Int. Conference on Pervaporation Processes, Nancy (R. Bakish Ed.), Englewood, 1988, 439.

25 L. Black, Selective permeation of aromatic hydrocarbons through polyethylene glycol impregnated regenerated cellulose or cellulose acetate membrane, US Patent 4 802 987, 1989.

26 R. C. Schucker, Multi-block polymer comprising a first amide acid prepolymer, chain extended with a compatible second prepolymer, the membrane made thereof and its use for the separations, US Patent 5 130 017, 1992.

27 H. E. A. Brüschke, N. Wynn, J. Balko, Desulphurization of Gasoline Preprints, 9. Aachener Membrankolloquium 2003, I, 184.

28 J. Hauser, A. Heintz, G. A. Reinhard, B. Schmittecker, M. Wesslein, R. N. Lichtenthaler, Sorption, Diffusion, and Pervaporation of water – alcohol mixtures in PVA-membranes. Proc. of the 2nd Int. Conference on Pervaporation Processes, San Antonio (R. Bakish, Ed.) Englewood (1987) 15.

29 J. Hauser, G. A. Reinhard, F. Stumm, A. Heintz, Experimental study of solubilities of water containing organic mixtures in Polyvinylalcohol using Gas Chromatographic and Infrared spectroscopic analysis. Fluid Phase Eq., 49 (1989) 195.

30 Y. P. Ageev, S. L. Kotova, A. B. Zesin, E. E. Skorikova, PV-Membranes based on polyelectrolyte complexes of Chitosan and Poly-(acrylic acid), Proc. of 7th Internat. Conference on Pervaporation Processes, Reno, Nevada (R. Bakish, Ed.), Englewood, NJ, 1995, 52.

31 G. H. Koops, M. H. Mulder, C. A. Smolders, Composite membrane and its use for the dehydration of organic solvents or concentrated acetic acid solutions. Europ. Patent EP 0564045.

32 T. de V. Naylor, F. Zelaya, G. J. Bratton, The BP-Kalsep Pervaporation System, Proc. of 4th Internat. Conference on Pervaporation Processes, Ft. Lauderdale,

Florida (R. Bakish, Ed.), Englewood, NJ, 1989, 428.

33 H. H. Schwarz, R. Apostel, K. Richau, D. Paul, Separation of water-alcohol mixtures through High Flux Polyelectrolyte Complex Membranes, Proc. of 6th Internat. Conference on Pervaporation Processes, Ottawa, Canada (R. Bakish, Ed.), Englewood, NJ, 1992, 223.

34 H. E. A. Brüschke, H. A. Steinhauser, Verwendung einer Membran für die Pervaporation oder Dampfpermeation, Europ. Patent EP 0674940, 1997.

35 J. Ren, C. Staudt-Bickel, R. N. Lichtenthaler, Separation of aromatics/aliphatics with crosslinked 6FDA-based copolyimids, Separation and Purification Techn. 22–23 (2001) 31.

36 A. J. Burggraaf, K. Keizer, R. J. R. Uhlhorn, R. S. A. De Lang, Manufacturing Ceramic Membrane, Europ. Patent EP 0586745.

37 H. Kita, K. Horii, K. Tanaka, K.-I. Okamoto, Pervaporation of Water-Organic liquid mixtures using a Zeolite NaA membrane, Proc. of 7th Internat. Conference on Pervaporation Processes, Reno, Nevada (R. Bakish, Ed.), Englewood, NJ, 1995, 364.

38 H. E. A. Brüschke, R. Abouchar, H. Ganz, J. Huret, F. Marggraff, Plate module and its use for separating fluid mixtures. EP 0592778.

39 H. E. A. Brüschke, P. Pex, Isothermes Modul mit keramischen Membranen für die Pervaporation, Preprints 8. Aachener Membran Kolloquium 2001, I, 177.

40 H. E. A. Brüschke, N. Wynn, F. Marggraff, Tubularmodul. DE 10323440.

41 H. E. A. Brüschke, Optimierung einer Kopplung Pervaporation und Reaktion zur Esterherstellunng, Preprints 5. Aachener Membrankolloquium, 1995, 207.

12
Verfahren zur Trennung von Gasen und Dämpfen

12.1
Membranverfahren zur Gaspermeation

Klaus Ohlrogge, Jan Wind und Klaus-Viktor Peinemann

12.1.1
Einführung

Gastrennung durch Membrantechnik hat sich während der vergangenen 25 Jahre zu einem anerkannten Stand der Technik entwickelt. Schon 1866 beschrieb Graham die Möglichkeit, durch semipermeable Membranen Gasgemische zu trennen [1]. In den folgenden Jahrzehnten wurden Untersuchungen zur Gaspermeation durch Kautschuk durchgeführt. Obwohl das Phänomen der Gaspermeation durch dichte Schichten seit den vierziger Jahren intensiv wissenschaftlich untersucht wurde, scheiterte der technische Einsatz daran, dass keine geeigneten Membranen zur Verfügung standen [2–4]. Einzigartig ist die erste großtechnische Anlage zur Anreicherung von Uran 235 aus Uranhexafluorid mit Hilfe von mikroporösen Metallmembranen [5]. Die Gasdiffusionsanlage wurde in den Laboratorien in Oak Ridge, Tennessee, gebaut und betrieben. Da die Trennfaktoren der Metallmembranen nur sehr gering waren, wurden die einzelnen Trenneinheiten in Kaskaden verschaltet. Die derzeit entwickelte Kaskadentheorie bildet noch heute die Grundlage für die verfahrenstechnische Auslegung für vielstufige Kaskadenprozesse. Die Entwicklung von integral asymmetrischen Membranen durch Loeb und Sourirajan ermöglichte die Herstellung von technisch dünnen Filmen mit einer mikroporösen Unterstruktur und brachte einen Durchbruch zur kommerziellen Nutzung der Membrantechnik [6]. Die Membranen auf der Basis von Celluloseacetat wurden zunächst zur Entsalzung von Meer- und Brackwasser durch Umkehrosmose eingesetzt. Das Grundprinzip konnte aber auch auf die Fertigung von Gastrennmembranen übertragen werden. Mit der Entdeckung von J. M. S. Henis und M. K. Tripodi, Fehlstellen (pin holes) bei der Fertigung von Membranen durch eine Beschichtung mit einem Silikonfilm zu reparieren, konnten die ersten Membrananlagen zur Wasserstoffabtrennung aus Synthesegas eingesetzt werden [7, 8].

Im Vergleich der Umsatzzahlen zu den klassischen Trennverfahren wie Destillation, Adsorption und Absorption ist die wirtschaftliche Bedeutung der

Membranverfahren zur Gastrennung eher niedrig einzuschätzen. Es wurden jedoch Nischen identifiziert, in denen Membranen eindeutige Vorteile zeigen oder in Kombination mit den klassischen Trennverfahren zu wesentlich besseren Trennleistungen und einer erhöhten Wirtschaftlichkeit führten.

Anwendungen, in denen Membranverfahren zur Gastrennung einen festen Platz eingenommen haben, sind die Wasserstoffabtrennung, die Inertgasherstellung, die Drucklufttrocknung, die Kohlendioxidabtrennung aus Erdgas, die Abtrennung organischer Dämpfe aus Ab- und Prozessgas und für Nischenanwendungen die Heliumrückgewinnung aus Tauchgasen und die Sauerstoffanreicherung für Oxidationsprozesse.

Im Pilot- oder Demonstrationsmaßstab stehen folgende Gastrennverfahren an der Schwelle zur technischen Nutzung: In der Erdgasbehandlung die Kohlenwasserstoff-Taupunkteinstellung, die Wasserdampf-Taupunkteinstellung und die Methanzahleinstellung von Erdölbegleitgas zur Nutzung als Brenngas für Gasmotoren. Die Methan-/Stickstofftrennung wird zur Nutzung von Erdgasquellen mit hohen Stickstoffgehalten oder der Aufbereitung von Grubengas aus Kohlebergwerken untersucht.

Es wird in den nachfolgenden Kapiteln nur die Nutzung von Polymermembranen behandelt. Metallmembranen finden bei der Herstellung von hochreinem Wasserstoff zur Nutzung als Brenngas für die Brennstoffzelle ihre Anwendung, haben aber im Vergleich zu Polymermembranen anteilmäßig nur geringe Bedeutung. Für die etablierten Verfahren haben sich nur wenige Membranpolymere durchgesetzt. Dies sind hauptsächlich Polysulfon, Polyimid, Polyetherimid, Celluloseacetat, Polykarbonat, Polyphenylenoxid, Polymethylpenten und Polydimethylsiloxan. Als Modulformen dominieren die Hohlfadenmodule und Spiralwickelmodule. Bei Anwendungen mit hohen Permeationsraten kann der Taschen- oder Kissenmodul verfahrenstechnische Vorteile aufweisen.

12.1.2
Prinzip der selektiven Gaspermeation

Die Gaspermeation durch Membranen ist ein druckgetriebener Trennprozess. Der Stofftransport durch die Membran erhält seine Triebkraft durch das Partialdruckgefälle der jeweils permeierenden Komponente zwischen beiden Seiten der Membran (Abb. 12.1.1). Der Stofftransport durch den Polymerfilm wird durch ein Lösungs-Diffusionsmodell beschrieben:

- Absorption in der Polymermatrix auf der Membranoberseite,
- Diffusion des gelösten Gases durch die Membran,
- Desorption auf der Membranunterseite.

Ein Gasmolekül kann also nur durch die Membran permeieren, indem es sich im Membranmaterial löst und dann unter der treibenden Kraft eines Konzentrationsgradienten zur Niederdruckseite der Membran diffundiert, wo es schließlich wieder desorbiert wird. Der Geschwindigkeitsbestimmende Schritt für den

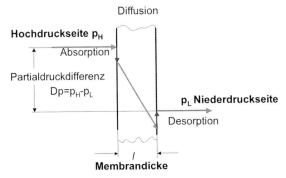

Abb. 12.1.1 Modellvorstellung zum Gastransport durch eine Membran.

Gastransport ist die Diffusion durch die Membran, welche durch das Ficksche Diffusionsgesetz beschrieben wird. Dieses führt zu der Gleichung

$$J = \frac{D \cdot k \cdot \Delta p}{l}$$

Hierin ist J der Gasfluss durch die Membran und D der Diffusionskoeffizient des Gases in der Membran. Der Löslichkeitskoeffizient k gibt an, wie viel Gas sich bei einem bestimmten Druck im Membranmaterial löst, Δp ist die Partialdruckdifferenz über der Membran, und l ist die Membrandicke. Bestimmend für den Transport eines Gases durch ein Polymer ist also das Produkt von Diffusions- und Löslichkeitskoeffizient des Gases im Polymer. Dieses Produkt wird Permeabilität L genannt ($L = k \cdot D$).

Die Permeabilität der Komponente A ist:

$L_A = k_A \cdot D_A$
k_A = Löslichkeitskoeffizient von A
D_A = Diffusionskoeffizient von A

Die Selektivität a ist als Quotient der Permeabilität L_A zu L_B definiert:

$$a_{A/B} = \frac{L_A}{L_B} = \underbrace{\left(\frac{k_A}{k_B}\right)}_{\text{Löslichkeits-selektivität}} \cdot \underbrace{\left(\frac{D_A}{D_B}\right)}_{\text{Beweglichkeits-selektivität}}$$

Viele Untersuchungen haben gezeigt, dass D mit der Größe des permeierenden Moleküls abnimmt [9], so wie man es auch intuitiv erwartet. Der Löslichkeitskoeffizient k nimmt im Allgemeinen mit der Größe der sich lösenden Teilchen zu. Die Permeabilität L kann daher mit zunehmender Molekülgröße fallen oder ansteigen, je nachdem, ob k oder D den entscheidenden Beitrag liefert.

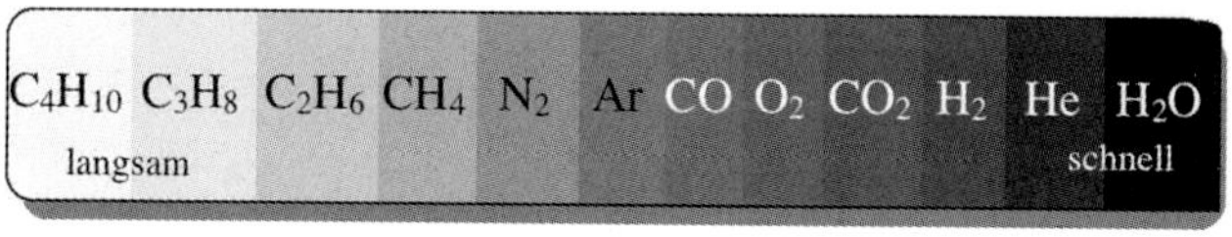

| C_4H_{10} C_3H_8 C_2H_6 CH_4 N_2 Ar CO O_2 CO_2 H_2 He H_2O |
| langsam .... schnell |

Abb. 12.1.2 Permeationsverhalten verschiedener Gase bei glasartigen Polymeren.

Kunststoffe, deren Polymerketten steif und unbeweglich sind – so genannte glasartige Polymere – wirken wie Molekularsiebe, d. h. kleine Teilchen werden bevorzugt transportiert (Abb. 12.1.2). Beim Transport von Gasen in gummiartigen Polymeren hingegen spielt häufig die Löslichkeit des Gases im Polymer die entscheidende Rolle. Letzteres wird in Abb. 12.1.3 am Beispiel Silikongummi gezeigt.

Der Diffusionskoeffizient des großen Pentanmoleküls in Silikongummi ist um den Faktor 3,6 kleiner als der von Sauerstoff. Die Löslichkeit von Pentan in Silikon ist aber um den Faktor 200 größer als die von Sauerstoff. Die Abnahme des Diffusionskoeffizienten wird also durch die Zunahme der Löslichkeit weit überkompensiert. Infolge seiner hohen Permeabilität ist Silikongummi (Polydimethylsiloxan) ein gut geeignetes Material, um Membranen für die Lösemittelabtrennung herzustellen. Für einige Anwendungen sind andere Elastomere mit höheren Selektivitäten vorteilhafter. Zur Veranschaulichung sind in Abb. 12.1.4 die Selektivitäten von Kohlenwasserstoffdämpfen gegenüber Stickstoff für eine Kompositmembran mit einer selektiven Trennschicht aus Polydimethylsiloxan (PDMS) und Polyoctylmethylsiloxan (POMS) verglichen.

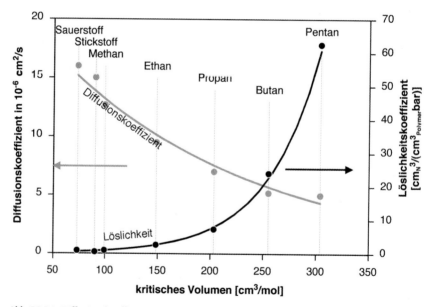

Abb. 12.1.3 Diffusionskoeffizienten und Löslichkeiten verschiedener Gase in Silikongummi bei 30 °C (Originaldaten aus [10–12]).

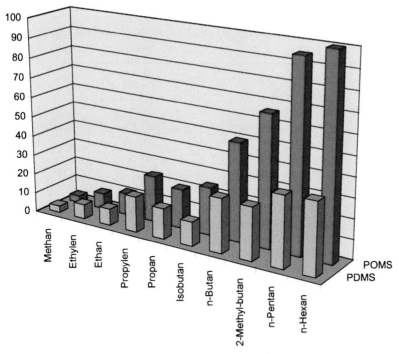

Abb. 12.1.4 Vergleich der Selektivitäten gegenüber Stickstoff von PDMS- und POMS-Membranen.

12.1.2.1 Definitionen

Die mit einer Membran zu erzielende Anreicherung einer Gaskomponente im Permeat wird von zwei Faktoren bestimmt:

Der erste Faktor ist die Membranselektivität a. Diese ist definiert als:

$$a = \frac{\text{Permeabilität der Membran für die Komponente A}}{\text{Permeabilität der Membran für die Komponente B}} \qquad (1)$$

Der zweite Faktor ist das Druckverhältnis ϕ über die Membran:

$$\phi = \frac{\text{Gesamt-Permeatdruck } (p'')}{\text{Gesamt-Feeddruck } (p')} \qquad (2)$$

Das Zusammenwirken dieser beiden Faktoren soll im Folgenden für ein Zweikomponentensystem abgeleitet werden, da die resultierende einfache Gleichung wichtige Aussagen über die Anwendbarkeit des Verfahrens macht. Die Flussgleichungen für die zu trennenden Komponenten lauten:

$$J_1 = \frac{L_1(P_1' - P_1'')}{1} \qquad (3)$$

$$J_2 = \frac{L_2(P'_2 - P''_2)}{1} \tag{4}$$

Hierin sind L_1 und L_2 die Permeabilitäten der Komponenten 1 und 2, l ist die Membrandicke, P'_1, P'_2 und P''_1, P''_2 sind die Partialdrücke im Feed- und im Permeatstrom. Der Gesamtdruck ist die Summe der Partialdrücke, d.h.

$$P' = P'_1 + P'_2 \tag{5a}$$

$$P'' = P''_1 + P''_2 \tag{5b}$$

$$C'_2 = \frac{P'_2}{P'} \quad C''_2 = \frac{P''_2}{P''} \tag{5c}$$

Außerdem gilt

$$C''_2 = \frac{J_2}{J_1 + J_2} \tag{6}$$

Durch Kombination der Gleichungen (1–6) erhält man

$$C''_2 = \frac{1}{2} \cdot \frac{1}{\phi} \left[C'_2 + \phi + \frac{1}{a-1} - \sqrt{\left(C'_2 + \phi + \frac{1}{a-1}\right)^2 - \frac{4\phi \cdot C'_2 \cdot a}{a-1}} \right] \tag{7}$$

Hierin sind C'_2 und C''_2 die Konzentrationen der Komponente 2 im Feed und im Permeat.

Diese Gleichung gibt die Anreicherung an, die mit einer Membran der Selektivität a bei einem Druckverhältnis ϕ erreicht werden kann. Bei der Ableitung wurde vorausgesetzt, dass die Konzentration auf der Hochdruckseite der Membran konstant bleibt. Soll diese Konzentration sich ändern, müssen kompliziertere Berechnungsverfahren angewandt werden [8, 9].

Die Gleichung (7) ist ziemlich unanschaulich, wenn man aber die mit einer gegebenen Membran erreichbare Anreicherung gegen das Druckverhältnis aufträgt, so sind drei Bereiche zu erkennen. Bei niedrigen Druckverhältnissen ($a \gg 1/\phi$) ist die Permeatkonzentration C''_2 proportional zum Druckverhältnis und unabhängig von der Membranselektivität.

Die Gleichung (7) reduziert sich dann zu

$$C''_2 = C'_2/\phi \tag{8}$$

Bei hohen Druckverhältnissen ist die Permeatkonzentration proportional zur Selektivität und unabhängig vom Druckverhältnis. Mit $a \ll 1/\phi$ reduziert sich Gleichung (7) zu

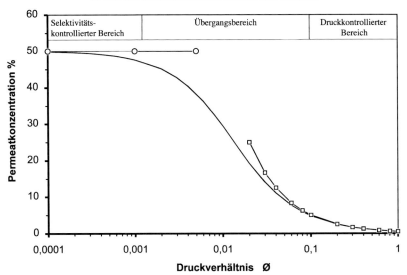

Abb. 12.1.5 Berechnete Permeatkonzentration in Abhängigkeit vom Druckverhältnis, Selektivität = 200, Rohgaskonzentration = 0,5%.

$$C_2' = \frac{a \cdot C_2'}{1 - C_2'(1-a)} \qquad (9)$$

Zwischen diesen beiden Extremen existiert natürlich ein Übergangsbereich, in dem sowohl a als auch ϕ die Anreicherung bestimmen. In Abb. 12.1.5 ist die berechnete Konzentration im Permeat gegen das Druckverhältnis aufgetragen für eine Membran mit einer Selektivität von 200.

Ein weiterer Kennwert zur Beschreibung von Membranverfahren ist der Stufenschnitt Θ, der als ein Maß für den Anteil des Permeatvolumenstroms zum Rohgasvolumenstrom definiert ist.

$$\Theta = \frac{\text{Permeatvolumenstrom}}{\text{Rohgasvolumenstrom}}$$

12.1.3
Wasserstoffabtrennung

1980 wurde die erste kommerzielle Anlage zur Wasserstoff-/Kohlenmonoxidtrennung von Monsanto gebaut und in Betrieb genommen [13, 14]. Membran- und Modulherstellung sowie die Anwendung im technischen Maßstab waren in

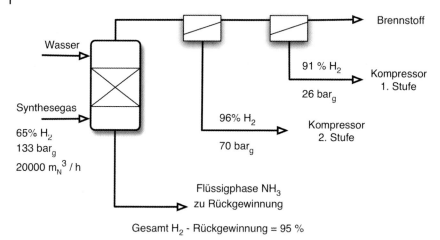

Abb. 12.1.6 Wasserstoffrückgewinnung aus NH$_3$-Synthesegas (Daten aus Air Products Broschüre).

einem Haus vereint und bildeten die Grundlage für eine erfolgreiche Entwicklung und eine schnelle Markteinführung. Schon 1981 wurde mit dem Einsatz von Membranen zur Behandlung von Spülgas aus der Ammoniaksynthese eine zweite Anwendung demonstriert. In Abb. 12.1.6 ist das Verfahrensschema zur Wasserstoffrückgewinnung aus dem Abgas der Ammoniaksynthese beschrieben.

Die Membranaktivitäten von Monsanto wurden in dem Geschäftsbereich PERMEA gebündelt und die Technik unter dem Handelsnamen PRISM® Membranen im Markt eingeführt. Die Membranen sind Hohlfäden mit etwa 0,35 mm Außendurchmesser, die in Bündeln in einem Druckbehälter von 100 bis 200 mm Durchmesser in einer Höhe von 30–50 mm montiert sind. PERMEA wurde von Air Products in den neunziger Jahren übernommen.

Zur Verbesserung der Wasserstoffausbeute und der Wirtschaftlichkeit des Trennprozesses wird häufig die Membranstufe als in Reihe geschaltete Module ausgeführt. Die Permeatdrücke werden so ausgewählt, dass der angereicherte Wasserstoff wieder direkt in die Saugleitung eines Mehrstufenverdichters eingespeist werden kann. Im Bereich Wasserstoffreinigung und Wasserstoffrückgewinnung in Raffinerien und der petrochemischen Industrie wurden von Air Products bisher mehr als 300 Anlagen mit einer Anlagenkapazität von < 1000 m$_N^3$/h bis zu 300 000 m$_N^3$/h und einem Betriebsdruck bis zu 145 bar gebaut (Abb. 12.1.7). Die häufigsten Trennaufgaben sind die Trennung von: Wasserstoff/Kohlenmonoxid, Wasserstoff/Methan und Wasserstoff/Stickstoff.

Neben PERMEA/Air Products bieten weitere Firmen Membranen aus unterschiedlichen Polymeren für Anlagen zur Wasserstoffabtrennung an. PERMEA nutzt Polysulfon, Du Pont-Medal Polyaramid, UOP-Separex Celluloseacetat und UBE Polyimid als Grundmaterial für die Membranherstellung. Die Wasserstoff-/Stickstoffselektivität der Polymere, gemessen mit Einzelgasen, liegt zwi-

Abb. 12.1.7 Anlage zur Synthesegasaufbereitung, Kapazität 300 000 m_N^3/h. (Mit freundlicher Genehmigung von Air Products).

schen 100 und 200. Die Wasserstoff-/Kohlenmonoxidselektivität beträgt etwa 50 bis 100. Die Einspeisung in die Verdichterstufen bestimmt bei mehrstufigen Verfahren den Druck auf der Permeatseite und gibt damit das Druckverhältnis von Rohgasdruck zu Permeatdruck vor. Bei Druckverhältnissen von 2 bis 5 kann die Selektivität der Membran nur unvollständig genutzt werden und das unter diesen Bedingungen zu erzielende Trennergebnis wird durch die Vorgaben für den Verdichterbetrieb bestimmt.

12.1.4
Heliumrückgewinnung

Eine Nischenanwendung ist die Aufbereitung von Atemgasen für Taucher. Standardanwendung für die Heliumreinigung ist die chemische und kryogene Trennung. Für kleinere mobile Einheiten haben sich Membranverfahren bewährt [15, 16].

Membranen, wie sie für die Wasserstoffabtrennung genutzt werden, können auch für die Heliumrückgewinnung eingesetzt werden. Die Atemluft von Tauchern besteht aus einem Gemisch aus Sauerstoff, Stickstoff und Helium. Entsprechend der Tauchtiefe wird der Sauerstoffgehalt so eingestellt, dass er dem Partialdruck auf Meereshöhe entspricht. Der Anteil an Stickstoff ist aufgrund seiner pathophysiologischen Wirkung bei hohem Druck limitiert. Dem Tauchgas wird anteilig zur Tauchtiefe Helium beigemischt. Membranverfahren zur Aufbereitung von Tauchgasen haben Vorteile, wenn das zu reinigende Gemisch auch Argonanteile enthält. Die Eispunkte von Sauerstoff und Argon liegen eng beieinander, so dass eine thermische Trennung schwierig ist. Da aber Membranen häufig auch eine hohe Permeabilität für CO_2 haben, muss CO_2 separat durch Absorption in Atemkalk abgetrennt werden.

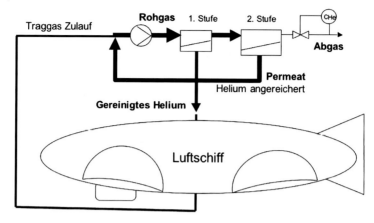

Abb. 12.1.8 Membranverfahren zur Heliumreinigung.

Luftschiffe und Zeppeline sind mit Helium als Traggas gefüllt. Die Luftschiffhüllen sind weitgehend gasdicht, jedoch ist die Permeation von Luft und Wasserdampf in die Hüllen nicht zu unterbinden. Hierdurch verliert das Luftschiff an Auftriebskraft. Membranverfahren werden eingesetzt, um das Helium wieder aufzuarbeiten (Abb. 12.1.8) [17].

Membranverfahren wurden auch zur Heliumgewinnung aus Erdgasvorkommen in Pilotversuchen erprobt. Erdgas kann zwischen 0,01 und 0,8 vol% Helium enthalten. Das etablierte Verfahren zur Heliumgewinnung ist ein Tieftemperaturprozess. In den achtziger Jahren wurden von der Firma Alberta Helium Limited Versuche zur Heliumgewinnung aus einem Erdgas mit einem Heliumgehalt von 0,05 vol% gefahren. In einer Reihenschaltung von Membranmodulen wurde das Helium bis auf 90 vol% angereichert und durch Druckwechseladsorption mit Molekularsieben bis auf 99,997 vol% gereinigt. Obwohl in einer Studie wirtschaftliche Vorteile des Membranverfahrens errechnet wurden, wurde diese Anwendung bisher nicht im großtechnischen Maßstab realisiert [18].

12.1.5
Luftzerlegung

12.1.5.1 Inertgasherstellung

Die Stickstoffversorgung zur Bereitstellung von Inertgas kann über Versorgungsleitungen vom Gasproduzenten, Flüssiggasbehälter, Tiefkühlverfahren vor Ort, Gasflaschen oder durch Membranverfahren erfolgen. Die Stickstoffherstellung durch Membranverfahren hat sich seit den achtziger Jahren fest etabliert. Die Anlagengröße reicht von $1\,m_N^3/h$ bis mehr als $6000\,m_N^3/h$. Die erzielten Stickstoffreinheiten liegen je nach Anforderung des Betreibers und der Ausbeute im Verhältnis Membranfläche zu Produktreinheit zwischen 95 und bis zu 99,8 vol%. Die Sauerstoff-/Stickstoffselektivität der Membranen der kommerziell erfolgreichsten Anlagenbauer liegt zwischen 5 und 7. Wie bei allen klassischen

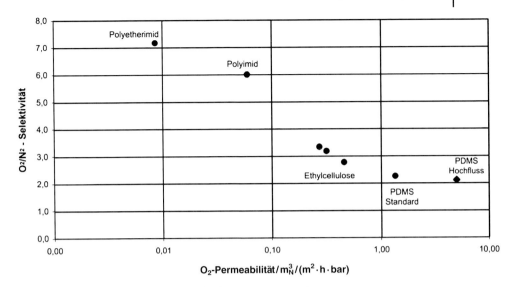

Abb. 12.1.9 O$_2$/N$_2$-Selektivitäten verschiedener Gastrennmembranen.

Membranmaterialien gibt es einen eindeutigen Trend im Verhältnis Membranselektivität zu Membranpermeabilität. Beispielhaft wird dies an den Polymeren Polyetherimid und Silikon erklärt. Während sich bei einer technischen Membran aus Polyetherimid eine Sauerstoff-/Stickstoffselektivität von 7 bei einer Sauerstoffpermeabilität von 0,01 m$_N^3$/m^2 h bar einstellt, wird mit einer Dünnfilmkompositmembran mit Silikon als selektive Schicht bei einer Sauerstoff-/Stickstoffselektivität von 2,1 unter optimierten Bedingungen eine Sauerstoffpermeabilität von >5 m$_N^3$/m^2 h bar erreicht (Abb. 12.1.9).

Membranverfahren als Inertgasgeneratoren werden für folgende Anwendungen eingesetzt: Inertgasherstellung auf Schiffen zur Überlagerung von brennbaren Chemikalien und petrochemischen Produkten, in der Metallherstellung und Metallverarbeitung, Inertisierung von Lagertanks, elektrischen Schaltschränken und Wellenlager auf Off-Shore-Plattformen und in Öl- und Gasindustrie, Herstellung einer kontrollierten Atmosphäre bei der Lagerung von Obst, Gemüse und Blumen in Lagerhallen und beim Transport, Druckgas für Reifen und Inertisierung von Treibstofftanks für Flugzeuge [19–22].

12.1.5.2 Sauerstoffherstellung

Reiner Sauerstoff wird durch Tiefkühlkondensation oder Druckwechseladsorption hergestellt. Durch die begrenzten Sauerstoff-/Stickstoffselektivitäten von verfügbaren Polymermembranen ist in einem technischen Prozess eine Sauerstoffanreicherung aus Luft bis zu ungefähr 50 vol% bei einer Selektivität von 7 unter wirtschaftlichen Bedingungen möglich. In Abb. 12.1.10 wird die Sauerstoffanreicherung im Permeat in Abhängigkeit von der Membranselektivität und dem Druckverhältnis diskutiert.

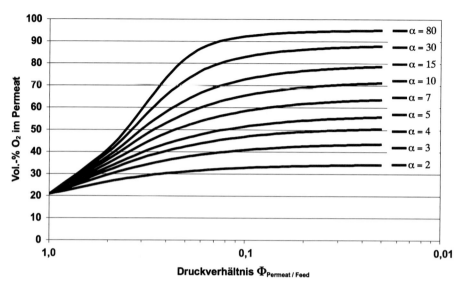

Abb. 12.1.10 Maximal erreichbare Sauerstoffanreicherung aus Luft in Abhängigkeit der Membranselektivität und vom Druckverhältnis.

Hierbei wird gezeigt, dass bei der Luftzusammensetzung von 79 vol% N_2 und 21 vol% O_2 die maximale Anreicherung in Abhängigkeit vom Druckverhältnis von Permeatdruck zu Rohgasdruck und der Membranselektivität limitiert ist. Die Steigung der Kurven nimmt mit zunehmender Selektivität zu, erreicht aber beim Druckverhältnis 0,1 ein Plateau. Eine Absenkung des Permeatdrucks bringt auch bei einer theoretischen Selektivität von 80 keine wesentliche Verbesserung der erzielbaren O_2-Konzentration im Permeat.

Mögliche technische Anwendungen zur Sauerstoffanreicherung sind: Verbesserung von Verbrennungsprozessen und Bioprozessen, Atemluftanreicherung und Belüftung von Gewässern und Fischzuchtanlagen. Der Einsatz von Membranverfahren steht hier in Konkurrenz zur Nutzung von reinem Sauerstoff. Der Preis und die Verfügbarkeit von reinem Sauerstoff müssen gegen die Vorteile des Membranverfahrens wie Flexibilität in der Handhabung, mobiler Standort und Anpassung von Volumenstrom und Produktkonzentration durch einfache Prozesseinstellung abgewogen werden.

12.1.6
Drucklufttrocknung

Einige Hersteller von Gastrennmembranen bieten auch Membranmodule zur Drucklufttrocknung an. Membranpolymere, die zur Gastrennung eingesetzt

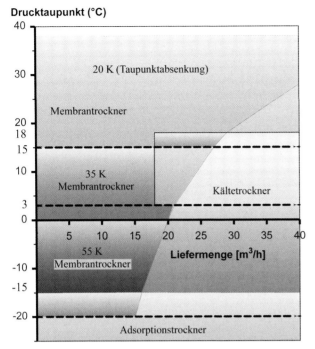

Abb. 12.1.11 Anwendungsbereich Membrantrockner.
(Mit freundlicher Genehmigung von ultratroc GmbH Drucklufttechnik).

werden, haben in der Regel auch eine hohe Permeabilität für Wasserdampf. Hersteller von Anlagen zur Drucklufttrocknung haben diese Membranen in ihre Angebotspalette übernommen (Abb. 12.1.14).

Die Qualität von Druckluft hängt vom Öl- und Wassergehalt ab und wird durch die Verwendung bestimmt. An Prozess- und Förderluft, Instrumentenluft oder Atemluft werden andere Qualitätsanforderungen gestellt als an Arbeitsluft für Werkzeuge oder zur Reinigung des Arbeitsplatzes. Ölaerosole, die durch die Luftverdichtung mit Öl geschmierter Kompressoren entstehen können, werden adsorptiv durch Aktivkohle entfernt. Die Trocknung von Druckluft erfolgt durch Überverdichtung, Kühlung, Adsorption, Absorption oder durch eine Kombination der Verfahren [23]. Abbildung 12.1.11 zeigt die Anwendung der unterschiedlichen Techniken in Abhängigkeit der Taupunktabsenkung und der Liefermenge.

Die Verfahrensalternativen zum Betrieb eines Trocknungsmoduls werden in Abb. 12.1.13 diskutiert. In Abhängigkeit des gewünschten Trocknungsgrads können die Module nur mit Überdruck, mit Überdruck und Vakuum auf der Permeatseite, mit Spülluft oder mit Spülluft und Vakuumunterstützung betrieben werden. Die Wahl des Verfahrens hängt von der Membranselektivität und der Membrangeometrie ab. Flachmembranen in der Form eines Spiralwickelmoduls oder Taschenmoduls eignen sich nicht für den Spülluftbetrieb. Die häufigste Anwendung von Membrantrocknern ist die Nutzung als Endstellentrockner (Abb. 12.1.12).

388 | 12 Verfahren zur Trennung von Gasen und Dämpfen

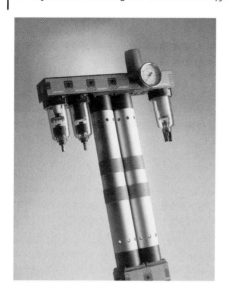

Abb. 12.1.12 Endstellentrockner für Druckluft. (Mit freundlicher Genehmigung von ultratroc GmbH Drucklufttechnik).

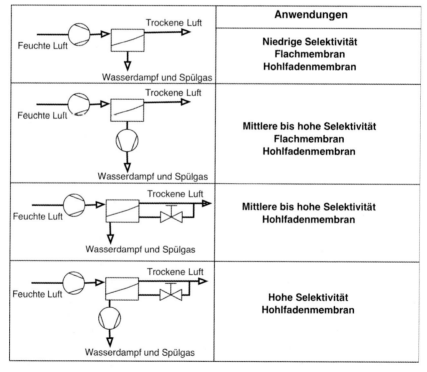

Abb. 12.1.13 Verfahrensalternativen für den Betrieb von Membrantrocknern.

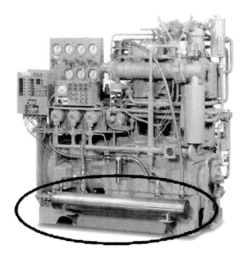

Abb. 12.1.14 Membrantrockner für Anwendungen von 30 bis 85 bar. Der Membrantrockner ist durch das Oval markiert. (Mit freundlicher Genehmigung von Air Products).

12.1.7 Erdgasbehandlung

Die potentiellen Anwendungen von Membranverfahren zur Erdgaskonditionierung sind in Abb. 12.1.15 dargestellt. In der Kette der Gasbehandlung von der Erdgasquelle über die Gasspeicherung in Kavernen bis hin zur Erdgastankstelle können Membranverfahren zur Sauergasabtrennung, zur Abtrennung höherer Kohlenwasserstoffe und zur Gastrocknung eingesetzt werden.

12.1.7.1 CO_2-Abtrennung

In den achtziger Jahren wurden die ersten Anlagen zur CO_2-Abtrennung erprobt. Es wurden integral asymmetrische Membranen auf der Basis von Celluloseacetat als Spiralwickel oder Hohlfasern eingesetzt [24, 25]. Trotz der eingeschränkten CH_4/CO_2-Selektivität von etwa 15 bis 20 unter Einsatzbedingungen werden Membranen auf Celluloseacetatbasis bis heute von den Anlagenherstellern hauptsächlich genutzt. Weiterhin finden Membranen aus Polyimid Anwendung zur CO_2-Abtrennung [26].

Die Anlagengröße variiert von etwa $1000\ m_N^3/h$ bis zu $300\,000\ m_N^3/h$. Aufgrund der erzielbaren Selektivität der Membranen kann ein einstufiger Membranprozess nur zur Vorabtrennung von CO_2 mit einer nachfolgenden Feinreinigung eingesetzt werden. Das Permeat, bestehend aus CO_2 und Methan, wird zur tertiären Ölgewinnung eingesetzt, wird in einer Fackel verbrannt oder wird als Beimischung zur Dampfkesselfeuerung genutzt. In Abb. 12.1.16 wird der einstufige Prozess mit der entsprechenden Gasvorbehandlung beschrieben.

Bevor das Gas in die Membranstufe eintritt, werden in Filtern und Adsorbern Flüssigkeiten, höhere Kohlenwasserstoffe und Partikel abgetrennt. Das Gas wird erwärmt, damit sich im Membranmodul keine Kondensate durch die Verschie-

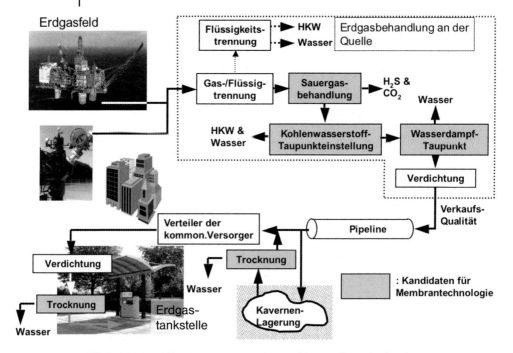

Abb. 12.1.15 Möglicher Einsatz von Membranverfahren in der Erdgaskonditionierung.

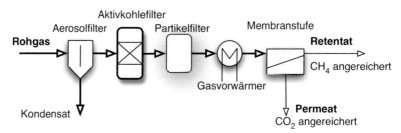

Abb. 12.1.16 Verfahrensschema für eine einstufige Anlage.

bung des Gasgleichgewichts durch Permeation der Permanentgase oder die Abkühlung der Gase über den Verfahrensweg durch den Joule-Thomson-Effekt bilden. Ein zweistufiger Prozess ist notwendig, wenn mit Membranverfahren das Gas direkt in das Versorgungsnetz eingespeist werden soll (Abb. 12.1.17).

Das Permeat der ersten Stufe wird wieder verdichtet, vorbehandelt und zur zweiten Membranstufe geleitet. Das Retentat wird dem Rohgas der ersten Stufe wieder beigemischt und das Permeat der zweiten Stufe wird abgeleitet oder einer weiteren Nutzung zugeführt. Einstufige Membranverfahren sind einfach im Aufbau und in der Handhabung. Aufgrund der moderaten CO_2/CH_4-Selektivität der verfügbaren Membranen in einem technischen Trennprozess sind mit zunehmenden Produkt-

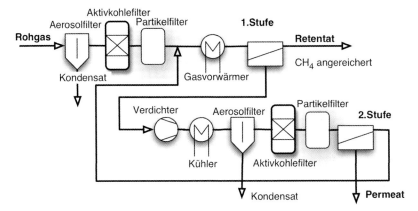

Abb. 12.1.17 Verfahrensschema für eine zweistufige Anlage.

reinheiten auch höhere Produktverluste zu erwarten. Der zweistufige Prozess ermöglicht höhere Produktreinheiten bei reduziertem Produktverlust. Investitionskosten und Betriebskosten steigen entsprechend an. In Abb. 12.1.18 ist der Kompromiss der Wirtschaftlichkeitsbetrachtungen dargestellt [27].

Wie bei allen Membranverfahren zur Erdgaskonditionierung spielt die Verwertung oder Prozessführung des Permeats eine wesentliche Rolle. Die Rückführung des Permeats und Beimischung in den Rohgasstrom erfordert in der Regel eine Verdichtung auf den Rohgasdruck. Ein Nebeneffekt der CO_2-Abtrennung ist die Reduzierung des Wassergehalts und – wenn vorhanden – des Schwefelwasserstoffgehalts im Rohgas. Die Reduzierung dieser Anteile durch Permeation durch die Membran reicht aber in der Regel nicht aus, um die Produktspezifikationen zu erreichen, stellen aber auch eine Kontamination des Permeats dar. Einfache Lösungen zur Handhabung des Permeats sind das Verbren-

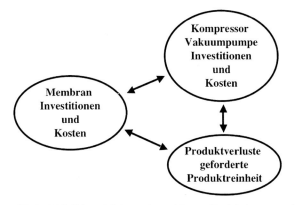

Abb. 12.1.18 Abhängigkeit von Investitionen, Betriebskosten und Produktreinheit.

Abb. 12.1.19 Anlage zur CO_2-Abtrennung aus Erdgas.
(Mit freundlicher Genehmigung von Kvaerner Process Systems US).

nen in einer Fackel oder die Reinjektion in das Erdölfeld zur besseren Ausnutzung des Vorkommens durch die tertiäre Ölgewinnung [28].

Die wichtigsten Anbieter für Anlagen zur CO_2-Abtrennung aus Erdgas sind die amerikanischen Firmen wie UOP (Separex), Cynara und Kvaerner Process Systems US Air Products (Abb. 12.1.19), sowie UBE Industries in Japan. Um aber Membranverfahren zur bevorzugten Technologie gegenüber Aminwäschen zu etablieren, müssen Anstrengungen unternommen werden, um die CO_2/CH_4-Selektivität im technischen Prozess von etwa 50 zu erreichen. Die Membranen sollten robust sein, um die Kosten für die aufwändige Vorbehandlung des Rohgases zur Abtrennung von Wasser- und Kohlenwasserstoffkondensaten und der polaren organischen Anteile aus der Glykolwäsche zu reduzieren.

12.1.7.2 Wasserdampf-Taupunkteinstellung

Erdgas und Erdölbegleitgas sind häufig mit Wasserdampf gesättigt. Die technischen Vorschriften für den Verkauf und den Transport schreiben einen Wassergehalt von 20 bis 140 ppm vor, was etwa einem Taupunkt von –10 bis –20 °C entspricht [29]. Die am häufigsten angewandte Technik zur Erdöltrocknung ist die Glykolwäsche. Die Gründe für die Suche nach alternativen Trocknungsverfahren sind:

- Die Apparate sind schwer und haben einen relativ großen Platzbedarf. Dies ist besonders ein Kriterium für den Betrieb von Bohrinseln.
- Sie sind wartungsintensiv und benötigen häufig die Überwachung durchs Bedienungspersonal.
- Es entstehen Umweltprobleme durch: Glykolverluste und die Freisetzung absorbierter Aromaten wie Benzol, Toluol und Xylol, dem Verbrauch von Chemikalien wie Korrosionsinhibitoren, Antischaumadditiven und zur Einstellung des pH-Wertes.

- Die Abhängigkeit der Wasserdampfaufnahme des Glykols von der Gastemperatur und die damit eventuell verbundenen Kühleinrichtungen zur Gaskühlung vor dem Eintritt in den Wäscher.

Für Membranverfahren werden folgende Vorteile reklamiert:
- einfach im Aufbau,
- modulare Bauweise,
- niedriger Platzbedarf,
- geringe Energiekosten für den Betrieb, wenn der Prozessdruck aus dem Verfahren zur Verfügung steht,
- keine Umweltbelastung durch zusätzliche Chemikalien,
- Einsatz bei Betriebstemperaturen bis zu 100 °C, in Abhängigkeit der Membranmaterialien, der Gaszusammensetzung und der Temperatur.

Nachteilig ist, dass sich die Investitionskosten durch die modulare Bauweise fast linear mit der Anlagengröße entwickeln. Eine Kostendegression wie im Behälterbau ist nicht möglich. Die abzutrennende Komponente liegt in geringen Konzentrationen vor, d. h. die treibende Kraft für die Wasserdampfabtrennung ist im Verhältnis zum Gesamtdruck gering.

Die Methanverluste (Produkt) müssen gering gehalten werden, möglichst <0,8%. Dies erfordert eine Membran mit einer Selektivität von 1000 bis 10 000, je nach Prozessbedingungen. Um diese Selektivität zu nutzen, muss ein entsprechendes Druckverhältnis angelegt werden [30]. In Abb. 12.1.20 ist der Einfluss der Veränderung des Druckverhältnisses auf den Stufenschnitt (Permeatvolumen/Rohgasvolumen) für drei Membrantypen mit unterschiedlicher Methan-/Wasserdampfselektivität dargestellt.

Mit steigendem Druckverhältnis nimmt der Einfluss der Selektivität auf den Stufenschnitt zu. Der Permeatvolumenstrom sollte möglichst gering gehalten werden, um den Trocknungsprozess wirtschaftlich gestalten zu können. Um das geeignete Druckverhältnis einzustellen, muss gegebenenfalls Vakuum auf der Permeatseite angelegt werden. Dies wird im Erdgasbetrieb kritisch gesehen, da befürchtet wird, dass bei Betriebsstörungen Luft angesaugt werden könnte und die Luft mit Methan ein explosibles Gemisch bildet. Diese Gefahr besteht nicht, wenn das Permeat nicht in den Prozess zurückgeführt wird, bzw. der Gasstrom anschließend einer weiteren Nutzung z. B. als Brenngas dient.

Abbildung 12.1.21 zeigt die Taupunktabsenkung von Erdgas in einem Feldversuch unter folgenden Betriebsbedingungen [31]:

- Rohgasdruck: 50 bar
- Permeatdruck: 55–60 mbar
- Rohgastemperatur: 30–50 °C
- Wassergehalt im Rohgas: 450–1345 ppm
- Volumenstrom: 82–290 m_N^3/h
- Stufenschnitt: 0,2–0,8%

Die wirksame treibende Kraft kann aber auch durch einen Spülgasstrom auf der Permeatseite mit einem trockenen Gas im Gegenstrom zum Rohgas erzielt

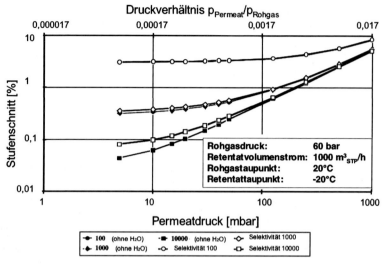

Abb. 12.1.20 Einfluss von Membranselektivität und Druckverhältnis auf den Stufenschnitt.

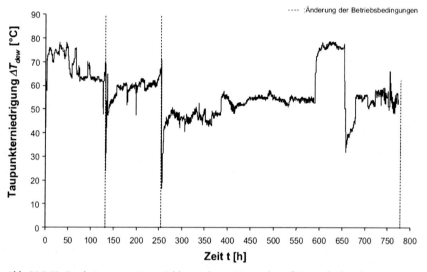

Abb. 12.1.21 Ergebnisse aus einem Feldversuch zur Wasserdampf-Taupunktabsenkung.

werden. Hier wird, ähnlich wie bei der Drucklufttrocknung, ein Anteil des getrockneten Gases auf der Retentatseite des Moduls entnommen und als Spülgas genutzt (Abb. 12.1.22). Der Spülgasanteil liegt bei 3 bis 5%. Hinzu kommt ein Methananteil durch Permeation von der Hochdruck- zur Niederdruckseite von etwa 0,5 bis 1%.

Anstatt der Nutzung von trockenem Produkt als Spülgas wurde in einer Präsentation von D.G. Kalthod et al. vorgeschlagen, durch Membranverfahren tro-

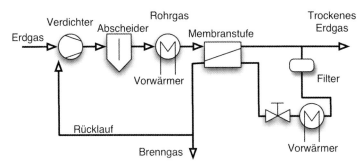

Abb. 12.1.22 Erdgastrocknung mit Hohlfadenmembranen und einem Spülgas im Gegenstromverfahren.

ckenen Stickstoff aus Luft zu gewinnen und diesen als Spülgas zu nutzen [32]. Das Permeat, das dann neben dem Wasserdampf auch geringe Mengen Methan enthält, sollte einer Fackel zur Verbrennung zugeführt werden.

Die Verwendung des Permeats hat entscheidenden Einfluss auf die Wirtschaftlichkeit des Gesamtprozesses. Die Optionen sind:

- Rückführung des Permeats in den Rohgasstrom,
- Nutzung des Permeats als Brennstoff,
- Entsorgung des Permeats als Fackelgas.

Verschiedene Erdgasproduzenten haben Anlagen von Air Products im Feld getestet. Die in den Referenzlisten veröffentlichten Anlagen hatten eine Größe von 3,2 bis 7,5 MMSCFD. Dies entspricht etwa 3600 bis 8400 m_N^3/h.

Eine weitere Alternative ist der Einsatz von Membran-Gas-/Flüssigkeitskontaktoren. Die Membran bildet die Grenzfläche zwischen dem Erdgasstrom und dem Absorptionsmittel. Durch Membrankontaktoren können die Stoffübergänge von der Gas- zur Flüssigphase verbessert werden. Dies führt zu kleineren Baugrößen der Absorptionseinheiten [33]. Membranverfahren und Membrankontaktoren zur Erdgasentwässerung finden sich zurzeit noch in der Erprobungsphase. Nur durch Referenzen und die hieraus resultierenden Betriebserfahrungen kann die Einführung von Membranverfahren zur Erdgasentwässerung unterstützt werden.

12.1.7.3 Kohlenwasserstoff-Taupunkteinstellung

Die Erfahrungen aus Abluftreinigung und der Prozessgasbehandlung bildeten die Grundlage für Untersuchungen zur Abtrennung höherer Kohlenwasserstoffe aus Erdgas und Erdölbegleitgas. In der Regel können in den Anlagen zur Erdgasbehandlung Drücke von 130 bar und höher auftreten. Für Membranverfahren muss ein Einsatzbereich gefunden werden, in dem die Membrantechnik Vorteile gegenüber etablierten Techniken bietet. Die im Vergleich zu Abluftbehandlungsverfahren hohen Drücke stellen neue Anforderungen an die

Membranen und Module. Der Einfluss von Druck und Kohlenwasserstoffkonzentration sollen die Permeation der Gase durch die Membran nicht behindern. Eine Kompaktierung der Unterstruktur und der damit verbundene erhöhte Widerstand sollte möglichst verhindert werden.

Die treibende Kraft für die Gaspermeation ist die Partialdruckdifferenz. Bis zu einem Betriebsdruck von etwa 10 bar kann für die Berechnung der Permeabilität ideales Verhalten zugrunde gelegt werden. Ab etwa 10 bar sollte das Realgasverhalten berücksichtigt werden.

Abbildung 12.1.23 zeigt anschaulich, wie durch das Realgasverhalten mit der Zunahme der C-Zahlen die reale Triebkraft vom Partialdruck abweicht [34]. Der Bereich, in dem die Membranverfahren zur Kohlenwasserstoffabtrennung am wirkungsvollsten eingesetzt werden können, geht bis etwa 50 bar Betriebsdruck.

In Abb. 12.1.24 sind die Widerstände der Permeation durch die Membran dargestellt. Im Membranmodul fließt das Rohgas mit der Kernströmung entlang dem Verfahrensweg. Auf der Membranoberfläche bildet sich eine Grenzschicht, die sich durch die „schnelle" Komponente abreichert und mit der „langsamen" Komponente angereichert ist. Der Gastransport von der Kernströmung durch die Grenzschicht erfolgt durch Diffusion. Auch hier besteht ein wesentlicher Einfluss durch den Betriebsdruck, da sich der diffusive Transport umgekehrt proportional zum Druck verhält. Die Ausbildung der Grenzschicht kann durch die geeignete Wahl der Überströmgeschwindigkeit und durch Gewebe als Turbulenzpromotoren beeinflusst werden.

Bei der Modulauslegung ist ein Kompromiss zwischen dem Einfluss der Grenzschichtausbildung und dem Druckverlust zu schließen.

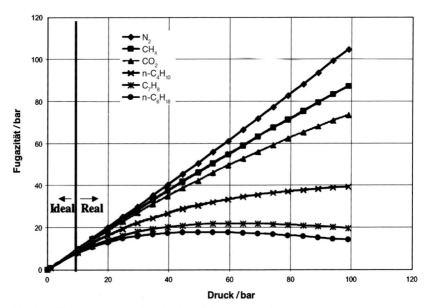

Abb. 12.1.23 Einfluss des Betriebsdrucks auf das Realgasverhalten.

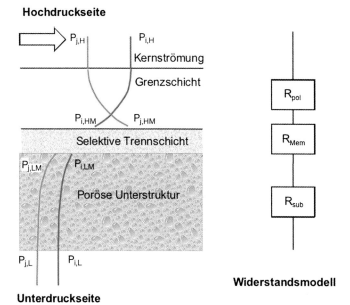

Abb. 12.1.24 Transportwiderstände bei der Gaspermeation durch Membranen.

Die Taupunkteinstellung und die Methanzahleinstellung von Erdölbegleitgas waren die ersten technischen Anwendungen zur Erprobung von Membranverfahren in diesem neuen Einsatzgebiet [35].

In Erdölfeldern wird in Abscheidern Flüssigphase und Gasphase voneinander getrennt. Das Gas enthält neben Methan auch Anteile höherer Kohlenwasserstoffe. Das Gas kann nach einer Behandlung in das Versorgungsnetz eingespeist oder als Brennstoff für Gasmotore und Gasturbinen genutzt werden. Beispielhaft werden die Taupunkteinstellung und Methanzahleinstellung diskutiert. Das Verfahren zur Taupunktabsenkung von Erdgas wird in Abb. 12.1.21 dargestellt. Das Gas aus der Quelle wird über einen Abscheider für flüssige und feste Partikel geleitet. Bevor die erste Druckabsenkung erfolgt wird das Gas erwärmt, damit eine Flüssigkeitsabscheidung im Druckregelventil verhindert wird. In einem Gaskühler werden die Kondensate ausgetragen. Dann wird das Gas über einen Gas-Gas-Wärmeaustauscher und einen Kaltabscheider zum Joule-Thomson-Ventil geleitet. Das Kondensat, das durch die mit der Druckabsenkung verbundene Temperaturerniedrigung gebildet wird, wird durch die Kaltabscheider abgeführt. Das Kaltgas wird im Gegenstrom zum Rohgas durch den Gas-Gas-Wärmeaustauscher zur Verkaufsgasverteilung geleitet. Parallel zur Tieftemperaturabtrennung wurde ein Membranmodul installiert. Die Betriebsdaten von mehr als einem Jahr Versuchsbetrieb sind im Phasendiagramm in Abb. 12.1.25 beschrieben [36].

Das Erdölbegleitgas aus dem Flüssigkeits-/Gasseparator hatte einen Methananteil während der Versuchsphase in Abhängigkeit der Temperatur und Öl-

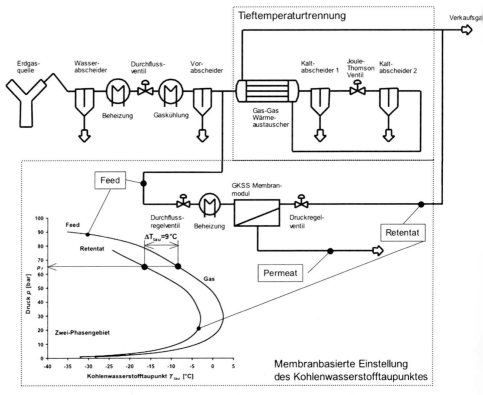

Abb. 12.1.25 Phasendiagramm aus einem Feldversuch zur Kohlenwasserstoff-Taupunktabsenkung.

quelle von 46 bis 47,6%. Die Anteile der C_2- bis C_5-Komponenten betrugen 34,5 bis 35,7%, der C_6+-Komponenten 2,3 bis 2,8%. Die restlichen Bestandteile waren N_2, CO_2, H_2, H_2S und He. Die Methanzahl, berechnet mit dem Programm Methan_Z der Ruhrgas AG, variierte zwischen 36 und 38. Die Methanzahl beschreibt die Klopffestigkeit der Brenngase für Ottomotoren. Für den im Feld installierten Motor war eine Methanzahl von 50 gefordert, um einen störungsfreien Motorbetrieb zu gewährleisten. Je nach Betriebsbedingungen wurde eine Anreicherung der Brenngase auf etwa 54 bis zu 62% Methangehalt erreicht. Der Anteil der C_2- bis C_5-Komponenten wurde auf 9,5 bis 26%, der C_6+-Anteile auf 0,15 bis 1,1% reduziert. Die erreichte Methanzahl betrug je nach Versuchsbedingungen 49 bis 71. Neben dem verbesserten Betriebsverhalten des Motors konnte auch die Leistung des mit dem Motor gekoppelten Generators um ca. 11% von 490 kW auf 550 kW gesteigert werden. Abbildung 12.1.26 zeigt die Versuchsanordnung des Feldversuchs mit den möglichen Optionen zur Verwertung des mit C_2+-Komponenten angereicherten Permeats.

12.1 Membranverfahren Gaspermeation | 399

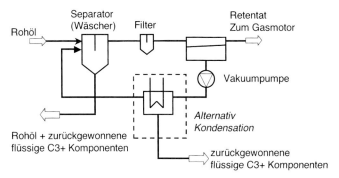

Abb. 12.1.26 Verfahrensschema zur Methanzahleinstellung mit Membranverfahren.

In Abb. 12.1.27 ist der Größenvergleich beim Ersatz einer Tieftemperaturkondensation durch eine Membranstufe dargestellt [37]. Die Anlage hatte eine Kapazität von 400 m^3_N/h bei einem Betriebsdruck von 16 bar und Atmosphärendruck auf der Permeatseite. Die Betriebstemperatur betrug in Abhängigkeit der Umgebungstemperatur 15 bis 30 °C. Die Membranstufe wurde für eine Kohlenwasserstoff-Taupunktreduzierung von 30 °C ausgelegt. Mit der Kohlenwasserstoff-Taupunktreduzierung war gleichzeitig eine Absenkung des Wasserdampf-Taupunkts um 15 °C verbunden.

Abbildung 12.1.27 illustriert deutlich den einfachen Aufbau der Membrananlage und die Reduzierung des Platzbedarfs.

Inzwischen sind weitere Anlagen in Ölfeldern in Kasachstan und China in Betrieb genommen worden. Neben den Installationen durch die Lizenznehmer

Technische Daten	Kapazität	m³/h	400
	Druck	bar	16
	Taupunkt Red.	°C	> 30

Abb. 12.1.27 Größenvergleich zwischen Tiefkühlkondensation und Membranverfahren zur Taupunktabsenkung.
(Mit freundlicher Genehmigung der Wintershall AG).

der GKSS, Borsig Membrane Technology, und Eurofilm wurden Versuchsanlagen von der Firma MTR in den USA gebaut.

12.1.7.4 Stickstoffabtrennung

Zur Ausbeutung von Erdgasquellen mit geringem Methangehalt und hohem Stickstoffanteil werden zurzeit nur Tiefkühlverfahren eingesetzt. Die Nutzung von Membranverfahren ist durch die geringe Methan-/Stickstoffselektivität handelsüblicher Gastrennmembranen eingegrenzt. Für bekannte glasartige Polymere wie Polyetherimid oder Polysulfon beträgt die N_2/CH_4-Selektivität < 1,5 bei sehr niedrigen Permeabilitäten.

Membranen auf Silikonbasis erreichen Selektivitäten von > 3 bei Umgebungstemperatur. Hierbei ist CH_4 die schneller permeierende Komponente [38]. Durch Temperaturabsenkung kann die Selektivität auf ca. 5 gesteigert werden. Während die Löslichkeit des Methans durch die Temperaturabsenkung begünstigt wird, wird gleichzeitig die Diffusion von N_2 durch die Membran herabgesetzt.

Nachteilig für die Wirtschaftlichkeit der Methananreicherung durch Membranverfahren ist es, dass das Produkt auf der Niederdruckseite anfällt. Im Fall der Nachreinigung durch eine zweite Membranstufe müsste das Permeat der ersten Stufe wieder verdichtet werden. Die Anwendung von einstufigen Membranverfahren ist denkbar, wenn der Methangehalt von etwa 20% auf > 30% angehoben werden soll. Das Gas kann in regionale Schwachgasnetze eingespeist und in Gasmotoren-Blockheizkraftwerken als Brennstoff genutzt werden.

12.1.8
Lösemittelrückgewinnung

12.1.8.1 Abluftreinigung

Die Lösemittelrückgewinnung und die Reinigung von Abluft aus Fertigungsprozessen durch Membranverfahren sind in der Chemie seit den neunziger Jahren eingeführt. Das Anwendungsspektrum umfasst nahezu alle klassischen Lösemittel wie Alkane, Ketone, Aromaten, Äther, halogenierte Kohlenwasserstoffe und Acetate. Die Membranmodule werden häufig in Verbindung mit Flüssigkeitsringverdichtern und Flüssigkeitsringvakuumpumpen eingesetzt. Vielfach wird das Lösemittel als Ringflüssigkeit genutzt, das auch aus der Abluft abgetrennt werden soll [39]. Die Benzindampfrückgewinnung durch Membranverfahren, die heute einen etablierten Stand der Technik darstellt, wird in Abschnitt 12.2 von Jürgen Stegger behandelt.

Membranverfahren eignen sich zur Lösemittelabtrennung hochkonzentrierter Abluftströme. Bei Anforderungen entsprechend strenger Luftreinheitsvorschriften kann es wirtschaftlicher sein, die Feinreinigung durch ein weiteres Verfahren z.B. der Druckwechseladsorption durchzuführen. Eine Alternative kann auch die Einspeisung des abgereicherten Retentats in die Sammelleitung zur zentralen Abluftreinigung bzw. zur Verbrennung sein [40]. Am Beispiel der

Dichlormethanabtrennung auf die Grenzwerte der TA Luft wird die Behandlung konzentrierter Abluftströme beschrieben (Abb. 12.1.28) [41].

Das Prozessgas tritt unter Atmosphärendruck mit einer Eintrittskonzentration von 760 g/m³ in den Vorkühler ein. Durch Flüssigkeitsringkompressoren wird der Abluftstrom auf 5 bar verdichtet. Der Abscheidebehälter für die Trennung Gas-Flüssigkeit dient gleichzeitig als Phasentrenner für Wasser/Dichlormethan. Zur Einstellung eines neutralen pH-Wertes wird der Ringflüssigkeit Natronlauge zudosiert. Das Gas aus dem Phasentrenner wird über einen Kondensator zur Membranstufe geleitet. Die Konzentration nach dem Kondensator beträgt etwa 290 g/m³. Die Membranstufe reduziert den Dichlormethangehalt auf etwa 15 g/m³. Die Permeation durch die Membranen wird durch ein Vakuum von 100 mbar unterstützt. Die Abluft aus dem Trennbehälter der Ringflüssigkeit der Vakuumpumpen wird vor dem Vorkühler dem Prozessgas beigemischt. Mit einem Druck von 5 bar tritt der Gasstrom mit der Restbeladung von 15 g/m³ in die Adsorptionsstufe ein und verlässt diese mit einer Austrittskonzentration von <20 mg/m³. Zwei Adsorberstufen sind parallel geschaltet. Während die eine Stufe beladen wird, befindet sich die andere Kolonne in der Desorptionsphase. Als Spülgas wird der gereinigte Strom aus der Arbeitskolonne genutzt. Die Desorption wird durch Unterdruck, erzeugt durch die Permeatpumpen der Membranstufe, unterstützt.

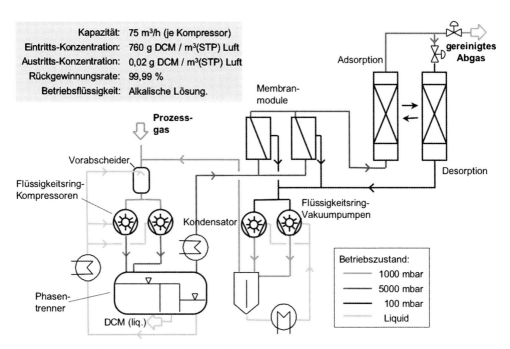

Abb. 12.1.28 Membranverfahren zur Dichlormethanabtrennung. (Mit freundlicher Genehmigung der Sterling Sihi GmbH).

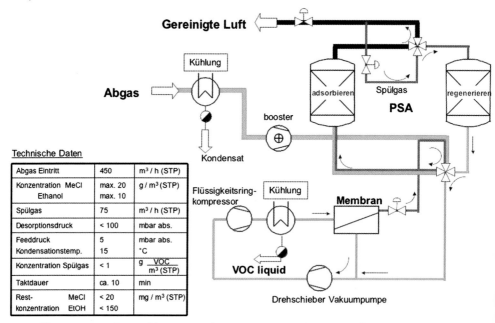

Abb. 12.1.29 Membranverfahren zur Rückgewinnung von Kohlenwasserstoffen aus dem Desorbat einer Adsorptionsanlage. (Mit freundlicher Genehmigung der Sterling Sihi GmbH).

Abbildung 12.1.29 zeigt die Behandlung von Abluftströmen mit einer niedrigen Beladung mit max. 20 g/m^3 Dichlormethan und 10 g/m^3 Ethanol. Die Abluftreinigung erfolgt durch Adsorption an Aktivkohle auf Grenzwerte von < 20 mg/m^3 Dichlormethan und < 150 mg/m^3 Ethanol. Die mit einer Zykluszeit von etwa 10 Minuten im Wechsel beladenen Adsorber werden mit Hilfe von Spülluft und Unterdruck desorbiert. Der Desorbatstrom wird durch eine Drehschiebervakuumpumpe angesaugt und durch einen Flüssigkeitsringverdichter auf 5 bar verdichtet. Die kondensierbaren Anteile werden im Kondensator verflüssigt, der Strom mit einer Restbeladung wird über die Membranstufe geleitet. Das Retentat wird dem Hauptstrom zur Adsorptionskolonne beigemischt.

Die Lösemittelrückgewinnung durch Membranverfahren ist als etablierter Stand der Technik anerkannt. Die Einsatzbereiche liegen in der Behandlung von Abluftströmen mit hoher Lösemittelkonzentration.

12.1.8.2 Olefinabtrennung

Die Erfahrungen aus der Abluftbehandlung führten zum Einsatz von Membrantrennverfahren in der Produktion von Polyvinylchlorid (PVC), Polypropylen (PP) und Polyethylen (PE) [41–43]. Das herkömmliche Verfahren zur Rückgewinnung von Vinylchloridmonomer (VCM) ist die „Druckkondensation". Die VCM-beladene Abluft wird über einen Pufferbehälter zur Glättung von Volumenspit-

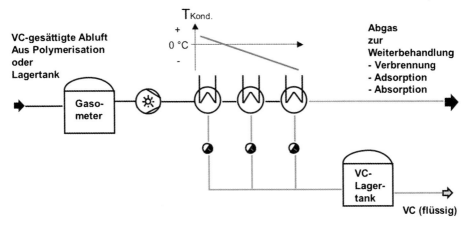

Abb. 12.1.30 VCM-Rückgewinnung durch Druckkondensation. (Mit freundlicher Genehmigung der Sterling Sihi GmbH).

zen vom Verdichter angesaugt. Der Gasstrom wird auf 5 bar verdichtet und das VCM durch verschiedenen Kondensatoren, die mit unterschiedlichen Kühltemperaturen betrieben werden, verflüssigt (Abb. 12.1.30).

Abbildung 12.1.31 zeigt die VCM-Konzentrationen und die erzielbare Rückgewinnung in Abhängigkeit der Temperatur bei einem Betriebsdruck von 5 bar.

Die Tiefkühlkondensation kann durch eine Membranstufe ersetzt werden. Die VCM-Dämpfe werden durch die Membran abgetrennt und dem Saugstrom zum Verdichter beigemischt. Die VCM-Rückgewinnung erfolgt im Kondensator, der mit dem Kühlwasser mit Umgebungstemperatur betrieben wird. Die

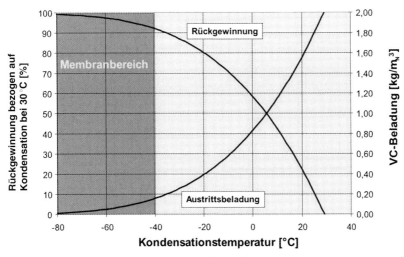

Abb. 12.1.31 VCM-Rückgewinnungsraten in Abhängigkeit der Kondensationstemperatur. (Mit freundlicher Genehmigung der Sterling Sihi GmbH).

Membranstufe kann mit einer zusätzlichen Vakuumpumpe ausgestattet sein. Bei der Umrüstung von Tiefkühlkondensation auf Membranverfahren wird die Membranstufe in der Regel mit Atmosphärendruck auf der Permeatseite betrieben (Abb. 12.1.32).

Die Nachteile der Tiefkühlkondensation sind häufig die Vereisung der Wärmetauscherflächen, wenn Wasserdampf im Gas enthalten ist. Der Einsatz der Membranverfahren zeichnet sich durch den einfachen Aufbau und die Betriebssicherheit aus. Aufgrund der hohen Rohstoffkosten für VCM errechnen sich Amortisationszeiten für die Umrüstung von weniger als einem Jahr.

Bei der Polypropylenherstellung werden die Polymere durch das Spülen mit Stickstoff und Dampf nachgereinigt. Die Abluft aus dem Spülbehälter enthält noch Propylen, das zurück gewonnen werden muss. Zur Verbesserung der Propylen-Rückgewinnungsraten und zur Reinigung des Stickstoffs zur Rückführung als Spülgas werden mit zunehmender Akzeptanz Membranverfahren eingesetzt [44]. Abbildung 12.1.33 zeigt ein Verfahrensschema zur Rückgewinnung von Propylen mit Membranen und zur Reinigung des Spülgases durch eine Kombination von Membranverfahren und Druckwechseladsorption. Das Gas aus dem Spülbehälter wird auf 16 bar verdichtet. Dem Verdichter sind ein Wasserabscheider und ein Gastrockner (Temperaturwechseladsorption, TSA) nachgeschaltet. Die Verflüssigung des Propylen erfolgt in einem Kondensator bei −20 °C. Die Membranstufe besteht aus drei in Reihe geschalteten Moduleinheiten. Das Permeat der ersten Einheit wird zum Eingang des Verdichters zurückgeleitet. Das Permeat der zweiten und dritten Einheit kann wahlweise zurückgeführt oder zur Verbrennung geleitet werden. Das Retentat der Membranstufe

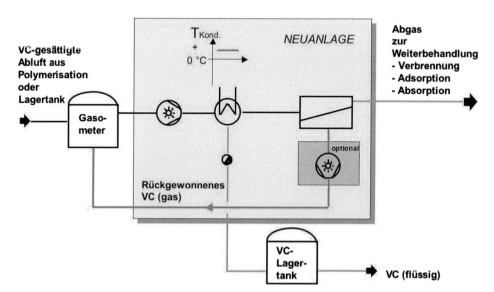

Abb. 12.1.32 Membranverfahren zur VCM-Rückgewinnung. (Mit freundlicher Genehmigung der Sterling Sihi GmbH).

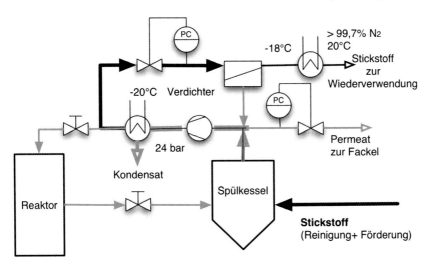

Abb. 12.1.33 Propylenrückgewinnung durch Membranverfahren, Verfahrensschema.

wird durch Druckwechseladsorption auf einen Wert von <200 ppm Restkohlenwasserstoffe gereinigt. Entsprechend der Auslegung beträgt die Propylenrückgewinnungsrate >95%.

Die Abluft aus dem Reinigungsbehälter für Polyethylen enthält neben Wasserdampf, Stickstoff und Hexan auch Spuren von HCl, C_2 und C_4. Die Abluft wird über einen Partikelfilter und einen Sprühkühler zur Hexanrückgewinnung durch Kondensation und Nachreinigung durch Membranverfahren geleitet. Der Gasstrom wird durch einen Flüssigkeitsringverdichter auf 7 bar verdichtet.

Abb. 12.1.34 Anlage zur Propylenrückgewinnung.
(Mit freundlicher Genehmigung von Borsig Membrane Technology).

12 Verfahren zur Trennung von Gasen und Dämpfen

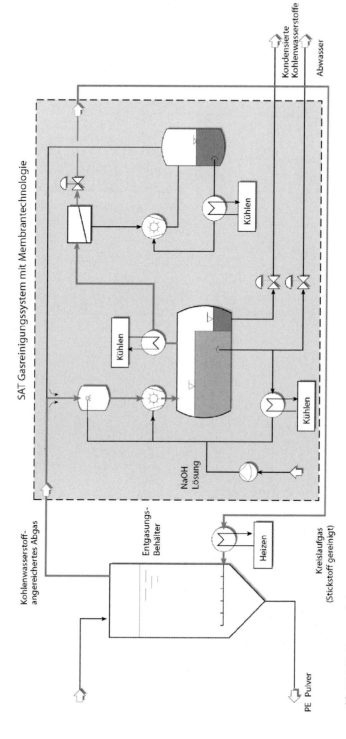

Abb. 12.1.35 Hexanrückgewinnung aus dem Spülgas der Polyethylenherstellung. (Mit freundlicher Genehmigung der Sterling Sihi GmbH).

Der Trennbehälter für das Gas und die Ringflüssigkeit dient auch als Phasentrenner für Hexan und Wasser. Das den Trennbehälter verlassende Gas wird auf 30 °C gekühlt und in der Membrantrennstufe gereinigt. Der auf der Druckseite verbleibende Stickstoff hat eine Restkonzentration an Hexan von < 150 mg/m^3 und wird zum Spülbehälter rezirkuliert. Die Permeation des Hexans wird durch ein Vakuum, erzeugt durch eine Flüssigkeitsringvakuumpumpe, von etwa 200 mbar unterstützt. Das Gas aus dem Abscheidebehälter für die Ringflüssigkeit wird dem Abgas des Spülbehälters zur weiteren Hexanrückgewinnung beigemischt (Abb. 12.1.35).

Membranverfahren zur Olefinabtrennung setzen sich zunehmend bei der Installation von Neuanlagen durch und werden als bevorzugte Technik bei Lizenzvergaben für Produktionsverfahren empfohlen.

12.1.9
Ausblick

In der Gastrennung wurde die Membranentwicklung durch amerikanische und japanische Firmen dominiert. Beispiele sind die Wasserstoffabtrennung, Luftzerlegung und die Erdgaskonditionierung. Europäische Anlagenbauer haben zwar Zugang zu diesen Entwicklungen in der Form von Membranmodulen und kompletten Membranstufen, häufig ist aber die Wertschöpfung im Anlagenbau durch diese Abhängigkeit eingeschränkt.

In der Nischenanwendung der Abtrennung organischer Dämpfe aus Abluft- und Prozessströmen haben die deutschen Firmen Borsig Membrane Technology und Sterling Sihi neben MTR (USA) eine herausragende Position erreicht. Wachstumsmärkte sind die Taupunkteinstellung von Erdgas und Erdölbegleitgas. Durch Pilot- und Demonstrationsanlagen muss die Funktion und Verfügbarkeit von Membranverfahren nachgewiesen werden, damit eine bessere Akzeptanz dieser Verfahren in Erdgas- und Erdölindustrie erreicht wird.

Membranen mit besseren CO_2/CH_4-Selektivitäten zur CO_2-Abtrennung aus Erdgas würden dieses Marktsegment wesentlich erweitern. Neue Anwendungen könnten erschlossen werden wenn es gelingt, Membranen mit verbesserter N_2/CH_4-Selektivität zu entwickeln. Viele Stickstoff-reiche Erdgasquellen könnten dann erschlossen und genutzt werden.

Im Vergleich der Jahresumsätze in der Trenntechnik ist die Adsorption gegenüber den Membranverfahren wesentlich bedeutender. Membranen eignen sich aber hervorragend für die Vorkonditionierung von Gasströmen, bevor sie in die Feinreinigung durch Adsorption geleitet werden. Viele Anwendungen sind auch noch nicht erschlossen, da den Membranentwicklern häufig der Zugang zu den Prozess- und Produktionstechnologien verschlossen ist und die Prozessentwickler über unzureichende Kenntnisse über die Membranverfahrenstechnik verfügen. Das Beispiel der Monomerabtrennung durch Membranverfahren zeigt, wie neue Anwendungen für Membranen erschlossen werden können.

12.1.10
Literatur

1 T. Graham; On the Adsorption and Dialytic Separation of Gases by Colloid Septa. Philos. Mag. 32, 401 (1866).
2 G.J. van Amerongen; Influence of Structure of Elastomeres on their Permeability to Gases, J. Appl. Poly. Sci. 5 (1950).
3 R.M. Barrer; Diffusion in and through Solids, Cambridge University Press, London 1951.
4 US Patent 159434; Fredric E. Frey, Phillips Petroleum Company, Process for Concentrating Hydrocarbons, 1939.
5 Ullmanns Encyklopädie der technischen Chemie, 4. Auflage, Band 2, Verlag Chemie GmbH, 1972.
6 S. Loeb und S. Sourirajan; Seawater Demineralization by Means of an Osmotic Membrane, Water Conversion II Advances in Chemistry, Series Number 28, American Chemical Soc., Washington, DC (1963).
7 Jay M.S. Henis and Mary K. Tripodi; A Novel Approach to Gas Separations Using Composite Hollow Fiber Membranes, Separation Science and Technology, 15 (4), pp. 1059–1068, 1980, Marcel Dekker, Inc.
8 US Patent 4230463; Jay M.S. Henis; Mary K. Tripodi, Monsanto Company, Multicomponent Membranes for Gas Separation, 1977.
9 G.J. van Amerongen, Rubber Chemistry and Technology 37 (1964) 1065.
10 W.L. Robb; Thin Silicone Membranes – Their Permeation Properties and some Applications. Ann. N.Y. Sci. 146 (1960) 119.
11 J.A. Barrie, K. Mundi; Gas Transport in Heterogeneous Polymer Blends, J. Membrane Sci. 13 (1983) 175–195.
12 R.M. Barrer, J.A. Barrie, N.K. Raman; Solution and Diffusion in Silicone Rubber, Polymer 3 (1962) 595–614.
13 US Patent 4255591; E.C. Makin, J.L. Price, Y.W. Wie; Monsanto Co; Process for Hydrogen Recovery from Ammonia Purge Gases, 1979.
14 J.M. van Geldern; PRISM Separators for Hydrogen Recovery from Ammonia Plant Purge Systems, Fertiliser News, December 1982, pp. 43–46.
15 K.-V. Peinemann, K. Ohlrogge, H.-D. Knauth; The Recovery of Helium from Diving Gas with Membranes, 4th BOC Priestly Conference, Membranes in Gas Separation and Enrichment, Special Publication No. 62, pp. 329–341, Leeds, 16th to 18th September 1986.
16 Produktinformation HELIOSEP, Maritime Protection A/S, Norwegen.
17 D.M. Smith, T.W. Goodwin, J.A. Schillinger; Challenges to the Worldwide Supply of Helium in the Next Decade, www.airproducts.com.
18 G.W. Govier; The Permeation Process for the Recovery of Helium from Natural Gas, Firmenschrift Alberta Helium Limited, Januar 1982.
19 D.J. Stookey; Gas Separation Membrane Applications; Membrane Technology in the Chemical Industry, Wiley-VCH 2001, pp. 95–126.
20 Produktinformationen PRAXAIR; www.praxair.com.
21 Produktinformationen Air Producrs; www.airproducts.no/nitrogen.htm.
22 Produktinformation Air Liquide; www.medal.airliquide.com/en/membranes/nitrogen.
23 K.-H. Feldmann et al.; Kompendium Optimierung von Druckluftnetzen, Kontakt & Studium, Band 197, 1987, expert verlag, Sindelfingen.
24 B. Ricketts; CO_2 Capture and Storage: Fact – Finding Mission to the USA and Canada, World Coal Institute's Coal Newsletter, December 2002.
25 R.W. Spillman, M.G. Barrett, T.E. Cooley; Gas Membrane Process Optimization; AIChE Meeting, New Orleans, March 9, 1988.
26 D. Dortmundt, K. Doshi; Recent Developments in CO_2 Removal Membrane Technology, 1999 UOP LLC, www.uop.com.
27 R.W. Spillman; Economics of Gas Separation Membranes, Chemical Engineering Process 85 (1989), pp. 41–62.

28 W. Echt; Hybrid Systems: Combining Technologies Leads to More Efficient Gas Conditioning, 2002 Laurence Reid Gas Conditioning Conference. www.uop.com.

29 C. Aitken, K. Jones, A. Tag; PRISM® Membrane systems for Cost Efficient Natural Gas Dehydration, BP Exploration's 2 Year Test at Easington, GPA Technical Meeting "Separation and Purification", London, February 18, 1998.

30 K. Ohlrogge, T. Brinkmann; Natural Gas Cleanup by Means of Membranes. Ann. N.Y. Acad. Sci. 984, 306–317 (2003).

31 S. Beauregard, T. Brinkmann, K. Ohlrogge, M. Slater; A Novel Process tor the Dehydration of Natural Gas, The 52nd Annual Laurence Reid Gas Conditioning Conference, February 24–27, 2002.

32 D.G. Kalthod, D.J. Stookey, K. Jones; Membrane Dehydrator for High Pressure Gases, AIChE Annual Meeting, Los Angeles, CA, November 16–21, 1997.

33 S.I. King et al., Membrane Gas/Liquid Contactors for Natural Gas Dehydration, The 52nd Annual Laurence Reid Gas Conditioning Conference, February 24–27, 2002.

34 A. Alpers, B. Keil, O. Lüdtke, K. Ohlrogge; Organic Vapor Separation: Process Design with Regards to High-Flux Membranes and the Dependence on Real Gas Behaviour at High Pressure Applications, Industrial & Engineering Chemistry Research, Volume 38, Number 10, October 1999, pp. 3754–3760.

35 K. Ohlrogge, M. Zettlitzer, U. Hartmann, D. Bosse, J. Wind, T. Brinkmann; Methane Number Control of Associated Gas from Oil Production, SPE Paper No. 75509, SPE Gas Technology Symposium, Calgary, Alberta, Canada, 30. April – 2. May 2002.

36 K. Ohlrogge, J. Wind, T. Brinkmann; Membrane Processes in Natural Gas Conditioning, Preprints 9. Aachener Membran Kolloquium, 18.–20.3. 2003, OP 8-1–OP 8-17.

37 G. Hinners; Erdgaskonditionierung mit Hilfe von permeablen Membranen, Erdöl Erdgas Kohle 120, Heft 2, 2004.

38 S.A. Stern, W.J. Koros; Separation of Gas Mixtures with Polymer Membranes, A Brief Overview, Chimie Nouvelle, Vol. 18, No. 72, 12/2000, pp. 3201–3215.

39 M. Herbst; Industrielle Gastrenntechnik mittels selektiver Membranen, Vakuum in der Praxis (1993), No. 2, pp. 103–108.

40 V. Nitsche, K. Ohlrogge, K. Stürken; Abtrennung organischer Dämpfe mit Membranen, Chemie Ingenieur Technik (70), 1998, pp. 512–523.

41 K. Ohlrogge, J. Wind, T. Brinkmann; Membrane Based Hybrid Systems to Treat Organic Loaded Gas Streams, AIDIC Conference Series, Vol. 6, pp. 215–224, 2003.

42 M. Jacobs, D. Gottschlich, F. Buchner; Monomer Recovery in Polyolefin Plants Using Membranes – An Update, 199 Petrochemical World Review, DeWitt & Company Inc. Houston Texas, March 23–25, 1999.

43 M. Herbst, K. Stürken, K. Ohlrogge, J. Wind; Prozesseinsätze des Gas/Dampf-Permeationsverfahrens in der chemischen Industrie, Preprints 8. Aachener Membran Kolloquium, 27.–29.3. 2001, pp. I-89–I-102.

44 R.W. Baker, M. Jacobs; Improved Monomer Recovery from polyolefin Resin Degassing, Hydrocarbon Processing, March 1996.

12.2
Abtrennung organischer Dämpfe

Jürgen Stegger

12.2.1
Einleitung

Membranen werden heute in vielen Anwendungen eingesetzt, wo gasförmige Gemische behandelt werden müssen. Dies kann aus Gründen der Wertstoffrückgewinnung, des Emissionsschutzes oder anderer betrieblicher Anforderungen erfolgen. Dabei hat sich die Membrantechnik für Gasanwendungen in den letzten Jahren von der exotischen Einzelanwendung bis zum heute anerkannten Stand der Technik weiterentwickelt und ist in manchen Bereichen heute sogar das dominierende Verfahren.

Dazu hat die Abtrennung organischer Dämpfe aus Abluft mittels Membrananlagen einen wichtigen Beitrag geliefert, insbesondere die Behandlung von Dämpfen, die bei der Verteilung und Lagerung von leichtflüchtigen Kohlenwasserstoffen freigesetzt werden.

Begleitet durch entsprechende umweltschutzrechtliche Rahmenbedingungen im Bereich der Ottokraftstoffe konnten seit 1989 eine Großzahl von Membrananlagen installiert und erfolgreich betrieben werden, wodurch die Membrantechnik heute in Deutschland im Bereich der industriellen Benzindampfrückgewinnung zur führenden Technologie geworden ist. Basierend auf diesen Erfahrungen konnten in den letzten Jahren weitere Anwendungen der Gaspermeation im industriellen Maßstab erfolgreich umgesetzt werden.

12.2.2
Prozesse zur Abtrennung organischer Dämpfe mittels Membranverfahren

In den Rückgewinnungsanlagen für organische Dämpfe wird das Membranverfahren Gaspermeation angewendet. Ein Feedgemisch aus Luft und Kohlenwasserstoffdämpfen wird kontinuierlich in zwei ebenfalls gasförmige Teilströme aufgeteilt: Üblicherweise in das mit Kohlenwasserstoffen angereicherte Permeat und das an Kohlenwasserstoffen arme Retentat. Die treibende Kraft für den Prozess ist die transmembrane Druckdifferenz zwischen Feed (höherer Druck) und Permeat (niedrigerer Druck).

12.2.2.1 Membranen
Bei der Abtrennung organischer Dämpfe durch Gaspermeation werden so genannte Dünnfilm-Kompositmembranen eingesetzt (Abb. 12.2.1). Die Membran besteht aus einem Vlies als mechanisch feste Unterstruktur, einer mikroporösen Substratmembran und einer dünnen porenfreien Trennschicht. Die mikroporöse Schicht muss so beschaffen sein, dass die Poren durch das Aufbringen der selektiven Trennschicht nicht verstopfen, was den Gasfluss mindern würde.

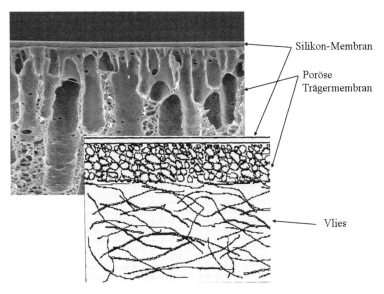

Abb. 12.2.1 Aufbau einer Dünnfilm-Kompositmembran.
(Mit freundlicher Genehmigung der GKSS-Forschungszentrum Geesthacht GmbH).

Wurden in den ersten Jahren noch Trägermembranen aus PEI und PVDF verwendet, wird heute fast ausschließlich PAN eingesetzt. Die porenfreie Trennschicht ist entweder aus PDMS (Polydimethylsiloxan) oder aus dem langsameren aber selektiveren POMS (Polyoctylmethylsiloxan) hergestellt. Abbildung 12.2.2 zeigt die Selektivität der PDMS-Membran von verschiedenen Kohlenwasserstoffen gegenüber Stickstoff. Die POMS-Membran hat im Vergleich zur PDMS-Membran die höheren Selektivitäten bei niedrigeren Permeabilitäten. Durch die verbesserte Selektivität verringert sich der Stufenschnitt (Verhältnis des Permeatstroms zum Feedstrom) und es finden sich weniger Permanentgase im Permeat. Dadurch verringert sich die Kapazität eventueller Vakuumpumpen im Permeat und im Falle einer Permeatrückführung vor den Feedstrom verringert sich ebenfalls die Kapazität des Feedverdichters. Den Einsparungen von Investitionskosten für Pumpen und dem niedrigeren Energiebedarf stehen die Kosten für den erhöhten Membranflächenbedarf gegenüber.

Soll die Gaspermeation als Trennschritt in einem Prozess verwendet werden, stellen sich immer wieder zwei typische Fragestellungen und dies bei der Abtrennung von Dämpfen genauso wie bei anderen Anwendungen, z. B. bei der Gastrennung bzw. bei der Gaskonditionierung:

- Wie wird der Druck (die Druckdifferenz) als Triebkraft für die Membranstufe erzeugt?
- Wohin kann der angereicherte Permeatstrom hingeführt werden?

12 Verfahren zur Trennung von Gasen und Dämpfen

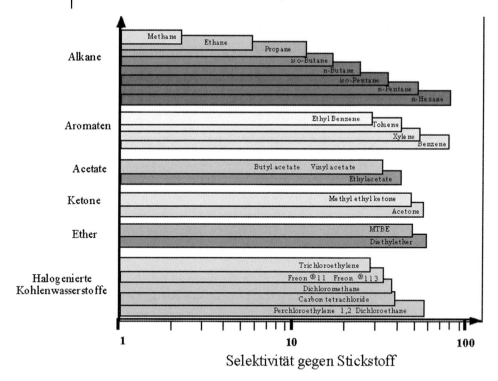

Abb. 12.2.2 Selektivitäten verschiedener Kohlenwasserstoffe bezogen auf Stickstoff. (Mit freundlicher Genehmigung der GKSS-Forschungszentrum Geesthacht GmbH).

12.2.2.2 Der Druck als Triebkraft

Wie bereits vorher beschrieben ist die Gaspermeation ein druckgetriebener Prozess. Die Abluftströme bei der Abtrennung organischer Dämpfe liegen aber normalerweise bei atmosphärischen Bedingungen vor, daher muss ein Druckgefälle zwischen Feed- und Permeatseite der Membran erzeugt werden, um den Trennprozess zu ermöglichen. Dies kann durch feedseitigen Überdruck und/oder durch Vakuum auf der Permeatseite erzielt werden. Grundsätzlich ist ein hohes Druckverhältnis zwischen Feed und Permeat zu bevorzugen, wodurch ein selektiverer Prozess ermöglicht wird.

Eine Kompression der Dämpfe für feedseitigen Überdruck bedeutet auch immer, dass nicht nur der organische Anteil der Abluft, sondern auch die anderen Bestandteile komprimiert werden müssen, was bei kleinen Abluftkonzentrationen zu einem energetisch sehr aufwändigen Gesamtprozess führt.

12.2.2.3 Permeatmanagement

Durch die Membranstufe wird ein mit Kohlenwasserstoffen angereicherter Permeatstrom erzeugt, der in der Regel unter atmosphärischem Druck steht. Soll

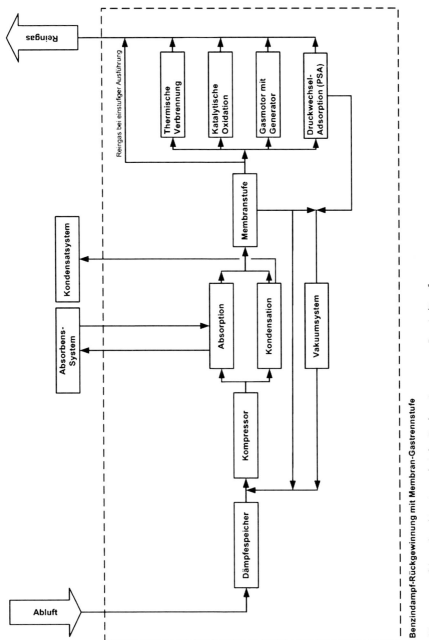

Benzindampf-Rückgewinnung mit Membran-Gastrennstufe

Abb. 12.2.3 Verfahrenskombinationen bei der Rückgewinnung von Benzindämpfen.

die Membranstufe nun in einen Gesamtprozess integriert werden, so muss dieser Strom an einer geeigneten Stelle wieder eingebunden werden, da er üblicherweise nicht an den emittierenden Prozess oder andere Prozesspunkte zurückgegeben werden kann. Abbildung 12.2.3 zeigt die typischen Verfahrensschritte und die Einbindung der Membranstufe beispielhaft bei der Benzindampfrückgewinnung.

12.2.2.4 Die Membrantrennstufe

Die Membran wird als Flachmembran hergestellt und in der bekannten Taschenmodulbauweise installiert, bei der die einzelnen Membrantaschen zentral als Membranstapel auf einem Permeatrohr angeordnet sind (Abb. 12.2.4). Der Vorteil bei dieser Anordnung ist, dass die Membranfläche innerhalb des Moduls an den stetig kleiner werdenden Feedvolumenstrom angepasst werden kann und das Modul somit strömungstechnisch optimiert wird. Gleichzeitig wird dadurch eine kompakte modulare Membraninstallation ermöglicht.

Der Membranstack, wie in Abb. 12.2.4 gezeigt, wird in Druckbehältern installiert, wodurch sich kompakte Module mit bis zu 35 m^2 Membranfläche ergeben. Die industrielle Anordnung erfolgt dann in Stahlskids mit integrierten verbindenden Rohrleitungen (Abb. 12.2.5).

Alternativ werden auch Moduleelemente in Spiralwickelbauweise eingesetzt, wie sie aus anderen Gastrennanwendungen bekannt sind.

Abb. 12.2.4 Inneres Arrangement eines GS-Taschenmembranmoduls (Stack). (Mit freundlicher Genehmigung der GKSS-Forschungszentrum Geesthacht GmbH).

Abb. 12.2.5 Membranstufe mit parallelen Modulen.

In Anlagen zur Abtrennung organischer Dämpfe liegt der Feeddruck im Bereich 2,5 bis 10 bar. Im Falle von Vakuum auf der Permeatseite liegt dieses zwischen 20 und 150 mbar. Der Druckverlust der Membranstufe liegt bei ca. 50 bis 500 mbar, je nach Anordnung der Membrantaschen. Im Rahmen der Betriebserfahrungen mit den bestehenden Anlagen hat sich gezeigt, dass die Leistung der Membranen sich bei ordnungsgemäßem Betrieb nicht verschlechtert und dass ein regelmäßiger Austausch der Membranen daher nicht erforderlich ist. Schädigungen an den Membranen entstanden nur durch Öleintrag oder mechanische Einflüsse (Druckstoß mit starkem Flüssigkeitseintrag).

12.2.3
Industrielle Anwendungen

Die Rückgewinnung organischer Dämpfe mittels Membranen im industriellen Maßstab wurde wesentlich durch den Einsatz bei der Benzindampfrückgewinnung beeinflusst. Hier wurden große Anlagen realisiert und es liegt eine langjährige Betriebserfahrung vor. Diese konnten dann bei der Umsetzung in anderen Anwendungen, z.B. bei der Lösungsmittelrückgewinnung oder der Rückgewinnung andere leichtflüchtiger Kohlenwasserstoffe (VOC = volatile organic compounds) erfolgreich berücksichtigt werden. Im Folgenden soll die Rückgewinnung organischer Dämpfe am Beispiel der Benzindampfrückgewinnung näher vorgestellt werden.

12.2.3.1 Gesetzlicher Rahmen als treibende Kraft
Emissionen flüchtiger organischer Verbindungen (VOC, volatile organic compounds) können zu erheblichen Gesundheitsrisiken führen und sind darüber hinaus als Vorläufersubstanzen für Ozon bekannt und damit mitverantwortlich für die Bildung von Sommersmog. Daher wurden ab Ende der achtziger Jahre in Deutschland entsprechende gesetzliche Regelungen, z.B. die TA-Luft [1], in Kraft gesetzt um die Emissionen einzuschränken.

Ein großes Potential zur Minderung der Kohlenwasserstoffemissionen lag dabei in der Verteilungskette von Ottokraftstoffen (Tabelle 12.2.1). In den folgenden Jahren wurden entsprechende Verordnungen beschlossen [2, 4, 6], um die Emission von Ottokraftstoffdämpfen deutlich zu vermindern. Diese Verordnungen waren der Auslöser für die Installation geeigneter Abluftreinigungsanlagen und mangels hinreichender technischer Alternativen war dies gleichzeitig der Durchbruch für die Anwendung von Membranverfahren zur Abtrennung organischer Dämpfe in Deutschland.

Mittlerweile gibt es analoge Emissionsschutzgesetze in der Europäischen Union [7, 8], die ebenfalls zur Verbreitung von Membrananlagen beitragen. Erste Erfahrungen mit ähnlichen Anwendungen in Asien, Russland und Nahost zeigen, dass dort häufig die deutschen oder europäischen Richtlinien adaptiert werden.

12.2.3.2 Dämpfe leichtflüchtiger Kohlenwasserstoffe aus Lagerung und Umschlag

Bei der Lagerung und der Verteilung von leichtflüchtigen Kohlenwasserstoffen werden bei nahezu allen Umschlagsprozessen Dämpfe freigesetzt, die typischerweise einen hohen Sättigungsgrad aufweisen. Dies gilt für viele Vor-, Zwischen- und Endprodukte, wie sie üblicherweise in der Petrochemie, z. B. in Raffinerien und in Tanklagern, gehandhabt werden:

- Rohbenzin,
- Ottokraftstoffe, Flugkraftstoffe oder entsprechende Vorprodukte,
- Methanol, Ethanol, MTBE, Benzol, Toluol, Xylol,
- sonstige Additive und Kraftstoffkomponenten.

Aufgrund der Verbrauchszahlen ist dabei der Ottokraftstoffumschlag das bedeutendste Anwendungsgebiet und bietet auch ein entsprechend großes Potential um Emissionen von Kohlenwasserstoffen zu vermindern. Dieselkraftstoffe und Heizöle fallen wegen des geringen Dampfdrucks nicht unter diese Betrachtung.

Tabelle 12.2.1 Inlandsabsatz an Mineralölprodukten 1996–2002 [3].

Inlandsabsatz an Mineralölprodukten 1996–2002 (in 1000 Tonnen)

Mineralölprodukte	1996	1998	2000	2002
Hauptprodukte				
Rohbenzin	13 430	15 960	17 568	16 442
Ottokraftstoff	30 276	30 281	28 807	27 195
– darunter Superbenzin	18 887	19 604	19 177	18 785
– darunter bleifreies Benzin	29 486	30 280	28 807	27 195
Dieselkraftstoff	25 982	27 106	28 922	28 631
Heizöl, leicht	38 420	34 631	27 875	28 544
Heizöl, schwer	7 820	7 771	6 213	6 864
Nebenprodukte				
Flüssiggas	3 368	2 884	2 765	2 591
Raffineriegas	499	539	552	581
Spezialbenzin	70	80	88	48
Testbenzin	112	128	141	133
Flugbenzin	22	24	26	19
Flugturbinenkraftstoff, schwer	5 936	6 434	7 142	6 788
– darunter Militärverbrauch	247	360	229	105
Leuchtöle	27	28	18	25
Schmierstoffe	1 129	1 147	1 122	1 077
Bitumen	3 397	3 381	3 348	2 980
Petrolkoks	1 505	1 523	1 598	1 415
Wachse, Paraffine, Vaseline etc.	274	301	282	286
Zwischensumme	132 356	132 262	126 610	123 710
Doppelzählung aus Recycling	3 998	4 827	6 136	5 872
Insgesamt	128 358	127 435	120 474	117 838

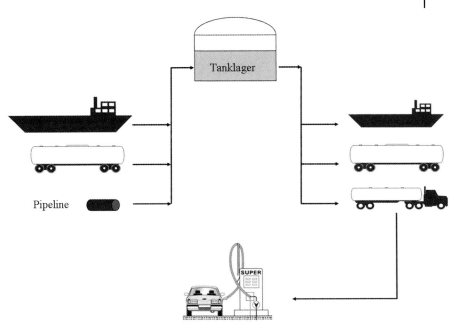

Abb. 12.2.6 Verteilungskette von Ottokraftstoffen.

In der Verteilungskette von der Produktion bis zum Verwendungsort werden die Produkte von den Raffinerien zu den Zwischentanklagern durch Eisenbahnkesselwagen, Tankschiffe oder Fernleitungen transportiert und von dort aus mittels Straßentankwagen zu den Endverbrauchern befördert oder auf Tankschiffe oder Kesselwagen verladen (Abb. 12.2.6).

Bei allen diesen Umschlagsprozessen wird das Produkt von einem unter nahezu atmosphärischem Druck betriebenem Transport- oder Lagervolumen in ein anderes gepumpt, wodurch die Dampfphase des zu befüllenden Behälters verdrängt wird. Bis Anfang der 1990er Jahre durften diese Volumenströme ohne Behandlung an die Umwelt abgegeben werden, und durch den mehrmaligen Umschlag eines Produktvolumens wurde auch ein mehrfacher Volumenstrom emittiert. Unter Berücksichtigung der hohen Konzentration an Kohlenwasserstoffen in der Abluft ergaben sich signifikante Emissionsmassenströme. Abbildung 12.2.7 zeigt die Abnahme dieser VOC-Emissionen nach Einführung der entsprechenden Verordnungen.

Die 20. BImSchV [2] regelt das Lagern und Umfüllen in Tanklagern sowie die Anforderungen an Straßentankwagen, Kesselwagen und Tankschiffe und die Befüllung der Lagertanks an Tankstellen (oft auch als Stage I-Verordnung bezeichnet). Im Wesentlichen wird festgelegt, dass beim Umfüllvorgang Flüssigkeit gegen Dampf gependelt werden muss, und dass Überschussmengen einer Abluftreinigungsanlage zugeführt werden müssen. Im Weiteren sind die Wirkungsgrade dieser Anlagen definiert.

12 Verfahren zur Trennung von Gasen und Dämpfen

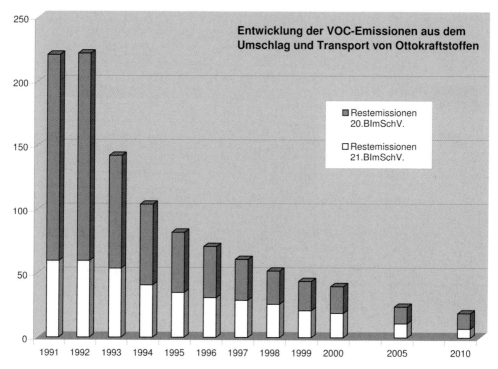

Abb. 12.2.7 VOC-Emissionen resultierend aus Umschlag und Transport von Ottokraftstoffen [5].

Die 21. Bundesimissionsschutzverordnung [6] (oft auch als Stage II-Verordnung bezeichnet) regelt den Betankungsvorgang des Pkw an den Tankstellen und besagt, dass ein Gasrückführsystem („Saugrüssel") verwendet werden muss.

Durch die konsequente Anwendung der Gaspendelung (engl. vapour/gas balancing) wird jeweils Flüssigkeit gegen Dampf getauscht und erst an einem zentralen Ort der Verteilungskette ist die Abluft zu behandeln. Dies sind in der Regel die Tanklager der Raffinerie oder auch Zwischentanklager. Die gesammelte Abluft aller Vorgänge wird dann entweder direkt oder über einen Gasspeicher von der Abluftreinigungsanlage (VRU=Vapour Recovery Unit) behandelt (Abb. 12.2.8).

Der Abluftvolumenstrom aus dem Umschlag von Ottokraftstoffen ist schwankend und hängt von den jeweiligen Pumpraten bei der Befüllung eines Transport- oder Lagerbehälters ab. Dazu kommt in der Regel noch die so genannte „Tankatmung" – also die Gasvolumenänderung des Tanks bedingt durch Witterungsänderungen. Aus der Gleichzeitigkeit dieser Emissionsvorgänge ergibt sich die notwendige Kapazität der Rückgewinnungsanlage.

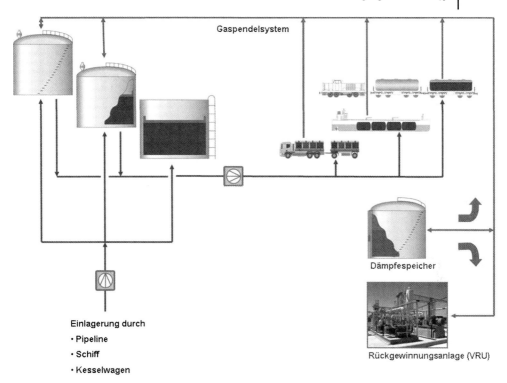

Abb. 12.2.8 Stand der Technik bei der Anwendung der Gaspendelung.

Die Zusammensetzung der Abluft ergibt sich aus der Zusammensetzung des Produktes und durch Vermischung mit Luft. Die Tabelle 12.2.2 zeigt die typische Zusammensetzung von Ottokraftstoffen und die daraus resultierende Zusammensetzung des Kohlenwasserstoff-Luftgemisches in einem Umschlagtank.

12.2.3.3 Resultierende Anforderungen an die Abluftreinigungsanlage

Aus der Vielzahl unterschiedlicher Betriebszustände, der variierenden Zusammensetzung der Kohlenwasserstoffe und der Vielzahl gesetzlicher Regelungen heraus resultieren die Anforderungen an die Abluftreinigungsanlage:

- Die Anlage muss sowohl den maximalen Volumenstrom als auch kleinere Volumenströme aufnehmen können.
- Bei der Abluft handelt es sich um ein Gemisch aus Luft und Kohlenwasserstoffen in variabler Zusammensetzung und Konzentration. Daher muss der Abluftstrom der Gefahrzone „0" zugeordnet werden (= dauerhaft explosives Gemisch) und die gesamte Anlage muss explosionsgeschützt ausgeführt werden.
- Die Anlage muss hinsichtlich der verwendeten Werkstoffe gegen die Vielzahl möglicher Kohlenwasserstoffe dauerhaft beständig sein.
- Ein vollautomatischer sicherer Betrieb muss gewährleistet sein.

Tabelle 12.2.2 Zusammensetzung von Ottokraftstoffen in Lagertanks [4].

Komponenten		Ottokraftstoff (Sommerqualität/Super)	
		Mittelwert	Bereich
Kohlenwasserstoffverteilung in der Gasphase in Gew.-% (ca. 40 Vol.-% Gesamtanteil in der Gasphase bei Raumtemperatur)	Aliphaten		
	$<C_4$	<1	<1
	C_4	21	10–30
	C_5	50	44–66
	C_6	20	10–27
	$>C_6$	8	6–9
	Aromaten		
	Benzol	<1	<1
	Toluol	13	2–3
	MTBE	2	0–3
	$>C_7$	24	1–2
Flüssigphase in Gew.-%	Aliphaten		
	$<C_4$	<1	<1
	C_4	2	1–3
	C_5	17	14–19
	C_6	18	17–20
	C_7	21	17–25
	C_8	22	21–23
	C_9	11	10–14
	$>C_9$	6	5–8
	Aromaten		
	Benzol	<1	<1
	Toluol	13	9–15
	MTBE	2	0–4
	$>C_7$	24	19–29

Hinsichtlich der Grenzwerte gibt die Tabelle 12.2.3 einen Überblick über einige gesetzliche Regelungen. Signifikant ist, dass, nachdem in Deutschland ein strenger Grenzwert erfolgreich eingeführt worden war, in Europa einige Jahre später (1997) ein deutlich höherer Grenzwert (ca. 230fach) eingeführt wurde.

Abluftreinigungsanlagen für Benzindämpfe haben zwei wesentliche Aufgaben zu erfüllen:

- Die Einhaltung der gesetzlich vorgeschriebenen Abluftgrenzwerte.
- Die Rückgewinnung der verdampften Kohlenwasserstoffe durch Verflüssigung und Rückführung in den Produktkreislauf.

Die Tabelle 12.2.4 gibt einen Überblick über die am Markt angebotenen Systeme und die verwendeten Grundoperationen:

In Deutschland ist der Anlagentyp D mit einer Kombination aus Druckabsorption und Membrantechnik die am häufigsten genutzte Technik. Europa- und weltweit ist immer noch die klassische Aktivkohleanlage am meisten verbreitet (Typ A).

Tabelle 12.2.3 Grenzwerte für Benzindampfrückgewinnungsanlagen (VRU's).

Gesetzliche Regelung	Massenbeladung im Rohgas im Eintritt der Anlage (Mittelwert) [a]	Anforderung an das Reingas der Abluftreinigungsanlage	Resultierender erforderlicher Wirkungsgrad	Besonderer Grenzwert für Benzol (krebserregend)
	g/m³ Abluft	mg/m³ Abluft	%	mg/m³ Abluft
TA-Luft 1986	1000	150	99,985	<5
TA-Luft 2002	1000	50	99,995	<1
20. BImSchV.	1000	150	99,985	nein
Europa 94-63-EG	1000	35 000	96,500	nein
Niederlande	1000	10 000–20 000	98–99	nein

[a] Typischer gemessener Konzentrationswert im Sommer.

Tabelle 12.2.4 Grundoperationen in Benzindampfrückgewinnungsanlagen (VRU's).

Anlagentyp	A	B	C	D	E	F
Grundoperation						
Verflüssigung						
Kondensation bei tiefen Temperaturen $T \ll °C$		×				
Kondensation bei hohem Druck $T < °C$					×	×
Atmosphärische Absorption	×					
Druckabsorption			×	×		
Konditionierung						
Atmosphärische Adsorption	×	×				
Druckadsorption				×		×
Membranverfahren (Gaspermeation)			×	×	×	×
Gasmotoren						
Katalysatoren						
Anlagentyp	A	B	C	D	E	F

In den ersten Jahren wurden einige Anlagen installiert, bei denen die Dämpfe mittels Gasmotoren verbrannt und Energie gewonnen werden sollte oder bei denen heterogene Katalysatoren die Schadstoffe umwandeln sollten. Beide Verfahren spielen heute aufgrund der mangelnden Verfügbarkeit und Anlagensicherheit keine Rolle mehr.

12.2.3.4 Anwendung: Rückgewinnung organischer Dämpfe durch Gaspermeation/Absorption

Der klassische Membranprozess zur Abtrennung von organischen Dämpfen, insbesondere von Benzindämpfen, ist eine Kombination aus Druckabsorption und Gaspermeation (Abb. 12.2.9). Die Abluft wird zunächst durch einen Flüssigkeitsringverdichter angesaugt und zusammen mit dem Permeatstrom auf den Betriebsdruck verdichtet. Als Ringflüssigkeit wird dazu das gleiche Medium, in den meisten Fällen Benzin aus dem Tanklager, verwendet wie in dem nachgeschalteten Gaswäscher (Absorber). Der Abluftstrom, der Permeatstrom und die Ringflüssigkeit werden dann in den Gaswäscher gefördert und der Gasstrom durchströmt den Absorber. Im Gegenstrom dazu wird das Absorbens in den Kopf des Gaswäschers eingedüst [9].

Der Absorber ist der Bauart nach eine Füllkörperkolonne mit ca. 3–4 theoretischen Trennstufen. In der Absorberpackung findet nun ein intensiver Stoff- und Energieaustausch statt und ein großer Teil der organischen Dämpfe wird innerhalb des Gaswäschers verflüssigt und verlässt diesen zusammen mit dem Absorbensrücklauf in Richtung Absorbenstank, der sozusagen als unendliches Reservoir arbeitet.

Der Kopfstrom des Gaswäschers tritt dann als Feed in die Membranstufe ein. Diese trennt den Feedstrom in das angereicherte Permeat und den sauberen Retentatstrom auf. Im Permeat erzeugt eine Vakuumpumpe den nötigen Unterdruck. Als Pumpe kommen Drehschieber-Vakuumpumpen oder Flüssigkeitsringpumpen zum Einsatz. Bei Ringpumpen kommt dann allerdings das Absorbens als Ringmedium nicht in Frage, sondern es muss ein Medium mit geringem Dampfdruck und geringem Absorptionsvermögen für Kohlenwasserstoffe

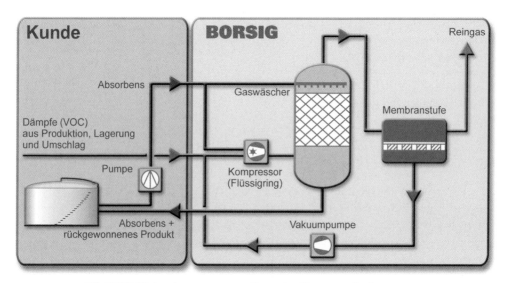

Abb. 12.2.9 Rückgewinnungsprozess „Absorption/Gaspermeation".

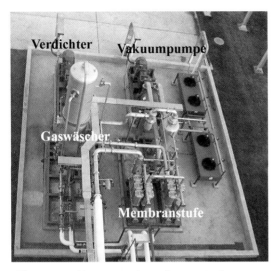

Abb. 12.2.10 Bild einer Membrananlage zur Rückgewinnung von Benzindämpfen.

Tabelle 12.2.5 Typische Betriebsdaten einer Benzindampfrückgewinnungsanlage.

Stoffstrom	1	2	3	4	5
Bezeichnung	Rohgas	Permeat	Kompressor	Membranzulauf	Reingas
Volumenstrom in m_N^3/h	1150	409	1560	1333	924
Temperatur in °C	20	×	45	20	20
Druck in bar abs	1	0,13	3,5	3,4	1
Beladung an Kohlenwasserstoffen in g/m^3	592	1190	749	372	<10
Sauerstoffanteil in vol%	16,7	23	18,4	21,5	20,8

sein, z. B. ein Glycolöl. Der Permeatstrom wird dann vor den Verdichter zurückgeführt und der Prozesskreislauf ist geschlossen (Abb. 12.2.10).

Die Rückführung des Permeats vor den Verdichter ist sicherheitstechnisch sehr wertvoll, da dadurch der Abluftstrom noch weiter aufkonzentriert wird auf Werte deutlich größer als die obere Explosionsgrenze (OEG). Die Tabelle 12.2.5 gibt typische Betriebszustände wieder. Die beispielhaft dargestellte Anlage arbeitet bei einem Feed/Permeat-Druckverhältnis von <25 und mit ca. 280 m² POMS-Membran.

12.2.3.5 Anwendung: Emissionsreduzierung an Tankstellen durch Membrantechnologie

Die immissionsschutzrechtlichen Vorschriften für Tankstellen sind durch die „Gaspendelverordnungen" zur Verminderung der Kohlenwasserstoffemissionen beim Umfüllen von Ottokraftstoffen geregelt. Die 20. BImSchV [2] enthält die Vorschriften zur Befüllung der Lagertanks durch Straßentankfahrzeuge; die 21. BImSchV [6] regelt die Gasrückführung bei der Pkw-Betankung.

Bei der Betankung von Pkw's, wird durch das in den Pkw-Tank gefüllte Flüssigvolumen ein entsprechendes Gasvolumen verdrängt. Die 21. BImSchV schreibt nun vor, dass das aus dem Lagertank abgepumpte Flüssigvolumen durch das aus dem Pkw-Tank verdrängte Gasvolumen ersetzt werden soll. Um einen Emissionstransfer zu vermeiden soll das Verhältnis von Gas- zu Flüssigvolumen 1:1 sein. Untersuchungen des TÜV Rheinland haben aber gezeigt, dass bei einer 1:1 Volumenrate nicht alle am Tankstutzen entstehenden Dämpfe erfasst werden [10]. Wird aber ein Überschussvolumen am Tankstutzen abgesaugt und in den Lagertank zurückgeführt, kann es zu Emissionen am Lüftungsmast des Lagertanks der Tankstelle kommen. In § 3 Abs. 6 der 21, BImschV ist geregelt, dass ein Überschuss zur vollständigen Erfassung der am Tankstutzen verdrängten Dämpfe nur zulässig ist, wenn eine Abgasreinigungsanlage mit stofflicher Rückgewinnung und einem Wirkungsgrad größer als 97% installiert ist.

Neben den Emissionen bei der Betankung können weitere Emissionen durch die Atmung der Lagertanks bei Luftdruckwechsel, der Befüllung der Lagertanks und durch die Aufsättigung des Luftvolumens über den Flüssigkeitsspiegel der Lagertanks entstehen.

Das Vaconovent®-System wurde entwickelt, um die Emissionen beim Tankstellenbetrieb und die damit verbundenen Verluste an Benzin zu reduzieren.

Abbildung 12.2.11 zeigt das Funktionsprinzip des Vaconovent®-Systems. Der Lagertank ist mit Überdruck-/Unterdruckventilen am Lüftungsmast gegenüber der Atmosphäre abgesichert. In der Regel sind die Lagertanks mit elektronischen Peilsonden zur Erfassung des Füllstands ausgerüstet, sodass ein geschlossenes System sichergestellt ist. Die Rohre und Lagertanks sind vor der Inbetriebnahme einem Drucktest unterzogen. Damit soll sichergestellt werden, dass keine diffusen Emissionen durch Leckagen auftreten können.

Der Druck im Lagertank wird durch einen Drucksensor mit Schaltfunktion überwacht. Bei einem ausgewählten Schaltpunkt wird die Vakuumpumpe der Anlage aktiviert. Mit Hilfe des entstehenden Unterdrucks wird das pneumatische Auslassventil am Austritt des Membranmoduls geöffnet. Die Dämpfe überströmen die Membranen, die Kohlenwasserstoffe permeieren durch die Membranen und gereinigte Luft wird zur Atmosphäre geleitet. Die abgetrennten Benzindämpfe werden wieder in Lagertanks gepumpt. Nach dem Erreichen des unteren Abschaltpunkts wird die Anlage abgeschaltet.

Die ersten Anlagen wurden mit Überdruck bei Schaltpunkten zwischen 6 mbar und 3 mbar betrieben. Es hat sich aber gezeigt, dass es schwirig ist, dauerhaft das Tankstellensystem vollständig gasdicht zu erhalten. Damit war

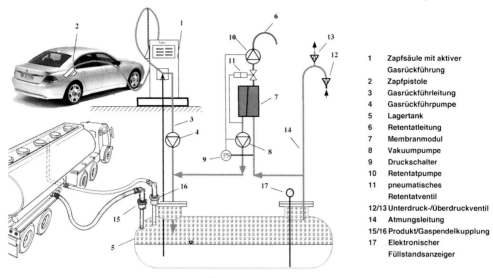

Abb. 12.2.11 Funktionsprinzip des Vaconovent®-Systems.
(Mit freundlicher Genehmigung der GKSS-Forschungszentrum Geesthacht GmbH).

1 Zapfsäule mit aktiver Gasrückführung
2 Zapfpistole
3 Gasrückführleitung
4 Gasrückführpumpe
5 Lagertank
6 Retentatleitung
7 Membranmodul
8 Vakuumpumpe
9 Druckschalter
10 Retentatpumpe
11 pneumatisches Retentatventil
12/13 Unterdruck-/Überdruckventil
14 Atmungsleitung
15/16 Produkt/Gaspendelkupplung
17 Elektronischer Füllstandsanzeiger

nicht sichergestellt, dass ein Druckanstieg bis zum Einschaltpunkt erfolgen konnte. Durch den Einbau einer Retentatpumpe ist es möglich, dass die Schaltpunkte für die Vaconovent®-Anlage (Abb. 12.1.12) in den Bereich des Atmosphärendrucks, z. B. +1 mbar/–1 mbar gelegt werden können. Hiermit ist sichergestellt, dass durch geringe Leckagen die diffusen Emissionen unterdrückt wer-

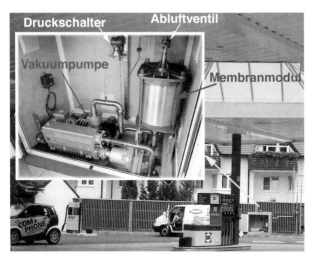

Abb. 12.2.12 Bild einer Vaconovent®-Anlage.
(Mit freundlicher Genehmigung der GKSS-Forschungszentrum Geesthacht

den können. Eine verbesserte Erfassung der Dämpfe am Tankstutzen war die Motivation für die Entwicklung des Vaconovent®-Systems. Nach den vorliegenden Erfahrungen gewinnt die Reduzierung der Benzinverluste durch Vaconovent® zunehmend an Bedeutung.

Untersuchungen haben gezeigt, dass 0,3% und mehr des Umsatzes durch den Einsatz der Abgasreinigungsanlage zurück gewonnen werden können. Die Firma ARID Technologies (USA) hat auf einer Tankstelle in Grass Valley, Kalifornien, die Rückgewinnung bilanziert. Bei einem Umsatz der Tankstelle von 1,25 Millionen Liter pro Monat konnten 3785 Liter durch die Abluftreinigung zurückgewonnen werden [11]. Auf einer Tankstelle von PetroChina in Shanghai ist eine Pilotanlage der Firma Borsig zur Emissionsreduzierung auf Tankstellen installiert. Hier gab es noch keine Gaspendelung bei der Pkw-Betankung und der Befüllung der Lagertanks. Im Rahmen eines vom BMBF geförderten Projektes wurde die Vaconovent®-Technik für die Randbedingungen des chinesischen Marktes erprobt. Die Gaspendelung für die Pkw-Betankung wurde vom chinesischen Partner installiert. Das Zusammenspiel von Gaspendelung und Abluftreinigung erbrachte eine Reduzierung der Verluste um 0,6% des Umsatzes. Bei einem Jahresumsatz von 12 Millionen Litern errechnet sich eine Rückgewinnung von 72 000 Litern pro Jahr.

Ingesamt sind etwa 150 Anlagen weltweit installiert. In Luxemburg ist diese Technik als bester Stand der Technik anerkannt und wird vom Umweltministerium bei dem Neubau von Tankstellen empfohlen. Die Anlagen sind vom TÜV Süddeutschland hinsichtlich des Wirkungsgrads zertifiziert und die Technik ist für die Schweiz in das Handbuch für die Kontrolle von Tankstellen mit Gasrückführung vom Bundesamt für Umwelt, Wald und Landschaft (BUWAL) aufgenommen. Für das System liegt in den USA (Arid-Handelsname Permeator^{TM}) eine Zulassung gem. CARB (California Air Resources Board) vor und durch die Texas Commission on Environmental Quality (TCEQ) wurde das System hinsichtlich der Kompatibilität mit der neuen Fahrzeuggeneration mit dem „großen Kohlekanister" zur Erfassung der Betankungsemissionen geprüft und zugelassen.

12.2.4
Zusammenfassung

Die Rückgewinnung organischer Dämpfe durch Membrananlagen wurde wesentlich durch die Maßnahmen zur Minderung von Emissionen durch Ottokraftstoffe auf Tanklagern etabliert. Seit der Errichtung der ersten Membrananlage zu diesem Zweck im Jahr 1989 hat sich die Membrantechnik zur Behandlung organischer Dämpfe zum anerkannten Stand der Technik entwickelt.

Im industriellen Einsatz zeigen die Membrane und Module eine sehr hohe Verfügbarkeit und einen sicheren und stabilen Betrieb. Die Standzeit der Membranen ist deutlich größer als 5 Jahre. In der Kombination mit anderen Verfahrensschritten sind sehr interessante Konzepte möglich, die herkömmlichen Technologien hinsichtlich Effizienz und Investitions- und Betriebskosten überlegen sind.

Die Benzindampfrückgewinnung ist die zurzeit dominierende Anwendung. Weltweit sind ca. 150 Anlagen in Tanklagern und Verladestationen installiert. Die Technik zeichnet sich durch die kompakte Bauweise, das sichere Betriebsverhalten, einen geringen Wartungsaufwand, sowie extreme Langlebigkeit aus. Die Anlagen sind modular aufgebaut und können mit geringem Aufwand nachgerüstet werden. Die Anlagen können entsprechend den gültigen Vorschriften zur Luftreinhaltung konzipiert werden. Die Kombination von Membranverfahren mit anderen Verfahrensschritten wie z.B. der Druckwechseladsorption (PSA) hat sich für extreme Anforderungen an die Abluftreinheit als besonders günstig erwiesen und ist in deutschen Tanklagern die am häufigsten eingesetzte Technik.

Membranverfahren eignen sich auch zur Nachrüstung bestehender Aktivkohle-Adsorptionsanlagen, wenn diese die geforderten Reinluftqualitäten nicht erreichen. Durch das Vorschalten einer Membranstufe kann bei Nutzung der vorhandenen Anlagenkomponenten aus dem Zustrom zur Adsorptionsanlage ein großer Teil der Kohlenwasserstoffe abgetrennt und damit die Eingangskonzentration zur Adsorption abgesenkt werden. Hierdurch wird erreicht, dass die Adsorptionsstufe die geforderte Reinheit einhalten und eventuell eine höhere Anlagenkapazität aufweisen kann [12].

Die Anwendung der Membrantechnik zur Emissionsreduzierung auf Tankstellen ist eng mit den technischen Vorschriften zur Emissionsminderung und einem entsprechenden Gesamtkonzept für die Tankstelleninfrastruktur verbunden und kann als Stand der Technik bezeichnet werden. Eine weitere Verbreitung dieser Anwendung wird mit strengeren Emissionsvorschriften und mit steigenden Preisen für Ottokraftstoffe erwartet.

12.2.5
Literatur

1 Technische Anleitung zur Reinhaltung der Luft (TA Luft) vom 27. Februar 1986, Gemeinsames Ministerialblatt S. 92–202, novelliert am 1. Oktober 2002.
2 Verordnung zur Begrenzung der Kohlenwasserstoffemissionen beim Umfüllen und Lagern von Ottokraftstoffen, 20. BImschV, novelliert am 24. Juni 2002.
3 Mineralölzahlen 2002, Publikation des Mineralölwirtschaftsverbands www.mwv.de.
4 VDI-Richtlinie 3479 „Emissionsminderung Raffinerieferne Mineralöltankläger.
5 Datenquelle www.bundesumweltamt.de.
6 Verordnung zur Begrenzung der Kohlenwasserstoffemissionen bei der Betankung von Kraftfahrzeugen, 21. BImschV, novelliert am 6. Mai 2002.
7 EU Kraftstoff Richtlinie (Quelle).
8 Richtlinie 94/63/EG des Europäischen Parlaments und Rates vom 20. Dezember 1994 zur Begrenzung der Flüchtigen organischen Verbindungen (VOC-Emissionen) bei der Lagerung von Ottokraftstoffen und seiner Verteilung von den Auslieferungslagern bis zu den Tankstellen. ABl.EG Nr. L 365 S. 24.
9 K. Ohlrogge, J. Wind, J. Stegger „Verminderung von Emissionen mittels Membranverfahren", Flachbodentanks: Neue Bestimmungen und Erkenntnisse für Herstellung und Betrieb, TÜV Akademie, TÜV Süddeutschland, 3. Tagung am 4. und 5. 11. 2003 in München.

10 D. Hassel, H. Waldeyer: Mess – und Überwachungsverfahren bei Gasrückführsystemen, UTECH Berlin, Technologieforum 1994, Gaspendel-Verordnungen für Tankstellen und Tanklager, 22. Februar 1994, Berlin, S. 85–106.

11 http://www.aridtech.com.

12 K. Ohlrogge, J. Wind , T. Brinkmann: Membrane Based Hybrid Systems to Treat Organic Vapor Loaded Gas Streams, AIDIC Conference Series, Volume 6, 2003, pp. 215–223, IcheaP-6, 8.–11. Juni, 2003, Pisa, Italien.

13
Elektrodialyse

Hans-Jürgen Rapp

13.1
Einleitung

Historisch gesehen ist die Elektrodialyse eines der ersten Membranverfahren, welches sich in einer großtechnischen Anwendung durchgesetzt hat. Diese Anwendung war die Entsalzung von Meerwasser, welche vor allem in Japan zur Erzeugung von Speisesalz praktiziert wurde. In Japan wurden so jährlich 1,4 Millionen Tonnen Speisesalz mit Hilfe der Elektrodialyse aus Meerwasser gewonnen [1].

Auf Grund dieser historischen Entwicklung befinden sich die beiden größten und bekanntesten Hersteller von Ionenaustauschermembranen in Japan.

Mit Ausnahme der oben erwähnten Anwendung stellt die Elektrodialyse heutzutage eher einen Exoten unter den Membranverfahren dar, welcher von den druckbetriebenen Membranverfahren wegen ihrer geringeren Investitionskosten und deren einfacheren Handhabung zunehmend verdrängt wurde.

Dennoch findet die Elektrodialyse Anwendung in eher kleineren Nischen, in welchen sie sich erfolgreich bewährt.

13.2
Grundlagen

13.2.1
Das grundlegende Prinzip

Die Elektrodialyse ist ein elektrophysikalisches Trennverfahren, welches auf der Wanderung (Migration) geladener Teilchen in wässrigen und nichtwässrigen Lösungen unter dem Einfluss eines elektrischen Feldes in Verbindung mit der selektiven Wirkung der Ionenaustauschermembranen beruht.

Das grundlegende Prinzip der Elektrodialyse ist in Abb. 13.1 dargestellt. Unter dem Einfluss des elektrischen Feldes wandern die positiv geladenen Teilchen (Kationen) in Richtung Kathode, die negativ geladenen Teilchen (Anionen) in

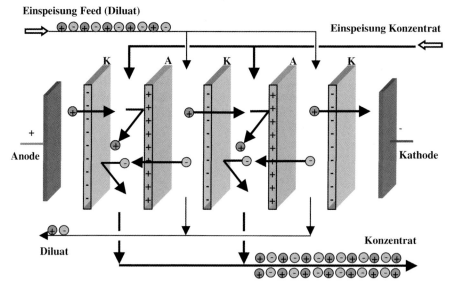

Abb. 13.1 Prinzip der Elektrodialyse.

Richtung der Anode. Auf ihrem Weg werden die Ionen durch die Membranen mit gleichnamiger Ladung zurückgehalten, während sie die Membranen mit entgegengesetzter Ladung ungehindert passieren. Da die Kationen von der Anionenaustauschermembran (A) und die Anionen von der Kationenaustauschermembran (K) zurückgehalten werden, bilden sich zwischen den Membranen Kammern, in welchen eine Aufkonzentrierung bzw. eine Abreicherung an Ionen stattfindet.

13.2.2
Die Selektivität von Ionenaustauschermembranen

Die Selektivität der Ionenaustauschermembranen, d. h. die Eigenschaft der Membranen eine Sorte von Ionen zurückzuhalten und die Ionen mit entgegengesetztem Ladungsvorzeichen passieren zu lassen, beruht auf dem so genannten Donnan-Effekt, auch Donnan-Ausschluss genannt.

Ionenaustauschermembranen können als Ionenaustauscherharze in Filmform angesehen werden. Sie bestehen aus der in Abb. 13.2 dargestellten Polymermatrix mit den fest an die Membran gebundenen geladenen Gruppen, den so genannten Festionen oder Festladungen und den frei beweglichen Ladungsträgern. Man unterscheidet hier zwischen zwei Arten von beweglichen Ladungsträgern:

- Die beweglichen Ionen, welche die entgegengesetzte Ladungspolarität der Festionen aufweisen, werden Gegenionen genannt.
- Die beweglichen Ionen, welche die gleiche Ladungspolarität der Festionen aufweisen, werden Coionen genannt.

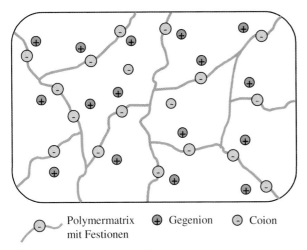

○⤳ Polymermatrix ⊕ Gegenion ⊖ Coion
    mit Festionen

Abb. 13.2 Schematische Darstellung einer Kationenaustauschermembran.

Ionenaustauschermembranen mit negativ geladenen funktionellen Gruppen, z. B. Sulfon- ($R\text{-}SO_3^-$) oder Carboxyl-Gruppen ($R\text{-}COO^-$), lassen bevorzugt deren Gegenionen, die Kationen passieren und werden deshalb Kationenaustauschermembranen genannt. Ionenaustauschermembranen mit positiven Festladungsträgern, z. B. Ammonium- ($R\text{-}N^+$) oder Phosphonium-Gruppen ($R\text{-}P^+$), lassen vorwiegend Anionen passieren und werden deshalb Anionenaustauschermembranen genannt.

Betrachtet man eine Kationenaustauschermembran, welche an beweglichen Ionen vorwiegend Kationen z. B. Me^+ enthält und mit einer verdünnten Lösung des Elektrolyten Me^+X^- in Kontakt steht, so ist die Konzentration der Kationen in der Membran größer als in der Lösung. Die Konzentration der Anionen ist dagegen in der Lösung größer als in der Membran. Trügen die Teilchen (Ionen) keine Ladung, so würde sich ihre Konzentration durch Diffusion ausgleichen. Da es sich aber um geladene Teilchen handelt, würde so ein Vorgang die Elektroneutralität in der Membran und in der Lösung stören. Die Diffusion der Kationen in die Lösung, als auch die Diffusion von Anionen in die Membran führt zum Aufbau einer positiven elektrischen Raumladung in der Lösung und einer negativen Raumladung in der Membran. Das elektrische Feld, welches hierbei entsteht, wirkt nun der Diffusion der Ionen entgegen.

Es stellt sich ein elektrochemisches Gleichgewicht ein, das Donnan-Gleichgewicht, in dem für jede bewegliche Ionensorte das elektrische Feld dem Diffusionsbestreben der Ionen die Waage hält [2].

Für einen 1:1 Elektrolyten, d. h. einen Elektrolyten mit einem einwertigen Anion und einem einwertigen Kation, z. B. NaCl, ergeben sich aus der Beziehung für die Elektroneutralität und dem Gleichgewicht des elektrochemischen Potentials zwischen einer Membran mit der Festladungsdichte X und dem Elektrolyt folgende Beziehungen:

$$c_{\text{Coion}}^{\text{Membran}} = c_{\text{Gegenion}}^{\text{Membran}} - X \qquad (1)$$

$$c_{\text{Gegenion}}^{\text{Membran}} = \frac{X + \sqrt{X^2 + 4\left(c_{\text{Gegenion}}^{\text{Elektrolyt}}\right)^2}}{2} \qquad (2)$$

Weiterhin gilt für das Donnan-Potential:

$$E_{\text{Donnan}} = \varphi^{\text{Membran}} - \varphi^{\text{Elektrolyt}} = \frac{R_{\text{univ.}} \cdot T}{F} \cdot \ln \frac{c_{\text{Coion}}^{\text{Elektrolyt}}}{c_{\text{Coion}}^{\text{Membran}}} \qquad (3)$$

In Tabelle 13.1 sind die wichtigsten Parameter gängiger Ionenaustauschermembranen dargestellt [3, 4].

Wie aus Tabelle 13.1 ersichtlich liegt die Festladungsdichte der Standard-Ionenaustauschermembranen bei 1,4 bis 1,8 meq je Gramm (eq/L). Die Festladungsdichte spezieller Ionenaustauschermembranen reicht bis 3,5 meq/g.

Der Begriff des Äquivalentes (eq) entspricht hierbei der früher verwendeten Einheit val (bzw. mval), welches sich als Produkt aus der elektrochemischen Wertigkeit z_j der ionogenen Spezies j und der Konzentration c_j der Komponente j ergibt.

Berechnet man das Donnan-Potential an einer Kationenaustauschermembran mit einer Festladungsdichte $X = 1{,}0$ mol/L in einem 1:1 Elektrolyten (NaCl) als Funktion der Elektrolytkonzentration, so ergibt sich der in Abb. 13.3 dargestellte Verlauf.

Wie aus Abb. 13.3 zu erkennen ist, nimmt das Donnan-Potential und damit die Fähigkeit der Membran die unerwünschten Coionen zurückzuhalten, mit zunehmender Konzentration des an die Membran angrenzenden Elektrolyten ab. Hiermit sinkt die Selektivität oder Trennwirkung der Membran.

Tabelle 13.1 Parameter gängiger Ionenaustauschermembranen.

	Neosepta® CMX	Neosepta® AMX	Selemion CMV	Selemion AMV
Hersteller	Tokuyama Corporation	Tokuyama Corporation	Asahi Glass Co. Ltd.	Asahi Glass Co. Ltd.
Dicke in mm	0,14–0,20	0,12–0,18	0,13	0,13
Elektrischer Widerstand r_a (Ωcm^2) gemessen in 0,5 n NaCl-Lösung	1,8–3,8	2,0–3,5	3,0	2,5
Transport-Nummer Total Anion/Kation	>0,98	>0,98	>0,96	>0,96
Festladungsdichte (meq/g)	1,5–1,8	1,4–1,7	keine Angabe	keine Angabe

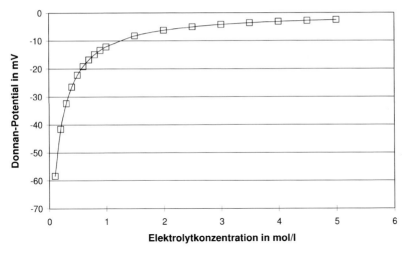

Abb. 13.3 Donnan-Potential an einer Kationenaustauschermembran in einem 1:1 Elektrolyten. Festladungsdichte der Membran X = 1,0 mol/L.

13.2.3
Monoselektive und bipolare Ionenaustauschermembranen

13.2.3.1 Die bipolare Membran

Das Funktionsprinzip einer bipolaren Membran ist in Abb. 13.4 dargestellt. Eine bipolare Membran besteht aus einer anionen- und einer kationenselektiven Schicht, die zwischen zwei Elektroden so angeordnet werden, dass die Kationenaustauschermembran sich auf der Seite der Kathode und die Anionenaustauschermembran sich auf der der Anode zugewandten Seite befindet. Wird zwischen den beiden Elektroden eine elektrische Potentialdifferenz vorgegeben, d.h. eine Gleichspannung angelegt, so werden alle ionogenen Bestandteile, die sich im „Flüssigkeitsfilm" zwischen den Membranen befinden (z. B. NaCl), in der gezeigten Weise entfernt. Sind alle Salze aus der Übergangszone zwischen den Membranen entfernt, so übernehmen Protonen (H$^+$) und Hydroxidionen (OH$^-$) den Transport des elektrischen Stromes. Die Protonen und Hydroxidionen werden durch Dissoziation des Wassers gemäß Gleichung (4) kontinuierlich nachgeliefert.

$$2 H_2O \Leftrightarrow H_3O^+ + OH^- \tag{4}$$

Auf den genauen Mechanismus dieser Wasserspaltung wird in [5–7] näher eingegangen.

Anwendung findet die bipolare Membran in der Herstellung von Säuren und Laugen aus den entsprechenden Neutralsalzen gemäß Abb. 13.5.

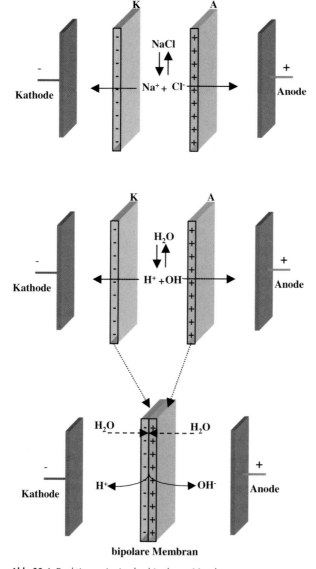

Abb. 13.4 Funktionsprinzip der bipolaren Membran.

13.2.3.2 Monoselektive Ionenaustauschermembranen

Monoselektive Membranen nehmen im Bereich der Elektrodialyse zunehmend eine wichtige Rolle ein, denn sie erlauben durch ihre spezielle Selektivität für einwertige Ionen die Trennung zwischen ein- und mehrwertigen Ladungsträgern (Abb. 13.6). So kann z. B. mit einer monoselektiven Anionenaustauschermembran die Trennung von Sulfat und Chlorid [8] oder mit einer monoselekti-

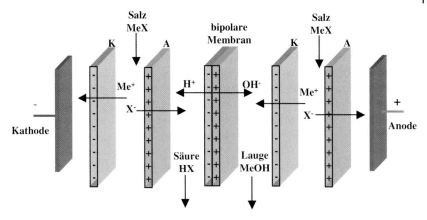

Abb. 13.5 Grundprinzip zur Herstellung von Säuren und Laugen mit bipolaren Membranen.

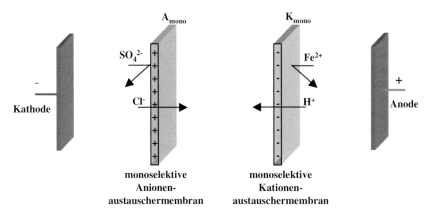

Abb. 13.6 Stofftrennung mittels monoselektiven Membranen.

ven Kationenaustauschermembran die in Abschnitt 13.3 beschriebene Trennung von Metallen und Säure realisiert werden.

Die Monoselektivität der Membranen kann durch drei verschiedene Mechanismen verursacht werden [9]:

- Ausschluss der mehrwertigen Ionen anhand des Größenunterschiedes (stärkere Vernetzung der Membran bzw. Membranoberfläche),
- Aufbringung eines dünnen Filmes gleicher Ladung wie die zu trennenden Ionen,
- spezifische Wechselwirkungen zwischen den Festladungsträgern und den beweglichen Ionen.

13.2.4
Aufbau eines Elektrodialysemoduls

Abbildung 13.7 zeigt die prinzipielle Anordnung der Ionenaustauschermembranen in einem Elektrodialysemodul. Zwischen den Membranen befinden sich die Zellrahmen, auch Spacer genannt, welche den Strömungskanal für die Fluide bilden und damit die hydrodynamischen Eigenschaften des Moduls bestimmen.

In der Praxis werden bis zu 300 sich wiederholende Anordnungen, bestehend aus einer Kationenaustauschermembran (K), einer Diluatkammer, einer Anionenaustauschermembran (A) und einer Konzentratkammer, den so genannten Zellpaaren, zwischen einem Paar Elektroden in einem Modul, auch Stack genannt, angeordnet. Durch die Anordnung einer Kationenaustauschermembran vor den Elektroden wird eine Aufsalzung oder Entsalzung der Elektrodenspülung verhindert.

Mit zunehmender Anzahl an Zellpaaren steigt die Gefahr der internen Flüssigkeits-Leckage sowie auch der so genannte „bypass current" im System. Der Begriff „bypass current" bedeutet hierbei, dass der Strom, mit zunehmender Anzahl an Zellpaaren und dem damit verbundenen zunehmenden elektrischen Widerstand des Systems, einen alternativen Weg vorbei an den Membranen durch die Strömungsverteilungskanäle des Moduls oder über die Elektrodenspülung nimmt. Empfehlenswert ist deshalb die Begrenzung der Zellpaaranzahl auf einen Wert unter 200 und die Verwendung von Zwischenplatten mit den so genannten Zwischenelektroden.

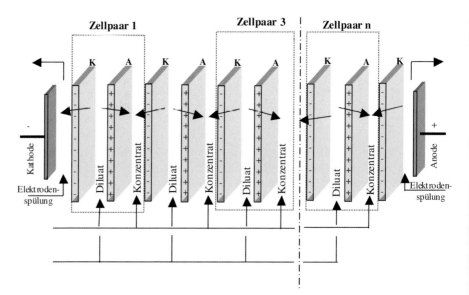

Abb. 13.7 Anordnung mehrerer Zellpaare in einem Elektrodialysemodul.

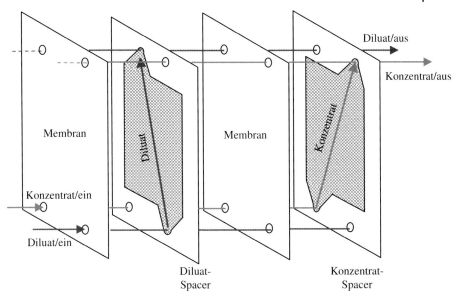

Abb. 13.8 Vereinfachte Strömungsführung in einem Elektrodialysemodul.

Bei den meisten kommerziellen Elektrodialysesystemen liegt die Dicke der Zellrahmen (Spacer) bei einem Wert zwischen 0,5 und 1,0 mm. Als einen ersten Anhaltswert für die benötigte Gleichstromversorgung des Systems kann ein Wert von 1,0 bis 1,5 Volt je Zellpaar angenommen werden. Bei 100 Zellpaaren würde also eine Gleichstromversorgung mit 100 Volt (maximal 150 Volt) benötigt.

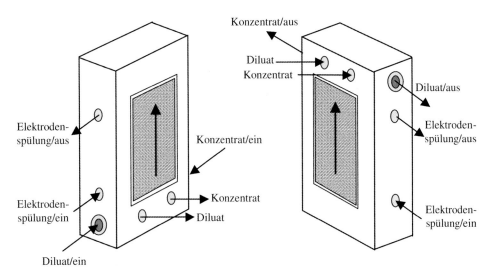

Abb. 13.9 Modulköpfe eines Elektrodialysemoduls.

Abb. 13.10 Modul Typ 320/Duo.

Abb. 13.11 Spacer Typ 36, 100, 200, 320 und 1750.

Die Strömungsführung in einem Modul ist in vereinfachter Weise in Abb. 13.8 dargestellt.

Die Abb. 13.9 zeigt die zu Abb. 13.8 passenden Endplatten (Modulköpfe) mit den eingebauten Elektroden.

Abbildung 13.10 zeigt eine fotografische Aufnahme eines geöffneten Elektrodialysemoduls der Firma Deukum. Im Gegensatz zu Abb. 13.9 sind bei diesem Modul die Ausgänge (Diluat/aus, Konzentrat/aus) auf der den Eingängen (Diluat/ein, Konzentrat/ein) gegenüberliegenden Seite angeordnet. Ebenso ist eine Anordnung sämtlicher Anschlüsse auf einer Seite möglich.

Die Abb. 13.11 zeigt Spacer (Zellrahmen) verschiedener Größen. Die Spacer sind 0,5 mm dick. Die Benennung der Spacer richtet sich nach der effektiven Fläche für den Stofftransport. So beträgt die effektive Membranfläche, bei einem Spacer Typ 100, 100 cm^2.

Durch Drehung der Spacer um 90 Grad lassen sich 2 zusätzliche Kreisläufe im Elektrodialysemodul realisieren.

Die Abb. 13.12 und 13.13 zeigen Module des Typs 100/Quadro und 320/Quadro, welche mit 4 verschiedenen Kreisläufen betrieben werden können. Module dieses Typs werden für die Elektrodialyse mit bipolaren Membranen (3 Kreisläufe gemäß Abb. 13.5) oder für spezielle Umsalzungen eingesetzt.

Abb. 13.12 Modul Typ 100/Quadro.

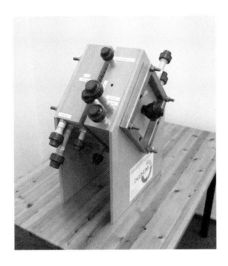

Abb. 13.13 Modul Typ3 20/Quadro.

13.2.5
Auslegung der Elektrodialyse

Die Auslegung der Elektrodialyse kann anhand des Faradayschen Gesetzes erfolgen, wobei die Bilanzierung über einen Bilanzraum mit einer imaginären Ionenaustauschermembran erfolgt. Es gilt somit für den zum Stofftransport über eine Membran benötigten elektrischen Strom:

$$I_{\text{theor.}} = z \cdot F \cdot \frac{\Delta n}{\Delta t} \tag{5}$$

Die Beziehung zur benötigten Membranfläche einer Membransorte ergibt sich über die so genannte Stromdichte i.

$$I_{\text{theor.}} = z \cdot F \cdot \frac{\Delta n}{\Delta t} = i \cdot A \tag{6}$$

mit

$$\Delta n = c \cdot V \tag{7}$$

Die maximale Stromdichte hängt von der so genannten Grenzstromdichte (siehe Abschnitt 13.2.7) oder, unter extremeren Bedingungen, von der Membran ab.

Die Elektrodialyse wird je nach Anwendung im Bereich von 5–125 mA/cm² (50–1250 A/m²) betrieben.

Um ein Volumen $V = 1{,}0$ Liter einer NaCl-Lösung mit einer Konzentration $c = 1{,}1$ mol/L in einer Stunde auf $c = 0{,}1$ mol/L zu entsalzen, ergibt sich folgende Gleichung für den theoretisch benötigten Strom $I_{\text{theor.}}$:

$$I_{\text{theor.}} = 1 \cdot 96486 \, \frac{\text{As}}{\text{mol}} \cdot \frac{1{,}0 \text{ mol}}{3600 \text{ s}} = 26{,}80 \text{ A} \tag{8}$$

Bei Betrieb der Elektrodialyse mit einer mittleren Stromdichte i von 10 mA/cm² (100 A/m²) ergibt sich aus Gleichung (6) folgender Wert für die benötigte Membranfläche einer Membransorte:

$$A = \frac{I_{\text{theor.}}}{i} = \frac{26{,}80 \text{ A}}{100 \, \frac{\text{A}}{\text{m}^2}} = 0{,}268 \text{ m}^2 = 2680 \text{ cm}^2 \tag{9}$$

Theoretisch würde für diese Entsalzungsaufgabe also eine Kationenaustauschermembran mit einer Membranfläche von 2680 cm² und eine Anionenaustauschermembran mit der gleichen Membranfläche benötigt.

Die benötigte Membranfläche von 2680 cm² wird nun aber nicht in Form einer Membran realisiert, sondern der Strom $I_{\text{theor.}}$ strömt, wie in einer elektrischen Reihenschaltung, durch k Diluatkammern und k Konzentratkammern.

Benutzt man für diese Entsalzung einen Modul des Typs 100 (siehe Abb. 13.12) mit einer effektiven Membranfläche einer Membran $a_{\text{eff}} = 100$ cm², so gilt für die Anzahl k der benötigten Diluatkammern (entspricht der Anzahl der Zellpaare):

$$k = \frac{A}{a_{\text{eff.}}} = \frac{2680 \text{ cm}^2}{100 \text{ cm}^2} = 26{,}8 \tag{10}$$

Es werden also theoretisch 27 Zellpaare, bestehend aus 27 Kationenaustauschermembranen, 27 Diluatspacern, 27 Anionenaustauschermembranen und 27 Konzentratspacern, benötigt. Die Abb. 13.12 zeigt einen Modul mit 20 Zellpaaren.

In der Realität jedoch weisen die Elektrodialysemodule oft die in Abschnitt 13.2.4 beschriebene Stromleckage, auch bypass current genannt, auf. Weiterhin reduziert der Transport von Coionen, verursacht durch die nicht 100%-ige Selektivität der Membranen, die Effektivität des Systems.

Es wurde deshalb für die Elektrodialyse der Begriff der Stromausbeute η wie folgt definiert:

$$\eta = \frac{I_{\text{theor.}}}{I_{\text{real}}} \tag{11}$$

Da der real benötigte Strom I_{real} für eine Entsalzungsaufgabe größer als der theoretisch berechnete Strom $I_{\text{theor.}}$ ist, ist η kleiner als 1. Die Stromausbeute η einer Elektrodialyse muss im Versuch gemessen werden. Eine alternative Formulierung lautet deshalb: $\eta = \Delta n_{\text{real}}/\Delta n_{\text{theor.}}$ wobei bei einem bestimmten Strom I $\Delta n_{\text{theor.}}$ berechnet und Δn_{real} gemessen wird. Eine erste überschlägige Abschätzung einer Trennaufgabe kann durch Verbindung der Gleichungen (5), (10) und (11) erfolgen:

$$I_{\text{real}} = \frac{z \cdot F}{\eta} \cdot \frac{\Delta n}{\Delta t} = i \cdot k \cdot a_{\text{eff.}} \tag{12}$$

Für die Anzahl benötigter Zellpaare k eines Elektrodialysemoduls, mit einer effektiven Membranfläche einer Membran $a_{\text{eff.}}$, gilt demnach:

$$k = \frac{z \cdot F}{i \cdot a_{\text{eff.}} \cdot \eta} \cdot \frac{\Delta n}{\Delta t} \tag{13}$$

Die Stromausbeute η muss für eine überschlägige Betrachtung abgeschätzt werden.

13.2.6
Energiebedarf

Der Energiebedarf der Elektrodialyse setzt sich aus zwei Teilen zusammen. Ein Teil stellt die elektrische Energie dar, welche für die Überführung der Ionen im Modul benötigt wird.

Die in das Modul eingebrachte elektrische Energie wird in Reibungsarbeit und in Bewegungsenergie der Ionen umgewandelt. Da die Wanderungsgeschwindigkeit der Ionen im elektrischen Feld relativ klein ist (ca. 10^{-4} bis 10^{-3} cm/s bei einer Feldstärke $E = 1$ V/cm [10]) kann die kinetische Energie der Ionen vernachlässigt und angenommen werden, dass die gesamte eingebrachte elektrische Energie in Reibungsarbeit und damit in Wärme umgesetzt wird. Dies deckt sich mit den Messungen des Autors. Die erzeugte Wärme muss mittels einer geeigneten Kühlung wieder aus dem System ausgetragen werden. Für die elektrische Energie zur Überführung der Ionen gilt:

$$E_{el.}^{\text{Überf.}} = U \cdot I \cdot \Delta t \tag{14}$$

Mit der Gleichung (12) für den elektrischen Strom I folgt:

$$E_{el.}^{\text{Überf.}} = U \cdot \frac{z \cdot F \cdot \Delta n}{\eta} \tag{15}$$

Vergleicht man verschiedene Modulsysteme, so wird aus Gleichung (15) ersichtlich, dass, bei konstantem Stoffstrom Δn, der Energiebedarf vom Spannungsabfall U über den Modul abhängt. Der Spannungsabfall U setzt sich wiederum zusammen aus den Spannungsabfällen an den Elektroden, den Spannungsabfällen über die Membranen und den Spannungsabfällen über die Strömungskammern (Diluat, Konzentrat).

Die Spannungsabfälle über die Membranen lassen sich berechnen über:

$$U_{\text{Membran}} = R_{\text{Membran}} \cdot I = \frac{r_a}{a_{\text{eff.}}} \cdot i \cdot a_{\text{eff.}} = r_a \cdot i \tag{16}$$

Der Spannungsabfall über eine Kationenaustauschermembran in 0,5 n NaCl-Lösung bei einer Stromdichte von 10 mA/cm² (100 A/m²) beträgt unter Einbeziehung der Daten aus Tabelle 13.1:

$$U_{\text{Membran}} = r_a \cdot i = 1,8\ \Omega\text{cm}^2 \cdot 0,01 \frac{\text{A}}{\text{cm}^2} = 0,018\ \text{V} \tag{17}$$

Der elektrische Spannungsabfall in der Lösung, d.h. über eine mit Elektrolyt gefüllte Kammer, ergibt sich mit

$$R_{\text{Lösung}} = \frac{d}{\kappa \cdot a_{\text{eff.}}} \tag{18}$$

zu

$$U_{\text{Lösung}} = R_{\text{Lösung}} \cdot I = R_{\text{Lösung}} \cdot i \cdot a_{\text{eff.}} = \frac{d \cdot i}{\kappa} \tag{19}$$

Der Spannungsabfall über eine mit NaCl-Lösung gefüllte Diluatkammer (mittlere Konzentration 0,5 mol/l NaCl) beträgt mit $\kappa = 37,2$ mS/cm [11] bei einer Stromdichte $i = 10$ mA/cm² und einer Kammerdicke $d = 0,5$ cm:

$$U_{\text{Lösung}} = \frac{d \cdot i}{\kappa} = \frac{0,5\ \text{cm} \cdot 10 \frac{\text{mA}}{\text{cm}^2}}{37,2 \frac{\text{mS}}{\text{cm}}} = \frac{0,5\ \text{cm} \cdot 10 \frac{\text{A}}{\text{cm}^2}}{37,2 \frac{1}{\Omega \text{cm}}} = 0,13\ \text{V} \tag{20}$$

Der Spannungsabfall über eine Diluatkammer mit einer Dicke von 5 mm ist selbst bei einer relativ hohen Leitfähigkeit um den Faktor 10 größer als der Spannungsabfall über die Membran. Da der Spannungsabfall über eine Kammer linear mit zunehmender Kammerdicke d ansteigt (siehe Gleichung 20), ist es also notwendig die Kammerdicke so gering wie möglich zu halten.

Die in Abb. 13.11 dargestellten Zellrahmen mit einer Dicke von 0,5 mm stellen hierbei eine technisch sinnvolle Lösung dar, da bei noch geringerer Kammerdicke der hydraulische Widerstand des Systems ansteigen würde.

Den zweiten Teil der benötigten elektrischen Energie bildet die zur Durchströmung des Systems benötigte Pumpenenergie.

$$E_{el.}^{Pumpen} = \frac{\dot{V} \cdot \Delta p \cdot \Delta t}{\eta_{Pumpe}} \tag{21}$$

Der Druckabfall Δp setzt sich hierbei aus dem Druckabfall des Rohrleitungssystems, eines eventuell installierten Vorfilters und dem Druckabfall des Elektrodialysemoduls zusammen. Der Druckabfall des Elektrodialysemoduls wird von der Kammerdicke d und der Viskosität des Mediums bestimmt.

Bei der in Abschnitt 13.3 beschriebenen Anwendung beträgt der Druckabfall über ein Modul (Typ 1750, $d=0,5$ mm) 0,7 bar. Der Druckabfall im Rohrleitungssystem, eingeschlossen der Vorfilter, liegt bei 2,1 bar.

Die Überströmung eines Kreislaufes des Moduls (Diluat, Konzentrat oder Elektrodenspülung) beträgt maximal 10 m³/h. Bei einem Pumpenwirkungsgrad von 0,7 ergibt sich somit eine benötigte Pumpenenergie für den Betrieb eines Modulkreislaufs über den Zeitraum von einer Stunde von:

$$E_{el.}^{Pumpe} = \frac{\dot{V}_1 \cdot \Delta p \cdot \Delta t}{\eta_{Pumpe}} = \frac{10 \frac{m^3}{h} \cdot 2,1 \text{ bar} \cdot 1 \text{ h}}{0,7}$$

$$= \frac{10 \frac{m^3}{3600 \text{ s}} \cdot 2,1 \cdot 10^5 \frac{N \cdot m}{m^2 \cdot m} \cdot 1 \text{ h}}{0,7} = 0,833 \text{ kWh} \tag{22}$$

Die Pumpenenergie für den Betrieb der drei Kreisläufe beträgt also 2,5 kWh.

Die elektrische Energie eines Moduls für eine Stunde Säurerückgewinnung (siehe Abschnitt 13.3) liegt bei maximal:

$$E_{el.}^{Überf.} = U \cdot I \cdot \Delta t = 80 \text{ V} \cdot 300 \text{ A} \cdot 1 \text{ h} = 24 \text{ kWh} \tag{23}$$

Bei den eingesetzten 6 Modulen liegt die gesamte benötigte Pumpenleistung also bei 15 kW, die maximale elektrische Leistung der Module bei 144 kW.

13.2.7
Grenzstromdichte

Wie schon in Abschnitt 13.2.5 erwähnt, lässt sich die Stromdichte i der Elektrodialyse nicht beliebig erhöhen. Es existiert eine limitierende Stromdichte, die so genannte Grenzstromdichte, deren Überschreitung sich negativ auf den Prozess auswirkt. Die Ursache für das Auftreten dieser Grenzstromdichte ist die im Vergleich zu schwach konzentrierten Elektrolyten höhere Leitfähigkeit der Membran. Diese höhere Leitfähigkeit wird durch die in Abschnitt 13.2.2 beschriebene relativ hohe Gegenionenkonzentration verursacht. Der Stofftransport der beweglichen Komponente j, hervorgerufen durch die elektrische Potentialdifferenz (auch Migration genannt), ist gemäß

$$\dot{N}_j^{\text{Migration}} = -z_j \cdot c_j \cdot u_j \cdot \frac{\partial \varphi}{\partial x} \tag{24}$$

proportional zur Konzentration c_j und somit in der Membran größer als im Diluat. Es kommt zu einer Konzentrationsabnahme in der diluatseitigen Phasengrenzschicht der Membran zur Membranoberfläche hin. In der Konzentratkammer hingegen findet an der Membranoberfläche eine Konzentrationsüberhöhung statt, die bei Überschreitung von Löslichkeitsgrenzen zum Ausfallen von Salzen und somit zur Belagbildung (Scaling) auf der Membran führen kann. Steigert man die Stromdichte weiter, so kann die Ionenkonzentration an der Membran $c_j^{\text{M,Ob.}}$ auf nahe Null absinken (Abb. 13.14).

Ist die Ladungsträgerkonzentration auf nahezu Null abgesunken, so kann es an der Anionenaustauschermembran, wie an einer bipolaren Membran, zur Wasserdissoziation kommen. Es bilden sich H$^+$- und OH$^-$-Ionen, die den Ladungstransport übernehmen. Hierdurch werden bei Elektrodialyseprozessen bei Überschreitung der Grenzstromdichte eine pH-Wert-Absenkung im Diluat und eine pH-Wert-Erhöhung im Konzentrat beobachtet. In Anwesenheit von Hydroxidbildnern (z. B. Ca^{2+}) bilden sich Hydroxidbeläge auf der der Anode zugewandten Seite der Anionenaustauschermembran (Abb. 13.15).

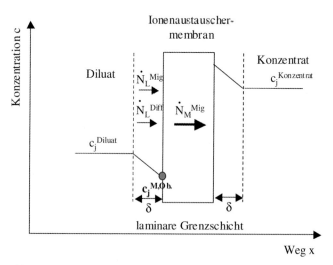

Abb. 13.14 Schematische Darstellung der Konzentrationsverläufe bei der Elektrodialyse zwischen Diluat und Konzentrat.

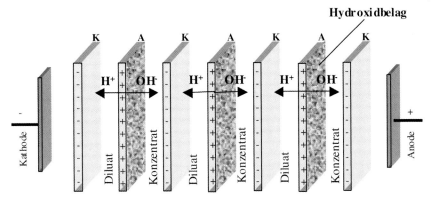

Abb. 13.15 Bildung eines Hydroxidbelages bei Überschreitung der Grenzstromdichte.

Weiterhin kann durch die starke Erhöhung des pH-Wertes an der Membran eine Schädigung der Membran auftreten.

Betrachtet man den Stofftransport über die laminare Grenzschicht zur Membran hin, so ergibt sich, bei Vernachlässigung des konvektiven Stofftransports in der Membran, folgende Gleichung für die Stromdichte i [5]:

$$i = \frac{z_j \cdot F \cdot D_j^{\text{Grenzschicht}} \cdot \left(c_j^{\text{Diluat}} - c_j^{\text{M,Ob.}}\right)}{\delta \cdot \left(t_j^{\text{Membran}} - t_j^{\text{Grenzschicht}}\right)} \quad (25)$$

Bei Erreichen der Grenzstromdichte i_{Grenz} sinkt die Konzentration der Gegenionen und Coionen an der Membranoberfläche $c_j^{\text{M,Ob.}}$ auf Null und es gilt:

$$i_{\text{Grenz}} = \frac{z_j \cdot F \cdot D_j^{\text{Grenzschicht}} \cdot c_j^{\text{Diluat}}}{\delta \cdot \left(t_j^{\text{Membran}} - t_j^{\text{Grenzschicht}}\right)} \quad (26)$$

Auf die Transportzahlen der Komponente j in der Membran t_j^{Membran} und in der Grenzschicht $t_j^{\text{Grenzschicht}}$ kann hier nicht näher eingegangen werden. Aus Gleichung (26) wird jedoch ersichtlich, dass die Grenzstromdichte vor allem von der Konzentration des Diluates c_j^{Diluat} und der Dicke δ der laminaren Grenzschicht abhängt. Die Grenzschichtdicke wird wiederum von den Strömungsverhältnissen in der Kammer bestimmt. Da nicht nur δ sondern auch der Diffusionskoeffizient $D_j^{\text{Grenzschicht}}$ und die Transportzahl $t_j^{\text{Grenzschicht}}$ außerordentlich schwer zu bestimmen sind, muss die Grenzstromdichte für den jeweiligen Anwendungsfall in Experimenten gemessen werden. Diese Messung kann nach der Methode von Cowan und Brown [12] erfolgen. Hierbei wird in der Elektrodialyse, unter Beibehaltung konstanter Zulaufkonzentrationen im Diluat und Konzentrat, die elektrische Spannung U langsam gesteigert und die Stromstärke I gemessen. Der so ermittelte elektrische Widerstand $R = U/I$ wird

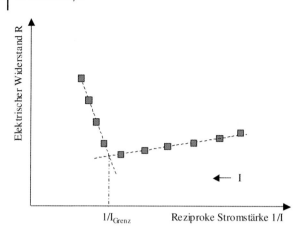

Abb. 13.16 Bestimmung der Grenzstromdichte nach Cowan und Brown.

anschließend in einem Diagramm über der reziproken Stromstärke $1/I$ aufgetragen. Die so aufgetragenen Messpunkte lassen sich durch zwei Geraden interpolieren, wobei die Grenzstromdichte durch den Schnittpunkt dieser Geraden repräsentiert wird (Abb. 13.16)

Da mit zunehmender Überströmung der Elektrodialysekammern die Grenzschichtdicke δ abnimmt und somit die Grenzstromdichte i_Grenz zunimmt, ist besonders bei Erreichen geringer Leitfähigkeiten auf eine ausreichende Strömungsgeschwindigkeit zu achten. Die Elektrodialyse wird üblicherweise mit Strömungsgeschwindigkeiten im Bereich von 3 bis 10 cm/s betrieben.

Weiterhin ist zu beachten, dass je nach Strömungsgeschwindigkeit und Verfahrensweglänge (Spacerlänge) die Konzentrationen in der Diluatkammer um bis zu 60% absinken und somit die Grenzstromdichte in der Mitte oder auch am Ende des Moduls überschritten werden kann.

13.2.8
Elektroden und Elektrodenspülung

Die Abb. 13.17 zeigt die in reinem Wasser an den Elektroden stattfindende Dissoziation des Wassers. Hierbei finden die folgenden Reaktionen statt:

$$\text{Kathode:} \quad 2\,H_2O + 2e^- \Leftrightarrow H_2 + 2\,OH^- \tag{27}$$

$$\text{Anode:} \quad H_2O \Leftrightarrow \frac{1}{2}O_2 + 2\,H^+ + 2\,e^- \tag{28}$$

In sauren oder alkalischen Medien sehen die Reaktionen etwas anders aus, die Bildung von Wasserstoff und Sauerstoff findet jedoch auch in diesen Medien statt. Reines Wasser ist als Elektrodenspülung ungeeignet, da es nur eine geringe Leitfähigkeit und damit einen sehr hohen elektrischen Widerstand aufweist.

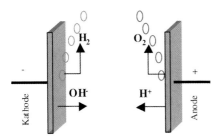

Abb. 13.17 Elektrolytische Wasserdissoziation (reines Wasser, pH=7).

In der Elektrodialyse werden deshalb, je nach Anwendung, Salzlösungen oder saure Medien als Elektrodenspülung eingesetzt, wobei zu beachten ist, dass bei der Anwesenheit von Chlorid freies Chlor an der Anode entsteht. Die Anwesenheit von Metallsalzen in der Elektrodenspülung sollte vermieden werden, da diese sich an der Kathode abscheiden können.

Die entstehende Menge an Wasserstoff und Sauerstoff gemäß der Gleichungen (27) und (28) kann mit Hilfe des Faradayschen Gesetzes (Gleichung 5) berechnet werden. Hierbei ist $z=2$ für H_2 und 4 für O_2.

13.2.9
Wassertransport und Konvektion

Der Wassertransport über die Membranen führt zu einem konvektiven Transport an Ionen über die Membran. Für den konvektiven Stofftransport gilt:

$$\dot{N}_j^{\text{Konv.}} = w \cdot c_j \tag{29}$$

Hierbei ist w die Konvektionsgeschwindigkeit der Lösung. Diese Konvektion kann bewirken, dass unter Umständen auch Stromausbeuten über 100% gemessen werden.

Die Bewegung der Flüssigphase über die Membran kann durch folgende Mechanismen verursacht werden:

- Druckgradient,
- Schleppwirkung wandernder Ionen,
- als Hydrathülle der Ionen,
- Konzentrationsgradient (Osmose).

In der Elektrodialyse ist der Druckunterschied zwischen den einzelnen Kammern möglichst klein zu halten und deshalb im Idealfall gleich Null.

Die Schleppwirkung wandernder Ionen versetzt die „Porenflüssigkeit" in Bewegung. Dieser Vorgang wird auch als Elektroosmose bezeichnet.

Geladene Teilchen besitzen in wässriger Lösung eine Hydrathülle. Diese besteht je nach Größe und Ladung des Ions aus 4 und mehr Wassermolekülen. Bedingt durch den dominierenden Gegenionenstrom durch die Membran kommt es zu einem Wassertransport in Richtung des Gegenionentransportes.

An der Ionenaustauschermembran überlagern sich weiterhin der Einfluss des elektrischen Feldes und der normale osmotische Lösungsmitteltransport von der verdünnteren auf die konzentrierte Seite [2].

13.2.10
Betriebsweisen der Elektrodialyse

Die Elektrodialyse wird im Allgemeinen als Batchprozess betrieben. Dies bedeutet, dass Diluat und Konzentrat so lange im Kreislauf aus einem Arbeitsbehälter durch den Modul gefördert werden, bis im Diluat die gewünschte Abreicherung und im Konzentrat die gewünschte Aufkonzentrierung erreicht wird.

Von diesem Schema abweichende Betriebsweisen, z. B. ständige Verdünnung des Konzentrates oder einmaliger Durchlauf im Diluat, werden jedoch ebenso angewendet.

13.3
Säurerückgewinnung mittels Elektrodialyse

Eine der in der Einleitung erwähnten Nischen, in welcher die Elektrodialyse ihre Anwendung findet, ist die Rückgewinnung von Säuren aus verbrauchten Beizsäuren.

Die erste Anlage gemäß dem nachfolgend beschriebenen Verfahren wurde im Herbst 2001 in Schweden in Betrieb genommen. Die zweite Anlage, mit einer gesamten Membranfläche von 680 m^2, befindet sich gerade im Bau und wird im Oktober 2004 in Betrieb gehen. Hierbei ist die Betriebserfahrung von mehr als 2 Jahren in das Design der zweiten Anlage eingeflossen.

Die treibenden Kräfte zur Realisierung dieser Anlagen, mit Investitionskosten zwischen 1,0 und 1,5 Millionen Euro, waren weniger wirtschaftliche Beweggründe, als vielmehr behördliche Auflagen zur Reduzierung der Nitratemission aus der Neutralisation der Edelstahlbeize.

Die Säurerückgewinnung bzw. Reduzierung der Nitratemission aus der Edelstahlbeize erfolgt in zwei Verfahrensschritten. Als erstes wird die so genannte Altbeize mit den kostengünstigeren Verfahren der Retardation oder Diffusionsdialyse behandelt, wobei ca. 80–85% der freien Säure zurückgewonnen und in die Beize zurückgeführt wird. Das Abwasser dieser Prozesse, welches noch ca. 15–25 g/L freie Salpetersäure (HNO$_3$) enthält, wird dann, eventuell vermischt mit weiteren Säureabfällen, der Elektrodialyse zugeführt (Abb. 13.18).

In der Elektrodialyse findet im Diluat die Abreicherung an freier HNO$_3$ auf Werte bis zu 2 g/L statt wobei durch monoselektive Kationenaustauschermembranen die Metalle zurückgehalten werden (Abb. 13.19). Im Konzentrat wird die Salpetersäure auf bis zu 176 g/L aufkonzentriert und anschließend in die Beize zurückgeführt. Wenn möglich empfiehlt es sich jedoch die Konzentration im Konzentrat auf Werte im Bereich von 140 g/L zu begrenzen, da mit zunehmen-

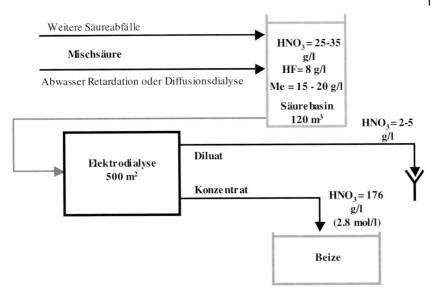

Abb. 13.18 Anbindung der Säureregeneration an einen Beizprozess (Edelstahlbeize).

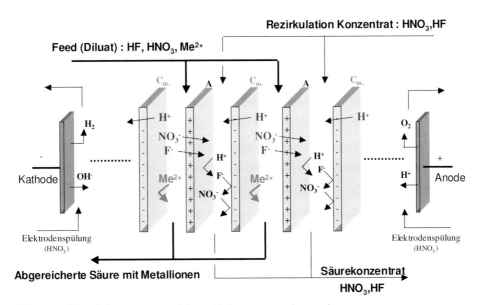

Abb. 13.19 Elektrodialyse mit monoselektiven Kationenaustauschermembranen.

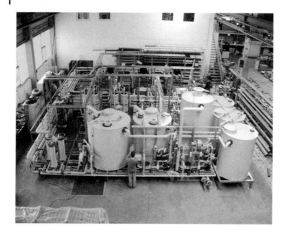

Abb. 13.20 Elektrodialyseanlage in der Fertigung.

Abb. 13.21 Installation beim Kunden.

der Konzentratkonzentration die Batchzeiten zunehmen und somit der Gesamtdurchsatz der Anlage in m³/h abnimmt.

Das abgereicherte Diluat wird der Neutralisation zugeführt, wobei 90–95% der freien HNO_3 in der Elektrodialyse entfernt und somit die Nitratemission drastisch reduziert wird.

Während des Prozesses findet im Diluat eine Umwandlung der Metallnitrate in Metallfluoride statt. Diese Umwandlung, verbunden mit der Tatsache, dass die nur schwach dissoziierte Flusssäure im elektrischen Feld kaum transportiert wird, führt nur zu einer geringen Konzentration der HF im Konzentrat, welche nur geringfügig über der im Diluat liegt. Da das Hauptaugenmerk jedoch bislang auf der Reduzierung der Nitratfracht lag, liegen hier nur wenige Analysendaten vor.

Die Abb. 13.20 bis 13.23 zeigen die mit 6 Elektrodialysemodulen des Typs 1750 ausgestattete Anlage. Wie in Abb. 13.23 zu erkennen ist, wird die Elektrodialyse, durch die Begrenzung der maximalen Anzahl an Zellpaaren zwischen einem Paar Elektroden auf 80, in drei Membranpaketen durchgeführt.

Abb. 13.22 Modulstationen.

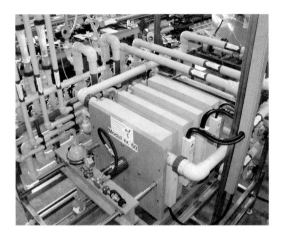

Abb. 13.23 Elektrodialyse Modul Typ 1750.

13.4
Formelzeichen

A	Fläche (m^2, cm^2)
$a_{\text{eff.}}$	Effektive Membranfläche einer Membran (m^2, cm^2)
c	Konzentration (mol/l)
D	Diffusionskoeffizient (m^2/s)
d	Dicke (m, cm, mm)
E	Energie (kWh)
E_{Donnan}	Donnan-Potential (V, mV)
F	Faraday-Konstante (96486 As/mol)
I	Elektrischer Strom (A, mA)
i	Elektrische Stromdichte (mA/cm^2, A/m^2)
k	Anzahl Kammern (Zellpaare)
Δn	Stoffmenge (mol)

$\dot{N}$	Stoffstrom (mol/sm^2)
Δp	Druckabfall (bar)
R	Elektrischer Widerstand (Ω)
R_{univ}	Universelle Gaskonstante (8,314 Nm/mol K)
r_a	Elektrischer Flächenwiderstand Membran (Ωcm^2)
Δt	Zeitdauer (h, s)
U	Spannung (V)
u	Ionenbeweglichkeit (m^2/Vs)
V	Volumen (l, m^3)
$\dot{V}$	Volumenstrom (m^3/h)
w	Konvektionsgeschwindigkeit der Lösung (m/s)
X	Festladungsdichte (meq/g, eq/l)
z	Elektrochemische Wertigkeit
δ	Grenzschichtdicke (m)
φ	Elektrisches Potential (V)
κ	Leitfähigkeit (mS/cm)
η	Stromausbeute

13.5
Literatur

1 M. Hamada, Brackish water desalination by electrodialysis, Desalination & Water Reuse Vol. 2/4, 1993
2 F. Helferich, Ionenaustauscher Band 1, Verlag Chemie, 1959
3 Firmeninformation Tokuyama Corporation
4 Firmeninformation Asahi Glass Co., Ltd
5 H.-J. Rapp, Die Elektrodialyse mit bipolaren Membranen. Theorie und Anwendung, Dissertation Universität Stuttgart, 1995
6 J. Kroll, Monopolar and bipolar ion exchange membranes – Mass transport limitations, Dissertation, Universität Enschede, 1997, ISBN 9036509866
7 A.J.B. Kemperman, Handbook on bipolar membrane technology, 2000, ISBN 9036515203
8 H.-J. Rapp, P. Pfromm, Electrodialysis for chloride removal from the chemical recovery cycle of a Kraft pulp mill, J. Membrane Sci. 146, 1998, 249–261
9 T. Sata, Studies on ion exchange membranes with permselectivity for specific ions in electrodialysis, J. Membr. Sci. 93, 117, 1994
10 P.W. Atkins, Physikalische Chemie, VCH, 1985
11 C.H. Hamann, W. Vielstich, Elektrochemie I, VCH, Weinheim 1985, ISBN 3-527-21100-4
12 D. Cowan, J.H. Brown, Effect of Turbulence on Limiting Current in Electrodialysis Cells, Ind. and Eng. Chem., Vol. 51, No. 12, Dec. 1959

14
Membranen für die Brennstoffzelle

Suzana Pereira Nunes

14.1
Einleitung

Das zunehmende Interesse an erneuerbaren Energien und die Suche nach effektiven und sauberen Energieträgern hat zu einer deutlichen Intensivierung der Brennstoffzellenforschung geführt. In den USA und Japan wurden 2003 große Zuschüsse für die Finanzierung der Wasserstofftechnologie angekündigt, auch europaweite Aktivitäten werden verstärkt. Verschiedene Brennstoffzellentechnologien sind verfügbar: Oxidkeramische-Brennstoffzelle (SOFC), Schmelzkarbonat-Brennstoffzelle (MCFC), alkalische (AFC), Phosphorsäure (PAFC) und Polymerelektrolyt-Membran-Brennstoffzelle (PEFC). Die Vorteile und Probleme dieser Technologien wurden intensiv in Übersichtsartikeln diskutiert [1]. Für die Autoindustrie und für die mobile („portable") Anwendung („Laptops", „Auxiliary Power Unities", etc.) ist die PEFC besser geeignet. Gründe sind niedrige Betriebstemperatur, schneller „Start-up" und relativ einfache Technologie.

Für die PEFC ist die Membran die zentrale Komponente. Die Brennstoffzelle ist eine elektrochemische Zelle. Die Membran ist der feste Elektrolyt, der die Protonen leitet, und gleichzeitig die Barriere zwischen Brennstoff und Sauerstoff. Die Anforderungen für optimierte Membranen und Membran-Elektroden-Einheiten für die Brennstoffzelle mit Rücksicht auf verschiedene Schichten werden in Abb. 14.1 zusammengefasst.

Die Anforderungen für die Membranen im Inneren sind hohe Protonenleitfähigkeit, niedrige Brennstoff- und Sauerstoff-Permeabilität und hoher elektrischer Widerstand. Die Membranoberflächen enthalten Katalysatoren auf Pt-Basis und sind direkt mit den Elektroden verbunden. Für die Anode-Seite ist es wichtig, dass der Brennstoff (Wasserstoff oder Methanol für DMFC) den Katalysator effektiv erreichen kann. Sobald die Protonen entstehen, soll hohe Protonenleitfähigkeit dafür sorgen, dass sie zur Kathode transportiert werden. In dem Bereich fördert die elektrische Leitfähigkeit die elektrochemische Reaktion. In der Kathode ist ein guter Kontakt zwischen Katalysator, Elektrolyt und Sauerstoff notwendig. Ein sehr wichtiger Aspekt ist außerdem die Hydrophilie der

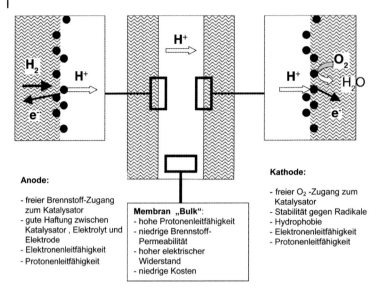

Abb. 14.1 Membran-Elektroden-Einheit: Materialienanforderungen.

Membran und der Membran-Elektroden-Schicht. Wasser fördert den Protonentransport durch die Membran. Andererseits kann Wasserüberschuss die Kathode überfluten und den Zugang des Katalysators zum Sauerstoff verhindern. Aus diesem Grund ist für den Kathodenbereich eine gewisse Hydrophobie günstig, um die Entwässerung der Katalysatoroberfläche und den freien Zugang für Sauerstoff zu ermöglichen. Chemische Stabilität, besonders gegen Radikale, ist auch eine wichtige Anforderung. Bei der Auswahl geeigneter Werkstoffe für die Membranen müssen außerdem die Materialkosten berücksichtigt werden, wenn die DMFC wirtschaftlich arbeiten soll.

Der erste Polymerelektrolyt für die Brennstoffzelle war ein sulfoniertes Poly-(styrol-divinylbenzol) [2], das gegen Oxidation aber nicht ausreichend stabil ist.

14.2
Fluorierte Membranen

1966 wurde zum ersten Mal die perfluorierte ionische Membran von Du Pont, Nafion®, für die Brennstoffzelle benutzt. Sie brachte bedeutende Vorteile besonders hinsichtlich der Stabilität. Nafion® oder ähnliche perfluorierte Membranen von Asahi Glass (Flemion®), Asahi Chemical (Aciplex®) oder Solvay (Hyflon®) beherrschen immer noch den Markt für die Brennstoffzelle. Nafion® ist in mehreren Dicken und „equivalent weights" (EW) verfügbar (Tabelle 14.1).

Nafion® wird durch die Kopolymerisierung von $FSO_2CF_2CF_2OC(CF_3)FCF_2OCF=CF_2$ und Vinylidenfluorid hergestellt. Die Hydrophobie von beiden Monomeren

Tabelle 14.1 Nafion®-Membranen.

Nafion®	EW	Dicke (μm)
105	1000	125
112	1100	50
115	1100	125
117	1100	175
1135	1100	87,5

ist sehr unterschiedlich. Die lange hydrophilische Seitenkette bilden entmischte Domänen in der hydrophobischen Polymermatrix. Diese geordneten Cluster werden später als Weg für die Protonen benutzt.

Die ionischen Membranen werden erst in ihrer Sulfonylfluoridform hergestellt, die als verformbarer Kunststoff in Filme extrudiert werden kann. Die Filme werden dann in KOH/Dimethylsulfoxidlösungen hydrolysiert und durch Säurebehandlung in die protonierte Form überführt [3, 4]. In der Säureform können die Membranen nicht mehr extrudiert werden und sind auch in allen Lösungsmitteln unter 200 °C unlöslich. Nafion®-Lösung kann allerdings in Wasser/Methanol/1-Propanol bei 250 °C unter Druck hergestellt werden [5].

Dünnere Membranen leisten geringeren Widerstand zum Protonentransport. Aber wenn die Dicke reduziert wird, sinkt auch die mechanische Stabilität. Effektive dünne Schichten mit guten mechanischen Eigenschaften können auf porösen Trägern hergestellt werden. Diese Strategie wurde für die Entwicklung der Gore-Select®-Membran angewandt, die 25 μm-dicke poröse PTFE-Träger (Gore-Tex®) benutzt [5].

Trotz ihrer hohen chemischen Stabilität und Protonenleitfähigkeit hat die Nafion®-Membran auch technische Nachteile, z.B. fällt die Leistung von oberhalb 100 °C deutlich ab. Außerdem ist ihre Permeabilität für Methanol zu hoch für die Anwendung in der Direkt-Methanol-Brennstoffzelle. Ein weiterer Nachteil sind ihre hohen Kosten, weshalb weltweit alternative Membranmaterialien zu Nafion® erforscht werden. Unter anderem werden Polymere untersucht, die auf neuen fluorierten Monomeren basieren. Beispiele sind die dritte Generation von Ballard-Membranen (BAM3G), die aus α,β,β-Trifluorostyrol und funktionalisierten α,β,β-Trifluorostyrol-Comonomeren (Schema 14.1) synthetisiert werden. Die Membranen werden in den Patenten US 5773480 und US 3341366 beschrieben [6, 7].

Fluorierte gepfropfte Polymere und neue nicht fluorierte Polymere mit kontrolliertem Vernetzungs- und Sulfonierungsgrad werden ebenfalls in Hinblick auf ihre Eignung für die Brennstoffzelle untersucht.

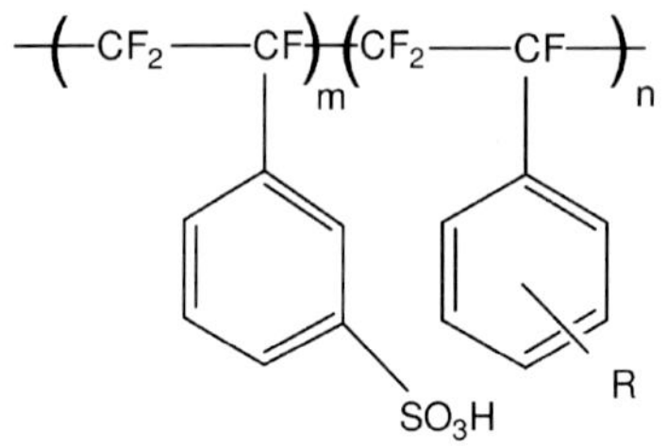

Schema 14.1

Pfropfung durch Bestrahlung wird seit Jahren als Methode untersucht, um Membrankosten zu reduzieren, ohne die Stabilität zu beeinträchtigen. Polymere wie Perfluoroethylenpropylen (FEP) [8–10] oder Poly(vinylidenfluorid) (PVDF) [11, 12] werden in einer Mischung aus Styrol und Divinylbenzol bestrahlt (Gamma [8, 9] oder Elektronen [11, 12]). Die aromatischen Ringe werden später sulfoniert, z.B. durch Reaktion mit Chlorsulfonsäure, wie hier dargestellt.

Auch Poly(tetrafluorethylen) (PTFE) [13, 14], Poly(ethylen-alt-tetrafluoroethylen) (ETFE) [15, 16], Polyethylen [17] und Poly(tetrafluoroethylen-co-perfluoro-(alkylvinylether) (PFA) [18] werden als Grundmaterial für Bestrahlung und Pfropfung eingesetzt. Die Kosten für Membranen aus bestrahltem ETFE sind

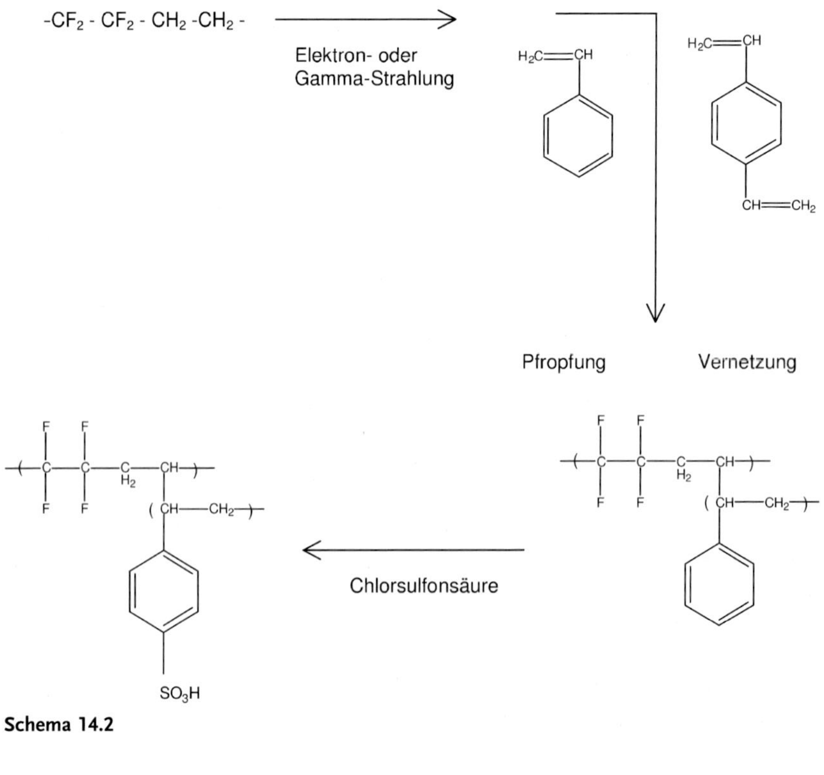

Schema 14.2

mit ca. 25 Euro per Quadratmeter deutlich niedriger als für Nafion® [16]. Poly(vinylfluorid) [19] wurde mit Protonen bestrahlt und dann anschließend mit Chlorsulfonsäure und mit Wasserstoffperoxid umgesetzt. Dadurch wurde die Bildung von sulfonischen Domänen erreicht.

14.3
Sulfonierte nichtfluorierte Membranen

Monomere und Verfahren für die Herstellung von Fluorpolymeren sind teuer. Aus diesem Grund werden nichtfluorierte protonenleitende Membranen weltweit entwickelt. Da Segmente mit -CH_2- leichter oxidieren, werden aromatische Polymeren bevorzugt. Eine einfache Methode, protonenleitende Membranen herzustellen, ist die Sulfonierung von kommerziellen Polymeren. Polysulfone lassen sich durch verschiedene Methoden sulfonieren. Vorteile und Nachteile unterschiedlicher Methoden werden in Tabelle 14.2 zusammengefasst.

Elektronen-reiche aromatische Ringe werden leichter sulfoniert. Gleichfalls sind die entsprechenden funktionalisierten Polymere allerdings weniger stabil. Eine interessante Alternative ist die Polymerisierung sulfonierter Monomere (mit sulfonischen Gruppen in Elektronen-armen Ringen) [29]. Die entstehenden Polymere sind stabiler. Die Modifizierung von Polysulfonen mit Sulfophenyl- oder Sulfoalkylgruppen für die Anwendung in der Brennstoffzelle wurde von Lafitte et al. [30] beschrieben. Größere Abstände zwischen den sulfonischen Gruppen und der PSU-Hauptkette sollen die dimensionale Stabilität des Polymers in Wasser bei 70–100 °C erhöhen.

Sulfoniertes Poly(2,6-dimethyl-1,4-phenylenoxid) wurde als Material für Protonen-leitende Membranen bei verschiedenen Gruppen untersucht [31–33]. Ähnliche Polymere mit Phenylgruppen anstatt Methyl (um die Stabilität zu erhöhen) wurden bei Ballard als eine der früheren Membrangenerationen getestet [34]. Die Membranen waren aber nicht länger als 500 Stunden stabil im Brennstoffzellenbetrieb.

Polyimide werden ebenfalls seit langem für die Anwendung in der Brennstoffzelle diskutiert [35–38]. Durch Polykondensation von sulfoniertem Amin und phthalischem oder naphthalenischem Anhydrid ist es möglich, Copolymere mit hoher Protonenleitfähigkeit und definierter Struktur herzustellen. Die Stabilität von Polyimiden mit naphthalenischen Strukturen ist höher.

Die Untersuchung verschiedener sulfonierter Polyetherketone wird häufig in der Literatur beschrieben: Polyetherketon [39], Poly(etheretherketon) [40–42], Poly(etherketonketon) [43] und Poly(etheretherketonketon) (sPEEKK) [44, 45]. Ein interessanter Vergleich dieser Materialien wurde von Rikukawa and Sanui [46] dargestellt. Sulfoniertes Poly(etheretherketon) (sPEEK) und Poly(phenoxybenzoylphenylen) (sPPBP) sind Isomere. Bei sPEEK sind in der Hauptkette die sulfonischen Gruppen; bei sPPBP hängen sie in der Seitenkette. Die Wasseraufnahme unter niedrigen Feuchtigkeitsbedingungen und auch die Leitfähigkeit bei höherer Temperatur sind höher für sPPBP.

Tabelle 14.2 Methode für die Sulfonierung von Polysulfon: Vorteile und Nachteile.

R=–(Polyphenylsulfon), –C(CH$_3$)$_2$ (Polysulfon), –O– (Polyethersulfon

Sulfonierungsagent	Vorteile	Nachteile	Literatur
Schwefelsäure	billig	Agentverdünnung während der Reaktion	20
SO$_3$	billig und sehr reaktiv	heterogenes Produkt und Vernetzung	21
SO$_2$-TEP-Komplex	minimale Vernetzung	niedrige Reaktivität mit hoher TEP. Konzentration	22
Chlorsulfonsäure	billig	heterogenes Produkt, Vernetzung und Kettenabbau	23
Chlorsulfonsäure-trimethylsilylester	effektive Kontrolle der Reaktion und Homogenität	relativ teuer	24–26
Butyllithium	einzige Methode für die Sulfonierung Elektronen-armer Ringe	teuer	27, 28

Verschiedene sulfonierte Poly(etheretherketonen) sind in Schema 14.3 dargestellt. Der Vergleich zwischen sulfoniertem Poly(etheretherketonketon) und Nafion® in Hinblick auf Mikrostruktur und Säurecharakter wurde bei Kreuer [44, 45] diskutiert. Im Nafion® sind die ionischen Kanäle breiter und weniger verzweigt; sPEEKK hat außerdem „dead-end"-Kanäle. Nafion® hat auch einen stärkeren Säurecharakter. Drei Veröffentlichungen [40–42] berichteten kürzlich über die Sulfonierung von PEEK und ihre Charakterisierung und diskutieren den Einfluss des Sulfonierungsgrad auf die Protonenleitfähigkeit und Quellung. Normalerweise ist ein Sulfonierungsgrades ab 40% für die Brennstoffzelle geeignet. Die Leitfähigkeit, aber auch die Quellung steigt mit dem Sulfonierungsgrad. Oberhalb von 90% Sulfonierung ist sPEEK im Wasser ein gequollenes Gel. Auch das Lösungsmittel ist für die Membranherstellung wichtig. Dimethylformamid bildet starke Wasserstoffbrücken zwischen seinen -CHO-Gruppen und den -SO$_3$H-Gruppen des sulfonierten Polymers und führt so zu einer Reduzierung der Protonenleitfähigkeit. Neue modifizierte sPEEK-Strukturen wie sulfoniertes Poly(oxa-*p*-phenylene-3,3-phthalido-*p*-phenylene-oxa-*p*-phenylene-oxy-phenylene) (PEEK-WC) werden auch als Protonenleitende Materialien diskutiert [47]. Eine neue Klasse von sulfonierten Poly-

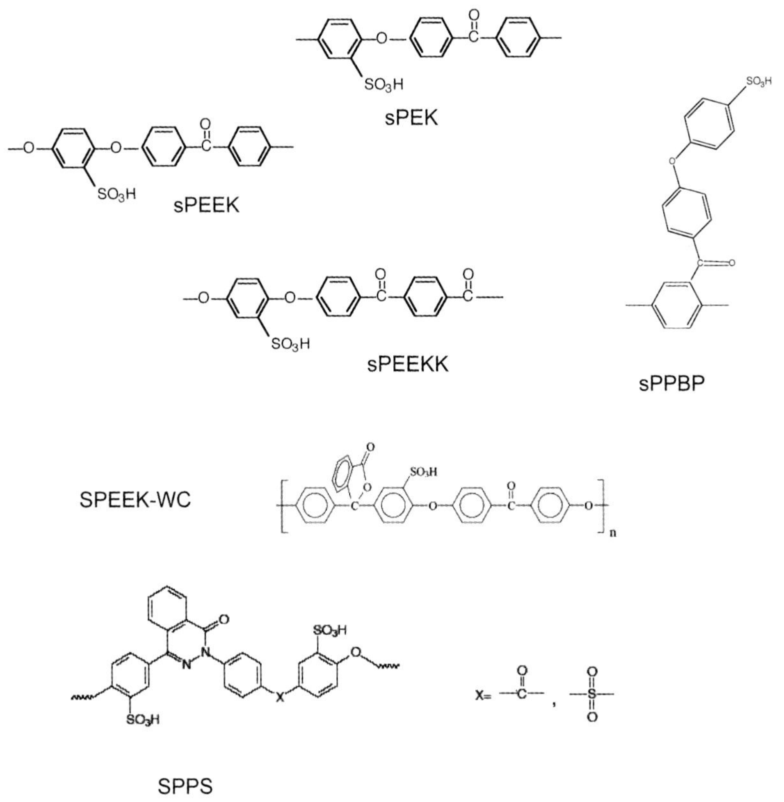

Schema 14.3

meren, Poly(phthalazinone) (SPPs), die besonders in China hergestellt werden, werden auch im Hinblick auf Anwendung in der Brennstoffzelle untersucht [48–50].

Polymerlegierungen von Protonen-leitenden Polymeren mit hydrophoben Polymeren sollen zu stabileren Membranen führen. Durch das Mischungsverhältnis kann die Hydrophilie der Membran eingestellt werden. Unter anderem werden die folgenden Polymerpaare beschrieben: sPEEK/sPSU [51], Nafion®/Teflon® [52] und sPPO/PVDF [53]. Kerres et al. [54] haben intensiv über Säure-Base-Wechselwirkungen zwischen sulfonischen und basischen Polymeren als ionische Vernetzungen berichtet.

14.4
Phosphonierte Membranen

Bisher wurden nur sulfonierte Polymere erwähnt. Phosphonierte Polymere sind auch Protonen-leitend. Polymerphosphonierung ist viel seltener in der Literatur beschrieben. Cabasso [55] hatte früh die Möglichkeit erkannt, (PPO-basierte) phosphonierte Membranen für die Brennstoffzelle einzusetzen. Phosphonierte fluorierte Polymere wurden auch bei Ballard [56] und bei Asahi [57] untersucht.

Eine Methode zur Phosphonierung von Polyphenylsulfon, die auch für andere aromatische Polymere anwendbar ist, wurde von unserer Gruppe veröffentlicht [58]. Der Säurecharakter der phosphonischen Gruppen ist schwächer als der von sulfonischen Gruppen. Phosphonierte Polymeren haben eine niedrigere protonische Leitfähigkeit als sulfonierte Polymere mit vergleichbarem Funktionalisierungsgrad. Vorteile in der Selektivität für phosphoniertes (gegenüber sulfoniertem) Polyphosphazene werden von Zhou et al. [59] für die Direkt-Methanol-Brennstoffzelle berichtet. Sulfoniertes Polyphosphazene ist selektiver als Nafion® 117 bei Temperaturen unter 85 °C; phosphoniertes Polyphosphazene ist selektiver als Nafion® in einem Temperaturbereich zwischen 22 und 125 °C. Selektivität wird hier als Protonenleitfähigkeit/Methanolpermeabilität definiert.

14.5
Polymermembranen für Betrieb mit hohen Temperaturen

Eine gute Leistung oberhalb 100 °C ist eine Herausforderung für die Brennstoffzellenmembran. Sowohl sulfonierte als auch phosphonierte Polymere verlieren Wasser bei dieser Temperatur. Gründe, die Brennstoffzelle bei 130 °C oder noch höherer Temperatur in Betrieb zu nehmen, sind

- bessere Reaktionskinetik,
- Verringerung der Katalysatorvergiftung,
- Reduktion des Wassertransports („drag") durch die Membran.

Die negative Wirkung der Dehydrierung kann durch Druckerhöhung reduziert werden, bessere Membranmaterialien würden viele Vorteile bringen. Leider gibt es wenige Polymere mit hoher Protonenleitfähigkeit bei hohen Temperaturen. Polybenzimidazol (PBI) (hergestellt bei Hoechst-Celanese) mit Phosphorsäure, eingeführt bei Savinell [60, 61], ist eines der wenigen. Ein zusätzliches (nichtkommerzielles) Polymer ist AB-PBI [62] (Schema 14.4). Säuren haben eine starke Wechselwirkung mit der basischen Imidazolgruppe. Die ionische Leitfähigkeit steigt mit der Säurekonzentration und mit der Temperatur. Über die Anwendung bei Temperaturen bis zu 200 °C wurde berichtet [63]. Verschiedene Methoden für die Herstellung von PBI-Membranen sind möglich: (1) mehrtägige Behandlung mit 5 bis 11 M Säurelösungen; (2) Zugabe von Säure zu der Gießlösung; (3) Herstellung [64] einer porösen PBI-Membran durch Einbettung in Phosphorsäure folgt bei der Trocknung der Membran und Kollabierung der Struktur als dichter Film, der Säure enthält. Die Modifizierung von PBI mit

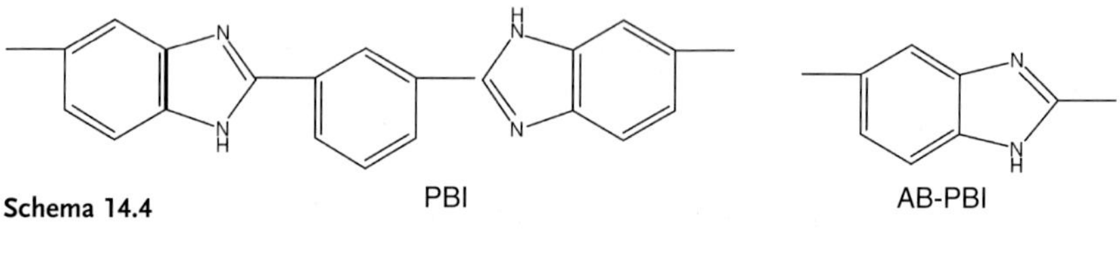

Schema 14.4

Seitenketten, die Sulfongruppen enthalten, ist eine bekannte Strategie für die Erhöhung der Protonenleitfähigkeit bei niedrigen Temperaturen [46, 65].

Nachteil der PBI-Phosphorsäuremembranen ist das Ausbluten der Säure. Dies ist eine starke Begrenzung für Brennstoffzellen mit direkt flüssigem Brennstoffbetrieb. Außerdem kann Phosphorsäure auch auf der Platinoberfläche adsorbieren. Eine Übersicht von Brennstoffzellenmembranen für Betrieb oberhalb 100 °C wurde vor kurzem veröffentlicht [63].

14.6
Organisch-anorganische Membranen

Die Kombination von organischen und anorganischen Materialien in Membranen wurde für verschiedene Anwendungen von unserer Gruppe untersucht [66–69]. Bei der Brennstoffzellenanwendung kann der Zusatz einer anorganischen Phase helfen, Wasser in der Membran bei hoher Temperatur zu halten und die Protonenleitfähigkeit zu erhöhen. Quellung, Methanol- und Wasserpermeabilität zu reduzieren, sind wichtige Aufgaben im Bereich der DMFC, die durch Zusatz anorganischer Komponenten erreicht werden konnten. Die anorganische Phase kann durch (1) Dispergierung isotropischer Teilchen (SiO$_2$, ZrO$_2$, etc); (2) Zusatz von Füllstoffen mit hohem Formfaktor (Längen/Dicken-Verhältnis) (z. B. Schichtsilikat) oder (3) *in situ* Hydrolyse/Polykondensation von anorganischen Precursoren erzeugt werden. Stonehart und Watanabe [70], Antonucci und Arico [71, 72] behaupten, die Einführung von Silicateilchen in Nafion® wäre von Vorteil, um die Wasseraufnahme der Membran oberhalb 100 °C zu verbessern und dadurch die Leistung zu verbessern. Die *in situ* Erzeugung einer Silicaphase in Nafion® wurde bei Mauritz et al. [73] durch Imprägnierung der Membran mit Silanen und ihre Hydrolyse durchgeführt. Bei Zugabe von Silanen zu Nafion®-Lösungen und daraus gebildeten Filmen ist es möglich, die Morphologie der ionischen Cluster zu ändern [67, 74]. Über die Untersuchung ähnlicher Nafion®- Membranen oder SPEEK/*in situ* erzeugter SiO$_2$-Membranen für die Brennstoffzelle wird später berichtet [75–77].

Die Silicaphase in der Membran kann die Methanolpermeabilität reduzieren – ein wichtiger Aspekt für die DMFC-Anwendung. Die Permeabilitätsreduzierung mit anorganischen Füllstoffen ist seit langem für Gastrennung bekannt. Der Effekt kann leicht durch die Maxwell-Gleichung für sphärische Teilchen erklärt werden [78–80]

$$P_0/P = (1 + \phi/2)/(1 - \phi) \qquad (1)$$

wo P = Permeabilität des Komposit, P_0 = Permeabilität der Membran ohne Füllstoff und ϕ = Volumenanteil der sphärische Füllstoff ist.

Es wird erwartet, dass anorganische Füllstoffe mit hohem Formfaktor eine effektive Barrierefunktion leisten [80]. Der Effekt kann mit folgender Gleichung für die Reduzierung des Diffusionskoeffizienten D (D_0 = Diffusion in der

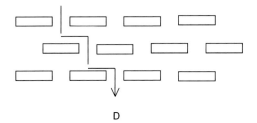

Abb. 14.2 Diffusion des Permeats in Membranen, die Füllstoff mit hohem Formfaktor enthält.

Membran ohne Füllstoff) mit der Zugabe von Füllstoff mit Formfaktor a beschrieben werden:

$$D_0/D = 1 + (a^2\phi^2/1 - \phi) \qquad (2)$$

Schichtfüllstoffe wären dann effektiver, um Diffusion und Permeabilität zu reduzieren (Abb. 14.2).

Die Effekte verschiedener anorganischer Modifizierungen in der Membranpermeabilität zu Methanol und Protonenleitfähigkeit [81] wurden untersucht. Die Ergebnisse sind in Abb. 14.3 dargestellt.

Membranen, die mit Zugabe von sphärischen Teilchen ohne Modifizierung hergestellt wurden (Aerosil-OH), hatten noch höhere Permeabilität. Für Membranen mit Schichtsilikat (Magadiite oder Laponite) wurde eine Reduzierung der Permeabilität beobachtet. Aber der Einfluss der Effekte ist bei weitem nicht so deutlich wie der Einfluss der Oberflächenmodifizierung der anorganischen Phase (Abb. 14.4). Die Verträglichkeit zwischen Polymermatrix und anorganischer Phase muss optimiert werden, wie im Fall von Gastrennungsmembranen [79].

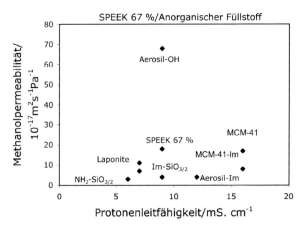

Abb. 14.3 Methanolpermeabilität und Protonenleitfähigkeit von Membranen aus sulfoniertem Poly(etheretherketon) (Sulfonierungsgrad 67%) und ca. 10% Füllstoff.

14.6 Organisch-anorganische Membranen

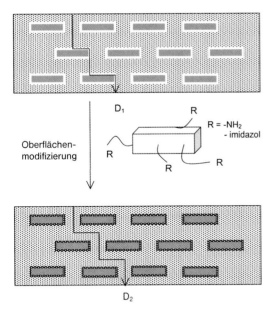

Abb. 14.4 Einfluss der Oberflächenmodifizierung des Füllstoffes auf die Diffusion des Permeats durch die Membran: D_1 schnelle Diffusion durch Mikrodefekte in den Füllstoffteilchen; D_2 Diffusion in einer defektfreien Polymermatrix.

Die Behandlung von Aerosil und Schichtsilikat mit Silanen, die Imidazolgruppen enthalten (Aerosil-Im), reduziert deutlich effektiver die Methanol- und Wasserpermeabilität der organisch-anorganischen Membran. Noch effektiver kann die Wasser- und Methanolpermeabilität reduziert werden durch die *in situ* Erzeugung von modifizierten Silicanetzwerken durch Hydrolyse von Silanen, wobei jedes Siliziumatom mit einer Amino- (NH_2-$SiO_{3/2}$) oder Imidazolgruppe (Im-$SiO_{3/2}$) verbunden ist. Dadurch entsteht eine starke Wechselwirkung zwischen der Säurepolymermatrix und der basischen Gruppe der anorganischen Phase [75, 81]. Eine Kovalentbindung zwischen aminomodifizierter Phase und sulfoniertem Polymer kann durch Reaktion mit Carbonyl-diimidazol erreicht werden [82].

Silica ist ein passiver Füllstoff, der helfen kann, das Wasser zu halten, aber selber nicht zu der Protonenleitung beiträgt. Zirkonphosphat und Phosphonate wurden lange bei Alberti [83–85] untersucht. Zirkonsulfophenylphosphat ist besonders effektiv für die Protonenleitung. Die Zugabe von Phosphat zu Polymeren, wie sPEEK, soll die Protonenleitfähigkeit bei hoher Temperatur verbessern [85]. Nafion® mit Zirkonphosphat wurde bei Du Pont [86, 87] und später bei anderen Gruppen [88] für die Brennstoffzelle untersucht. Zirkonphosphat/sPEEK-Membranen wurden bei uns für die Direkt-Methanol-Brennstoffzelle untersucht [82, 89]. Phosphat wurde durch Behandlung von Zirkonoxidteilchen mit Phosphorsäure hergestellt. Zirkonphosphat ist sehr hydrophil und konnte allein die Methanolpermeabilität reduzieren. Ein guter Kompromiss für Protonenleitfähigkeit und Methanolpermeabilität wurde erreicht mit der zusätzlichen Erzeugung eines ZrO_2-Netzwerks. Die Behandlung der Phosphatteilchen mit Alkylammonium und weiter mit Polyimidazol hat später die Verträglichkeit zwischen Phosphat und Polymer erhöht und die Permeabilität reduziert [90]. Sorgfältige Kontrolle der Füllstoffkonzentration ist wichtig, um nicht der Leitfähigkeit und der Leistung in der DMFC zu schaden. Komposite aus Zirkonphosphat und Polybenzimidazol wurden von der Gruppe Bierrum et al. [91] im Betrieb bis zu 200 °C getestet.

Heteropolysäure ist für ihre hohe Protonenleitfähigkeit bekannt und wurde bei mehreren Gruppen als Additiv für Brennstoffzellenmembranen benutzt [92–97]. Phosphorwolfram- und Molybdophosphorsäure sind allerdings auf Grund ihrer hohen Löslichkeit nur begrenzt in der Brennstoffzelle einsetzbar. Sie werden leicht aus der Membran ausgeblutet. Um das Problem zu lösen, wurden unterschiedliche Maßnahmen von unserer Gruppe getestet. Die ersten Versuche waren die *in situ* Erzeugung eines Oxidnetzwerks durch Sol-Gel-Verfahren mit Alkoxysilan und Modifizierung der Anionstruktur der Heteropolysäure [98, 99]. In der Literatur wird beschrieben, wie für die Anwendung als Katalysator Heteropolysäure in Silica eingebettet wird [100–104]. Normalerweise wird die Heteropolysäure durch Kovalentbindung oder coulombische Wechselwirkung mit Säuregruppen im Polymer fixiert. Eine Alternative, die nicht die Säuregruppen beeinträchtigt, wurde vor kurzem bei uns vorgeschlagen [99]. Organosilylderivate aus Heteropolysäure, z.B. $[\gamma\text{-}SiW_{10}O_{36}]^{8-}$, wurden durch Reaktion mit 3-Glycidoxypropyltrimethoxysilane hergestellt. Diese Derivate wurden in eine sulfonierte Polymermatrix eingeführt, die einen unlöslichen anorganischen Füllstoff mit Aminogruppen modifiziert enthielt. Die Aminogruppen reagieren mit den Epoxygruppen der Heteropolysäure, die dadurch fixiert wird, ohne den Säurecharakter der Membran zu reduzieren.

14.7
Letzte Kommentare

Viele neue Materialien wurden für Brennstoffzellenmembranen in den letzten 10 Jahren entwickelt. Neue funktionalisierte Polymere und Komposite wurden untersucht. Nur sehr wenige kommerzielle Membranen sind auf dem Markt, der immer noch von Nafion® oder ähnlichen Membranen beherrscht wird. Aber deutlicher Fortschritt wurde in vielen Aspekten erreicht. Ein wichtiger Aspekt ist die Lebensdauer der Membran. Für Stationäranwendung wird eine längere Lebensdauer erwartet. Fluorierte Membranen gewinnen durch Stabilität. Aber Nafion® hat in einigen Aspekten Nachteile. Für die Automobilanwendung sind die Kosten entscheidend. Außerdem favorisiert die Industrie den Brennstoffzellenbetrieb bei Temperaturen höher als 130 °C aus Gründen der Reaktionskinetik, Katalysatoraktivität und -vergiftung, des Wassermanagements und Kühlungssystems. Materialien, die bei dieser Temperatur und niedriger Feuchtigkeit gut arbeiten könnten, würden einen richtigen Durchbruch bringen. Polybenzimidazol-basierte Membranen und Komposite werden intensiv diskutiert, aber die Anwendung und Leistung sind noch Grund für Kontroversen. Neue Ideen und Materialien, die alternative Protonenleitungsmechanismen haben, sind Thema interessanter akademischer Diskussionen, aber sie sind zu weit weg von der Anwendung. Die Membrananforderungen für die portable Anwendung sind unterschiedlich. Niedrigere Temperaturen (nahe an der Zimmertemperatur) werden favorisiert. Da die Brennstoffzelleneinheit kompakt sein soll, sind alternative Technologien wie die Direkt-Alkohol-Brennstoffzelle, die keinen Reformer brauchen, vorteilhaft. Ein großer Nachteil der kommerziellen Membranen ist hier die hohe Methanolpermeabilität. Kompositmembranen konnten hier eine Alternative bieten.

Danksagung Ich danke Dr. Irmgard Buder für die Korrektur des Textes.

14.8
Literatur

1 W. Vielstich, A. Lamm, H.A. Gasteiger, editors. *Handbook of Fuel Cells*. John Wiley & Sons, New York, 2003.
2 W.T. Grubb, US Patent 2913511, Nov 17, 1959.
3 M. Doyle, M.E. Lewittes, M.G. Roelofs, S.A. Perusich, R.E. Lowrey. *J. Membrane Sci.*, 2001, *184*, 257.
4 R.B. Moore, K.M. Cable, T.L. Cronley. *J. Membrane Sci.*, 1992, *75*, 7.
5 B. Bahar, A.R. Hobson, US Patent 5547551, Aug 20, 1996.
6 C. Stone, A.E. Steck, J. Wei, US Patent 5773480, Jun 30, 1998.
7 R.B. Hodgdon, J.F. Enos, E.J. Aiken, US 3341366, Sept 12, 1967.
8 B. Gupta, F.N. Buchi, G.G. Scherer, *Solid State Ionics*, 1993, *61*, 213–218.
9 F.N. Buchi, B. Gupta, O. Haas, *Electrochimica Acta*, 1995, *40*, 345–353.
10 J. Huslage, T. Rager, B. Schnyder, A. Tsukada. *Electrochimica Acta*, 2002, *48*, 247–254.
11 S.D. Flint, C.T. Slade. *Solid State Ionics*, 1997, *97*, 299–307.
12 D.I. Ostrovskii, L.M. Torell, M. Paronen, S. Hietala, F. Sundholm, *Solid State Ionics*, 1997, *97*, 315–321.
13 K. Scott, W.M. Taama, P. Argyropoulos. *J. Membrane Sci.*, 2000, *171*, 119–130.
14 M.M. Nasef, H. Saidi, A.M. Dessouki, E.M.El-Nesr, *Polymer Int.*, 2000, *49*, 399–406.
15 A. Elmidaoui, A.T. Cherif, J. Brunea, F. Duclert, T. Cohen, C. Gavach, *J. Membrane Sci.*, 1992, *67*, 263–271.
16 S. Arico, V. Baglio, P. Creti, A. Di Blasi, V. Antonucci, J. Brunea, A. Chapotot, A. Bozzi, J. Schoemans, *Journal of Power Sources*, 2003, *123*, 107–115.
17 J.A. Horsfall, K.V. Lovell, *Fuel Cells*, 2001, *1*, 186–191.
18 M.M. Nasef, H. Saidi, H.M. Nor, O.M. Foo, *J. Appl. Polym. Sci.*, 2000, *76*, 1–11.
19 P. Vie, M. Paronen, M. Stromgard, E. Rauhala, F. Sundholm, *J. Membrane Sci.*, 2002, *204*, 295–301.
20 J.B. Rose, US 4273903, Jun 16, 1981.
21 M.J. Coplan, G. Götz, US Patent 4413106, Nov 1, 1983.
22 B.C. Johnson, I. Yilgor, C. Tran, M. Iqbal, J.P. Wightman, D.R. Lloyd and J.E. McGrath *J. Polym. Sci.: Polym. Chem. Ed.*, 1984, *22*, 721–737.
23 C.-M. Bell, R. Deppisch, H.J. Golh, US Patent 5401410, Mar 28, 1995.
24 H.S. Chao and D.R. Kelsey, US Patent 4625000, Nov 25, 1986.

25 P. Genova-Dimitrova, B. Baradie, D. Foscallo, C. Poinsignon, J. Y. Sanchez, *J. Membrane Sci.*, 2001, *185*, 59–71.
26 A. Dyck, D. Fritsch and S. P. Nunes. *J. Appl. Polym. Sci.*, 2002, *86*, 282–2782
27 W. Schnurberger, J. Kerres, S. Reichle, G. Eigenberger, DE 19622338 A1, Dec 1997.
28 M. D. Guiver, G. P. Robertson, M. Yoshikawa, C. M. Tam, *in* I. Pinnau, B. Freemann, *Membrane preparation and modification.* Oxford University Press, 2000
29 F. Wang, M. Hickner, Y. S. Kim, T. A. Zawodzinski, J. E. McGrath, *J. Membrane Sci.*, 2002, *197*, 231–242.
30 B. Lafitte, L. E. Karlsson, P. Jannasch, *Macromol. Rapid Commun.* 2002, *23*, 896–900.
31 B. Vishnupriya, K. Ramya, K. S. Dhathathreyan. *J. Appl. Polymer Sci.*, 2002, *83*, 1792–1798.
32 K. Ramya, K. S. Dhathathreyan, *J. Appl. Polymer Sci.*, 2003, *88*, 307–311.
33 K. Richau, V. Kudela, J. Schauer, R. Mohr, *Macromol. Symp.*, 2002, *188*, 73–89.
34 O. Savadogo, *J. New Materials Electrochem. Systems*, 1998, *1*, 47–66.
35 E. Vallejo, G. Pourcelly, C. Gavach, R. Mercier, M. Pineri, *J. Membrane Sci.*, 1999, *160*, 127–137.
36 C. Genies, R. Mercier, B. Sillion, *Polymer*, 2001, *42*, 5097–5105.
37 N. Cornet, G. Beaudoing, G. Gebel, *Separation and Purification Technology*, 2001, 22–23, 681–687.
38 H. J. Kim, M. H. Litt, S. Y. Nam, E. M. Shin, *Macromolecular Research*, 2003, *11*, 458–466.
39 P. Chamock, D. J. Kemmish, P. A. Stanil and B. Wilson, Victrex Manufacturing, EP Patent 1112301, 2000.
40 S. Kaliaguine, S. D. Mikhailenko, K. P. Wang, P. Xing, G. Robertson, M. Guiver. *Catalysis Today*, 2003, *82*, 213–222.
41 P. Xing, G. P. Robertson, M. D. Guiver, S. D. Mikhailenko, K. Wang, S. Kaliaguine, *J. Membrane Sci.*, 2004, *229*, 95–106.
42 Lei Li, Jun Zhang, Yuxin Wang, *J. Membrane Sci.*, 2003, 226, 159–167.
43 B. Bauer, DE 10116391 A1, Oct 10, 2002.
44 K. D. Kreuer, *J. Membrane Sci.*, 2001, *185*, 29–39.
45 K. D. Kreuer, *in* W. Vielstich, A. Lamm, H. A. Gasteiger, editors. *Handbook of Fuel Cells.* John Wiley & Sons, New York, 2003.
46 M. Rikukawa and K. Sanui, *Prog. Polym. Sci.*, 2000, *25*, 1463–1502.
47 E. Drioli, A. Regina, M. Casciola, A. Oliveti, F. Trotta, T. Massari, *J. Membrane Sci.*, 2004, *228*, 139–148.
48 G. Xiao, G. Sun, D. Yan, *Macromol. Rapid Commun.* 2002, *23*, 488–492.
49 Y. Gao, G. P. Robertson, M. D. Guiver, Xigao Jian, S. D. Mikhailenko, K. Wang, S. Kaliaguine, *J. Membrane Sci.*, 2003, *227*, 39–50.
50 Y. Gao, G. P. Robertson, M. D. Guiver, X. Jian, *J. Polymer Sci.: Part A: Polymer Chemistry*, 2003, *41*, 497–507.
51 C. Manea, M. Mulder, *J. Membrane Sci.* 2002, *206*, 443–53.
52 W. G. O'Brien, US Patent 6 294 612, Sept 25, 2001.
53 I. Cabasso, Y. Yuan, C. Mittelstead, US Patent 6 103 414, Aug 15, 2000.
54 J. A. Kerres, *J. Membrane Sci.* 2001, *185*, 3–27.
55 X. Xu, I. Cabasso, Abstract of Papers of American Chemical Soc. 205: 78-PMSE 1993.
56 C. Stone, T. S. Daynard, L. Q. Hu, C. Mah, A. E. Steck, *J. New Materials Electrochem. Systems*, 2000, *3*, 43–50.
57 M. Yamabe, K. Akyama, Y. Akatsuka, M. Kato, *European Polym. J.*, 2000, *36*, 1035–1041.
58 K. Jakoby, K. V. Peinemann, S. P. Nunes. Macromolecular Chemistry and Physics, 2003, *204*, 61–67.
59 X. Zhou, J. Weston, E. Chalkova, M. A. Hofmann, C. M. Ambler, H. R. Allcock, S. N. Lvov, *Electrochimica Acta*, 2003, *48*, 2173–2180.
60 R. F. Savinell, M. H. Litt, US Patent 5525436, Jun 11, 1996.
61 R. F. Savinell, M. H. Litt, US Patent 5716727, Feb 10, 1998.
62 J. S. Wainright, M. H. Litt and R. F. Savinell, in *Handbook of Fuel Cells.* John Wiley & Sons, New York, 2003, pp. 436–446.
63 Q. F. Li, R. H. He, J. O. Jensen, N. J. Bjerrum. *Chem. Mat.*, 2003, *15*, 4896–4915. 64. (WO 98/14505)

64 M. Samsohe, F. Onorato, S. French, F. Marikar, WO 98/14505 (Hoechst Calanese)
65 D. J. Jones and J. Rozière, *J. Membrane Sci.*, 2001, *185*, 41–58.
66 S. P. Nunes, J. Schulz and K. V. Peinemann, *J. Mat. Sci. Lett.*, 1996, *15*, 1139–1141.
67 R. A. Zoppi, I. V. Yoshida and S. P. Nunes. *Polymer*, 1998, *30*, 1309–1315.
68 S. P. Nunes, K. V. Peinemann, K. Ohlrogge, A. Alpers, M. Keller, A. T. N. Pires, *J. Membrane Sci.*, 1999, *157*, 219–226.
69 M. L. Sforça, I. V. Yoshida, S. P. Nunes, *J. Membrane Sci.*, 1999, *159*, 197–207.
70 P. Stonehart and M. Watanabe, US Patent 5 523 181, Jun 4, 1996.
71 P. L. Antonucci, A. S. Arico, P. Creti, E. Rammunni, V. Antonucci, *Solid States Ionics*, 1999, *125*, 431–437.
72 V. Antonucci and A. Arico, EP 0926754A1 199.
73 K. A. Mauritz, *Mat. Sci. Eng. C-Biomimetic and Supramolecular Systems*, 1998, *6*, 121–133.
74 R. A. Zoppi and S. P. Nunes, *J. Electroanalytical Chem.*, 1998, *445*, 39–45.
75 S. P. Nunes, E. Rikowski, A. Dyck, D. Fritsch, M. Schossig-Tiedemann and K. V. Peinemann, Euromembrane 2000, Jerusalem, Proceedings, pp. 279–280.
76 L. Tchicaya-Bouchary, D. J. Jones, J. Roziere, *Fuel Cells*, 2002, *2*, 40–45.
77 D. J. Jones, J. Rozière. in Handbook of Fuel Cells, W. Vielstich, A. Lamm, H. A. Gasteiger, editors. Wiley 2003, Vol. 3, p. 447.
78 J. C. Maxwell, *Treatise on Electricity and Magnetism*, Vol. 1, Clarendon Press, London, 1881.
79 R. Mahajan, W. J. Koros, *Polym. Eng. Sci.*, 2002, *42*, 1420–1431.
80 W. R. Falla, M. Mulski, E. L. Cussler, *J. Membrane Sci.*, 1996, *119*, 129–138.
81 C. S. Karthikeyan et al., *J. Membrane Sci.*, submitted.
82 S. P. Nunes, B. Ruffmann, E. Rikowski, S. Vetter and K. Richau, *J. Membrane Sci.*, 2002, *203*, 215–225.
83 G. Alberti et al., *Adv. Mat.*, 1996, *8*, 291–303.
84 G. Alberti, M. Casciola, L. Massineli, B. Bauer, J. Membrane Sci. 185 (2001) 73–81.
85 G. Alberti, M. Casciola, *Annual Review Materials Research*, 2003, *33*, 129–154
86 W. G. Grot, G. Rajendran, US Patent 5919583, July 6, 1999.
87 C. Yang, P. Costamagna, S. Srinivasan, J. Benziger, A. B. Bocarsly, *J. Power Sources*, 2001, *103*, 1–9.
88 F. Damay and L. C. Klein, *Solid State Ionics*, 2003, *162/163*, 261–267.
89 B. Ruffmann and S. P. Nunes. *Solid State Ionics*, 2003, *162/163*, 269–275.
90 L. A. S. A. Prado, H. Wittich, K. Schulte, G. Goerigk, V. M. Garamus, R. Willumeit, S. Vetter, B. Ruffmann, S. P. Nunes, *J. Polymer Sci.-Physics*, 2003, *42*, 567–575.
91 R. He, Q. Li, G. Xiao, N. J. Bierrum, *J. Membrane Sci.*, 2003, *226*, 169–184.
92 B. Tazi and O. Savadogo, *Electrochem. Acta*, 2000, *45*, 4329–4339.
93 S. Zaidi, S. Mikhailenko, G. Robertson, M. Guiver, S. Kaliaguine, *J. Membrane Sci.* 2000, *173*, 17–34.
94 P. Staiti, M. Minutoli, S. Hocevar, *J. Power Sources*, 2000, *90*, 231–235.
95 P. Staiti, M. Minutoli *J. Power Sources*, 2001, *94*, 9–13.
96 P. Staiti *J. New Mat. Electrochem. Systems*, 2001, *4*, 181–186.
97 Y. S. Kim, F. Wang, M. Hickner, T. Zawodzinski, J. McGrath, *J. Membrane Sci.*, 2003, *212*, 263–282.
98 M. L. Ponce, L. Prado, B. Ruffmann, K. Richau, R. Mohr, S. P. Nunes, *J. Membrane Sci.*, 2003, *217*, 5–15.
99 M. L. Ponce, L. A. S. A. Prado, V. Silva, S. P. Nunes, *Desalination*, 2004, *162*, 383–391.
100 M. Misono, *Catalysis Reviews-Sci. Eng.* 1987, 29, 269–321.
101 I. V. Kozhevnikov, *Chem. Rev.*, 1998, *98*, 171–198.
102 N. Mizuno, M. Misono, *Chem. Rev.*, 1998, *98*, 199–218.
103 P. Dimitrova, K. Friedrich, U. Stimming, B. Vogt, *Solid State Ionics*, 2002, *150*, 115–122.
104 U. Lavrencic Stangar, N. Groselj, B. Orel, A. Schmitz, Ph. Colomban, *Solid State Ionics*, 2001, *145*, 109–118.

15
Anwendungen der Querstrommembranfiltration in der Lebensmittelindustrie

Frank Lipnizki

15.1
Einleitung

In den letzten zwei Jahrzehnten ist der Markt für Membrantechnologie in der Lebensmittelindustrie auf ein Volumen von 50 Millionen € gestiegen und ist somit nach der kommunalen Abwasserreinigung der zweitgrößte Absatzmarkt für industrielle Membranprozesse in Deutschland. Die wichtigsten Membrantechnologien in der Lebensmittelindustrie sind druckbetriebe Membranprozesse, Mikrofiltration (MF), Ultrafiltration (UF), Nanofiltration (NF) und Umkehrosmose (Reverse Osmosis-RO). Den größten Marktanteil mit ca. 35% haben UF-Systeme und -Membranen gefolgt von MF-Systemen und -Membranen mit ca. 33%. NF- und RO-Systeme und -Membranen haben zusammen einen Marktanteil von ca. 30%. Andere Membranprozesse wie Membrankontaktoren (Membrane Contactor-MC), Elektrodialyse (ED) und Pervaporation (PV) haben nur einen geringen Marktanteil. Die wichtigsten Anwendungen sind in der Milchindustrie (Milch, Molke, Salzlake, usw.) gefolgt von der Getränkeindustrie (Bier, Fruchtsäfte, Wein usw.). Polymere Membranen in Form von Spiralwickelmodulen werden in der Lebensmittelindustrie am meisten verwendet. Andere Module wie Platten- und Hohlfasermodule mit polymeren Membranen sowie Rohrmodule mit keramischen und polymeren Membranen haben einen wesentlich geringeren Marktanteil.

In der Lebensmittelindustrie hat die Membrantechnologie wesentliche Vorteile gegenüber konventionellen Trenntechnologien:

- schonende Produktbehandlung durch moderate Temperaturänderungen während der Produktion,
- hohe Selektivität durch einzigartige Trennmechanismen, z.B. Sieb-, Lösungsdiffusions- und Ionenaustauschmechanismen,
- kompaktes und modulares Design für einfache Installationen und Erweiterungen,

Membranen: Grundlagen, Verfahren und industrielle Anwendungen
Herausgegeben von Klaus Ohlrogge und Katrin Ebert
Copyright © 2006 WILEY-VCH Verlag GmbH & Co. KGaA, Weinheim
ISBN: 3-527-30979-9

- geringerer Energieverbrauch im Vergleich zu Kondensatoren und Verdampfern.

Ein wesentlicher Nachteil beim Einsatz der Membranfiltration ist das Fouling. Dieses führt zu einer Reduzierung des Flusses und mindert die Produktivität und Betriebsdauer. Das Fouling kann durch regelmäßige Reinigungsintervalle reduziert werden. In der Lebensmittelindustrie ist ein Reinigungszyklus pro 24-Stundenbetrieb üblich. Durch spezielle Auslegung der Membrananlagen kann das Risiko von Fouling und Produktkontamination deutlich verringert werden. Die Anwendung von Membranen mit geringer Neigung zum Fouling, z. B. hydrophile Membranen mit geringer Neigung zum bakteriologischen Fouling, und der Einsatz von Membranmodulen mit ausreichender Strömungskanalhöhe und offenem Strömungskanal zur Reduzierung des Foulings durch Partikel, die den Strömungskanal blockieren, sind Ansätze das Risiko von Fouling zu minimieren. Des Weiteren kann der Betrieb von Membrananlagen unterhalb des kritischen Flusses die Zeit zwischen den Reinigungszyklen verlängern. Hierbei wird der kritische Fluss als der Fluss definiert, unterhalb welchem keine Flussreduzierung mit Betriebsdauer beobachtet wird, während oberhalb des kritischen Flusses eine Flussreduzierung durch Fouling mit Betriebsdauer festgestellt werden kann. Der Betrieb einer Membrananlage unterhalb des kritischen Flusses ist oft mit einer Reduzierung des Betriebsdruckes und somit einer Verringerung des Flusses verbunden. Für die gleiche Leistung werden somit größere Membranflächen benötigt. Eine weitere Methode zur Reduzierung von Fouling ist der Betrieb der Membrananlage im Bereich turbulenter Strömung, wodurch u. a. der Effekt von Konzentrationspolarisation reduziert werden kann. Turbulente Strömung ist jedoch mit einem Anstieg des Druckverlustes und somit höheren Pumpleistungen/Energiekosten verbunden. Neben dem Fouling können die Eigenschaften des Feeds den Einsatz von Membranprozessen, z. B. die Steigerung der Produktviskosität mit Konzentration, oder den Trennmechanismus des Membranprozesses, z. B. ein Anstieg des osmotischen Druckes mit Konzentration, einschränken.

Im Folgenden werden erfolgreiche Anwendungen von Membranprozessen in der Lebensmittelindustrie dargestellt. Im ersten Teil wird die Milchindustrie, der größte und weitestentwickelte Membranmarkt, behandelt. Anschließend werden Anwendungen für fermentierte Lebensmittel wie Bier, Wein und Essig, sowie Fruchtsäfte und andere etablierte Bereiche in der Lebensmittelindustrie dargestellt. Der abschließende Teil dieses Kapitels gibt einen Ausblick auf potentielle Membrananwendungen in der gesamten Lebensmittelindustrie mit Fokus auf die aufstrebenden Membrantechnologien: Membrankontaktoren, Pervaporation und Elektrodialyse.

15.2 Milchindustrie

15.2.1 Übersicht der Milchindustrie

Seit der Einführung von Membranprozessen in der Lebensmittelindustrie (Ende der 1960iger Jahre) werden diese in der Milchindustrie zur Klärung, Konzentration und Fraktionierung von Molkereiprodukten eingesetzt. Insbesondere die Anwendung der Membrantechnologie zur Molkeaufbereitung, welche es ermöglicht, Proteine mit einem hohen Reinheitsgrad zur kommerziellen Weiterverwendung aus Molke zu gewinnen und somit ein Abfallprodukt der Käseproduktion in ein Wertprodukt zu verwandeln, hat zum Erfolg der Technologie in der Milchindustrie beigetragen. Neben der Molkeaufbereitung ist die Fraktionierung spezifischer Milchkomponenten ohne Zugabe von Wärme, verbunden mit einem Phasenwechsel wie bei der Verdampfung von Milch oder von Enzymen wie in der konventionellen Käseherstellung, eine der wichtigsten Anwendungen

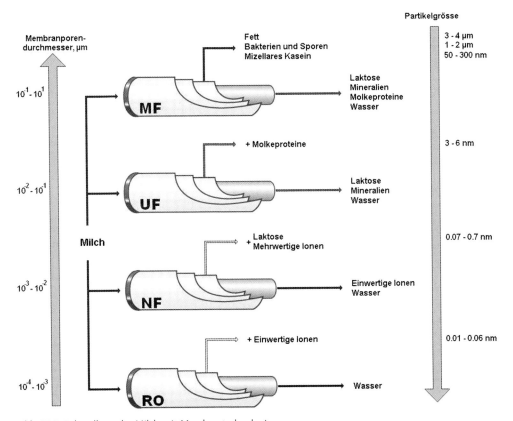

Abb. 15.1 Behandlung der Milch mit Membrantechnologien.

in dieser Industrie. Membranfiltrierte Milch kann direkt für die Herstellung von Molkereiprodukten wie Käse, Speiseeis und Joghurt benutzt werden. Die Anwendung von Membranen mit verschiedenen Porendurchmessern und „Molecular Weight Cut-Offs" (MWCO-Molekuargewicht für welches der Rückhalt der Membrane 90% ist), können die Eigenschaften von Milch verändern, indem verschiedene Komponenten der Milch getrennt, konzentriert oder entfernt werden. In der Milchindustrie sind die druckbetriebenen Membranprozesse MF, UF, NF und RO typisch und mit ihnen kann Milch in nahezu alle ihre Hauptbestandteile aufgetrennt werden (siehe Abb. 15.1). Folglich können Produkte mit einzigartigen Eigenschaften und Funktionen hergestellt werden.

15.2.2
Hauptanwendungen von Membranen in der Milchindustrie

Im folgenden Abschnitt werden die Hauptanwendungen der Querstrommembrantechnologie in der Milchindustrie diskutiert.

15.2.2.1 Herstellung von Milchprodukten
Die Entfernung von Bakterien- und Sporenentfernung aus Milch ist die erste potentielle Anwendung von Membranen in der Herstellung von Milchprodukten. Konventionell wird Milch mit Ultrapasteurisation haltbar gemacht. Eine Alternative hierzu ist der Einsatz von MF, um Bakterien und Sporen aus der Milch zu entfernen und die Milch somit ohne Änderung ihrer organoleptischen und chemischen Eigenschaften haltbar zu machen. Das erste kommerzielle System war der von Alfa Laval entwickelte Bactocatch-Prozess [1–3], welcher heute von Tetra Pak unter dem Namen Tetra Alcross®Bactocatch vertrieben wird. In diesem Prozess wird die Rohmilch zunächst in Magermilch und Rahm getrennt, wie in Abb. 15.2 dargestellt. Die resultierende Magermilch wird mit keramischen Membranen unter konstantem Transmembrandruck (TMP-Transmembrane Pressure) mikrofiltriert und in ein Retentat, welches nahezu alle Bakterien und Sporen enthält, und in ein Permeat mit einer bakteriellen Konzentration von weniger 0,5% der unbehandelten Milch aufgeteilt. Das Retentat wird mit dem Rahm vermischt und einer konventionellen Wärmebehandlung bei 130 °C für 4 s ausgesetzt, bevor es wieder mit dem Permeat vermischt und pasteurisiert wird. Da bei diesem Verfahren weniger als 10% der Milch bei hohen Temperaturen wärmebehandelt wird, ist die sensorische Qualität der resultierenden Milch deutlich besser als bei der konventionellen Ultrapasteurisation.

Die Standardisierung von Milch ist eine weitere wichtige Membrananwendung in der Herstellung von Milchprodukten. Der Proteinanteil in der Milch unterliegt während des Jahres natürlichen Schwankungen. Die Standardisierung von Milch mit UF ist eine Möglichkeit, den Proteinanteil ohne Zugabe von Milchpulver, Kasein und Molkeproteinkonzentrat (WPC – Whey Protein Concentrate) anzupassen. Eine erhöhte Proteinkonzentration in Magermilch und 1%iger Milch resultiert in einer verbesserten optischen Qualität (weißere

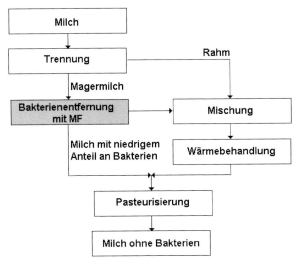

Abb. 15.2 Entfernung von Bakterien aus der Milch mit Mikrofiltration.

Milch) und einer erhöhten Viskosität [4]. Die sensorische Qualität dieser Milch mit erhöhter Proteinkonzentration ist vergleichbar mit fettreicher Milch und führt zu einer verbesserten Annahme durch den Konsumenten. Weitere Anwendung findet UF-standardisierte Milch in der Herstellung von fermentierten Milchprodukten wie Cremekäse, Joghurt und Hüttenkäse. Die resultierenden Milcherzeugnisse haben verbesserte Konsistenz und sensorische Eigenschaften im Vergleich zu Erzeugnissen, die mit konventionell konzentrierter Milch hergestellt werden [5]. Mit der Membranfiltration kann die Konsistenz, Nachbehandlung und der Grad der Synärese einfacher kontrolliert werden. Jedoch erfordert der Einsatz von ultrafiltrierter Milch oftmals eine Anpassung der Starterkulturenauswahl und/oder der Fermentationsbedingungen.

Eine weitere Anwendung von Membrantechnologie in der Milchproduktion ist der Einsatz der RO, als Alternative zur konventionellen Verdampfung, zur Herstellung von Milchkonzentrat. Dieses RO-Milchkonzentrat hat sein größtes Einsatzpotential in der Herstellung von Eiscreme, da es alle Feststoffe aber nur 30% Wasser enthält.

Des Weiteren kann Membrantechnologie zur Herstellung von Milchproteinkonzentraten, welche als Lebensmittelzusatz benutzt werden, angewandt werden. Milchproteinkonzentrat hat einen Proteingehalt von 50–58% und kann mit Hilfe von MF und/oder UF hergestellt werden. Durch UF in Kombination mit MF und/oder Diafiltration (DF) können unter Berücksichtigung des pHs, der Temperatur und der Prozessbedingungen anwendungsspezifische Milchproteinkonzentrate für verschiedene Anwendungen in der Lebensmittelindustrie produziert werden.

Die erfolgreichste Anwendung der Membrantechnologie in der Milchherstellung ist die Fraktionierung von Milchproteinen mit MF. Die Trennung von mizellarem Kasein von Molkeproteinen kann mit keramischen Membranen bei

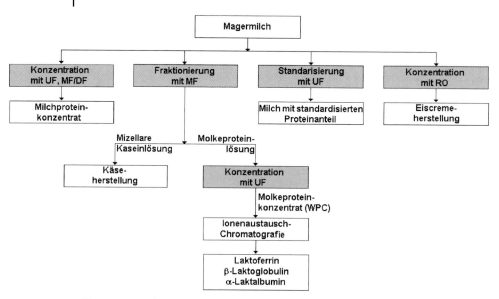

Abb. 15.3 Anwendungen der Membrantechnologie in der Milcherzeugung.

konstantem TMP erzielt werden. Das resultierende Retentat enthält hohe Konzentrationen an nativem Kalziumphosphokaseinate, welches in der Käseherstellung Anwendung findet. Natives Kasein hat eine ausgezeichnete Renettverdickungsfähigkeit, welches Kalziumphosphokaseinate zu einer wichtigen Beigabe für Käsemilch macht. Das Permeat kann mit Hilfe von UF zu einem qualitativ hochwertigen WPC weiterverarbeitet werden. Diese Proteinkonzentrate können mit Ionenaustauschchromatographen weiter in Laktoferrin, β-Laktoglobulin und α-Laktalbumin aufgeteilt werden, wobei insbesondere β-Laktoglobulin und α-Laktalbumin ein großes Marktpotential haben. β-Laktoglobulin wird als Geliermittel genutzt und α-Laktalbumin, welches sehr reich an Tryptophan ist, wird in der Produktion von Peptiden mit physiologischen Eigenschaften eingesetzt. Zudem finden β-Laktoglobulin und α-Laktalbumin Anwendung in der Produktion von Babymilch. Die Fraktionierung von Milchproteinen mit Membrantechnologie ermöglicht somit die Gewinnung von wertvollen Proteininhaltsstoffen. Des Weiteren können Kasein und Molkeproteine ohne Zugabe von Wärme oder Enzymen getrennt werden. Eine Übersicht potenzieller Anwendungen in der Milcherzeugung ist in Abb. 15.3 gegeben.

15.2.2.2 Herstellung von Molkeproteinprodukten

Molke ist ein Nebenprodukt in der Käseherstellung und wegen ihres geringen Feststoffanteiles und hohem BSB (Biochemischer Sauerstoffbedarf) stellte sie eines der wichtigsten Entsorgungsprobleme in der Milchindustrie dar. In der Vergangenheit wurde Molke im Abwasser entsorgt, auf Felder gesprüht oder als

Tierfutter genutzt. Mit der Membrantechnologie kann Molke konzentriert werden, um WPC und Molkeproteinisolat (WPI – Whey Protein Isolate) zu erhalten oder sie wird fraktioniert und reines α-Laktalbumin und β-Laktoglobulin kann gewonnen werden. Die Membrantechnologie veredelt ein ehemaliges Abfallprodukt in ein hochwertiges Produkt und löst ein Umweltproblem. Es ist daher nicht überraschend, dass die Anwendung von UF und RO zur Konzentration von Molke eine der ersten Membrananwendungen in der Milchindustrie war. Durch die Komplexität und Verschiedenartigkeit von Molke werden verschiedene Membranprozesse zur Herstellung unterschiedlicher Produkte eingesetzt (Abb. 15.4).

Die Herstellung von WPC mit einem Proteingehalt zwischen 35% und 85% (im Gesamtfeststoffanteil) kann in Kombination von UF mit Diafiltration erzielt werden. Hierbei wird MF als Vorbehandlung zur Entfernung von Bakterien und Fett eingesetzt. Die Herstellung von WPI mit einem 90% Proteingehalt im Gesamtfeststoffanteil ist somit möglich. Molkeproteine sind nicht nur für ihren nutrionalen Wert, sondern auch wegen ihrer funktionellen Eigenschaften interessant, sie können als Gel- und Schaumbinder in anderen Produkten verwendet werden, z. B. in der Süßwaren-, Getränke- und Fleischwarenindustrie.

Falls salzige Molke vorliegt, kann diese mit NF konzentriert und teilentmineralisiert werden. Durch Selektivität der NF-Membranen können die meisten einwertigen Ionen, organischen Säuren und etwas Laktose die Membrane passieren. Folglich ist NF eine interessante Alternative zum Ionenaustausch und zur ED, wenn nur eine Teilentmineralisierung gefordert wird. Ein Vorteil der NF im Vergleich zu den anderen Prozessen ist die Einfachheit, welche die gleichzeitige Konzentration und Teilentmineralisierung der Molke ermöglicht. Die maximale Entmineralisierung mit NF liegt bei einer Aschegehaltsverringerung von 35% und einem Konzentrationsfaktor zwischen 3,5 und 4,0. Wird NF mit DF verbunden kann eine Entmineralisierung von 45% erzielt werden. Das resultierende teilentmineralisiert WPC kann als solches eingesetzt oder zu WPI weiterverarbeitet werden. In der Produktion von WPC und WPI kann zudem MF zur Entfernung von Sporen und Bakterien und somit zur Erhöhung der Produktqualität eingesetzt werden. MF kann die Wärmebehandlung in der Herstellung von WPC/WPI auf ein Minimum beschränken und somit die funktionellen Eigenschaften der Molkeproteine erhalten.

Da Fett die funktionellen Eigenschaften und Haltbarkeit von Molke und Molkprodukten reduziert, wurden verschiedene Membranprozesse zur Entfernung von zurückgebliebenem Fett aus der Molke entwickelt [6–10]. In der herkömmlichsten Methode [7, 8] wird die Fähigkeit der Phospholipide genutzt, sich bei moderater Wärmebehandlung für 8 Minuten bei 50 °C durch Kalziumbindungen und durch Fällung zu vereinigen. Die entfettete Molke wird durch die Entfernung des Fällproduktes durch MF erhalten. Das Retentat der MF enthält einen hohen Anteil an Phospholipiden und kann somit als effektiver Emulsionswirkstoff in der Lebensmittel- und kosmetischen Industrie eingesetzt werden. Das Permeat ist entfettete Molke, welche mit UF konzentriert werden kann, um somit entfettetes WPC zu produzieren. Dieses entfettete WPC hat dem Eiweiß

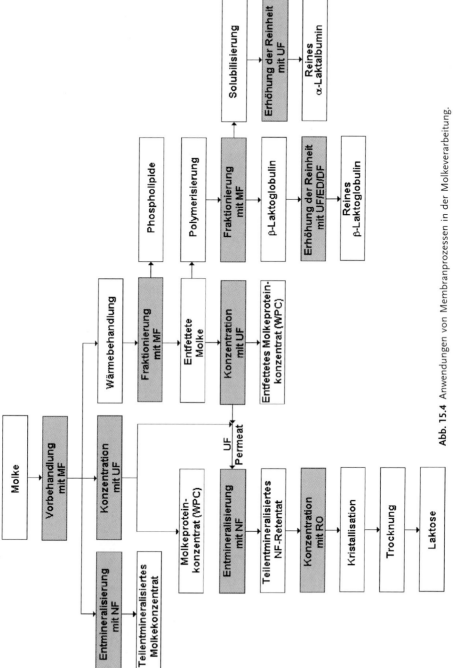

Abb. 15.4 Anwendungen von Membranprozessen in der Molkeverarbeitung.

ähnliche Schaumbindeeigenschaften und denselben Proteingehalt und wird daher als Rohstoff in der Teigwaren- und Eiscremeindustrie eingesetzt. Alternativ kann aus dem Permeat reines β-Laktoglobulin und α-Laktalbumin gewonnen werden. Dazu wird das α-Laktalbumin in der entfetteten Molke bei niedrigem pH, zwischen 4,0 und 4,5, und moderater Wärmebehandlung für 30 Minuten bei 55 °C umkehrbar polymerisiert, wodurch die übrigen Lipide und die anderen Molkeproteine mit Ausnahme von β-Laktoglobulin gefangen werden. Die Fraktionierung des β-Laktoglobulins von den anderen Proteinen kann durch MF oder durch Zentrifugierung erfolgen. Das resultierende β-Laktoglobulin-reiche MF-Permeat kann weiter durch UF gekoppelt mit DF oder gefolgt von Elektrodialyse im Reinheitsgrad erhöht werden [8]. Die Trennung des α-Laktalbumin vom MF-Retentat kann durch Solubilisierung bei einem neutralen pH gefolgt von UF erzielt werden.

Das UF-Permeat, welches ein Nebenprodukt der Konzentration der Molke zur Herstellung von WPC ist, kann in der Herstellung von Laktose eingesetzt werden. Im ersten Schritt wird das UF-Permeat mit NF konzentriert und teilentmineralisiert, gefolgt von einer weiteren Konzentrierung mit RO. Durch Kristallisation und Trocknung wird schließlich die Laktose gewonnen.

Des Weiteren ist über den Einsatz der Membrantechnologie zur Isolierung von K-Kasein-glycomacropeptide (GMP) in der Käsemolke berichtet worden. GMP findet einige Anwendungen in der pharmazeutischen Industrie, so verhindert es die Adhäsion von Escherichia coli-Zellen an den Darmwänden, schützt gegen Grippe und verhindert Adhäsion von Zahnstein an Zähnen [11]. Es sollte zudem angemerkt werden, dass UF und RO auch eine zentrale Rolle in der Produktion von Getränken mit hohem Milchprotein-, aber niedrigem Kohlenhydratgehalt spielen.

15.2.2.3 Käseherstellung

In der Milchindustrie wurde schon früh die Membrantechnologie bei der Käseherstellung angewendet. Der Einsatz der MF in der Käseherstellung zur Reduzierung der Bakterienkonzentration und somit zur Erhöhung der Haltbarkeit des Käses kann den Gebrauch von Zusätzen (z. B. Nitrat) zur Sporenentfernung eliminieren. Hierbei wird das in Abb. 15.2 dargestellte und in Abschnitt 15.2.2.1 diskutierte MF-Konzept genutzt. Des Weiteren hat der Einsatz von UF-konzentrierter Milch wesentliche Vorteile in der Käseherstellung:

- durch Erhöhung des Feststoffanteiles steigt der Käseertrag und reduziert die Produktionskosten im Hinblick auf Energie- und Anlagekosten,
- Reduzierung der Anforderungen an die Starterkulturen und Renett, da die ultrafiltrierte Milch eine gute Fähigkeit zur enzymatischen Koagulation hat,
- Verringerung der Abwasserkosten in der Käseherstellung,
- verbesserte Kontrolle der Qualität und Zusammensetzung,
- Erhöhung des Nährgehaltes durch die Einbindung von Molkeproteinen in den Käse.

In der Käseherstellung können drei Konzentrationsgrade von UF-konzentrierter Käsemilch, unterschieden werden [5]:

1. Vorkonzentrierung – standardisierte Käsemilch wird um den Faktor 1,2 bis 2 konzentriert und kann für die meisten Käsearten eingesetzt werden. Dies erlaubt die Kapazität der Käsebottiche und der Molkeablassausrüstung zu verdoppeln. Jedoch wird der Käseertrag nicht signifikant gesteigert, sondern nur der Proteingehalt um 4,5–5% erhöht. Angewendet wird dieses bei der Herstellung von Cheddar-, Hütten- und Mozzarellakäse sowie in der Standardisierung und Mineralgehaltjustierung von Käsemilch zur Erhöhung der Konsistenz des Endproduktes.

2. Teilkonzentration – standardisierte Käsemilch wird um den Faktor 2 bis 6 konzentriert. Eine Variante dieses Prozesses ist der APV-SiroCurd-Prozess, mit welchem die Milch fünfmal mit Hilfe von DF zur Standardisierung des Salzgehaltes konzentriert wird [12]. Dieser Prozess wird bei Käsearten wie Queso Fresco, strukturiertem Feta, Camembert und Brie eingesetzt.

3. Vollkonzentration – die standardisierte Käsemilch wird bis zum Gesamtfeststoffgehalt des fertiggestellten Käses konzentriert. Dieses Verfahren erlaubt es den Käseertrag zu maximieren, da es die Käseherstellung ohne Käsebottiche ermöglicht und somit kein Molkeverlust durch das Ablassen der Bottiche entsteht. Typische Anwendungen findet man in der Herstellung von Feta-, Quark-, Frisch-, Ricottakäse und Mascarpone.

Es sollte jedoch erwähnt werden, dass der Einsatz von UF zur Konzentrierung der Käsemilch und die damit verbundene Erhöhung des Molkeanteils im Käse auch einen negativen Effekt auf den Reifeprozess von halbharten und Hartkäse haben kann [13, 14]. Dort sollte UF als ergänzender Prozess und nicht als alternativer Prozess angewendet werden.

Das Permeat von der Konzentration der Käsemilch mit UF enthält hauptsächlich Laktose und kann durch RO konzentriert werden, während das Permeat der RO-Anlage in einer weiteren RO-Einheit nachbehandelt werden kann. Nach Pasteurisierung und/oder UV-Behandlung kann das Permeat dieser zweiten RO-Einheit als Prozesswasser eingesetzt werden und somit zur Reduzierung der Wasserkosten beitragen.

Eine weitere Anwendung der Membrantechnologie in der Käseherstellung ist die Reinigung von Salzlaken, in welche der konzentrierte Quark zur Verbesserung der Haltbarkeit und zur Entwicklung von Geschmack und anderer Käseeigenschaften getaucht wird. Die effektive Reinigung dieser Salzlaken ist in den letzten Jahren eine der größten Herausforderungen der Milchindustrie geworden, da es zu einer nachträglichen Verunreinigung des Käses in der Lake, insbesondere durch pathogene Bakterien, kommen kann. Der Einsatz der MF mit tubularen keramischen oder polymeren Spiralwickelmodulen zur Reinigung der Salzlaken führt zu einer verbesserten Käsequalität im Vergleich zur traditionellen Wärmebehandlung und Kieselgurfiltration. MF ist nicht nur einfach zu handhaben, sondern erhält die chemische Zusammensetzung der Salzlake und benötigt keine Filterhilfsmittel. Bevor die Käselake jedoch mit MF behandelt wird, sollte eine Vorfiltration mit einem statischen Filter stattfinden [15]. Neben der MF können auch UF und NF zum Recycling der Salzlaken eingesetzt werden.

15.3
Fermentierte Lebensmittel

In der Produktion von fermentierten Lebensmitteln werden Membrane als Klärungsschritt von Bier, Wein und Essig nach der Fermentation eingesetzt. Anfänglich wurde die statische Filtration in der Produktion von fermentierten Lebensmitteln eingesetzt. In den 1970er Jahren wurden erste Versuche mit Querstromfiltration zur Klärung von Bier, Wein und Essig gefahren. In den 1980iger Jahren wurde mit RO Bier entalkoholisiert. Während des letzten Jahrzehnts hat sich die Membranfiltration zur Klärung von Wein, Bier und Essig etabliert und wird heute auf Grund seiner nachgewiesenen Zuverlässigkeit auch in anderen Produktionsschritten eingesetzt.

15.3.1
Bier

Der herkömmliche Brauprozess beginnt im Sudhaus. Aus geschrotetem Malz wird mit heißem Wasser eine Maische hergestellt. Die Maische wird im Würzeerhitzer erwärmt und zusammen mit dem Hopfen bis zu 2 Stunden gekocht/gebraut. Anschließend wird die Heißwürze geklärt und abgekühlt. Die geklärte und gekühlte Würze wird dann zusammen mit Bierhefe zur Gärung und Reifung in Gärtanks gelagert, in welchen die Bierhefe Zucker zu Alkohol umwandelt und somit Bier herstellt. Bevor das Bier in den Lagerkeller überführt wird, erfolgt normalerweise eine Klärung. Nach der Reifung im Lagerkeller wird das Bier evtl. noch feingefiltert und pasteurisiert, bevor es abgefüllt wird. Falls das Bier entalkoholisiert werden soll, findet dieses vor der Abfüllung des Biers statt. Der gesamte Brauprozess mit potentieller Anwendung der Querstromfiltration ist vereinfacht in Abb. 15.5 dargestellt.

15.3.1.1 Bierrückgewinnung aus Überschusshefe
Nach der Gärung setzt sich die Überschusshefe am Boden der Gärungstanks ab. Diese beträgt ca. 1,5 bis 2% des Gesamtbiervolumens. Die Überschusshefe besteht aus Bier mit ca. 20% Trockenhefeanteil. Um das Bier und die Trockenhefe getrennt zu gewinnen, wurde ein kontinuierlicher Membranprozess mit Platten- oder Rohrmodulen entwickelt. Der Aufbau dieses Prozesses mit Plattenmodulen ist in Abb. 15.6 dargestellt.

Die Investitions- und Betriebskosten einer solchen Bierrückgewinnungsanlage werden durch das aus der Überschusshefe zurückgewonnene Bier refinanziert. Bei einer typischen Brauerei mit einer jährlichen Produktion von 2 Mio. hL,

480 | *15 Anwendungen der Querstrommembranfiltration in der Lebensmittelindustrie*

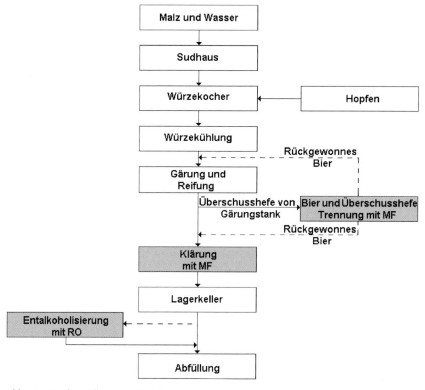

Abb. 15.5 Bierherstellung mit Membranprozessen.

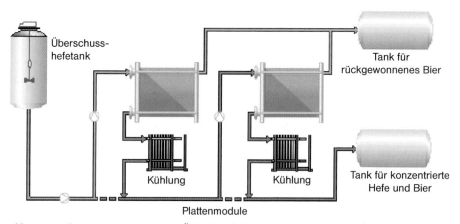

Abb. 15.6 Rückgewinnung von Bier aus Überschusshefe.

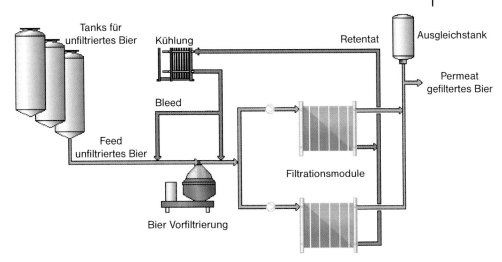

Abb. 15.7 Konzept für die Klärung von Bier mit MF.

kann der Anteil des zurückgewonnenen Biers 24 000 hL oder ca. 1,2% der Jahresproduktion betragen [16]. Zudem erleichtert die erhöhte Trockenheit der zurückgewonnenen Hefe eine weitere Verarbeitung.

15.3.1.2 Klärung von Bier

Im traditionellen Brauprozess erfolgt die Klärung des Bieres mit Hilfe von Separatoren zur Biervorklärung gefolgt von Kieselgurfiltration. Dies ist ein Prozess, der mit der Hantierung und Beseitigung von Kieselgurpulver sowie großen Mengen an Abwässern verbunden ist. Um diese Probleme zu umgehen werden Querstrom-MF z.B. mit Kassettenfiltern angewandt, welche die Hefe, Mikroorganismen und Trübe entfernen ohne den Geschmack des Biers zu beeinträchtigen. Ein Konzept für diesen Prozess wird in Abb. 15.7 dargestellt.

15.3.1.3 Entalkoholisierung von Bier

Im letzten Jahrzehnt ist der Bedarf an alkoholarmen und -freien Getränken stetig gestiegen. Die Marktentwicklung in Deutschland zeigt einen Anstieg des Prokopf-Verbrauchs von alkoholfreien Getränken von 130,4 Litern in 1980 bis zu 248,4 Litern in 1999, während in derselben Periode der Prokopf-Verbrauch an alkoholischen Getränken von 179,5 Litern auf 156,4 Liter sank [17]. RO kann die Alkoholkonzentration in Bier um das 8- bis 10fache reduzieren und gleichzeitig das Bieraroma beibehalten. Die Entalkoholisierung von Bier mit RO kann in 4 Schritte unterteilt werden:

1. Vorkonzentration – das Bier wird durch RO in ein Permeat im Wesentlichen aus Wasser und Alkohol bestehend und ein Retentat aus konzentriertem Bier und den meisten Aromastoffen aufgeteilt.
2. Diafiltration – Zugabe von entsalztem und entlüftetem Wasser, um den Volumenverlust durch die Entnahme des Permeates auszugleichen, kombiniert mit kontinuierlicher Wasser- und Alkoholentnahme mit dem Permeat.
3. Justierung des Alkoholgehaltes – Feinabstimmung des Geschmacks und des Alkoholgehalts durch die Zugabe von entsalztem und entlüftetem Wasser.
4. Nachbehandlung – um den Aromaverlust durch die Entfernung des Geschmacksträgers Alkohol auszugleichen, werden Hopfen und Sirup dem entalkoholisierten Bier zu gegeben.

Alle Schritte finden bei Temperaturen von 7–8 °C oder niedriger statt. Das Resultat ist ein Bier mit hoher Qualität, in dem das Aroma nicht durch Wärmebehandlung beeinträchtigt wurde.

15.3.2
Wein

Der traditionelle Weinherstellungsprozess beginnt mit dem Zerquetschen und Pressen der Weintrauben, eventuell gefolgt von einer Optimierung/Harmonisierung des Traubensaftes (Most). Der Most wird anschließend zentrifugiert und zur Kelterung in Gärtanks geleitet, wo unter Zugabe von Hefe und Zucker die Gärung beginnt. Nachdem die Gärung abgeschlossen ist, wird der Hefeanteil vom Wein entfernt und der Wein zum Altern in Fässer abgefüllt. Nach der Lagerung wird der gereifte Wein geklärt/geschönt, stabilisiert, sterilgefiltert und abgefüllt. Membranprozesse sind in der Lage, verschiedene Trennschritte in der traditionellen Weinherstellung zu ersetzen, wie in Abb. 15.8 dargestellt. Falls eine Optimierung des Weingeschmacks oder eine Entalkoholisierung des Weines gewünscht ist, erfolgt diese vor der Sterilfiltration.

15.3.2.1 Mostkonzentration/-optimierung

Als Alternative zur Chaptalisierung oder anderen Verfahren kann RO den Zuckergehalt im Most ohne Zugabe von Additiven bei Raumtemperatur erhöhen und die Komposition im Most justieren und ausgleichen. Die Reduzierung des Wasseranteils um 5–20% durch die Anwendung der RO führt gleichzeitig zu einer Anreicherung von Gerbsäuren und organoleptischen Bestandteilen im Most. Diese Methode ist daher besonders geeignet um eine Verdünnung der Mostqualität durch Regen während der Ernte durch selektive Wasserreduzierung auszugleichen. Jedoch ist die Methode weniger effektiv für Most von Trauben, die verfrüht gelesen oder unter ungünstigem Wetter gereift sind, da neben dem Zucker auch Säuren und grüne Gerbstoffe konzentriert werden [18]. Eine weitere Einschränkung dieser Methode ist die rechtliche Lage in verschiedenen Ländern. In Abb. 15.9 ist das Konzept einer Anlage zur Mostkonzentration/-optimierung dargestellt.

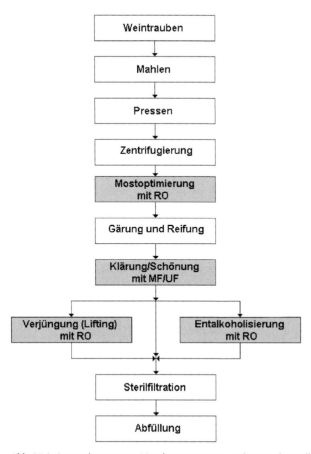

Abb. 15.8 Anwendungen von Membranprozessen in der Weinherstellung.

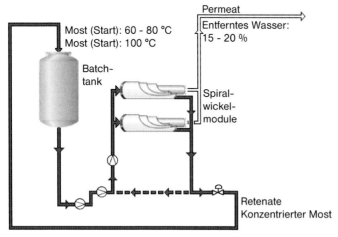

Abb. 15.9 Batchanlage zur Konzentration/Optimierung von Most mit RO.

15.3.2.2 Weinklärung/-schönung

Die traditionelle Schönung/Klärung nach der Gärung umfasst häufig mehrere Zentrifugationsschritte und Kieselgurfiltration, um die gewünschte Qualität zu erzielen. Mit MF/UF wird die Anzahl der Prozessschritte reduziert. Die Klärung/Schönung, Stabilisation und Sterilfiltration wird in kontinuierlichen Schritten durchgeführt und der Bedarf an Schönungs- und Filtermittel beseitigt. Die erfolgreiche Anwendung der Membrantechnologie für die Klärung von Weinen liegt in der Auswahl der Membranen bezüglich Foulingverhalten und Porengröße. In Tabelle 15.1 ist eine Auswahl wichtiger Weinkomponenten und ihre Größe aufgezeigt.

Oftmals werden MF/UF-Membranen für die Filtration von Weißweinen eingesetzt während für die Filtration von Rotweinen offenere MF-Membranen bevorzugt werden.

Tabelle 15.1 Weinkomponenten und ihre Größe [19–22].

Komponenten	Größe
Große Schwebstoffe	50–200 µm
Hefe	1–8 µm
Bakterien	0,5–1,0 µm
Polysaccharide	50 000–200 000 D
Proteine, Gerbstoffe, polymerisierte Anthocyanine	10 000–100 000 D
Einfache Phenole, Anthocyanine	500–2000 D
Ethanol, leichtflüchtige organische Stoffe	20–60 D

15.3.2.3 Verjüngung von alten Weinen (Lifting)

Alterung ist nicht immer förderlich für den Geschmack des Weines. Wein, welcher jung getrunken werden sollte, kann bei Überlagerung einen bitteren „firnigen" Geschmack entwickeln. Mit DF kombiniert mit RO kann der Wein wieder verjüngt werden, indem man die negativen Aromastoffe, die für den bitteren Geschmack verantwortlich sind, mit dem Permeat entfernt. Mit RO wird der Wein leicht konzentriert, indem Wasser, ein wenig Alkohol und die negativen Aromastoffe entfernt werden. Das Volumen, welches durch die Entfernung des Permeats verloren geht, wird durch die kontinuierliche Zugabe von entmineralisiertem Wasser ausgeglichen. Der DF-Prozess reduziert den Alkoholgehalt des Weines leicht, erhöht aber gleichzeitig die Qualität. Der geliftete Wein kann mit jungen Weinen gemischt werden. Der Vorteil dieses Verjüngungsprozesses ist, dass er die Struktur und Komposition des Weines nicht ändert und der Effekt durch die Alkoholverminderung minimal ist.

15.3.2.4 Entalkoholisierung von Wein

Ähnlich wie auf dem Biermarkt ist die Nachfrage an Weinen ohne oder mit geringem Alkoholgehalt in den letzten Jahren gestiegen. Die ersten Versuche alkoholfreien Wein herzustellen gehen auf das Jahr 1908 zurück, als Jung [23] ein Patent zur thermischen Entalkoholisierung von Wein einreichte. Heute kann RO zur Entfernung von Ethanol und Wasser, welche im Vergleich zu anderen Weinkomponenten ein geringeres Molekulargewicht besitzen, eingesetzt werden, während Komponenten der Geschmacksmatrix des Weines von der Membran zurückgehalten werden und somit dem Wein erhalten bleiben. Der Prozess ist ähnlich der Entalkoholisierung von Bier (s. Abschnitt 15.3.1.3) und kann in drei Schritten – (1) Vorkonzentration, (2) Diafiltration und (3) Alkoholjustierung – durchgeführt werden. Neben der Herstellung von entalkoholisiertem Wein kann dieses Verfahren den Alkoholgehalt justieren. Winzer lassen die Trauben reifen bis ein Maximum des Aromas erreicht ist. Zu diesem Zeitpunkt ist der Zuckergehalt des Traubensaftes erhöht und dadurch der Alkoholgehalt nach der Gärung. Der hohe Alkoholgehalt kann das Weinaroma unterdrücken. Mit RO kann dem Wein Alkohol und Wasser entzogen werden. Dieses Verfahren erlaubt Winzern die Trauben basierend auf ihrem Aroma und unabhängig vom Zuckergehalt zu ernten.

15.3.3
Essigherstellung

Die Produktion von Essig ist ein alter Prozess, welcher bis in babylonische Zeiten 5000 v. Chr. zurückdatiert werden kann. Durch die Jahrhunderte ist dieses Produkt durch Tradition und Nationalitäten adaptiert und modifiziert worden, woraus sich ein breites Spektrum an Produktionstechniken ergibt. Essig wird durch aerobe Fermentation mit Bakterien (genus acetobacter), welche mit verdünnten Äthylalkohollösungen reagieren wie sie in Cidre, Wein, gegorenem

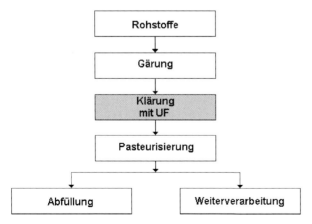

Abb. 15.10 Produktion von Essig mit Membrantechnologie.

Fruchtsaft oder verdünntem destilliertem Alkohol vorkommen, hergestellt. Die verschiedenen Rohstoffe (Äpfel, Trauben, Malz, Reis usw.) tragen zum spezifischen Geschmack und Aroma des Essigs bei. Der traditionelle Herstellungsprozess erfordert vom Essig eine Reaktionszeit (für die Gärung und Sedimentation) von 3 bis 6 Monaten. Für einige Essigarten sind Klärmittel notwendig, diese werden dem Essig nach der Gärung zugeführt. Die abschließende Filtration findet nach der Lagerung statt, um Kolloide zu entfernen. In Abb. 15.10 wird der Produktionsprozess für Essig einschließlich Membrantechnologie gezeigt.

15.3.3.1 Klärung von Essig

Die Klärung von Essig mit Hilfe von UF erfolgt gleich nach der Gärung und kann für ein breites Spektrum an Essigen angewandt werden, um die Trübung zu entfernen ohne die Farbe und organoleptische Qualitäten zu beeinflussen. Zusätzlich entfernt die UF Proteine, Pektine, Hefe, Pilze, Bakterium und Kolloide, welches die konventionelle Filtration/Sedimentation ersetzt und die Lagerzeit reduziert. Der ultrafiltrierte Essig kann direkt pasteurisiert werden, bevor er abgefüllt oder weiterverarbeitet wird. Es ist zu vermerken, dass Ultrafiltration dem Essig nicht dasselbe Aroma gibt wie er es normalerweise durch Lagerung erhält. Dieses Aroma wird während der Lagerung des Essigs im Groß- und Kleinhandel gebildet.

15.4 Fruchtsäfte

Die Herstellung von Fruchtsäften beginnt normalerweise mit dem Zerkleinern der Früchte in kleinere, einheitliche Partikel, die so genannte Fruchtmaische. Diese wird ausgepresst. Andere Obstsorten, wie Beeren- und Steinobst, werden vor dem Pressen entrappt oder entsteint. Zitrusfrüchte werden in einer speziellen Zitruspresse gepresst. Im traditionellen Prozess werden die Fruchtsäfte gelagert und geschönt bevor sie mit Kieselgur filtriert werden. Dieses Verfahren erfordert, abgesehen von der Zwischenlagerzeit, zusätzlich größere Mengen an Enzymen, Gelatine und anderen Chemikalien. Nach der Klärung wird der Fruchtsaft üblicherweise konzentriert, um die Kosten für den Transport und die Lagerung zu senken. Die Konzentration des Fruchtsaftes erfolgt gewöhnlich mit Hilfe von Verdampfern kombiniert mit einer Aromarückgewinnungsanlage, welche z. B. Apfelsaft von ursprünglich 11–12 Brix auf über 70 Brix konzentriert. Der konzentrierte Fruchtsaft wird eventuell noch pasteurisiert bevor er transportiert wird. Ein Überblick über den allgemeinen Produktionsprozess für Fruchtsaft, mit den verschiedenen Membranmöglichkeiten, ist in Abb. 15.11 zu sehen.

Abb. 15.11 Membranprozesse in der Fruchtsaftproduktion.

15.4.1
Klärung von Fruchtsaft

Für die Klärung, Schönung und Filtration von Fruchtsäften, in der Hauptsache Apfel-, Trauben-, Ananas- und Orangensäfte, werden seit den 1970iger Jahren UF aus ökonomischen und qualitativen Gründen eingesetzt. Der UF-Prozess entfernt Schwebstoffe und hochmolekulare Elemente und gibt dem gefilterten Saft eine hohe Klarheit und Qualität. Um dieses zu erreichen wird empfohlen, vor der UF eine Enzymbehandlung und Vorfiltration vorzuschalten. Für diese Anwendung werden polymere oder keramische Rohrmodule eingesetzt, die im Batchprozess kombiniert mit abschließender Diafiltration gefahren werden. Ein alternatives Konzept, welches es ermöglicht den Prozess kontinuierlich zu fahren, ist die Kombination eines Separators mit Spiralwickelmodulen [16], wie in Abb. 15.12 dargestellt.

15.4.2
Konzentration von Fruchtsaft

Für die Konzentration von Fruchtsäften, z.B. Apfelsaft, kann die Kombination von RO und Verdampfung eine interessante Prozessvariante darstellen. RO, als erster Schritt in der Prozessvariante, kann bis zu 50% des Wassergehaltes vor der Verdampfung entfernen und gleichzeitig können 98–99% des Zuckers und der Säure sowie 80–90% der leichtflüchtigen Aromastoffe im Retentat gehalten werden. Dieses Retentat wird dann weiter im Verdampfer konzentriert (siehe

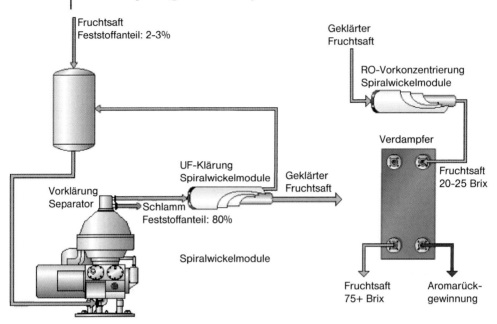

Abb. 15.12 Klärung (links) und Konzentration (rechts) von Fruchtsaft.

Abb. 15.12). Mit Hilfe von RO kann man eine Konzentration von bis 25 Brix erzielen und durch nachfolgende Verdampfung kann die Konzentration auf 75 Brix erhöht werden. Mit diesem Verfahren wird der Energieverbrauch auf 7–9 kW/h pro m^3 Fruchtsaft reduziert. Dieses führt zu einer Einsparung von 60 bis zu 75% gegenüber der direkten Verdampfung. Bei diesem Konzept besteht auch die Möglichkeit, das Permeat von der RO als Prozesswasser zu nutzen.

15.5
Andere Anwendungen von Membranprozessen in der Lebensmittelindustrie

Abgesehen von den zuvor beschriebenen Prozessen gibt es noch viele weitere Anwendungen von Membrantechnologie in der Lebensmittelindustrie. Im ersten Teil des Abschnittes wird eine Übersicht verschiedener Membrananwendungen gegeben. Das Ziel ist nicht eine vollständige Aufzählung aller Anwendungen zu geben, sondern vielmehr soll die Vielseitigkeit und Flexibilität der Membrantechnologie im Bereich der Lebensmittelindustrie dargestellt werden. Im zweiten Teil dieses Abschnittes ist der Fokus auf die Anwendungen von Membrantechnologie im Bereich Prozesswasser und Abwasser in der Lebensmittelindustrie gerichtet.

15.5.1
Membranprozesse in der Lebensmittelproduktion

Die ständige Verbesserung von Membranen führt dazu, dass in der Lebensmittelindustrie durch die Membrantechnologie die Qualität der Produkte unter ökonomischer Herstellung immer mehr Anwendungsfelder findet. Tabelle 15.2 zeigt eine Auswahl der stetig wachsenden Anzahl an Membrananwendungen in der Lebensmittelindustrie.

15.5.2
Membranprozesse in Prozesswasseraufbereitung und Abwasserbehandlung

Die Lebensmittelindustrie hat einen sehr hohen Wasserverbrauch. Wasser wird als Inhaltsstoff, für die Erst- und Zwischenreinigung der Produkte und als Schlüsselkomponente in der hygienischen Reinigung der Produktionsanlagen eingesetzt. Abhängig von der Anwendung sind die Anforderungen an das Wasser sehr verschieden. Grundsätzlich lässt sich das Wasser in drei Klassen einteilen:

1. Prozesswasser – Trinkwasser als Inhaltsstoff, welches ein Teil oder im direkten Kontakt mit den Lebensmitteln ist.
2. Kessel- und Kühlwasser – Weiches Wasser, um Fouling und Scaling in Kühl- und Wärmekreisläufen zu verhindern.
3. Wasser für verschiedenste Anwendungen – Trinkwasser, oftmals gechlortes Wasser, welches als Waschwasser für Rohmaterialien, präparierte Produkte und Prozessanlagen eingesetzt wird.

Nach dem Gebrauch müssen die verschiedenen Wasserströme entweder für das Recycling oder für die Entsorgung behandelt werden. Die Vorbehandlung und Aufbereitung des gebrauten Wassers kann mit Membranprozessen erfolgen. In Tabelle 15.3 sind einige Anwendungen von Membranprozessen in der Vor- und Nachbehandlung von Wasser zusammengetragen.

15.6
Ausblick – Zukünftige Trends

Es wird vorhergesagt, dass in der nächsten Zukunft Membranprozesse eine jährliche Wachstumsrate von 5–8% haben. Abgesehen von der weltweit steigenden Akzeptanz und Anwendung der Membrantechnologie wird dieser Trend von drei wichtigen Entwicklungen unterstützt, welche im Folgenden diskutiert werden.

Tabelle 15.2 Auswahl weiterer Membrananwendungen in der Lebensmittelindustrie.

Produktionsschritt	Membran-prozess	Kommentar
Tierisches Blutplasma		
Konzentration und Erhöhung des Reinheitsgrades von Blutplasma	UF	Konzentration bis zu einem Gesamtfeststoffanteil von 30% Niedermolekulare Bestandteile, z. B. Salze, werden mit dem Permeat entfernt Diafiltration kann den Reinheitsgrad erhöhen
Gewinnung von Peptiden aus Blutzellen	UF	Konzentration der hochmolekularen Peptide im Retentat
Konzentration des Blutzellenanteils	NF/RO	Reduzierung des Volumens vor dem Sprühtrockner
Ei		
Volleikonzentration	UF	Konzentration bis zu einem Gesamtfeststoffanteil von 40–44% Niedermolekulare Bestandteile, z. B. Salze und Zucker, werden mit dem Permeat entfernt
Eiweißkonzentration	UF	Konzentration bis zu einem Gesamtfeststoffanteil von 20–21% Erhöhung des Reinheitsgrades durch die Entfernung von Salzen, Glukose und anderen niedermolekularen Bestandteilen
	RO	Konzentration bis zu einem Gesamtfeststoffanteil von ca. 24% Produktverlust beträgt weniger als 0,05% der Feststoffe im Feed
Gelier- und Verdickungsmittel		
Agar- und Agarosekonzentration	UF	Konzentration bis zu einem Agaroseanteil von 2% bzw. Agaranteil von 4–5% Entfernung von bis zu 50% des Wasseranteils
Carrageenankonzentration	UF	Konzentration bis zu einem Carrageenananteil von 3–4% Erhöhung des Reinheitsgrades und Entfärbung durch die Entfernung von niedermolekularen Bestandteilen wie Carrageenan, Salz, Farbstoffen und Zucker
Apfel- und Zitronenpektinkonzentration	UF	Konzentration bis zu einem Pektinanteil von 4–7% Erhöhung des Reinheitsgrades durch die Entfernung von niedermolekularen Bestandteilen wie Salze und Zucker

Tabelle 15.3 Membranprozesse in der Behandlung von Prozess- und Abwasser.

Produktionsschritt	Membran-prozess	Kommentar
Gelatinekonzentration	UF	Konzentration bis zu einer Gelatine von 25% in Abhängigkeit vom Grad der hydrolisierten Umsetzung und vom Bloomwert
Vorbehandlung von Wasser		
Entsalzen/Enthärten von Prozess-, Kessel- und Kühlwasser	NF/RO	RO entfernt Mineralien und Partikel sowie die meisten Bakterien und Pyrogene
Aufbereitung von Diafiltrationswasser	RO	Diafiltrationswasser ist Wasser mit einer hohen Qualität in Übereinstimmung mit den Standards für Prozesswasser
Entfernung von Pyrogenen	UF, NF, RO	Membranen mit einem MWCO von weniger als 10 000 Dalton entfernen die meisten Pyrogene
Nachbehandlung von Wasser		
Konzentration von Abwässern mit Zucker	RO	Konzentration von Zucker um den BOD zu reduzieren. Gereinigtes Wasser und konzentrierter Zucker können im Prozess recycelt werden
Konzentration von Abwässern mit Lebensmittelproteinen	UF	Konzentration von Lebensmittelproteinen, z.B. Proteine vom Waschen der Lebensmittel können konzentriert und recycelt werden
Reinigung von Kondensat	UF, NF, RO	Konzentration von Verdampferkondensat, z.B. zur Konzentrierung von BSB/CSB (Chemischer Sauerstoffbedarf)
Konzentration von UF-Permeat	RO	Konzentration der niedermolekularen Bestandteile im UF-Permeat, wie z.B. Salze und Zucker
Biologische Abwasserbehandlung	MF/UF	Membranbioreaktor (MBR) mit Entfernung des gereinigten Wasser mit Hilfe von MF/UF

15.6.1
Neue Anwendungen für Membranprozesse

Die Entwicklung von neuen Anwendungen der etablierten Membrantechnologien MF, UF, NF und RO wird von ökonomischen und ökologischen Zielen angetrieben. Zusätzlichen Antrieb für diese Membranprozesse sind die hohen Wachstumsraten im Bereich funktioneller Lebensmittel – ein Segment, in dem Membranen ein hohes Einsatzpotential besitzen. In Tabelle 15.4 sind einige der neuesten Entwicklungstrends für Anwendungen der MF, UF, NF und RO zusammengetragen.

Tabelle 15.4 Neue Anwendungen von MF, UF, NF und RO in der Lebensmittelindustrie [9, 24–26].

Anwendungen	Membranprozesse
Milchindustrie	
Konzentration von Voll- und Magermilch	RO
Teilentmineralisierung von WPC	NF
(Babynahrung, spezielle WPC-Produkte)	
Wein	
Vorklärung von Traubensaft	MF/UF
Fruchtsaft	
Klärung von tropischen Fruchtsäften mit hohem Fruchtmarkanteil	MF
Konzentration von Tomatensaft	MF/RO
Andere Anwendungen	
Konzentration von Geflügelblutplasma	UF
Filtration von Olivenöl extra virgin	MF/UF

15.6.2
Neue Membranprozesse

In den letzten Jahren haben sich drei neuere Membranprozesse für Anwendungen in der Lebensmittelindustrie etabliert. Im Folgenden werden die Prozesse und ihr Potential in der Lebensmittelindustrie dargestellt.

15.6.2.1 Pervaporation

Die Anwendung der Pervaporation zur Entwässerung organischer Komponenten ist heute Stand der Industrietechnik, während der Einsatz der Pervaporation für die Gewinnung von organischen Stoffen aus wässrigen Lösungen immer noch sehr begrenzt ist. Wesentliches Merkmal der Pervaporation ist der Stofftransport verschiedener Komponenten durch eine normalerweise nicht poröse polymerische oder zeolite Membran verbunden mit einem Phasenwechsel von flüssig zu dampfförmig. Die Triebkraft dieses Prozesses ist die Aktivitätsdifferenz der Komponenten zwischen Feed- und Permeatseite, wobei sich der Stofftransport mit Hilfe des Lösungsdiffusionsmodells beschreiben lässt. In der Lebensmittelindustrie ist der Fokus bisher im Wesentlichen auf drei Anwendungen gerichtet:

1. Entalkoholisierung von Wein – ein Konzept wurde hierfür von Lee et al. [27] patentiert, welches den Einsatz von hydrophilen Membranen vorsieht und ähnlich wie die Entalkoholisierung mit RO durchgeführt wird.
2. Aromarückgewinnung von Rohmaterialien (Fruchtsäfte, Bier, Kräuter- und Blumenextrakten) – ein kommerzieller Prozess steht zur Verfügung und wurde erfolgreich bei einem Hersteller von Fruchtsaftkonzentraten getestet [28].

3. Gewinnung von Aromastoffen während der Gärung – Experimente im Pilotmaßstab haben gezeigt, dass es möglich ist, das komplexe Aroma von Wein während der Fermentation zu gewinnen [29].

Trotz dieser vielversprechenden Ansätze und Möglichkeiten ist Pervaporation in der Lebensmittelindustrie nicht weit verbreitet.

15.6.2.2 Elektrodialyse

Elektrodialyse wird zur Trennung von ungeladenen und geladenen Molekülen eingesetzt, so z. B. für die Trennung von Salzen, Säuren und Basen aus wässrigen Lösungen. Der wesentliche Vorteil gegenüber anderen Membranprozessen ist die Selektivität der Elektrodialyse gegenüber geladenen Molekülen ohne die ungeladenen Moleküle zu beeinflussen. Die Triebkraft dieses Prozesses ist der Gradient des elektrischen Potentials und die Trennung erfolgt basierend auf dem Donnan-Ausschluss mit Ionenaustauschmembranen. Dieser Mechanismus ermöglicht der Elektrodialyse elektrisch geladene Ionen aus wässrigen Lösungen anzureichern und zu konzentrieren. Mögliche Anwendungen in der Lebensmittelindustrie sind z. B.:

1. Stabilisierung von Wein durch die Entfernung von Kalium, Kalziumkationen und Weinsäureanionen – dieser Prozess wird kommerziell angewandt und ist vom Internationalen Weinbüro als „gute Praxis" anerkannt worden [30].
2. Gewinnung von Milchsäure aus Fermentationsbrühe – diese Anwendung ist auch im Industriemaßstab realisiert worden und trägt zu einer Steigerung der Produktivität bei.
3. Entmineralisierung von Molke – die effektive Entmineralisierung nach der Konzentration mit NF wird in der Milchindustrie angewandt.

Die Elektrodialyse wird in der Lebensmittelindustrie nur in wenigen Bereichen angewendet. Im Vergleich zu MF, UF, NF und RO ist ihr Marktanteil sehr gering.

15.6.2.3 Membrankontaktoren – Osmotische Destillation

Das Konzept für Membrankontaktoren wurde in den 1970iger Jahren entwickelt, aber erst die Kommerzialisierung des Celgard Liqui-Cel® Hohlfasermoduls in 1993 führte zum Durchbruch dieser Technologie. Membrankontaktoren ermöglichen einen gas/flüssig- oder flüssig/flüssig-Stofftransport von einer Phase zur anderen ohne Zerstäubung, in dem beide Phasen entlang einer mikroporösen Membran geleitet werden. Durch die präzise Kontrolle der Druckdifferenz zwischen den zwei Phasen kann eine Phase in den Poren immobilisiert und eine Kontaktfläche zwischen den zwei Phasen an der Mündung jeder Pore etabliert werden. Die Triebkraft dieses Prozesses ist die Konzentrations- und/oder Druckdifferenz zwischen der Feed- und Permeatseite der Membran. Der Stofftransport beruht auf den Verteilungskoeffizienten. Einige ausgewählte Anwendungen in der Lebensmittelindustrie sind:

1. Blasenfreie Kohlensäurezugabe in Softdrinks – diese Anwendung wurde in einer Pepsi Abfüllanlage in West Virginia (USA) für Kohlensäurezugabe in 424 Litern Getränke pro Minute umgesetzt.
2. CO_2-Entfernung gefolgt von Stickstoffzugabe – in der Bierproduktion wird diese Methode zur Konservierung und Sicherung einer dichten Schaumkrone eingesetzt.
3. Sauerstoffentfernung aus Wasser – dieses Wasser wird zur Verdünnung von Bier, welches nach dem High-Gravity-Verfahren gebraut wird, eingesetzt [31].
4. Entalkoholisierung mit osmotischer Destillation – dieses Verfahren wurde für Wein getestet, ist aber noch nicht kommerzialisiert.
5. Konzentration von Fruchtsäften mit osmotischer Destillation – diese Anwendung kann eine Konzentration von mehr als 60 Brix erreichen, wird aber bisher auch noch nicht kommerziell vertrieben.

Membrankontaktoren sind zurzeit die aktivsten Felder in der Membranforschung. Weitere Entwicklungen können interessante Spin-offs für die Lebensmittelindustrie beinhalten.

15.6.3
Integrierte Prozesslösungen: Synergien und Hybridprozesse

Die Entwicklung von integrierten Prozesslösungen wie Synergien oder Hybridprozesse sind noch immer wenig entwickelte Bereiche in der Prozessentwicklung. Oftmals wird nur ein Separationsprozess für eine bestimmte Trennaufgabe betrachtet. Die Kombination von Membranprozessen mit anderen konventionellen Trennprozessen wie Zentrifugieren, Verdampfen, flüssig-flüssig-Extraktion oder Adsorption wird selten in Betracht gezogen, obwohl sie für den Anwender ökonomische Vorteile bringen könnte. Mehr und mehr Systemhersteller haben heute Membranprozesse in ihrem Angebot und bieten Kombinationen aus konventionellen Trennverfahren und Membranprozessen an. Es ist daher anzunehmen, dass die ökonomischen Vorteile solcher Kombinationen und eine weitere Verbreitung in der Industrie das langfristige Wachstum der Membrantechnologie stützen.

Insgesamt ist festzustellen, dass sich die Querstromfiltration in der Lebensmittelindustrie etabliert und viele spannende Entwicklungen in der Zukunft zu erwarten sind.

15.7
Danksagung

Der Autor möchte sich bei Dr. Olga Santos für wertvolle Beiträge zum Abschnitt Milchindustrie und bei Prof. Gun Trägardh für die kritische Durchsicht des Manuskripts bedanken. Mein Dank gilt des Weiteren meinen Kollegen von Alfa Laval und allen, die zu diesem Kapitel beigetragen haben.

15.8
Literatur

1 Holms, S., Malberg, R., Svensson, K. (1984) Method and plant producing milk with low bacterial content [86/01689]. World Patent.
2 Meershom, M. (1989) Nitrate free cheese making with the Bactocatch. *North European Food Dairy Journal*, 55, 108–113.
3 Hansen, R. (1988) Better market milk, better cheese milk, better low heat milk powder with the Bactocatch treated milk. *North European Food Dairy Journal*, 54, 39–41.
4 Quiñones, H. J., Barbano, D. M., Phillips, L. G. (1997) Influence of protein standardization by ultrafiltration on the viscosity, colour, and sensory properties of skimnand 1% milk. *J. Dairy Sci.*, 80, 3142–3151.
5 Rosenberg, M. (1995) Current and future applications of membrane processes in the dairy industry. *Trends in Food Science & Technology*, 6, 12–19.
6 Merin, U., Gordin, S., Tanny, G. B. (1983) Microfiltration of sweet cheese whey. *New Zealand J. Dairy Sci. Tech.*, 18, 153–160.
7 Fauquant, J., Vieco, E., Maubois, J.-L. (1985) Clarification des lactosérums foux par agrégation y thermocalcique de la matiére grasse résiduelle. *Lait*, 65, 1–20.
8 Maubois, J.-L. (1997) Current uses and future perspectives of MF Technology in the dairy industry. In: *Bulletin of The International Federation No. 320*. International Dairy Federation, Brussels.
9 Jost, R. (1997) Cross-flow microfiltration – An extension of membrane processing ofmilk and whey. In: *Bulletin of the IDF 320*. International Dairy Federation, Brussels.
10 Karleskind, D., Laye, I., Morr, C. V. (1995) Chemical pre-treatment and microfiltration for making delipized whey protein concentrates. *J. Food Sci.* 60, 221–226.
11 Maubois, J.-L., Ollivier, P. (1992) Milk protein fractionation. In: *New Applications of Membrane Process*. IDF Special Issue No. 9201 International Dairy Federation, Brussels, Belgium.
12 Tamime, A. Y. (1993) Modern cheese making: Hard chesses. In: *Modern Dairy Technology* (Ed. R. K. Robinson). Elsevier Applied Science Ltd, New York.
13 Qvist, K. B. (1987) Objective and sensory assessment of texture of danbo cheese made from milk concentrated 2-fold using ultrafiltration. 272, *Beretning/Statens Mejeriforsøg, Hillerød, Denmark*.
14 Qvist, K. B., Thomsen, D., Kjœrgard, J. G. (1986) Fremstilling af havarti ost ud fra mœlk, der er koncentreret ca. 5 gange ved ultrafiltrering. 268, *Beretning/Statens Mejeriforsøg, Hillerød, Denmark*.
15 Ottosen, N., Königsfeldt, P. (1999) Microfiltration of cheese brine. Preliminary. Silkeborg; Denmark, APV Nordic, Membrane filtration.
16 Lipnizki, F. (2005) Optimisation and integration of membrane processes in the beverage industry, *10. Aachener Membran Kolloquium*, 16.–17. 03. 2005, Aachen, Germany.
17 Gebhardt, W. (2001) Weltforum der Wein- und Saftbereitung, *F&S Filtrieren und Separieren*, 15, 234.
18 Smith, C. (2002) Applications of reverse osmosis in winemaking, www.vinovation.com.
19 Millet, V., Lonvaud-Funel, A. (2000) The viable but non-culturable state of wine micro-organisms during storage, *Lett. App. Microbiol.*, 30, 136.
20 Peri, C., Riva, M., Decio, P. (1988) Cross-flow membrane filtration of wines: Comparison of performance of ultrafiltration, microfiltration and intermediate cut-offs membranes, *Am. J. Enol. Vitic.*, 39, 162–168.
21 Toland, T. M., Fugelsang, K. C., Muller, C. J., Methods for estimating protein instability in white wine: A comparison, *Am. J. Enol. Vitic.*, 47, 111.
22 Boulton, R. B., Singleton, V. L., Bisson, L. F., Kunkee, R. E. (1996) Principles and Practices of Winemaking, Chapman & Hall, New York, NY.
23 Jung, C. (1908) Verfahren, um aus Flüssigkeiten, die flüchtige Riechstoffe und Alkohole enthalten, durch Distilla-

tion den Alkohol und die Riechstoffe getrennt zu gewinnen, Swiss Patent 44090.

24 Torres, M. R., Marín, F. R., Ramos, A. J., Soriano, E. (2002) Study of operating conditions in concentration of chicken-blood plasma proteins by ultrafiltration, Journal of Food Engineering, 54, 215–219.

25 Vaillant, F., Millan, A., Dornier, M., Decloux, M., Reynes, M. (2001) Strategy for economical optimisation of the clarification of pulpy fruit juices using cross-flow microfiltration, Journal of Food Engineering, 48, 83–90.

26 Bottino, A., Capannelli, G., Comite, A., Ferrari, F., Marotta, F., Mattei, A., Turchini, A. (2004) Application of membrane processes for the filtration of extra virgin olive oil, Journal of Food Engineering, 65, 303–309.

27 Lee, E. K., Kalyani, V. J., Matson, S. L. (1991) Process for treating alcoholic beverages by vapor-arbitrated pervaporation, US Patent 5013447.

28 Partos, L. (2004) http://foodproductiondaily.com/news/printNewsBis.asp?id=56425 (30th Nov. 2004).

29 Schäfer, T., Bengtson, G., Pingel, H., Böddeker, K. W., Crespo, J. P. S. G. (1999) Recovery of aroma compounds from a wine-must fermentation by organophilic pervaporation, Biotech. Bioeng. 62, 412.

30 Eurodia Industries (2002) Tartaric stabilisation of wine, www.eurodia.com.

31 Gableman, A., Hwang, S.-T. (1999) Hollow fiber membrane contactors, J. Membrane Sci., 159, 61.

16
Nicht-wässrige Nanofiltration

Katrin Ebert, Marga F. J. Dijkstra und Frauke Jordt

16.1
Einleitung

Nanofiltration ist ein Prozess, bei dem niedermolekulare Substanzen aus wässrigen Lösungen zurückgehalten werden. Membranen und Verfahrensentwicklung haben auf diesem Gebiet bereits einen hohen industriellen Standard erreicht.

Demgegenüber steht die Nanofiltration nicht-wässriger Lösungen noch am Anfang der Entwicklung. Ein wesentlicher Grund dafür war lange Zeit das Fehlen geeigneter Membranen, die die hohen Anforderungen hinsichtlich der Lösemittelstabilität erfüllen. Die zusätzlich für industrielle Anwendungen erforderlichen hohen Flüsse in Verbindung mit hohen Rückhaltungen für niedermolekulare Verbindungen stellen eine weitere Herausforderung dar. Der eigentliche Durchbruch für die Anwendung der nicht-wässrigen Nanofiltration für industrielle Trennprozesse wurde durch die zu Beginn der 90er Jahre von Forschern des Kiryat Weizmann Institutes entwickelten lösemittelstabilen Polymermembranen erzielt [1–5]. Diese Membranen werden gegenwärtig von Koch Membrane Systems Inc. unter dem Handelsnamen SelRo® vermarktet. Die Membranen wurden für zahlreiche grundlegende Untersuchungen auf dem Gebiet der nicht-wässrigen Nanofiltration verwendet [6–9].

Obwohl die gegenwärtig verfügbaren Membranen oftmals nicht alle an sie gestellten Anforderungen erfüllen, zeigen die Ergebnisse unterschiedlicher Studien mit diesen Membranen bereits das große Potenzial der nicht-wässrigen Nanofiltration. Das hat zu einer deutlichen Zunahme der Aktivitäten auf diesem Gebiet geführt.

Ein Vorteil der nicht-wässrigen Nanofiltration ist, dass sie sich verhältnismäßig einfach in bestehende Verfahren integrieren lässt. Dabei wird sie oftmals zum „de-bottlenecking" bestehender Prozesse eingesetzt oder als Mittel zur Senkung von Energiekosten und zur Vermeidung umweltschädlicher Hilfsstoffe.

Das vorliegende Kapitel gibt einen Überblick über lösemittelstabile Membranen und Membranmaterialien, die sich für die nicht-wässrige Nanofiltration eig-

Membranen: Grundlagen, Verfahren und industrielle Anwendungen
Herausgegeben von Klaus Ohlrogge und Katrin Ebert
Copyright © 2006 WILEY-VCH Verlag GmbH & Co. KGaA, Weinheim
ISBN: 3-527-30979-9

nen. Es werden verschiedene Modellansätze sowie Modelle diskutiert, die die der nicht-wässrigen Nanofiltration zugrunde liegenden Transportmechanismen mathematisch beschreiben. Schließlich werden bereits realisierte sowie auch ausgewählte potenzielle industrielle Anwendungen dieser Trenntechnik vorgestellt.

16.2
Membranen für die nicht-wässrige Nanofiltration

Für den Einsatz in der nicht-wässrigen Nanofiltration ergeben sich hohe Anforderungen an die Membranen. So müssen sie beständig in organischen Lösemitteln und Lösemittelgemischen sowie druck- und temperaturstabil sein. Die selben Anforderungen werden auch an die Membranmodule gestellt, wo ungenügende Lösemittelstabilitäten von Dichtungen und Verklebungen zusätzliche Probleme verursachen können. Im Fall von Flachmembranen muss demnach nicht nur die Lösemittelstabilität des Membranpolymers sondern auch die des Vlieses berücksichtigt werden. Zusätzlich ist oftmals eine Vorbehandlung der polymerbasierten Membranen erforderlich, um die optimale Membranleistung zu erreichen [10, 11].

Da für die Lösemittelstabilität von Kompositmembranen sowohl Trägermembran als auch Trennschicht entscheidend sind, werden in diesem Kapitel auch ausgewählte besonders lösemittelstabile Ultrafiltrationsmembranen beschrieben.

Ein Vergleich der Leistungsfähigkeit der vorgestellten Membranen ist anhand der Literaturdaten nicht möglich. Das liegt vor allem an der großen Variabilität der verwendeten Testsysteme sowohl hinsichtlich der Lösemittel als auch der verwendeten niedermolekularen Substanzen. Da im Fall von polymerbasierten Membranen die Membranleistung aufgrund von Quellungsvorgängen der polymeren Membranmaterialien wesentlich vom verwendeten Testsystem abhängt, können keine Rückschlüsse auf andere Testsysteme gezogen werden.

Linder et al. modifizierten poröse Polyacrylnitril (PAN)-Membranen durch Behandlung mit Natriumethanolat und anschließender Temperaturbehandlung. Die dabei ablaufende Vernetzungsreaktion bewirkt, dass die modifizierten Membranen unlöslich in dipolar aprotischen Lösemitteln wie Dimethylformamid (DMF) sind. Linder et al. [1–4] patentierten Anfang der 1990er Jahre eine Membran, die aus einer modifizierten Membran und einer vernetzten Schicht aus Polydimethylsiloxan (PDMS) besteht. Vor dem Aufbringen der eigentlichen PDMS-Trennschicht wird die Trägermembran mit einem niedermolekularen PDMS imprägniert, um sowohl das Kollabieren der Poren während des Trocknens als auch ein Eindringen der Beschichtungslösung in die Poren zu verhindern. In einem weiteren Patent wird die Beschichtung der modifizierten PAN-Membran mit einem bromhaltigen Polyphenylenoxidderivat und dessen anschließender Vernetzung mit einem Amin beschrieben [5].

Eine ebenfalls besonders lösemittelstabile Membran wurde durch die Vernetzung von Acrylnitril und Glycidylmethacrylat mit anschließender Ammoniakbe-

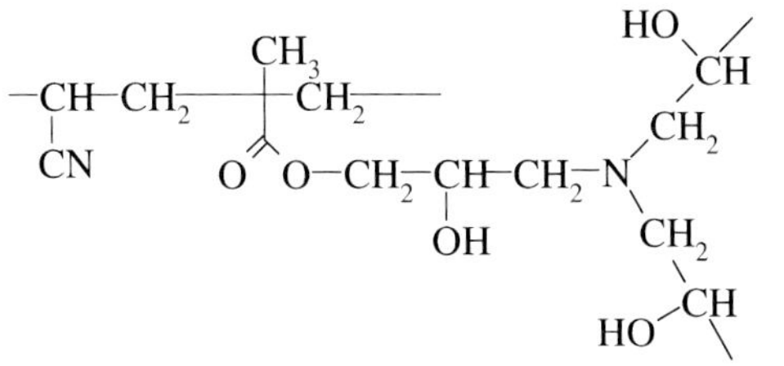

$$\begin{array}{c} -\text{CH}-\text{CH}_2-\overset{\text{CH}_3}{\underset{\underset{\text{O}}{\overset{\text{C}}{\|}}}{\text{C}}}-\text{CH}_2- \\ \text{CN} \end{array} \quad \text{O}-\text{CH}_2-\underset{\text{OH}}{\text{CH}}-\text{CH}_2-\text{N} \begin{array}{c} \text{CH}_2-\underset{\text{HO}}{\text{CH}} \\ \text{CH}_2 \\ \text{CH}_2-\underset{\text{HO}}{\text{CH}} \end{array}$$

Abb. 16.1 Reaktionsschema der Membran auf Basis von Poly(acrylnitril-co-glycidylmethacrylat) [13].

handlung (Abb. 16.1) erhalten [12, 13]. Die Membran ist auch in auf 60 °C erhitztem DMF stabil.

Neben den bereits beschriebenen wurden weitere Kompositmembranen mit einer Trennschicht aus PDMS erfolgreich in der nicht-wässrigen Nanofiltration eingesetzt.

Bei einer bei GKSS entwickelten Kompositmembran wird die Lösemittelstabilität der PDMS-Trennschicht durch Strahlvernetzung erreicht [14]. Stafie et al. [15] verwendeten eine Kompositmembran mit einer Trennschicht aus thermisch vernetztem PDMS für die Trennung von Gemischen aus n-Hexan und Speiseöl.

Polyimidmembranen wurden intensiv für die Gastrennung entwickelt und getestet (siehe Kapitel 1). Aufgrund ihrer hervorragenden Lösemittelstabilität sind sie aber auch für die nicht-wässrige Nanofiltration geeignet.

In der Patentliteratur werden Polyimidmembranen beschrieben, bei denen die Lösemittelbeständigkeit in polar aprotischen Lösemitteln durch thermische Nachbehandlung oder chemisch initiierte Zyklisierung bei Temperaturen zwischen 250 und 350 °C erzielt wird [16–19].

Die Firma W.R. Grace & Co.-Conn. entwickelte eine Reihe integral-asymmetrischer Nanofiltrationsmembranen auf der Basis eines aromatischen Polyimids (Matrimid® 5218 von Ciba Geigy, siehe Abb. 16.2) [20–22]. Diese Membranen wurden vorerst exklusiv für den Max-Dewax™® [23–28] Prozess eingesetzt. Gegenwärtig werden auch andere Anwendungen erschlossen [29–33]. Die Membranen werden unter dem Handelsnamen Starmem™ vermarktet und zeichnen sich durch eine sehr gute Lösemittelstabilität aus. Die cut-off-Werte der Membranen, basierend auf 90% Rückhaltung von in Toluol gelösten n-Alkanen, reichen von 200 D bis 400 D [34].

Kompositmembranen mit einer dünnen Trennschicht aus Polyamid (PA) wurden in den 1980er Jahren für die Nanofiltration wässriger Systeme entwickelt und kommerzialisiert (siehe Kapitel 1). Die PA-Schicht wurde dabei mittels Grenzflächenpolymerisation eines Amins und eines Säurechlorids gebildet. Grundsätzlich sollten sich Membranen mit einer PA-Schicht auch für den Einsatz in der nichtwässrigen Nanofiltration eignen [35, 36]. Die im Rahmen einer Studie zur Verwendung von Membranen mit PA-Schichten in der Speiseölaufbereitung aufgezeigten Instabilitäten [37] wurden möglicherweise auch durch die Verwendung nicht lösemittelstabiler Trägermembranen bzw. Vliese verursacht. Bei Verwen-

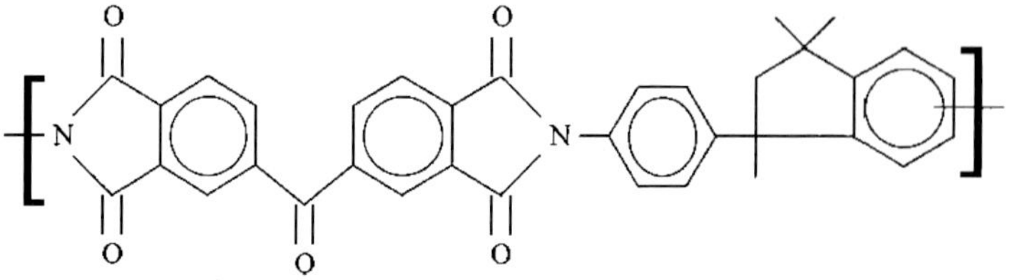

Abb. 16.2 Chemische Struktur von Matrimid® 5218 als Membranmaterial der Starmem™ Membranen [20].

dung lösemittelstabiler Trägermembranen können die Membranen auch in nicht-wässrigen Systemen eingesetzt werden [38–40]. Eine Kompositmembran, die auch in dipolar aprotischen Lösemitteln verwendet werden kann, wurde durch Verwendung einer Nylon 6,6-Trägermembran, auf der in situ Polyethylenimin mit einem Diisocyanat vernetzt wurde, erhalten [41]. Ein Nachteil, der oftmals bei der Verwendung von Membranen mit PA-Trennschichten auftritt, ist der sehr geringe Lösemittelfluss. Lee et al. [38, 39] entwickelten deshalb eine Kompositmembran, die eine Trennschicht aus einem Blend eines durch Grenzflächenpolymerisation gebildeten Polyamids und PDMS hat. Als Trägermembran wurde eine PAN-Ultrafiltrationsmembran verwendet. Die resultierende Kompositmembran zeichnet sich neben sehr guter Lösemittelstabilität und Rückhaltung auch durch höhere Flüsse für hydrophobe Lösemittel aus. Letzteres wurde durch die Quellung des eingeschlossenen PDMS erreicht.

Polyamidimide sind ebenfalls als Polymere mit besonderer Lösemittelstabilität bekannt. Bisher wurden Membranen aus diesen Polymeren im Bereich der nicht-wässrigen Nanofiltration vorrangig als Trägermembranen eingesetzt [42–45].

Membranen aus anderen bekannten lösemittelstabilen Polymeren wie Polyphosphazene (PPZ) [46], Polyphenylensulfid (PPS) [47] und Polyetheretherketon (PEEK) [48] wurden in der Patentliteratur beschrieben. Im Fall von PPS und PEEK liegt es wahrscheinlich an den aufwendigen Membranherstellungsverfahren, teilweise unter Verwendung aggressiver Säuren, dass sich Membranen aus diesen Materialien nicht durchgesetzt haben.

Polybenzimidazole sind Polymere mit ausgezeichneter Lösemittelstabilität, die durch Vernetzung mit starken Säuren oder Dibrombutan unlöslich in dipolar aprotischen Lösemitteln sind [49–54].

Ein Nachteil, der oft bei der Verwendung von Polymermembranen auftritt, ist die Kompaktierung poröser Membranen bei höheren Drücken. Eine Erhöhung der Druckbeständigkeit kann durch die Verwendung organisch-anorganischer Blends als Ausgangsmaterial für poröse Trägermembranen [55, 56] oder poröser anorganischer Trägermembranen [57] erreicht werden.

Anorganische Membranen sind prinzipiell sehr gut für den Einsatz in organischen Lösemitteln geeignet [58, 59]. (Ausführliche Erläuterungen zu keramischen Membranen sind in den Kapiteln 5.1 und 5.2 zu finden.) Auffallend ist jedoch, dass sich der überwiegende Teil der Literatur zum Thema der nicht-wässrigen Nanofiltration auf Polymermembranen bezieht. Ein grundsätzliches Problem, das gegenwärtig oft bei kommerziell erhältlichen anorganischen Membranen auftritt, ist die relativ breite Porengrößenverteilung sowie die hohe Tortuosität der Trennschicht [60]. Aufgrund der hydrophilen Oxide, die zur Herstellung keramischer Membranen verwendet werden, ist die Benetzbarkeit der Porenwände mit organischen Lösemitteln im Vergleich zum Wasser eingeschränkt. Das führt zu den bisher beobachteten relativ geringen Flussleistungen dieser Membranen [59].

Tsuru et al. [61, 62] berichten über Silica-Zirkoniummembranen mit Trenngrenzen von 200 bis 1000 in verschiedenen Alkoholen (Methanol, Ethanol, Propanol). Van Gestel et al. [63] beschreiben Membranen aus γ-Al_2O_3/TiO_2, deren Oberflächen mit Silanen unterschiedlicher Kettenlängen modifiziert wurden. Die dadurch erzielte Hydrophobierung führte zu einer deutlichen Erhöhung der Permeabilitäten unpolarer Lösemittel durch diese Membranen.

16.3
Mathematische Beschreibung der Transportvorgänge

Eine wichtige Voraussetzung für die erfolgreiche industrielle Anwendung der nicht-wässrigen Nanofiltration ist neben der Entwicklung leistungsfähiger, lösemittelbeständiger Membranen die mathematische Beschreibung des Trennmechanismus, um so die Vorhersage von Trennprozessen zu ermöglichen. Die besondere Herausforderung dabei ist, dass die Wechselwirkungen der Membran mit den Komponenten des Feedgemisches entscheidend für das Trennverhalten einer Membran sind.

Bereits 1964 hat Sourirajan gezeigt, dass das Trennverhalten integral asymmetrischer Celluloseacetat (CA)-Membranen erheblich von der Wechselwirkung zwischen dem Membranmaterial und den Lösemitteln im Feedgemisch beeinflusst wird [64]. Bhanushali et al. schlussfolgerten aus ihren Ergebnissen, dass nicht nur die Affinität zwischen Lösemittel und Membran, sondern auch die zwischen Lösemittel und gelösten Komponenten die Trennleistung erheblich beeinflusst [35]. Chowdhury et al. zeigten, dass auch für anorganische Membranen die Permeabilität vom Lösemittel beeinflusst wird [60].

Whu et al. und Yang et al. bestimmen die Rückhaltungen unterschiedlicher in organischen Lösemitteln gelöster Farbstoffe durch verschiedene Membranen [7, 65]. Dabei stellten sie fest, dass die mit diesen organischen Systemen gemessenen Rückhaltungen nicht mit den vom Hersteller in wässrigen Systemen bestimmten Trenngrenzen korrelieren. Aufgrund ihrer Ergebnisse schlussfolgerten Yang et al., dass nicht nur die Molekülgröße für die Trennleistung verantwortlich ist.

Eine weitere Schlussfolgerung der Arbeit von Yang et al. ist, dass die Permeation der reinen Lösemittel durch eine Membran nicht auf der Basis des konvektiven Transportes beschrieben werden können. Diese These wird auch von Han et al. unterstützt, die zur Beschreibung des Transportmechanismus in der nicht-wässrigen Nanofiltration das Lösungs-Diffusionsmodell anstelle des Porenmodells vorschlagen [66]. Im Gegensatz dazu konnten Robinson et al. jedoch die Permeabilität verschiedener Lösemittel durch eine hydrophobe dichte PDMS-Membran basierend auf dem konvektiven Transport beschreiben (Hagen-Poiseuille) [67]. Robinson et al. begründeten das mit den aufgrund der Quellung des Membranmaterials in der Membran entstehenden Transportkanälen, durch die die Lösemittel mit laminarer Strömung transportiert werden.

Die bisherigen Arbeiten auf diesem Gebiet zeigen, dass für lösemittelbasierte Systeme die Wechselwirkungen zwischen den organischen Komponenten untereinander und mit der Membran bei der Modellentwicklung zur Beschreibung des Transportmechanismus unbedingt berücksichtigt werden müssen [68]. Die folgende Übersicht stellt die wichtigsten der in der Literatur bisher verwendeten Modellansätze kurz vor. Für detaillierte Informationen kann auf einen Übersichtsartikel von Mason und Lonsdale verwiesen werden, der die meisten der Modelle (z. B. Lösungs-Diffusionstheorie, Spiegler-Kedem-Modell, Fine-Pore-Modell) genau beschreibt und auf Basis der statistisch-mechanischen Theorie, einer grundlegenden Theorie zur Beschreibung von Membranprozessen, ableitet [69].

Für die mathematische Beschreibung der Permeation organischer Flüssigkeiten durch dichte Polymermembranen wird oftmals das Lösungs-Diffusionsmodell [70, 71] verwendet [15, 22, 29, 35, 72–74]. Das Modell basiert auf der Unterteilung der Permeation in drei Schritte: zuerst erfolgt die Lösung (Sorption) der Komponente an der Membranoberfläche, daraufhin wird die Komponente diffusiv durch die dichte Membranschicht transportiert, worauf die Desorption an der Membranunterseite erfolgt. Die Trennung verschiedener Komponenten erfolgt aufgrund von Unterschieden in der Menge der in der Membran gelösten Komponenten sowie aufgrund von Unterschieden der Diffusionsgeschwindigkeiten. Voraussetzung für die Gültigkeit des Modells ist, dass der Transport rein diffusiv erfolgt. Eine etwaige Kopplung der Partialflüsse der permeierenden Komponenten wird vernachlässigt.

Die allgemeine Form der Transportgleichung nach dem Lösungs-Diffusionsmodell lautet [75]:

$$J_i = -L_{i,M}\frac{\partial \mu_i}{\partial z} = -L_{i,M}\left(RT\frac{\partial \ln a_{i,M}}{\partial z} + V_i\frac{\partial P_M}{\partial z}\right) \quad (1)$$

mit dem Fluss J_i der Komponente i durch die Membran (mol m^{-2} s^{-1}), dem Proportionalitätsfaktor $L_{i,M}$ (nicht unbedingt konstant) (mol^2 N m^{-2} s^{-1}), dem chemischen Potenzial μ_i der Komponente i (J mol^{-1}), der Aktivität $a_{i,M}$ der Komponente i (–), dem molaren Volumen V_i der Komponente i (m^3 mol^{-1}), der Gaskonstante R (J mol^{-1} K^{-1}), der Temperatur T (K), und einer Laufkoordinate z (m). Die Annahmen für die Gültigkeit des Modells sind, dass der Druck in der Membran (P_M) konstant ist und dem Feeddruck entspricht ($\partial P_M/\partial z = 0$) und dass die Konzentration des Lösemittels über die Membran ($\bar{c}_{iM}$, mol m^{-3}) näherungsweise als konstant betrachtet werden kann (isotrope Membranquellung).

Aufgrund der isotropen Membranquellung kann der Diffusionskoeffizient (D_{iM}, m^2 s^{-1}) ebenfalls als konstant angesehen werden. Für das chemische Gleichgewicht an den Phasengrenzen mit den freien Außenphasen und mit der Definition des osmotischen Drucks, $\pi_i = -\dfrac{RT}{V_i} \ln a_i$, gilt die Flussgleichung von Komponente i durch die Membran:

$$J_i = \frac{\bar{c}_{iM} D_{iM} V_i}{RTl}\left(\Delta P - \frac{RT}{V_i}\ln\left(\frac{a_{i,P}}{a_{i,F}}\right)\right) = \frac{\bar{c}_{iM} D_{iM} V_i}{RTl}(\Delta P - \Delta\pi) \tag{2}$$

mit der Membrandicke l (m). Die Indizes M, P und F stehen für Membran, Permeat beziehungsweise Feed.

Zur Beschreibung des Flusses gelöster Komponenten werden zwei Fälle unterschieden. Für niedermolekulare Komponenten wird die Triebkraft, d. h. die chemische Potenzialdifferenz über die Membran, hauptsächlich durch den Aktivitätsterm verursacht. Damit kann im Falle verdünnter Lösungen und hoher Membranselektivitäten der Fluss der gelösten Komponente mit folgender Gleichung beschrieben werden:

$$J_j = \frac{c_{ges,M} D_{jM}}{l \gamma_{j,M}}(a_{j,M,F} - a_{j,M,P}) = \frac{c_{ges,M} D_{jM} K_j}{l}(x_{j,F} - x_{i,P}) \tag{3}$$

mit $K_j = \gamma_{j,F}/\gamma_{j,M}$

mit der gelösten Komponente j, dem Aktivitätskoeffizienten von j in der Membran beziehungsweise im Feed $\gamma_{j,M}$ und $\gamma_{j,F}$ (–), der Gesamtkonzentration der Permeaten in der Membran $c_{ges,M}$ (mol m^{-3}) und x dem Molenbruch (–). Hier wird angenommen, dass die Aktivitätskoeffizienten im Feed und Permeat ungefähr gleich sind.

Für Komponenten mit einem größeren Molarvolumen, was prinzipiell für viele organische Lösungen zutrifft, ist der Druckterm in dem chemischen Potenzial nicht länger vernachlässigbar. Der Fluss der organischen Komponenten ist dann analog zu Gleichung (2).

Wie bereits erwähnt, ist das Lösungs-Diffusionsmodell nur gültig, wenn der Stofftransport durch die Membran rein diffusiv erfolgt und die Kopplung zwischen den Partialflüssen der Permeanten vernachlässigt werden kann. Da verschiedene Autoren auf die Wechselwirkungen der permeierenden Komponenten und den eventuellen gekoppelten konvektiven Transport hinweisen (siehe oben), empfiehlt sich eine Erweiterung des Modells, das Lösungs-Diffusionsmodells unter Berücksichtigung von Fehlstellen (Solution Diffusion with Imperfections Model). In diesem Modell wird der konvektive Transport durch die Membran berücksichtigt [69, 76]. Paul hat 2004 das Lösungs-Diffusionsmodell neu abgeleitet, und die Kopplung zwischen Lösemittel und gelösten Komponenten anhand der Maxwell-Stefan-Multikomponenten-Diffusion berücksichtigt [77].

Aus Gleichung (2) folgt, dass $P_i \propto D_i S_i$ ein Maß für die Permeabilität ist, in welchem S_i die Sorption der Komponente i in der Membran ist (korreliert mit c_{iM} in Gleichung 3). Reddy et al. haben auf der Basis dieser Beziehung mit einer Korrelation für die Sorption und die Diffusion versucht, ihre Messungen an diesem Maß zu korrelieren [73].

Bhanushali et al. haben auf Basis des Lösungs-Diffusionsmodells ein Transportmodell zur Beschreibung reiner Lösemittelflüsse durch hydrophile und hydrophobe Polymermembranen entwickelt [35].

$$J_i \propto \left(\frac{V_i}{\mu}\right)\left(\frac{1}{\phi^n \gamma_{sv}}\right) \qquad (4)$$

worin μ die Viskosität (Pa s), ϕ die Sorption im Polymer (–), γ_{sv} die Membranoberflächenspannung (N m^{-1}), und n ein experimentell zu bestimmender Parameter sind. γ_{sv} und ϕ dienen zur Bestimmung der Wechselwirkung zwischen den Lösemitteln und der Membran, um somit den Einfluss des Polymermaterials auf die Trennung bestimmen zu können.

Machado et al. haben die Permeation verschiedener organischer Lösemittel und Wasser durch hydrophobe Polymermembranen auf der Basis eines Widerstandsmodells beschrieben [8, 9]. Dazu wird die Membran in drei Schichten unterteilt: eine dünne Nanofiltrationsschicht, eine Ultrafiltrationsschicht sowie eine darunterliegende Stützschicht. Diese Schichten sind wie Reihenwiderstände miteinander verbunden. Der Lösemittelfluss durch die Kompositmembran kann damit wie folgt beschrieben werden:

$$J_i = \frac{\Delta P}{R_S^0 + R_\mu^1 + R_\mu^2} = \frac{\Delta P}{\phi[(\gamma_C - \gamma_L) + f_1 \mu] + f_2 \mu} \qquad (5)$$

R_S^0 ist der Oberflächenwiderstand am Anfang der Pore (Pa s m^{-1}), R_μ^1 der Widerstand im Nanofiltrationsteil der Pore (Pa s m^{-1}), R_μ^2 der Widerstand im Ultrafiltrationsteil der Pore (Pa s m^{-1}) (der Widerstand der Stützschicht wird vernachlässigt). ϕ ist ein lösemittelabhängiger Parameter (s m^{-2}), f_1 und f_2 membranabhängige Parameter (m s^{-1} bzw. m^{-1}), γ_C die kritische Oberflächenspannung der Membran (N m^{-1}) und γ_L die Oberflächenspannung des Lösemittels (N m^{-1}). Der Wert von ϕ sollte konstant für eine Messreihe mit einem Lösemittelgemisch sein. Mit diesem Modell kann die Permeation von Gemischen aus Alkoholen und Aceton durch hydrophobe MPF-50-Membranen beschrieben werden. Bei Verwendung von Gemischen aus Wasser und Aceton ergibt sich aus den Berechnungen mit diesem Modell jedoch ein negativer Wert für ϕ. Für die Beschreibung des Transports von Gemischen aus Alkanen und Aceton wird ein extra Fitparameter benötigt, der den Einfluss der dielektrischen Konstanten der Lösemittel berücksichtigt.

Das Spiegler-Kedem-Modell [69, 78], basierend auf der irreversiblen Thermodynamik, wurde oft verwendet, um das Permeationsverhalten der Umkehrosmose für wässrige Systeme zu beschreiben [76, 79, 80]. Die Flussgleichung des

Lösemittels und der gelösten Komponente dieses Modells für ein verdünntes binäres Gemisch lautet:

$$J_v = L_p(\Delta P - \sigma \Delta \pi) \tag{6}$$

$$J_s = -P_D \frac{dc_S}{dz} + (1-\sigma) J_v c_s \tag{7}$$

mit dem Lösemittelfluss J_v (m^3 m^{-2} h^{-1}), dem Fluss der gelösten Komponente J_s (mol m^{-2} h^{-1}), der Membranpermeabilität L_p (m^3 m^{-2} h^{-1} bar^{-1}), der diffusiven Permeabilität der gelösten Komponente P_D (m^2 s^{-1}), dem Reflektionskoeffizienten σ (–) und der mittleren Konzentration der gelösten Komponente in der Membran c_s (mol m^{-3}). Der Reflektionskoeffizient σ einer Komponente ist gleich der maximal möglichen Rückhaltung dieser Komponente für eine bestimmte Membran. Der erste Teil von Gleichung (7) beschreibt den diffusiven Teil des Transports, während der konvektive Teil durch den zweiten Teil beschrieben wird. Bhanushali et al. haben das Spiegler-Kedem-Modell für die Berechnung der diffusiven und konvektiven Anteile des Transports in der nicht-wässrigen Nanofiltration verwendet [76]. Für Komponenten, die nur zu einem geringen Teil zurückgehalten werden, ergibt sich daraus ein hoher Anteil des konvektiven Transports.

In der Literatur wurden verschiedene Modelle zur Beschreibung des Transports durch poröse Membranen beschrieben [69, 35, 81–83]. Allerdings wurden diese Modelle bisher nur selten für die nicht-wässrige Nanofiltration verwendet.

Die Flussgleichung von Hagen-Poiseuille [84] ist von Robinson et al. zum Erklären der Ergebnisse in der organophilen Nanofiltration benutzt [67]:

$$J = \left(\frac{\varepsilon r^2}{8 l \tau}\right)\left(\frac{\Delta P}{\eta}\right) \tag{8}$$

mit der Porosität ε (–), dem mittleren Porenradius r (m) und der Porentortuosität τ (–),

In dem von Matsuura und Sourirajan entwickelten und von Mehdizadeh und Dicksons erweiterten Surface-Pore-Flow-Modell wird die Membran als mikroporöse Matrix mit zylindrischen Poren betrachtet [81, 85]. Die Wechselwirkung zwischen der Membran und der gelösten Komponente wird über eine Potenzialfunktion bestimmt. Farnand et al. und Bhanushali et al. verwendeten dieses Modell zur Beschreibung des Transports von in organischen Lösemitteln gelösten Substanzen [76, 86]. Beide Gruppen fanden übereinstimmend eine Abhängigkeit der Potenzialfunktion von Lösemittel und gelöster Substanz.

Da Nanofiltrationsverfahren üblicherweise bei erhöhten Drücken durchgeführt werden, muss der Einfluss der Kompaktierung auf den Permeatfluss im Fall von Polymermembranen berücksichtigt werden. Mehrere Autoren haben einen Anstieg des Flusses mit steigender Temperatur beschrieben [8, 29, 76]. Machado et al. haben die Abhängigkeit des Flusses von der Temperatur und dem Druck mathematisch beschrieben [8].

16.4
Anwendungen

Die besondere Attraktivität der nicht-wässrigen Nanofiltration liegt darin, dass dieses Verfahren relativ einfach in bestehende Prozesse, evtl. auch als Bypass, integriert werden kann.

Potenzielle Anwendungen lassen sich in nahezu allen Industriezweigen finden, in denen organische Lösemittel verwendet werden. Einige Beispiele für industrielle Anwendungen sind in Tabelle 16.1 dargestellt.

Tabelle 16.1 Potenzielle Anwendung der nicht-wässrigen Nanofiltration.

Chemische Industrie	Rückgewinnung und Rezyklierung von Katalysatoren
	Polymerfraktionierung
	Abwasserreinigung
Lebensmittelindustrie	Reinigung von Speiseöl
	Aufkonzentrierung von Stärke und Zucker
Petrochemie	Aufarbeitung von Erdölfraktionen
	Reinigung von Schmieröl
Metallindustrie	Reinigung von Öl/Wasser-Emulsionen
	Reinigung galvanischer Bäder
Pharmazeutische Industrie	Abtrennung von Peptiden und Antibiotika

16.4.1
Petrochemie

Die gegenwärtig größte realisierte Anwendung lösemittelstabiler Nanofiltrationsmembranen ist der für die Entparaffinierung entwickelte Max-Dewax®-Prozess [20–28]. Bitter et al. [87] haben bereits 1988 einen technisch vergleichbaren Prozess beschrieben, der jedoch nicht großtechnisch realisiert wurde.

Beim konventionellen Prozess wird das paraffinhaltige Gemisch mit einem Lösemittelgemisch aus Toluol und Methylethylketon verdünnt und auf –18 bis 0 °C abgekühlt, was zur Auskristallisation der Paraffine führt. Diese Mischung wird durch eine rotierende Filtertrommel aufgetrennt. Die Lösemittelrückgewinnung aus Filtrat und Retentat erfolgt durch eine Kombination von Verdampfen und Destillieren. Vor der Rückführung in den Prozess muss das Lösemittelgemisch auf Prozesstemperatur abgekühlt werden, woraus der relativ hohe Energieverbrauch des Verfahrens resultiert.

Beim Max-Dewax®-Prozess wird das entparaffinierte Gemisch aus Schmieröl und Lösemittelgemisch durch eine Membran aufgetrennt. Das abgetrennte Lösemittelgemisch behält dabei seine Temperatur und kann somit ohne erneute Kühlung direkt in den Prozess zurückgeführt werden (Abb. 16.3).

Für die Membrantrennung werden Spiralwickelmodule mit 18,6 bis 27,9 m² einer Starmem™-Membran (MWCO = 300 D) verwendet. Die Trennung erfolgt

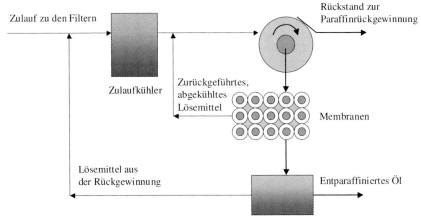

Abb. 16.3 Prozessschema des Max-Dewax®-Prozesses.

Tabelle 16.2 Reduzierung von Betriebskosten und Emissionen beim Max-Dewax®-Prozess [28].

Reduzierung Dieselkraftstoff	4160 m³/Jahr
Reduzierung Rohölverbrauch	231 250 t/Jahr
Reduzierung Kühlwasserverbrauch	$6{,}2 \cdot 10^6$ m³/Jahr
Reduzierung Lösemittelverlust	50–200 t/Jahr [a]
Reduzierung CO_2 Emission	20 000 t/Jahr

a) Abhängig von Alter und Zustand der Anlage

bei −18 °C bis 0 °C bei Druckdifferenzen von 30 bis 45 bar. Die Anlage in der Exxon Mobil Raffinerie in Beaumont (Texas) produziert ca. 4160 m³ Schmieröl bei einer Lösemittelrückgewinnung zwischen 700 und 1100 m³/Tag. Die Einführung des neuen Verfahrens hat zu erheblichen Einsparungen bei den Betriebskosten und zusätzlich auch zur Verminderung von prozessbedingten Emissionen geführt (Tabelle 16.2). Die Pay-back-Zeit der Max-Dewax®-Anlage für die Investitionskosten in Höhe von 5,5 Millionen $ war geringer als 1 Jahr.

Weitere mögliche Anwendungen in der Petrochemie sind z. B. die Abtrennung niedermolekularer Verunreinigungen aus flüssigen Kohlenwasserstoffgemischen [88–91]. Bisher wurden jedoch noch keine größeren Anlagen installiert.

16.4.2
Homogene Katalyse

Eine essentielle Voraussetzung für großtechnische Prozesse unter Verwendung der Homogenkatalyse ist die nahezu vollständige Rückgewinnung des verwendeten Katalysators ohne Aktivitätsverlust sowie dessen mehrmaliges Rezyklieren in den jeweiligen Prozess. Die Notwendigkeit dazu ergibt sich aus den hohen Katalysatorkosten, die nicht nur durch das verwendete Edelmetall sondern vor allem durch hochentwickelte Liganden verursacht werden. Aus Mangel an geeigneten Trennverfahren ist gegenwärtig die heterogene Katalyse das bevorzugte Verfahren in der Industrie. Die Entwicklungen lösemittelstabiler Membranen haben in den vergangenen Jahren dazu geführt, dass verschiedene Arbeiten zur Abtrennung homogener Katalysatoren, z. B. für C–C-Verknüpfungsreaktionen, enantioselektive Hydrierung und die Hydroformylierung, anhand organophiler Nanofiltration publiziert wurden (Tabelle 16.3). Diese membrangestützten Prozesse zeichnen sich durch einen deutlich geringeren Energieverbrauch aus [29, 92, 93].

Eine interessante Entwicklung ist die Bildung geträgerter Homogenkatalysatoren unter Verwendung von Polymeren oder Dendrimeren [94, 100]. Die räumliche Vergrößerung der Katalysatoren führt zu einer erheblich verbesserten Ab-

Tabelle 16.3 Beispiele der organophilen Nanofiltration in der homogenen Katalyse.

Membran	Reaktion	Katalysator	Literatur
Starmem®	CC Coupling (Heck Reaktion)	Pd-Komplex	[6]
MFP Koch	Bromheptan/Iodheptan	Phasentransfer-Katalysator	[31]
Starmem®		Jacobsen	[29]
Desal-5		Wilkinson	
Koch MPF-50		Pd-BINAP	
Koch MPF-60	Hydrovinylierung	Pd-Komplexe (Dendrimere)	[95]
Koch MPF-60	Hydrierung	Rh-EtDUPHOS Ru-BINAP	[96]
Cok M2 (Silikon-basiert mit anorganischen Füllstoffen)	enantioselektive Epoxidöffnung	Co-Jacobsen	[97]
GKSS PDMS	C–C Coupling (Heck, Suzuki, Sonogashira)	Pd-Komplex	[94]
Koch MPF-50 GKSS Torlon	Hydroformylierung	Rh-Organophosphite	[43]
Koch MPF-50	Hydroformylierung	Rh-Phosphite-Ligand-Komplex	[98]
Polyamidmembran	Hydroformylierung	Rh-Komplex und aromatische Phosphine	[99]

trennbarkeit, so dass teilweise auch bereits Ultrafiltrationsmembranen eingesetzt werden können.

16.4.3
Pharmazeutische Industrie

In der Pharmazeutischen Industrie könnte die Einführung der nicht-wässrigen Nanofiltration eine Alternative zu den bekannten Grundoperationen wie Eindampfen und Verdampfen bieten. Eine Schwierigkeit ist, dass laufende Produktionen pharmazeutischer Substanzen nicht auf eine alternative Aufreinigungsmethode umgestellt werden können, da andernfalls ein neues Zulassungsverfahren mit aufwendigen klinischen Tests durchlaufen werden müsste.

Die Kombination enzymkatalysierter Reaktionen mit der Membrantechnologie könnte neue Verfahren zur Herstellung von z.B. Betalactamantibiotika zur Behandlung bakterieller Infektionen, bieten. Ein wichtiger und relativ teurer Ausgangsstoff für die Produktion dieser Substanzen ist 6-Aminopenicillansäure (6-APS), deren jährliche Produktion etwa 10 000 Tonnen beträgt [101]. Zur Abtrennung der 6-APS aus dem Reaktionsgemisch werden üblicherweise Lösemittelextraktion und Zentrifugation angewendet. Das dadurch erhaltene Konzentrat enthält etwa 0,4% 6-APS sowie ein Gemisch aus Wasser und organischen Lösemitteln wie z.B. Methanol und Methylenchlorid. Eine weitere Aufkonzentrierung der 6-APS bis auf 4% konnte durch Lösemittelabtrennung mit hydrophoben MPS-60-Membranen erzielt werden [102]. Ein positiver Nebeneffekt des Trennvorgangs ist, dass zusätzlich auch die abgetrennten Lösemittelgemische in unveränderter Konzentration und Reinheit dem Prozess wieder zugeführt werden konnten.

16.5
Literatur

1 C. Linder, M. Nemas, M. Perry, R. Kotraro, Solvent stable membranes. European Patent 0 392 982, 1990
2 C. Linder, M. Nemas, M. Perry, R. Katraro, Silicone-derived solvent stable membranes. European Patent 0 532 199 A1, 1992
3 C. Linder, M. Nemas, M. Perry, R. Kataro, Silicone-derived solvent stable membranes. US Patent 5 205 934, 1993
4 C. Linder, M. Nemas, M. Perry, R. Kataro, Silicone-derived solvent stable membranes. US Patent 5 265 734, 1993
5 M. Perry, H. Yacubowicz, C. Linder, M. Nemas, R. Katraro, Polyphenylene oxide-derived membranes for separation in organic solvents. US Patent 5 151 182, 1992
6 D. Nair, J. T. Scarpello, L. S. White, L. M. Freitas dos Santos, I. F. J. Vankelecom, A. G. Livingston, Tetrahedron Lett. 2001, 42, 8219–8222
7 X. J. Yang, A. G. Livingston, L. Freitas dos Santos, J. Membr. Sci., 2001, 190, 45–55
8 D. R. Machado, D. Hasson, R. Semiat, J. Membr. Sci., 1999, 163, 93–102
9 D. R. Machado, D. Hasson, R. Semiat, J. Membr. Sci., 2000, 166, 66–69
10 R. Shukla, M. Cheryan, Sep. Sci. Technol. 2003, 38(7), 1533–1547
11 R. Shukla, M. Cheryan, J. Membr. Sci. 2001, 198, 75–85

12 H.-G. Hicke, I. Lehmann, M. Becker, M. Ulbricht, G. Malsch, D. Paul, Solvent and acid resistant membrane on the basis of polyacrylonitrile (PAN) and a comonomer of copolymerized therewith and a method of manufacturing such a membrane. US Patent 6 159 370, 2000

13 H.-G. Hicke, I. Lehmann, G. Malsch, M. Ulbricht, M. Becker. J. Membr. Sci. 2001 198, 187–196

14 M. Schmidt, K.-V. Peinemann, N. Scharnagl, K. Friese, R. Schubert, Strahlenchemisch modifizierte Silikonkompositmembran für die Ultrafiltration. DE 195 07 584 1997

15 N. Stafie, D. F. Stamatialis, M. Wessling, J. Membr. Sci. 2004, 228, 103–116

16 H. Strathmann, Composite asymmetrical membranes US Patent 4 071 590, 1978

17 H. Makino, Y. Kusuki, T. Harada, H. Shimazaki, T. Isida, Process for producing porous aromatic polyimide membranes. US Patent 4 47 662, 1984

18 L. Black, H. A. Boucher, Process for separating alkylaromatics from aromatic solvents and the separation of alkylaromatic isomers using membranes. US Patent 4 571 444, 1986

19 W. K. Miller, S. B. McCray, D. T. Friesen, Solvent-resistant microporous polyimide membranes, US Patent 5 725 769, 1998

20 L. S. White, I.-F. Wang, B. S. Minhas, Polyimide membrane for separation of solvents from lube oil. US Patent 5 264 166, 1993

21 L. S. White, Polyimide membranes for hyperfiltration recovery of aromatic solvents. US Patent 6 180 008, 2001

22 L. S. White, Transport properties of a polyimide solvent resistant nanofiltration membrane, J. Membrane Sci. 2002, 205, 191–202

23 http://www.prod.exxonmobil.com/refiningtechnologies/lubes/mn_max_dewax.html (23.02. 2005)

24 R. M. Gould, A. R. Nitsch, Lubricating oil dewaxing with membrane separation of cold solvent. US Patent 5 494 566, 1996

25 R. M. Gould, H. A. Kloczewski, K. S. Menon, T. E. Sulpizio, L. S. White, Lubricating oil dewaxing with membrane separation. US Patent 5 651 877, 1997

26 N. A. Bhore, R. M. Gould, S. M. Jacob, P. O. Staffeld, D. McNally, P. H. Smiley, G. R. Wildemuth, Oil Gas J. 1999, 97, 67–74

27 L. S. White, A. R. Nitsch, J. Membrane Sci. 2000, 179, 267–274

28 R. M. Gould, L. S. White, G. R. Wildemuth, Environmental Progress 2001, 20 (1), 12–16

29 J. T. Scarpello, D. Nair, L. M. Freitas dos Santos, L. S. White, A. G. Livingston, J. Membr. Sci. 2002, 203, 71–85

30 S. S. Luthra, X. Yang, L. M. Freitas dos Santos, L. S. White, A. G. Livingston, Chem. Commun. 2000, 1468–1469

31 S. S. Luthra, X. Yang, L. M. Freitas dos Santos, L. S. White, A. G. Livingston, J. Membr. Sci. 2002, 201, 65–75

32 D. Nair, J. T. Scarpello, L. S. White, L. M. Freitas dos Santos, I. F. J. Vankelecom, A. G. Livingston, Tetrahedron Lett. 2001, 42, 8219–8222

33 A. G. Livingston, L. Peeva, S. Han, S. S. Luthra, L. S. White, L. M. Freitas dos Santos, Membrane separation in green chemical processing – solvent nanofiltration in liquid phase organic synthesis reactions. In: Advanced Membrane Technology, Vol. 984, the Annals of the New York Academy of Sciences, New York, 2003

34 http://www.membrane-extraction-technology.com/docs/technical_data.htm (14.06.2005)

35 D. Banushali, S. Kloos, C. Kurth, D. Bhattacharyya, J. Membr. Sci. 2001, 189, 1–21

36 X. J. Yang, A. G. Livingston, L. Freitas dos Santos, J. Membr. Sci. 2001, 190, 45–55

37 S. S. Köseoglu, D. E. Engelgau, J. Am. Oil Chem. Soc. 1990, 67(4), 239–249

38 I.-C. Kim, K.-H. Lee, Preparation of interfacially synthesized and silicone-coated composite polyamide nanofiltration membranes with high performance. Ind. Eng. Chem. Res. 2002, 41(22), 5523–5528

39 K.-H. Lee, I.-C. Kim, H.-G. Yun, Silicone-coated organic solvent resistant polyamide composite nanofiltration membrane, and method for preparing the same. US Patent Application 20030098274 (2003)

40 I.-C. Kim, K.-H. Lee, Preparation of interfacially synthesized and silicone-coated composite polyamide nanofiltration membranes with high performance. Ind. Eng. Chem. Res. 2002, 41(22), 5523–5528

41 L. E. Black, Interfacially polymerized membranes for the reverse osmosis separation of organic solvent solutions. US Patent 5 173 191, 1991

42 K.-V. Peinemann, K. Ebert, H.-G. Hicke, N. Scharnagl, Environmental Progress 2001, 20 (1), 17–22

43 J. F. Miller, D. R. Bryant, K. L. Hoy, N. E. Kinkade, R. H. Zanapalidou, Membrane separation process. US Patent 5 681 473, 1997

44 K. Ebert, F. P. Cuperus, Membranetechnology 1999, 107, 5–8

45 H. J. Zwijnenburg, A. M. Krosse, K. Ebert, K.-V. Peinemann, F. P. Cuperus, J. Am. Oil chem. Soc. 1999, 76, 83–87

46 G. Golemme, E. Drioli, J. Inorganic and Organometallic Polymers 1996, 6(4), 341–365

47 R. A. Lundgard, Method for preparing poly(phenylene sulfide) membranes. US Patent 5 507 984 (1996)

48 T. Shimoda, H. Hachiya, Process for preparing a polyether ether ketone membrane. US Patent 5 997 741, 1999

49 W. C. Brinegar, Production of semipermeable polybenzimidazole membranes with low temperature annealing. US Patent 3 841 492, 1974

50 H. J. Davis, N. W. Thomas, Chemical modification of polybenzimidazole semipermeable membranes. US Patent 4 020 142, 1977

51 D. G. J. Wang, Process for the production of semipermeable polybenzimidazole membranes and the resultant product. US Patent 4 512 894, 1985

52 M. J. Sansone, Process for the production of polybenzimidazole ultrafiltration membrane. US Patent 4 693 824, 1987

53 R. P. Barss, Solvent-resistant microporous polybenzimidazole membranes EP 1 038 571, 2000

54 R. P. Barss, D. T. Friesen, S. B. McCray, K. R. Pearson, R. J. Roderick, D. R. Sidwell, J. B. West, Solvent-resistant microporous polybenzimidazole membranes and modules. US Patent Application 20040084365, 2004

55 S. P. Nunes, K.-V. Peinemann, K. Ohlrogge, A. Alpers, M. Keller, A. T. N. Pires, J. Membrane Sci. 1999, 157, 219–226

56 K. Ebert, D. Fritsch, J. Koll, C. Tjahjawiguna, J. Membrane Sci. 2004, 233(12), 71–78

57 C. Hying, G. Hörpel, K. Ebert, K. Ohlrogge, Hybridmembran, Verfahren zu deren Herstellung und die Verwendung der Membran. DE-Anmeldung 101 395 59, 2001

58 C. Guizard, A. Ayral, A. Julbe, Desalination 2002, 147, 275–280

59 I. Voigt, Chemie Ingenieur Technik 2005, 77(5), 559–564

60 S. R. Chowdhury, R. Schmuhl, K. Keizer, J. E. ten Elshof, D. H. A. Blank, J. Membr. Sci. 2003, 225, 177–186

61 T. Tsuru, T. Sudoh, T. Yoshioka, M. Asaeda, Nanofiltration in non-aqueous solutions by porous silica-zirconia membranes. J. Membr. Sci. 2001, 185, 253–261

62 T. Tsuru, M. Miyawaki, H. Kondo, T. Yoshioka, M. Asaeda, Inorganic porous membranes for nanofiltration of nonaqueous solutions. Separation and Purif. Techn. 2003, 32, 105–109

63 T. van Gestel, C. Vandecasteele, A. Buekenhoudt, C. Dotremont, J. Lyuten, B. van der Bruggen, G. Maes, J. Membr. Sci. 2003, 214, 21–29

64 S. Sourirajan, Nature, 1964, 203, 1348–1349

65 J. A. Whu, B. C. Baltzis, K. K. Sirkar, J. Membr. Sci. 2000, 170, 159–172

66 S. J. Han, S. S. Luthra, L. Peeva, X. J. Yang, A. G. Livingston, Sep. Sci. Technol. 2003, 38(9), 1899–1923

67 J. P. Robinson, E. S. Tarleton, C. R. Millington, A. Nijmeijer, J. Membr. Sci., 2004, 230(1/2), 29–37

68 D. Bhanushali, D. Bhattacharyya, Ann. N.Y. Acad. Sci. 2003, 984, 159–177.

69 E. A. Mason, H. K. Lonsdale, J. Membr. Sci. 1990, 51, 181

70 H. K. Lonsdale, U. Merten, R. L. Riley, J. Appl. Polym. Sci. 1965, 9, 1341–1362

71 J. G. Wijmans, R. W. Baker, J. Membr. Sci. 1995, 107, 1–21

72 L. G. Peeva, E. Gibbins, S. S. Luthra, L. S. White, R. P. Stateva, A. G. Livingston, J. Membr. Sci. 2004, 236, 121–136
73 K. K. Reddy, T. Kawakatsu, J. B. Snape, M. Nakajima, Sep. Sci. Technol. 1996, 31(8), 1161–1178
74 E. Gibbins, M. D'Antonio, D. Nair, L. S. White, L. M. Freitas dos Santos, I. F. J. Vankelecom, A. G. Livingston, Desalination 2002, 147, 307–313
75 D. Bhanushali, S. Kloos, C. Kurth, D. Bhattacharyya, J. Membr. Sci. 2001, 189, 1–21
76 R. Rautenbach, Membranverfahren – Grundlagen der Modul- und Prozessauslegung, Springer, Berlin, 1997
77 D. Bhanushali, S. Kloos, D. Bhattacharyya, J. Membr. Sci. 2002, 208, 343–359
78 D. R. Paul, J. Membr. Sci. 2004, 241, 371–386
79 K. S. Spiegler, O. Kedem, Desalination 1966, 1, 311–326
80 B. van der Bruggen, J. Schaep, D. Wilms, C. Vandecasteele, Sep. Sci. Technol. 2000, 35(2), 169–182
81 B. van der Bruggen, C. Vandecasteele, Water Research 2002, 36, 1360–1368
82 T. Matsuura, S. Sourirajan, Ind. Eng. Chem. Process. Des. Dev. 1981, 20, 273–282
83 W. M. Deen, AIChE Journal 1987, 33(9), 1409–1425
84 U. Merten, Transport properties of osmotic membranes. in: Desalination by reverse osmosis. U. Merten (ed), MIT Press, Cambridge, 1966
85 M. H. V. Mulder, Basic principles of membrane technology. Kluwer, Academic Publishers, 1996
86 H. Mehdizadeh, J. M. Dickson, J. Membr. Sci. 1989, 42, 119–145
87 B. A. Farnand, F. D. F. Talbot, T. Matsuura, S. Sourirajan, Ind. Eng. Chem. Process. Des. Dev. 1983, 22, 179–187
88 J. G. A. Bitter, J. P. Haan, H. C. Rijkens, Process for the separation of an organic liquid mixture. US Patent 4 670 151, 1987
89 R. P. Cossee, E. R. Geus, E. J. Van Den Heuvel, C. E. Everardus, Process for purifying a liquid hydrocarbon product. US Patent 6 488 856 (2002)
90 E. R. Geus, A. A. M. Roovers, Process for purifying a liquid hydrocarbon fuel. US Patent Application 20020007587 (2002)
91 K. Chandrasekharan, R. P. H. Cossee, J. L. M. Dierickx, Producing light olefins from contaminated liquid hydrocarbon stream by means of thermal cracking. US Patent 6 013 852 (2000)
92 M. Kyburz, G. W. Meindersma, Nanofiltration in the chemical processing industry. In: Nanofiltration – Principles and Applications. A. I. Schäfer, A. G. Fane, T. D. Waite (eds), Elsevier Advanced Technology, Oxford, 2005
93 H. P. Dijkstra, G. P. M. van Klink, G. van Koten, Acc. Chem. Res. 2002, 35, 798–810
94 G. P. M. van Klink, H. P. Dijkstra, G. van Koten, C. R. Chimie 2003, 6, 1079–1085.
95 A. Datta, K. Ebert, H. Plenio, Nanofiltration for homogeneous catalysis separation, Organometallics, 2003, 22, 4685-4691
96 N. J. Hovestadt, E. B. Eggeling, H. J. Heidbüchel, J. T. B. H. Jastrzebski, U. Kragl, W. Keim, D. Vogt, G. van Koten, Angew. Chem. Int. Ed. 1999, 38 (11), 1655–1658
97 K. De Smet, S. Aerts, E. Ceulemans, I. F. J. Vankelecom, P. A. Jacobs, Chem. Commun. 2001, 7, 597–598
98 S. Aerts, H. Weyten, A. Buekenhoudt, L. E. M. Gevers, I. F. J. Vankelecom, P. A. Jacobs, Chem. Commun. 2004, 6, 710–711
99 A. Datta, K. Ebert, H. Plenio, Organometallics, 2003, 22, 4685–4691. Soluble polymer-supported palladium catalysts for Heck, Sonogashira and Suzuki coupling of aryl halides. Organometallics 2003, 22, 4685–4691
100 O. J. Gelling, P. C. Borman, H. A. Smits, V. Cauwenberg, F. Vergossen, Process to separate a Rhodium/Phosphite ligand complex and free phosphite ligand complex from a hydroformylation mixture, WO 01/37993 A1, 2001.
101 H. Bahrmann, T. Muller, R. Lukas, Process for preparing aldehydes, US Patent 5 773 667, 1998.

102 U. Kragl, C. Dreisbach, Membrane reactors in homogeneous catalysis. In: Applied homogeneous catalysis with organometallic compounds B. Cornils, W. A. Herrmann (eds) Wiley, 2002, 2nd edn, Kap 3.2.3, 941–954

103 E. J. A. X. van de Sandt, E. de Vroom, Chimica OGGI/Chemistry today 2000, 72–75

104 H.-W. Rösler, J. Yacubowicz, Chemie Technik 1997, 26(5), 200–204

17
Membranreaktoren

Detlev Fritsch

17.1
Einleitung

Durch chemische Reaktion von zwei oder mehreren Reaktionspartnern entstehen neue Stoffe. Entsprechend den Aggregatzuständen von Materie verlaufen die Reaktionen bei definierter Temperatur in der Gas-, flüssigen oder festen Phase, wobei die entstehenden Produkte mit der Reaktion auch die Phase wechseln können. Um chemisch zu reagieren, müssen sich die Moleküle (Reaktionspartner) räumlich sehr dicht annähern bzw. aufeinander treffen, während eines Übergangszustandes chemisch umsetzen und als neue Moleküle wieder voneinander entfernen. Die Eigenbeweglichkeit der Moleküle (Diffusion) steigt mit der Temperatur und besonders mit den Phasenwechseln (fest-flüssig-gasförmig) sprunghaft an. Dies ist einer der Gründe die Reaktion bei der technischen Produktion chemischer Stoffe in der Gasphase durchzuführen. Wenn dies nicht möglich ist – so bei thermisch empfindlichen, festen Stoffen – werden diese in einem Lösemittel gelöst und die Reaktion in flüssiger Phase durchgeführt. In jedem Fall ist eine intensive, äußerlich erzwungene Durchmischung für den schnellen, kontrollierten Reaktionsablauf erforderlich:

- Gasphase durch Temperatur,
- flüssige Phase mechanisch mit Rührer, Strömung durch Pumpen, Ultraschall, etc.

Im geschlossenen System kommt die Reaktion nach der Zeit x zu einem Gleichgewicht bezüglich Hin- und Rückreaktion, wobei das Gleichgewicht auch extrem zu einer Seite verschoben sein kann (Massenwirkungsgesetz, siehe Lehrbücher der Physikalischen Chemie). Die Lage des Gleichgewichtes hängt stark von der Temperatur ab. In der Regel wird die Zeit bis zum Erreichen des Gleichgewichtes durch den Einsatz von Katalysatoren erheblich verringert. In jedem Fall entsteht ein Gemisch aus Edukt(en) und Produkt(en), das zum Reinen Stoff aufgetrennt werden muss. Auch bei dem Einsatz der Katalysatoren zur Reaktionsbeschleunigung müssen sich die zu reagierenden Moleküle nach wie vor treffen, um sich zu den Produkten umzusetzen. Die erleichterte und damit schnellere Reaktion findet direkt am Katalysator statt, wodurch das Transportproblem der Moleküle zueinander sich noch verschärft. Da die Mehrzahl katalytischer Prozesse „heterogen" katalysiert ist, also am Feststoff (Katalysator) in der Gas- oder flüssigen Phase stattfindet, sind große Oberflächen des Katalysators erforderlich, um den Ort für die Reaktion zu stellen und den zeitlichen Ablauf der gesamten chemischen Umsetzung zu beschleunigen. Bei homogen katalysierten Reaktionen wird dieses Problem verringert, da in der einheitlichen Phase die molekulare Durchmischung von Edukt und Katalysator wesentlich leichter erfolgt.

Homogene und heterogene Katalyse können beide mit einem Membranreaktor durchgeführt werden. Nach der Empfehlung der IUPAC (The International Union of Pure and Applied Chemistry) [1] ist ein Membranreaktor (MR) „eine Vorrichtung für die gleichzeitige Ausführung einer (chemischen) Reaktion und einer Membran-basierenden Stofftrennung in einem technischen Apparat" (device for simultaneously carrying out a reaction and membrane-based separation in the same physical enclosure). In Abb. 17.1 ist im Dreieckdiagramm dargestellt, wie die Teilbereiche verknüpft sind. Welche Möglichkeiten sich daraus ergeben soll weiter unten diskutiert werden. Vordergründig ist die (katalytische) Chemie mit dem Reaktor und der Membran untrennbar verbunden. Dies bedeutet, dass die Art der Verschaltung im Reaktor, als auch die verwendete Membran eine Rückkoppelung mit der chemischen Reaktion hat. Umgekehrt muss die Leistung des Katalysators, der für die Effektivität der chemischen Reaktion essentiell ist, mit dem Reaktor und der Membran harmonieren. Grundsätzlich wird mit der direkten Kombination von zwei Prozessen der Gesamtprozess komplexer, da die Freiheitsgrade eingeschränkt werden. Wie bei gekoppelten Prozessen im Allgemeinen wird der langsamste Teilschritt der für die Gesamtgeschwindigkeit bestimmende Schritt und kann nachteilig für den betreffenden Gesamtprozess sein. Andererseits können aber bei optimaler Abstimmung zueinander erhebliche Synergieeffekte resultieren.

Durch die beständige Weiterentwicklung auf allen Teilbereichen des MR ergeben sich Verbesserungen bei den Katalysatoren (Chemie) und den Materialien (Membran). Dies ermöglicht eventuell eine neue Reaktionsführung im Prozess. Es stehen also Katalysatorentwicklung, Membranentwicklung und Prozessentwicklung in einer direkten Abhängigkeit zueinander (Abb. 17.2). Die Weiterent-

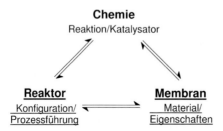

Abb. 17.1 Wechselwirkung von Reaktion, Prozess und Material.

Abb. 17.2 Wechselwirkung von Katalysator, Membran und Prozess.

wicklung von chemischen Reaktionen mit einem Membranreaktor kann deshalb nur sinnvoll mit Wissenschaftlern der Fachrichtungen Chemie/Katalyse, Membranentwicklung und Verfahrenstechnik gemeinsam weiter vorangebracht werden.

17.2
Klassifizierung von Membranreaktoren

Eine weitere Unterteilung von Membranreaktoren kann aus Sicht der Verfahrenstechnik (Reaktor) [2], der Chemie (Reaktion bzw. Katalysator) oder der Membran vorgenommen werden. Sanchez und Tsotsis unterteilen MR in drei Kategorien, die sich durch weitere Unterscheidung der Membran in katalytisch aktiv bzw. inaktiv auf sechs Kategorien verdoppeln (Tabelle 17.1). Von der Seite der Chemie her könnten chemische Reaktionen über Reaktionstypen erfasst oder über die Katalysatoren weiter unterteilt werden. Allerdings können gleiche Reaktionstypen durch unterschiedliche Molekülgrößen entweder in der Gas- oder der flüssigen Phase ablaufen und wären somit schlecht vergleichbar. Die letztgenannte Möglichkeit besteht darin von der Membran her weiter zu untergliedern. Dies wurde von Dalmon [3–5] zuerst vorgeschlagen und hat den Vorteil, dass bei dieser Sichtweise über die Funktion der Membran bei einem (katalytischen) MR-Prozess sich meist auch Reaktionstypen und damit auch Katalysatoren zuordnen lassen. So unterscheidet Dalmon [5] von der Funktion der Membran her drei Typen:

1. Extraktor
2. Distributor (Verteiler)
3. Kontaktor.

1. Extraktor:
   Aus einem Reaktionsgemisch wird durch eine permselektive Membran ein Produkt (Nebenprodukt) unter Reaktionsbedingungen entzogen. Dies bedeutet bei Gleichgewichtsreaktionen, dass durch den permanenten Entzug einer Komponente sich das Gleichgewicht neu einstellt und als Ergebnis ein vollständiger Umsatz bei Gleichgewichtsreaktionen erreicht werden kann. Bei Reaktionen mit Folgereaktion (A+B=C+B=D) (konsekutive Reaktionen) kann

Produkt (C) in der ersten Stufe der Reaktion abgetrennt und damit eine bessere Selektivität erreicht werden. Der Extraktor-Typ eines MR ist der am häufigsten untersuchte Reaktortyp, da bei Gleichgewichtsreaktionen der Umsatz über das vom Massenwirkungsgesetz vorgegebene Gleichgewicht getrieben werden kann.

2. Distributor (Verteiler):
Hier wird eine Membran dazu benutzt, einen Reaktionspartner stufenlos oder portionsweise über die gesamte Reaktorlänge dem Reaktionsgemisch bzw. dem Katalysator zuzuführen. Damit kann die Konzentration des einen Reaktionspartners über die Reaktorlänge entsprechend dosiert werden und es wird bei konsekutiven Reaktionen eine Weiterreaktion zum ungewünschten Produkt verringert. Beispiele sind selektive Oxidation oder Hydrierung. Durch diese Technik kann die Selektivität zum gewünschten Produkt über die vom Katalysator lieferbare Selektivität getrieben werden. Ein weiterer positiver Effekt ist die höhere Sicherheit bei dieser Konfiguration, die darin besteht, durch die einstellbare Konzentration der Reaktanden über die Reaktorlänge von z. B. Sauerstoff bei Oxidationsreaktionen von Kohlenwasserstoffen außerhalb des Explosionsbereiches fahren zu können.

3. Kontaktor:
Bei porösen Membranen bieten sich die Poren einerseits für den Einbau des Katalysators an (typische Katalysatorträger sind porös) zum anderen liegen durchgehende Poren vor, die einen Stofftransport jenseits der reinen Diffusion zulassen. Dadurch kann die innere Grenzfläche der Membran dazu benutzt werden die Reaktionspartner bei Dreiphasenreaktionen (Fest=Katalysator; Gas=Reaktant A; Flüssig=Reaktant B) in Kontakt zu bringen (mischen) oder den Kontakt eines Reaktionsgemisches (flüssig oder gasförmig) mit dem Katalysator im Durchflussbetrieb herzustellen. Bei kleinen Poren nahe dem Knudsen-Regime (Transportmechanismus) wird ein inniger Kontakt erzwungen und variable Kontaktzeiten sind leicht durch die Regelung des Durchflusses einzustellen.

In Abb. 17.3 ist angelehnt an Dalmon [5] dargestellt, wie die soeben weiter definierten drei Grundtypen von Membranreaktoren funktionieren. Das eingefügte Flussdiagramm einer Membrantrennung ist jeweils in Verbindung mit den drei

Tabelle 17.1 Abkürzungen für verschiedene Membranreaktoren nach Tsotsis/Sanchez [2].

Abkürzung	Beschreibung
CMR	Katalytischer MR
CNMR	Katalytischer MR mit nicht-selektiver Membran
PBMR	Festbett-MR
PBCMR	Katalytischer Festbett-MR
FBMR	Wirbelschicht-MR
FBCMR	Katalytischer Wirbelschicht-MR

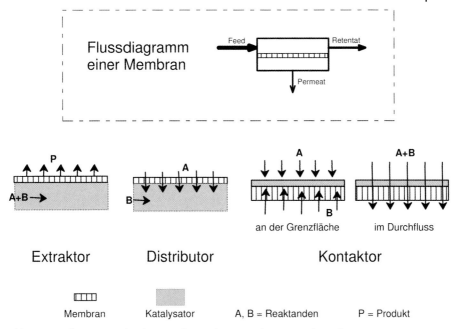

Abb. 17.3 Funktionsweise der drei Membranreaktor-Grundtypen mit Flussschema.

MR-Grundtypen zu sehen, wodurch der gesamte Stoffstrom vorstellbar wird. Bei chemischer Reaktion an der katalytischen Grenzfläche beim Kontaktortyp und auch beim Distributor wird abweichend vom Flussdiagramm ein Reaktionspartner von der Permeatseite her zugeführt und im Retentat das Reaktionsprodukt gefunden, wobei für den Kontaktortyp im Durchflussbetrieb in der Regel kein Retentatstrom benötigt wird. Aus Abb. 17.3 geht noch nicht hervor, an welcher Stelle des MRs der Katalysator am besten funktioniert bzw. welche Reaktion am besten mit welchem MR-Reaktortyp durchgeführt werden könnte. Dies kann auch nicht generell bestimmt werden, sondern ist von der jeweiligen Reaktion und den einzustellenden Parametern abhängig und wird weiter unten an Beispielen erläutert. Ausgehend von den Transporteigenschaften von Membranen lassen sich aber einige Aussagen treffen.

So ist die Funktion der Membran im MR-Distributor die, einen der Reaktionspartner genau dosiert zuzuführen. Die beste Wirkung sollte sich deshalb erzielen lassen, wenn der Katalysator so dicht wie möglich an der Membran angebracht wird, über die der Reaktionspartner zugegeben wird. Dadurch wird die optimale Mischung zwischen Reaktanden und Katalysator als Voraussetzung für die Reaktion bewerkstelligt.

Beim Extraktortyp kommt es darauf an, eines der Produkte aus dem Reaktionsgemisch mit fortschreitender Reaktion zu entfernen. Je nach Reaktionsgeschwindigkeit der jeweiligen Reaktion sollte die Membranfläche so bemessen sein, dass das Produkt jeweils sofort abgeführt werden kann, um die höchste

Gesamtgeschwindigkeit der Umsetzung zu erreichen. Der schnelle Stofftransport aus der Katalysatorschicht zur Membran, die das Produkt bzw. Nebenprodukt extrahiert und damit die Selektivität und/oder den Stoffumsatz erhöht, ist die Voraussetzung für Effektivität des MR's. Auch hier sind kurze Wege zwischen Katalysator und Membran zur Stofftrennung sinnvoll.

Beim Membrankontaktor ist der Katalysator direkt an der Grenzfläche zu den Reaktanden angeordnet. Dadurch ist eine sehr gute Kontaktmöglichkeit gegeben. Im erzwungenen Durchfluss bei kleinen Poren ist die Durchmischung im Durchgang durch die reaktive Membran besonders hoch. Auch bei der kurzen Wegstrecke im Durchgang (geringe Membrandicke) in hoher Konzentration oder in großer Verdünnung kann ein Umsatz von 100% erreicht werden.

Werden die Reaktionspartner von unterschiedlichen Seiten an die katalytische Grenzfläche zugeführt, ist der Stofftransport bei engen Poren wiederum diffusionskontrolliert. Allein die Zufuhr von zu reagierenden Gasen an den Katalysator kann bei schlecht löslichen Gasen ein Vorteil sein. So kann z. B. der schlecht in Wasser lösliche Wasserstoff bei Hydrierungen direkt an den Katalysator über eine große Membranfläche transportiert werden. Dadurch wird bei schnellen Reaktionen ein Wasserstoffdefizit vermieden und der Stoffaustausch bei 3-Phasenreaktionen wesentlich verbessert.

17.3
Ausgewählte Reaktionen mit Membranreaktoren

17.3.1
Extraktortyp

Die Fähigkeit von Palladium- und Platinfolien Wasserstoff selektiv zu transportieren ist schon lange bekannt und wurde von Snelling für die Abtrennung von Wasserstoff aus Gasgemischen 1914 in den USA zum Patent angemeldet [6]. Im Jahr zuvor hatte Snelling [7] bereits den ersten Membranreaktor nach dem Extraktortyp patentiert. Er beschrieb den Prozess der katalytischen Dissoziation von Ethanol zu Wasserstoff und Acetaldehyd (Abb. 17.4). Der verwendete, auf Aluminiumoxid geträgerte CuO-Katalysator war in einem porösen Rohr aus Aluminiumoxid oder Ton angeordnet, das, mit einer dünnen Schicht aus einem nur für Wasserstoff durchlässigen Material (Palladium) überzogen, selektiv den entstandenen Wasserstoff aus dem Reaktionsgleichgewicht entfernte. Dadurch erhöhte sich die Ausbeute an Acetaldehyd beträchtlich. Er beschreibt also in diesem Patent bereits die Verwendung einer Metall-Kompositmembran zur Produktabtrennung (Extraktion) und die Erhöhung der Ausbeute über das Gleichgewicht hinaus.

Die Abhängigkeit des H_2-Flusses von der Dicke des Metallfilms war bekannt. Hunter erhielt 1956 ein Patent auf die Wasserstoffabtrennung aus Gemischen mittels einer Silber-Palladiumlegierung (20–40% Silber) [8]. Er fand, dass der H_2-Fluss um bis zu 72% gegenüber reinem Pd höher lag. Im Jahr 1962 meldete

$$CH_3CH_2OH \rightleftharpoons CH_3CH=O + H_2$$

Abb. 17.4 Dehydrierung von Ethanol zu Acetaldehyd.

Engelhard Industries Inc. (Erfinder Pfefferle) in den USA [9a] und später Frankreich [9b] und England [9c] ein Patent über chemische Reaktionen mit Wasserstoff als Reaktionsprodukt an. Nur im französischen und englischen Patent sind ausführliche Beschreibungen der Reaktionen enthalten. Die Tabelle 17.2 fasst die Beispiele zusammen. Die Vorteile des Membranreaktorverfahrens sind:

- erhöhte Ausbeute an Wasserstoff als Produkt,
- Prozess kann bei niederen Temperaturen oder höherem/niederem Druck ablaufen,
- es wird sehr reiner Wasserstoff erhalten.

Die Grundlage für diesen verbesserten Prozess liefert die Verbindung von Massenwirkungsgesetz und Produktentfernung. Dies soll am Beispiel der Ammoniak-Dissoziation erläutert werden (Abb. 17.5). Da aus 2 Molekülen Ammoniak 4 Moleküle Produkt entstehen, verschiebt die Anwendung hohen Druckes die Lage des Gleichgewichtes nach links, ist also ungünstig. Die Gleichgewichtskonstante (K_n) steigt mit der Temperatur von 110 (427 °C) über 155 (454 °C), 1010 (650 °C) auf 6800 (982 °C) und ist damit bei niedriger Temperatur ungünstig. Ein konventioneller Prozess erreicht bei 454 °C/1 atm 99,6% an NH_3-Umsatz. Dieser verringert sich bei 454 °C/40 atm auf 87%. In der Praxis wird üblicherweise nur 60–80% Umsatz erreicht. Nur bei 982 °C kann bei einem Druck von 40 atm 99,6% Umsatz erreicht werden. Mit dem Membranreaktor kann durch die Produktentfernung der H_2-Partialdruck bei 1 atm gehalten werden und bei 454 °C/40 atm wird der gleiche Umsatz erzielt. Somit kann bei ca. 500 °C geringere Temperatur gearbeitet werden und bei 40 atm Druck. Dadurch sind die Ansprüche an das Material geringer und durch den 40-mal höheren Druck (=40-mal höhere Füllmenge) verringert sich das Gesamtvolumen der Anlage bei

Tabelle 17.2 Reaktionen in den Membranreaktorpatenten von Engelhard [9a–c]. GB 1039381 ist weitgehend identisch mit FR 1 375 030. Verwendete Membran: Pd/Ag (25%), Rohr 10–25 µm; H_2 Partialdruck bei der NH_3-Dissoziation 1 atm im Feed.

Prozess	Reaktion	Katalysator	Temperatur [°C]	Feeddruck [atm]	Umsatz [%]	Quelle
Alkan-dehydrierung	$CH_3\text{-}CH_3 \leftrightarrow CH=CH+H_2$	Pd/Ag (25%) Rohroberfläche	370–450	8,4	0,7	US 3 290 406
NH_3-Dissoziation	$2\,NH_3 \leftrightarrow N_2+3\,H_2$	0,5% Rh/Al_2O_3	454	40	99 (ohne Membran 87%)	GB 1039381
Dampf-reformierung	$CH_4 + H_2O \leftrightarrow CO + 3\,H_2$	NiO/Al_2O_3	650	14	97,9	GB 1039381

$$2\,NH_3 \rightleftharpoons N_2 + 3\,H_2 \qquad K_d = \frac{[H_2]^3 \times [N_2]}{[NH_3]^2}$$

Abb. 17.5 Ammoniak-Dissoziierung und Massen-Wirkungsgesetz.

gleicher Leistung erheblich. Es wird sehr reiner Wasserstoff erhalten und eine weitere Produktreinigung entfällt.

In der Dampfreformierung von Benzin ergeben sich ähnliche Vorteile. So wird bei einer um ca. 180 °C niedrigeren Temperatur (650 °C) ein höherer Umsatz erzielt, aber nur 10% der Menge an Wasserdampf wie beim konventionellen Prozess benötigt.

Für die Alkandehydrierung (Ethan ↔ Ethen + H$_2$) wurde nur ein sehr kleiner Umsatz von 0,7% gefunden. Dies kann auf die sehr ungünstigen Proportionen von katalytisch aktivem Diffusorrohr (Pd/Ag) und Volumenstrom zurückgeführt werden. In US 3 290 406 sind allerdings keine Volumenströme angegeben. Ein Rohrdurchmesser von 0,3 cm und ein Feeddruck von 8,5 atm werden angegeben. Nur die Oberfläche des glatten Rohres stellt den Katalysator. Wie am Gesamtumsatz von nur 0,7% abzulesen ist, ist die an der Oberfläche entstandene Menge an Wasserstoff entsprechend gering. Die treibende Kraft zur Abführung des Wasserstoffs ist also ebenfalls sehr gering und könnte nur durch ein gutes Vakuum einen größeren H$_2$-Fluss und somit die H$_2$-Produktabtrennung erlauben. Hier wurde mit der Zuführung von Sauerstoff (N$_2$ mit 0,7 Vol% O$_2$) an der äußeren Fläche des Rohres (Permeatseite) eine zweite Reaktion gekoppelt. Durch die sehr hohe Reaktivität von O$_2$ mit H$_2$ wird also der Wasserstofftransport maximiert. Diese Koppelreaktion ist in Abb. 17.6 dargestellt. Somit kann also eine (endotherme) Dehydrierung mit einer (exothermen) Hydrierung gekoppelt werden, ein Gleichgewicht von exothermer und endothermer Reaktion erreicht und eine Energiezufuhr bzw. -abfuhr elegant gekoppelt werden. Gryaznov [10] berichtet in einem komprimierten Übersichtsartikel über wesentliche Arbei-

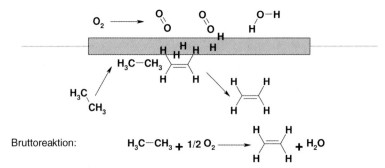

Abb. 17.6 Koppelung zweier Reaktionen am Beispiel der endothermen Ethandehydrierung und exothermen Oxidation des über die Pd-Membran entfernten Wasserstoffes zu Wasser.

17.3 Ausgewählte Reaktionen mit Membranreaktoren

ten mit Metallmembranen, die als Membranextraktor eingesetzt werden und auch speziell über Koppelreaktionen.

Der Extraktortyp eines Membranreaktors wurde als H_2-Lieferant für stationäre oder mobile Anwendungen mit verschiedenen Konzepten bis zur Serienreife entwickelt. Der Traum, Fahrzeuge frei von schädlichen Emissionen (siehe Kapitel 14) zu entwickeln, förderte die Entwicklung von Reformatoren als H_2-Quelle. In Europa wurde besonders Methanol als Ausgangsstoff untersucht (Daimler-Benz AG (Steinwandel) [11]; Johnson Matthey (Edwards) [12, 13]). In beiden Patenten wird durch den Zusatz von O_2 im Feed eine Mischung von exothermer Partialoxidation, endothermer Dampfreformierung und Wassergas-Shiftreaktion durchgeführt. Durch einen iterativen Prozess der Entwicklung der Reaktortechnik, des Katalysators und der Leistung des Reaktors konnte eine Startzeit des Reaktors von einer Minute erreicht werden [12]. Der Reaktor funktioniert autotherm mit Festbettkatalysator, diffusiver Feedgaszufuhr und H_2-Austrag mit einer Pd/Ag-Membran. Die Effektivität wird vor allem durch den Katalysator und die Feedgaszuführung erreicht. Der Katalysator besteht aus einer 19:1 Mischung von 5% Cu/Al_2O_3 mit 5% Pd/Al_2O_3, wobei der Pd-Katalysator die Partialoxidation steuert und der Cu-Katalysator die Reformierung. Durch diese Mischung wird der Energietransport von Partialoxidation zu Reformierung auf mikroskopische Entfernungen reduziert und ist somit besonders leistungsfähig. Durch eine über das gesamte Katalysatorbett verteilte, diffusive Feedgaszufuhr über eine poröse, anorganische Membran wird die optimale Versorgung (Stofftransport) des Katalysators erreicht. Die Membranfläche der Pd/Ag-Membran wird entsprechend dem zu bewältigenden Stoffstrom an H_2 angepasst. Der Reaktor wird bei 300–400 °C und einem Einlassdruck von 8–10 bar betrieben, wodurch ein Gasstrom von etwa 50 Vol% H_2 entsteht. Nach der Pd/Ag-Membran beträgt der H_2-Druck noch 3 bar, somit steht eine ausreichende treibende Kraft für den H_2-Transport zur Verfügung. Dieser MR-Typ ist als eine Kombination von Distributor und Extraktor einzustufen.

Die eingangs postulierte enge Verzahnung der Felder Chemie/Membran/Reaktor bzw. Prozess-/Katalysator-/Membranentwicklung (Abb. 17.1 und 17.2) wird an diesem Beispiel eines H_2-Generators deutlich (s. weiteres Beispiel unter Distributor-MR; H_2-Erzeugung durch Koppelung von Erdgas-Dampfreformierung zu Syngas mit integrierter Abtrennung des H_2).

Auch in der offenen Literatur findet eine intensive Beschäftigung mit diesem Thema statt. So untersuchten Lattner und Harold [14] ebenfalls die Reformierung von Methanol zu H_2. Sie verglichen 3 Reaktorkonzepte miteinander: Dampfreformierung (DR), autotherme Reformierung (ATR) und autotherme Reformierung im Membranreaktor (ATRMR). Bei DR und ATR liegt die Leistungsfähigkeit etwa gleichauf. Da der Produktstrom noch ca. 1 Vol% CO enthält ist ein zusätzlicher Oxidationsreaktor nötig. Der ATRMR liefert entsprechend reinen H_2 und benötigt keinen Oxidationsreaktor. Da der ATRMR mit Dampf als Sweepgas betrieben wird, wird die Leistungsfähigkeit dieses MR-Reaktors als etwas geringer angesehen. Es ist also für den Vergleich „normaler" Reaktor zu MR sehr wichtig, wie der MR tatsächlich betrieben wird.

Kleinert et al. [15] untersuchten im Detail die Dampfreformierung von Methan im MR. Sie verwendeten einen kommerziellen Ni/Al$_2$O$_3$-Katalysator und eine 0.6 µm dicke Pd-Kompositmembran auf ca. 1 mm starken α-Al$_2$O$_3$-Kapillarmembranen. Durch den Einsatz der Kapillarmembranen sind sehr hohe Packungsdichten realisierbar. Besonders wurde die kinetische Kompatibilität der H$_2$-Generierung/H$_2$-Entfernung untersucht und modelliert. Die Erfordernisse der Membran in Bezug auf Fläche bzw. Fluss und das Design des Reaktors können so optimiert werden. Eine argentinische Arbeitsgruppe [16] untersuchte die gleiche Reaktion und verwendet dabei verschiedene Katalysatoren. Ein Lanthan dotierter Rh/SiO$_2$-Katalysator (Rh (0,6%)/La$_2$O$_3$ (27%)-SiO$_2$) ergab eine deutliche Verbesserung. Es konnte eine CH$_4$- bzw. CO$_2$-Umsetzung von >40% über der Gleichgewichtslage erreicht werden bei einer Ausbeute von 0,5 mol H$_2$/mol CH$_4$.

Unabhängig von den Verbesserungen des Katalysators und Reaktordesigns hat eine Verbesserung der Membran in Bezug auf höhere Flüsse bei gleicher oder besserer Selektivität eine positive Rückkoppelung auf das gesamte System. Neuere Entwicklungen betreffen verschiedene Membranträger, Unterbringung des Metalls in der Membran [17] bzw. eine sonst nur selten verwendete Pd$_{60}$/Cu$_{40}$-Legierung, die einen deutlich höheren H$_2$-Fluss bei gleicher Dicke gegenüber Pd$_{75}$/Ag$_{25}$ bietet [18]. Forscher der University of British Columbia [19] haben in einen Fließbettreaktor H$_2$-permeable Membranen in Rohrform angebracht und damit die Dampfreformierung von Erdgas (Methan) betrieben. Dieses Konzept ist bis zur industriellen Reife vorangetrieben. Ein kompakter Reaktor (2×4,6×2,1 m) wird angeboten, der aus Erdgas 99.99% reinen Wasserstoff herstellt. Die angegebenen Daten sind in Tabelle 17.3 zusammengefasst (vergl. das DOE-geförderte Projekt von Praxair unter *Distributor-MR*, bei dem eine Koppelung von exklusiv O$_2$-permeabler Membran zur Dampfreformierung von Erdgas mit einer Pd/Ag-Membran zum H$_2$-Austrag entwickelt wird). In einem kurzen Übersichtsartikel fasst Uemiya die Dampfreformierung mit H$_2$-Abtrennung unter Einsatz von Metallmembranen zusammen [20].

Weitere wichtige Anwendungen des MR-Extraktortyps wurden bei Veresterungsreaktionen gefunden. So beschreiben Jennings und Binning [21] in US 2956070 (1960) die Herstellung von Laurinsäure-i-butylester und Essigsäurebutylester im Pervaporations-Membranreaktor (PV-MR) (s.a. Pervaporation, Kapitel 11). Dazu wird eine Mischung von 2 mol Alkohol mit 1 mol Säure durch ein

Tabelle 17.3 Leistungsdaten eines Membranreaktors zur Erzeugung von Wasserstoff durch Dampfreformierung von Erdgas.

Einspeisung		Leistung	
Erdgas	20 m$_N^3$/h	H$_2$-Fluss	50 m$_N^3$/h
Wasser	<0,4 L/min	H$_2$-Druck	7 bar
		Reinheit	>99,99%
Strom für Heizung, Pumpen		Erdgasumsatz	>82%

Pervaporationsmodul geführt, das dicht an der Membran mit einem Kationenaustauscher in der sauren Form belegt ist. Der Ionenaustauscher dient als Katalysator der Veresterungsreaktion. Im Durchgang durch das Modul wird beständig Reaktionswasser entzogen und somit eine über die Gleichgewichtslage hinaus vollständige Umsetzung ermöglicht. Als permselektive Polymermembran wird ein Polyvinylalkoholfilm verwendet. Üblicherweise werden Veresterungsreaktionen mit großem Überschuss einer der Komponenten betrieben, um das Gleichgewicht zum Produkt hin zu verschieben und das Gemisch destillativ getrennt. Bei azeotropen Mischungen wird diese Trennung aufwändig, sowie bei langkettigen und damit hoch siedenden und weniger reaktiven Verbindungen. Hier kann die sonst übliche 1. Veresterung mit einem niederen Alkohol wie Methanol bzw. Ethanol und daran anschließender Umesterung zum gewünschten Produkt in einer Stufe durchgeführt werden. So beschreiben Blum et al. in DE 4019170 (1991) [22] die Veresterung der langkettigen Verbindungen Myristinsäure mit i-Propanol bzw. Essigsäure mit Dodecanol. Es wird ein Blasenreaktor verwendet, der es ermöglicht, die Temperatur-limitierte Membran für den Wasseraustrag von der Reaktion zu entkoppeln. Die Veresterung wird bei höherer Temperatur gefahren, um kurze Reaktionszeiten zu erzielen und aus dem Dampfraum kann bei moderaten Temperaturen bis 100 °C das Reaktionswasser entfernt werden. Somit wird ohne Umesterung direkt der gewünschte Ester hergestellt. Die Methode ist so effektiv, dass sogar mit dem Einsatz molarer Mengen eine vollständige Veresterung erreicht wird. In einer anderen Reaktion können in der Fermentation anfallende Ammoniumcarboxylate mit dem PV-MR direkt verestert werden (Datta und Tsai) in US 5723639 (1998) [23].

$$\text{R-COO}^-\text{NH}_4^+ + \text{R}'\text{-OH} \leftrightarrow \text{RCOOR}' + \text{H}_2\text{O} + \text{NH}_3$$

Die üblicherweise nötigen hohen Temperaturen von 200 °C können auf unter 100 °C gesenkt werden, da mit der Wasser austragenden Polyvinylalkoholmembran auch das im Gleichgewicht vorliegende Ammoniak abgezogen wird. So wurden u.a. Milchsäureethylester hergestellt. Sanchez und Tsotsis [2] widmen dem PV-MR in ihrem Buch ein ganzes Kapitel, da hier besonders bei Hybridprozessen eine breite Anwendung in der Technik gesehen wird.

Eine weitere, kürzlich publizierte Methode beschreibt die Dehydratisierung von Methanol zu Dimethylether am sauren SiO_2/Al_2O_3-Katalysator in einem Festbettreaktor mit Produktentfernung (Lee et al. in US 6822125 (2004) [24]). Eine bei 250 °C stabile keramische Membran auf einem porösen Edelstahlträger wird zum Wasseraustrag verwendet. Im Vergleich zu einem konventionellen Reaktor ohne Nebenproduktentfernung bietet der MR hier bei 75 °C niedrigerer Temperatur (225 °C) die gleiche Umsetzung von 80% Methanol wie der konventionelle Reaktor. Bei 250 °C wird im MR sogar fast vollständige Umsetzung von Methanol erreicht. Die niedrigere Temperatur ermöglicht eine ökonomischere Prozessführung und verlängert die Lebensdauer des Katalysators.

17.3.2
Distributortyp

Bei katalytischen Reaktionen trägt der Massen- und Energietransport am Katalysator wesentlich zu dessen Gesamtreaktionsfähigkeit bei. Besonders bei heterogen katalysierten, exothermen Reaktionen ist eine gezielte, dosierbare Eduktzufuhr zum Katalysator von Vorteil. Sonst können lokale Überhitzungen der Katalysatorschüttung (hot spots) die Selektivität der Reaktion herabsetzen, die Lebensdauer des Katalysators erheblich verringern und im schlimmsten Fall zum Verlust der Kontrolle über den Reaktor führen. Durch den Einsatz von porösen oder porenfreien Membranen als Distributor der Edukte können diese Probleme vermieden werden.

Butan Direktoxidation zu Maleinsäureanhydrid mit einem Distributor-MR

Ein technisch wichtiges Beispiel ist Direktoxidation von Butan zu Maleinsäureanhydrid. Die Reaktion ist stark exotherm und von Nebenreaktionen begleitet (Abb. 17.7). Dieser Prozess mit einer Produktion von über 900 Kt/a (2000) wird heute technisch zu etwa $^3/_4$ im Festbettreaktor und zu $^1/_4$ im Fließbettreaktor durchgeführt [25]. Meist wird ein Vanadylpyrophosphatkatalysator verwendet. Die Reaktion wird wegen des Explosionslimits in großer Verdünnung unterhalb der Explosionsgrenze bei 1,7 mol% n-Butan durchgeführt. Das n-Butan wird dabei zu ca. 85% umgesetzt und eine Ausbeute von 50–60% an Maleinsäureanhydrid erzielt. Durch ungleichmäßige Verteilung des Katalysators im Festbett sowohl in Bezug auf das aktive Katalysatormaterial als auch ungleichmäßigen Fluss durch ungleich dichte Packung des Katalysators und dadurch ungleichem Massen- und Wärmestrom im Katalysatorbett können leicht thermische Probleme entstehen (hot spots) [26–28]. Diese führen zu einer schnelleren Deaktivierung des Katalysators [25]. Die Langzeitstabilität des Katalysators wird verbessert, wenn ca. 1 ppm Trimethylphosphat im Feedstrom zugesetzt werden [29]. Wahrscheinlich wird damit einem Austrag von Phosphor aus dem Vanadylpyrophosphatkatalysator entgegengewirkt. Die Reaktion wird in einem Rohrbündelreaktor durchgeführt, um die nötige Kühlfläche zu erhalten. Um zu gleichmäßigeren Reaktionsbedingungen über die Reaktorlänge zu kommen wurde eine gestaffelte Katalysatorschüttung vorgeschlagen [30]. Über eine Länge von 6 m wird von 0–1 m der Katalysator mit Al_2O_3/SiO_2 verdünnt (70/30), von 1–2 m auf 80/20 verdünnt und die restliche Länge (2–6 m) mit unverdünntem Katalysator beschickt. Durch diese abgestufte Reaktivität des Katalysators werden die Selektivität, die Ausbeute und die Langzeitstabilität erhöht. Eine weitere Verbesserung konnte durch Optimierung des Druckabfalls über die Reaktorlänge erreicht werden [31]. Dazu wurde die Form der Katalysatorkörner gezielt angepasst, um den Druckabfall einstellen zu können. Damit scheint die traditionelle Reaktoroptimierung für Rohrbündelreaktoren ausgereizt zu sein. Andere Reaktortypen wurden für diese Reaktion auch vorgeschlagen, so ein Reaktor, bestehend aus vertikal angebrachten, dampfdurchlässigen Wänden, die die Fließrichtung zwischen den Wandpaaren (Kanäle) vorgeben. Die Zwischenräume sind mit Katalysatormaterial gefüllt. Eine Mischung aus Luft und n-Butan wird durch diese Kanäle geschickt. Die Reaktionswärme wird mit einem flüssigen Wärmetauscher (geschmolzenes Salz) abgeführt [32].

Ein Festbettreaktor für Oxidationsreaktionen mit axialer Eduktzufuhr des Oxidationsmittels als Distributor-MR wurde von verschiedenen Autoren zur Synthese von Maleinsäureanhydrid vorgeschlagen [33–40] und patentiert (US 6 515 146 (2003)) (Haldor Topsoe/Univ. Zaragoza/Du Pont Iberia [41]). Im Gegensatz zum Festbettreaktor mit einer fixierten Zusammensetzung der Edukte (Verhältnis O_2/Kohlenwasserstoff (KW)) kann dieses Verhältnis über die Reaktorlänge eingestellt werden. Im Experiment (Butandirektoxidation zu Maleinanhydrid) [34] und auch in der Modellierung (o-Xylendirektoxidation zu Phthalsäureanhydrid) [35] wird bei einer festen Proportion O_2/KW beim Festbettreaktor im Bereich der ersten 20–30% der Länge ein Temperaturmaximum gefunden. Bei zu hoher Eingangstemperatur kann die Reaktion außer Kontrolle geraten (hot spots). Beim Distributor-MR liegt der Temperaturverlauf über die gesamte Reaktorlänge wesentlich gleichmäßiger (Abb. 17.8). Daraus ergibt sich der Vorteil einer schonenderen Reaktionsführung und der inhärent sicheren Reaktionsführung. Trotzdem konnte mit dieser MR-Konfiguration weder der n-Butanumsatz noch die Selektivität zu Maleinsäureanhydrid im Vergleich zum optimierten technischen Verfahren erreicht werden. Die Gründe dafür werden im Katalysator gesehen. Im technischen Prozess wird das Festbett im Reaktor mit einem Überschuss an O_2 gefahren. Detaillierte Untersuchungen des Reaktionsmechanismus am Katalysator [28, 42–44] zeigen den Redoxcharakter zwischen V^{4+}/V^{5+}. Je nach Über- oder Unterschuss an O_2 verschiebt sich die Lage zwischen V^{4+}/V^{5+} mit entsprechendem Wechsel an Aktivität und Selektivität. Bei Zudosieren von O_2 zum Feed und gleichzeitiger axialer O_2-Zufuhr kann zumindest die Leistung des Festbettreaktors erreicht werden, ohne dass das Problem von hot spots auftritt. Mota et al. [36] und Mallada [38] kommen zum Schluss, dass der MR einen angepassten Katalysator benötigt, um optimal betrieben werden zu können. Durch Zusatz von CO_2 im Feed wird das Redoxverhalten des Katalysators positiv beeinflusst und es wird eine höhere Selektivität und Ausbeute am Zielprodukt Maleinsäureanhydrid erhalten [37, 41]. Auch bei einer detaillierten Untersuchung mit einem Pilot-MR [39] von ca. 1 m Länge konnte der MR nicht besser abschneiden als das optimierte Festbett. Bei gleichem Umsatz war die Selektivität im MR einige Prozent schlechter. Dies wurde auf den schlechten Wärmeübergang des MR zurückgeführt und als einer der Schlüsselparameter für eine kommerzielle Nutzung des MR für diese Reaktion angesehen. Die Unterschiede im Temperaturprofil beider Reaktoren (Festbett – MR) werden als komplexe Kombination von Wärmeübergang, O_2-Verteilung, Flussverhalten und

$$C_4H_{10} + 3.5\ O_2 \longrightarrow C_4H_2O_3 + 4\ H_2O \quad \Delta H = -1236\ kJ/mol\ (-295.4\ kcal/mol)$$
$$C_4H_{10} + 6.5\ O_2 \longrightarrow 4\ CO_2 + 5\ H_2O \quad \Delta H = -2656\ kJ/mol\ (-634.8\ kcal/mol)$$
$$C_4H_{10} + 4.5\ O_2 \longrightarrow 4\ CO + 5\ H_2O \quad \Delta H = -1521\ kJ/mol\ (-363.5\ kcal/mol)$$

Abb. 17.7 Reaktionsprodukte der exothermen Direktoxidation von n-Butan.

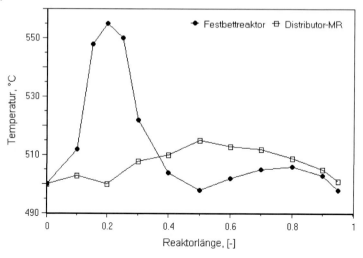

Abb. 17.8 Temperaturprofil im Festbettreaktor und Distributor-MR (basierend auf Daten aus [34, 35]).

KW-Verweilzeit und als derzeit nicht lösbar gesehen. Allerdings bleibt als Vorteil immer noch der Sicherheitsaspekt und von wesentlicher ökonomischer Bedeutung die ohne Sicherheitseinbuße mögliche, höhere Butankonzentration im Feed (statt <1,8 Vol% sind 5–10 Vol% möglich), die zu wesentlich kostengünstigeren, kleineren Anlagen führt.

Direktoxidation mit selektiv O_2-permeablen Membranen im Distributor-MR Mit ausschließlich für O_2 durchlässigen Membranen ist die axiale Eduktzufuhr zum Katalysator bei Direktoxidationen sehr elegant mit komprimierter Luft lösbar. Polymermembranen bieten hierfür weder die erforderliche Selektivität noch chemische oder Temperaturstabilität. In Kapitel 5 sind dichte, anorganische Materialien beschrieben, die in einer Kombination aus Sauerstoffionen- und Elektronenleitfähigkeit exklusiv O_2 transportieren. Die treibende Kraft des O_2-Transportes ist auch hierbei das Konzentrationsgefälle zwischen den beiden Membranseiten. Die in Frage kommenden Materialien sind: Perowskite (Grundstruktur: $CaTiO_3$), Brownmillerite (Grundstruktur: $Ca_2(Al,Fe^{3+})_2O_5$) und Oxide mit K_2NiO_4-Struktur (s. Kapitel 5). Eine technisch extrem wichtige Anwendung ist die Herstellung von Syngas aus Erdgas (Methan) durch Direktoxidation oder durch eine Kombination aus Dampfreformierung und Direktoxidation. Der besondere Vorteil bei der Anwendung selektiver O_2 durchlässiger, hochtemperaturbeständiger Membranen besteht darin: (1) da reines O_2 verwendet wird entstehen keine Stickoxide aus dem N_2-Anteil der Luft, (2) der Reaktor kann kleiner gebaut werden, da kein N_2 mitgeschleppt wird, (3) N_2 muss nicht abgetrennt werden, (4) Kosten für reinen Sauerstoff entfallen, da Umgebungsluft verwendet wird. Durch erhebliche Mittel wurde die Material- und Reaktorentwicklung in den letzten 10 Jahren vorangetrieben.

So wurden 2 große Konsortien in USA gebildet: (a) „Syngas Alliance" mit Partnern Praxair, BP Amoco, Statoil und Sasol und (b) in direktem Wettbewerb dazu ein Konsortium bestehend aus: Air Products, Babcock & Wilcox, Cerametec, Eltron Research, ARCO, Argonne National Lab., Pacific Northwest National Lab., Penn State University und The University of Pennsylvania (1998–2006). Das Ziel ist die technische Umsetzung der Direktoxidation von Erdgas zu Syngas. Auch Exxon arbeitet an diesem Prozess. In Europa wurde von der Europäischen Kommission ein Konsortium (CERAM-GAS) aus Haldor Topsoe, Air Liquide, Snamprogetti Spa., Universitäten und Forschungszentren gefördert. In Deutschland arbeiten die Linde AG neben Uhde und Borsig an der Direktoxidation mit dem Distributor-MR. Die Arbeiten der verschiedenen Konsortien wurden mit zahlreichen Patentanmeldungen dokumentiert. Tabelle 17.4 gibt eine Auswahl an Patenten, die einerseits die Fortschritte in der Membranentwicklung, als auch der Modul- und Prozessentwicklung dokumentieren. Das US Department of Energy (DOE) fördert im „Hydrogen Program" zwei US-amerikanische Konsortien zur Umsetzung der Syngasproduktion bis zum industriellen Standard. Entsprechend den Regeln der DOE sind die Fortschrittsberichte öffentlich zugänglich und unter dem Titel „Hydrogen, Fuel Cells, and Infrastructure Technologies FY 2004 Progress Report" einsehbar.

Das Konsortium um Air Products arbeitet unter dem Projekttitel Ceramic Membrane Reactor Systems for Converting Natural Gas to Hydrogen and Synthesis Gas (ITM Syngas) [45]. Es soll die preiswerte, technische Umsetzung von Erdgas durch Dampfreformierung mit einem keramischen Distributor-MR zu Wasserstoff und Syngas erreicht werden. Dazu sind in 3 Phasen alle Daten zu gewinnen, um die Syngasproduktion im Industriemaßstab aufnehmen zu können. Das Projekt ist auf 9½ Jahre angelegt. Im Jahre 2004 befindet sich das Projekt in Phase 2. Das Konzept von Rohrmembranen [46] wurde zugunsten eines Flachmembrandesigns aufgegeben, das nach Art eines Plattenmoduls aufgebaut ist (US 2004/0186018, US 2005/00315131, Tabelle 17.4). Zwei ausschließlich für O_2 durchlässige Keramikplatten sind über einen Mikrokanal miteinander verbunden. Über diesen (inneren) Kanal wird Luft mit moderatem Druck geführt, Erdgas bzw. Erdgas/Dampf streicht über die äußere Membranseite (Abb. 17.9). Von 1999 bis 2004 wurde eine 300fache Vergrößerung der Modulfläche erreicht. Eine Schlüsselfunktion in der Modulherstellung kommt einem neu entwickelten keramischen Kleber zu, der auch die thermische Ausdehnung beim Aufheizen ausgleichen muss. Eine neue La-Ca-Fe-oxid-Keramik mit einem direkt auf die O_2-durchlässige Membran aufgetragenen Katalysator wurde patentiert (US 6 492 290, Tabelle 17.4). Auf Grundlage der bisherigen Daten wurde eine Pilotanlage für die Produktion von 860 kg/Tag H_2 ausgelegt.

Das zweite DOE-geförderte US-amerikanische Konsortium um Praxair arbeitet unter dem Titel „Integrated Ceramic Membrane System for Hydrogen Production" [47]. Es wird eine Synergie bei der Kombination von Syngaserzeugung mit gekoppeltem H_2-Austrag gesehen (US 6 066 307 und US 6 695 983, Tabelle 17.4). Dieses Projekt betreibt also die Kopplung von MRen nach dem Distributortyp (Syngaserzeugung) und Extraktortyp (H_2-Abtrennung). Das Marktpotenti-

Tabelle 17.4 Neuere Patente über Membranen, Membranreaktoren und Membranreaktorverfahren zur Hochtemperaturdirektoxidation von Kohlenwasserstoffen.

Titel	Anmelder	Jahr	Patent Nr.	Besonderheit
Solid electrolyte	Teijin Ltd.	1982	US 4 330 633	O_2-permeable Materialien zur O_2-Anreicherung, oxidisches Material aus Metallen: Co und Sr oder La und Bi oder Ce
Verfahren und Vorrichtung zur Gewinnung von reinem Sauerstoff	Merck	1991	DE 3 921 390	Prozess zur O_2-Gewinnung, O_2-permeable Membranen, Kompositmembranen, u. a. Plasmaspritzen
Coated membranes	BP (The Standard Oil Company)	1997	EP 0 908 227	Kompositmembranen für hohen O_2-Fluss
Solid state oxygen anion and electron mediating membrane and catalytic membrane reactors containing them	Eltron	1997	WO 97/41060	Membranen mit Brownmillerit-Struktur
Multi-layer membrane composites and their use in hydrocarbon partial oxidation	Exxon	1998	US 5 846 641	poröser CH_4-Oxidationskatalysator direkt auf der O_2-permeablen Membran
Autothermic reactor and process using oxygen ion-conducting dense ceramic membrane	BP Amoco	1999	US 5 980 840	Prozess, Reaktor, Koppelung endo-/exothermer Prozess
Utilization of synthesis gas produced by mixed conducting membranes	Air Products	2000	US 6 110 979	Prozess
Synthesis gas production by mixed conducting membranes with integrated conversion into liquid products	Air Products	2000	US 6 114 400	Prozess mit integrierter Fischer-Tropsch-Synthese für flüssige Produkte
Ceramic membranes for catalytic membrane reactors with high ionic conductivity and low expansion properties	Eltron	2000	US 6 146 549	Membran mit niedrigem Ausdehnungskoeffizient
Catalytic membrane reactor materials for the separation of oxygen from air	Eltron	2000	WO 00/59613	Keramische Membranmaterialien, auch für katalytische Reaktoren
Method for producing hydrogen using solid electrolyte membrane	Praxair	2000	US 6 066 307	Kombination von Syngaserzeugung mit keramischen O_2-durchlässigen Membranen und H_2-Abtrennung mit H_2-Transportmembran (basierend auf Pd)

Tabelle 17.4 (Fortsetzung)

Titel	Anmelder	Jahr	Patent Nr.	Besonderheit
Ceramic membrane for endothermic reactions	Praxair	2001	US 6296686	Prozess, Reaktor, Koppelung endo-/exothermer Prozess
Synthesis gas production by ion transport membrane	Air Products	2001	US 6214066	Prozess
Solid state proton and electron mediating membrane and use in catalytic membrane reactors	Eltron	2001	US 6281403	Perovskitische Membranen für Dehydrierung, Oligomerisierung von KW
Reaktor	Linde AG	2001	DE 10114173	Aufbau des Reaktors
Verbund aus einer Kompositmembran	Linde AG	2001	DE 19943409	Herstellung einer Kompositmembran durch thermische Spritzverfahren
Verfahren zur Herstellung von Alkenen	Linde AG	2001	DE 19961081	Oxidative Dehydrierung von Alkanen zu Alkenen mit O_2-Ionen-leitender keramischer Membran
Oxidationsreaktionen unter Verwendung gemischtleitender sauerstoffselektiver Membranen	BASF AG	2001	DE 19959873	Katalysator direkt auf der O_2-permeablen Membran, verschiedene Oxidationsreaktionen für Feinchemie
Method for partial oxidation of methane using dense, oxygen-selective permeation ceramic membrane	Teikokuoil	2001	EP 1333009	Anordnung des Katalysators: (a) direkt an der Membran (b) ähnlich Festbett (c) Kombination aus a) am Anfang und b) am Ende des Reaktors
Glass-ceramic seals for ceramic membrane chemical reactor application	Eltron	2002	US 6402156	Problemlösung für Verbindung von keramischer Membran mit dem Modul
Electric power generation with heat-exchanged membrane reactor	Exxon	2002	WO 02/02460	Prozess, Dampfreformierung bzw. Wassergas-Shiftreaktion gekoppelt mit H_2-Verbrennung, Koppelung endo-/exothermer Prozess
Two component-three-dimensional catalysis	Eltron	2002	US 6355093	Katalytischer MR mit Oxidations- und Reduktionszone, Katalysator direkt auf der Membran, enthält extensive Literatur über betreffende Katalysatoren
Mixed conducting membranes for syngas production	Praxair	2002	US 6492290	Neue Keramik aus $(La_{0,8}Ca_{0,2})_{1,01}FeO_{3-\delta}$ mit Katalysator direkt auf der Membran

Tabelle 17.4 (Fortsetzung)

Titel	Anmelder	Jahr	Patent Nr.	Besonderheit
Plasma sprayed oxygen transport membrane coatings	Praxair	2002	EP 1 338 671	Plasmaspritzen zum Auftrag von Kompositmembranen, dünnere Schichten, höherer Fluss, automatisierbare Methode
Low pressure steam purged chemical reactor including an oxygen transport membrane	Praxair	2003	US 6 537 465	Erhöhen der treibenden Kraft beim O_2-Transport durch Dampf als Spülgas, höherer O_2-Gewinnung aus Luft für zweiten Reaktor zur Reformierung. Anstieg von O_2-Fluss von 18 auf 27 cm_N^3/cm^2 min bei ca. 4 bar Druckdifferenz und 6 mol H_2O/O_2
Mixed ionic and electronic conducting ceramic membranes for hydrocarbon processing	Eltron	2003	US 6 641 626	verbessertes Membranmaterial mit besserer mechanischer Stabilität
Membrane and use thereof	Norsk Hydro	2003	US 6 503 296	Membran und MR basierend auf $La_2Ni_{1-x}B_xO_{4+\delta}$
Membranreaktor	Linde AG	2003	DE 102 13 709	Membranreaktor mit keramischen Membranen
Method for producing synthesis gas	Air Liquide	2004	WO 2004/046027	Katalytischer MR mit Vorreformierungsstufe
Syngas reactor with ceramic membrane	Praxair	2004	EP 0 962 422	Prozess, Reaktor
Syngas production method utilizing and oxygen transport membrane	Praxair, BP Amoco	2004	US 6 695 983	Verfahrenspatent
Membrane and use thereof	Norsk Hydro	2004	US 6 786 952	Membran und MR basierend auf $La_{1-x}Ca_x(Fe_{1-y-y'}Ti_yAl_{y'})O_{3-\delta}$
Planar ceramic membrane assembly and oxidation reactor system	Air Products	2004	US 2004/0186018	Module, ähnlich Plattenmodul, planare Anordnung, hochdruckstabil
Ion transport membrane module and vessel system	Air Products	2005	US 2005/0031531	Module, ähnlich Plattenmodul und Behälter

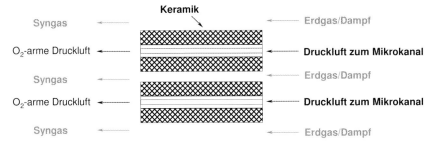

Abb. 17.9 Gasführung im Plattenmodul von Air Products zur Dampfreformierung von Erdgas.

al dieser Technik wird bei Anlagen zur Wasserstofferzeugung aus Erdgas von ca. 60 m³/h gesehen. Der Schwerpunkt lag im Progress Report 2004 [47] auf der Entwicklung einer Pd/Ag-Kompositmembran. Diese Membran muss eine genügend große Toleranz gegenüber Schwefelverbindungen und Kohlenmonoxid als Nebenprodukte des Syngasreaktors besitzen. Dazu wurde eine keramische Trägermembran in Röhrenform mit einer Porengröße von <5 µm entwickelt. Diese Trägermembran muss eine dem gewünschten H_2-Fluss entsprechende hohe Porosität aufweisen. Der Fluss der Trägermembran sollte mindestens 10-mal höher als der Fluss der Kompositmembran sein. Es konnte ein H_2-Fluß von 33 cm³/cm² bei 2.7 bar Druckdifferenz und 550 °C erreicht werden. Die Dicke der metallischen Pd/Ag-Membran lag bei 8 µm. Trotz dieser sehr dicken Pd/Ag-Schicht der Membran werden für das Pd nur Kosten von ca. 1% der Anlagengesamtkosten berechnet. Es wird davon ausgegangen, diese Schichtdicken bei besseren Trägermembranen wesentlich verringern zu können ohne die Langzeitstabilität zu verschlechtern. In der Literatur sind Schichtdicken von 1–3 µm seit langem bekannt [20, 48–50].

17.3.3
Kontaktortyp

Bei der chemischen Reaktion am Katalysator findet gleichzeitig ein Energie- und Massentransport statt (Abb. 17.10). Bei homogen katalysierten Reaktionen sind diese Transportprobleme minimiert, jedoch wird die überwiegende Mehrzahl technisch durchgeführter Reaktionen wegen der einfacheren Reaktionsführung mit heterogenen Katalysatoren betrieben. Als Katalysator wird hier die Einheit von Katalysatorträger mit aktivem Zentrum (z. B. Edelmetall bzw. saure oder basische Ionen) verstanden. Emig und Dittmeyer [51] definieren eine heterogen katalysierte Reaktion in 7 Schritten:

1. Diffusion der Reaktanden durch eine Grenzschicht zur äußeren Oberfläche des Katalysators (Diffusion zwischen den Phasen).
2. Diffusion der Reaktanden durch das poröse Innere des Katalysators zum aktiven Teil des Katalysators (Diffusion in der Katalysatorpore).

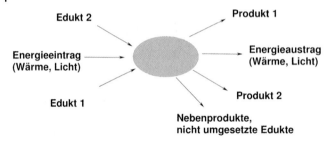

Abb. 17.10 Gleichzeitiger Wärme- und Massentransport am Katalysator.

3. Adsorption der Reaktanden auf der inneren Oberfläche des Katalysators.
4. Reaktion an der Oberfläche des aktiven Katalysatorbestandteils (in der Regel Edelmetall).
5. Desorption der Produkte vom aktiven Katalysatorbestandteil.
6. Diffusion der Produkte vom porösen Inneren des Katalysators zur äußeren Oberfläche (Diffusion in der Katalysatorpore).
7. Diffusion der Produkte von der äußeren Oberfläche des Katalysators zur umgebenden Phase (Diffusion zwischen den Phasen).

Neben den Diffusions- und Adsorptionsschritten hin (1–3) und wieder weg (5–7) vom aktiven Katalysatorzentrum findet die Reaktion bei Schritt 4 im Innern der Pore statt (Abb. 17.11). Bei diesem Schritt entsteht die positive oder negative Reaktionswärme entsprechend dem Reaktionstyp (exotherme bzw. endotherme Reaktion). Die Reaktionsgeschwindigkeit verdoppelt sich in etwa bei einer Temperaturerhöhung um 10 K und damit steigt auch die Reaktionswärme stark an und treibt die Reaktionsgeschwindigkeit weiter. Diese Reaktionswärme muss abtransportiert werden, um zu einer stabilen Reaktion zu gelangen. Hier liegt auch der Grund für den ungleichmäßigen Temperaturverlauf über die Reaktorlänge bei der Direktoxidation von Butan zu Maleinsäureanhydrid im Festbettreaktor (s. unter Distributor-MR und Abb. 17.8). Die Reaktionswärme kann eventuell nicht schnell genug abgeführt werden, da die Wärme- und Massen-

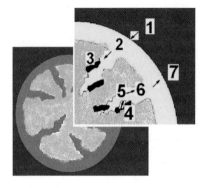

Abb. 17.11 Transport am Katalysator nach Emig und Dittmeyer [Emig]. Der Katalysator besteht aus Katalysatorträger (grau, porös) mit den in den Poren eingebauten aktiven Zentren (schwarze Punkte im Ausschnitt). Nur an diesen findet die Reaktion statt. Erklärung der Schritte 1–7 siehe Text.

transportraten endlich sind. Technisch wird dieses Problem bei Festbettreaktoren dadurch gelöst, dass das Festbett in Stapeln von langen, dünnen Rohren untergebracht ist, um bei stark exothermen Reaktionen die Wärme besser oder überhaupt abführen zu können. Allerdings steigt der Druckverlust des Reaktors über die Länge stark an. Bei diesen unterschiedlichen Drücken liegen jeweils unterschiedliche Konzentrationen vor, die den Temperaturverlauf im Reaktor und die Selektivität und Ausbeute beeinflussen. Deshalb wird bei der technischen Direktoxidation von Butan zu Maleinsäureanhydrid eine gestaffelte Katalysatorschüttung vorgeschlagen [30] (s. oben bei Distributor-MR). Die Porosität und die Teilchengröße haben auch einen großen Einfluss auf den Druckverlust. Je kleiner die Katalysatorkörner sind, desto größere Oberflächen an aktiven Zentren mit entsprechend höherer Reaktivität lassen sich pro Volumen Katalysator unterbringen. Jedoch steigt der Druckverlust umgekehrt proportional zur Teilchengröße stark an.

Weiterhin können die Diffusionsgeschwindigkeit der Schritte 1 und 7 zum und weg vom Katalysator (Abb. 17.11) durch bessere Mischung (Rühren im Rührkessel, höheren Durchsatz beim Festbett (ergibt aber kürzere Verweilzeit!)) abgekürzt werden. Der diffusive Transport im Porensystem des Katalysators und die Adsorption/Desorption am aktiven Katalysatorzentrum lassen sich allerdings nicht auf diesem Weg beeinflussen. Allein durch eine Temperaturerhöhung steigt die Diffusionsgeschwindigkeit wobei aber auch die Gleichgewichtslage der Reaktion verändert wird. Zurück zum Kontaktor-MR stellt sich die Frage, inwiefern die Transportvorgänge sich im Vergleich zum Rührkessel- bzw. Festbettreaktor unterscheiden. In Abb. 17.12 sind die zwei Grundtypen des Kontaktor-MR dargestellt. Beim *Typ 1 (Diffusion)* können die Edukte von zwei verschiedenen Seiten zum Katalysator geführt werden. Die Transportvorgänge in der Membranpore sind wie beim getragenen Katalysator wesentlich diffusionskontrolliert. Im Unterschied dazu können allerdings die Edukte unabhängig voneinander dosiert werden. So kann etwa bei Hydrierungen auch in Wasser als schlechtem Lösemittel für H_2 der schnell verbrauchte Wasserstoff nachdosiert, d. h. auf direktem Weg von der „Rückseite" der Membran in der erforderlichen Menge zum Reaktionsort (Katalysator) in der Membranpore gebracht werden. Dies ist besonders bei Dreiphasenreaktionen [Gas (Edukt 1)/Flüssig (Edukt 2)/Fest (Katalysator)] sehr gut anwendbar [52]. Beim *Typ 2 (Durchfluss)* ist der aktive Katalysatorbestandteil in den Poren immobilisiert und die Mischung der Edukte wird durch die Poren und damit direkt am Katalysator vorbeigeführt. Im Gegensatz dazu wird bei einem konventionellen Reaktor mit Festbett die Mischung der Edukte mäanderförmig durch die Schüttung der Katalysatorkörner geführt und kann nur durch Diffusion in die Poren der Katalysatorkörner zum aktiven Katalysator gelangen. Bei dem Typ-2-Kontaktor-MR soll hier der Weg durch die Membran verfolgt werden. Dieser Transport hängt von den Eigenschaften der Membran ab, hauptsächlich von der Porengröße. Außerdem haben die Porosität und die Tortuosität einen Einfluss auf den Weg in der Membranpore und entscheiden somit auch über die Reaktivität (s. Tabelle 17.5 zur Begriffserklärung). In Abb. 17.12 sind idealisierte, lineare Poren dargestellt.

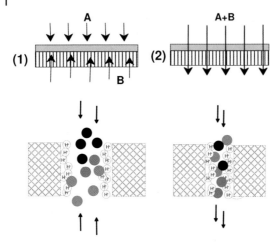

Abb. 17.12 Die beiden Typen Kontaktor-MR.
(1) Eduktzuführung von beiden Seiten; (2) Reaktion bei Durchfluss.

Bei sehr großen Poren (Abb. 17.12 (1), unten) können einzelne Moleküle die Membran passieren, ohne in Kontakt zum Katalysator zu treten. Bei engen Poren (Abb. 17.12 (2), unten) besteht diese Möglichkeit kaum. Bei schnellen Reaktionen sollte so auch über die extrem kurze Distanz bei Membranen (im Vergleich zum Festbett) eine weitgehende Umsetzung erfolgen. Die Kontaktzeit am Katalysator und gleichzeitig die Raumgeschwindigkeit des Reaktors kann über die Druckdifferenz von Feed zu Permeat leicht eingestellt werden. Die endgültige Ausbeute sowie die erzielbare Selektivität beim reaktiven Durchgang der Membranporen sind ein Zusammenspiel von aktiver Oberfläche (regelbar über Tortuosität, Porendurchmesser, Porosität, Membrandicke), Reaktivität des Katalysators (Teilchengröße, Dispersion in der Membranpore) und Raumgeschwindigkeit (Kontaktzeit).

Außer den meist benutzten porösen Membranen können auch permeable, porenfreie Membranen angewendet werden. So lässt sich z. B. Wasserstoff über einen porenfreien Palladiumfilm oder über porenfreie, katalytisch reaktive Poly-

Tabelle 17.5 Erklärung der Begriffe Tortuosität, Porosität und Porendurchmesser.

Tortuosität, τ	Porosität	Porendurchmesser
gibt Informationen über die Weglänge in der Membran. Bei geradem Weg durch die Membran ist $\tau = 1$. Typische, mikroporöse Membranen haben Werte für τ von 1,5–2,5	gibt den Bruchteil von Polymervolumen zu Porenvolumen an	ist der Mittelwert des Porendurchmessers von durchgängigen Poren (bei integral asymmetrischen Membranen nimmt die Porengröße von oben nach unten zu)

merfilme zuführen. Im Vergleich zu einem Pd-Film können in einem Polymerfilm gleicher Dicke durch Einbringen nanoskaliger Katalysatorcluster wesentlich größere, reaktive Oberflächen eingebracht werden.

17.3.3.1 Kontaktor-MR Typ 1 (Diffusion)

Angewendet wurde der *Kontaktor-MR Typ 1* meist für Dreiphasenreaktionen [5, 52, 53]: so u.a. für Hydrierungen von α-Methylstyrene [54], Nitrobenzene [55, 56] und Nitrat in Wasser zu N_2 [57–61]. Wobei Centi et al. [59] auch über Dehydrohalogenierung von halogenierten KW und die Synthese von Wasserstoffperoxid mit dem *Kontaktor-MR Typ 1* berichten. Lüdtke et al. [61] führten die Nitratreduktion nur im Durchflussbetrieb durch und verwendeten polymere Hohlfadenmembranen mit eingebautem 5,4% Pd/Cu-Katalysator (80/20) auf Al_2O_3, Ilinitch et al. [57] und Reif und Dittmeyer [60] verglichen beide Modi miteinander und verwendeten keramische Membranen mit Pd/Cu-Katalysator [57] bzw. Pd/Sn [58] oder reinem Pd [60] als Katalysator. Die Reaktion und die am besten geeigneten Katalysatoren werden von Prüße und Vorlop [53] diskutiert. Für die technisch durchgeführte Nitratreduktion in Wasser wurden zur Grundwassersanierung Katalysatoren (Pd/Cu) und Verfahren entwickelt [62] sowie eine Membranmethode [63], um bei der schnellen Reaktion genügend Wasserstoff blasenfrei eintragen zu können. Bei der Reaktion entsteht je nach Reaktionsbedingung Ammonium als Nebenprodukt, das bei der Nitratentfernung aus Trinkwasser nicht auftreten darf (Abb. 17.13, Gl. 3). Die Reaktion muss also auf der 2. Stufe beendet werden und es darf nicht zu Ammonium in der 3. Stufe reduziert werden.

Ilinitch et al. [57] verwendeten makroporöse, keramische Membranen (1 μm Porengröße, 0,2 cm^3/g Porenvolumen, BET-Oberfläche 0,8 m^2/g) und fanden im Diffusionsbetrieb (Abb. 17.12 (1)) eine wesentlich schlechtere Umsetzung als im Durchflussbetrieb (Abb. 17.12 (2)). Allerdings wird die Möglichkeit, den Wasserstoff über die Rückseite der Membran zuzuführen, nicht genutzt. Die niedrigere Aktivität könnte auch auf ein Defizit von Wasserstoff zurückzuführen sein. Reif und Dittmeyer [60] verwendeten Rohrmembranen von 10 mm/7 mm äußerer/innerer Durchmesser und 100 mm Länge. Es wurde ein Pd-Katalysator von 7 nm Teilchengröße auf die äußere ZrO_2-Schicht der asymmetrischen Al_2O_3-Membran aufgebracht. Der Bubblepoint der Membran lag bei >15 bar. Somit konnte der Wasserstoff über die Rückseite der Membran zugeführt werden ohne Wassereinbruch in die Membran und Wasserstoffblasenbildung. Bei der katalytischen Hydrierung von Nitrat entsteht Base als Nebenprodukt (Abb. 17.13) und führt zur pH-Änderung unter gleichzeitiger Reaktivitäts- und Selektivitätsänderung des Katalysators. Dieses Problem wurde elegant gelöst, indem statt reinem Wasserstoff eine Mischung von Kohlendioxid und Wasserstoff verwendet wurde. Somit konnte ein Puffer (Kohlendioxid) direkt zum Ort der Reaktion in die Membranpore gebracht und automatisch nachdosiert werden. Sowohl im diffusiven Kontaktorbetrieb als auch im Durchflusskontaktorbetrieb wurde durch diese Pufferung eine wesentlich niedrigere Am-

$$NO_3^- + H_2 \rightarrow NO_2^- + H_2O \qquad (1)$$
$$2NO_2^- + 3H_2 \rightarrow N_2 + 2OH^- + 2H_2O \qquad (2)$$
$$2NO_2^- + 6H_2 \rightarrow 2NH_4^+ + 4OH^- \qquad (3)$$

Abb. 17.13 Reaktionsgleichungen der Nitratreduktion mit Wasserstoff.

moniumkonzentration erreicht. Sowohl die Nitritabnahme (Abb. 17.13, Gl. 2) als auch die wesentlich geringere Zunahme an Ammonium zeigten eine deutliche Überlegenheit des Durchflusskontaktors. Für die technische Anwendung sind allerdings die wesentlich höheren Energiekosten für den Durchflussbetrieb zu berücksichtigen.

Die beiden nächsten Beispiele selektiver, katalytischer Reduktion könnten sowohl dem Diffusor- als auch dem Kontaktor-MR zugeordnet werden, da ein katalytisch reaktiver, porenfreier Film von wenigen Mikrometern Dicke auf einer porösen Membran sowohl den Katalysator enthält als auch von der Gegenseite mit einem Reaktanden beaufschlagt werden kann. Eine chinesische Arbeitsgruppe aus Dalian [64–68] führte diese Reaktion in einem Hohlfadenmodul durch. Auf die poröse Wand der Hohlfäden wurde ein Film aus PVP aufgebracht, der ein Katalysatorsalz enthielt. Dieses wurde durch chemische Reduktion in den reaktiven Katalysator (Pd) überführt. Wasserstoff kann von der Rückseite der Hohlfäden zum Katalysator geführt werden, wobei der Katalysatorfilm nicht absolut fehlstellenfrei sein muss. Durch einen Bimetallkatalysator (Pd-Co) [67, 68] wird bei der selektiven Hydrierung von Cyclopentadien zu Cyclopenten die Selektivität auf 98,4% bei einem Umsatz von 97,5% gesteigert. Da die Hydrierung bei 40 °C durchgeführt wird kann sehr gut mit den kostengünstigen, mit großen Flächen herstellbaren Polymermembranen gearbeitet werden.

Polymere Flachmembranen verwendeten Fritsch et al. [69] zur Hydrodechlorierung von organischen Chlorverbindungen in Grundwasser. Mesoporöse Polyacrylnitrilmembranen wurden mit einem katalytisch reaktiven Polydimethylsiloxanfilm (PDMS) von 1–10 µm Dicke beschichtet. Als Katalysatoren wurden entweder reine Pd-Nanocluster oder auf nanoskaligem SiO_2 bzw. TiO_2 geträgerte Pd- und Pd/Fe-Katalysatoren eingebracht. Durch den Einbau der geträgerten Katalysatoren in die PDMS-Matrix halbierte sich die Aktivität des Katalysators, lag aber immer noch gleichauf zu einem geträgerten, technischen Standardkatalysator für Hydrierungen. Der Massentransport für chlorierte KW wird bei diesem System also nur unwesentlich behindert. Wasserstoff lässt sich sogar über die Rückseite der Membran deutlich besser zum Reaktionsort bringen. Der Katalysator ist durch den Einbau in die Polymermatrix vor Salzen gut geschützt, nicht jedoch vor anderen, wasserlöslichen Katalysatorgiften. So entsteht beispielsweise durch Sulfatreduktion mit unter H_2-Bedingungen lebenden, anaeroben Bakterien Schwefelwasserstoff, das zum Katalysator diffundiert und diesen irreversibel vergiftet. Durch Zusatz von Luft auf der Feedseite der Membran kann für aerobe Bedingungen ohne Sulfatreduktion gesorgt werden. Die Hydrodehalogenierung verläuft auch bei Anwesenheit von O_2 schneller als die Oxidation von O_2 zu Wasser. Eine Deaktivierung des Pd-Katalysators wurde auch ohne Katalysatorgifte bei längeren Reaktionszeiten festgestellt. Verbesserte Katalysatoren, z. B. mit Pt als Reduktionskatalysator, sollten dieses Problem beheben können.

Weiterhin wurden Oxidationsreaktionen mit dem Kontaktor-MR Typ 1 (Diffusion) durchgeführt [70–74]. Als Anwendungen ist die Abwasserreinigung vorgesehen. Das Verfahren ist in Abb. 17.14 schematisch dargestellt. Es wurden asymmetrisch aufgebaute, keramische Titanoxidmembranen mit einer trennaktiven Schicht aus Zirkonoxid bzw. Cer/Zirkonoxid von 2–8 µm Dicke verwendet. Die trennaktive Schicht war mit Pt katalytisch aktiviert. Durch die Porengröße wird bei defektfreien Membranen der Bubblepoint festgelegt. Durch Anlegen des passenden Luftdruckes kann somit die Reaktionszone direkt in die mit Katalysator versehene Schicht gedrückt werden und erhält dabei eine optimale Sauerstoffversorgung für die Reaktion. Im Vergleich zu einem Rührkesselreaktor wurde eine dreifach höhere Reaktionsrate gemessen.

Veldsink [75] verwendete mit Pt-Katalysator aktivierte, poröse, anorganische Membranen zur Oxidation von Kohlenmonoxid. Die beiden Reaktanden werden im Gegenstrom im Rohrmembranreaktor zum Katalysator in den Poren geführt. Er findet mit diesem Reaktortyp einen Umsatz an CO von bis zu 90%. Saracco et al. [76–80] untersuchten die Direktoxidation von Propan mit anorganischen, porösen Pt-haltigen Membranen entsprechend diesem Versuchsaufbau. Der Brennstoff Propan soll zur Energiegewinnung optimal und sauber katalytisch verbrannt werden. Mit diesem Konzept besteht aber auch die für die Chemie interessante Möglichkeit, durch Einstellen der Ströme ein höherwertiges, selektiv oxidiertes Produkt zu erhalten [81]. Bei der Propanoxidation (Propan/Luft) werden die Reaktanden je im Gegenstrom von den beiden Seiten der Membran her (*Kontaktor-MR Typ 1*) an den Katalysator in der Membran zugeführt [76]; bei Anlegen eines Druckgradienten kann die Umsetzung um über 300% gesteigert werden [77]. Auch die Beladung der Membran an Katalysator ist einer der Parameter der Reaktion [78]. Die Verteilung des Katalysators und die Regelung des Wärmehaushaltes sind wichtig für eine optimale Reaktions-

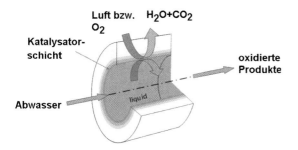

Abb. 17.14 Oxidative Abwasserbehandlung mit katalytischen Kontaktormembranen. (Adaptiertes Bild aus: http://www.sintef.no/static/mt/watercatox/ mit freundlicher Genehmigung).

führung. Statt keramisches Material wird poröses Metall als Basiswerkstoff vorgeschlagen, da hier bessere Verarbeitbarkeit (schweißbar) und guter Wärmetransport vereint vorliegen [82].

Auch die Verwendung porenfreier Metallmembranen wurde zur Direktoxidation von Kohlenwasserstoffen erfolgreich durchgeführt [83, 84]. Ein poröses Rohr aus α-Al_2O_3 mit äußerem Durchmesser von 2 mm, einer Wandstärke von 0,4 mm, einer Porosität von 43% bei einer spezifischen Oberfläche von 0,6 m^2/g wird nach der CVD-Methode (CVD = chemical vapor deposition) mit einer 1 µm dicken Pd-Schicht überzogen. Die Länge des Rohres und eine Gasselektivität zu H_2 werden nicht gegeben [84]. Es kann also aus den Angaben schwerlich eine Produktivität ermittelt werden und es bleibt unklar, ob eine völlig porenfreie Pd-Membran verwendet wurde. Die Oxidation von Propen bei 200 °C im Gleichstrom (Rohrinnenseite: Propen/O_2/N_2 = 0,04/0,21/0,58 mmol/min; Rohraußenseite: H_2/N_2 = 0.08/1.58 mmol/min) durch den Reaktor führt je nach O_2-Gehalt zu Acrolein (Selektivität = 38 mol%, Ausbeute = 27 mol%) oder bei 3-mal weniger O_2 zu Aceton (Selektivität = 76 mol%, Ausbeute = 21 mol%). Für die Direktoxidation von Benzene zu Phenol muss eine längere Reaktionszeit von 3 h in Kauf genommen werden. Dabei werden bei 150 oder 250 °C und 13% Umsatz Ausbeuten von bis zu 12% erreicht. Längere Reaktionszeiten erhöhen die Ausbeute nicht. Toluol reagiert erwartungsgemäß leichter und ergibt 37% Ausbeute bei 42% Umsatz und 150 °C in 3 h. Wahrscheinlich entsteht durch das Aufeinandertreffen von O_2 mit aktiviertem H_2 an der Metalloberfläche zumindest intermediär H_2O_2, das die Oxidation bewerkstelligt. Ein Betrieb des Reaktors zur Erzeugung von H_2O_2 ist auch vorgeschlagen [84]. Das eingesetzte Pd kann sowohl durch Pd/Ag (80/20) oder auch eine Ni/V-Legierung (1/15) ohne Nachteile ersetzt werden.

17.3.3.2 Kontaktor-MR Typ 2 (Durchfluss)

Saracco et al. [82, 85] entwickelten katalytische Filter, um hauptsächlich Umweltprobleme anzugehen. So konnte in einer ersten Publikation [82] gezeigt werden, dass mit porösen Al_2O_3-Membranen für die Dehydratisierung von 2-Propanol zu Propen und Wasser bei etwa 230 °C, einer Feedkonzentration von 1600 ppmv und einem Durchsatz von ca. 0,015 m^3/m^2 s fast vollständiger Umsatz erreicht wird. Ohne weiteren Zusatz von Katalysator sind genügend saure Zentren in der keramischen Membran für diese Reaktion vorhanden. In der Publikation wird auch ein Modell für dieses Membranverfahren erarbeitet. Die eigentliche, technisch interessante Anwendung liegt in der Abluftreinigung von Verbrennungsanlagen. Ein Abluftreiniger kann wie ein Kontaktor-MR aufgebaut sein und zwei Funktionen übernehmen: (1) Abtrennung der Flugasche (Partikelfilter) und (2) katalytische Behandlung der Abgase. So wurde die NO_x-Reduktion durch katalytische Hydrierung mit Ammoniak getestet [86]. Es wurde eine relativ offenporige Membran mit V_2O_5-Katalysator in den Poren mit hohem, technisch erwünschtem Durchfluss verwendet. Es konnte bei 3,5 bar Feeddruck und 280 °C eine 95%ige Umsetzung an NO_x bei praktisch keinem Durchbruch von NH$_3$ (vollständig umgesetzt) gefunden werden. Allerdings entstanden auch 70 ppmv N$_2$O im Abgas. Mit V$_2$O$_5$/TiO$_2$-Katalysatoren konnten mit der gleichen Methode bessere Werte bei der Rauchgasbehandlung eines Kohlekraftwerkes erzielt werden [87].

Neben NO$_x$ ist ein großes Problem bei Verbrennungsanlagen die Entstehung von extrem toxischen Dioxinen während der Verbrennung. Der Ausstoß von Verbrennungsanlagen an Dioxinen und Furanen ist im Bundesimmissionsschutzgesetz geregelt und schreibt seit 23.11.1990 einen Grenzwert von maximal 0.1 ng/m$_N^3$ Abgas vor. Dieser Grenzwert gilt auch seit 19.3.1997 für Krematorien [88]. Dioxine werden üblicherweise durch Adsorption abgetrennt, wobei der Schadstoff nur aus der Gasphase verlagert und nicht zu unschädlichen Verbindungen abgebaut wird. W. L. Gore & Associates entwickelten einen katalytischen Filter [89, 90], der aus zwei Schichten aufgebaut ist. Handelsübliche, geträgerte Katalysatoren aus V$_2$O$_5$ und WO$_3$ auf TiO$_2$ werden zu einer PTFE-Dispersion gegeben, gemischt und gefällt. Aus dem abgetrennten Fällrückstand wird ein dünnes, poröses Band hergestellt, das wiederum zu einem Garn versponnen und zu Stücken von gleicher Länge geschnitten wird. Diese Fasern werden mit nicht katalytisch aktiven PTFE-Fasern gemischt und zu einem filzartigen, katalytisch aktiven Material verarbeitet. Dieses Nadelfilzmaterial wird zum Schluss mit einer mikroporösen PTFE-Membran (Gore-Tex^{TM}) laminiert (Abb. 17.15). Unter dem Handelsnamen REMEDIA® werden die Membranen als katalytisches Filtersystem vertrieben [91]. In Abb. 17.15 sind der Aufbau des Filters und die Wirkungsweise schematisch dargestellt. Die festen Bestandteile des Rauchgases werden von der porösen Membran abgefangen (Abb. 17.15 C) und die gasförmigen, oxidierbaren Bestandteile mit Sauerstoff am Katalysator zu CO$_2$, H$_2$O und HCl umgesetzt. Da das Basispolymer PTFE sehr oxidations- und temperaturstabil ist, sind Temperaturen von 180–250 °C möglich [92]. Der

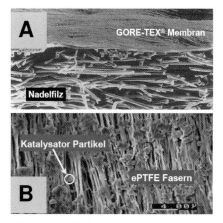 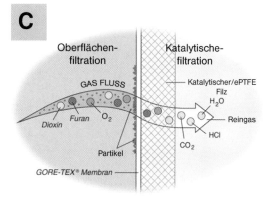

Abb. 17.15 Aufnahmen mit dem Rasterelektronenmikroskop (A, B) und Wirkungsweise des katalytischen Filters (C) (die Bilder wurden von Gore & Associates, Deutschland, zur Verfügung gestellt).

Staubanteil wird auf unter 1 mg/m³ reduziert bei einem Durchfluss von 0,8 bis 1,4 m³/m² min. Die Dioxinbelastung wird bei einer Rohgasbelastung von 1–20 ng I-TEQ/m³ auf unter 0,1 ng/I-TEQ gebracht (I-TEQ ist ein Summenparameter für die toxischen Dioxine bzw. Furane). Die Lebensdauer der katalytischen Filter ist auf 5–8 Jahre ausgelegt [91]. Durch weitgehende Wartungsfreiheit der Anlage fallen nur sehr geringe Betriebskosten an.

Bei diesem Kontaktor-MR Typ 2 sind durch die Nadelfilzstruktur keine wohl definierten Poren vorhanden. Die weitgehende Umsetzung kann auf eine hohe Tortuosität der katalytischen Schicht und deren Dicke zurückgeführt werden. Bei einem katalytischen Membrankontaktor sollten aber die Porengröße, die Membrandicke und die Tortuosität neben den Verfahrensparametern einen Einfluss auf den Umsatz und die Selektivität haben. Santamaria's Arbeitsgruppe hat die katalytische Verbrennung von organischen Schadstoffen mit porösen, katalytisch aktiven Membranen detailliert untersucht [93–95]. Sie verwendeten γ-Al_2O_3-Rohre mit einem äußeren Durchmesser von 10 mm und einer Länge von 100 mm. Die Porengrößen der kommerziellen Membranen von 200, 20 und 5 nm wurden durch Beschichtungen weiter reduziert. Für Toluol, Hexan und Methylethylketon wurde praktisch vollständige Umsetzung beim kurzen Weg durch die Membran gefunden. Die Durchflussrate hatte nur einen geringen Einfluss auf die Umsetzung, jedoch wurde eine hohe Konzentrationsabhängigkeit gefunden. Der vollständige Umsatz wurde bei 400 ppmv Toluol schon bei 160 °C erreicht, wobei bei 5100 ppmv der vollständige Umsatz erst 50 °C höher bei 210 °C erreicht wurde. Im Vergleich zu einem Festbett lag die erforderliche Temperatur trotzdem um ca. 100 °C niedriger. Es wurde ein Druckverlust von 0.35 bar bei einem Durchfluss von nur 0.12 m³/m² min gemessen. Da bei den Experimenten im Knudsen-Diffusionsregime gearbeitet wurde, ließen sich die Ergebnisse durch den wesentlich besseren Kontakt Gas-Katalysator beim Porendurchgang erklären. Für technische Anwendungen scheinen die erzielten Flüsse aber zu gering (Vergleiche: Remedia®-Filter haben einen ca. 10fach höheren Fluss). Weiter erhärtet wurde diese These bei Messungen der Methanverbrennung mit katalytischen Membranen [95]. Statt teurem Edelmetall wurde Eisenoxid als Katalysator verwendet. Fünf Membranen mit verschiedenen Flüssen und Knudsen-Diffusionsanteilen von 28 bis 90% wurden unter gleichen Bedingungen getestet. In einer Auftragung von Knudsen-Diffusionsanteil über Zündtemperatur wurde ein linearer Zusammenhang gefunden. Die Zündtemperatur konnte mit der Erhöhung des Knudsen-Diffusionanteils von 28 auf 90% um über 80 °C gesenkt werden.

Ziegler et al. [96] verwendeten katalytisch aktivierte, poröse Polymermembranen zur Hydrierung von Alkenen bzw. selektiven Hydrierung von Alkinen. Durch Modifikation mit Titandioxid werden die Poren von handelsüblichen Mikrofiltrationsmembranen verengt und Pd als Katalysator auf die anorganische Phase aufgebracht. Dadurch entkoppelt sich der Reaktionsort von der Polymerphase und die Poren werden verengt. Die Gasflüsse reduzieren sich dabei durch die anorganische Modifizierung von etwa 100 auf 10–14 m³/m² h bar und durch die katalytische Aktivierung weiter auf 0,2 bis 5 m³/m² h bar. In der Hydrierung von Propen zu Propan wurde bei 30 °C und einem Fluss von 4,6 m^3/m^2 h bar eine bis zu 98%ige Selektivität zu Propan gefunden. Die selektive Hydrierung von 5% Propin in Propen konnte mit einer Selektivität von 99% zu Propen bei praktisch 100% Propinumsatz durchgeführt werden. Die besten Umsetzungen wurden ebenfalls bei Membranen mit einem hohen Knudsen-Diffusionsanteil gefunden. Technische Anwendungen könnte die selektive Hydrierung von Kohlenstoff-Dreifach- neben Doppelbindungen bei der Reinigung der Ausgangsstoffe Propen bzw. Ethen finden. Für die Polymersynthese zu Polyethylen bzw. Polypropylen können nur Spuren an Dreifachbindungen toleriert werden.

Mit dem gleichen Ziel wird die selektive Hydrierung von Acetylen von Vincent und Gonzalez [97] im Durchflussreaktor durchgeführt. Sie verwendeten ein poröses a-Al$_2$O$_3$-Rohr, das mit einer γ-Al$_2$O$_3$-Schicht nach dem Sol-Gel-Verfahren beschichtet und mit Pd katalytisch aktiviert wird. Bei einer Dicke der katalytisch aktiven Schicht von ca. 5 µm wurde eine Porengröße von 3,6–4 nm gemessen. Die Reaktion konnte mit dem Gas-Dispersionsmodell modelliert werden. Gefunden wurde bei 100 °C eine Peclet-Zahl von 64,5 und eine Kontaktzeit von 9,5×10^{-3} s beim Durchgang durch den Reaktor. Mit Zunahme der Temperatur stiegen die Umsetzung und die Selektivität an. Bei etwa 200 °C wurde vollständiger Umsatz bei einer Selektivität von etwa 60% erreicht. Der Reaktor wurde mit Überschuss an H$_2$ gefahren, um eine Verkokung des Katalysators zu vermeiden.

Die selektive Hydrierung von Speiseöl wurde auch im Kontaktor-MR im Durchflussmodus betrieben. Durch die hohe Viskosität wird beim erzwungenen, nicht diffusiven Durchgang durch die katalytisch aktivierten Poren eine Reaktion ohne Massentransportprobleme erwartet. Bei der üblicherweise im Rührkessel unter moderatem H$_2$-Druck in Suspension mit geträgertem, sehr feinkörnigen Ni-Katalysator durchgeführten Hydrierung führt die anschließende Filtrierung zu Verlusten an Katalysator und Produkt. Ilinitch et al. [98] immobilisierten Pd-Nanocluster in makroporösen Polyamidmembranen und führten die Hydrierung im Kreislauf durch. Im Vergleich mit einem Rührkesselreaktor fanden sie eine Verminderung der trans-Isomere bei der selektiven Hydrierung. Diese Idee wurde aufgegriffen [99] und poröse, katalytisch reaktive Poly(amid-imid)membranen hergestellt. Mit diesen Membranen konnte in etwa die gleiche Reaktivität wie im Rührkessel erreicht werden. Mit Pt-Katalysatoren wurde im Vergleich zu Pd-Katalysatoren eine wesentliche Verringerung der trans-Isomere bei gleicher Jodzahl gefunden. Bei auch untersuchten Al$_2$O$_3$-keramischen Membranen verblockten die katalytisch aktivierten Membranporen nach kurzer Zeit vollständig.

Die Dimerisierung [100, 101] und Oligomerisierung [102] von i-Buten zu i-Octen und Oligomeren wurde mit Katalysator enthaltenden porösen Membranen durchgeführt. Polymermembranen [100, 101] und keramische Rohrmembranen [102] wurden verwendet. Die Polymermembranen waren aus einem sauren, geträgerten und pulverisierten Katalysator und einem Polymer als Bindemittel hergestellt. Je nach Art des polymeren Binders konnten entweder hohe Umsätze bei niedriger Selektivität (98% Umsatz an i-Buten bei 22% Selektivität zu i-Octen) oder umgekehrt (22% Umsatz an i-Buten bei 86% Selektivität zu i-Octen) erreicht werden.

17.3.4
Modellierung

Die Modellierung der Membranreaktortechnologie ist für die technische Umsetzung der Prozesse eine äußerst wichtige Voraussetzung. In vielen Publikationen wird die Modellierung oder wenigstens ein Ansatz für ein funktionierendes Modell mitgeliefert. Relativ einfach lässt sich die Modellierung bei Membranreaktoren erarbeiten, die nach dem Prinzip eines Hybridverfahrens aufgebaut sind. Durch die Kombination von herkömmlichem Reaktor mit angebauter Trenntechnik kann die unabhängige Modellierung beider Verfahren entsprechend kombiniert werden. Bilden allerdings Reaktionsort (Katalysator) und Trennung (Extraktortyp) oder Eduktzufuhr einzelner bzw. aller Komponenten (Diffusor bzw. Kontaktor) eine untrennbare Einheit auf kurzen Distanzen, so kann eine extern mit Katalysatoren gewonnene Kinetik nicht zutreffen. Es muss also untersucht werden, ob der Membranreaktor unter kinetischer Kontrolle betrieben wird oder Massentransportprobleme die von der Reaktionskinetik her möglichen Leistungen bremsen. Diese Besonderheiten bei der Modellierung von Membranreaktoren können hier nicht im Detail behandelt werden und es wird auf weiterführende Literatur verwiesen.

Sanchez und Tsotsis widmen der Modellierung in ihrem Buch ein ganzes Kapitel und behandeln die verschiedensten Aspekte aller Membranreaktortypen [2]. Seidel-Morgenstern [103] diskutiert die grundlegenden Probleme der Modellierung von Membranreaktoren und erläutert dies an zwei ausführlichen Beispielen (1) für den Extraktortyp (Produktentfernung von H_2 bei der katalytischen Dehydrierung) und (2) Distributortyp (Eduktdosierung von O_2). Die Eduktdosierung bei Oxidationsreaktionen wird auch von Dixon [104] eingehend behandelt. Gellings et al. diskutieren zusätzlich den Effekt des Reaktorbetriebes auf den Katalysator bei Oxidationsreaktionen mit ionenleitenden Membranen [105]. Die Modellierung wird als Unterstützung zum Auffinden des optimalen Reaktors bzw. Reaktorbetriebes gesehen. Koukou et al. [106] entwickelten ein Simulationswerkzeug zur Modellierung von technischen Reaktoren und fanden bei der Anwendung auf adiabatische Prozesse [107] eine wesentliche Abweichung von den Berechnungen, da die Effekte der Wärmedispersion nicht genügend berücksichtigt wurden. Shu et al. [108] geben einen Überblick über Arbeiten mit Pd-basierenden Membranreaktoren und deren Modellierung sowie das Design der Reaktoren. Für die endotherme Dehydrierung von Kohlenwasserstoffen verglichen Reo et al. [109] einen Rohrreaktor (plug-flow) mit einem *Extraktor-MR*. Die Modellierung ergibt für beide Reaktoren Optima bei unterschiedlichen Konzentrationen und Reaktionsbedingungen (Druck, Temperatur, etc.). Ein optimierter *Extraktor-MR* mit porösen oder nicht-porösen (Metall-)Membranen steigert Ausbeute und Selektivität im Vergleich zum Rohrreaktor. Die Modellierung der Koppelung von endo- und exothermen Reaktionen wird am Beispiel der Dampfreformierung von Heptan zur H_2-Erzeugung beschrieben [110]. Dudukovic [111] beschränkt sich in seinem Übersichtsartikel nicht nur auf Membranreaktoren sondern bezieht sich auf katalytische Reaktoren mit mehreren Phasen und vergleicht diese untereinander.

17.3.5
Schlussbetrachtung

In diesem Beitrag wurde versucht das Potential der Membranreaktortechnologie angemessen zu diskutieren und die wesentlichen Aspekte auch in Beispielen zu beschreiben. Eine umfassende Darstellung aller Aspekte kann hier nicht geleistet werden. So wurden z. B. Biomembranreaktoren und Membranreaktoren mit Biokatalysatoren wie Enzymen nicht angeführt, obwohl diese schon Eingang in die industrielle Produktion gefunden haben. Auch hier sei auf spezielle Übersichtsartikel verwiesen [112–117]. Das umfassende und als Onlineausgabe sehr aktuelle Buch von Sanchez und Tsotsis [2] wurde schon mehrfach zitiert und kann mittlerweile als Standardwerk angesehen werden. Durch die beständige Fortentwicklung von Material, Prozess und Katalysatoren werden Membranreaktorprozesse immer wirtschaftlicher werden und entsprechend weiter Eingang in die industrielle Produktion finden. Es sollte bedacht werden, dass eingeführte, industrielle Prozesse über mehrere Jahrzehnte hinweg optimiert wurden, um diese Leistung zu erreichen. Für Membranreaktoren bedeutet eine Optimierung des Verfahrens das Zusammenwirken von Chemie/Katalysator mit einer Membran im Prozess (Abb. 17.1 und 17.2) und ist entsprechend komplexer. Für den Membranreaktor müssen adäquate Katalysatoren gefunden oder sogar neu entwickelt werden. Und: schon der „reine" Vergleich verschiedener Katalysatoren ist eine vielschichtige Aufgabe. Dies bringt Armor [118] in dem kürzlich erschienenen Artikel „Do you really have a better catalyst?" kurz und knapp auf den Punkt und mag die zögerliche Einführung der Membranreaktortechnik in der Industrie verständlich machen.

17.4
Literatur

1 W. J. Koros, Y. H. Ma, T. Shimidzu, *Pure & Appl. Chem.*, 68 (1996) 1479–1489.
2 J. G. Sanchez Marcano, T. T. Tsotsis, *Catalytic Membranes and Membrane Reactors*, Wiley-VCH, Weinheim, 2002.
3 J.-A. Dalmon, in: G. Ertl, H. Knözinger, J. Weitkamp (Eds.), *Catalytic Membrane Reactors*, Handbook of Heterogeneous Catalysis, VCH, 1997, Vol 3, Chapter 9.3, p. 1387–1398.
4 S. Mota, S. Miachon, J.-C. Volta, J.-A. Dalmon, Cat. Today 67 (2001) 169–176.
5 S. Miachon, J.-A. Dalmon, Top. Catal. 69 (2004) 59–65.
6 W. O. Snelling, Apparatus for separating gases, US 1 174 631, 1916.
7 W. O. Snelling, Process for effecting dissoziative reactions upon carbon compounds, US 1 124 347, 1915.
8 J. B. Hunter, Silver-palladium film for separation and purification of hydrogen, US 2 773 561, 1956.
9a W. C. Pfefferle, Process for dehydrogenation, US 3 290 406, 1966.
9b W. C. Pfefferle, Procédé d'exécution de réactions chimiques en phase gazeuse avec formation d'hydrogène, FR 1 375 030, 1964.
9c W. C. Pfefferle, Chemical reactions in which hydrogen is a reaction product, GB 1 039 381, 1966.
10 V. Gryaznov, Cat. Today 51 (1999) 391–395.

11 J. Steinwandel, W. Jehle, T. Staneff, DE 4423587, 1996.
12 N. Edwards, A.N.J. van Keulen, WO 99/25649, 1999.
13 J.W. Jenkins, E. Shutt, Platinum Metals Rev. 33 (1989) 118–127.
14 J.R. Lattner, M.P. Harold, Appl. Catal. B-Env. 56 (2005) 149–169.
15 A. Kleinert, G. Grubert, X. Pan, C. Hamel, A. Seidel-Morgenstern, J. Caro, Cat. Today 104 (2005) 267–273.
16 S. Irusta, J. Mu'nera, C. Carrara, E.A. Lombardo, L.M. Cornaglia, Appl. Catal. A-Gen. 287 (2005) 147–158.
17 M.V. Mundschau, Hydrogen transport membranes, WO 03/076050, 2003.
18 F. Roa, J.D. Way, S.N. Paglieri, Process for preparing palladium alloy membranes for use in hydrogen separation, palladium alloy composite membranes and products incorporating or made from the membranes, WO 03/084628, 2003.
19 A.-E.M. Adris, J.R. Grace, C.J. Lim, S. Elnashaie, Fluidized bed reaction system for steam/hydrocarbon gas reforming to produce hydrogen, US 5326550, 1994.
20 S. Uemiya, Top. Catal. 29 (2004) 79–84.
21 J.C. Jennings, R.C. Binnings, Organic chemical reactions involving liberation of water, US 2956070, 1960.
22 S. Blum, B. Gutsche, L. Jeromin, L. Yüksel, Verfahren zur Durchführung einer Gleichgewichtsreaktion unter Anwendung der Dämpfepermation, DE 4019170, 1991.
23 R. Datta, S.-P. Tsai, Esterification of Fermentation-derived acids via pervaporation, US 5723639, 1998.
24 K.-H. Lee, B. Sea, M.Y. Youn, D.-W. Lee, Y.-G. Lee, Method for preparing dimethylether using a membrane reactor for separation and reaction, US 6822125, 2004.
25 T.R. Felthouse, J.C. Burnett, B. Horrell, M.J. Mummey, Y.-J. Kuo, *Maleic Anhydride, Maleic Acid, and Fumaric Acid*, Kirk-Othmer Encyclopedia of Chemical Technology, 4th Edition, Executive Editor: J.I. Kroschwitz, Ed., M. Howe-Grant,
26 G.K. Kwentus, M. Suda, Maleic anhydride production using a high butane feed concentration, US 4501907, 1985.
27 J.C. Burnett, R.A. Keppel, W.D. Robinson, Catal. Today 1 (1987) 537.
28 N. Song, D. Zhang, H. Huang, H. Zhao, F. Tian, Catal. Today 51 (1999) 85–91.
29 J.R. Ebner, Method for improving the performance of VPO catalysts, US 5185455, 1993.
30 M.J. Mummey, Process for the production of maleic anhydride, US 4855459, 1989.
31 J.R. Ebner, R.A. Keppel, J. Michael, High productivity process for the production of maleic anhydride, WO 93/01155, 1993.
32 R. Shelden, J.-P. Stringaro, Device for carrying out catalyzed reactions, US 5473082, 1995.
33 A.G. Dixon, Catalysis 14 (1999) 40.
34 C. Tellez, M. Menendez, J. Santamaria, AIChE J. 43 (1997) 777.
35 A.G. Dixon, W.R. Moser, Y.H. Ma, Ind. Eng. Chem. Res. 33 (1994) 3015–3024.
36 S. Mota, S. Miachon, J.C. Volta, J.A. Dalmon, Cat. Today 67 (2001) 169–176.
37 R. Mallada, M. Menéndez, J. Santamaría, Appl. Cat. A-Gen. 231 (2002) 109–116.
38 R. Mallada, M. Menéndez, J. Santamaria, Catal. Today 56 (2000) 191–197.
39 M. Alonso, M.J. Lorences, G.S. Patience, A.B. Vega, F.V. Díez, S. Dahl, Cat. Today 104 (2005) 177–184.
40 A. Julbe, D. Farusseng, C. Guizard, Cat. Today 104 (2005) 102–113.
41 J. Perregaard, J. Santamaria, M. Menendez, R. Mallada, G. Patience, J. Ross, E. Xue, J.-C. Volta, A. Julbe, D. Farrusseng, Process for catalytic selective oxidation of a hydrocarbon substrate, US 6515146, 2003.
42 S. Mota, M. Abon, J.C. Volta, J.A. Dalmon, J. Catal. 193 (2000) 308–318.
43 E. Kleimenov, H. Bluhm, M. Havecker, A. Knop-Gericke, A. Pestryakov, D. Teschner, J.A. Lopez-Sanchez, J.K. Bartley, G.J. Hutchings, R. Schlögl, Surf. Sci. 575 (2005) 181–188.
44 Y. Suchorski, L. Rihko-Struckmann, F. Klose, Y. Ye, M. Alandjiyska, K. Sundmacher, H. Weiss, Appl. Surf. Sci. 249 (2005) 231–237.
45 C.M. Chen, A. Anderson, *Ceramic Membrane Reactor Systems for Converting Natural Gas to Hydrogen and Synthesis Gas (ITM Syngas)*, http://www.eere.energy.gov/hydrogenandfuelcells/pdfs/annual04/iia1_chen.pdf

46 A. F. Sammells, M. Schwartz, R. A. Mackay, T. F. Barton, D. R. Peterson, Catal. Today 56 (2000) 325–328.
47 J. Schwarz, A. Anderson, Integrated Ceramic Membrane System for Hydrogen Production, http://www.eere.energy.gov/hydrogenandfuelcells/pdfs/annual04/iia2_schwartz.pdf
48 H. Y. Gao, Y. S. Lin, Y. D. Li, B. Q. Zhang, Ind. Eng. Chem. Res. 43 (2004) 6920–6930.
49 S. N. Paglieri, J. D. Way, Sep. Purif. Methods 31 (2002) 11–69.
50 S. Uemiya, Sep. Purif. Methods 28 (1999) 51–85.
51 G. Emig, R. Dittmeyer in: G. Ertl, H. Knözinger, J. Weitkamp (eds.), *Simultaneous Heat and Mass Transfer and Chemical Reaction*, Handbook of Heterogeneous Catalysis, VCH, 1997, Vol 3, Chapter 6.2, pp. 1209–1252.
52 R. Dittmeyer, K. Svajda, M. Reif, Top. Catal. 29 (2004) 3–27.
53 U. Prüße, K. D. Vorlop, J. Mol. Catal. A-Chem. 173 (2001) 313–328.
54 P. Cini, M. P. Harold, AIChE. J. 37 (1991) 997–1008.
55 M. Torres, J. Sanchez, J. A. Dalmon, B. Bernauer, J. Lieto, Ind. Eng. Chem. Res. 33 (1994) 2421–2425.
56 J. Peureux, M. Torres, H. Mozzanega, A. Giroirfendler, J. A. Dalmon, Catal. Today 25 (1995) 409–415.
57 O. M. Ilinitch, F. P. Cuperus, L. V. Nosova, E. N. Gribov, Catal. Today 56 (2000) 137–145.
58 R. Dittmeyer, V. Hollein, K. Daub, J. Mol. Catal. A-Chem. 173 (2001) 135–184.
59 G. Centi, R. Dittmeyer, S. Perathoner, M. Reif, Catal. Today 79 (2003) 139–149.
60 M. Reif, R. Dittmeyer, Catal. Today 82 (2003) 3–14.
61 K. Lüdtke, K. V. Peinemann, V. Kasche, R. D. Behling, J. Membr. Sci. 151 (1998) 3–11.
62 D. Bonse, M. Sell, Combined Chemical and biological water treatment process, WO 96/25364, 1996.
63 M. Sell, M. Bischoff, A. Mann, R. D. Behling, K.-V. Peinemann, K. Kneifel, DE 4142502, 1993.
64 H. R. Gao, S. J. Liao, Y. Xu, R. Liu, J. Liu, D. C. Li, Catal. Lett. 27 (1994) 297–303.
65 H. R. Gao, Y. Xu, S. J. Liao, R. Liu, J. Liu, D. C. Li, D. R. Yu, Y. K. Zhao, Y. H. Fan, J. Membr. Sci. 106 (1995) 213–219.
66 C. Q. Liu, Y. Xu, S. J. Liao, D. R. Yu, Y. K. Zhao, Y. H. Fan, J. Membr. Sci. 137 (1997) 139–144.
67 C. Q. Liu, Y. Xu, S. J. Liao, D. R. Yu, Appl. Catal. A-Gen. 172 (1998) 23–29.
68 C. Q. Liu, Y. Xu, S. J. Liao, D. R. Yu, J. Mol. Catal. A-Chem. 157 (2000) 253–259.
69 D. Fritsch, K. Kuhr, K. Mackenzie, F.-D. Kopinke, Cat. Today 82 (2003) 105–118.
70 S. Miachon, V. Perez, G. Crehan, E. Torp, H. Raeder, R. Bredesen, J. A. Dalmon, Catal. Today 82 (2003) 75–81.
71 H. Raeder, R. Bredesen, G. Crehan, S. Miachon, J. A. Dalmon, A. Pintar, J. Levec, E. G. Torp, Sep. Purif. Technol. 32 (2003) 349–355.
72 E. E. Iojoiu, S. Miachon, J. A. Dalmon, Top. Catal. 33 (2005) 135–139.
73 E. E. Iojoiu, J. C. Walmsley, H. Raeder, S. Miachon, J. A. Dalmon, Catal. Today 104 (2005) 329–335.
74 http://www.sintef.no/static/mt/water-catox/
75 J. W. Veldsink, R. M. J. Vandamme, G. F. Versteeg, W. P. M. Vanswaaij, Chem. Eng. Sci. 47 (1992) 2939–2944.
76 G. Saracco, J. W. Veldsink, G. F. Versteeg, W. P. M. Vanswaaij, Chem. Eng. Sci. 50 (1995) 2005–2015.
77 G. Saracco, J. W. Veldsink, G. F. Versteeg, W. P. M. van Swaaij, Chem. Eng. Sci. 50 (1995) 2833–2841.
78 G. Saracco, J. W. Veldsink, G. F. Versteeg, W. P. M. van Swaaij, Chem. Eng. Commun. 147 (1996) 29–42.
79 H. W. J. P. Neomagus, G. Saracco, H. F. W. Wessel, G. F. Versteeg, Chem. Eng. J. 77 (2000) 165–177.
80 G. Saracco, V. Specchia, Chem. Eng. Sci. 55 (2000) 3979–3989.
81 H. W. J. P. Neomagus, W. P. M. van Swaaij, G. F. Versteeg, "The catalytic partial oxidation of isobutene: Operation in a fixed bed barrier reactor *Presented at the third international conference on catalysis in membrane reactors*, September 8–10 (1998), Copenhagen, Denmark.
82 G. Saracco, V. Specchia, Ind. Eng. Chem. Res. 34 (1995) 1480–1487.

83 S. Niwa, M. Eswaramoorthy, J. Nair, A. Raj, N. Itoh, H. Shoji, T. Namba, F. Mizukami, Science 295 (2002) 105–107.

84 F. Mizukami, S. Niwa, M. Toba, N. Itoh, T. Saito, T. Nanba, H. Shoji, K. Haba, Reaction method utilizing diaphragm type catalyst and apparatus therefor, US 6 911 563, 2005.

85 G. Saracco, V. Specchia, Chem. Eng. Sci. 55 (2000) 897–908.

86 G. Saracco, S. Specchia, V. Specchia, Chem. Eng. Sci. 51 (1996) 5289–5297.

87 D. Fino, N. Russo, G. Saracco, V. Specchia, Chem. Eng. Sci. 59 (2004) 5329–5336.

88 Umweltbundesamt unter http://www.umweltbundesamt.de/uba-info-daten/daten/dioxine.htm#3, aktualisiert am 03.03. 2005.

89 M. Plinke, R. L. Sassa, W. P. Mortimer, Jr., G. A. Brinckman, Method of using a catalytic filter, US 5 843 390, 1998.

90 M. Waters, M. Plinke, Chemically active filter material, WO 01/21284, 2001.

91 O. Petzoldt, M. A. Plinke, M. Wilken, „Katalytische Filtration – Dioxinzerstörung im Gewebefilter" Moderne Verfahren zur Emissionsminderung bei industriellen und gewerblichen Anlagen, Fachtagung am 9. Juli 2001, Hrsg. Bayerisches Landesamt für Umweltschutz, Augsburg.

92 R. Weber, M. Plinke, Z. T. Xu, M. Wilken, Appl. Catal. B-Environ. 31 (2001) 195–207.

93 M. P. Pina, M. Menendez, J. Santamaria, Appl. Catal. B-Environ. 11 (1996) L19–L27.

94 M. P. Pina, S. Irusta, M. Menendez, J. Santamaria, R. Hughes, N. Boag, Ind. Eng. Chem. Res. 36 (1997) 4557–4566.

95 M. Gonzalez-Burillo, A. L. Barbosa, J. Herguido, J. Santamaria, J. Catal. 218 (2003) 457–459.

96 S. Ziegler, J. Theis, D. Fritsch, J. Membr. Sci. 187 (2001) 71–84.

97 M. J. Vincent, R. D. Gonzalez, AIChE J. 48 (2002) 1257–1267.

98 O. M. Ilinitch, P. A. Simonov, F. P. Cuperus, Stud. Surf. Sci. Catal. 118 (1998) 55–61.

99 D. Fritsch, G. Bengtson, Cat. Today submitted 2005.

100 I. Randjelovic, G. Bengtson, D. Fritsch, Desalination 144 (2002) 417–418.

101 D. Fritsch, I. Randjelovic, F. Keil, Catal. Today 98 (2004) 295–308.

102 M. Torres, L. Lopez, J. M. Dominguez, A. Mantilla, G. Ferrat, M. Gutierrez, M. Maubert, Chem. Eng. J. 92 (2003) 1–6.

103 A. Seidel-Morgenstern, *"Analysis and experimental investigation of catalytic membrane reactors in Integrated Chemical Processes* Integrated Chemical Processes: Synthesis, Operation, Analysis, and Control, Eds.: K. Sundmacher, A. Kienle, A. Seidel-Morgenstern, Wiley-VCH, Weinheim, 2005, 359–389.

104 Y. P. Lu, A. G. Dixon, W. R. Moser, Y. H. Ma, Chem. Eng. Sci. 52 (1997) 1349–1363.

105 P. J. Gellings, H. J. M. Bouwmeester, Catal. Today 58 (2000) 1–53.

106 M. K. Koukou, N. Papayannakos, N. C. Markatos, M. Bracht, P. T. Alderliesten, Chem. Eng. Res. Des. 76 (1998) 911–920.

107 E. Vogiatzis, M. K. Koukou, N. Papayannakos, N. C. Markatos, Chem. Eng. Technol. 27 (2004) 857–865.

108 J. Shu, B. P. A. Grandjean, A. Vanneste, S. Kaliaguine, Can. J. Chem. Eng. 69 (1991) 1036–1060.

109 C. M. Reo, L. A. Bernstein, C. R. F. Lund, AIChE J. 43 (1997) 495–504.

110 Z. Chen, S. Elnashaie, Chem. Eng. Res. Des. 83 (2005) 893–899.

111 M. P. Dudukovic, F. Larachi, P. L. Mills, Catal. Rev.-Sci. Eng. 44 (2002) 123–246.

112 J. Woltinger, A. Karau, W. Leuchtenberger, K. Drauz, *Membrane reactors at Degussa*, In: Technology Transfer In Biotechnology: From Lab To Industry To Production, Advances In Biochemical Engineering / Biotechnology 92 (2005) 289–316.

113 G. M. Rios, M. P. Belleville, D. Paolucci, J. Sanchez, J. Membr. Sci. 242 (2004) 189–196.

114 B. Buhler, A. Schmid, J. Biotechnol. 113 (2004) 183–210.

115 A. Stankiewicz, Chem. Eng. Process. 42 (2003) 137–144.

116 J. Woltinger, A. S. Bommarius, K. Drauz, C. Wandrey, Org. Process Res. Dev. 5 (2001) 241–248.

117 J. L. Lopez, S. L. Matson, J. Membr. Sci. 125 (1997) 189–211.

118 J. N. Armor, Appl. Cat.-A Gen. 282 (2005) 1–4.

Stichwortverzeichnis

a

ABACUSS Simulationsverfahren 278
Abgasreinigung 376, 540
Ablegeprozesse 139 ff
Abluftreinigung 418 ff, 540
Abreinigung 97
Abschirmung 68
Absorption 47, 376
Abstandshalter 261, 361
– keramische Membranen 104
– Lebensmittelindustrie 488 ff
– Membranreaktoren 539
– nicht-wässrige Nanofiltration 506
– Simulationsverfahren 273
– Vacuum Rotation Membrane 237
– *siehe auch* Spacer, Feedspacer
Accurel-Prozess 174
Acetylierungsgrad 8
Aciplex 454
Acrylsäure/Derivate 356
Additivmigration 24
Adhäsion
– Beschichtungen 63
– Oberflächenmodifikationen 47
– Vliesstoffe 81
Adsorbermodule 210, 214 f
Adsorption
– Bioprozesse 192 ff, 198 ff
– Dialysemembranen 156 ff,
– Oberflächenmodifikationen 48–72
adsorptive Plasmareinigung 160 ff, 169
aerodynamische Vliesstoffherstellung 78
Aerosol-OH 462
Affinität, Oberflächenmodifikationen 47, 53, 70
Affinitätschromatografie 213
Agar/Agaroseherstellung 490
Agentenverdünnung 458
Aktivierungsenergien 24
Aktivitätskoeffizienten 351

Alkalienstabilität 96
Alkandehydrierung 521
Alkanrückgewinnung 400, 412
Alkenhydierung 531, 542
Alkoholate 114
a-Al_2O_3 Membranen 105–120
γ-Al_2O_3 113
Aluminiumoxid-Stützkörper 358
Ammoniakdissoziation 521
Ammoniumsalze 119
amorphe Polymere 24 ff
Amorphous-Cell-Modul 39
amphiphile Selbstorganisation 54, 57
Anionenaustauscher 267, 430 ff
Anlagenkonzepte
– Cross Rotation Filter 244 ff
– Dampfabtrennung 414, 422
– Elektrodialyse 439
– Pervaporation 350
– Reinstwasserherstellung 269 f
– Spiralwickelmodule 228
anorganische Membranen
– nicht-wässrige Nanofiltration 500
– Oberflächenmodifikationen 69
– Pervaporation 358 ff
anorganische Vliesstofffasern 78
Anströmgeschwindigkeit 242
Anströmwinkel 222
Antigene/Antikörper 161
Anti-Telescoping-Devices (ATD) 219, 223 f
Anwendungen
– atomistische Simulationen 29 f
– Grenzflächenmodelle 39 f
– Mikrofiltration 205
– nicht-wässrige Nanofiltration 506 ff
– Oberflächenmodifikationen 67
– Polymermembranen 1 ff, 23 ff
– Querstrommembranfilter 472 ff

Membranen: Grundlagen, Verfahren und industrielle Anwendungen
Herausgegeben von Klaus Ohlrogge und Katrin Ebert
Copyright © 2006 WILEY-VCH Verlag GmbH & Co. KGaA, Weinheim
ISBN: 3-527-30979-9

Stichwortverzeichnis

- Vacuum Rotation Membrane 237 ff
- *siehe auch* Anlagenkonzepte
APV-SiroCurd Prozess 476
Äquilibrierungsprozeduren 29, 31
Aromarückgewinnung 492
Arrhenius Gesetz 274, 289 f, 351
Aspen Modul, Pervaporation 351
Aspen Plus Modeler 275 ff, 312 ff, 319 ff
asymmetrische Membranen
- Bioprozesse 195
- keramische 104
- polymere 1, 4
Ätzprozesse 18, 128
Aufbau
- Cross Rotation Filter 241
- Elektrodialysemodul 436 f
- keramische Membranen 104
- Spiralwickelmodule 219
Aufkonzentrierung, Salze 218
Aufreinigung 189, 210
Aufrollung, Vliesstoffe 81 f, 85 f
Aufsägen, keramische Hohlfasern 144
Ausrüsten, Vliesstoffe 78
Autoklavierbarkeit 196, 215
autotherme Reformierung 523
Avivagen 86, 90, 94
Azeotrope 318, 335, 338 ff, 367

b

BAAF 35, 37
Backfiltration 159
bakterielle Abbauprodukte 159
Bakterien 206
- Fermentation 485
- Lebensmittelindustrie 472
- Vacuum Rotation Membrane 235
Barrieren
- anorganische Füllstoffe 461
- Molekültransport 23
- Oberflächenmodifikationen 48
Basell–Hostalen Prozess 324
Basenbeständigkeit 2, 95
Batchverfahren
- Oberflächenmodifikationen 52
- Pervaporation 363
- Spiralwickelmodule 225
Beizsäurenelektrodialyse 448
Belagbildung 444
Belastungsprofil, Spiralwickelmodule 220
Belebungsverfahren, Wasseraufbereitung 233 ff
Benetzungsverhalten
- Dialysemembranen 148, 161

- keramische Membranen 115
- Oberflächenmodifikationen 47, 52
- Vliesstoffe 90, 94
Benzindampfrückgewinnung 323, 413–425
Benzol 416, 421
Bernoulli Gleichung 223
Berstdruck 108, 125, 141
Beschichtungen
- Dialysemembranen 149
- keramische Hohlfasern 142
- keramische Membranen 111, 126
- Oberflächenmodifikationen 63
- Vliesstoffe 77, 85 ff, 94
Bestrahlungspfropfung 456
Betriebsarten
- Elektrodialyse 448 f
- Nierenersatztherapie 157 ff
- Oxygenator 177
- Pervaporation 363 ff
- Ultrafiltration 200
Betriebsdruck 11
Biegefestigkeit 108, 140 f
Bierherstellung 470, 479 ff
Bikomponentenfasern 86, 98
Bilanzzellenmodell 280, 306 ff, 310 ff
Binder, keramische Membranen 109
Bindungsgeometrien, amorphe Polymere 26
Bindungskapazität, Bioprozesse 209
Bindungskinetik, Adsorber 215
Bioassays 56
Biofilmheißwassersanitation 264 f
Biofouling 227
Biokatalyse 71
Biokompatibilität
- Dialysemembranen 148–188
- Oberflächenmodifikationen 50, 63, 67 f
Biological Oxygen demand (BOD) 474
biologischer Abbau, Polymermembranen 8, 24
Biomax 69
biomedizinische Anwendungen, Oberflächenmodifikationen 67
biotechnologische Prozesse 189–218
bipolare Ionenaustauschermembranen 433 ff
Blasen-Punkt Test 203
Blends
- Dialysemembranen 150 f
- Oberflächenmodifikationen 55
- Polymermembranen 12 ff
Blockpolymere 56, 63
Blutflüsse 148 ff, 157 ff, 165

Blutfraktionierung 160 ff
Blutkompabilität 68, 151 ff
Blutoxygenation 148, 170 ff
Blutplasma 490
Blutreinigung 148
Boltzmann Konstante 27
Brackwassermembranen 9
Brauwasserklarfiltration 238
Brennstoffzellen 453–468
Brennstoffpermeabilität 453
Brevundimonas diminuta 205
Brown'sches Simulationsverfahren 276
Brownmillerite Struktur 121
Bruchmechanik 107
Bubble-Point Test 203
Bulkmodell 28 f, 34, 47
Bündelung 162, 181
Butandirektoxidation 526
Buthyllithium 458
γ-Butyrolacton (GBL) 13
Bypassströme 436

c

Carbonate 226
Carragenkonzentration 490
Cascadeflo 168
Celcor 133
Celgard 16, 177
Celgard Liqui-Cel 493
Cellophan-Verfahren 15
Cellulose/Derivate 2, 11 ff, 15 ff
– Dialysemembranen 148 f
– Oberflächenmodifikationen 47
Celluloseacetat
– Bioprozesse 192, 198 f
– Gastrennung 376, 382
– nicht-wässrige Nanofiltration 501
– Pervaporation 336
– Polymermembranen 8
– Reinstwasserherstellung 258
Celluloseester 356
Cellulosenitrat 193
Cellulosetriacetat (CTA) 2
Charakterisierung
– Bioprozessmembranen 201
– keramische Hohlfasern 140 ff
– Pervaporationsmembranen 352
Chemcad 351
Chemical Vapor Deposition (CVD) 64
chemische Oberflächenmodifikationen 54, 56 f
chemische Stabilität
– Dialysemembranen 148

– Mikrofiltrationsmembranen 16
– Polymermembranen 2, 8
– Reinstwasserherstellung 257
– Vliesstoffe 84, 90, 95
chemischer Sauerstoff Bedarf (CSB) 230
China Hamster Ovary Zellen (CHO) Fermentation 207
Chitin/Chitosan 356
Chlorreinigung 228
Chlorsulfonsäure 456 f
Cibraton Blue (CB) 213
Clearance 157
Coionen 430 ff
COMPASS 29, 33
Computational fluid dynamics (CFD) 280
– keramische Membranen 115
– Spiralwickelmodule 223
Copolymere 150 f
Coulomb Wechselwirkungen 26
Creafilter 133
Cross Flow Filtration 191, 206
Cross Rotation Filtration 240 ff
Cuprophan 15, 154 f

d

Dampf-Flüssigkeits-Gleichgewicht 351
Dampfpermeation 273–374
Dampfreformierung 521
Dampfsterilisation 161, 168, 183, 186 f
Dampftrennung, Vliesstoffe 87
dead-end Filtration 189
Deckschichten 14 f, 190, 234
Defektfreiheit
– keramische Hohlfasern 143
– keramische Membranen 113 f
– Vliesstoffe 92, 99
Deflektoren 81
Deformationen 26
Degradation 51, 58
Dehydratisierung 521 ff
Delaminieren 89, 92
Dendrimere 508
Derivatisierung 53 f, 58 f
Desinfektion 264
Desorption 287
Destillationskolonne 366
DGL/NLGL Simulationsverfahren 279
Di Benedetto–Paul Modell 24
Diafiltration 200
Dialyse 1, 147–188
Diamantspacer 221
DIAPES 152
Dichlormethanabtrennung 400

dichte Membranen
- Blutoxygenation 172
- keramische 120 ff
- Pervaporation 338 f
- Polymermembranen 1 ff
Dichteprofile, PDMS 42
Dickenprofile, Vliesstoffe 84 ff, 92, 99
Diederwinkel 29
Dielektrizitätskonstante, amorphe Polymere 27
Differenzdrücke, Vliesstoffe 89
Diffusion
- Dialysemembranen 154 f
- Gastrennung 376 ff
- Membranreaktoren 515, 533 ff
- nicht-wässrige Nanofiltration 502 f
- Polymerdynamik 38
- Polymermembranen 6, 24 ff, 29 ff
- Simulationsverfahren 282, 286 ff, 294 ff
Diffusionskoeffizenten
- Bioprozesse 209
- Brennstoffzellen 462
- Pervaporation 341
- Sauerstoff 33
Diluate
- Elektrodialyse 430 ff
- Reinstwasserherstellung 260
Dimerisierung 543
Dimethylformamid (DMF) 498
Dioxanzugabe 7
Dioxinabtrennung 541
Dip Coating 142
direkte Seitengruppenkopplung 60
Direkt-Methanol-Brennstoffzellen 464
Direktoxidation, Butan 526 f, 534 f, 539 ff
Dispersion 82, 110
Distributor 517 ff, 526 ff, 544
DNA 213
Doctor-Blade Verfahren 110
Donnan Effekt 286, 430 ff
Doppelfilter-Plasmapherese (DFPP) 167
downstream processing 189
Drainagevlies 77, 87 ff, 98, 241
Drücke
- Blutoxygenation 171
- Dialysemembranen 151, 163
- Nierenersatztherapie 157
Druckgradienten
- Dampfabtrennung 410
- Elektrodialyse 447
- nicht-wässrige Nanofiltration 507
- Pervaporation 347
- Reinstwasserherstellung 257

Drucklufttrocknung 376, 386
Druckstabilität
- nicht-wässrige Nanofiltration 498
- Polymermembranen 2
Drucktaupunkt, Gastrennung 387
Druckverluste
- Gastrennung 379 ff, 396
- Pervaporation 349 ff
- Rohrmodule 123
- Simulationsverfahren 274 ff, 292–308
- Spiralwickelmodule 218, 222 f
Druckwechselbelastbarkeit, keramische Hohlfasern 143
Dual-Sorption Isotherme 288
Duchmesser, keramische Hohlfasern 140
Dünnfilm Kompositmembranen
- Dampfabtrennung 410
- Oberflächenmodifikationen 49, 58
- Polymermembranen 8
- Reinstwasserherstellung 257
Durapore 72
Duratrap RC 133
Durchfluss 201
Durchströmungstrockner 84
Dusty-Gas Modell (DGM) 286, 297 f
Dynamik, amorphe Polymere 38
dynamische Biofiltration 191

e

Edelstahl 219 f
Edukte 369, 515, 535 ff
Ei/-weisskonzentration 229, 490
Eingießen siehe Potten
Einkanalrohre 108
Einstein Diffusion 30
Elastizitätsmodule, keramische Membranen 108
electroless plating 126
Elektrodeionisation 256 f, 260 ff, 264 ff
Elektroden/-Spülung 446 f
Elektrodialyse 429–452, 493
Elektrolytkonzentration 148, 433
Elektronenleitfähigkeit, keramische Membranen 120
Elektronenmikroskopie, Oberflächenmodifikationen 54
Elektronenstrahlung, Oberflächenmodifikationen 59
Elektronenstrahlungspfropfung 456
Elektrostatik-Spinnvliesverfahren 83
Elektrotauchlackfiltration 230
Emaillierung 123
Emissionsreduzierung, Tankstellen 424

enantioselektive Hydrierung 508
Endbehandlung, Vliesstoffe 85
Endlosfasern, keramische 138
end-of-pipe Konfiguration 217, 273
Energiebedarf, Elektrodialyse 440
Energiebilanz-Verfahren 300, 306 f
Entalkoholisierung 481, 485
Enthärtungssysteme 256
Entsalzung 228, 440 ff
enzymkatalysierte Reaktionen 509
Enzymreinigung 228
Epoxidharze 144, 220
Erdalkalisulfatausfällung 256
Erdgasaufbereitung 376, 389 ff, 393 ff
– Dampfreformierung 524
– Kohlenwasserstoffeinstellung 290 f
– Polymermaterialien 23
– Simulation 309 ff
Erdölbehandlung 506
Erythroproteine 213
Erythrozyten 166
ESCA/XPS 54
Essigherstellung 470, 485 ff
Ethanoldampfabtrennung 416
Ethanoldehydratisierung 521
Ethylenoxid (ETO) Sterilisation 161, 183, 186 f
Europäisches Arzneibuch, Reinstwasserherstellung 254
European Hygienic Engineering & Design Group (EHEDG) 225
Evaflux 168
EVAL Coating 162
Excels Newton Solver 280
Express Oberflächenmodifikationen 72
extrakorporale Zirkulation (EKZ) 170, 179
Extraktor 517 ff, 544
Extrusion
– keramische Hohlfasern 134
– keramische Membranen 107
– Mikrofiltrationsmembranen 17
– Oxygenationsmembranen 175
– Polymermembranen 1
– Vliesstoffe 78, 81
Exzesspotential 30

f

Fällverfahren
– Dialysemembranen 180 ff
– Polymermembranen 6, 12 f
– Vliesstoffe 88, 96
Faraday'sches Gesetz 49
Fasereinbindung 92, 99

Faserondulation 152
Faujasit-Zeolithmembranen 119
Feed and Bleed Systeme 369
Feedkanäle siehe Kanäle
Feedkomponenten
– amorphe Polymere 25
– Packungsmodelle 32
Feedspacer 219, 224 ff, 228 f
Feedströme
– Dampfabtrennung 411
– Elektrodialyse 430 ff
– Grenzflächenmodell 40
– Pervaporation 335 ff
Fehlerquellen, Packungsmodelle 30
Fehlstellen 503
Feinstfasern 83
Fermentation 189 ff, 207 f
fermentierte Lebensmittel 470 ff, 479 ff, 485 ff
Festbettreaktor 527 f, 535 f
Festigkeiten, Vliesstoffe 80, 89, 78
Fibrinogen 169
Fick'sches Gesetz
– Blutoxygenation 172
– Gastrennung 377
– Pervaporation 340
– Simulationsverfahren 287
Filamentreckung 78
FILMTEC 72
Filterformen 190, 196 ff
Filterkuchen 189, 192
Filtertaschenmembranen 110 ff, 124
Filtervalidierung 205
Filtervliesstoffe 97
Filtratflüsse 165
Filtrationsleistung 165, 148, 161
Fine-Pore Modell 502 ff
Fingerstrukturen 136
Finite Differenzen Verfahren 28
Flachmembranen
– Bioprozesse 196
– Cross Rotation Filter 241
– Dampfabtrennung 414
– Polymermembranen 1 ff
– Vliesstoffe 77, 87 ff
Flemion 454
Fließbettreaktor 524
Flory–Huggins Isotherme 288
FLOWBOAT Simulationsverfahren 312
flüchtige organische Komponenten (VOC) 337, 348, 415
Flugaschenabtrennung 540
fluorierte Membranen 454

Fluss, kritischer 227
Flussdiagramme, Nierenersatztherapie 157
Flussgleichungen, Gastrennung 379f
Flüssigphasenmembranen 314
Folienfaservliesstoffe 83, 93
Foliengießen 109f
Folienrecken 1,78
Food and Drug Administration (FDA) 224, 254
Formgebung, keramische Hohlfasern 139
Fortran User Modelle 275ff, 319ff
Fotolack 127
Fouling
– Bioprozesse 197, 202ff
– keramische Membranen 124
– Lebensmittelindustrie 489ff
– Oberflächenmodifikationen 50, 57, 63ff, 66ff
– Pervaporation 363ff
– Polymermembranen 8f, 11ff
– Querstrommembranfilter 470
– Spiralwickelmodule 225ff
– Wasseraufbereitung 218ff
FractioPES 168
Free Volume Modell 282, 291ff, 308
– amorphe Polymere 23ff, 30, 34, 37ff
Freiheitsgrade 27
Fremdfasern 92
Friction Modell 222
Frischwasser 229
Fruchtsaftherstellung 470, 486ff
FT30 Membran 8
Fugazitätsverläufe 289, 294ff, 312f
Fullfit-Module 258ff
Funktionalgruppen 52–68
Funktionsprinzip, Cross Rotation Filter 242f
Furannabtrennung 541

g

Galvanische Abscheidung 126
Gammastrahlung
– Dialysemembranen 161, 168, 183, 186f
– Oberflächenmodifikationen 59
– Pfropfung 456
Garnfärbung 229
Gärungsprozesse 479ff, 493
Gaskonstante 30
Gaspermeation
– Blutoxygenation 171ff
– Modellierung 273–334
– Pervaporation 339
Gasrückführsysteme (VRU) 418ff

Gastrennung 148f, 375–428
– Gegenstrom 395
– keramische Membranen 104
– Pervaporation 335ff
– Polymermembranen 1, 13
– Vliesstoffe 87
Gastrocknungsverfahren 386ff
Gaswäscher 422
Gegen-/Gleichstrom Simulation 276, 303f
Gehäuseteile 183
Gelatineherstellung 490
Gelschichten 192
Genus acebactor 485
Geometrien
– keramische Hohlfasern 129, 137ff
– Polymermembranen 1
Getränkeindustrie 469, 479ff
Gibb'sche Energie 4
Gießen 1, 6, 13
– *siehe auch* Potten
Gitterfehlstellen 106
GKSS GS Taschenmodul 124, 281, 303f
GKSS Kompositmembranen 499
Glasmembranen 38, 103
Gleichgewicht 263, 515
Gleichmäßigkeit, Vliesstoffe 91, 99
Glykolwäsche 392
Goldnanotubemembranen 64, 68
GoreSelect/Tex 455
Gore-Tex 16, 541
gPROMS Simulationsverfahren 277, 322
Grafitschichten 126
Grafting 53–63, 69
Granulate 78, 86, 109
Gravurwalzen 84
Grenzschichten
– amorphe Polymere 28, 39
– Gastrennung 396
– Oberflächenmodifikationen 47, 51ff, 55
– Oxygenator 178
Grenzstromdichte 440, 443f
Großdocke 96
GS-Taschenmodule 414
gummiartige Polymere 38
Gusev–Suter Methode 29, 34

h

Haemoselect 163
Haftungsverhalten, Vliesstoffe 93
Hagen–Poiseuille Gleichung 201, 205
– nicht-wässrige Nanofiltration 502ff
– Simulationsverfahren 286

Halbleiterindustrie 253–272
Haltbarkeit, Oberflächenmodifikationen 51
Hämodialyse 67, 148, 154 f, 157 ff
Hämofiltration 157 ff, 165
Hämoglobin 166
Hämokompbilität 148–188
Hämolyse 161, 166
Hartschalenmantel 223
Harze 256 ff, 260 ff
Heck Reaktion 508
Heißwassersanitation 264 f
Heliumrückgewinnung 376, 383
Hemaplex 163
Henry Isotherme 288
Henry'sches Gesetz 340 ff
Heparinimmobilisierung 68
Hersteller
– Dialysemembranen 163
– Ionenaustauschermembranen 432
– Plasmaseparationsmembranen 168 f
Herstellung
– Bier 470, 479 ff
– Essig 78 ff
– Inertgas 376, 384
– keramische Hohlfasern 134
– keramische Membranen 127
– Oxygenationsmembranen 174 ff, 180 ff
– Polymermembranen 1 ff
– Reinstwasser 254 ff
– Vliesstoffe 78 ff
– Wein 470, 482 ff
Herz-Lungenmaschine 170, 179
Hexanabtrennung 324, 405 f, 542
High-Flux Dialysemembranen 153
His-tagged Proteine 213
Hochflußmembranen 11
Höchstzugkraft 87, 93, 99
Hochtemperaturbehandlung, keramische Membranen 103 ff
Hochtemperaturbetrieb, Polymermembranen 460
Hohlfasermembranen
– Dialysemembranen 147–188
– keramische 103–146
– polymere 1, 11, 14 f
– Reinstwasserherstellung 257
– Vacuum Rotation 234
– Vliesstoffe 77
Hohlfasermodule
– Bioprozesse 197
– Gastrennung 376, 382, 395
– Pervaporation 362
– Simulationsverfahren 274, 303

Hohlräume
– amorphe Polymere 34 ff, 38 ff
– keramische Membranen 104 ff, 118
– Polymere 5
homogene Katalyse 508 f, 516
Homogenität, Oberflächenmodifikationen 51
Hopping Mechanismus 106, 121
Hybridverfahren 321 ff, 359, 368
– Membranreaktoren 544
– Querstrommembranfilter 494
Hydrierung
– enantioselektive 508
– Membranreaktoren 537 ff
Hydrodechlorierung 538
Hydroformylierung 508
Hydrolyse
– Cellulosemembranen 16
– keramische Membranen 111
– Oberflächenmodifikationen 59
– Polymermembranen 8
– Vliesstoffe 95
hydrophile/phobe Funktionalgruppen 54
Hydrophilie
– Dialysemembranen 148 ff
– Oberflächenmodifikationen 60, 66
– Pervaporation 350, 356 ff
– Polymermembranen 12
Hydrophobie
– Bioprozesse 194
– Brennstoffzellen 454
– Oberflächenmodifikationen 52
– Polymermembranen 11 ff
– Zr_2O_3 Membranen 118
Hydrothermalsynthese 128
Hydroxidbelag 445
Hydroxylgruppen 114, 148
Hydtrathülle 447
Hyflon 454
Hygieneanforderungen 227
HYSYS Simulationsverfahren 276 ff, 322

i

IDA-Cu^{2+} Ligand 214
Immunoglobuline 161, 169
Imprägnierung 78, 82, 85
Impulsbilanzverfahren 301
industrielle Anwendungen *siehe* Anlagenkonzepte, Anwendungen
Inertgasherstellung 376, 384
Infusataufbereitung 159
Injektionswasser 254
Integral-asymetrische Membranen 8

Integritätstest, Dialysator 186
Interpenetrationsbeschichtungen 63
Ionenaustausch
– Cross Rotation Filter 240
– Elektrodialyse 429 ff
– Oberflächenmodifikationen 59
– Querstrommembranfilter 474
– Reinstwasserherstellung 256 ff, 260 ff
ionische Funktionalgruppen 54
isotherme Phaseninversion 4
Isothermen 288
Isotropie, Vliesstoffe 93

j
Jacobi Matrix 277
Joule–Thompson Effekt
– Gastrennung 390
– Pervaporation 366
– Simulationsverfahren 274, 283, 299

k
Kalandrierung 84, 90, 94
Kanäle
– keramische Hohlfasern 138
– keramische Membranen 104
– Polymerdynamik 38
– Spiralwickelmodule 218
Kantenverschweißung 97
Kapillarmembranen
– Blutoxygenation 172
– keramische 125 ff
– Oxygenator 177
– Pervaporation 362
Kardierung 78 ff
Kartuschen 144
Kasein 474
Käseproduktion 471, 477 ff
Kaskadenfiltration 167, 369
Katalysatoren
– Brennstoffzellen 453 f
– Membranreaktoren 515, 533 ff, 544
– Rückgewinnung 506
– Vergiftung 460, 538
– Vliesstoffe 97
Katalyse, homogene 508 f
katalytisch aktive Membranen 50, 71
katalytische Hydrierungen 537 ff
Kationenaustauscher 256, 430 ff, 449 f
Keimbildungs-Wachstumsmechanismus (KW) 4 ff
Keramikelemente 77
keramische Membranen 103–146
Kern–Mantel-Vliesstoffe 81, 86, 93

Kernspurmembranen 1, 16, 64
Ketonrückgewinnung 400, 412
Kettenlängenverteilung 63
Kettensegmente 24, 38
Kieselgurfiltration 476, 486
Kinetikkonstante, Reinstwasserherstellung 263
kinetische Energie, amorphe Polymere 27
Kissenmodule 362, 376
Klärsysteme 236 ff
Klärung
– Bier 480
– Essig 486
– Fruchtsaft 487
– Wein 484
Klebermaterialien 221, 224 f
Knudsen Diffusion
– keramische Membranen 104
– Membranreaktoren 542
– Simulationsverfahren 286, 297 f
Koagulation 169, 182
Kohlendioxidabtrennung 376, 389 ff
Kohlendioxidbindungskapazität 171 ff
Kohlenmonoxidoxidation 539
Kohlenstoffmembranen 103, 126
Kohlenwasserstoffdirektoxidation 540
Kohlenwasserstoffeinstellung, Erdgas 290 f
Kohlenwasserstoffemissionen 415
Kohlenwasserstoffrückgewinnung 402
Kohlenwasserstoffselektivität 412
Kohlenwasserstoff-Taupunkteinstellung 376, 395 ff
Kolbenströmung 275
Kompositmembranen
– keramische 126 ff
– nicht-wässrige Nanofiltration 498
– Oberflächenmodifikationen 49
– Pervaporation 354 f
– Polymermembranen 2, 8
– Reinstwasserherstellung 257
– Vliesstoffe 88, 91
– Wasseraufbereitung 234
– *siehe auch* Dünnfilmkompositmembranen
Kondensationsreaktionen 369
Konfektionierung 89, 96
Konformationspotential 29
Kontaktflächen 48 f
Kontakttrockner 84
Kontaktwinkelmessungen 54
Kontraktoren 517 ff, 533 ff, 544
konvektiver Transport
– Dialysemembranen 154 f

- Elektrodialyse 447
- nicht-wässrige Nanofiltration 501 ff
Konzentrationspolarisation
- Bioprozesse 192
- Dialysemembranen 166
- Elektrodialyse 447
- Pervaporation 344
- Polymermembranen 5
- Querstrommembranfilter 470
- Rotationsfilter 124
- Simulationsverfahren 274, 292 f
- Spiralwickelmodule 218 ff, 226 ff
- Triebkraft 343
Kopplung 53, 60 f
Korngrößen 105
kovalente Bindungen 26
Kozeny–Carman Modell 202
Kraftfelder 27
Kreisläufe, Wasseraufbereitung 217, 229
Krempeln 80
Kreuzlagenvlies 78
Kreuzstrom 279, 303 f
Kreuzungspunkte, Vliesstoffe 86, 93
Kreuzwicklung, Kapillarmembranen 177
kritischer Fluss, Spiralwickelmodule 227
Kühlwasser 489

l

Lactoferrin 210, 474
Ladungspolarität 430
α-Laktalbumin 474
β-Laktoglobulin 474
Laminate
- keramische Membranen 110
- Vliesstoffe 85, 90, 97
Langmuir–Blodgett (LB) Verfahren 57
Laplace Gleichung 204
Laponite 462
Laugenbeständigkeit, Vliesstoffe 95
Layer-by-layer (LBL) Oberflächen 54
Lebensmittelgesetz 224
Lebensmittelverpackungen 24
Lebensmitttelindustrie 369–496
Leckage 46
Lennard–Jones Potential 27
Lifting, Wein 484
Liganden 213 ff
Linde Verfahren 121
Lochbildung, Vliesstoffe 92
Löslichkeiten
- amorphe Polymere 2, 25, 29
- Elektrodialyse 444

- Gastrennung 377
- Pervaporation 340
- Sauerstoff 33
Lösungs-Diffusionsmodell
- amorphe Polymere 25
- Gastrennung 376
- nicht-wässrige Nanofiltration 502 f
- Pervaporation 338 ff
- Simulationsverfahren 286
Lösungsmittelfreiheit 32
Lösungsmittelrückgewinnung 400 ff
Lösungsmittelstabilität 497 f
Low-Flux Dialysemembranen 153
LTA Zeolithmembranen 119
Luftdurchlässigkeit, Vliesstoffe 84, 87
Luftzerlegung 384
Lungenunterstützungssysteme 170
Lyocell/Alceruverfahren 135 ff

m

Magadiite 462
Majoritätskomponente, Grenzflächenmodell 40
Make-up System, Reinstwasserherstellung 269
makroporöse keramische Membranen 104, 110, 136
Maleinsäureanhydrid 526 f, 534 f
Mantelabschälung 93
Massentransport
- Membranreaktoren 534
- Nierenersatztherapie 157
- Pervaporation 345
- Spiralwickelmodule 222
Materialauswahl
- amorphe Polymere 34
- Bioprozesse 193
- Dialysemembranen 148
- Polymere 8
MATLAB Simulationsverfahren 279
Matrimid 499
Matrixpolymere 55
Mattenaufmachtechnologie 178
Max-Dewax 499 ff, 506 ff
mechanische Eigenschaften, Polymermembranen 2
mechanische Festigkeit, Vliesstoffe 83, 89, 95
mechanische Stabilität, Dialysemembranen 148, 151
Medizintechnik 147–188
Mehrkanalelemente, keramische Hohlfasern 138

Mehrkanalrohre, keramische
  Membranen 107, 115
mehrlagige Vliesstoffe 82
Mehrschichtenadsorption 57
Mehrstoffdiffusionskoeffizienten 294
Meltblown *siehe* Schmelzblasen
Membranadsorber 50, 209 f, 214 f
Membranbelebungsverfahren 232 ff
Membrancharakterisierung
– Bioprozesse 192 ff, 201
– Pervaporation 352
Membranchromatografie 208
Membran-Differential-Filtration (MDF)
  167
Membran-Elektroden Einheiten 453
Membrangeometrien
– keramische Hohlfasern 129
– Oxygenator 177
Membrankerzen 98
Membrankontraktoren
– Gastrennung 395
– Lebensmittelindustrie 493
– Mikrofiltrationsmembranen 17
– Oberflächenmodifikationen 66
– Querstrommembranfilter 470
Membranleistung 49 ff, 97
Membranoxygenation 172
Membranreaktoren 515–548
Membranrisse, Vliesstoffe 93
Membrantrockner 387 ff
Metallabscheidung 64
Metallalkoholate 111
Metallchelatliganden 214
metallische Membranen 103
Methanabtrennung 23, 393
– Grubengas 315
– Stickstoff 376
Methanol 453, 461
Methanol
– Abtrennung 357, 363, 416
– Refomierung 523 ff
Methanzahleinstellung 376, 397 ff
Methyltertiärbuthylether (MTBE)
  Herstellung 321, 337
MFI Zeolithmembranen 119
MicroPES 164
Microplas 163
Migration 429 ff, 440 ff
mikrobiologische Kontamination 229,
  265
Mikroelektroindustrie 268 ff
Mikrofiltration
– Bioprozesse 194, 201, 205

– Dialysemembranen 148
– Lebensmittelindustrie 469, 482
– Oberflächenmodifikationen 48
– Polymermembranen 1, 16 ff
– Simulationsverfahren 273, 286
– Wasseraufbereitung 217, 233
Mikrolis 72
mikroporöse Membranen 16
– keramische 106 f, 110, 114 ff
– Oxygenation 172 ff
Milchproduktherstellung 469–476
Millipore 69, 72
Mineralgehaltjustierung 476
Minoritätskomponente, Grenzflächen-
  modell 40
Mischbettionenaustauscher 260
mixed ion electronconducting membranes
  (MIECM) 120
Modellierung
– amorphe Polymere 28
– Gas-/Dampfpermeation/Pervaporation
  273–334
– Membranreaktoren 544 ff
Module
– Bioprozesse 197
– Elektrodialyse 436 ff
– Gastrennung 376
– keramische Hohlfasern 143
– keramische Membranen 122 ff
– Pervaporation 359 ff
– Simulation 300, 314 ff
molekulardynamische(MD) Simulation
  25 ff
molekulare Schichten 56
Molekularmodelle 23–46
Molekültransport 23–46
Molkeaufbereitung 471, 474 ff
Molkeproteinisolat (WPI) 475 ff
monoclonale Antikörper 213
Monomermigration 24
Monoschichten 57
monoselektive Ionenaustauscher 433 ff
Monte Carlo Wachstum 29
Morphologie
– keramische Hohlfasern 140 f
– Oberflächenmodifikationen 52
Mostkonzentration 482
MPS Filter 163
MS Excel Simulationsverfahren 322
MSD Separator (Multiple-Shaft-Disc) 124
Multikomponenten Free Volume
  Modell 282
Mustang-Membranabsorber 72

n

N₂ Sorption 114 ff
NaA ZeolithMembranen 106 ff, 119
NaA-SMART Membran 120
Nafion 454 ff
Nanofiltration
– Bioprozesse 194
– Cross Rotation Filter 240
– Dialysemembranen 148
– keramische Membranen 104 ff, 112 ff
– Lebensmittelindustrie 469
– nicht-wässrige 497–514
– Oberflächenmodifikationen 69
– Wasseraufbereitung 217
Naphta 17
Nassprozess 4
Nassspinnen 134
Nassvliesstoffe 78, 82 f, 86, 90 ff
Naturfasern 78
Neosepta 432
Newton Simulationsverfahren 277
Newton'sche Bewegungsgleichungen 27
nicht-wässrige Nanofiltration 497–514
Niederdruckbelebungsverfahren 233 ff
Nierenersatztherapie 147–188
Nitratemissionsreduzierung 448
Nitrathydrierung 537 ff
Nitrocellulose 193
NLAGL Simulationsverfahren 279
N-Methylpyrrolidon (NPM) 135
Nukleuswachstum 6

o

obere Explosionsgrenze (OEG) 423
Oberflächeneigenschaften
– Bioprozesse 202
– Dialysemembranen 151
– keramische Hohlfasern 140
– Vliesstoffe 90, 94
Oberflächenmodifikationen 47–76, 463
Olefinabtrennung 401 ff
Oligomerisierung 543
Oligomermigration 24
Olivenölkonzentration 492
Ondulation 152 ff, 159 ff, 181
Optimierung, Spiralwickelmodule 218 f
Optimizer 72
Optisim Simulationsverfahren 277, 312 ff
Organikatrennung 357
organisch-anorganische Membranen 461
organische Dampfabtrennung 376, 410 ff
organische Lösungen 2

organische Polymermembranen 355 f
orthogonale Kollokation 276
Osmose 7, 447
osmotisch wirksame Schichten 192
osmotische Destillation 493
Ottokraftstoff-Dampfabtrennung 416
oxidkeramische Brennstoffzellen (SOFC) 453
Oxygenerationsmembranen 67, 147, 171
Oxyphan 173, 179
Oxyplus 173, 180

p

Paarwechselwirkungen 29
Pace–Datyner Modell 24
Packungsdichte, keramische Membranen 105
Packungsmodelle, amorphe Polymere 28 ff, 31 ff
Palladiumschichten 126, 520
Pall-Oberflächenmodifikationen 72
Parallelspacer 221
Parallelvlies 78
Partialdruckdifferenz
– Blutoxygenation 171
– Gastrennung 376, 396 f
– Pervaporation 335, 338 ff, 353
– Simulationsverfahren 276 f, 289 ff
Pasten-Extrusion 17
Patentübersicht, Membranreaktoren 530
PDGL Simulationsverfahren 282
PDMS, Grenzflächenmodell 32, 35 f, 40
Peptidabtrennung 490, 506
Perfluoroethylenpropylen (FEP) 456
Perforierung, Vliesstoffe 78
Permatrohre 219, 224 f
Permeabilität
– Bioprozesse 203 f
– Blutoxygenation 173
– Gastrennung 377
Permeation
– Gastrennung 376
– gummi/glasartige Polymere 38 f
– Molekültransport 23 ff
Permeatspacer 218 ff, 224 ff, 360
Permeatströme
– Dampfabtrennung 411 f
– Gastrennung 381 f, 391 ff
– keramische Membranen 115
– Pervaporation 335 ff, 345
– Simulationsverfahren 276, 303 f
Perowskite Struktur 121
Pervaporation 335–374

- amorphe Polymere   39
- keramische Membranen   104 f
- Membranreaktoren   524 ff
- Modellierung   273–334
- Oberflächenmodifikationen   70
- Polymermembranen   1
- Querstrommembranfilter   470, 492
- Vliesstoffe   87
Petrochemie   506 ff
PF Filter   163
Pfropfpolymerisation   53–62, 455
pH Stabilität
- Elektrodialyse   445
- keramische Membranen   106
- Mikrofiltrationsmembranen   16
- Polymermembranen   2
- Reinstwasserherstellung   263
Pharmaindustrie
- Bioprozesse   189 ff
- nicht-wässrige Nanofiltration   509
- Reinstwasserherstellung   253–272
Phasendiagramm, Polymermembranen   4
Phasengrenzflächenkondensation   1, 8
Phaseninversion
- Dialysemembranen   162
- Polymermembranen   1 ff
- Vliesstoffe   87
Phenolharze   126
phosphonierte Membranen   459 ff
Phosphorsäure-Brennstoffzellen (PAFC)   453
Photoinitiierung   60, 69
physikalische Aktivierung   59 ff
physikalische Vliesstoffverfestigung   84
Pinch-point Analyse   218, 229
Pinole   137
Plasmaanregung   59
Plasmaaustausch (TPE)   161
Plasmacure   163
Plasma-CVD Verfahren   121
Plasmaflo   163
Plasmafraktionierung   148, 160 ff, 167 ff
Plasmapherese   67, 160 ff, 165
Plasmapolymerisation   1, 64
Plasmareinigung   160 ff
Plasmax   163
Platinfolien   520
Plattenmembranen   104, 109, 234
Plattenmodule
- Bioprozesse   197
- keramische   123 ff
- Pervaporation   360 f
- Simulationsverfahren   274

Plissieren   98
Point-of-Use (POU), Reinstwasserherstellung   254
Polarisationseffekte   344
Polishing   213, 269
Polvinylchlorid   402
Poly-4-methylpenten (PMP)   172
Polyacrylnitril (PAN)
- Dampfabtrennung   411 f
- Dialysemembranen   150
- nicht-wässrige Nanofiltration   498
- Pervaporation   355
- Polymermembranen   2 ff, 11 ff, 14 ff
- Spiralwickelmodule   220
Polyamide
- Bioprozesse   193
- Gastrennung   382
- nicht-wässrige Nanofiltration   499
- Polymermembranen   2, 8, 11 ff
- Rasterelektronenaufnahme   10
- Spiralwickelmodule   220
Polybenzimidazol (PBI)   460, 500
Polycarbonat
- Bioprozesse   193
- Dialysator   183
- Gastrennung   376
- Mikrofiltration   18
Polydimethylsiloxan (PDMS)
- Dampfabtrennung   411
- Gastrennung   376 ff
- nicht-wässrige Nanofiltration   498
- Pervaporation   357
Polyester   90, 220
Polyetheretherketon (PEEK)   500
Polyetherimid (PEI)
- Gastrennung   376, 385
- Pervaporation   355
- Polymermembranen   7, 13 ff
- Spiralwickelmodule   220
Polyethersulfon (PES)
- Bakterienbeaufschlagung   206
- Bioprozesse   193
- Dialysemembranen   150, 163
- Oberflächenmodifikationen   55
- Polymermembranen   2 ff, 11 ff
- Spiralwickelmodule   220
- Vacuum Rotation Membrane   234
- Vliesstoffe   91, 95, 98
Polyethersulfonamid (PESA)   14, 192
Polyethylen (PE)   172, 402
Polyethylenglycol   150
Polyethylenterephthalat (PET)   18, 91, 95, 98

Polyethylenvinylalkohol 150
Polyflux 152 ff
Polyimide
– Brennstoffzellen 457
– Gastrennung 376, 382
– Packungsmodelle 32
– Polymermembranen 11 ff
Polykondensation 114
Polymerblends 150
Polymerdichtungen 123
polymere Sol–Gel Technik 114 f
Polymerelektrolyt-Membran-Brennstoffzellen (PEFC) 453 ff
Polymergranulate 78, 86
Polymerlösungen 181
Polymermembranen 1–22, 376
– Dialyse 148 ff
– Molekültransport 23–46
– Pervaporation 340 ff, 355 ff
– Spiralwickelmodule 220
Polymernetzummantelung 223
Polymethylmethacrylat (PMMA) 163
Polymethylpenten 376
Polyoctylmethylsiloxan (POMS)
– Dampfabtrennung 411
– Gastrennung 378
– Pervaporation 357
Polyolefine
– Beschichtungsträger 90, 95 ff
– Blutoxygenation 172 f
– Pervaporation 355
Polyphenylensulfid (PPS)
– nicht-wässrige Nanofiltration 500
– Pervaporation 355
– keramische Hohlfasern 135
Polyphenyloxid 376
Polyphosphazene (PPZ) 500
Polypropylen (PP)
– Bioprozesse 193
– Blutoxygenation 172
– Dialysemembranen 163
– Gastrennung 402 ff
– Mikrofiltrationsmembranen 16
– Oberflächenmodifikationen 48
– Spiralwickelmodule 220
– Vliesstoffe 86, 95, 98
Polysulfone (PSU) 2 ff, 11 ff
– Bioprozesse 193
– Dialysemembranen 151, 163
– Gastrennung 376, 382
– keramische Hohlfasern 135 ff
– Oberflächenmodifikationen 55
– Pervaporation 355

– Spiralwickelmodule 219 f
Polysulfon-Polyvinylpyrrolidon (PVP) 150
Polytetrafluorethylen (PTFE) 16, 194
Polyurethane 144, 221
Polyvinylalkohol (PVA) 342, 356
Polyvinylchlorid (PVC) 219 f, 247, 356
Polyvinylidendifluorid (PVDF)
– Bioprozesse 192 ff
– Brennstoffzellen 456
– Pervaporation 355
– Polymermembranen 2 ff, 11 ff
– Spiralwickelmodule 220
Polyvinylpyrrolidon (PVP) 55, 135
Porendegradation 69
Porengröße 2, 13
– Bioprozesse 190, 194, 201
– Dialysemembranen 148, 151
– keramische Membranen 110
– Membranreaktoren 536 ff, 542 f
– Mikrofiltrationsmembranen 16
Porenkanäle siehe Kanäle
Porosität 1 ff, 4
– Bioprozesse 190, 201
– Dialysemembranen 151
– keramische Membranen 103 ff
– Membranreaktoren 536 f, 542
– Oberflächenmodifikationen 48 ff
– Vliesstoffe 90 ff
Positronenvernichtungsspektroskopie (PALS) 34
Potten keramischer Membranen 125, 143 f, 184
Prä-/Postdilution 157
Prägung 78
Pressen/Pressdrücke 109
Primärfunktionalisierung 60
PRISM Membranen 382
Produktionsgeschwindigkeiten 81
Produktivität, Spiralwickelmodule 218
Produktkontamination 470
PROII 350
Propandirektoxidation 539
Propanol 368
Proteine
– Bioprozesse 210
– Dialysemembranen 152 ff, 156 ff, 161
– Oberflächenmodifikationen 66 ff
– Querstrommembranfilter 471 ff
Protonenleitfähigkeit 24, 453, 458 ff
Prozessdrücke 103
Prozessgasaufbereitung 273, 376
Prozesstemperatur, Cross Rotation Filter 243

Prozesswasseraufbereitung 253–272
- Lebensmittelindustrie 488 ff
- Vacuum Rotation Membrane 240, 246
- Spiralwickelmodule 228
Pseudomonas aeruginosa 265
PTMSP Packungsmodell 32, 35 f
Pumpe-Düse-Filtersystem 124
Punktverfestigung 84, 99
Pyrolyse 126

q
Quadrox 173
Qualitätskontrolle, Dialysator 186
quaternäres Ammoniumsalz 119
Quellung
- Brennstoffzellen 458, 461
- Mikrofiltrationsmembranen 16
- nicht-wässrige Nanofiltration 502
- Oberflächenmodifikationen 47, 69
- Pervaporation 338 f, 342 f, 367
Querdehnzahl 108
Querstrommembranfilter 469–496

r
Radikale 61 f
Rakelmesser 110
Rasterelektronenaufnahme
- Bioprozesse 203
- Dialysemembranen 152 ff
- keramische Hohlfasern 142
- Oberflächenmodifikationen 54
- Plasmaseparationsmembranen 164
Rauigkeit siehe Oberflächeneigenschaften
Reaktionskinetik
- FT30 9
- Pervaporation 369 f
Reaktivgruppenfunktionalisierung 54, 60
Reaktoren 515–548
Recken 1, 16
Recycling 181
- siehe auch Rückgewinnung
Redlich–Kong–Soave Zustandsgleichungen 307
Reinigungsverfahren
- Bioprozesse 197 ff
- Dialysemembranen 148
- keramische Membranen 103
- Querstrommembranfilter 470
- Spiralwickelmodule 227
- Vacuum Rotation Membrane 234
Reinstwasserherstellung 253–272, 352
Rektifikationskolonne 285 ff, 321
Rekuperator 364

Remedia 541 ff
Resorptionskinetik 24
Retentate 275–325, 360 ff
Revers-Osmose siehe Umkehrosmose
Reynolds Zahl 296
Rezirkulationsschleifen 315
Rheofilter 168
Rheopherese 167
ringöffnende Polymerisation 63
Rohrmembranen
- keramische 103, 107 f
- Vliesstoffe 77, 87 ff
Rohrmodule 122 ff, 362
Rohstoffe, Vliesstoffe 78, 86 f, 90
Rotationsfilter 27, 124, 232–240
Rückgewinnung
- Benzindampf 323, 413–425
- Bier 479
- organische Dämpfe 410 ff
Rückhaltevermögen
- Bioprozesse 198
- FT30 10
- Oberflächenmodifikationen 69
- Spiralwickelmodule 218
Runge–Kutta Verfahren 278

s
Salzaufkonzentrierung 218
Sandwichmodell 39
Sanitärstandard 224, 227
Sartobind-Q-Ionenaustauscher 72, 213
Sauerstoffgewinnung 385
- Membranreaktoren 530
- Polymermaterialien 23
Sauerstoffionenleitfähigkeit 120
Sauerstoffpermeation
- amorphe Polymere 34 f
- Blutoxygenation 171 ff
- Brennstoffzellen 453
- keramische Membranen 121
- Membranreaktoren 528
- Packungsmodelle 32 ff, 36
Säurebeständigkeit 2, 95
Säurerückgewinnung 448
Scaling 444, 489 ff
Schäume 85
Schichtdicke 51 ff, 172
Schleppwirkung 447
Schleuderbeschichtung 111
Schleuderpotten 143 f
Schlicker 109 f, 127
Schlitzporenmodell 113
Schmelzblasen 78, 81 f, 86

Schmelzextrusion 125
Schmelzkarbonat-Brennstoffzellen (MCFC) 453
Schmelzspinn-Streckprozess 174
Schmelztemperatur 16
Schmiermittel 17
Schmutzaufnahmekapazität 196, 240
Schneidprozesse, Vliesstoffe 86, 96
Schönung, Wein 484
Schrumpf 93, 139
Schwammstruktur 14
Schwefelsäure 458
Schwund 113
Segmentvolumen 29
Selbstorganisation, amphiphile 54
selektive Adsorption 68
selektive Gaspermeation 376 ff
Selektivität
– Dampfabtrennung 412
– Gastrennung 377
– Ionenaustauschermembranen 430 ff
– Membranreaktoren 518 ff, 542 f
– Oberflächenmodifikationen 50
– Pervaporation 343, 353
– Querstrommembranfilter 469 ff
Selemion 432
Self-Assembled Monolayer (SAM) 54, 57 f
SelRo 497
Septron Modul 262 ff
Sherwood Gleichung 222, 293
Shooting Methode 278
Siebkoeffizienten 148–156, 164, 169
Siedepunktkurven 349, 367
Silanisierung 58, 65, 118
Silber-Palladiumlegierungen 520
Silica 114, 462
Siliciumtechnik 127
Silikon
– Blutoxygenation 172
– Gastrennung 375, 385
– Pervaporation 357
– Spiralwickelmodule 221
Simulationsverfahren 29, 35, 273–334
Single-Use Kapsulen 210
Sintern
– keramische Hohlfasern 136, 139
– keramische Membranen 103 ff, 107
– Polymermembranen 1
Skalierbarkeit 215
Sol–Gel Verfahren
– keramische Hohlfasern 142
– keramische Membranen 105, 111 f, 121
– Polymermembranen 1

Solvation 47
Sorptions-Diffusionsmechanismus
– amorphe Polymere 39
– Oberflächenmodifikationen 70
– Pervaporation 359
Spacer
– Elektrodialyse 436, 443
– Pervaporation 360
Spannungsabfälle 442
Speiseölaufbereitung 499 ff, 506, 543
Speisesalzgewinnung 429
Spiegler–Kedem Modell 502 ff
Spinnverfahren
– Dialysemembranen 180
– keramische Hohlfasern 134 ff, 137 ff
– keramische Membranen 125
– Vliesstoffe 78, 86
spinodale Entmischung (SE) 5 f
Spiralwickelmodule
– Dampfabtrennung 414
– Gastrennung 376, 387
– Lebensmittelindustrie 469
– nicht-wässrige Nanofiltration 506
– Pervaporation 361 f
– Reinstwasserherstellung 261
– Simulationsverfahren 274, 314
– Wasseraufbereitung 217–232
Sporenentfernung 472
Sprayen 85
Spritzgussgehäuse 241
Sprunglänge 24
Sputtern 64
SS-Vliesstoffe 81
Stabilität
– Dialysemembranen 148
– keramische Membranen 103
– Oberflächenmodifikationen 51
– Polymermembranen 8
– Reinstwasserherstellung 257
– Spiralwickelmodule 220
– Vliesstoffe 90, 97
Stack-Konzept (Stapel)
– Dampfabtrennung 414
– Ionenaustauschermembranen 436
– keramische Membranen 124
stand-alone Konfiguration 273, 281, 311
Standpotten keramischer Hohlfasern 143 f
Starmem 499, 506 f
Starterradikale 61 f
statische Filtration 189
Stefan–Maxwell Gleichungen 288, 308, 503
Steifigkeit, Vliesstoffe 90, 96

steifkettige Polymere 39
Sterilfiltration 190–218, 482
Sterilisation 148 ff, 161 ff, 183, 186 f
sterische Abschirmung 53
Stickstoffherstellung 384, 400
Stirnseitenabdichtung 123
Stoffartbilanzen 300, 305
Stoffaustausch 47, 294, 308
Stoffwechselprodukte 161
Stokes Radius 155
Strahlungsmethoden 59
Strahlungstrockner 84
Streckverfahren 162
Streichfarbenspülwasseraufbereitung 249
Stromausbeute 440 f
Strömungsführungen 222, 275 ff, 303 ff
Strukturen
– Dialysemembranen 151 ff
– Oberflächenmodifikationen 66 ff
– Polyacrylnitril 14
– Polyetherimid 13
– Polymermembranen 1, 5 f
Stützschichten
– keramische Hohlfasern 142
– Pervaporation 358
– Simulationsverfahren 296
– Vliesstoffe 77, 87 ff, 97 ff
Sulflux 163
sulfonische nichtfluorierte Membranen 457 f
Supporte siehe Träger
Surface-Pore Modell 505
Suspensionen
– keramische Membranen 105
– Vliesstoffe 78
– siehe auch Schlicker
symmetrische Membranen 1, 195
Synergieeffekte 494, 516
Synthesegasaufbereitung 383
synthetische Polymere 148 ff

t

Tankatmung 418
Tankstellenemissionen 424
Taschenmodule
– Dampfabtrennung 414
– Gastrennung 376
– Pervaporation 362
– Simulationsverfahren 274
Tauchbeschichtung 111
Tauchgasaufbereitung 376, 383
Taupunkteinstellung 376, 392 ff
Temperaturabhängigkeit, Triebkraft 343

Temperaturbereiche 29, 298, 498
– Polymermembranen 11, 358
– Reinstwasserherstellung 257
– Spiralwickelmodule 228
Temperaturpolarisation 344, 366
Template 119
Tetrahydrofuran (THF) 13, 336
Tetramethylammoniumhydroxid 127
Textilproduktion, Wasseraufbereitung 246
Theodorou–Suter Methode 28
therapeutische Plasmapherese 161
thermisch induzierte Phasenseparation (TIPS) 3, 16, 174, 180
thermische Eigenschaften, Polymermembranen 2, 27
thermische Stabilität
– Dialysemembranen 148
– Spiralwickelmodule 220
– Vliesstoffe 90, 95
thermische Verfestigung, Vliesstoffe 84
Thin Film Composite (TFT) Membranen 8
– siehe auch Dünnfilmkompositmembranen
Tieftemperaturprozesse 384, 404
TiO_2 Nanomembran 112 ff, 114 ff
Titanoxid-Schichten 358
Toluolabtrennung 542, 416
Torsionswinkel 29
Tortuosität 536 f, 542 f
totaler Kohlenstoffgehalt (TOC) 255–269
Toxine 157, 161
Träger 8
– keramische 106 ff, 126 f
– nicht-wässrige Nanofiltration 499
Trajektorien 30
Translation, amorphe Polymere 27
Transmembrandruck (TMP)
– Bioprozesse 191
– Dialysemembranen 163
– keramische Membranen 115
– Querstrommembranfilter 472 ff
– Vacuum Rotation Membrane 233
transmembraner Stofftransport 286 ff, 291 f
Transportprozesse
– amorphe Polymere 34
– Bioprozesse 209
– Dialysemembranen 154 ff
– Gastrennung 396
– mathematische Beschreibung 501 ff
– Oberflächenmodifikationen 48, 70
– Pervaporation 335, 338 ff
– Polymermaterialien 23 ff
– Simulationsverfahren 291 ff, 296 f

Trennschichten
– Cross Rotation Filter   243
– Dampfabtrennung   410, 414 ff
– Dialysemembranen   151
– Grenzflächenmodell   39
– keramische Membranen   104
– nicht-wässrige Nanofiltration   498
– Oberflächenmodifikationen   48 ff, 68 ff
– Polymermembranen   1 ff
– Vacuum Rotation Membrane   236
Trennverfahren
– Elektrodialyse   429 ff
– Pervaporation   335 ff
– *siehe auch* Mikro-, Nanofiltration etc.
Triebkraft
– Dampfabtrennung   410
– Gastrennung   395
– Pervaporation   335 ff
– Simulationsverfahren   276–296 ff
– Spiralwickelmodule   218
– Temperaturabhängikeit   343
– *siehe auch* Partialdruckgefälle
Trimmen, Spiralwickelmodule   224
Trinkwasseraufbereitung   97, 253 ff
Trockenhefeanteil   479
Trockenspinnen   125, 134
Trockenvliesstoffe   78 f, 86 f, 90 ff
Trocknung
– Dialysemembranen   182
– Gastrennung   386
– keramische Hohlfasern   139
– keramische Membranen   110
– Vliesstoffe   84
tubulare Module *siehe* Rohrmodule
Turbulenzenerzeugung   233, 470

u
Übergangstonerden   113
Überschußhefe   479
Überströmgeschwindigkeit   228
UltraFilic   72
Ultrafiltration
– Bioprozesse   194, 197 f, 201
– Dialysemembranen   148 f, 159
– keramische Membranen   105
– Lebensmittelindustrie   469, 477 ff
– Oberflächenmodifikationen   48
– Polymermembranen   1
– Reinstwasserherstellung   256 ff, 270
– Simulationsverfahren   273, 286
– Wasseraufbereitung   217, 233
Ultraschallkalander   84
Ultraschallverschweißung   89, 93

Umkehrosmose
– Bioprozesse   194
– Cross Rotation Filter   240
– Lebensmittelindustrie   469, 473 ff, 477 ff
– Polymermembranen   1 f, 8 ff
– Reinstwasserherstellung   256
– Simulationsverfahren   274
– Wasseraufbereitung   217 ff, 228 ff
– Weinherstellung   483
Umrollung, Vliesstoffe   96
United State Department for Agriculture (USDA)   225
Upwind Difference Scheme (UDS)   304
UV-bestrahlte Oberflächen   59

v
Vaconovent System   424 ff
Vacuum Rotation Membrane (VRM)   232–240
Vakuumdestillation   135
Vakzine   210
Validierung, Packungsmodelle   29
van der Waals Wechselwirkungen   26
Vapor Recovery Unit (VRU)   418 ff
Verankerung, Vliesstoffe   87
Verblocken   190, 199
Verdampfungs-Spinnvliesverfahren   83
Verdickungsmittelherstellung   490
Veresterung   524
Verfestigung, Vliesstoffe   83
Verglasung   123
Verjüngung, Wein   484
Verkeimung   265 f
Vermaschen/Vernadeln   83
Verpackungsmaterialen, polymere   23
Verschaltung, Adsorbermodule   212
Verschweißen   89, 97
Versiegeln   144
Verstopfen   219
Verstreckung
– Dialysemembranen   162
– keramische Hohlfasern   139
– Oxygenationsmembranen   176
– Vliesstoffe   81
Verteiler   517 ff, 526 ff, 544
Vibrationsbeständigkeit   141
Vinylchloridmonomere (VCM)   402 ff
Viren   206, 213, 234
Viskosität
– Gießlösung   6
– Pottmaterial   145
– Querstrommembranfilter   473

- Schlicker 110
- Sol–Gel Verfahren 111
- Spiralwickelmodule 228
Vitamin E Beschichtungen 150
Vliesstoffe 77–102
- Cross Rotation Filter 241
- nicht-wässrige Nanofiltration 498 ff
- Spiralwickelmodule 220
Volumenphase 47
Volumeströme 158

W

Wafer Technik 127
Walzen, Vliesstoffe 84
Wanderung *siehe* Migration
Wandscherrate 162
Wandstärken
- Dialysemembranen 153
- keramische Hohlfasern 136, 138
Wärmesenke 343
Wärmeübergangskoeffizienten
- Membranreaktoren 534
- Pervaporation 349
- Simulationsverfahren 299, 307
Wasserabsorption, Polymermaterialien 24
Wasserabtrennug
- Pervaporation 363
- Reinstwasserherstellung 260
Wasseraufbereitung 217–252
- Entsalzung 8
- Lebensmittelchemie 491
Wasserdampf-Taupunkteinstellung 376, 392 ff
Wasserpermeabilität
- Brennstoffzellen 461
- Dialysemembranen 154
- draggig 460
- Elektrodialyse 447
- keramische Hohlfasern 141
- keramische Membranen 115 f
Wasserreduzierung, Weinherstellung 482

Wasserstoff, Brennstoffzellen 453
Wasserstoffabtrennung 376, 381 ff
- Membranreaktoren 520 ff
Wasserstoffbrücken, Cellulosemembranen 15
Wechselwirkungen
- amorphe Polymere 26
- Oberflächenmodifikationen 47 ff
- Polymer/Lösemittel 5
Weinherstellung 470, 482 ff
Whea Protein Isolat (WPI) 475 ff
Wickelmodule, Bioprozesse 196
Wickeln, Dialysemembranen 181
Wirkmatten, Oxygenationsmembranen 177
Wirkstoffherstellung 189 ff
Wirrvlies 78
Wirstofffreisetzungssysteme 24

X

Xyloldampfabtrennung 416

Z

Zellengeometrie 40
Zellkontakt
- Dialysemembranen 151 ff
- Oberflächenmodifikationen 50
Zellkulturtechnologie 189
Zentrifugensystem 161
Zeolithmembranen
- Herstellung 127
- keramische 106 ff, 115 ff, 118 ff
- Pervaporation 358
- Simulationsverfahren 286
Zetapotentialmessungen 54
Ziehmaschine, Vliesstoffe 88
Zirkonoxid-Schichten 358
Zirkonphosphat 462
Zitronenpektinherstellung 490
Zr_2O_3, keramische Membranen 114, 118
Zugspannung, Vliesstoffe 96
Zylinderporenmodell 114
Zytokintransport 152